全国高等农林院校"十二五"规划教材

林木化学保护学

嵇保中　主编

中国林业出版社

内 容 简 介

本书内容包括林木化学保护学基础知识、杀虫剂、杀菌剂、除草剂和植物生长调节剂、杀鼠剂、抗药性及其治理、农药的环境毒理、农药的生物测定、附录等内容，基本涵盖了林木化学保护学本科学习阶段的基础理论和研究方法等方面的知识点。在内容组织上兼顾系统性与前沿性，凡主要论题，尽量按缘起、发展与现状的大致脉络介绍。同时，努力突出林业的行业特点，力求较完整地反映林木化学保护学的理论体系和知识构架。

本书可供林学、森林保护学、园林和生态环境类专业使用，也可供农林业工作者参考。

图书在版编目（CIP）数据

林木化学保护学/嵇保中主编. —北京：中国林业出版社，2011.7（2020.8重印）
高等农林院校"十二五"规划教材
ISBN 978-7-5038-6203-8

Ⅰ.①林… Ⅱ.①嵇…… Ⅲ.森林保护－农药防治－高等学校－教材 Ⅳ.①S767

中国版本图书馆 CIP 数据核字（2011）第 104617 号

中国林业出版社·教育分社

策划编辑：牛玉莲　杜建玲
责任编辑：杜建玲
电话：（010）83143611　　传真：（010）83143516

出版发行	中国林业出版社（100009　北京市西城区德内大街刘海胡同7号） E-mail:jaocaipublic@163.com　电话:(010)83224477 http://www.forestry.gov.cn/lycb.html
经　　销	新华书店
印　　刷	三河市祥达印刷包装有限公司
版　　次	2011 年 8 月第 1 版
印　　次	2020 年 8 月第 2 次
开　　本	850mm×1168mm　1/16
印　　张	25
字　　数	612 千字
定　　价	60.00 元

未经许可，不得以任何方式复制或抄袭本书之部分或全部内容。
版权所有　侵权必究

《林木化学保护学》编写人员

主　　编：嵇保中
副 主 编：（以姓氏拼音为序）
　　　　　崔建州　许志春　张国财
编写人员：（以姓氏拼音为序）
　　　　　陈安良（浙江农林大学）
　　　　　崔建州（河北农业大学）
　　　　　嵇保中（南京林业大学）
　　　　　唐光辉（西北农林科技大学）
　　　　　许志春（北京林业大学）
　　　　　张国财（东北林业大学）
　　　　　周成刚（山东农业大学）

前 言

农林植物及其生物质材料受到有害生物的侵袭,是农林业生产和产品加工利用过程中经常遇到的问题。在林木培育和利用的各个环节,都要进行有害生物的防治。因此,林木化学保护学理论和技术是林业工作者必备的专业知识。我国人均森林面积少且以人工林为主,有害生物的发生成为常发性林业生物灾害,被称为不冒烟的森林火灾,所造成的损失十分严重。我国正在进行大规模生态环境建设,对外贸易交流也日趋频繁,对有害生物治理提出了更高的要求。林业有害生物的防治直接关系到林业建设成果的保护和国家的生态安全,需要不断培养和造就森林保护专业方向的专门人才。自1990年东北林业大学、北京林业大学、南京林业大学、西南林学院等合作编写《林木化学保护学》一书以来,已经过去了20年,林木化学保护学在基础理论、应用技术以及人才培养的社会背景等方面都发生了很大变化,高校人才培养模式在强调知识和技能传承的同时,更加关注能力培养,包括获取和创造知识的能力,适应社会需求和解决问题的能力以及适应快节奏、多变化信息社会的能力等,同时也更加关注市场经济条件下毕业生的择业需求。从人才培养的社会需求以及学科自身发展的角度,都需要重新编写相关教材,以适应新的形势。

2007年1月,在北京林业大学召开了"高等农林院校森林保护专业方向'十一五'规划教材编写工作会议",同年5月在南京林业大学召开了教材编写工作审纲会议,根据上述会议的安排,我们开展了《林木化学保护学》的编写工作。编写分工如下:

嵇保中编写绪论和第1章;许志春编写第2章;陈安良编写第3章;崔建州编写第4章、第5章;唐光辉编写第6章;周成刚编写第7章;张国财编写第8章和附录。初稿形成后由嵇保中教授统稿定稿。

新中国成立以来,我国林木化学保护事业伴随着祖国前进的步伐,已经走过了60多个春秋,初步形成了较为完整的知识体系、较为完善的管理体系和相对独立的产业体系,与之密切相关的农药学、植物化学保护学、昆虫生理学、农药毒理学等也取得了显著进展,一般意义上的科学问题所涉及的机理和机制基本明晰。尽管如此,林木化学保护事业的发展依然充满挑战,需要一代又一代人为之努力奋斗!

林木化学保护学涉及化学、昆虫学、菌物学等学科的交叉内容,同类书籍在内容取舍上各有侧重。本书编写过程中的内容取舍主要依据以下原则:①注意保持知识体系的系统完整性,以便初学者有一个较为全面的了解。②尽量结合林业特点加以选材和阐述,以方便其在生产实际中的使用。③吸纳相关学科成果，适当加强基础理论，为进一步学习奠定基础。这些思考与安排是否恰当，有待实践检验。编写过程中，得到中国林业出版社指导与帮助。在统稿过程中，南京林业大学森林保护学系博士研究生文平和硕士研究生龚海霞参加格式规范、图表制作等工作。值此成书之际，一并表示诚挚的谢意！

《林木化学保护学》内容交叉性强、发展迅速，限于水平，本书一定存在不少缺点和不足，欢迎读者批评指正！

嵇保中
2009 年 9 月 29 日
于南京林业大学

目 录

前 言

绪 论 …………………………………… (1)
  0.1 农药的发展历史与趋势 …… (1)
    0.1.1 农药的发展历史 ……… (1)
    0.1.2 农药的发展趋势 ……… (5)
  0.2 林木化学保护学的发展过程……
    ………………………………… (7)
  0.3 林木化学保护学的地位 …… (8)
  0.4 学习本课程的目的和意义………
    ………………………………… (9)

第1章 林木化学保护学基础知识 …
………………………………………… (11)
  1.1 农药定义与分类 ………… (11)
    1.1.1 农药定义 …………… (11)
    1.1.2 杀虫剂 ……………… (11)
    1.1.3 杀螨剂 ……………… (13)
    1.1.4 杀菌剂 ……………… (13)
    1.1.5 杀线虫剂 …………… (15)
    1.1.6 除草剂 ……………… (15)
    1.1.7 杀鼠剂 ……………… (16)
    1.1.8 杀软体动物剂 ……… (16)
    1.1.9 植物生长调节剂 …… (16)
    1.1.10 转基因农药 ………… (17)
  1.2 农药剂型加工 …………… (17)
    1.2.1 剂型加工的意义 …… (17)
    1.2.2 药剂分散度与性能的关系
    ………………………………… (18)
    1.2.3 表面活性剂的基本性质
    ………………………………… (21)
    1.2.4 表面活性剂的亲水亲油平衡值
    ………………………………… (22)
    1.2.5 表面活性剂的类型 … (23)
    1.2.6 表面活性剂在农药加工方面的应用 ……………… (26)
    1.2.7 非表面活性剂类助剂
    ………………………………… (34)
    1.2.8 农药的主要剂型与性能
    ………………………………… (36)
  1.3 农药的使用方法 ………… (47)
    1.3.1 喷雾法 ……………… (47)
    1.3.2 喷粉法 ……………… (51)
    1.3.3 种子处理 …………… (51)
    1.3.4 熏蒸法 ……………… (52)
    1.3.5 烟雾法（烟雾载药法）
    ………………………………… (52)
    1.3.6 树干注射施药 ……… (54)
    1.3.7 航空施药 …………… (54)
    1.3.8 其他使用方法 ……… (57)
    1.3.9 农药的混合使用 …… (58)

第2章 杀虫剂 …………………… (62)
  2.1 杀虫剂毒理学基础知识
    ………………………………… (62)
    2.1.1 杀虫剂进入虫体的途径
    ………………………………… (62)
    2.1.2 杀虫剂的穿透和运输
    ………………………………… (63)
    2.1.3 杀虫剂作用的靶标 … (66)
  2.2 杀虫剂在昆虫体内的代谢
    ………………………………… (70)
    2.2.1 微粒体多功能氧化酶的代谢作用 ……………………… (70)
    2.2.2 其他酶类的代谢作用
    ………………………………… (74)

2.3 有机磷类杀虫剂 …………… (77)
 2.3.1 概况 ………………… (77)
 2.3.2 代表性品种 ………… (82)
2.4 拟除虫菊酯类杀虫剂 ……… (93)
 2.4.1 概况 ………………… (93)
 2.4.2 代表性品种 ………… (95)
2.5 氨基甲酸酯类杀虫剂 …… (100)
 2.5.1 概况 ………………… (100)
 2.5.2 代表性品种 ………… (102)
2.6 有机氮类(沙蚕毒素类)和芳基杂环类杀虫剂 …………… (106)
 2.6.1 有机氮类杀虫剂 …… (106)
 2.6.2 芳基杂环类杀虫剂……
  …………………………… (108)
2.7 昆虫生长调节剂 …………… (111)
 2.7.1 苯甲酰基苯基脲类
  …………………………… (111)
 2.7.2 其他昆虫生长调节剂
  …………………………… (117)
2.8 熏蒸剂 ……………………… (120)
 2.8.1 概况 ………………… (120)
 2.8.2 代表性品种 ………… (122)
2.9 杀螨剂 ……………………… (125)
 2.9.1 概况 ………………… (125)
 2.9.2 代表性品种 ………… (128)
2.10 生物源杀虫剂 …………… (130)
 2.10.1 植物源杀虫剂 …… (130)
 2.10.2 微生物源杀虫剂 … (139)

第3章 杀菌剂 ……………… (146)
3.1 定义与类型 ………………… (146)
3.2 发展概况 …………………… (147)
3.3 使用原理 …………………… (149)
3.4 使用方法 …………………… (150)
3.5 作用机理 …………………… (153)
 3.5.1 对菌体细胞结构和功能的破坏 ………………… (153)
 3.5.2 影响菌体内能量的转化
  …………………………… (155)
 3.5.3 对代谢物质的生物合成及其功能的影响 ………… (157)
 3.5.4 对病菌的间接作用……
  …………………………… (158)
3.6 无机杀菌剂 ………………… (159)
 3.6.1 概况 ………………… (159)
 3.6.2 代表性品种 ………… (159)
3.7 有机硫杀菌剂 ……………… (162)
 3.7.1 概况 ………………… (162)
 3.7.2 代表性品种 ………… (162)
3.8 有机磷杀菌剂 ……………… (164)
 3.8.1 概况 ………………… (164)
 3.8.2 代表性品种 ………… (165)
 3.8.3 其他有机硫、有机磷杀菌剂
  …………………………… (167)
3.9 取代苯基类杀菌剂 ………… (168)
 3.9.1 概况 ………………… (168)
 3.9.2 代表性品种 ………… (168)
 3.9.3 其他取代苯类杀菌剂
  …………………………… (170)
3.10 三唑及杂环类杀菌剂 … (171)
 3.10.1 概况 ……………… (171)
 3.10.2 代表性品种 ……… (171)
 3.10.3 三唑及杂环类杀菌剂的其他主要品种 ……… (175)
3.11 甲氧基丙烯酸类杀菌剂……
  …………………………… (178)
 3.11.1 概况 ……………… (178)
 3.11.2 代表性品种 ……… (178)
 3.11.3 其他甲氧基丙烯酸酯类杀菌剂 ……………… (180)
3.12 抗菌素及植物源杀菌剂……
  …………………………… (181)
 3.12.1 概况 ……………… (181)
 3.12.2 代表性品种 ……… (182)
3.13 无杀菌毒性化合物 ……… (183)
 3.13.1 概况 ……………… (183)
 3.13.2 主要类型和代表性品种

.... (184)
3.14 杀线虫剂 .... (186)
　3.14.1 概况 .... (186)
　3.14.2 主要类型和代表性品种
　　　　.................... (186)
3.15 木材防腐、防霉剂 ...... (192)

第4章 除草剂和植物生长调节剂
.... (196)
4.1 除草剂类别和使用方法......
.... (196)
　4.1.1 发展概况与主要类别
　　　　.................... (196)
　4.1.2 使用原理、方法及注意事项
　　　　.................... (202)
4.2 除草剂的作用机理 ...... (209)
　4.2.1 吸收与输导 .... (209)
　4.2.2 抑制光合作用 ...... (212)
　4.2.3 抑制呼吸作用 ...... (213)
　4.2.4 影响激素代谢 ...... (214)
　4.2.5 抑制蛋白质合成 .... (214)
4.3 常用除草剂 .... (216)
4.4 植物生长调节剂 .... (227)
　4.4.1 发展概况和主要类别
　　　　.................... (227)
　4.4.2 作用与使用方法 .... (234)
　4.4.3 吸收与运转 .... (236)
　4.4.4 影响植物生长调节剂作用的
　　　　因素 .... (237)
　4.4.5 常用植物生长调节剂......
　　　　.................... (239)

第5章 杀鼠剂 .... (248)
5.1 发展概况与主要类型 .... (248)
　5.1.1 发展概况 .... (248)
　5.1.2 主要类型 .... (249)
5.2 化学杀鼠剂 .... (252)
5.3 生物源杀鼠剂 .... (257)
5.4 兔害防治药剂 .... (264)
　5.4.1 兔害危害特点 ...... (264)

　5.4.2 兔害防治药剂 ...... (264)

第6章 抗药性及其治理 ...... (267)
6.1 害虫抗药性 .... (267)
　6.1.1 害虫抗药性的概念......
　　　　.................... (267)
　6.1.2 害虫抗药性的发展历史
　　　　.................... (268)
　6.1.3 害虫抗药性的形成......
　　　　.................... (269)
　6.1.4 害虫抗药性的机理......
　　　　.................... (270)
　6.1.5 影响害虫抗药性发展的因子
　　　　.................... (275)
　6.1.6 害虫抗药性的监测......
　　　　.................... (276)
　6.1.7 害虫抗药性的治理......
　　　　.................... (279)
6.2 植物病原物抗药性 ...... (282)
　6.2.1 植物病原菌抗药性形成与影
　　　　响其发展的因素 ...... (283)
　6.2.2 植物病原菌抗药性机理
　　　　.................... (285)
　6.2.3 植物病原菌抗药性的监测
　　　　.................... (286)
　6.2.4 植物病原菌抗药性的治理
　　　　.................... (287)
6.3 杂草抗药性 .... (288)
　6.3.1 杂草抗药性历史 .... (288)
　6.3.2 杂草抗药性形成及影响其发
　　　　展的因素 .... (290)
　6.3.3 杂草抗药性机制 .... (291)
　6.3.4 杂草抗药性的治理......
　　　　.................... (292)

第7章 农药的环境毒理 ...... (296)
7.1 农药的环境行为 .... (296)
　7.1.1 农药残留毒性的形成
　　　　.................... (297)
　7.1.2 农药在环境中转移与降解

7.1.3　主要农药类型的残留特点 …………………………………………(304)
7.2　农药的生态效应 ……(311)
　　7.2.1　农药对被保护植物的影响 ……………………………………(312)
　　7.2.2　农药对天敌的影响 ……………………………………(314)
　　7.2.3　农药对传粉昆虫和家蚕的影响 …………………………………(316)
　　7.2.4　农药对水生生物的影响 ……………………………………(319)
　　7.2.5　农药对土壤微生物的影响 ……………………………………(321)
7.3　农药的合理使用 ……(322)
　　7.3.1　农药使用的原则、途径与方法 ……………………………………(322)
　　7.3.2　农药的安全使用 ……(324)

第8章　农药的生物测定 ………(326)
8.1　生物测定的内容与原则 ……………………………………(326)
　　8.1.1　生物测定应用的范围 ……………………………………(326)
　　8.1.2　供试生物的筛选 ……(328)
　　8.1.3　生物测定的基本原则 ……………………………………(328)
8.2　室内试验研究方法 ………(329)
　　8.2.1　杀虫剂毒力测定方法 ……………………………………(330)
　　8.2.2　杀菌剂毒力测定方法 ……………………………………(336)
　　8.2.3　除草剂毒力测定方法 ……………………………………(338)
　　8.2.4　杀螨剂毒力测定方法 ……………………………………(340)
　　8.2.5　杀线虫剂毒力测定方法 ……………………………………(341)
　　8.2.6　混剂毒力测定方法 ……(342)
　　8.2.7　植物药害测定方法 ……(344)
　　8.2.8　昆虫抗药性测定方法 ……………………………………(345)
　　8.2.9　药剂安全性试验测定方法 ……………………………………(346)
8.3　林间药效试验方法 ………(348)
　　8.3.1　林间药效试验的内容和要求 ……………………………………(348)
　　8.3.2　林间药效试验设计方法 ……………………………………(349)
　　8.3.3　林间试验药效的调查 ……………………………………(351)
　　8.3.4　林间药效检查统计 ……(354)
8.4　试验结果统计与分析 ……………………………………(359)
　　8.4.1　毒力测定中致死中量的求法 ……………………………………(359)
　　8.4.2　药效试验中常用的统计指标和方法 ……………………………(365)
　　8.4.3　常用生物统计软件简介 ……………………………………(371)

参考文献 ……………………(383)
附　表 ……………………(385)

绪 论

地球生物圈是包括人类、其他动植物、微生物等的共同体，人类与自然界中的其他生命形式竞争共存，关系极为复杂。人类在与有害生物的长期斗争中，不断寻找各种防治方法，从最初利用天然矿物、植物中的有毒物质到人工合成高效有机农药，走过了一条不断求索的坎坷长路，逐步掌握了与有害生物斗争的主动权。

0.1 农药的发展历史与趋势

0.1.1 农药的发展历史

农药的发展历史可以大致分为天然药物时代、无机农药时代和有机合成农药时代3个阶段。

0.1.1.1 天然药物时代（约1865年前）

这一时期主要经历了天然杀虫药物发现、使用和加工制剂等过程。早在公元前2500年，苏美尔人就使用硫化物防治昆虫和螨类。公元前1200年，先民用有毒植物处理种子，用香蒿熏蚊，用石灰、草木灰防治仓库害虫；公元前1000年，古希腊《荷马史诗》中提到用硫磺熏蒸驱除害虫；公元前700—前500年，《周礼》中记载渭莽草、蜃炭灰、牡菊、嘉草等用于杀虫；公元前400—前300年，德莫克里图（Democritus）介绍用油橄榄榨油后的残渣喷洒植物防治疫病；《山海经》中记载砷硫铁矿石可以毒鼠；公元前200—前100年，罗马人用油、草木灰、硫磺和沥青制成软膏杀虫，用藜芦防鼠和杀虫；公元前32—前7年，《氾胜之书》有用附子、干艾等植物防虫、保护贮藏种子的记载。公元25—200年，东汉炼丹术可以制造小批量白砒；659年，《唐本草》记载硫磺杀虫、治疥；900年，用砷化物防治庭园害虫，用硫剂、铜剂、铝剂、油类杀虫，并有了熏蒸灭虫的方法；15世纪，砒石成工业规模生产，中国北方地区用砒石防治地下害虫和田鼠，南方地区用于防治水稻害虫；1518—1593年，《本草纲目》记述砒石、雄黄、百部、藜芦等的杀虫性能；1637年，《天工开物》记述砒石开采、炼制及用于防治地下害虫、田鼠和水稻害虫的情况；1690年，烟草水在法国用作杀虫剂防治梨网蝽；1761年，硫酸铜被用于防治谷物腥黑穗病；1763年，法国用烟草及石灰粉防治蚜虫。1800年，吉姆蒂科夫（Jimtikoff）发现高加索部族用除虫菊粉灭杀虱、蚤，并于1828年将除虫菊加工成防治卫生害虫的杀虫粉剂出售；1800年，法国化学家P. M. A. Proust在波尔多地区发现应用硫酸铜和石灰水混合液防治葡萄霜霉病的效果，成为波尔多液发现的起点，从1885年起波尔多液作为保护性杀菌剂广泛应用；1814年，发现石硫合剂的杀菌作用；1821年，罗伯逊（J. Robertson）用硫磺作为杀菌剂防治植物霉病；1828年，波塞尔特（W. Posselt）和赖曼（L. Reimann）确定烟草的杀虫成分为烟碱；1841年，H. W. Harris出版

Treatise on Some of Insects in Jurious to Vagetation 一书，较系统地总结了这一时期的成果。如用皂液加烟草水混合喷洒防治蚜虫，用绿矾水浸种防治地老虎，用毒饵防治蝼蛄，选用抗虫品种、烧毁残茬防治黑森瘿蚊等；1848 年，沃克斯利（T. Oxley）加工出鱼藤根粉杀虫剂。

天然药物的发现和应用使人们认识到病、虫、鼠害是可以通过药物加以控制或灭杀的，有害生物治理的规模逐步扩大，开始出现农药产业的雏形。其中除虫菊粉剂和鱼藤根粉剂的出现标志着真正意义农药的产生。天然药物受自然资源的限制，来源不足；成本高、防治效果不理想；有的对人、畜毒性大。这些原因限制了天然药物的大面积使用。

0.1.1.2 无机农药时代（约 1865—1940 年）

在 19 世纪初天然药物鼎盛时期，人类已经开始寻求更有效的杀虫药物。1800 年，法国化学家 P. M. A. Proust 在波尔多地区发现应用硫酸铜和石灰水混合液防治葡萄霜霉病的效果以后，1882 年，米亚尔代（P. M. A. Millardet）将这种混合液命名为波尔多液。1885 年后波尔多液大规模用作保护性杀菌剂。1851 年，格里森（M. Grison）以等量石灰与硫磺加水共煮制取了格里森水，石硫合剂基本定型。1865 年开始大面积使用巴黎绿（醋酸亚砷酸铜）防治马铃薯甲虫，1901 年巴黎绿成为世界上第一种获得立法的农药，是进入无机农药时代的标志。1890 年吉勒特（C. P. Gillette）发现砷酸钙具有较好的杀虫作用，提出制造砷酸钙用于治虫。2 年后，莫尔顿（F. Moulton）建议将砷酸二钠与醋酸铅混合使用，昆虫学家弗纳尔德（C. H. Fernald）证实其对害虫的毒杀作用，1894 年砷酸铅面市。1906 年砷酸钙大规模生产、使用。这一时期无机除草剂也得到广泛使用，品种有亚砷酸盐、砷酸盐、硼酸盐、氯酸盐等。这些盐类在一定浓度下对所有植物都有杀灭活性，主要用于清理工作场地、铁路、沟渠等处的杂草灌木。同期使用的无机杀鼠剂主要有亚砷酸、黄磷、硫酸铊、碳酸铜、磷化锌等。砷酸盐类是毒力最强、效果最好的无机杀虫剂，成为早期化学农药的佼佼者，使用范围遍及杀虫剂、杀菌剂、杀鼠剂和除草剂等领域。因此，无机农药时代堪称"砷酸盐农药时代"。在 20 世纪初，农药和施药器械也有较大发展。在 *Insect Pest of Farm，Garden and Orchard*（Sanderson，1915）一书中，根据杀虫作用把化学药剂分成胃毒剂、触杀剂、忌避剂、熏蒸剂 4 类。

在无机农药时代，农药基本上利用天然矿物、植物材料，并以矿物源无机农药为主，农药工业初具规模。1945 年美国商品农药产量约为 1×10^8 kg，其中砷酸钙和砷酸铅就占 0.44×10^8 kg，尚不包括氟、硫、铜等农药制剂。无机农药的加工利用拓宽了农药资源，缓解了农药短缺的矛盾。无机农药是最早出现的工厂化生产的农药商品，也称为第一代农药，剂型主要为粉剂，施用方法为喷粉或加水后喷洒。无机农药多为非脂溶性，对昆虫体壁和人、畜及鱼类的表皮没有显著的渗透性，一般不表现接触毒性，也不是神经毒剂，主要通过胃毒产生作用，在生物圈中不易发生药剂的生物富集现象，因此对人类、其他非靶标生物和环境的影响不大。无机农药主要缺陷是药效差、防治面窄并容易产生药害。其中杀虫剂多为胃毒剂，对人类等哺乳动物毒性大；除草剂无选择性；杀鼠剂也属剧毒药物。

0.1.1.3 有机合成农药时代（1940 年代至今）

1914 年德国的里姆（I. Riehm）发现对小麦黑穗病有效的第一个有机汞化合物邻氯酚汞盐，成为专用有机合成农药的开端。1931—1934 年，美国的蒂斯代尔（W. H. Tisdale）等发现了二甲基二硫代氨基甲酸盐类的杀菌作用，开发出有机硫杀菌剂福美双类。1874 年，德国的蔡德勒(O. Zeidler)合成滴滴涕；1939年瑞士的缪勒(P. H. Muller)发现其优异的广谱杀虫作用，开启了大规模使用有机杀虫剂和有机合成农药的时代。与无机农药相比，滴滴涕杀虫谱广、用量低、药效高，在防治农林害虫和黄热病、斑疹、伤寒、疟疾等传染病媒介昆虫方面，取得了极大成功。六六六由英国人法拉第(M. Farady)1925年合成，法国的杜皮雷(A. Dupire, 1943)和英国的斯莱德(R. Slade, 1945)发现其杀虫作用，六六六具有杀虫谱广、持效期长、成本低的特点，成为有机氯杀虫剂又一代表品种。1938年起，德国的施拉德尔(G. Schrader)等在研究军用神经毒气过程中，发现许多有机磷酸酯具有强烈杀虫作用。1943年，第一个商品化有机磷杀虫剂特普投放市场，1944年合成了对硫磷和甲基对硫磷。1950年代，瑞士嘉基公司研制出氨基甲酸酯类杀虫剂，1956年氨基甲酸酯类的第一个品种甲萘威投产。在杀菌剂和除草剂方面，1943年有机硫杀菌剂代森锌问世，1952年研制出有机硫杀菌剂克菌丹。1942年美国的齐默尔曼(P. W. Zimmerman)和希契科克(A. E. Hitchcock)发现2,4-滴的除草性能，1943年英国的坦普尔曼(W. G. Templeman)和塞克斯顿(W. A. Sexton)发现2甲4氯的除草性能。

有机合成农药时代又可分为前期(1940年代至1960年代末)和现代(1960年代末期至今)2个阶段。前期有机农药家族迅速壮大，有机氯、有机磷、氨基甲酸酯3类神经毒剂成为杀虫剂的三大支柱。杀菌剂、除草剂、植物生长调节剂、杀鼠剂、动物驱避剂均得到极大发展。有机农药类型多、药效高、对植物安全、应用范围广，为天然药物、无机农药所无法比拟，因此一经面世，就迅速占领市场。有机农药多表现为触杀作用，具有较强的脂溶性，易于渗透昆虫和其他动物体壁，作用靶标多为神经系统，可加工成粉剂、乳剂、油剂、气雾剂、油雾剂、烟剂等多种剂型。亲脂性增强提高了药效，也增加了非靶标生物中毒的风险，产生了其在生物圈富集和人、畜、有益生物中毒的问题。大量不合理使用有机化学农药所导致的有害生物产生抗药性、形成再度猖獗的问题也十分突出。1945年，威格尔沃斯(V. B. Wigglesworth)在《大西洋月刊》发表《滴滴涕和生态平衡》一文，对这种难以分解的长效杀虫剂的危险提出警告，另有多人反映喷药后鸟儿和鱼类死亡的情况，但当时对这些反映多认为是局部问题而未获重视。1962年，美国海洋生物学家卡尔逊(R. Carson)在其著作《寂静的春天》中描述了滥用杀虫剂对环境的影响。卡尔逊在书中宣称："现在每个人从未出生的胎儿期直到死亡，都必定要和危险的化学药品接触，这个现象在世界历史上尚属首次"。《寂静的春天》引发的杀虫剂辩论，促进了人们对农药安全的关注，推进了新农药开发的进程，使其沿着高效、低毒、与环境兼容的方向发展。以此为标志，进入了现代有机农药时期。在开发高活性、低残留、对非靶标生物和环境安全的农药品种方面，取得了一系列重要成果：

(1) 拟除虫菊酯类杀虫剂(pyrethroids)

该类杀虫剂模拟天然除虫菊有效成分合成，称为拟除虫菊酯。1924年，瑞士的斯托丁格(H. Staudinger)和鲁奇卡(L. Ruzika)提出天然除虫菊素的结构，但1947年才被确认，同时发现它们的分子结构具有立体异构和光学异构，不同异构体的杀虫活性差异很大。1949年，英国的谢克特(M. S. Schechter)等合成了商品化的类似物丙烯菊酯。1970年代初，英国的艾列奥特(M. Elliott)等合成了适用于农林害虫防治的光稳定性品种氯菊酯。拟除虫菊酯是一类广谱杀虫剂，其杀虫毒力比有机氯、有机磷、氨基甲酸酯类高10~100倍。对昆虫具有强烈触杀作用，有些品种兼具胃毒或熏蒸作用。该类杀虫剂用量小，使用浓度低，对人畜较安全，环境污染小。

(2) 三唑类杀菌剂(triazole compounds)

1974年，德国拜耳公司研制出三唑酮。此后，日本、瑞士、美国、意大利、法国相继开发出新品种。三唑类杀菌剂也称作麦角甾醇生物合成抑制剂，通过抑制病菌麦角甾醇的生物合成使菌体细胞膜功能受到破坏，抑制或干扰菌体附着胞及吸器的发育、菌丝和孢子的形成。三唑类杀菌剂为高效内吸性杀菌剂，杀菌谱广，兼具杀菌和植物生长调节作用，除有防病治病效果外，还可调节植物生长，增强植物的抗逆性。

(3) 阿维菌素类杀虫、杀螨、杀线虫剂(avermectins)

1975年，日本分离获得产阿维菌素的链霉菌。1976年，美国默克公司发现阿维菌素对害虫、线虫的驱杀作用。阿维菌素类药物可在线虫和节肢动物体内与特异位点γ-氨基丁酸结合产生一系列电生理和生物化学反应，引起突触前膜γ-氨基丁酸释放，导致γ-氨基丁酸介导的中枢神经及神经—肌肉间传导受阻，使虫体麻痹死亡。还可引起谷氨酸控制的Cl^-通道开放，从而导致膜对Cl^-通透性增加，带负电荷的Cl^-引起神经元休止电位的超极化，神经传导受阻，引起虫体麻痹死亡。哺乳动物外周神经传导递质为乙酰胆碱，中枢神经系统传导递质为γ-氨基丁酸，药物要对其产生作用需跨越血脑屏障进入中枢神经系统，而血脑屏障又可阻断阿维菌素类药物进入，因此阿维菌素对昆虫、螨类、线虫等高效，对哺乳类动物较为安全。阿维菌素结构新颖、农畜两用、高效安全，在当前农药市场中倍受青睐。

(4) 磺酰脲类除草剂(sulfonylurea herbicides)

该类除草剂对动物安全，对人体无毒，具有较好的选择性，用量极少，对多种1年生或多年生杂草高效。如噻磺隆、苯磺隆、甲磺隆、醚苯磺隆、氨基嘧磺隆、氯磺隆等。

(5) 昆虫生长调节剂(insect growth regulators, IGRs)

这类药剂不是直接快速杀灭害虫，而是通过影响害虫的发育和繁殖发挥作用，包括几丁质合成抑制剂、昆虫保幼激素类似物、昆虫蜕皮激素类似物等。几丁质合成抑制剂，如除虫脲；保幼激素类似物，如烯虫酯；蜕皮激素类似物，如虫酰肼。

(6) 昆虫信息素(insect pheromones)与拒食剂(insect antifeedants)

随着昆虫与外界联系的化学语言不断被破译，不少昆虫性引诱剂被成功合成并在实践中得到应用和商品化。拒食剂的研究已引起人们的关注。这些也称为昆虫行为调节剂。鉴于作用靶标、杀虫机理等方面的差异，有人将常规有机农药、昆虫生长调节剂、昆虫行为调节物质分别称为第二、三、四代杀虫剂。

0.1.1.4 我国现代农药工业发展简史

中国是使用农药最早的国家之一，在1930—1940年代，国内学者在矿物、植物农药研制方面开展了较多工作，应用的杀虫植物有雷公藤、巴豆、烟草、松针、狼毒、闹羊花、苦树皮、毒鱼藤、除虫菊等，并将上述植物与石碱、肥皂等加工成混配制剂以提高药效。先后研制出"中农特种砒酸钙"和"硫酸烟碱"等药剂。但当代农药以及农药工业的真正发展则是在1950年代之后，大致也可分为3个时期：

(1) 创建时期(1950年代)

该时期国家兴建了一批农药生产厂，产品以有机氯、有机磷农药为主。其中1950—

1951年，四川、上海、沈阳、天津等地相继建成六六六、滴滴涕生产车间，标志着中国有机合成农药工业的建立。1956年分别在天津、上海等地开始生产对硫磷和敌敌畏等有机磷杀虫剂，1958年开始生产代森锌、福美双等二硫代氨基甲酸酯类杀菌剂。东北、华北等地开始生产氯化苦、磷化锌等熏蒸杀虫剂和胶体硫、多硫化钡、2,4-滴、萘乙酸等。农药加工剂型以粉剂、可湿性粉剂、乳油为主。

（2）发展初期（1960—1980年代初期）

该时期主要发展有机氯、有机磷、氨基甲酸酯类杀虫剂品种。1973年停止使用汞制剂，并开发出稻瘟净、多菌灵等替代品种。1970年代，多菌灵、井冈霉素开始大吨位生产使用。敌稗、除草醚、草甘膦、绿麦隆、西玛津等除草剂投产。赤霉素、矮壮素、乙烯利、调节膦等开发投产。农药剂型发展成为包括乳剂、颗粒剂、胶悬剂、可溶性粉剂、胶囊剂、超低容量喷雾剂等多种类型。

（3）快速发展时期（1980年代初期以后）

1983年停止使用六六六、滴滴涕等有机氯品种，不断开发替代品种，国家集中投产了数十个高效、低残留农药品种，如丙溴磷、丙硫磷、三唑磷、毒死蜱等有机磷杀虫剂；丁硫克百威、硫双灭多威、丙硫克百威等氨基甲酸酯类杀虫剂；胺菊酯、氯氰菊酯等拟除虫菊酯类杀虫剂；丁草胺、禾草丹以及一些磺酰脲类除草剂。

我国农药工业经过60多年发展，目前已经成为世界农药生产和使用大国。具有起步晚、发展快、农药品种不断更新、发展历程和趋势与世界潮流基本一致等特点。

0.1.2 农药的发展趋势

随着人们对环境问题的关注，各国相继建立了严格的农药登记制度，要求开发的新品种不仅具有高效、低毒、低残留的特性，还要对非靶标生物无毒或毒性极小。1996年美国的T. Colburn、J. P. Myers、D. Dumanoski出版《痛失未来》一书，就环境的激素杀手发出警示。这些激素杀手隐藏在有毒化学药品、肉、奶等食品以及塑料器皿中，经食物链进入人体后破坏激素系统，影响生育繁衍。2001年5月22日，《关于持久性有机污染物（persistent organic pullutions，POPs）的斯德哥尔摩公约》签署，我国于2004年11月11日生效。该公约首先废除的12种POPs中，8种为有机氯杀虫剂。2004年2月24日，《关于在国际贸易中对某些危险性化学品和农药采用事先知情同意等程序（prior informed consent procedure，PIC）的鹿特丹公约》生效，我国2005年6月20日实行，在出口《鹿特丹公约》中限定的农药品种时，应预先通知进口国，并服从进口国的决定。这些条约的实施，推动了环境友好型农药的研发。环境友好型农药又称为绿色农药，其基本特点是具有很高的生物活性、单位面积使用量小、选择性高、对有害生物的天敌和非靶标生物无毒或毒性极小、对作物无害，使用后在作物体内外、土壤、大气、水体中无残留或即使有微量残留也可在短期内降解，生成的无毒物质完全融入大自然。绿色农药体现了人类对农药生产和应用的理想追求，代表了农药发展的超高效、低毒、对环境生态无污染的总体趋势，在以下方面已经取得积极进展。

（1）杂环化合物（heterocyclizations）

杂环化合物在农药和医药合成中的优势已经充分显现，新近开发的农药分子中大多含有杂环，其中含氮杂环尤为重要。氮与生命关系密切，是蛋白质、核酸、酶等生命要素化合物的重要成分。将含氮杂环引入农药分子结构不但可以提高农药的生物活性，还可改变其选择性。目前常用的合成药物几乎均为含氮有机化合物，生物碱、抗菌素、维生素等天然产物分子中也都含有氮原子。含氮杂环化合物吡唑、嘧啶、三唑以及稠杂环类已经广泛应用于医药及农药合成中。如唑蚜威是一种高效杀蚜剂，能有效地杀灭对有机磷和氨基甲酸酯类等农药产生抗性的蚜虫。杀菌剂嘧霉胺对植物灰霉病、黑星病有显著效果。杂环化合物中已经出现了一批生物活性极高的新农药，如1991年投放市场的吡虫啉类杀虫剂，以烟碱型乙酰胆碱受体为分子靶标，对哺乳动物和昆虫的乙酰胆碱受体作用位点不同，因此对昆虫高毒，对高等动物毒性较低，正逐步取代其他高毒农药品种。杂环化合物具有很高的药效，但对温血动物、鱼类的毒性低，在化学农药向无公害方向发展过程中发挥着重要的引领作用。

（2）手性农药（chiral pesticide）

1970年代，农药研究深入到分子立体异构领域，单一手性体农药陆续面市。单一手性体农药具有药效高、用量省、三废少、对作物和生态环境更安全等优点。以前，只有价格较为昂贵的农药，如菊酯类农药，才拆分其不同的光学异构体，并将无效体转化为有效体。1990年代以来，已经有30多个农药品种以单一光活性异构体产品或比例活性对映体的方式推向市场，包括氯氟氰菊酯、丙烯菊酯、胺菊酯等菊酯类杀虫剂，双丙氨酰膦、异丙甲草胺、氟氯乙禾灵、喹禾灵等除草剂，链霉素、甲霜灵、春雷霉素等杀菌剂，赤霉素等植物生长调节剂。

（3）光活化农药（photoactivated pesticide）

光活化农药是1970年代以来发展的新型高效、低毒农药，美国化学学会分别于1987和1995年先后出版专著，详细介绍其研究进展情况。光活化农药的杀虫机理包括光诱发毒性和光动力作用，前者以呋喃香豆素、呋喃喹啉碱、呋喃色酮等为代表，这类化合物在光照条件下可以直接与DNA反应而产生毒杀作用。光动力作用实质上是一种光敏氧化过程，光活化农药作为光敏剂，吸光以后由基态（单线态）跃迁到激发单线态，再经系间窜跃生成寿命较长的激发三线态。在激发三线态，或直接与底物（蛋白质、糖类、脂类、核酸）发生脱氢反应或电子转移，生成自由基或自由基离子，再和氧作用，产生超氧负离子（类型Ⅰ反应）；或直接与氧发生能量转移反应，生成单线态氧（类型Ⅱ反应）。上述两类反应可同时发生，但比例受环境影响。反应所产生的半醌自由基、活性氧等中间体会引起底物过氧化、膜蛋白交联等，破坏蛋白质、糖类、脂类、核酸的正常生物功能，对生物有机体产生毒害作用。光活化农药具有较好的选择性，对非靶标生物的毒性较低，能在自然界中迅速降解，对环境友好，作用机理独特，不易产生抗药性。

目前可用作杀虫剂研究的光敏剂主要有炔类、苯乙酮类、香豆素类、联噻吩类、呋喃香豆素类、稠环醌类等，其中从真菌中提取获得的稠环醌类效率极高。适合作农药的天然光敏剂有曙红、荧光素、根皮红、藻红、玫瑰红等，以含卤素的化合物最为有效。通过对卟啉类化合物的研究，使这类光敏剂应用于癌症光动力治疗，已有不少产品实现商品化。

（4）转基因农药（transgene pesticide）

作为现代生物技术重要领域的基因工程，使人类摆脱了单纯利用自然界生物体固有遗传性状的局限，进入了人类自主构建目标遗传性状的新时代。其中，外源基因导入植物体的表达，为植物提供了增产、提质以及植物保护措施，已经并将继续对植物育种、保护以及农药科学带来革命性变革。1983年转基因烟草问世，1986年转基因植物被批准进行田间试验，1993年转基因番茄在美国上市，开始了转基因植物商品化时代。十多年前，孟山都公司将苏云金杆菌（Bt）中分离出的杀虫基因植入农作物体内，提高了农作物的抗虫害能力。近年来，耐除草剂的转基因作物已经成为除草剂工业中最为活跃的领域。1980年代中期以来，转基因抗除草剂技术得到迅猛发展。1996年全球转基因抗除草剂植物种植面积 280×10^4 hm^2，1997年 1100×10^4 hm^2，2000年 4420×10^4 hm^2。耐除草剂作物的推广使非选择性除草剂得到广泛使用，不但保证了作物的安全，而且能有效地清除杂草使作物丰收，扩大了农作物和除草剂的市场，取得了更大的经济效益。转基因植物的出现为农药发展提供了新的契机。

目前转基因植物主要有3类：抗虫性转基因作物、抗农药毒杀作用的转基因作物和具有双重作用的转基因作物。转基因作物能有效地防治病虫害，经济效益显著，但也面临有害生物抗性、人类健康危害、外来基因漂移所产生的生态风险等问题，转基因植物栽培可以减少化学农药的用量，但提高了对农药选择性的要求。耐除草剂草甘膦的大豆、棉花、玉米等大面积种植，促进了灭生性除草剂草甘膦的发展。随着抗磺酰脲类、抗咪唑啉酮类等转基因植物出现，又会出现对相应除草剂品种的市场拉动。

0.2 林木化学保护学的发展过程

林木化学保护学是应用化学农药防治林木有害生物，保护森林健康、促进生态、社会、经济效益协调发展的科学。林木化学保护学的历史可远溯至1700年前应用铜青（CuO）进行木材防腐，在晋代葛洪《抱朴子》一书中就有"铜青涂木，入水不腐"的记载。约1100年前，有使用雄黄（三硫化二砷）防治园艺害虫的记载。在 Treatis on Insects in Jurious to Vagetation（Harrts，1841）一书中，也有在蛀洞内塞进樟脑防治林果蛀干类害虫的内容。新中国成立以前，主要采用无机农药或植物源农药防治一些人工林食叶害虫。新中国成立以后，化学防治得到快速发展。1950—1960年代，应用有机氯、有机磷农药飞机喷洒或地面施放六六六烟剂防治松毛虫和竹蝗等，显著提高了工效和防治效果。1960年代开始进行烟雾机研制，逐步形成了系列油烟机产品和配套油烟剂，提高了施放烟剂的灵活性和工效，拓宽了应用范围。1970年代，有机磷杀虫剂得到广泛应用，研制出敌敌畏—六六六混合烟剂。配制的百菌清烟剂和百菌清超低量油剂，防治落叶松早期落叶病，取得良好效果。

1921年，美国应用飞机撒施砷酸铅防治梓树天蛾，开创了飞机施药的先河。第二次世界大战以后应用飞机施药日益普遍，森林成为主要施药对象，使用的农药包括杀虫剂、杀菌剂、除草剂及杀软体动物剂。1970年代，英、美等国空中施药所用机型已从固定翼飞机向直升飞机转换，到1990年代末期基本由直升机施药。1951年，中国首次在广州用飞机喷洒滴滴涕灭蚊，在河北等地喷六六六粉剂治蝗。1959年开始用飞机喷药防治森林害虫，并开发出与之配套的低量、超低量喷雾技术。近年来，普遍应用直升机进行林业有害生物防治，极大地提高了防治的灵活性和针对性。

树干注射施药技术起源于1926年穆勒（Muller）发表《植物内部治疗》中提出的农药注入理论，最初应用于榆树荷兰病的防治，西赖因（J. D. Sirin）等将应用范围扩大到松树种实害虫防治。1978年，布朗（G. K. Brown）将应用领域进一步扩展到植物生长发育调节方面。国内从1960年代开始将注药技术用于钻蛀性害虫的防治，现已广泛应用于树体营养水分补充、果实品质改良、植物生长调节、植物缺素症矫治等方面。在病虫害防治、大树移植、果树施肥等方面，均有较多应用报道。树干注射施药技术快速推广得益于注药机械的发展，1926年世界上第一台树木注药机械产生，1927年普里斯特（Prister）获得世界上首个树木注药机专利。此后，美国的莫格特（J. J. Mauegt）研制出无压重力输药注射器。目前已经开发出各式各样的打孔注药器械，常用的注药方法是将树体打孔与注药过程分离，用专用打孔机在树干上钻孔，再插管施药，工效快，操作简便。针对有些害虫沿树干转移的习性，开发的毒笔、毒绳、涂干等局部施药方法，较好地协调了虫害防治和减少污染、天敌保护的关系。而针对蛀干害虫隐蔽危害习性开发的毒签、毒棉球等虫道施药技术，防治天牛等蛀干害虫取得良好效果。

经过多年的努力，林木化学保护学在林业适用剂型和施药技术等方面成绩斐然。林业有害生物治理具有面广量大、交通不便、林木高大难以施药等特点，结合林业生产实际，开发针对性药剂和施药技术仍然是需要进一步研究的重要课题。

0.3 林木化学保护学的地位

森林是陆地生态系统的主体，也是自然赋予人类的宝贵资源。森林所具有的调节气候、涵养水源、保持水土、防风固沙、改良土壤、美化环境、保持生物多样性等功能，无一不与人类的生存与发展息息相关。我国是一个人均森林资源较为贫乏的国家，人均林地面积、人均林木蓄积量约为全球人均水平的1/5和1/8。现有森林资源多为采伐后的次生林和人工林，林分质量低，生物灾害严重。目前，我国年均发生林业生物灾害面积逾$1\,000 \times 10^4\,hm^2$，损失高达880亿元。林业生物灾害的严重发生，已对森林资源和国土生态安全构成巨大威胁，严重制约生态建设步伐，抵消国土绿化成果，影响社会造林的积极性。随着对外交流的不断扩大，林业有害生物入侵已经成为森林保护工作的重要内容。有害生物治理所面对的不仅是成千上万不断繁衍的有害生物，而且是包括人类自身在内的复杂变化的生态系统，人类采取的各种治理措施实质上是协调系统内不同因素之间的关系，使之处于人类经济活动容许的范围之内。由于有害生物具有生长、繁殖、适应能力等生物基本特征，所形成的危害具有常发性特点，决定了有害生物治理的长期性、复杂性和艰巨性。我们正处在科学技术飞速发展、环境保护意识不断增强的时代，确定了林业有害生物治理的高效、环保发展方向。农药和化学肥料是现代高效种植业的两大支柱，化学农药，尤其是有机合成农药的应用极大地保护和发展了社会生产力，已经成为林业生产不可或缺的重要资料。化学防治是用少量化学能换取大量太阳能的高效方法，也是迄今为止防治有害生物的最有效方法。农药是科学技术发展的硕果，也是人类与自然环境进行抗争、求生存、求发展的必然选择。人类对有害生物的认识水平，走过了从"天灾"迷信到科学认知的漫漫长路；应对策略，度过了消极逃避到积极治理的悠悠岁月；防治措施，经历了一筹莫展、机械扑打、天然药物、合成化学农药等方法的重重坎坷。目前，人类面临资源匮乏和环境污染等问题，要求农药必须在更高层次上发展，综合运用各相关学科的最新成就，使农药安全有效地发挥更大的作用。科学技术永远是一把双刃剑，进步的成就与问题的风险如影相随，科学进步的历史也就是不断解决问题的过程。在不断开发新农药和防治手段的同时，人类应该对其蕴涵的风险保持警觉。

0.4 学习本课程的目的和意义

本书内容包括农药基本概念、主要种类、化学性质、毒性、作用机理和特点、加工剂型、防治对象、施用技术、有害生物抗药性、再增猖獗和药剂残留的预防与治理等，在注重系统性、实用性的同时，尽量反映不同研究方向的发生、发展和现状，以作为进一步学习和研究的基础。通过本课程的学习，首先，要进一步确立和谐的自然观，自然是包括人类、野生动、植物和土地等资源在内的共同体，人类作为自然的一分子，其发展离不开自然资源，依赖于对资源的合理利用。在某种意义上，人类对有害生物的治理是一个提高和谐水平、促进和谐自然的过程，目的是将有害生物的危害控制在人类经济活动容许的水平之下。其次，是确立以营林措施为基础、无公害防治措施为主导、化学防治技术为重要手段、多种措施协调应用的林业有害生物综合治理理念。林木化学保护学是林业有害生物治理的重要内容，化学防治技术是综合防治的主要措施，但用之不当往往也会产生毒副作用。在具体工作中，应结合实际合理运用。最后，是要系统掌握林木化学保护学的基础理论和实践技能，形成独立解决工作问题的能力，为合理使用农药、充分发挥农药在林业有害生物治理工作中的作用，更好地为国家的林业建设事业服务奠定基础。

小 结

农药的发展包括3个阶段：①天然药物时代（约1870年代前）：主要经历了天然杀虫药物发现、使用和加工制剂等过程，开始出现农药产业的雏形。天然药物受自然资源限制、成本高、防效低，有些品种对人、畜毒性大，药剂防治仅作为辅助手段。②无机农药时代（约1860年代至1940年代）：利用天然矿、植物材料，通过工厂化加工生产农药产品，成分以无机农药为主，剂型主要为粉剂。杀虫剂多为胃毒剂，除草剂无选择性，杀鼠剂属剧毒药物。无机农药多为非脂溶性，主要通过胃毒产生作用，在生物圈中不易发生药剂的生物富集现象，对人类、其他非靶标生物和环境的影响不大。无机农药药效差、防治面窄、容易产生药害。③有机农药时代（1940年代至今）：分为前期（1960年代末期前）和现代（1960年代末期至今）2个阶段。前期有机农药迅速发展，有机氯、有机磷、氨基甲酸酯三类神经毒剂成为杀虫剂三大支柱。杀菌剂、除草剂、植物生长调节剂、杀鼠剂、动物驱避剂均得到极大发展。有机农药类型多、药效高、对植物安全、应用范围广，多表现为触杀作用，具有较强的脂溶性，易于渗透昆虫和其他动物体壁，作用靶标多为神经系统。亲脂性增强提高了药效，也产生了其在生物圈富集和人、畜、有益生物中毒的问题。有机农药大量不合理使用导致的残留、有害生物抗药性和再增猖獗问题也十分突出。进入现代有机农药发展时期，着力开发高活性、低残留、对非靶标生物和环境影响小的品种，相继开发出拟除虫菊酯类杀虫剂、三唑类杀菌剂、阿维菌素类杀虫杀螨杀线虫剂、磺酰脲类除草剂、昆虫生长调节剂、昆虫信息素与拒食剂等。农药的发展方向是开发环境友好型绿色农药，在杂环类化合物、手性农药、光活化农药、转基因农药等方面已取得重要进展。

林木化学保护学是应用化学农药防治林木有害生物，保护森林健康、促进生态、社会、经济效益协调发展的科学。新中国成立以前，主要采用无机农药或植物源农药防治一些人工林食叶害虫。新中国成立以后，化学防治药剂、器械等得到快速发展。形成了以营林措施为基础、生物防治为主导、化学防治为重要手段、多种措施协调应用的林业有害生物综合治理理念以及航空防治、烟剂、树干注射施药、虫道施药等技术特色。我国是一个人均森林资源较为贫乏、林业生物灾害严重的国家，系统掌握林木化学保护学的基础理论和实践技能，对发展林业事业、维护国家生态安全具有特别重要的意义。

思考题

1. 农药发展经历了几个阶段？每阶段有哪些重要进展？
2. 天然农药、无机农药、有机农药的主要特点有哪些？
3. 现代有机农药时期，在开发新农药方面取得了哪些重要成果？
4. 解释手性农药、光活化农药、转基因农药的概念。
5. 简述光活化农药的作用机理。
6. 简述林木化学保护的定义、发展史。
7. 简述我国现代农药工业发展史。
8. 简述林木化学保护学在林业有害生物治理工作中的地位和作用。

推荐阅读书目

1. 华南农学院. 1983. 植物化学保护[M]. 北京：农业出版社.
2. 苗建才. 1990. 林木化学保护[M]. 哈尔滨：东北林业大学出版社.
3. 杨小平. 1999. 守卫绿色——农药与人类的生存[M]. 长沙：湖南教育出版社.
4. 徐汉虹. 2007. 植物化学保护学[M]. 北京：中国农业出版社.
5. 屠豫钦. 2007. 农药剂型与制剂及使用方法[M]. 北京：金盾出版社.
6. 屠豫钦. 2008. 植物化学保护与农药应用工艺——屠豫钦论文选[M]. 北京：金盾出版社.
7. 虞轶俊，施德. 2008. 农药应用大全[M]. 北京：中国农业出版社.
8. 王世娟，李璟. 2008. 农药生产技术[M]. 北京：化学工业出版社.

第1章
林木化学保护学基础知识

1.1 农药定义与分类

1.1.1 农药定义

农药(agricultural chemical, farm chemical)是指用于防治危害农、林、牧业生产的有害生物(害虫、害螨、线虫、病原菌、杂草、鼠类等)和调节植物生长的化学药品,通常也包括改善农药有效成分理化性状的各种助剂。1980年以来,转基因植物栽培迅速发展,美国环境保护局将转基因植物(种子)定义为农药范畴,国内也有文献将用于有害生物治理的转基因生物材料称为转基因农药。广义上讲,农药是指用于防治危害农、林、牧业生产的有害生物和调节植物生长的化学药品及基因工程产品。上述定义所涵盖的农药范围有:①杀灭各种有害生物的有机或无机化合物,以及提高其活性的助剂;②生长调节剂,包括植物生长调节剂和影响害虫等靶标动物生长发育、生殖、行为的化学物质;③动植物及微生物中可用于防治有害生物的有效成分提取物;④用于有害生物治理的转基因生物材料。

农药的定义和范围具有清晰的时代印记,美国早期将农药称为"经济毒剂"(economic poison),欧洲则称之为"农业化学品"(agrochemicals),或将农药定义为"除化肥以外的一切农用化学品"。随着环保意识的增强,相继出现"生物合理农药"、"生物调节剂"、"环境和谐农药"等概念,主要强调农药对靶标生物高效、对非靶标生物及环境安全。近年来,农药已拓展到转基因生物范畴。

农药类别的划分因方法而异,按原料的来源与成分可分为无机农药和有机农药,前者主要由天然矿物原料加工而成,也称矿物性农药;后者包括植物源农药、矿物油乳剂、微生物源农药、人工合成有机农药。一般按防治对象和应用范围分为杀虫剂、杀螨剂、杀菌剂、杀线虫剂、除草剂、杀鼠剂、杀软体动物剂、植物生长调节剂、转基因农药等大类,再结合化学成分和材料来源、化学结构、作用方式等进行具体归类。

1.1.2 杀虫剂

用于防治农、林、牧业害虫和城市卫生害虫的药剂称为杀虫剂。按作用方式分为:①胃毒剂(stomach agent, stomach pesticide):经口进入其消化系统发挥毒杀作用,如敌百虫等。②触杀剂(contact pesticide):与体壁或附肢接触后渗入虫体,或腐蚀虫体蜡层,或堵塞气门而杀死害虫,如拟除虫菊酯、矿物油乳剂等。③熏蒸剂(fumigating pesticide):利用有毒气体或液体、固体药剂的挥发蒸气毒杀害虫，如溴甲烷等。④内吸剂（systemic pesticide）：被植物吸收并输导至全株，以原体或其活化代谢物随害虫取食植物组织或吸吮植物汁液进入虫体，起毒杀作用，如氧化乐果等。

按毒理机制分为：①神经毒剂（nerve agent）：作用于害虫的神经系统，如对硫磷、拟除虫菊酯等。②呼吸毒剂（respiratory poison）：抑制害虫的呼吸酶，如氢氰酸等。③物理性毒剂（phsyically poison）：如矿物油乳剂可堵塞害虫气门，惰性粉可磨破害虫表皮，使害虫致死。④昆虫生长调节剂（insect growth regulators，IGRs）：不直接杀死昆虫，而是在昆虫个体发育特定时期阻碍或干扰昆虫生长、变态、生殖等。如保幼激素类似物、几丁质合成抑制剂等。⑤昆虫行为调节剂（insect behavior regulators，IBRs）：扰乱昆虫正常信息联系及行为，包括忌避剂、拒食剂、性引诱剂等。

按化学成分分为无机杀虫剂和有机杀虫剂。无机杀虫剂由无机矿物加工而成，如砷酸铅、氟硅酸钠等。一般药效较低，易引起作物药害。砷剂对人毒性大，大部分无机杀虫剂品种已被淘汰。有机杀虫剂包括天然有机杀虫剂和人工合成有机杀虫剂。人工合成有机杀虫剂能在较低剂量或浓度下，杀死害虫或抑制其生长发育。

1.1.2.1　天然有机杀虫剂（natural organic pesticide）

（1）植物源杀虫剂

植物源杀虫剂来源于有毒植物，如烟碱、苦参碱、鱼藤酮、除虫菊酯等。有效成分复杂、作用位点多，害虫不易产生抗药性；一般对植物无药害，对环境污染小。但资源有限，难以大规模生产。

（2）矿物源杀虫剂

矿物源杀虫剂代表品种如矿物油乳剂，主要成分为石蜡、烯烃类，多用于果树休眠期杀虫、杀螨。

（3）微生物源杀虫剂

微生物源杀虫剂可通过微生物发酵大规模生产，如阿维菌素类。利用植物、动物及微生物资源开发的杀虫剂又称为生物源杀虫剂；狭义指直接利用生物产生的活性物质或生物活体，广义则包括人工合成的天然活性结构类似物。一般又将可以进行大规模工业化生产的微生物源农药称为生物农药，而将人工仿制自然界化合物结构而合成的农药称为仿生农药。

1.1.2.2　人工合成有机杀虫剂（synthetic organic pesticide）

（1）有机磷酸酯类

有机磷酸酯类杀虫谱较宽、大多数品种具有触杀和胃毒作用，有些品种具有内吸或渗透作用，个别品种具有熏蒸作用，可进行多种方式施药。大多数品种对人、畜毒性较高，有的属于剧毒，应注意使用安全。该类杀虫剂抗性产生较慢，对作物一般较安全。如杀螟松、氧化乐果、马拉硫磷、辛硫磷、毒死蜱、敌敌畏、敌百虫等。

（2）氨基甲酸酯类

氨基甲酸酯类多数品种速效性好，持效期短，选择性强，对天敌安全。有些品种持效期长，可达1~2个月，适用于处理土壤或种子。少数品种如克百威、涕灭威毒性高，一般加工成颗粒剂使用。

(3) 拟除虫菊酯类

拟除虫菊酯类对昆虫有强烈触杀作用，有些品种兼具胃毒或熏蒸作用。用量小、使用浓度低，对人畜较安全，对环境的污染小。但容易形成害虫抗药性，对天敌选择性差，对鱼类高毒。如溴氰菊酯、氯氰菊酯、氰戊菊酯等。

(4) 有机氯类

有机氯类是发现和应用最早的人工合成杀虫剂，成本低，杀虫谱广，持效期长。化学性质稳定，在自然界不易分解，环境污染较重。目前大部分品种已禁止使用。

(5) 沙蚕毒素类

沙蚕毒素类广谱、毒性较低、对环境较安全。但对蜜蜂、家蚕有毒，有些品种易形成药害。如杀螟丹、杀虫双、杀虫单、杀虫环等。

(6) 苯甲酰脲类

苯甲酰脲类进入虫体后抑制几丁质的合成，使幼虫蜕皮受阻死亡。对不蜕皮的成虫无直接效果，但可经成虫入卵，影响气管系统发育，使胚胎窒息死亡。对多数天敌昆虫、鱼类、蜜蜂等安全，对人及高等动物毒性低，大多数品种不易产生抗性，与其他杀虫剂无交互抗性。但杀虫作用缓慢，幼虫受药后在蜕皮过程中才起作用。害虫严重发生时，应与速效性杀虫剂配合使用。对家蚕和水生甲壳类动物敏感，桑蚕区及虾、蟹养殖区慎用。如除虫脲、灭幼脲、氟铃脲等。

1.1.3 杀螨剂

用于防治植食性螨类的化学药剂称为杀螨剂，包括专杀性药剂和螨、虫兼杀性药剂。根据化学结构分为以下类型：①有机氯类：如三氯杀螨醇、杀螨酯及溴螨酯等。该类品种不易分解，残留量高，已禁止在蔬菜和茶叶上使用。②有机锡类：如三环锡、三唑锡、苯丁锡等，锡有残留毒性，国内外仅少量生产和使用。③有机硫类：如杀螨特、克螨特、苯螨特等。速效，持效期较长，有些品种如克螨特在水果上禁用。④拟除虫菊酯类：多为虫、螨兼杀型。如甲氰菊酯、三氟氯氰菊酯、氟氰菊酯等。⑤吡唑类：如唑螨酯、吡螨胺、唑虫酰胺等。唑螨酯对螨的全生育期有效，对幼螨和若螨活性更强。⑥其他杀螨剂；如哒螨酮、嘧螨醚、阿维菌素、乙螨唑、季酮螨酯等。

1.1.4 杀菌剂

在一定剂量或浓度下，对危害农作物生长发育的病原菌具有毒害、杀死或抑制其生长发育活性的农药称为杀菌剂。按防治对象可分为杀真菌剂(fungicide)、杀细菌剂(bactericide)、杀病毒剂(virucide)；按使用方式分为种子处理剂、土壤处理剂、熏蒸剂、熏烟剂、保鲜剂等。

1.1.4.1 无机杀菌剂(inorganic fungicide)

以天然矿物为原料加工制成的具有杀菌作用的元素或无机化合物称为无机杀菌剂。多为保护性杀菌剂，缺乏渗透和内吸作用。除汞制剂外，一般用量较高，对植物安全性较差，对敏感性植物易产生药害。按其所含元素可分为三大类：无机硫杀菌剂、无机铜杀菌剂和无机汞杀菌剂。如石硫合剂、硫酸铜、波尔多液、碱式碳酸铜、升汞、甘汞、氧化汞等。无机硫杀菌剂主要用于防治多种植物的白粉病、小麦锈病、苹果黑星病和炭疽病等；无机铜杀菌剂防治多种植物的霜霉病、炭疽病等。无机汞杀菌剂已禁用。

1.1.4.2 有机杀菌剂（organic fungicide）

根据药剂在植物体上的行为，分为非内吸作用和内吸作用2类。非内吸杀菌剂包括无机杀菌剂和有机杀菌剂中的有机硫类、有机砷类、芳烃和取代苯类、二甲酰亚胺类等，这类杀菌剂多为广谱性，药剂在植物体表形成药剂沉积，以保护植物免受病菌侵染。有些品种虽能渗入植物体内，但不能传导至未直接施药的部位，称为渗透作用或内渗作用，有别于内吸作用。非内吸杀菌剂一般作为预防性施药，作用位点多，不易诱发病菌产生抗药性。具有内吸作用的杀菌剂能通过植物叶、茎、根部吸收进入植物体，在植物体内输导至作用部位。按药剂的运行方向可分为向顶性内吸输导和向基性内吸输导。此类杀菌剂本身或其代谢物可抑制已侵染的病原菌生长发育，保护植物免受病原菌重复侵染，在植物发病后施药有治疗作用。内吸性杀菌剂作用位点单一，病原菌易产生抗药性，常与多作用位点的非内吸性杀菌剂混用，以延缓抗药性的产生。

按化学结构，有机杀菌剂可分为：①有机硫类：包括二硫代氨基甲酸盐类、三氯甲硫基类和氨基磺酸类。如代森锰锌、福美双、克菌丹、敌克松等。②有机砷类：包括烷基胂酸盐类和二硫代氨基甲酸胂类。如甲基胂酸锌、福美甲胂、退菌特等。③芳烃和取代苯类：芳烃类如五氯硝基苯、氯硝散等，取代苯类如百菌清等。④二甲酰亚胺类：如乙烯菌核利、速克灵、咪唑霉等。二甲酰亚胺类与芳烃类杀菌剂化学结构不同，但杀菌机理和杀菌谱类似，存在明显的交互抗性。⑤有机磷类：包括硫代磷酸酯类、磷酰胺类和金属有机磷化合物三类。如稻瘟净、克瘟散、甲基立枯灵、乙磷铝等。具有药效高、用途广、易分解和低残留等优点。⑥有机锡类：大多对温血动物具有中等急性毒性，抗菌能力优于代森类杀菌剂和铜制剂。如薯瘟锡、毒菌锡、三苯基氯化锡等。丁蜗锡因对作物药害较大，主要用于木材、纸浆防腐。⑦苯基酰胺类：具有双向传导作用，但以向顶性输导为主；水溶性强、渗入土中快，易被嗜水性强的卵菌摄取，对鞭毛菌引起的病害有效。如瑞毒霉、恶霜灵等。⑧苯并咪唑类和托布津类：两类杀菌剂化学结构不同，但杀菌谱和作用机理相似。托布津在水中溶解后或在植物体内经代谢后最终形成多菌灵，表明托布津类可能最终转化为苯并咪唑类而起作用。如多菌灵、噻菌灵、甲基托布津等。⑨羧酰替苯胺类：主要防治担子菌所致病害，是禾谷类锈病、黑穗病和丝核菌病害的种子处理剂和土壤消毒剂。如萎锈灵、氧化萎锈灵。⑩甾醇生物合成抑制剂：杀菌谱广，对子囊菌、担子菌、半知菌都有一定效果；使用量低，约为传统保护性杀菌剂的10%；持效期长，一般为3~6周。包括吡啶类、嘧啶类、咪唑类、哌嗪类、三唑类、吗啉类。如抑霉力、咪唑霉、粉锈宁、烯唑醇、丙环唑、十三吗啉等。⑪氨基甲酸酯类、异恶唑类和取代脲类：三类杀菌剂除个别品种（乙霉威）外，都是防治卵菌所致病害的药剂。如胺乙威、乙霉威、恶霉灵、霜脲氰等。⑫农用抗生素类：来源于微生物产生的次生代谢产物，或以天然生物活性物质为模板进行结构改造的人工半合成产物。如井冈霉素、公主岭霉素、农抗120、春雷霉素等。这类抗生素多具有内吸性，有治疗和保护作用、对人畜安全等优点，但药效不稳定，成本高，持效期短，易产生抗药性。⑬植物杀菌素：植物源杀菌物质及其仿生合成产物。如大蒜素、乙基大蒜素。

1.1.5 杀线虫剂

杀线虫剂主要指对植物病原线虫具有杀除作用的农药。按使用方式分为土壤处理剂、熏蒸剂、表面喷布剂、浸渍剂等。按化学结构可分为：①卤代烃类：多为土壤熏蒸剂。因为具有对人毒性大、田间用量多等缺点，发展受到限制。如氯化苦、溴甲烷、二溴化乙烯、二溴氯丙烷等。②有机磷类：大多有内吸或触杀作用，广谱性，残留少。如克线磷、灭线磷、丰索磷等。③硫代异硫氰酸甲酯类：能释放出硫代异氰酸甲酯使线虫中毒死亡。如棉隆等。④氨基甲酸酯类：广谱性杀线虫剂，有的兼有内吸杀虫作用。如克百威、涕灭威、丁硫克百威等。

1.1.6 除草剂

除草剂的分类方法有多种。

按作用方式分为：①选择性除草剂：对不同种类植物敏感程度不同，可选择性杀灭杂草。如盖草能、氟乐灵、西玛津、果尔等。②灭生性除草剂：对所有植物都有毒杀作用。如草甘膦等。

按除草剂在植物体内移动情况分为：①触杀型除草剂：只杀死杂草与药剂接触部分。如除草醚、百草枯等。②内吸传导型除草剂：药剂被吸收传导到植物体内，使植物死亡。如草甘膦、扑草净等。③内吸传导、触杀兼有型除草剂：兼有内吸传导、触杀双重功能，如杀草胺等。

按使用方法分为：①茎叶处理剂：直接用除草剂喷洒杂草。如盖草能、草甘膦等。②土壤处理剂：用除草剂喷洒土壤，形成一定厚度的药层，当杂草幼芽、幼苗及根系接触吸收后起杀草作用。如西玛津、氟乐灵等。③茎叶、土壤处理剂：可作茎叶或土壤处理，如阿特拉津等。

按化学结构分为无机除草剂和人工合成有机除草剂。无机除草剂如叠氮化钠、氰酸钠、硫酸铜等，因选择性差、杀草谱窄、用量大、成本高，已不再使用。人工合成有机除草剂按化学结构可分为20余类，主要有：①苯氧乙酸类：内吸传导型除草剂，对阔叶杂草有效，低浓度时促进生长，高浓度时抑制生长，浓度更高时产生毒杀作用。如2,4-滴、2,4-滴丙酸、2,4-滴丁酸、2甲4氯等。②酰胺类：主要防除禾本科杂草，常和防除阔叶杂草的除草剂混用。如甲草胺、乙草胺、萘丙酰草胺等。③取代脲类：水溶性差，在土壤中不易淋溶，残留期长，可达数月至1年以上，对后茬敏感作物可造成药害。主要作苗前土壤处理剂，防除1年生禾本科杂草和阔叶杂草。如绿麦隆、莎扑隆、敌草隆等。④二苯醚类：触杀性除草剂，主要用于防除1年生杂草或种子繁殖的多年生杂草幼芽。在光照条件下才能有效地起除草作用，宜在傍晚施药，使杂草在夜间吸收药剂，次日白天被日光照射以提高药效。多用于土壤处理，通常施于土表后，不拌土，以免药剂混入土壤下层不接触阳光，影响除草效果。如乙氧氟草醚、氟磺胺草醚、三氟羧草醚等。⑤三氮苯类：分为均三氮苯和偏三氮苯2类，是土壤处理剂，大部分兼有茎叶处理作用，主要防除1年生杂草。常和其他除草剂（如酰胺类除草剂）混用，或和其他除草剂制成混剂，以扩大杀草谱。如西玛津、莠去津、西草净等。⑥有机磷类：如草甘膦、草丁膦、调节膦、双硫磷等。有机磷类除草剂的特性和作用方式因品种而异。草甘膦是一种非选择性茎叶处理除草剂，土壤处理无活性，对1年生和多年生杂草均有效。双丙胺膦是从链霉菌发酵液中分离、提纯的三肽天然产物，是非选择性除草剂，对多年生植物有效，对哺乳动物低毒。双丙氨膦本身无除草活性，在植物体内降解成具有除草活性的草丁膦和丙氨酸，德国人工模拟开发的草丁膦已广泛应用。在抗草丁膦和耐草甘膦的转基因作物栽培中，两类除草剂得到大量使用。⑦磺酰脲类：活性极高，用量低，每公顷的使用量仅几克到几十克，被称为超高效除草剂。能有效地防除阔叶杂草，有些品种对禾本科杂草也有抑制作用。作用位点单一，杂草产生抗药性的速度较快。

1.1.7 杀鼠剂

杀鼠剂（rodenticide），包括能熏杀鼠类的熏蒸剂，防止鼠类损坏物品的驱鼠剂，使鼠类失去繁殖能力的不育剂，能提高其他化学药剂灭鼠效率的增效剂等。按作用速度可分为速效性和缓效性2类。速效性杀鼠剂也称急性单剂量杀鼠剂，如磷化锌、安妥等。其特点是作用快，鼠类取食后即可致死。缺点是毒性高，对人畜不安全，并可产生二次中毒，鼠类取食一次后若不能致死，易产生拒食性。缓效性杀鼠剂也称慢性多剂量杀鼠剂，如杀鼠灵、敌鼠钠、鼠得克、大隆等。其特点是药剂在鼠体内排泄慢，鼠类连续取食数次，药剂蓄积到一定剂量方可使鼠中毒致死，对人畜危险性较小。按成分和来源可分为无机杀鼠剂、植物性杀鼠剂和有机合成杀鼠剂。目前使用的主要为有机合成杀鼠剂，如杀鼠灵、敌鼠钠、大隆等。

1.1.8 杀软体动物剂

杀软体动物剂（molluscacide）防除对象包括有害的蜗牛、蛞蝓、螺蛳、钉螺等。按物质类别分为无机和有机杀软体动物剂2类。无机杀软体动物剂如硫酸铜和砷酸钙等，现已停用。有机杀软体动物剂有10余个品种，按化学结构分为：酚类，如五氯酚钠、杀螺胺；吗啉类，如蜗螺杀；有机锡类，如丁蜗锡、氧化双三丁锡、三苯基乙酸锡；沙蚕毒素类，如杀虫环、易卫杀、杀虫丁；其他类，如四聚乙醛、灭梭威、硫酸烟酰苯胺。目前使用较多的为杀螺胺、四聚乙醛、灭梭威等。

1.1.9 植物生长调节剂

植物生长调节剂（plant growth regulators）是人工合成或从微生物中提取的、可调节植物生长发育的非营养性外源化学物质。植物生长调节剂应用于几乎所有高、低等植物，用量小、残毒少。根据其生理功能，可分为植物生长促进剂、植物生长抑制剂和植物生长延缓剂3类。

（1）植物生长促进剂

促进细胞分裂、分化和延长，表现为促进植物营养器官的生长和生殖器官的发育。主要种类如吲哚乙酸、吲哚丁酸、吲熟酯、萘乙酸、2,4-二氯苯氧乙酸（2,4-滴）、防落素、赤霉酸、2-氯乙基膦酸（乙烯利）、油菜素内酯、三十烷醇（蜂花醇）、水杨酸、甲壳胺（壳聚糖）等。

（2）植物生长抑制剂

施用植物生长抑制剂，可使顶端分生组织细胞的核酸和蛋白质生物合成受阻，细胞分裂减慢，植株矮小。同时也抑制顶端分生组织细胞伸长和分化，影响当时生长和分化的侧枝、叶片和生殖器官，破坏顶端优势，增加侧枝数目，叶片变小，生殖器官生育也受到影响。外施生长素可逆转上述效应，但外施赤霉素无效。常见种类有脱落酸、青鲜素（马来酰肼）、三碘苯甲酸、整形素（2-氯-9-羟基芴-9-羧酸甲酯）、增甘膦［N-N-双（膦酰基甲基）甘氨酸］等。

（3）植物生长延缓剂

植物生长延缓剂是抑制赤霉素生物合成，使植物生长延缓的化合物，分为3类：鎓类化合物、含氮杂环化合物、酰基环乙烷二酮。鎓类化合物具有正电荷的氮、硫、磷部分，能抑制内根贝壳烯合成酶活性。如矮壮素（氯代氯化胆碱）、氯化胆碱、皮克斯（缩节安、助壮素）。含氮杂环化合物氮分子周围有一对孤电子对，孤电子对通过与酶内的细胞色素P450相互作用，作为第6配位体结合到细胞色素P450的正铁血红素的铁上，替代催化反应需要的氧，使贝壳烯氧化酶失活。如多效唑（氯丁唑）、烯效唑（优康唑，高效唑）、粉锈宁（三唑酮）、嘧啶醇（环丙嘧啶醇，三苯环嘧啶醇）等。酰基环乙烷二酮抑制赤霉素生物合成的最后步骤。如调节膦（蔓草膦）。

1.1.10 转基因农药

转基因农药（genetically modified crops pesticide）指应用基因工程技术将可用于有害生物治理的外源基因导入生物体内，所形成的用于有害生物治理的基因工程生物。目前主要为转基因植物，包括获得毒素基因的抗病虫植株和获得耐除草剂基因的植株（参阅绪论部分的相关内容）。转基因生物与传统化学农药在防治目标、作用机理等方面基本一致，某种意义上，是以基因工程操作替代了传统化学农药的林间施药环节。目前，许多农作物和蔬菜已经有抗病虫转基因品种和耐除草剂品种栽培。

1.2 农药剂型加工

1.2.1 剂型加工的意义

未经加工的农药称为原药，固体的原药称为原粉，液体的原药称为原油。农药的原药一般不能直接使用，必须加工配制成各种类型的制剂才能使用。在原药中加入适当的辅助剂，制成便于使用的形态，这一过程称为农药加工。加工后的农药称为制剂；制剂的型态称为剂型（pesticide formulation）。剂型是为适应有害生物防治需要而制备的农药应用形式。包括商品药剂的外观形态、药剂的分散状态、所属分散系以及药剂的可使用方式，如喷雾、气雾、熏烟等。每种制剂的名称由有效成分含量、农药名称和剂型三部分组成，例如，50%乙草胺乳油；15%三唑酮可湿性粉剂等。在农药制剂加工和应用中使用的除有效成分以外的各种辅助物质统称为农药助剂（pesticide adjuvant），主要有配方助剂（formulants）和喷雾助剂（adjuvant for spraying）两大类。助剂本身一般并无生物活性，但可以改善制剂的加工和使用性状，所发挥的作用大致有以下 4 类：①改善有效成分的分散性，包括分散剂、乳化剂、溶剂、稀释剂、填料和（或）载体等。②增强处理对象对农药的接触和吸收，如润湿剂、渗透剂、展着剂等。③延长或增强药效，如稳定剂、控制释放助剂和增效剂等。④提高安全性和可操作性，如防漂移剂、防尘剂、药害减轻剂、消泡剂、起泡剂、警戒色素等。

农药助剂种类繁多，还没有形成统一的命名和分类方法，上述功能类别虽然实用，但不同类别之间的界限较为宽泛。目前比较推荐的是表面活性分类法，将现有助剂分为表面活性剂（surface active agent，SAA）（包括天然和合成的）和非表面活性剂两大类。属于或基本属于表面活性剂的农药助剂有分散剂、乳化剂、润湿剂、渗透剂、展着剂、黏着剂、掺合剂、防漂移剂、发泡剂、消泡剂、增黏剂、触变剂、稳定剂、抗凝聚剂等。属于或基本属于非表面活性剂的农药助剂有稀释剂、溶剂、助溶剂、载体、填料、防静电剂、抗结块剂、药害减轻剂、抗冻剂、pH 调节剂、推进剂、增效剂等。

剂型加工是原药形成商品化制剂的重要环节，其意义主要体现为：①赋形。赋予原药以特定的稳定形态，便于流通和使用，适应各种应用技术对农药分散体系的要求。②稀释作用。将高浓度的原药稀释至对靶标生物有毒，对农作物、其他非靶标生物和自然环境的不良影响在容许范围以内。③优化生物活性。使农药获得特定的物理性能和质量规格。如粉剂的粒度、可湿性粉剂的悬浮率、液剂的润湿展着性等。④增强稳定性。提高原药的稳定性，以获得良好的"货架寿命"。如杀虫双，若加工成水剂，贮存期间易分解。若加工成粒剂或可溶性粉剂，原药化学稳定性提高。⑤扩大使用范围。通过加工，能使一种原药加工成多种剂型及制剂，扩大使用方式和用途。⑥高毒农药低毒化。通过加工，能将高毒农药加工成低毒剂型及其制剂，以提高施药者的安全性。如克百威对人、畜毒性高，加工成 3% 颗粒剂，提高了使用的安全性。⑦延长有效期。加工成缓释剂，可控制有效成分释放，延长持效期。⑧混配增效。将 2 种以上作用机制不同的原药加工成一种混合制剂，以获得兼治、增效和延缓抗药性发展的效果。

1.2.2 药剂分散度与性能的关系

剂型加工实质上是农药的分散过程。除熏蒸剂外，农药原药均不能直接使用，不论是固态还是液态，都必须被分散成为一定细度（即"分散度"）的微小粉粒或油珠，才能被均匀喷布到作物和靶标生物体上。分散过程所获得的成品是一种达到物理化学稳定状态的多组分混合物，成为农药的某种特定分散体系。一种农药原药可以加工成为多种不同的分散体系。任何一种分散体系一般均由 2 个基本部分组成，即"分散相"（农药原药或母药）和"分散介质"（载体和助剂所组成的结构型介质）。具有一定组成的稳定分散体系即具有了明确的剂型。

分散度是指药剂被分散的程度。分散度通常以粒子直径大小表示，分散度越大，粒子越小。分散度一般用"比面"表示：

$$比面 = S/V$$

式中　V——总体积；
　　　S——总面积。

总体积一定时，粒子越小，个数越多，比面就越大。在农药加工过程中，将固体药剂粉碎，粉粒越细，分散度越大。在农药使用过程中，喷出的雾滴越细，分散度就越大。常用农

表 1-1　不同剂型及再分散体粒径　　　　　　　　　　　　μm

剂型	剂型粒径	再分散体粒径
熏蒸剂、气体制剂	<0.01	0.0004~0.003（气）
水剂、油剂	<0.001	50~150（气）
气雾溶液	<0.001	10~30（气）
微乳剂	0.001~0.1	0.005~0.08（水）
浓乳剂	0.2~2	0.2~2（水）
乳油	0.001~0.1	1~5（水）
悬浮剂、糊剂	0.5~5	0.5~5（水）
微胶囊剂	30~50	30~50（水）
可湿性粉剂、种衣粉	5~44	5~44（水）
粉剂	5~74	5~74（气）
粗粉剂	45~105	45~105（气）
烟雾剂	100~150	烟 0.5~5（气）
		雾 1~50（气）
微粒剂	105~300	105~300（气）
粒剂	300~1700	300~1700（气）
片剂	5000~15000	水分散片 2~5
		缓释片 <0.001

（仿王世娟等）

药剂型及再分散体的颗粒直径范围如表 1-1。

分散度对药剂应用性能的影响包括以下几方面。

（1）影响撞击频率

分散度影响药剂粉粒或雾滴与靶标的撞击频率。理论上可以通过提高药剂用量和粉粒或雾滴细度来提高撞击频率，但实际上粉粒或雾滴直径较大时，提高药剂用量，药剂粒子在靶标物体上并不能发生有效碰撞。当雾滴 > 250 μm 时，雾滴喷到叶面上会发生弹跳现象而脱离，而小于 250 μm 的细雾滴能平稳地撞击并黏附在叶面上。雾滴大小通常用体积中值直径（volume median diameter，VMD）和数量中值直径（number median diameter，NMD）表示。体积中值直径简称体积中径，即在一次喷雾中，将全部雾滴的体积从小到大顺序累加，当累加值等于全部雾滴体积的一半时（50%），所对应的雾滴直径。数量中值直径简称数量中径，即在一次喷雾中，将全部雾滴从小到大顺序累加，当累加的雾滴数目为雾滴总数的一半时，所对应的雾滴直径。

在实际工作中，要求在一个雾滴群中的雾滴尽可能均匀，如它们的直径完全相等，则体积中径和数量中径的值也必然相等，即：$NMD/VMD = 1$，这是雾滴群的理想状态，实际上不可能达到。如果粗雾滴多，体积中径值偏高；细小雾滴多，则体积中径值偏低；体积中径和数量中径的比值就会发生相应的变化。若比值 > 0.67，就认为喷雾的雾化性能良好。

C. M. Himel 和 S. UK 在 1970 年代提出生物最佳粒径（biological optimum droplet size，BOD）理论：不同生物靶标捕获的雾滴粒径范围不同，只有在最佳粒径范围内，靶标捕获的雾滴数量最多，防治有害生物的效果也最好。对于大多数生物靶标，20~50 μm 是最佳粒径范围。马修斯（Matthews）1979 年总结了在不同施药目标物上最适宜的雾滴细度，即不同的生物靶标所对应的最佳粒径大致范围：飞行昆虫 10~50 μm，叶面上的昆虫 30~50 μm，植物叶片 40~100 μm。如飞翔的蚊虫最佳粒径范围为 10~20 μm；采采蝇为 30~40 μm。

(2) 影响覆盖密度

低容量和超低容量喷雾所用的喷洒药液浓度很高，而每亩喷洒药液的量很少，施药后药剂在作物表面上不是以液膜的形式覆盖，而是以雾滴覆盖，雾滴与雾滴之间有一定的距离，单位面积上沉积的雾滴数量，称为雾滴覆盖密度，常以"雾滴数/cm^2"表示。在单位面积施药量固定的条件下，雾粒直径大小与雾滴覆盖密度成反比，即分散度越大，雾滴直径越小，雾滴覆盖密度越大，与防治对象接触的机会越多。这是因为球形雾滴的直径若缩小一半时，1 个大雾滴可分割为 8 个小雾滴，雾滴覆盖密度就增大到 8 倍[$V = (4/3)\pi r^3$]。有效雾滴覆盖密度是指能发挥一定防效所需要的单位面积雾滴数。有效雾滴覆盖密度是根据农药品种、使用浓度、雾滴大小以及防治对象生长发育阶段等因子在田间实际测定获得的，如用 25% 敌百虫油剂 70 μm 的雾滴防治 3 龄以下黏虫，有效雾滴覆盖密度为 8~10 个雾滴/cm^2，而防治 4 龄以上的黏虫为 15 个雾滴/cm^2。一般而言，喷洒保护性杀菌剂以及应用触杀剂防治蚜、螨等活动性差的害虫，要求有较高的雾滴覆盖密度，才有好的防治效果。

(3) 影响附着与沉积性能

分散度小，粉粒或雾滴直径大，质量大，易从虫体上或农作物上滚落。分散度大，则雾滴或粉粒颗粒小，对靶标的覆盖密度和均匀度好，有较好的穿透能力，能随气流深入植株冠层，沉积在果树或植株深处靶标正面和大雾滴不易沉积的背面，在靶标上的附着力强，不易产生流失现象。但过细的雾滴(小于 100 μm)易蒸发和飘移而造成环境污染。粒子的行为与大小、物态等有关(表1-2)。

表1-2　粒子大小与其在农作物上沉降、附着、穿透的关系

固态粒径(μm)	植物表面行为	液态粒径(μm)	植物表面行为
>700	只有撞击，无沉积与附着	>2 000	穿透性好，但受重力影响很快落下
60~120	有撞击和沉积，部分粒子在中下部附着	120~300	有一定穿透性，较好的沉积性和附着性
<44	沉降和沉积差，附着性好	50~120	良好的穿透性、沉积性和附着性
<2	在林间会飘失；室内条件下叶子背面也能良好附着		

粒子的沉降速度符合斯托克(Stoke)定律：

$$v = \frac{d^2(\rho_s - \rho)g}{18\eta}$$

式中　v——颗粒在介质(水)中的沉降速度；

　　　ρ_s——粒子的密度(g/cm^3)；

　　　ρ——分散液密度(g/cm^3)；

　　　d——粒子的直径(cm)；

　　　η——分散液的黏度(mPa·s)；

　　　g——重力加速度(cm/s^2)。

即颗粒在介质(水)中沉降速度与粒子直径、粒子密度和悬浮液密度差成正比，与悬浮液黏

度成反比。在影响粒子沉降速度的三个因素中,粒子直径是主要因素。粒子越小,沉降速度越小,悬浮率就越高。在乳液中,油滴越小,越不易油水分离。

分散度是农药使用技术的核心问题,农药剂型加工和使用方法基本上都是为了获得适宜的农药分散度;但分散度也不是越高越好,有时为了某种需要还要有意降低分散度。例如呋喃丹等高毒农药,如果喷雾、喷粉分散度大,人容易中毒,而加工成颗粒剂,降低分散度,则可安全使用。

1.2.3 表面活性剂的基本性质

能显著降低液体表面张力和液—液界面张力,并具有特殊吸附性能的物质称为表面活性剂(surface active agent,SAA)。目前一般认为只要在较低浓度下能显著改变表(界)面性质或与此相关、由此派生性质的物质,都属于表面活性剂的范畴。具有两亲性基团是表面活性剂化学结构的共同特点。其分子结构由两部分构成,分子的一端为非极性基团,称为疏水基或亲油基;另一端为极性基团,称为亲水基或疏油基。两类结构与性能截然相反的分子碎片或基团分处于同一分子两端,形成了一种不对称的极性结构,称为"双亲结构",表面活性剂分子也称为"双亲分子"。独特的"双亲分子结构"决定了表面活性剂的基本特性,即在液体界面上选择性吸附,分子取向、定向排列在界面上,在临界胶束浓度(critical micell concentration,CMC)后形成胶束。表面活性剂在液体表面选择吸附、定向排列源于表面活性剂分子在溶液表面和内部受力不同,在内部的表面活性剂分子所受各方面的力(吸引力和内聚力)是均等的,处在表面的表面活性剂分子受到液体内部引力(水分子对表面活性剂分子亲水基团的引力)比空气分子的引力大得多,而表面活性剂亲油基与水分子之间只有斥力而无引力,使亲油基呈卷曲构象,将表面活性剂分子推向表面。当表面活性剂分子数量足够多时,就能在液体表面形成单分子膜层,即定向吸附,结果使大部分或绝大部分界面被表面活性剂取代。

当一种液体和别的物质接触时,液体表面层分子与内部分子的受力分析实际上与上述情况类似,也是液体表面分子与空气以及内部分子之间的相互作用。即液体内部分子从周围分子受到的吸引力是均匀一致的,而液体表面分子,由于暴露于空气中,空气对这些分子的吸引力较小,结果液体内部分子对表层分子的引力大于空气的引力。

表面张力 r 是促使液体表面收缩的力。分子之间相互作用力越大,表面张力 r 越高。水分子之间相互作用力大,水的 r 值也高(25 ℃,72 mN/m);表面活性剂亲油基分子间相互作用力小,r 值降低。如 C_8H_{18} 的 r 值约为 22 mN/m。因此表面活性剂溶液中创造单位新表面积所需要的功(r 值)大大降低。这就是表面活性剂能显著降低溶液 r 值的原因。表面活性剂在表面吸附量越多,r 值降低越大,直到表面几乎完全被吸附的表面活性剂分子覆盖,r 值降到最低。不同表面活性剂分子结构不同,能达到的最低限度也不同,降低 r 值的效果也不一致。在两种互不相溶液体(如油和水)的液—液界面上,表面活性剂也同样发生上述定向吸附现象,而且其亲油基和亲水基分别得到了更好的定向吸引力条件,所以表面活性剂分子定向吸附作用更显著,降低 r 值作用更明显。

就农药制剂而言,表面张力越大,喷雾时形成的雾滴越大;表面张力越小,形成的雾滴越小。加入表面活性剂后,其分子在液面定向排列,使液体表面被完全覆盖,此时和空气接触的不再是液体分子本身,而是表面活性剂分子。液体的表面层分子受到的向心拉力由于表面活性剂的引力而抵消了一部分,使其向心合力减少,而表面活性剂分子具有两亲性,其极性基一端虽受到水分子的拉力,但因有非极性基一端和气相亲和,因而它本身的表面张力很小,所以液体表面张力得以降低。

研究表明,不论表面活性剂种类与结构如何,其水溶液 r 值均随浓度增加很快降低,当继续增加表面活性剂浓度时,r 值降低速度明显减慢,逐步趋于恒定值。此时溶液的物理化学参数与浓度的关系有类似 r 值变化的特征曲线。将表面活性剂溶液这一特定浓度范围,称为表面活性剂临界胶束浓度(CMC),即表面活性剂在特定条件下,溶液的若干物化性质、电学性质都发生突变时的浓度值。表面活性剂类型不同、试验条件不同,临界胶束浓度也不同。临界胶束浓度是表面活性剂溶液表面形成单分子膜达到饱和状态时的特征数值,对特定表面活性剂溶液,不同测定方法获得的临界胶束浓度一致。溶液达到临界胶束浓度后,表面活性剂形成胶束对许多物质有乳化、分散、增溶作用,体现出助剂功能。在农药加工使用中,表面活性剂用量一般均超过其临界胶束浓度值。

1.2.4 表面活性剂的亲水亲油平衡值

并非所有具有两亲性的物质都是表面活性剂,例如:CH_3COONa 分子具有两亲性,但 CH_3—的亲脂性(拒水性)太弱,而极性基(COO—)亲水性太强,即头大尾小,整个分子被拉入水中,无法在液面上作定向排列。而钙皂(R—COO_2Ca)则相反,极性基亲水性很弱,而非极性基的拒水性太强,整个分子浮在液面上也不能作定向排列。因此,表面活性剂不但要在分子结构上具有两亲性,还应具有适当的亲水亲油平衡。

表面活性剂的亲油、亲水性的强弱通常用亲油亲水平衡值(hydrophile-lipophile balance, HLB)表示。HLB 值也称水油度,HLB 值越大,水溶性越强;HLB 值越小,油溶性越强。HLB 值是表面活性剂分子结构的反映,也可作为表征其性能的指标(表1-3)。

表1-3 表面活性剂的 HLB 值与其性能的大致关系

HLB 值	水溶性	HLB 值	应用范围
1~3	不分散	1~3	消泡作用(消泡剂)
3~6	微分散	3~8	乳化作用(W/O 型乳化剂)
6~8	搅拌下分散成乳液	7~11	润湿作用(润湿剂)
8~10	稳定乳液	8~16	乳化作用(O/W 型乳化剂)
10~13	半透明至透明分散系	12~15	去污作用(洗涤剂)
>13	透明溶液	14~18	增溶作用(增溶剂)

最早提出表面活性剂 HLB 值概念的是 Griffin。特定表面活性剂的 HLB 值可以通过实验测定和计算获得,实验测定包括气相色谱法,极性指数法,介电常数法,临界胶束浓度法,水溶解性、浊点、浊数、水数或酚指数法,乳化法和可溶化法,核磁共振法,乳状液相转变法,溶解性参数法和表面张力法等。其中水溶解性法是估计 HLB 大约值的常用方法。具体方法:用量筒取 100 mL 去离子水,取 1 滴乳化剂在量筒口上方 5 mm 处滴入量筒中,观察

入水状态。振摇，可以将量筒放入超声波清洗器中帮助分散，超声一段时间后，观察分散状况，粗略估计所测试乳化剂的 *HLB* 值。平行测定 3 次，求其平均值。粗略估计的标准如表 1-4。

表 1-4　乳化剂 *HLB* 值的粗略估计标准

乳化剂在水中的现象	*HLB* 值的大致范围	乳化剂在水中的现象	*HLB* 值的大致范围
不分散	1~4	稳定的乳状液	8~10
分散不好	4~6	半透明到透明分散	10~13
剧烈振荡后呈乳状分散	6~8	透明溶液	≥13

目前 *HLB* 值计算有多种公式，大致分为 2 类：一类为经验或半经验公式，另一类为建立在结构—性能关系基础上的理论公式，共有 40 多种，每一种计算方法适应特定的表面活性剂类型，具体方法可参阅相关的专门著作。农药乳化剂的 *HLB* 值也可通过查阅农药制剂方面的书籍获得。

1.2.5　表面活性剂的类型

表面活性剂按来源分为人工合成和天然产物 2 类；按分子结构中的带电特征，分为阴离子型、阳离子型、非离子型、两性型和混合型 5 类。农药加工方面常用的为阴离子型、非离子型、混合型以及天然表面活性剂。

1.2.5.1　阴离子型表面活性剂

阴离子表面活性剂(anion surfactant)在水中电离后起表面活性作用的部分带负电荷。如脂肪醇硫酸钠在水分子的包围下，即解离为 $ROSO_2—O^-$ 和 Na^+ 两部分，带负电荷的 $ROSO_2—O^-$ 具有表面活性。阴离子表面活性剂分为脂肪酸盐、硫酸酯盐、磺酸盐和磷酸酯盐四大类，产量占表面活性剂首位。阴离子表面活性剂不可与阳离子表面活性剂一同使用，以免沉淀失效。

(1) 脂肪酸盐($RCOO—M^+$)

脂肪酸盐包括高级脂肪酸的钾、钠、铵盐以及三乙醇铵盐。在水中电离后起表面活性作用的是脂肪酸根阴离子。脂肪酸盐表面活性剂是皮肤清洁剂的重要品种，如肥皂。脂肪酸烃 R 一般为 11~17 个碳的长链，如硬脂酸、油酸、月桂酸。根据 M 代表的物质不同，又可分为碱金属皂、碱土金属皂和有机胺皂，均有良好的乳化性能和分散油的能力。

(2) 磺酸盐($R—SO_3M^+$)

在水中电离后生成起表面活性作用的阴离子为磺酸根($R—SO_3^-$)，称为磺酸盐型阴离子表面活性剂，包括烷基苯磺酸盐、α-烯烃磺酸盐、烷基磺酸盐、α-磺基单羧酸酯、脂肪酸磺烷基酯、琥珀酸酯磺酸盐、烷基萘磺酸盐、石油磺酸盐、木质素磺酸盐、烷基甘油醚磺酸盐等多种类型。

烷基苯磺酸盐通常是一种黄色油状液体，其疏水基为烷基苯基，亲水基为磺酸基。如十二烷基苯磺酸钠是一种性能优良的阴离子表面活性剂，化学性质稳定，在酸性或碱性介质中以及加热条件下都不会分解。支链结构的烷基苯磺酸钠由于难被微生物降解，对环境污染严重，逐渐被直链烷基苯磺酸钠代替。直链十二烷基苯磺酸钠的性能与支链烷基苯磺酸钠相同，但易于被微生物降解，有利于环境保护，目前使用的烷基苯磺酸钠全部是直链烷基结构产品。烷基萘磺酸盐的典型产品如二丁基萘磺酸钠，俗称拉开粉，是纺织印染行业常用的一种渗透剂、乳化剂。

木质素磺酸盐是造纸工业亚硫酸法制浆过程中废水的主要化学成分。结构复杂，一般认为它是含有愈创木基丙基、紫丁香基丙基和对羟苯基丙基的多聚物磺酸盐，相对分子质量200～10 000，是以非石油化学制造的表面活性剂中重要的一类。价格低，具有低泡性，主要用作固体分散剂、O/W 型乳状液的乳化剂，染料、农药、水泥等悬浮液的分散剂等。

（3）硫酸酯盐

硫酸是一种二元酸，与醇类发生酯化反应时可以生成硫酸单酯和硫酸双酯。硫酸酯和碱中和生成的盐称为硫酸酯盐。硫酸酯盐型阴离子表面活性剂分子中阴离子官能团为硫酸根。可分为烷基硫酸盐、脂肪醇聚氧乙烯醚硫酸盐、甘油脂肪酸酯硫酸盐、硫酸化蓖麻酸钠、环烷基硫酸钠、脂肪酰氨烷基硫酸钠等。脂肪酸衍生物的硫酸酯盐有良好的润湿性和乳化性，通常用作润湿剂。如用硫酸处理含有羟基或不饱和键的油脂或脂肪酸酯，中和后得到的产品为油脂或脂肪酸酯的硫酸酯盐。其中有代表性的是用蓖麻油酸化、中和得到的土耳其红油，是有机氯农药的乳化剂。

（4）磷酸酯盐

烷基磷酸酯盐包括烷基磷酸单、双酯盐，也包括脂肪醇聚氧乙烯醚的磷酸单双酯盐和烷基酚聚氧乙烯醚的磷酸单、双酯盐。常见的是烷基磷酸单、双酯盐。这是烷基醇与磷酸酯化、中和后的产物。磷酸是三元酸，可与脂肪醇酯化生成单酯、双酯与三酯。生成的烷基磷酸单、双酯盐具有表面活性。工业产物通常为单酯盐和双酯盐的混合物。

1.2.5.2　非离子型表面活性剂

非离子表面活性剂（non-ionic surfactant）在水中不发生电离，是以羟基（—OH）或醚键（R—O—R′）为亲水基的两亲结构分子，由于羟基和醚键的亲水性弱，因此分子中必须含有多个这样的基团才表现出一定亲水性，这与只有 1 个亲水基就能发挥亲水性的阴离子和阳离子表面活性剂大不相同。非离子表面活性剂在水中不电离，使它在某些方面较离子型表面活性剂优越，如在水中和有机溶剂中都有较好的溶解性，在溶液中稳定性高，不易受强电解质无机盐和酸、碱的影响；与其他类型表面活性剂相容性好，常可以很好地混合复配使用。非离子型表面活性剂主要有聚氧乙烯型和多元醇型，聚氧乙烯型又称聚乙二醇型，是环氧乙烷与含有活泼氢的化合物进行加成反应的产物。包括烷基酚聚氧乙烯醚、高碳脂肪醇聚氧乙烯醚、脂肪酸聚氧乙烯酯、聚氧乙烯胺、聚氧乙烯酰胺等不同类型。多元醇型非离子表面活性剂是乙二醇、甘油季戊四醇、失水山梨醇和蔗糖等含有多个羟基的有机物与高级脂肪酸形成的酯。其分子中的亲水基是羟基，由于羟基亲水性弱，所以多作为乳化剂使用。这类产物来源于天然产品，具有易于生物降解、低毒性的特点。

山梨醇是由葡萄糖加氢制得的多元醇，分子中有 6 个羟基。山梨醇在适当条件下可脱水生成失水山梨醇和二失水山梨醇。失水山梨醇分子中剩余的羟基与高级脂肪酸发生酯化反应得到的失水山梨醇脂肪酸酯是多元醇表面活性剂。产物实际上是单酯、双酯和三酯的混合物；脂肪酸可采用月桂酸、棕榈酸、硬脂酸和油酸，其单酯的商品代号分别称为 Span（司盘）-20、40、60、80。若将司盘类多元醇表面活性剂再与环氧乙烷作用就得到相应的聚氧乙烯失水山梨醇脂肪酸酯，即吐温（Tween）类多元醇非离子型表面活性剂。由于聚氧乙烯链的引入提高了水溶性。

1.2.5.3 混合型表面活性剂

混合型表面活性剂（compound surfactant）是非离子型表面活性剂的衍生物，是在非离子表面活性剂的氧乙烯基上进一步发生离子化成盐反应而成。由于混合型表面活性剂的分子结构中具有聚氧乙烯链和阴离子盐基两部分亲水基团，使亲水基团的结构组成在整个分子中的比例明显变大，从而使其既具有非离子型表面活性剂的许多功能，又具有阴离子型表面活性剂的某些特点。一般将其作为阴离子表面活性剂讨论，但也有人将其从阴离子型表面活性剂中分列出来，称为混合型表面活性剂。

与传统的阴离子型表面活性剂相比，混合型表面活性剂的亲水能力显著提高，其水溶液由乳浊状变为透明状，即由乳化分散状态（阴离子型）变为增溶溶解状态（混合型），形成了一种"真溶液"。临界胶束浓度有所降低，可从 $10^{-3} \sim 10^{-2}$ mol/L 降至 $10^{-4} \sim 10^{-3}$ mol/L，表面活性效率有所增强。传统的阴离子型表面活性剂的耐硬水能力较差，遇 Ca^{2+}、Mg^{2+} 等金属离子易发生沉淀，而混合型表面活性剂对硬水不敏感，在 Ca^{2+}、Mg^{2+} 适量存在的水溶液中无沉淀现象，表面活性良好，产品外观状态稳定，长期存放也不易产生分层、浮油等弊病。与非离子表面活性剂相比，混合型表面活性剂不存在浊点（非离子表面活性剂的亲水性取决于醚键的多少，醚键与水分子的结合是放热反应。当温度升高，水分子逐渐脱离醚键，而出现混浊现象，刚刚出现混浊时的温度称浊点。此时表面活性剂失去作用。浊点越高，使用的温度范围越广），因而在使用中不受常规温度的限制。而非离子表面活性剂在超过其浊点以上使用时，会因拒水分相而失去表面活性。混合型表面活性剂主要有聚氧乙烯醚硫酸盐、聚氧乙烯醚磷酸酯盐、烷基酚醚磷酸酯钠盐、聚氧乙烯妥尔磷酸酯钾盐、聚氧乙烯烷基醇胺磷酸酯等类型。

烷基酚醚磷酸酯钠盐由烷基酚聚氧乙烯醚与五氧化二磷酯化，再与氢氧化钠中和而得，外观为浅黄色黏稠液体。具有良好的分散、润湿、增溶、乳化、防锈等性能，可用于纺织、油漆、塑料、农药、金属加工等行业。

妥尔油是木浆造纸废液中分离出来的一种混合油脂，主要成分是松香酸和脂肪酸，经氧乙烯化，再经磷酸酯化并中和成钾盐，是一种浅棕色油状产品。具有良好的乳化稳定性、去污去油性和防锈性，可作为低泡型洗涤剂、采油助剂、硬表面清洗剂、农药乳化剂等开发利用。

1.2.5.4 天然表面活性剂

天然表面活性剂（natural surfactant）指具有表面活性的天然产物或其衍生物。与合成表面活性剂相比较，天然表面活性剂洗净力、浸透力、分散力、乳化力以及起泡力等表面活性较小，但毒性低，生物降解性好。特别是近年来合成表面活性剂造成环境污染及对人体的毒害等问题，使天然表面活性剂用量增加。农药加工中主要用作可湿性粉剂的湿展剂。

皂素：即皂角苷，能形成水溶液或胶体溶液并能形成肥皂状泡沫的植物糖苷。是由皂苷元和糖、糖醛酸或其他有机酸组成。根据已知皂苷元的分子结构，可以将皂苷分为两大类，一类为甾体皂苷，另一类为三萜皂苷，均具有复杂的生物活性。皂苷是很强的表面活性剂，即使高度稀释也能形成皂液。商品皂苷是白色、无定形葡萄糖苷，具难闻的刺激性气味，溶于水。皂苷可用作乳化剂、肥皂和洗涤剂、泡沫发生剂、药物合成的原料等。

茶子饼：也称为茶枯，是油茶果实榨油后的残渣，一般约含皂素13%。

皂荚：也称皂角，为皂荚属植物的种子。皂荚表皮皂素含量约10%。

无患子：也称肥皂果，广布南方省份。新鲜果肉约占果实质量的50%，约含皂素25%。

纸浆废液：根据造纸时蒸解工艺不同，分为酸法、碱法、硫酸盐法等制造纸浆。纸浆废液是带蔗糖气味的深黑色液体，溶解时为胶态，含有极复杂的木质素衍生物及其他有机物，一般含木质素55%~60%，碳水化合物35%~40%，无机盐约5%。纸浆废液有表面活性和强烈的分散性能，是加工可湿性粉剂、矿物油乳剂、胶体硫制剂的重要湿展剂和分散剂，并有一定的乳化性能。

大豆酪展着剂：大豆酪和乳酪在水中可分散成胶态而有表面活性。大豆酪展着剂是用榨油残渣(70%)混以消石灰(30%)磨成的粉剂。将大豆直接磨成粉，也可作为展着剂。大豆粉在水中呈中性且稳定，可与多种药剂混用，但不宜与铜制剂混合使用。

动物废料水解物：即废弃的动物蛋白、皮、角、骨等水解生成的胶状液体。易溶于水，在碱性及硬水中稳定，扩散力强，具有保护胶体和乳化的性能。

天然物制得的表面活性剂：如山梨糖醇酐脂肪酸酯、蔗糖脂肪酸酯。

1.2.6 表面活性剂在农药加工方面的应用

表面活性剂可以用做乳化剂、湿展剂、增溶剂、发泡(消泡)剂等农药助剂，在农药加工过程中使用的上述助剂一般还含有表面活性剂以外的其他组分。

1.2.6.1 润湿作用及其机理

(1)润湿作用

固体表面被液体覆盖的过程称为润湿。大多数原药不溶或难溶于水，不能为水所润湿，难以直接分散到水中。若选择适当的表面活性剂在原药界面吸附，则可将原药的疏水性界面变为亲水性界面，使药物分散于水中，便于药剂的稀释使用和药液在植物表面或昆虫表皮的蜡质层上润湿和铺展。因此，加工可湿性粉剂、可溶性粉剂、固体乳剂、水悬剂、油悬剂、水分散性粒剂等剂型，固体制剂以液体方式使用以及施药后药剂在靶标体表的展开过程中，均需要润湿剂的作用。表面活性剂的润湿作用是指其溶液以固—液界面代替被处理对象表面原来的固—气界面的过程。取代的动力是表面活性剂降低了表(界)面张力。表面活性剂溶液的润湿能力除自身结构因素外，与固—液界面的界面张力有关，界面张力越小，固体表面越易润湿。某种意义上，表面活性剂降低界面张力的能力，可以从润湿程度快慢得到反映。

润湿剂可使药物分散度增大，制剂稳定性增加，有利于药物的释放、吸收和增强药效。农药制剂中用作润湿剂的主要是阴离子型表面活性剂(如脂肪醇硫酸盐、十二烷基苯磺酸盐等)和非离子型表面活性剂(如平平加、农乳100、农乳600、吐温、山梨醇聚氧乙烯醚等)。某些天然产物如木质素磺酸盐、茶枯、皂角等也是较好的润湿剂。润湿剂的添加量为农药喷洒液质量的0.01%~0.03%，能使药液表面张力降低到4×10^{-4}~5×10^{-4} N/m。

能增强药液透过靶体表面进入靶体内部能力的润湿剂称为渗透剂。润湿和渗透在理论上是有本质区别的，但某些助剂兼有两种性能，并在不同条件下起不同的主导作用，实际效果上有时很难将两者严格区分。

(2) 润湿作用的机理

从物理化学角度，一个液珠在固体表面静止时，如不考虑其本身的重力，则主要受到3个力的作用(图1-1)：r_1为气—液界面张力，即液体的表面张力，它总是力图缩小液体表面，沿切线方向移动，向心收缩，在水平方向上的分力为$r_1 \cdot \cos\theta$，方向向右。r_2为气—固界面张力，也力图缩小自己的界面，但固体难以收缩，于是力图吸附液体来覆盖以达到减少表面的目的，r_2使P点向左移动。r_3

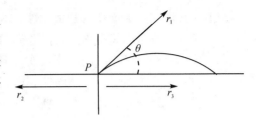

图1-1 液滴在固体表面受力情况
(仿苗建才)

为固—液界面的张力，已被覆盖的固体吸住液体，不让暴露自身的表面，r_3使P点向右移动。当静止时，$r_2 = r_3 + r_1 \cdot \cos\theta$，即$\cos\theta = (r_2 - r_3)/r_1$，由于$\theta$要小，$\cos\theta$值就要大。在$r_1$、$r_2$、$r_3$中，增大$r_2$不可能，因固体已经确定；而降低$r_1$和$r_3$都可使$\theta$值变小，表面活性剂因为降低$r_1$，所以可以减小$\theta$。$r_3$的大小取决于固体和表面活性剂的亲和力，一般来说，极性物质和极性物质亲和，非极性物质和非极性物质亲和，二者亲和力大，r_3就小，反之就大。如果液体能溶解一部分固体，则r_3理论上为零。

(3) 润湿作用的类型

农药用表面活性剂的润湿作用有3种类型：

①展着润湿或铺展润湿(spreding wetting) 一种液体在和固体接触后由于铺展能力使得固—液界面和气—液界面面积增加，而使固—气界面面积减少的过程(图1-2：A)。润湿所做的功

$$W_S = \sigma_{液}(\cos\theta - 1)$$

②黏着润湿(adhesional wetting) 是一种起始并未和固体基底接触的液体与固体接触并黏着其上的过程(图1-2：B)。润湿所做的功

$$W_A = \sigma_{液}(1 + \cos\theta)$$

③浸透性润湿或浸渍润湿(immersional wetting) 是指原先并未与液体接触的固体完全浸没在液体中的过程(图1-2：C)。润湿所做的功

$$W_I = \sigma_{液}\cos\theta$$

$\theta \leq 180°$，即$W_A \geq 0$，黏着润湿为主；

$\theta \leq 90°$，即$W_I \geq 0$，浸透润湿为主；

$\theta \leq 0°$，即$W_S \geq 0$，展着润湿为主。

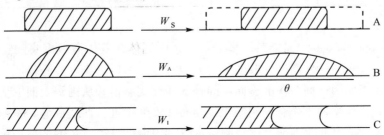

图1-2 表面活性剂润湿作用类型(仿邵维忠)

含有表面活性剂的药液在被处理对象表面的润湿情况如下：在液体和固体接触处作一切线，由切线和固体表面所形成的角度称为接触角(θ)，有 4 种情况：

$\theta > 90°$，液滴不能在固体表面湿润，如果固体表面稍加倾斜，液滴必滚落(图 1-3：A)。

$\theta = 90°$，液体仅能湿润固体表面，但不能展布(图 1-3：B)。

$\theta < 90°$，液体不仅能湿润固体表面，并且能展布到较大面积上(图 1-3：C)。

$\theta = 0°$，完全润湿(图 1-3：D)。

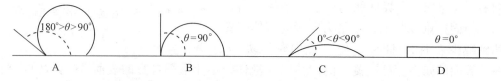

图 1-3　液体在固体表面的湿润展着情况(A、B、C 仿苗建才；D 仿邵维忠)

湿展包含湿润和展布(展着)，湿润是展布的前提，但不等于展布；凡液—固二相接触后自由能降低的都属于湿润现象，但要使液体在固体表面湿展就必须使接触角 <90°，一般应 <30°。液体对固体的湿展性能对农药的使用和加工影响极大。喷雾时如果药液对靶体不能湿展(靶体表面如昆虫、植物表面的蜡质、角质与水不具亲和性)，则药液呈液珠滚落；即使不滚落，覆盖面积也很小，不符合提高覆盖面积的原则。在农药加工中，要把粉状农药分散在水中呈均一的悬浊液，如果液体对粉粒不湿展，则农药粉粒就浮在水面上，不能呈均一的悬浊状态。

1.2.6.2　分散作用及分散剂作用机理

(1) 分散作用与分散过程

分散作用是产生分散体系的过程，有时专指将粉状固体混合于液体介质内，最后形成以微粒状分布于整个介质中的产品的过程。如可湿性粉剂、悬浮剂、水分散粒剂等。农药制剂中常见的分散体系如表 1-5。

表 1-5　农药制剂中常用的分散体系

分散相	连续相	分散体系类型	剂　型
固体	液体	悬浮液	可湿性粉剂、干悬浮剂、水分散粒剂
液体	液体	乳状液	乳油、悬浮剂
液体	液体	溶液	水剂、油剂、溶液剂、静电喷雾剂
气体	液体	泡沫	泡沫喷雾

(仿邵维忠)

分散剂(dispersing agent)是能够降低分散体系中固体或液体微粒聚集的物质。从分散体表面化学角度，以表面活性剂为分散助剂的分散过程，由以下 3 个步骤构成：

①润湿　在表面活性剂存在下将固体的外部表面润湿，并从内部表面取代空气。

②团簇的固体和凝集体分裂　用机械能量(超微粉碎机、砂磨机等)将其粉碎到所需要的大小，让助剂润湿表面及内部。这是制备水悬剂等液态分散体系的情形。制备可湿性粉剂等固态分散体系时，是将所有组分一起混合，然后再机械粉碎至所需要的大小。当它们在使

用前用水稀释时，才进行润湿，随后分裂、分散。这时离子的电荷和表面张力成为重要因素，外加能量一般不多。

③分散体形成、稳定和破坏三种情况同时发生　对悬浮液来说，破坏的主要因素是粒子密度减少、碰撞絮凝（不可逆絮凝）、沉降、结晶生长等。

在悬浮液和乳状液分散体系中，粒子之间的碰撞不可避免，必然降低粒子密度。为保持稳定性，抗拒破坏过程，必须提高粒子之间的排斥力。通过增加粒子本身的电荷、颗粒上的吸附层等途径可以增强粒子之间的排斥力，这也是分散剂作用的基本原理。

（2）分散剂作用机理

①分散剂的吸附作用　表面活性剂在分散体系中具有分散作用，首先是由于表面活性剂在液—液界面和固—液界面上的吸附作用。表面活性剂具有的两亲分子结构使其易于从溶液内部迁移并富集于液面、油—水界面或固体粒子表面，即易于发生界面吸附。当固体粒子自溶液（分散体）中将表面活性剂分子或离子吸附在固—液界面上时，表面活性剂在液—固界面上的浓度比在溶液内部大。吸附的可能方式包括：离子交换吸附，是具有强烈带电吸附位的吸附剂，如载体硅酸盐、氧化锡以及作悬浮剂、分散剂使用的铝镁硅酸盐；离子对吸附，表面活性剂离子吸附于具有相反电荷的、未被反离子所占据的固体表面；氢键吸附，表面活性剂分子或离子与固体表面极性基团形成氢键；π电子吸附，分散剂分子中含有富电子的芳香核时，与原药和（或）载体表面的强正电性位置相互吸引；色散力吸附，分子间的色散力总是存在，色散力吸附也存在；憎水作用吸附，分散剂的亲油基在水介质中易于相互连接形成"憎水链"，并与已吸附于表面的其他表面活性剂分子聚集而吸附，即以聚集状态吸附于农药或载体表面。

②分散粒子的表面电荷　农药用表面活性剂中有一大批离子型分散剂，它们除具备上述各种吸附性能外，还能使分散粒子带上电荷，并在溶剂化条件下形成一个静电场。带有相同电荷的农药粒子间相互排斥，导致分散体系破坏过程减缓，提高分散体系的分散作用和物理稳定性。该原理在制备水悬剂、油悬剂、油悬浮剂、超低容量微囊悬浮剂、可湿性粉剂、水分散粒剂、干悬浮剂等剂型中得到普遍应用。

③分散剂的位阻障碍　来源于分散剂的分子较为牢固地吸附在分散固体颗粒上，构成一个空间屏障，抵抗分散粒子之间密切接触。这种空间排斥作用称为分散剂的位阻障碍。这种效应在应用聚合物分散剂，尤其是阴离子、高分子分散剂时表现明显。

1.2.6.3　乳化作用及其机理

（1）乳化作用

两种互不相溶的液体，如农药原油或农药有机溶液与水经激烈搅拌，其中原油或原药的有机溶液以 0.05~50 μm 直径的微粒分散在水中，这种现象称为乳化。由于乳化作用获得的具有一定稳定度的油—水分散体系，称为乳状液。其中被分散成微粒的液体原油或原药的溶液称为内相或分散相，另一部分液体（水）称为外相或连续相。农药乳状液有 2 类，一种是水包油型（O/W 型）乳状液，油是分散相，水是连续相，这是化学农药的基本类型。农药乳油、浓乳剂、固体乳剂、微乳剂以及某些水悬剂等施用时都是这类乳状液。另一种是油包水型（W/O 型）乳状液，水是分散相，油是连续相。在农药反转型乳油中形成的就是这种乳状液。在实际施用中，有时仍要将这种 W/O 型转化为 O/W 型乳状液，一般通过适当助剂和稀释条件实现,故称之为反转。

单纯利用机械能力,如搅拌、匀化等,获得的乳状液是不稳定的体系,一旦静置,油水又会明显分开,相互之间的接触面又会恢复到最小程度。这样的乳状液难有实用价值,实际应用中都要加入表面活性剂才能制备稳定的乳状液。表面活性剂加入后,由于其分子具有的两亲性质,表面活性剂分子在分散的液滴界面有序排列,其亲油基朝向油,亲水基朝向水,通过形成界面保护膜等途径降低表面张力,不仅使乳化作用容易进行,而且使已经分散的油滴表面的乳化剂保护膜阻止了油滴的重新聚集,从而使乳液的稳定性增加,这就是乳化剂的乳化作用。能使两种不相溶的液体,形成不透明或半透明的乳状液,其中的一种以极小的液珠稳定分散在另一种液体中,具有这种功能的农药助剂称为乳化剂。乳化剂是配制乳油、微乳剂、乳剂等剂型所不可缺少的成分,用作乳化剂的表面活性剂主要是非离子型和阴离子型的混合物,农乳单体常见的有十二烷基苯磺酸钙(农乳500号)、壬基酚聚氧乙烯醚(农乳100号)、二苄基苯酚聚氧乙烯醚(农乳300号)、苄基二甲基酚聚氧乙烯醚(农乳400号)、苯乙基酚聚氧乙烯醚(农乳600号)、烷基酚甲醛树脂聚氧乙烯醚(农乳700号)、苯乙基酚聚氧乙烯聚氧丙烯醚(农乳1600号)等。市售乳化剂多以两种类型乳化剂根据被乳化物的亲水、亲油性,按一定比例混配、复配的农药乳化剂如农乳2201、农乳0203B等。这类复配型乳化剂不但有良好的乳化性能,而且用其制得的乳液也比较稳定。

(2)乳化作用的机理

乳化作用形成乳状液,大大增加了被分散相的表面积,是增加体系能量的过程,需要做功(W)。

$$W = \sigma_{1,2} \Delta S$$

式中 W——创造新表面所做的功(J);

$\sigma_{1,2}$——表面张力或两相间的界面张力(N/m);

ΔS——增加的表面积(m^2)。

根据热力学定律,液球碰撞时将合并以减少表面积,降低自由能,使体系稳定。因此,分层是自发现象。如果在"油"(苯)中加入一定乳化剂(表面活性剂),则"油"(苯)就可以分散在水中形成稳定的乳状液,长期不会分层,其主要原因是:①溶有乳化剂的"油"(苯)倒入水中,乳化剂分子就被水分子从"油"(苯)中拉出来,整齐地排列在"油"(苯)水界面上,乳化剂的极性基伸入水中,而非极性基伸入"油"(苯)中,这样整齐排列的结果,减少了油—水界面张力,从而降低了界面自由能,因而使体系趋于稳定。②乳化剂分子在界面作定向排列,在油—水之间就形成了一层膜,将油、水隔开,使之不能直接相碰,避免了分散相液珠的合并(图1-4)。膜的机械强度在乳状液的稳定方面起了主要作用,而膜的机械强度则取决于乳化剂本身的分子结构。一般来说,乳化剂的非极性基如果是直链(定向排列紧密),则较稳定;如果带有支链,则形成的乳状液就不太稳定(分子间空隙大)。

(3)乳液类型的鉴别

乳液属于水包油型(O/W)还是油包水型(W/O)可用以下方法简易鉴别:

①稀释法 能与乳液混合的液体应与乳液的外相相同。如牛奶能被水稀释,而不能与植物油混合,故牛奶为O/W型乳状液。

②染色法 将少量油溶性染料加入乳状液中充分混合、搅拌。若乳状液整体带色,并且

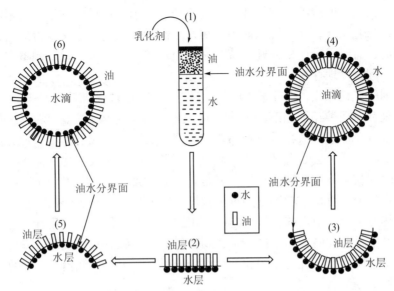

图 1-4　水包油及油包水型乳剂形成过程示意图（仿苗建才）

色泽较深，则为 W/O 型。若色泽较淡，而且观察出只是液珠带色，则为 O/W 型。用水溶性染料则情况相反。采用油溶性和水溶性染料分别进行重复验证，可提高鉴别结果的准确性。

③电导法　乳状液中的油电导性较水差，对电导性的测定可确定连续相（外相）：导电性好的为 O/W 型，连续相为水；导电性差的为 W/O 型，连续性为油。有时当 W/O 乳状液内相（水相）所占比例很大，或油相中离子性乳化剂含量较多，则 W/O 型乳液也可能有很好的导电性。此外，当使用非离子型乳化剂时，即使是 O/W 乳状液，导电性也可能较差。

④滤纸润湿法　对于某些重油与水构成的乳状液可采用此法鉴别。在滤纸上滴一滴乳状液，若液体快速展开，并在中心留下一小滴油，则为 O/W 型乳状液；若液滴不展开，则为 W/O 型乳状液。此方法对某些在滤纸上能铺展的油（如苯、环己烷、甲苯等清油）所形成的乳状液不适用。

1.2.6.4　增溶作用及其机理

（1）增溶作用

农药用表面活性剂的增溶作用有时又称为可溶化作用，是指某些物质在表面活性剂作用下，在溶剂中的溶解性显著增加的现象。具有增溶作用的表面活性剂也称为增溶剂（solubilizer），可溶化的液体或固体称为被增溶物。在农药加工制剂中，增溶剂是农药用表面活性剂和它们的复合物，被增溶物是农药有效成分和其他助剂组分。表面活性剂是否具有增溶作用，主要取决于其化学结构和浓度，以及被增溶物的性质及环境条件。理论上讲，表面活性剂都具有增溶作用，但在现有农药制剂加工和施用条件下，只有一部分表面活性剂对一部分农药及其配方组分表现出增溶作用，且增溶效果也不相同。但增溶作用是建立在胶束结构和作用的基础之上的，形成的基本条件是增溶剂的浓度必须高于临界胶束浓度（CMC），临界胶束浓度是形成胶束的起点，浓度高于临界胶束浓度才能形成各种胶束。表面活性剂在水溶液中形成胶束后具有能使不溶或微溶于水的有机物的溶解性显著增大的能力，且此时溶液呈透明状。如果在已增溶的溶液中继续加入被增溶物,达到一定量后,溶液由透明状变为乳浊状,这种乳液即为乳状液;在此乳状液中再加入表面活性剂,溶液又变得透明无色。虽然这种变化是连续的,有时很难严格分开,特别是以用量较高的优质乳化剂制备农药乳油时,两种作用很可能不同程度地存在。

表面活性剂的乳化作用、分散作用、增溶作用虽然有时很难截然分开,但还是有区别的。乳化作用是针对两种互不相溶的液体,形成液—液分散体系(乳状液);而分散作用则是指一种固体以微粒形式分散在另一种不相溶的液体之中,形成的是固—液分散体系,即悬浮液。乳化和增溶本质上也是有区别的,乳化作用形成的乳状液从化学热力学角度看是一个不稳定体系,时间长了终究要破乳分层,只是时间长短而已。增溶作用产生的是胶体溶液,是一个更加稳定的分散体系,增溶作用可使被增溶物的化学势显著降低,使体系变得更加稳定,即增溶在热力学上是稳定的。增溶是一个可逆的平衡过程,无论用什么方法达到平衡后的增溶结果理论上是一样的。当分散粒子达到直径 $0.05\sim0.1\mu m$,便形成微乳状液,从外观上变成透明或半透明状态,乳化作用和增溶作用同时存在,分界线消失,产物稳定性高。

(2)增溶作用机理

当表面活性剂在其水溶液中的浓度大于临界胶束浓度时,表面活性剂分子会在溶液中自发有序地排列形成胶束,表面活性剂分子在水溶液中所形成的胶束内核造就了一个疏水微空间,从而可将憎水性药物液体或溶液溶解其内,表面活性剂的这种作用称为增溶作用。一般 $HLB=15\sim18$ 的表面活性剂可作增溶剂用,但只有当增溶剂的浓度高于临界胶束浓度时才呈现增溶作用效果。此时,难溶药物被增溶剂的亲油基包藏或吸附在胶束内部,增溶剂的亲水基在水中,于是非极性的药物可溶于水中。

上述增溶现象有单态模型和双态模型 2 种解释。单态模型认为被增溶物分子在胶束内存在状态和位置基本上是固定的,可以通过 4 种方式增溶(图 1-5)。

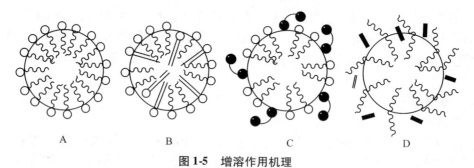

图 1-5 增溶作用机理

①非极性分子在胶束内部增溶 被增溶物进入胶束内芯,有如被增溶物溶于液体烃内(图 1-5:A)。正庚烷、苯、乙苯等简单烃类的增溶属于这种方式,其增溶量随表面活性剂的浓度增高而增大。

②在表面活性剂分子间增溶 被增溶物分子固定于胶束"栅栏"之间,即非极性碳氢链插入胶束内芯,极性端处于表面活性剂剂分子(或离子)之间,通过氢键或偶极子相互作用联系起来。当极性有机物分子的烃链较长时,极性分子插入胶束内的程度增大,甚至极性基也被拉入胶束内(图 1-5:B)。长链醇、胺、脂肪酸、极性染料等极性化合物的增溶属于这

种方式。

③在胶束表面增溶　被增溶物分子吸附于胶束表面区域，或靠近胶束"栅栏"表面区域（图1-5：C）。高分子物质、甘油、蔗糖及某些不溶于烃的染料属于这种增溶方式。当表面活性剂的浓度大于临界胶束浓度时，这种方式的增溶量为一定值。

④在聚氧乙烯链间增溶　具有聚氧乙烯链的非离子表面活性剂，其增溶方式与上述3种有明显不同，被增溶物包藏于胶束外层的聚氧乙烯链内（图1-5：D）。例如：苯、苯酚即属于这种方式增溶。

上述4种增溶方式的增溶量顺序为④＞②＞①＞③。

双态模型认为被增溶物在胶束溶液中分配于水相和胶束相中，在两相中的分配状态不同。胶束可认为是"油滴覆盖以极性外衣"，胶束内部被增溶物溶解，而成为"溶解态"；当极性较小，且能溶于胶束的被增溶物具有表面活性时，则它也能发生吸附使表面上过量，这种位于极性较大的胶束—水界面的吸附称为"吸附态"。"溶解态"和"吸附态"的浓度比即为被增溶物在胶束和水相中的分配系数 K_m：

$$K_m = C_m / C_a$$

式中　C_m——被增溶物在胶束中的浓度（mol/L）；

　　　C_a——被增溶物在水中的浓度（mol/L）。

胶束增溶量可分为"吸附态"分数和"溶解态"分数两部分，当发生吸附作用时，增溶量远超过仅考虑烃内层溶解的量。

1.2.6.5　起泡和消泡作用

起泡性是表面活性剂去污和洗涤作用的关键因素之一，但作为农药助剂，除少数特殊应用场合，如农药发泡喷雾、田间喷雾用泡沫标志剂以及药械和容器的清洗等，需要考虑洗涤性和起泡性外，绝大多数场合是不希望农药用表面活性剂产生泡沫的。特别是在配方加工包装以及田间稀释施用时，起泡是不利的。

图1-6　表面活性剂的起泡作用（仿邵维忠）

泡沫是空气被包围在表面活性剂液膜中的一种现象（图1-6）。

表面活性剂分子在气—液界面上形成定向吸附层（液膜），能使表面张力降低。当含有表面活性剂的某些液体，如农药乳状液、悬浮液等被搅拌、振动或冲击时，很容易产生泡沫。气泡比水轻，很容易上浮到液面上来，又吸附液面上的一层表面活性剂分子，形成双层表面活性剂分子膜包围气泡，其疏水基指向空气。影响表面活性剂起泡能力和所形成泡沫稳定性的因素如下：

①表面活性剂的类型　一般阴离子型表面活性剂比非离子型表面活性剂起泡能力强。

②阴离子表面活性剂中，烷基苯磺酸盐和脂肪酸盐，其发泡能力与分子中碳链长短有关芳基磺酸盐中，含芳核数少的品种起泡性较好。非离子型表面活性剂的起泡性与加成的环氧乙烷数或环氧丙烷数有关。如壬基酚聚氧乙烯醚类，随环氧乙烷数的增加，其水溶液的发泡力相应提高。每种表面活性剂都有最低的发泡起始浓度。在低于临界胶束浓度时，泡沫密

度与表面活性剂浓度成正比。高于临界胶束浓度时，这种关系消失。

③其他因素　如溶液黏度、温度、pH 值、机械作用方式等因素。

农药制剂加工和应用技术中常有消泡的要求，主要通过 2 个途径实现：一是选择起泡性能低或不起泡的助剂；二是加入具有消泡或破泡性能的助剂（消泡剂和抗泡剂），表面活性剂的起泡和消泡是一个问题的两个方面，$HLB = 1 \sim 3$ 的表面活性剂常用作消泡剂；$HLB = 12 \sim 16$ 时则具有起泡性能。

1.2.7　非表面活性剂类助剂

（1）填充剂

填充剂（filling agent）又称填料或载体。用来稀释农药原药以减少原药用量，改善物理状态，使原药便于机械粉碎，增加原药的分散性，常用于加工粉剂、可湿性粉剂、粒剂等固体剂型，如黏土、陶土、高岭土、硅藻土、滑石粉、白炭黑等。

（2）溶剂

溶剂（solvent）是一种可以溶化固体、液体或气体溶质的液体。加工农药乳油和油剂时，常用有机溶剂溶解农药原药或其他助剂。如二甲苯、甲苯、轻质柴油、石油烷烃等。近年也常使用菜籽油、大豆油、棉籽油等植物油，尤其用于配制超低容量油剂，可减轻对作物产生药害的危险性，同时还可以用于水乳剂配方。优良的溶剂应具有毒性低、不易燃、成本低、来源广等特点。

（3）助溶剂

助溶剂（complex solubilizer）是指能提高农药原药在主溶剂中溶解性的辅助溶剂，加用少量（一般在 5% 以下）即可提高主溶剂的溶解能力。大多数助溶剂的极性比较强，常用的有醇类（甲醇、乙醇、乙戊醇）、酚类（苯酚、混合甲酚）、乙酸乙酯、二甲基亚砜等。助溶剂大多是重要的有机溶剂和化工原料，价格较高，如果主溶剂对农药原药的溶解性能够满足配制浓度的要求，就不必加用助溶剂。

（4）黏着剂

黏着剂（Adhesive）是指能增强农药在生物体表面黏着性能的助剂。在农药制剂中加入黏着剂，可以增强药剂在靶体表面的持留能力，提高药剂的防治效果和持效期。在雨季施药，添加抗雨水冲刷性能强的黏着剂尤为必要。常用的主要有两大类：①天然物黏着剂，如各种黏度较大的矿物油、动植物油、淀粉糊、树胶、豆粉、动物骨胶、废糖蜜等；②合成黏着剂，是应用广、黏着性强的一类，包括羧甲基纤维素、聚乙烯醇、聚乙烯丁醚、聚乙酸乙烯酯以及多种表面活性剂等。

（5）稳定剂

能防止农药有效成分在贮存过程中发生分解或制剂物理性能发生变化的助剂称为稳定剂（stabilizer）。按作用性能分为两大类：①有效成分稳定剂，又称抗分解剂或防解剂。包括抗氧化剂、抗光解剂、减活性剂等，如某些偶氮化合物可作为菊酯类农药的抗光解剂；某些醇类、环氧化合物、酸酐类等可作为有机磷、氨基甲酸酯、菊酯类农药的抗氧化剂；某些有机酸可以中和填料表面的碱性活性位点而用于有机磷粉剂的减活性等；②制剂性能稳定剂，其功能是：防止农药制剂物理性质变劣，如防止粉剂絮结和悬乳剂、可湿性粉剂悬浮率降低的抗凝剂，如烷基苯磺酸钠、聚氧乙烯醚等；能降低液态农药制剂的凝固点，防止农药有效成分分离析出的抗冻剂，如乙二醇、乙醇、食盐、尿素等；能提高颗粒剂的机械强度，防止颗粒崩解的防崩解剂，如聚乙烯醇、石蜡等；防止微生物农药制剂发生霉变的防霉变剂，如苯甲酸钠、食盐等。

（6）安全剂

能降低或消除除草剂对作物药害的助剂称为安全剂（safener，antidote，protectant），又称解毒剂。主要用途有3个方面：①降低高效而选择性差的除草剂的药害；②提高防除耐药性杂草时除草剂的用量；③消除除草剂在土壤中的残留毒性。安全剂的使用提高了化学除草剂的安全性，扩大了除草剂的应用范围和效力，对化学除草技术的发展具有重要作用。因此，安全剂的研究已成为除草剂研究领域中的一个重要分支，有不少商品问世。

（7）增效剂

增效剂（synergist，synergistic agent）是一类本身无生物活性或活性较低，但能明显提高农药防治效果的化合物。农药增效剂的作用机理，主要是抑制或弱化靶标（害虫、杂草、病菌等）对农药活性的解毒作用，延缓药剂在防治对象体内的代谢速度，或增加农药的渗透性和光稳定性，从而增加防效。最早发现的芝麻素，其结构中含有甲撑二氧苯基基团，含有此结构的增效剂为多功能氧化酶的抑活剂，即凡是受到多功能氧化酶降解的药剂，使用该类增效剂都有增效作用。例如，拟除虫菊酯类、烟碱、鱼藤、有机磷、有机氯及氨基甲酸酯类农药等。增效磷为磷酸酯类化合物，它是多功能氧化酶、水解酶、磷酸酯酶的抑活剂，可广泛地用作拟除虫菊酯类、磷酸酯类及氨基甲酸酯类杀虫剂的增效剂。一些增效剂及其应用对象如表1-6。

正确使用增效剂可以降低农药用量，缓解有害生物抗药性，并可减轻农药对环境的毒性压力。对于价格昂贵、环境毒性和耐药性问题较大的农药，选用增效剂的意义比较明显。对一般农药，选用增效剂时，应先做技术经济分析，综合评价后再作出选择，因为许多增效剂

表1-6 一些增效剂及其应用对象

增效剂品种	应用对象
三苯磷	马拉硫磷
GY-1农药增效剂	拟除虫菊酯类、氧化乐果、灭多威水剂
高渗增效助剂京7号	拟除虫菊酯类
高渗增效助剂京9号	氨基甲酸酯类、硫丹、有机磷复配农药
高渗增效助剂京4、5号	有机磷，如乐果、久效磷
渗透剂CN	拟除虫菊酯类、有机磷类
CT-901	阿维菌素、吡虫清、吡虫啉、水胺硫磷、敌敌畏等
HP-1	氧化乐果、克螨蚧
增效醚	拟除虫菊酯类、杀螟硫磷、敌敌畏、阿特拉津、三氯杀虫酯
增效磷	有机磷、拟除虫菊酯类
八氯二丙醚	拟除虫菊酯类
氮酮	拟除虫菊酯类、有机磷类、拿捕净、丁草胺、乙草胺等
961农药增效灵	草甘膦

的价格较高,所以添加入农药中不尽合理。

1.2.8 农药的主要剂型与性能

将农药原药与多种辅助剂配制形成便于使用的形态,这一过程称为农药加工。加工后的农药称为制剂,制剂的形态称为剂型。根据用途不同,一种农药可以加工成多种剂型,如马拉硫磷可加工为一般喷雾用的乳油,也可加工为供地面及飞机超低容量喷洒用的油剂,还可加工为处理种子及粮食用的粉剂。一种剂型可加工成多种规格的制剂,2种或2种以上的农药原药,可制成多种混合制剂。如敌敌畏乳油有50%、70%、80%等不同规格的制剂。

1.2.8.1 农药剂型的命名与分类

(1) 农药剂型命名

根据剂型形态命名:如粉剂、水剂等剂型。

根据剂型形态、使用形态以及分散体系命名:如粒剂的剂型形态和使用形态均为粒状固体,但由于粒径范围不同,现在又分成细粒剂、微粒剂、颗粒剂、大粒剂。可湿性粉剂和干悬浮剂,加工剂型形态均为粉状固体,使用形态均为悬浮液,由于两种悬浮液粒径不同(分别为 $5 \sim 44~\mu m$、$1 \sim 3~\mu m$),药效也不同,因此分别称为可湿性粉剂和干悬浮剂。

(2) 农药制剂的名称

农药制剂的名称由三部分组成:有效成分的质量百分含量(%)、有效成分的通用名称、剂型。如40%甲基对硫磷乳油。混合制剂的名称可用各有效成分的通用名称(或其代词、词头)组成,按所含各有效成分百分数多少的顺序排列,含量少的排在前面,含量多的排在后面,例如,1.5%甲基对硫磷3%敌百虫粉剂。也可将混剂中各有效成分含量相加为总含量,在有效成分通用名或简称间加黑点隔开,如20%菊·马乳油(氰戊菊酯、马拉硫磷)、25%辛·灭·氯乳油、36%氯·马乳油等。原药不需加工即可直接施用的,则用农药品种的通用名称,如氯化苦、硫酸铜等。不同厂家生产的同类产品以商品名称区分,因此,同一种制剂可有多个名称,例如,安绿宝、兴棉宝、灭百可等,均为10%氯氰菊酯乳油。

(3) 农药剂型的分类

农药剂型一般按农药剂型物态和施用方法进行分类。

①按农药剂型物态 可分为固态、半固态、液态。固态如粉剂、粗粉剂、粒剂、细粒剂、大粒剂、拌种剂、毒饵、大多数物理型缓释剂和化学型缓释剂、可湿性粉剂、干悬乳剂、微胶囊粉剂、固体烟剂等。半固态如药膏、涂料、悬浮剂、油悬剂等。液态如乳油、油剂、水剂、浓乳剂、超低容量油剂、压缩气体、气雾剂等。

②按施用方法 可分为直接施用、加水稀释后施用和特殊用法。或者分为加水稀释使用的浓缩剂型;加有机溶剂稀释使用的浓缩剂型;直接使用的剂型;种子处理剂型;特殊用途剂型等。直接施用的如粉剂、拌种剂、种衣剂、大粒剂、糊剂、超低容量油剂、油剂、静电喷布剂等。稀释后施用的如可湿性粉剂、可溶性粉剂、干悬乳剂、悬乳剂、油悬剂、乳油、油剂、水剂等。特殊用法的如烟剂、蚊香、熏蒸性片剂、气雾剂、热雾剂、压缩气体等。农药剂型分类如表1-7。

表 1-7　农药剂型分类

加工形态	使用方法		
	直接使用	稀释后使用	特殊(气态分散系)使用
固 态	粉剂、粗粉剂、超微粉；粒剂、细粒剂、微粒剂、粉粒剂、大粒剂、漂浮粒剂；拌种剂、种衣剂；毒饵、载药棒管、大多数物理型和化学型缓释剂	可湿性粉剂(片剂、粒剂)、拌种用可湿性粉剂、可溶性粉剂(片剂、粒剂)、拌种用可溶性粉剂；干悬浮剂、干油悬浮剂；固体乳剂及其片、粒、丸状制品；微囊粉、包结化合物二次加工品	烟剂、烟熏剂(筒、棒、丸、片)；蚊香(线、片、盘)；熏蒸性片剂、蜡块剂、某些物理型缓释剂
半固态	糊剂、药膏、药涂剂、诱捕剂	悬浮剂、油悬剂、搅拌用悬浮剂；糊剂；微囊悬浮剂	
液 态	超低容量油剂、超低量悬浮剂、油剂、成膜油剂、静电喷雾剂	乳油、油剂；水溶液(水剂)；浓乳剂	压缩气体；液体熏蒸剂；气雾剂；热雾剂

(仿王世娟等)

国际农药工业协会(GIFAP)1989 年列出了 71 种剂型代码,国家质量监督检验检疫总局 2003 年发布《农药剂型名称及代码》国家标准,规定了 120 个农药剂型的名称及代码,涵盖了国内现有的主要农药剂型、国际上绝大多数农用剂型和卫生杀虫剂型,基本可以满足我国农药剂型统一命名的需要。

1.2.8.2　粉剂

(1)加工与质量要求

粉剂是农药原药与填料的粉状机械混合物,为自由流动粉状制剂。粉剂一般含有 0.5%~10% 的有效成分。粉剂加工有 3 种方法:①混粉法(直接粉碎法):将固态农药原药和适当的填料按确定的配方,分别进行粗粉碎、细粉碎,再混合均匀后,形成产品。②母粉法:先制成高浓度母粉,运到施药地区再与一定细度粉状填料混合,配成低浓度粉剂。优点是能保证药粒的细度,减轻粉剂运输成本;高浓度母粉分解、失效慢、耐贮藏。③浸渗粉剂(浸渍粉剂或孕粉):将原药溶于溶剂中,与一定细度填料粉喷雾拌匀,待有机溶剂挥发后成为浸渗粉剂。此法有效成分在粉粒上分布均匀,药效好,但成本高。常用的填料有黏土、高岭土、硅藻土等。

粉粒细度通常以能否通过某号筛目来表示。如 200 号筛目,每英寸有 200 条筛丝,筛孔直径 74 μm,每平方英寸有 40 000 个筛孔。400 号筛目,其筛孔内径为 37 μm。直径小于 37 μm 的粉粒称为超筛目细度粉粒。习惯上,把能通过 325 号筛目(筛孔内径为 44 μm)的粉粒即称为超筛目细度粉粒。粉剂的最有效部分是超筛目部分,直径大于 37 μm 的粉粒药剂所起的毒力作用不大。我国粉剂的质量要求是:粉粒细度 95% 通过 200 号筛目,粉粒平均直径为 30 μm,水分含量 <1.5%,pH 6~8。

(2)粉剂的特点与发展趋势

粉剂不易被水所湿润,不能分散和悬乳在水中,故不能加水喷雾使用。低浓度粉剂供喷粉使用,高浓度粉剂供拌种、制作毒饵、土壤处理用。粉剂使用简便、工效高、不受水源限制,但附着性差,其持效期比可湿性粉剂、乳油等短。由于粉剂易产生飘移,污染环境,尤其是飞机喷撒使用时污染更为严重,国内外粉剂产量和使用已经较大幅度下降。在传统粉剂基础上,正不断开发新的粉剂类型有:

①防漂移粉剂 也称 DL 粉剂,即飘移飞散少的粉剂,细度 95% 通过 320 目筛,平均粒径 $20 \sim 25 \mu m$,通过加用黏着剂、抗飘移剂、稳定剂研制而成的防漂移粉剂。能够一定程度上减少飘移造成的药剂损失和环境污染,有利于穿透密集的枝叶,防治植株下部的害虫。

②微粉剂 也称漂浮粉剂,即平均粒径在 $5 \mu m$ 以下的细粉剂。通过在吸油率高的矿物微粉和黏土微粉所组成的填料中加入原药(其量约为普通粉剂的 10 倍),混合后,再经气流粉碎到 $5 \mu m$ 下制得。撒布时粒子不凝集,以单一颗粒在空中浮游、扩散,然后均匀地附着于植株各个部位,防效好;与熏蒸剂和热力烟剂等不同,使用时不需加热就能形成烟雾状气溶胶,因此也称为冷烟剂。一些受热易分解的农药,如一些有机磷农药,可加工成这种制剂;可用常用的背负式动力喷粉机从大棚窗口或门口向大棚内喷施,具有施药简单、工效高、使用者安全等优点。

1.2.8.3 可湿性粉剂

(1) 加工与质量要求

可湿性粉剂也称为分散性粉剂,日本称为"水和剂"。是用农药原药和惰性填料及一定量的助剂(湿润剂、悬浮稳定剂、分散剂等)按比例充分混匀粉碎制成。可加水配成稳定的悬浮液喷雾施药。以液态原药加分散剂混合互溶后与填料混合,粉碎成规定细度的加工工艺,主要生产 10% 以下含量的可湿性粉剂。以固态原药与添加剂和填料混合,通过粗粉碎、细粉碎形成母粉,再添加分散剂、填料、粉碎,可生产高含量的可湿性粉剂。

质量要求:流动性好;完全润湿时间 ≤ 1 min;粒度达到 98% 通过 325 目筛,即药粒直径 $<44 \mu m$,平均粒径 $25 \mu m$;悬浮率 60% 以上;水分含量 $\leq 2\%$,pH $5 \sim 9$;热贮稳定性($54 ℃ \pm 2 ℃$ 存放 14 d)、悬浮率、润湿性合格,有效成分含量与贮前相差在允许范围内,分解率一般不超过 5%。

悬浮性是分散的粒子在水介质中保持悬浮的性能。悬浮性用悬浮率来表示,粒子在水中沉降速度越慢,悬浮率越高。根据 Stoke 定律,颗粒在介质(水)中沉降速度与介质黏度密度成反比,与颗粒密度半径成正比。用提高介质黏度密度的方法提高颗粒在介质中的悬浮性,需要多耗用润湿剂等助剂,一般采用减少粒子密度(质轻)、直径的方法提高粒子在介质中的悬浮性,其中尤以减少粒子直径更为经济。因此,可湿性粉剂的制备,关键在于提高粉粒细度。

(2) 可湿性粉剂的特点与发展趋势

我国大多数原药加工成可湿性粉剂和乳油 2 种剂型。可湿性粉剂的性能优于粉剂。可湿性粉剂形态上类似于粉剂,在使用上类似乳油。在植物上的黏附性好,药效也比同种原药的粉剂好。可湿性粉剂、粉剂、乳油曾被称为农药的三大剂型。近年来,由于粉剂产量下降,而被较适于环境保护要求的悬浮剂、水剂及各种新剂型所替代。但可湿性粉剂作为农药基本剂型的地位依然稳定,正向高产值、高浓度、高质量方向发展。由于环保和安全法规要求越来越严,对乳油在制造、运输、保管等方面均提出了严格的规定和处罚条例,包装玻璃瓶也难以处理。因此,乳油正向可湿性粉剂转换,如近年来研制开发的固体乳剂、乳粉和干悬浮剂等，制剂是固态，效果优于可湿性粉剂，但细度可以较粗，克服了生产可湿性粉剂机械设备上的困难。基本上克服了乳油和可湿性粉剂的缺点，发挥了它们的优点，不但药效好，对使用者来说，也更为安全方便。可分散、可乳化、高悬浮的粉粒状新剂型将成为可湿性粉剂发展的趋势。

1.2.8.4 乳油

（1）乳油的组成

乳油是农药基本剂型之一，它是由农药原药（原油或原粉）、有机溶剂（如二甲苯、甲苯等）、乳化剂形成的均相透明油状液体，加水能形成相对稳定的乳状液。乳油中的农药原药是主剂，有机溶剂主要起溶解或稀释原药的作用（常用有机溶剂有二甲苯、甲苯、苯等芳香烃类化合物，而对水溶性较强的原药，有时也用极性较强的有机溶剂，如醇类，有时也用混合溶剂或少量助溶剂，如乙酸乙酯、苯酚、混合甲酚等。乳化剂的主要作用是将农药原药和有机溶剂的极微小的油球均匀地分散在水中，形成相对稳定的乳状液（不透明）。常用乳化剂为非离子型乳化剂，更多使用的是非离子型与阴离子型十二烷基苯磺酸钙混合乳化剂。乳油加水后能够形成相对稳定的乳状液。

水包油（O/W）型乳状液与油包水（W/O）型乳状液的区别主要取决于所选用的乳化剂，前者一般选用亲水性较强的乳化剂，后者选用亲油性较强的乳化剂。常见的绝大多数农药乳油都属于水包油型，加水形成的乳状液为水包油型乳状液。一般来说，凡是液态的农药原药和在有机溶剂中有相当大溶解性的固态原药，都可以加工成乳油使用。

（2）乳油质量标准

农药乳油的质量指标主要包括有效成分含量和物理化学性能2个方面。物理化学性能包括乳化分散性、乳液稳定性、贮存稳定性等。主要有下列内容和要求：

①乳油的外观质量　应为单相透明液体，加水乳化后油珠直径0.1~1 μm。若油珠直径为0.1~2 μm，乳化液呈半透明状；若为2~10 μm，则呈乳白色。

②有效成分含量　应符合规定标准，通常为20%~50%。有效成分含量应当标准，取样分析时，其测定含量与标明含量之差不应超过允许范围。标准含量小于或等于40%或400 g/L，允许范围为标明含量的±5%；标准含量大于40%或400 g/L，允许范围为标明含量的±2%或±8 g/L。乳油中农药有效成分含量有2种表示方法：质量/质量百分数表示，即每单位质量的乳油中，含有多少质量的有效成分，通常记作g/kg；质量/体积表示，即每单位体积的乳油中，含有多少质量的有效成分，通常记作g/L。国产的农药乳油，习惯上采用质量百分数表示，例如，40%乐果乳油，表示每千克乳油中，含有效成分为0.4 kg，其余的部分是乳化剂和溶剂，共0.6 kg。国外一般采用质量/体积数表示，例如，440 g/L多虫清乳油，表示每升乳油中，含有效成分440 g。

③乳液分散性测定与评价　试验条件：342 mg/L标准硬水，温度25 ℃±1 ℃；乳油在硬水中的稀释倍数：有机磷和菊酯类农药1 000倍，其他农药500倍。试验方法：用注射器将1 mL乳油，在距离水面2 cm高处，慢慢地滴加到装有硬水的烧杯中，观察乳油在水中自然分散及乳化。具体可参照表1-8进行评价。

表 1-8 乳油分散性评价指标

分散状态	乳化状态	评价等级
能迅速自动均匀分散	稍加搅动呈蓝色或蛋白色透明乳状液	一级
能自动均匀分散	稍加搅动呈蓝色半透明乳状液	二级
呈白色云雾状或丝状分散	搅动后呈带蓝色不透明乳状液	三级
呈白色微粒状下沉	搅动后呈白色不透明乳状液	四级
呈油球状下沉	搅动时能乳化,停止搅动后很快分层	五级

乳化分散性是乳油的重要性能之一,特别是对那些使用时贮(配)药箱中没有搅拌装置的施药机械更加重要。如果乳油不具备这一特性,那么乳油用水稀释后,药液易出现分布不均匀或产生分层或沉淀,使有效成分在药箱上下部位浓度相差很大,不但直接影响药剂的防治效果,而且容易产生作物药害和引起中毒。乳油的乳化分散性主要取决于乳油的配方,其中最重要的是乳化剂品种选择和搭配,其次是溶剂的种类和农药的品种。

④乳液稳定性 乳液定性是指乳油用水配制成乳状液的经时稳定情况。通常要求在施药过程中药液要稳定,不析出乳油或沉淀,即上无浮油、下无沉淀;当药液喷洒到叶面上以后,由于水分蒸发,乳液被破坏(破乳),有效成分(包括溶剂)和乳化剂沉积,形成油膜,展布在较原油珠大 10~15 倍面积的叶面上,能充分发挥药剂的防治效果。如果药液过于稳定,在叶面上不能及时破乳,那么药液在叶面上容易产生流失现象,影响防治效果。因此,药液既要稳定又不稳定,稳定是相对的。乳液稳定性的测定:在 250 mL 烧杯中,加入 100 mL 25~30 ℃标准硬水(硬度 342 mg/L,pH 6.0~7.0,$Ca^{2+}:Mg^{2+}=4:1$),用移液管吸取 0.5 mL 乳油样品(乳油在硬水中稀释 200 倍)。在不断搅拌的情况下,缓缓加入标准硬水中,加完乳油后,继续用 120~180 r/min 的速度搅拌 30 s,立即将乳状液移至清洁、干燥的 100 mL 量筒中,并将量筒置于恒温水浴中,在 30 ℃±2 ℃ 条件下静置 1 h,如量筒中无浮油(膏)、沉淀和沉油析出,视为乳液稳定合格(对溶解性小或使用浓度超出此范围的农药,应有所不同)。

⑤酸碱度 酸度(以 H_2SO_4 计)不大于 0.4%,碱度(以 NaOH 计)不大于 0.1%,pH 5~9,水分含量不大于 0.3%,闪点大于 27 ℃(农药中常用芳香烃溶剂的闪点范围从 28 ℃到 100 ℃以上。通常随着碳数目的增加,溶解能力下降而闪点升高)。

(3)乳油的分类

根据乳油注入水中的状态,乳油分为 3 种类型:

①可溶性乳油 水溶性强的原药配成的乳油,入水后能自动分散,有效成分溶于水中,外观为透明液体,不存在乳化稳定性问题。如敌百虫、敌敌畏、乐果等乳油。在这类乳油中乳化剂的用量较少,一般为总量的 5%。

②溶胶状乳油 乳化剂 8%~10%,乳油加水后即自动分散,不搅拌或略加搅拌呈透明或半透明胶体溶液,油珠一般在 0.1 μm 以下,油珠越小越理想。这种乳油的乳化稳定性好,对水质适应性强,如多数拟除虫菊酯类乳油。

③乳浊状乳油 乳化剂 8%~10%,此种乳油加到水中后成乳浊液,可大致分为以下 3 种情况:稀释后乳液外观有蛋白光,搅动后有附在玻璃壁上的现象,油珠直径一般在 0.1~

1 μm，这种乳油一般稳定性好；稀释后呈牛奶样的乳状液，油珠直径一般在 1~10 μm，乳液稳定性合格；乳油加入水中，成粗乳状分散体系，油珠直径一般大于 10 μm，乳液静置易浮油或沉淀。这种乳液使用时易发生药害或药效不好。

(4) 乳油的特点与发展趋势

① 加工性能好　制剂中有效成分含量高，通常在 20%~50%。贮存稳定性好，使用方便；设备要求不高，在整个加工过程中基本无"三废"。

② 防治效果稳定　乳油的湿润性、展着性、附着力均优于可湿性粉剂，药剂加水后喷洒在植物上，药液能够很好地粘附展着在植物表面和病、虫、草体上，不易被雨水冲刷流失，持效期较长。药剂易浸入或渗透到病菌、害虫的体内，或浸入到植物表皮内部，防治效果好。施用方法有喷雾、拌种、毒土、毒饵、土壤处理等。

③ 贮运要求高　由于含有易燃有机溶剂，有效成分含量较高，在生产、贮运和使用等方面，如果管理不严，操作不当，容易发生燃烧、中毒现象或产生药害。乳油在贮存期间溶剂易挥发或受冻，使乳油变质混浊，成为不透明或底部出现结晶沉淀，加水稀释后不能成为均匀分散的乳浊液，甚至油水分离，从而降低药效，甚至产生药害。

④ 乳油的低毒化　乳油是成熟的农药剂型，也是逐渐被淘汰的剂型，主要是因为乳油的生产使用大量对环境有害的有机溶剂，特别是芳香烃类。此外，使用中易产生药害和贮运不安全等问题，也引起人们的关注。但在一定时期内，乳油仍然是我国主导的农药剂型。对必须加工成乳油的农药，应尽量提高制剂的有效成分，发展高浓度乳油制剂，不用或少用高毒有机溶剂。同时加快探索选用更安全的有机溶剂、以水代替有机溶剂或不用溶剂制作乳油，研制开发水乳剂（或浓乳剂）、微乳剂和固体乳膏等新剂型。

1.2.8.5　粒剂（颗粒剂）

(1) 粒剂的组成与特点

农药粒剂为松散颗粒状产品，即由原药、载体、助剂制成的粒状制剂。其中原药 1%~5%，少数达 10%。载体是承载药剂的物质，要求有一定的可塑性和吸油率，如珍珠岩、蛭石、玉米棒芯等；助剂包括黏结剂（淀粉、糊精、骨胶、明胶等）、吸附剂（白炭黑、硅藻土等）、崩解剂（硫酸铵、氯化钙等）、着色剂（杀虫剂为红色、杀菌剂为蓝色、除草剂为绿色）等。粒剂是由粉剂派生和发展的多规格、多形态、多用途剂型，保留了粉剂施用方便、工效高的优点，对粉剂和喷雾液剂有显著的补充作用。具有以下特点：①避免撒布时微粉飞扬，污染周围环境。②减少施药过程中操作人员身体附着或吸入微粉，可避免中毒事故。③使高毒农药低毒化。如呋喃丹等高毒农药，制成粒剂后，由于经皮毒性降低，可直接撒施。④可控制粒剂中有效成分的释放速度，延长持效期。⑤施药时具有方向性，使撒布的粒剂确实到达需要的地点。⑥不附着于植物的茎叶上，避免直接接触产生药害。

(2) 粒剂的生产方法

① 包衣法　以砂或矿渣为载体，将毒物黏结于载体表面，在载体外再进行包衣处理（石蜡）。

② 挤压造粒法　将农药原药与黏土加水一起捏和，再挤压造粒。

③ 吸附（浸渍）造粒法　将液体原药吸附于多孔颗粒载体上。载体如煤矸石、沸石等。

④ 流化床造粒法　使粉体保持流动状态，再将含黏结剂的溶液喷雾使之凝聚成粒。

⑤喷雾造粒法　将液体、物粒在喷雾干燥器热气流中喷雾，干燥成粒。

⑥转动造粒法　向转动的圆盘中，边加入干粉，边喷洒液体，凝集造粒。

此外，还有破碎造粒法、熔融造粒法、压缩造粒法、组合型造粒法等。

(3) 粒剂的类型

按粒剂在水中性状分类：①解体型：粒剂在水中能较快地崩解、分散，释放出有效成分。如挤压造粒粒剂、流化床造粒粒剂、喷雾造粒粒剂和转动造粒粒剂等。②不解体型：粒剂在水中不崩解分散，缓慢释放有效成分。如包衣造粒粒剂、吸附造粒粒剂等。

按农药原药类别分类：杀虫粒剂、除草粒剂、杀菌粒剂、复合粒剂（杀虫—杀虫粒剂、除草—除草粒剂、杀虫—杀菌粒剂、除草—杀菌粒剂、化肥—杀虫粒剂、化肥—除草粒剂等）。

按粒子大小分类：①块粒剂（大粒剂或称丸剂）：颗粒直径 5~9 mm。②粒剂（俗称颗粒剂）：颗粒直径（10~60 目）1700~250 μm。③微粒剂：颗粒直径 250~75 μm，通过 60~200 筛目。它的附着性强，施药时受风的影响较小，飘散率远低于粉剂，采用飞机施药时药效更为显著。④细微粒剂：颗粒直径 230~58 μm，通过 65~250 筛目，是介于微粒与粗粉的中间剂型。

1.2.8.6　可溶性粉剂

可溶性粉剂（水溶性粉剂）是指有效成分能溶于水中形成真溶液，可含有一定量的非水溶性惰性物质的粉状制剂。其外观大多呈流动性的粉粒体。制剂由原药、填料、适量的助剂所组成。能加工成可溶性粉剂的农药，大多是常温下在水中有一定溶解性的固体农药，如敌百虫、乙酰甲胺磷、啶虫脒等。也有的农药本身在水中溶解性很小，但转变为盐后能溶于水中，也可以加工成可溶性粉剂使用，如多菌灵盐酸盐、巴丹盐酸盐、单甲脒盐酸盐等。填料可用水溶性的无机盐（如硫酸钠、硫酸铵等），也可用不溶于水的填料如黏土、白炭黑（人工合成的水合二氧化硅）、轻质碳酸钙等，但其细度必须98%通过325目筛，确保使用时能在水中迅速分散悬浮、不致堵塞喷头。

可溶性粉剂的特点：①有效成分含量高，一般多在50%以上，有的高达90%，由于浓度高，贮存时化学稳定性好，加工和贮运成本相对较低。②由于是固体剂型，可用塑料薄膜或水溶性薄膜包装，可节省包装和运输费用。③细度均匀，流动性好，易于计量，在水中溶解迅速，有效成分均匀地分散在水中，与可湿性粉剂、悬浮剂乃至乳油相比，更能充分发挥药效。④不含有机溶剂，不会因溶剂而产生药害和污染环境，在防治蔬菜、果园、花卉以及环境卫生方面的病、虫、草害上颇受欢迎。⑤该剂型呈粉粒状，其粒径视原药在水中的溶解性而定，水溶性好的，其粒径可适当大一些，以避免使用时粉尘飞扬。在水中溶解性小的，其粒径应尽可能小，以利于有效成分的迅速溶解。⑥不足之处是适用于加工可溶性粉剂的原药有限，不能较大规模取代其他剂型。

1.2.8.7　悬浮剂

悬浮剂是由非水溶性的固体有效成分和相关助剂（分散剂、湿展剂、载体、消泡剂）经水（油）砂磨机进行超微粉碎后制成的黏稠性高浓度剂型，是一种具有流动性的糊状制剂。以水为介质的浓悬浮剂称悬浮剂，也称胶悬剂，兼有乳油和可湿性粉剂的一些特点，没有有机溶剂产生的易燃性和药害问题，有效成分粒径一般为 1~5 μm，黏附于植物表面比较牢固，耐雨水冲刷，药效较高；适用于各种喷洒方式，也可用于超低容量喷雾，在水中具有良好的分散性和悬浮性。加工生产时没有粉尘飞扬，对操作者安全。以油为介质的浓悬浮剂称油悬剂，可供飞机或超低容量喷雾用。悬浮助剂有羧甲基纤维素、聚乙烯醇、树脂等；抗冻剂（冰点调节剂或抗凝剂）有乙二醇、丙三醇、甘油、溶纤剂等；湿展剂包括离子型或非离子型表面活性剂。油悬剂用高沸点惰性油为连续相，如植物油（大豆油、菜籽油）、矿物油，一般不用或少用助剂。浓悬浮剂采用砂磨机在液体介质中粉碎。粒径 $1\sim5~\mu m$，平均粒径 $1\sim3~\mu m$，悬浮率90%以上，经贮存能保持均匀、可流动性，有沉积经摇动后恢复均匀状态。pH $6\sim8$。

用于加工悬浮剂的原药在水中的溶解性 $\leqslant100$ mg/L，最好不溶于水。熔点最好不低于 100 ℃。助剂用量：分散剂0.3%～3%，润湿剂0.2%～1%，增稠剂0.2%～5%，防冻剂5%～10%，稳定剂0.1%～10%，消泡剂0～5%。

悬浮剂已经成为乳油和可湿性粉剂之外的主要基本剂型，有逐渐替代粉剂的趋势。但悬浮剂的长期物理稳定性问题还没有得到很好解决。

1.2.8.8 水乳剂

水乳剂也称浓乳剂，是有效成分溶于有机溶剂中、并以微小的液珠分散在连续相水中的非均相乳状液制剂。与固体有效成分分散在水中的悬浮剂以及用水稀释后形成乳状液的乳油不同，水乳剂是乳状液的真溶液，通常是一种水包油性的乳状液，有效成分在油相，外观常呈乳白色不透明状液体，油珠粒径一般 $0.7\sim20~\mu m$，以 $1.5\sim3.5~\mu m$ 较为理想。外观与油珠粒径有关：油珠粒径 $\geqslant100~\mu m$，可分辨出两相；$1\sim10~\mu m$，外观呈乳白色乳状液；$0.1\sim1~\mu m$，呈蓝白色乳状液；$0.05\sim0.1~\mu m$，呈灰白色半透明液体；$<0.05~\mu m$，呈透明液体。

水乳剂的配方组成：①农药原药：一般水溶性 $<1\,000$ mg/L。②溶剂：二甲苯等芳烃仍然为主选对象。③乳化剂：如环氧乙烷—环氧丙烷嵌段共聚物、乙氧化烷基苯醚、烷基苯磺酸钙等。④分散剂：如聚乙烯醇、阿拉伯树胶等。⑤共乳化剂：一些小的极性分子，具有极性的头部，能在水乳剂中被吸附在油水界面上。虽然不是乳化剂，但有助于降低油水界面张力，并能降低界面膜的弹性模量，改善乳化剂性能。如丁醇、异丁醇、1-十二烷醇、1-十八烷醇等。⑥防冻剂：可提高制剂的低温稳定性。如乙二醇、甘油、尿素、硫酸铵等。⑦消泡剂：消除制剂加工过程中过多的泡沫，如常用的有机硅消泡剂。⑧抗微生物剂：防止微生物降解、制剂变质，如山梨酸、苯甲酸、苯甲醛等。⑨pH调节剂：加入无机或有机酸碱，使pH保持在中性微酸水平。⑩增稠剂：增加水乳剂的稳定性，常用的有聚丙烯酸酯、天然多糖等。

水乳剂减少或不使用有毒易燃的苯等有机溶剂，减少了对环境污染，提高了生产、贮运、使用的安全性。但由于制剂中含有大量水，容易水解的农药较难或不能加工成水乳剂。贮存过程中，油珠可能逐渐长大而破乳，有效成分也会因水解而失效。为提高油珠细度，增加乳状液稳定性，有时需要特殊的乳化设备，在选择配方和加工等方面比乳油更具难度。

1.2.8.9 缓释剂

利用控制释放技术，将原药通过物理、化学加工方法贮存于农药加工品中，制成可使有效成分缓慢释放的制剂。缓释剂可使剧毒农药低毒化，短效农药变长效。

(1) 物理型缓释剂

主要是利用包衣封闭与渗透、吸附与扩散、溶解与解析等原理制成。

① 微胶囊剂　将农药原药(固体或液体，囊芯)包在高分子材料(囊壁)形成的微胶囊中，可控制有效成分缓慢地释放，释放速度可通过改变囊壁厚度，即改变囊壁多孔性的方法，按使用要求加以调节。微胶囊成品颗粒直径 $20\sim50~\mu m$，一般为粉状物，也可制成微胶囊水悬剂。微胶囊施用于植物或昆虫体表时，胶囊壁破裂、溶解、水解或经过壁孔的扩散，囊中包被的药物缓慢地释放出来，可延长药物持效期，减少施药次数与药物对环境的污染，还可降低农药对人、畜的毒性。特别适于昆虫激素、信息素、引诱剂等用量小、防效高、易降解的农药；也适于剧毒农药的加工使用。微胶囊剂的囊壁以明胶、树脂、石蜡及合成聚合体如聚酯、聚酰胺或聚脲树脂等为原料，主要应用界面聚合法，也可应用喷雾聚合的方法制造。缓释剂发展的主要问题是囊壁材料较贵，制剂费用较高。在廉价的囊壁材料研究中，β-环状糊精和碱性木质素的应用前景较好，美国已用碱性木质素加工制作 2,4-滴制剂，用于林业除草。

② 其他物理型缓释剂　包括：塑料(橡胶)结合剂，将农药与塑料或橡胶的均一混合物或农药以一定粒度分散于塑料或橡胶中；多层带剂，是利用浸渍过农药的薄纸条和塑料膜一层层黏合在一起制成的缓释剂，挂在室内防治卫生害虫，也可做成昆虫性信息素释放器；纤维片缓释剂，将纤维片、纸片等浸渍农药，即可制成缓释剂；吸附包衣型缓释剂，某些特殊的多孔性物质如锯末、煤矸石等具有强的吸附性，可用于制造缓释剂。

(2) 化学型缓释剂

使用带有羟基、羧基或氨基等活性基团的农药与一种含有活性基团的载体，经过化学反应结合而成。在使用中，农药又从载体上慢慢解析出来。加工品本身无活性，必须待分解之后才有活性。如乐果的性质不够稳定，当它与 2-叔丁基-4-甲基苯酚等摩尔混溶后，便产生新的化合物；敌敌畏与氯化钙也能制成络合物，均可提高药剂的稳定性。

化学型缓释剂主要有纤维素酯、脲素聚合物、金属盐聚合物等。化学型缓释剂尚处于探索阶段，主要用作土壤处理；叶面因缺乏水解作用，故叶面喷施无效。

1.2.8.10　油剂

农药原药的油溶性剂型，主要用作超低量喷洒，一般含农药有效成分 20%~50%，不需稀释而直接喷洒。油剂对原药性能要求是高效、低毒、无残留、对植物不发生药害。对溶剂的要求是：①对农药有较好的溶解性能，必要时采用混合溶剂或添加增溶剂；②挥发性低，由于超低量喷雾具有雾滴小($70~\mu m$)、飘移时间长、挥发面大的特点，小雾滴在飘移过程中可能因溶剂强烈挥发，使雾滴变小质量减轻而不能沉降在植物上，这也是水质小雾滴作为超低量喷雾施用药效不稳定的原因；③对植物不产生药害。但实际上溶解性能好的低挥发溶剂，往往对植物有药害。选择一种符合上述三方面条件的溶剂是比较困难的。目前采用的溶剂有二甲苯、多烷基苯或萘、煤油、柴油、王醇等。

油剂的质量要求是：①原药与溶剂(或其他助剂)互溶的单相液体，流动性良好。冬天贮藏不产生液—液或液—固分层，若分层，经摇动能恢复原态。贮存 1 年，有效成分分解率小于 5%。②挥发性低，密度大于 1，从而使雾滴容易沉降。③药液黏度低、流动性好，便于药液的雾化。④闪点较高(飞机用油剂闪点高于 70 ℃，以免喷药时着火)。⑤对植物安全，在一般使用条件下喷药，植物不会产生药害。⑥对人、畜安全，其制剂毒性应低于小白鼠急性口服 LD_{50} 300 mg/kg。我国生产的超低量油剂有25%敌百虫油剂、25%杀螟松油剂、25%杀虫脒油剂、25%辛硫磷油剂、25%马拉硫磷油剂、25%乐果油剂、10%百菌清油剂等。

1.2.8.11　烟雾剂和油烟剂

(1) 烟雾剂

有效成分经引燃加热后，能挥发或升华、并弥漫于空气中的制剂，称为烟(雾)剂。固体微粒细度 0.5~5.0 μm，悬浮于空气中为烟；直径 1~50 μm 液体微滴分散悬浮在空气中为雾。两者都是以气体为分散介质，形成胶体状态的分散体系，因此统称为气溶胶。农药溶于有机溶剂，加热挥发时，往往同时形成烟和雾，故称为烟雾剂。为了覆盖保护对象，防治病虫害或防霜冻时，在烟雾剂中加入对硝基苯酚、水杨酸、碘仿(三碘甲烷)、硫磺、氯化铁等加重剂，使烟粒密度加大，加重烟云，这类烟剂称重烟剂。烟剂可做成烟雾罐、烟雾烛、烟雾筒、烟雾棒、烟雾片、烟雾丸及各种蚊香等。

烟剂一般由主剂和供热剂两部分组成，主剂是具有杀虫、杀菌等生物活性的1种或几种农药的原药。烟剂的施放是借供热剂燃烧释放的热量将主剂升华或汽化到大气中，冷凝后迅速变为烟或烟雾，以达到防治目的。要求主剂在常温或燃烧过程中不易与其他成分作用，在400 ℃以下短期高温时，不易燃烧，热分解少。供热剂由氧化剂、燃料和助剂组成，为主剂挥发成烟提供热量，也称为烟剂的热源体，是氧化剂、燃料和助剂按一定比例构成的机械混合物，能进行无焰燃烧和发烟。分离或分层的烟剂需要单独配制它们的供热剂。改变供热剂的组成或配比可改善其燃烧和发烟性能以满足主剂挥发成烟所需热量和最佳温度。氧化剂能帮助和支持燃烧，也称助燃剂，能供给燃料燃烧所需的氧。燃料是指能借助空气中的氧或氧化剂放出的氧进行燃烧的可燃物。助剂是改善烟剂燃烧和发烟性能的添加剂，烟剂的助剂可分为以下几类：

①发烟剂　在高温下能挥发(升华或汽化)、冷却后迅速成烟的物质。在烟剂配方中适量加入发烟剂，能增大烟剂燃烧发烟过程中的烟量和烟云浓度。发烟剂受热挥发形成的烟云粒子是主剂农药有效成分在大气中的载体，以帮助农药的漂移与沉降。

②导燃剂　是燃点较低或还原能力较强的一类燃料。在燃点较高、一般引线不易引燃或引燃后燃烧速度缓慢的烟剂配方中加入适量导燃剂，能降低烟剂的燃点使之易于引燃并能加快其燃烧速度。

③阻火剂　能消除烟剂燃烧过程中产生的火焰或燃烧后残渣中余烬的不可燃物质。能消焰的阻火剂在受热时可分解放出大量的碳酸气或其他不可燃气体以稀释烟剂燃烧释放出的可燃物质以及空气中氧的浓度，也称消焰剂。消焰的目的包括防止火灾和阻止明火对主剂在成烟过程中的燃烧分解。能消除残渣中余烬的阻火剂是一类惰性物质。在残渣易产生余烬的烟剂配方中加入适量阻火剂能降低烟剂残渣的温度以阻止残渣中可燃物的继续燃烧。

④降温剂　能大量吸收或带走烟剂燃烧时放出的热量，以减缓烟剂燃烧速度、降低燃烧温度的助剂。

⑤加重剂　是指在烟剂的燃烧温度下能升华成烟的一类相对分子质量相对较大的物质。在配方中加入了加重剂的烟剂称为重烟剂。重烟剂燃烧发烟时农药的烟粒附着在加重剂的烟

粒上，增大了烟云粒子的质量。

⑥防潮剂　能在烟剂的界面或烟剂粉粒的表面形成蜡膜或油膜，防止空气中的水分与烟剂接触，以保护烟剂免受潮解的一类水溶性物质。

⑦黏结剂　能黏合烟剂粉粒并能增强成型烟剂机械强度的一类胶状物质。

⑧稳定剂　在常温下能增强烟剂化学稳定性的物质，能对烟剂中的某一成分或几种成分具稳定作用。

林间使用的烟雾剂一般是由农药原药、燃料（木屑粉、淀粉等）、氧化剂（氯化钾、硝酸钾等）、消焰剂（陶土、滑石粉等）制成的粉状混合物，细度全部过80号筛目。烟剂点燃后可以燃烧，但没有火焰，烟雾颗粒直径0.1~2 μm，对害虫具有良好的触杀和胃毒作用，微量的烟粒还可通过害虫的呼吸道进入而发挥作用。

烟雾剂质量指标：易点燃，烟云浓白；发烟速度中等，1 kg烟雾剂发烟15 min左右；燃烧过程没有明火，燃烧完全，残渣松软，无余火；燃烧时最高温度400 ℃以下，有效成分燃失率低；长期贮藏不发生自燃、吸潮。

（2）油烟剂

油烟剂是与烟雾发生机配套使用的剂型，将农药溶解于油类溶剂中，并加适当助剂（助溶剂、增烟剂等）配制而成。油烟剂配制选用的杀虫、杀菌主剂，应高效低毒、化学结构上具有一定的高温稳定性；油溶剂对主剂的溶解性能好，制剂性质稳定，并对人、畜及植物毒性小，闪点应高于70 ℃；助剂应有利于改善油溶性农药理化性能，提高施药效果。林间常用拟除虫菊酯类等农药乳油溶于0号柴油（1:20~1:50）配制杀虫油烟剂，防治常见食叶害虫。

1.2.8.12　熏蒸剂

熏蒸剂是在常温下呈气态或能够产生有毒气体的农药。根据化学结构可分为：①卤代烷类，如四氯化碳、二氯乙烷、二溴乙烷、溴甲烷、氯化苦、二氯丙烷、二溴氯丙烷等。②硫化物，如二硫化碳、硫酰氟等。③磷化物，如磷化铝等。④氰化物，如氢氰酸、氰化钙等。⑤环氧化物，如环氧丙烷、环氧乙烷等。⑥烯类，如丙烯腈、甲基烯丙氯等。⑦苯类，如邻二氯苯、对二氯苯、偶氮苯等。⑧其他，如二氧化碳等。

一些熏蒸剂存在较严重的毒性、安全性或环保问题，现已禁用。目前常使用的有溴甲烷、磷化氢、硫酰氟等。

1.2.8.13　种衣剂

种衣剂是指在干燥或湿润状态的种子外，用含有黏结剂的农药包覆，使之形成具有一定功能（防虫、治病、施肥）和包覆强度的保护层，此过程称为种子包衣；而把包被种子的组合物称为种衣剂。如果药剂只在种子外形成不牢固的吸附层，则为药剂拌种；药剂为拌种剂，其中粉体拌种剂又称种子粉衣剂。用于浸渍种子的液体药剂称为浸种剂。种衣剂、拌种剂和浸种剂等，统称为种子处理剂。种衣剂具有以下作用特点：

①高效　对于经种子传带和土壤传带的病菌、地下害虫、线虫、吸浆虫、鼠类等危害植物幼体的有害生物有良好防效。

②经济　药剂集中处理，利用率高，较叶面喷洒、土壤处理、毒土、毒饵等方法省药、省工。

③持效期长　种子包覆种衣剂，农药一般缓慢释放，持效期相对延长。

1.3　农药的使用方法

1.3.1　喷雾法

喷雾法是在外界条件的作用下，使药液雾化并均匀地沉降和覆盖于喷布对象表面的一种农药使用方法。喷雾法适用于液态使用的农药剂型，如乳油、可湿性粉剂、水溶剂、浓缩可溶剂、胶体剂、悬浮剂、可溶性粉剂等，除超低量油剂直接喷洒外，其他均需加水稀释后使用。喷雾法药剂沉积量高，沉积率可达40%；在受药表面上覆盖面积大，较耐雨水冲洗，持效期长，适用的防治对象广泛；但易受水源影响，工效较低。雾滴大小及均匀度与喷雾类型、药液性能、机械的雾化性能密切相关。雾滴大小的表示方法有以下几种：

①算术平均直径(arithmetic mean diameter，AMD)　即取样雾滴直径的算术平均值。

②沙脱平均直径(sauter mean diameter，SMD)　若某一直径雾滴的体积与表面积之比等于取样雾滴的体积之和与表面积之和的比，则此雾滴的直径即为雾滴群的沙脱平均直径。

③数量中值直径(number median diameter，NMD)　将取样雾滴按大小顺序累积，当累积的雾滴数为取样雾滴总数的50%时，所对应的雾滴直径即为雾滴群的数量中值直径。

④体积中值直径(volume median diameter，VMD)　将取样雾滴的体积按大小顺序累积，当累积值等于取样雾滴的体积总和的50%时，所对应的雾滴直径即为雾滴群的体积中值直径。

在农药使用和研究中，常用数量中值直径或体积中值直径表示雾滴的大小，并用数量中值直径与体积中值直径的比值来判断喷雾器雾化性能的优劣，比值越接近1，表示雾滴群体的直径大小越均匀一致，即雾化性能越优良。一般认为，如果比值>0.67，即认为雾化性能良好。

1.3.1.1　液体雾化的方法

(1)压力雾化法(液力雾化法)

对药液施加压力，迫使其通过一经过特别设计的喷头而分散成为雾滴。这种雾化方法的特点是喷雾量大，但雾化均匀度差，雾滴粒径分布宽(0.01~1 000 μm)。采用的切向离心式涡流芯喷头由涡流芯、涡流室和喷孔片组成，高压药液沿切线方向进入涡流室后，绕涡流芯高速旋转，最后从喷孔排出，药液由喷孔片切刃削薄，形成伞状液膜，中心部分是空的，液膜和空气撞击后形成的雾锥体是空心雾锥。雾滴大小取决于以下3个因素：

①喷雾压力　雾滴直径与压力的平方根成反比，即压力越高，喷出的雾滴就越细小。

②喷孔片的喷孔孔径　孔越小，雾滴越细，孔径越大，药液流量越大，雾滴越粗。喷孔片也叫旋水片，片中央有一喷液孔，各类型的喷雾器均配备有孔径大小不同的一组喷孔片，在相同压力下，喷孔直径越大则药液流量也越大，用户可以根据不同的作物和病、虫、杂草选用适宜的喷孔片，如较高大的作物，宜选择喷孔直径大的喷孔片；用于苗期作物，宜选用喷孔直径小的喷孔片，其流量小，雾滴细。

③液滴的表面张力　表面越大，雾滴直径越大。

压力雾化法常用机具类型有：

①预压式喷雾器　也称压缩式喷雾器，是一种间歇加压的喷雾器，药液箱兼作空气室。使用时，先把气打足，贮压力于药液箱，即可开始喷雾。随着药液的喷出，药液箱内的压力逐渐下降，当下降到雾化质量明显降低时，再次充气加压。该类喷雾器使用时，不可将药箱全部装满，以免作业时压力急速下降，雾滴迅速变粗。

②背负压杆式　药液经过唧筒进入气室，对气室内的空气加压后，再将药液压出喷头喷出。该机具在作业过程中连续加压，压力较稳定，雾滴粗细较均匀。

(2) 气力雾化法

这是利用高速气流把药液击碎而实现雾化的方法，气流和药液在喷头的一定部位相会，利用高速气流对药液的切削作用使药液分散雾化。由于空气和药液都是流体，所以此法也称双流体雾化法，即弥雾法。气力雾化原理包括瞬间完成的两部分内容：

第一，气流对药液的拉伸作用，即依靠气流的速度和剪切力使药液形成液丝，液丝由于本身的表面张力而断裂，产生许多液球（粗雾滴，称初始雾滴）。

第二，气流对液球的鼓泡作用，喉管内高速气流把前面形成的液珠吹成伞状的小泡，当液囊的膜薄到一定程度时就破碎而形成小雾滴（弥雾）。

这种雾化方法能产生比较细而均匀的雾滴，但雾化的细度也会因气流的压力和流速的变化而发生变动。使用较多的气流雾化器械是机动弥雾机，利用内燃机带动的风扇所产生的强大气流在喷口处把药液吹散雾化。手动弥雾器则是利用手动气泵所产生的气流通过特制的雾化喷头实现气流雾化，喷雾量小而雾化性能好。

(3) 旋转离心式雾化法

电动手持超低容量喷雾器、弥雾机等是利用喷头圆盘高速旋转时产生的离心力使药液以一定细度的液球离开圆盘边缘而形成雾滴。有以下 2 种方法：

①转碟式离心雾化法　主要工作部件是个转碟，转碟的圆周边缘有一定数量的半角锥齿，当转碟飞速旋转时，药液从转碟表面流向齿尖并飞出，药液在离心力作用下脱离齿尖而延伸成为液丝，然后液丝断裂，形成雾滴，所以也称液丝断裂法。这种雾化法的雾滴细度（δ）取决于转盘的角速度（ω）、药液表面张力（σ）、药液密度（d）及转碟直径（D）。

$$\delta = (3.8/\omega)/\sqrt{\sigma/D \times d}$$

式中　δ——雾滴直径（cm）；
　　　d——液体密度（g/cm）；
　　　D——圆盘直径（cm）；
　　　ω——圆盘角速度（rad/s）；
　　　σ——液体表面张力（dyn/cm）。

即转碟直径大，转速高，表面张力小，就有利于形成较细的雾滴。对特定机具而言，转碟直径和转速范围已确定，一般采用调节药液流速来调节雾化细度。

②转笼离心雾化法　把药液滴在高速旋转的金属纱笼上，在离心力作用下，液滴被抛入四周空气中形成雾滴。如 AU3000 型转笼雾化器，是我国航空喷雾所采用的雾化器。类似原理的静电雾化器，则是靠静电的高压电场把药液伸展成液丝，最后通过液丝断裂形成雾滴。

1.3.1.2 喷雾的类型

(1) 按喷雾机具划分

①航空喷雾(aerial spray)　用飞机将农药均匀洒施在目标区域内,其特点是效率高,一般每架飞机每天可喷雾 266.7~533.3 hm²,适用于连片种植的作物、果园、草原、森林等。

②地面喷雾(area spray)　包括手动机械喷雾、机动喷雾、静电喷雾。静电喷雾的药液在高压输出放电管中带电,由高速旋转的雾化器甩出,成为带电雾滴。当雾滴接近受药体(如植物)时,受药体表面产生相反的感应电荷,可提高雾滴在受药表面上的沉积量。

(2) 按喷雾容量划分

①高容量喷雾(粗喷雾)(high volume spray,HV)　施药液量(大田作物)在 600 L/hm² 以上;(树木或灌木林)1 000 L/hm² 以上。雾滴粗大,雾滴中值直径 400~1 000 μm。药液浓度小于 1 000 mg/kg。以水为载体,属于针对性喷雾,雾滴易发生弹跳、滚落,药液流失较多,易引起土壤和水源污染。

②中容量喷雾(常量喷雾)(median volume spray,MV)　大田作物喷洒药液量在 187.5~750 L/hm²;灌木或树木 500~1 000 L/hm²。雾滴中值直径 250~400 μm。载体为水质,属于针对性喷雾。适用于多水地区,农药的利用率优于高容量喷雾。

③低容量喷雾(细喷雾或弥雾)(low volume spray,LV)　大田作物喷洒药液量 37.5~187.5 L/hm²;杂灌和树木 200~500 L/hm²。雾滴中值直径 150~250 μm。载体为水质,是针对性喷雾和飘移性喷雾相结合的喷雾方式,可避免大雾滴所产生的弹跳滚落现象,雾滴在植株间的分散性好。适用于防治叶面病虫害,但不宜用于化学除草。由于使用浓度较高,高毒农药不采用这种喷雾方法。

④很低容量喷雾(微量喷雾)(microspray)　大田作物施液量 5~50 L/hm²;树木和杂灌木 50~200 L/hm²。雾滴中值直径 50~100 μm。载体为水或油质。飘移性喷雾。

⑤超低容量喷雾(超微量喷雾)(ultra-low volume spray)　大田作物喷液量 2.25~7.5 L/hm²;树木和杂灌木<50 L/hm²。雾滴中值直径 15~75 μm。喷洒药液浓度 10%~15%,载体为油质,飘移性喷雾。适用于少水地区,不用于农田化学除草。具有高效、省药、不用水的优点,但雾滴受气流影响大,施用不当会产生药害。低容量以下的几种喷雾法的雾滴较细或很细,也统称为细雾滴喷雾法。国内外喷施药液量均向低容量喷雾发展,高容量喷雾逐渐被取代。

(3) 按喷雾方式划分

①针对性喷雾(orientational spray)　又称定向喷雾,将喷头对着靶标直接喷药,喷出的雾流朝向预定的方向运动,雾滴较准确地落在靶标上,较少散落或飘移到空中或非靶标物体上。

②飘移性喷雾(drift spray)　雾滴借飘移作用沉积于目标物上,按大小顺序沉降,较大雾滴沉积在近处,较小雾滴在远处,具有较宽的工作幅。比常规针对性喷雾有较高的工效并减少能耗。缺点是雾滴小,易被自然风携带出目标区以外而飘失污染。

③泡沫喷雾(foam spray)　使药液形成泡沫状雾流喷向靶标。喷药前在药液中加入起泡剂,由特制喷头自动吸入空气使药液形成泡沫雾喷出。泡沫雾流扩散范围窄,雾滴不易飘移,对邻近植物及环境影响小,适用于需要控制雾滴扩散范围的场所,如间作套种作物、除

草剂的行间喷雾、庭院花卉以及室内消毒等场合的喷雾。

④循环喷雾(recirculating spray) 利用药液回收装置,将喷雾时没有沉积在靶标上的药液循环利用的喷雾技术。该法可以节省农药、减轻环境污染。一般采用大田喷杆式喷雾机或果园风送液力喷雾机,在喷洒部件的对面加装单个或多个药雾回收装置(挡板),回收的药液顺板流下进入一集液槽内,经过滤后再用抽吸泵把槽中的药液抽回药箱中重新利用。

⑤滞留喷洒(residual spray) 是将持效期长的杀虫剂喷洒在室内的墙壁、门窗、天花板和家具上,使药剂滞留在上述物体表面,维持较长时期的药效。主要适用于住房、办公室等场所的卫生害虫或仓储害虫防治。

1.3.1.3 喷雾施药注意事项

(1) 水质

水质优劣的主要指标是水的硬度。水的硬度是指水中离子沉淀肥皂的能力。水的硬度又分为总硬度、碳酸盐硬度和非碳酸盐硬度。碳酸盐硬度也称暂时硬度,主要化学成分是 Ca^{2+}、Mg^{2+} 的碳酸氢盐和碳酸盐,通过加热能以碳酸盐形式沉淀下来从而使水软化。非碳酸盐硬度主要成分为水中的 Ca^{2+}、Mg^{2+} 的氯化物、硫酸盐、硝酸盐等盐类,这些盐类即使经加热煮沸也不会发生沉淀,硬度不变化,又称永久硬度。总硬度为暂时硬度与永久硬度之和。

$$总硬度 = Ca^{2+}/40.08 + Mg^{2+}/24.3 \ (mmol/L)$$

式中 Ca^{2+}——水中 Ca^{2+} 含量(mg/L);

Mg^{2+}——水中 Mg^{2+} 含量(mg/L);

40.08——钙离子的摩尔质量(g/mol);

24.3——镁离子的摩尔质量(g/mol)。

硬度的表示方法有:

德国度(°d),即1L水中含有相当于10 mg氧化钙为1度。这也是我国目前最普遍使用的一种水的硬度表示方法。

英国度(°e),即1L水中含有相当于14.28 mg碳酸钙为1度。

法国度(°f),即1L水中含有相当于10 mg碳酸钙为1度。

不同表示方法之间换算关系:1 mmol/L = 5.608 德国度 = 56.08 mg/L(以氧化钙计) = 100.08 mg/L(以碳酸钙计)。

我国国标中对水质要求是按碳酸钙计小于100 mg/L,大于100 mg/L为硬水。各种农药乳油和可湿性粉剂加水稀释时,应选用软水,这是由于硬度高的水,如某些地区的井水、泉水、海水等含有较多的钙、镁等无机盐类,硬度都在200 mg/L左右,用这些水稀释农药,则硬水中的钙、镁等物质能降低可湿性粉剂的悬浮度,或与乳油中的乳化剂化合生成钙、镁等沉淀物,从而破坏乳油的乳化性,不但降低了农药的防治效果,还会产生药害。一般河水、湖水、江水等水中含钙、镁等物质较少,硬度一般都在100 mg/L以下,不会破坏被稀释药剂的性能。

(2) 喷雾质量

一般要求药液雾滴分布均匀,覆盖率高,药液量适当,以湿润目标物表面而不产生流失为宜。对一些植物叶片背面危害的种类,要进行叶背面针对性喷雾。

(3) 防止农药中毒

喷雾过程中，雾滴常随风飘移，污染施药人员的皮肤和呼吸道。因此，施药人员要做好安全防护工作，尽量减少高毒农药在人口密集地区的使用。

1.3.2 喷粉法

喷粉是利用机械所产生的风力将农药粉剂吹送到靶标物体表面，在物体表面形成一层极薄的药粉层，以手指触摸后可见药粉沾染为宜。喷粉包括粉粒吹扬和沉积两个阶段：借助机械搅动或气流鼓动使粉剂发生流化现象，成为容易分散的疏松粉体；借助一定速度的气流，把已流化的粉体吹送到空中使之分散成为粉尘。粉尘在空中的运动有两种特性：一是布朗运动，即悬浮微粒不停地做无规则运动；二是飘翔效应，即非球形粒子在阻尼介质中运动时偏离运动方向的现象。粉剂的粉粒都是不规则的非球形粒子，在垂直下落时由于粉粒表面不同部位受空气阻力的作用强度不一致，而使粉粒的运动方向发生偏离，使下落的粉粒滑向一边，因此产生飘翔现象。

粉粒直径 >10 μm 时，以飘翔效应为主；而 <10 μm 时，则以布朗运动为主。这两种特性均有利于延长粉粒在空中的飘悬时间，在有气流扰动时更为明显，这是喷粉法在田间沉积分布比较均匀、工效较高的主要原因，也是药粉在大气中容易发生飘移现象的重要原因。粉粒之间有絮结现象，即若干个粉粒（200~300 个）絮结到一起形成团粒。团粒的直径远大于单个粉粒，因而使粉粒的运动性质发生变化，粗大的团粒容易垂直下落，从而丧失布朗运动和飘翔能力，这有利于防止飘移，但不利于粉粒沉积分布。克服絮结现象的方法，主要依靠机械的搅动或气流的鼓动使粉体流化，喷粉也应有足够强的风力。在粉剂的制剂配方中加入适当的分散剂也是一种有效的办法。

喷粉的优点是操作方便、工效高、不受水源的限制、对植物一般不易产生药害。缺点是沉积率较低（20%），药粉易被风吹失和雨水冲刷，防治效果一般不如喷雾法，单位面积耗药量大，粉尘飘移，污染环境和对施药人员健康不利。

与喷雾法相比，喷粉法对气象条件的要求更为严格。一般认为当风力超过 1m/s 时，就不适宜喷粉。一般清晨和傍晚风速最小或无风，上升气流也最弱，是喷粉的最佳时间。雨前不喷粉；喷粉后 24 h 内降雨的，应予补喷。植物表面的露水有利于提高附着药量，但露水过重，对粉粒的扩散、均匀沉积反而不利。苗期植物对地面的覆盖率很小，喷粉后药剂多沉积于地面，一般不采用。

1.3.3 种子处理

种子处理包括拌种、种苗浸渍和种子包衣。

拌种是指用拌种器将药剂与种子混拌均匀，使种子外面包上一层药粉或药膜后再播种，以防治种子带菌、土壤带菌及地下害虫。拌种分干拌和湿拌两种。干拌法可直接利用药粉，湿拌法则需要确定药量后加少量水。拌种药剂用量一般为种子质量的 0.2%~0.5%。拌过的种子，一般需要闷 1~2 d，以加强种子对药剂的吸收，以提高防效。

浸渍法是将种子（或幼苗）浸在一定浓度的药液里，经过一定时间使种子或幼苗吸收药剂，以防治被处理种子内外或幼苗带菌或苗期虫害。所用农药一般为水溶液和乳油，药液用量以浸没种子为限。浸种药剂可连续使用，但要补充所减少的药液量。浸渍种苗要严格掌握药液浓度、温度、浸渍时间。用甲醛或升汞浸种后，需用清水冲洗，以免发生药害。

种子包衣技术近年来推广面积逐渐扩大，方法是在种子外包覆一层药膜，使药剂缓慢释放出来，达到防治病虫的效果。

1.3.4 熏蒸法

熏蒸是利用一些常温下容易气化的农药，或一些农药施于土壤后，产生具有杀虫、杀菌或除草作用的气体，在密闭空间防治病、虫、草害的方法。主要有仓库熏蒸法、帐幕熏蒸法、减压熏蒸法和土壤熏蒸法4种。使用较多的是仓库熏蒸和土壤熏蒸。仓库熏蒸用于作物收获后的处理；而土壤熏蒸是在作物种植前的处理，方法有土壤注射法、滴灌法、开沟施药覆土法、机械覆膜施药法。林业上常用溴甲烷帐幕熏蒸法处理木材和木质包装材料，方法是将待处理材料在熏蒸场地上堆垛、覆盖帐幕、密封，根据体积计算的药量投药，保持密闭，熏蒸完成后打开帐幕散毒。熏蒸效果通常与温度成正相关，温度越高，效果越好。一定温度和剂量范围内，熏蒸效果可以表达为用药量(C)和熏蒸时间(T)的乘积(CT值)，加大用药量可以缩短熏蒸时间；如果延长熏蒸处理时间，较低的浓度也可能获得较好的效果。

1.3.5 烟雾法(烟雾载药法)

1.3.5.1 烟雾发生

烟雾一般指细度为 $0.1 \sim 10 \ \mu m$ 的微粒悬浮于空气中形成的分散体系，悬浮微粒为固体的称为烟，为液态的称为雾。许多情况下二者并存，因为液态微滴的溶剂挥发后常留下固态农药微粒。从物理化学角度，物质微粒分散于气体中形成的分散体系称为气溶胶，烟雾态农药属此范畴。农药烟雾微粒很小，在空气中悬浮的时间较长，沉积分布均匀，防治工效高。但也有飘移扩散、污染环境等问题。

烟雾一般通过热力发生法产生，包括固体烟剂发烟和机械发烟2类。

①固体烟剂法 将固体烟剂引燃，并使之处于无明火状态，燃烧产生的热量推动带药烟雾粒子扩散，并沉降在物体表面而发挥杀灭作用，包括沉降在有害生物表面，或沉降在植物表面通过有害生物活动接触形成的二次受药以及短期郁闭的熏蒸作用。

②烟雾机发生法 烟雾机可分为常温烟雾机和热烟雾机两类。常温烟雾机的核心部件是气液二相流喷头，在高速气流的作用下，在喷嘴处形成局部真空，将药液吸入喷头体内，压缩空气与药液在喷嘴外缘处混合雾化，然后喷射在棚室空间和蔬菜、花卉等植物上。常温烟雾机作业，喷量为 $50 \sim 70 \ mL/min$，雾粒粒径 $20 \ \mu m$，能长时间($2 \sim 6 \ h$)飘浮扩散于棚室空间，穿透作物各处缝隙，充分附着于农作物表面，均匀度较高。热烟雾机是利用燃烧所产生高温气体的热能和高速气体的动能，使药剂受热而迅速裂解挥发，雾化成细小雾滴，随自然气流飘移渗透到物体表面。热烟雾机有废气加热式、电加热式和脉冲喷气加热式3种。废气加热式烟雾机利用发动机排出废气的热量加热药液，使其形成烟雾排出。其结构是在汽油机排气管上加一个烟化器附件构成的烟雾机，将油烟剂通过绕排气管外周的螺旋管预加热后再

送到排气管出口，利用排气高温使药剂汽化，并被高速燃气带到大气中，冷凝形成烟雾。由于螺旋输药管易堵塞，排气管温度较低，烟化效果不好，烟量也不够大，加之设备质量大，未能得到推广使用。电加热式烟雾机体积小、质量轻，但喷烟量小，适用于室内体积不大且有电源的地方。脉冲烟雾机是借脉冲喷气发动机喷出的高温高速气流对药液进行烟雾化，使药液表面积迅速增加，药液便可大量而均匀地吸收热量，从而起到烟化效果，并依靠喷气产生的推力将药液从尾喷管喷出。脉冲式烟雾机一般使用70号以上汽油做燃料，油烟剂以农药直接溶于溶剂油或添加助剂混合配制。以防治松毛虫为例，采用速灭杀丁：柴油按1:100至1:300比例配制。虫龄较低、虫密度小时用1:300倍液；虫龄较大、虫口密度较大时可用1:100倍液的配比。

1.3.5.2 放烟方法

放烟采用固定法和移动法，或两者结合进行。固定法是按照地形将烟包设置在固定地点，待条件合适时（如傍晚或清晨气流稳定时），多人逆风向依次点火，烟雾缓慢向后飘散形成烟云，笼罩在防治区内。一般适合于气流稳定、风向变化小的林分。放烟人员应组织培训，掌握要领以及在风向变化时的安全防护措施和撤离步骤。施放结束后应逐点检查并消灭余火。移动放烟包括烟雾机放烟和发烟罐放烟，前者为启动烟雾机后沿逆风方向缓慢行进，也可多人多机同时操作形成烟云；后者为手持发烟罐走动防烟，每人隔一定距离逆风缓行。

烟雾机放烟可根据气流和地形变化及时调整放烟地点和放烟量，一般应选在气流比较稳定的天气进行。利用早晨、傍晚烟云低垂、空气对流弱时放烟，使烟雾在林内沉聚时间长，充分发挥药效。阴天、空气对流弱的梅雨季节，也可进行放烟防治。早晨一般选在天微亮到日出后1 h最好，晚上则根据情况，微风（1级以下）时较好。山地防治，傍晚从山下倒退向山上放烟，即沿等高线每隔5~10 m往返喷施；早晨则从山顶距林地5~10 m开始沿等高线行走放烟。苗圃地放烟则根据风向进行，防治面积小，在四周用烟雾机放烟即可；面积较大时，可每隔5~10 m与风向垂直顺风放烟。总体而言，烟雾机放烟对天气条件的要求没有固体烟剂严格，一般在风力2 m/s以下的白天，无气温逆增条件下也可使用。每人每小时可进行病虫害防治作业5~7 hm^2，2人一机配合作业每天可完成作业33~40 hm^2。

烟剂具有使用方便、工效高、对环境污染较小、残留量低等优点，适用于相对封闭的环境，如仓库、房舍、温室、塑料大棚以及森林和果园。室外开放空间放烟应综合考虑气流、地形等因素：白昼上升气流强烈，烟迅速向上部空间逸失，不能滞留在地面或植物表面，一般不能进行露地放烟；日落后地面或植物表面释放出所含热量，使近地面或植物表面的空气温度高于地面的温度，形成逆温层，有利于烟的滞留而不会很快逸散，因此在傍晚和清晨放烟易取得成功。风速>1.5 m/s，不适合放烟，烟容易在低凹地、阴冷地区相对集中。

1.3.5.3 放烟效果检查

（1）防治效果检查

一般采用标准株法，在防治区内按对角线、棋盘式等方式，每隔一定距离（20~40 m）设一标准株，调查处理前后靶标生物数量变化，并与对照校正。虫口数量统计方法有：

① 虫粪法　清理标准株下的杂灌和地被植物，铺设一定大小的塑料薄膜，四周用泥土或石块压紧，一定时间后（如24 h）统计薄膜上的虫粪粒数或质量，防治前后各进行1次。另设不防治的对照株。

②直接记数法　设定标准株后,清理地被物,铺设塑料薄膜,防治后一定时间内统计掉落在薄膜上的虫数;并在适当时间统计树冠上的残存活虫数量。可采用高枝剪剪取标准枝进行检查统计;也可采用烟雾机对标准株树冠进行高强度放烟或树干打孔注药,一定时间后统计地面死虫的方法。为减少防治效果检查的工作量,也可采用挂笼法,即采集一定的树枝和靶标昆虫,置于整体为网状的笼内,将笼按照试验设计要求,挂在不同高度和地点,防治结束后统计效果。同时在非防治林分设置对照。

杀菌烟剂防治效果检查方法类似,也可在林间设立带病原菌的载玻片支架,受烟后带回室内测定检查孢子萌发率或菌落抑制率等指标。防治效果检查也可采用处理后一定时间,调查林间病虫消减情况,计算虫口减退率和病害的相对防治率等指标。

(2) 放烟质量检查

采用玻片法检查烟尘密度和均匀度等指标,检查受药情况、有无漏防区域等,并及时补放。具体方法可参照"航空施药"部分有关雾滴测定的内容进行。

1.3.6　树干注射施药

树干注射施药(trunk injection)是依靠树体内液流的蒸腾拉力或外力向树体内输入农药、生长调节剂或其他物质的一种局部施药方法。

树干注射施药的优点:①不受树木高度、有害生物危害部位等的限制,使高大树木的害虫、具有蜡壳保护的吸汁害虫、钻蛀性害虫、维管束病害等常规方法难以有效防治的对象,得以有效防治。②突破了常规施药的环境限制,在连续多雨或干旱缺水条件下可正常施药。③可以减少常规方法施药造成的药液损失,提高农药利用率。④不造成直接环境污染,对非靶标生物和施药人员安全,使高毒农药低毒化。⑤可以精确地控制用药量,有利于实现生长调节剂、微肥等的精确使用。⑥避免雨水、光照等对农药的分解,药效期得到一定延长。树干注射施药的缺点是施药过程对树木造成一定的机械损伤。

目前专用树干钻孔机械的应用较大幅度地提高了工效,将树干注射施药分离为钻孔与施药两个相对独立的环节,形成了钻孔插管施药法。先在树干上注药部位钻孔,孔与树干约呈45°角,深达2~3年生木质部,将装有一定量药液的尖嘴药瓶插入孔中,适度敲紧使药液不渗出为度,待药液注射完毕,收回插管,封堵钻孔。树干注射施药应结合防治对象的特点,适当提前注药时间。在果树上禁止注射高残留剧毒农药。

1.3.7　航空施药

航空施药(aerial pesticide application)是指用飞机将农药液剂、粉剂、颗粒剂、毒饵等均匀地撒施在目标区域内的施药方法。航空施药工效高,适用于连片种植的作物、果园、森林、草原等大面积施药。适用的农药剂型有粉剂、可湿性粉剂、水分散性粒剂、悬浮剂、干悬浮剂、乳油、水剂、油剂、颗粒剂等。飞机喷粉由于粉粒飘移严重,已很少使用;确需使用也应在早晨平稳气流条件下作业。飞机用粉剂的粉粒比地面用粉剂略粗些,也可加水配成悬浮液进行高容量喷雾。乳油等剂型可用于高容量和低容量喷雾,作低容量喷雾时喷洒药液中可添加尿素、磷酸二氢钾等,以减小雾滴挥发。油剂可直接用于超低容量喷雾,其闪点不得低于70 ℃。

飞机喷施杀虫剂，可采用低容量和超低容量喷雾；低容量喷雾的用药量为10～50 L/hm²；超低容量喷雾的用药量为1～5 L/hm²；一般要求雾滴覆盖密度为20个/cm²以上。喷洒触杀型杀菌剂，一般采用高容量喷雾，施药量为50 L/hm²以上；喷洒内吸杀菌剂可采用低容量喷雾，施药量为20～50 L/hm²。喷洒除草剂，通常采用低容量喷雾，施药量为10～50 L/hm²，若使用可湿性粉剂则为40～50 L/hm²。撒施杀鼠剂，一般是在林区和草原施毒饵或毒丸。飞机施药作业时风速：喷粉不大于3 m/s，喷雾或喷微粒剂不大于4 m/s，撒颗粒剂不大于6 m/s。

用于飞行施药的机型有大型固定翼飞机、小型固定翼飞机和轻型直升飞机3类，轻型直升飞机具有机动灵活、超低空飞行、无需专用机场、作业效率和质量高等优点，近年来在林业有害生物防治方面得到广泛应用，代表了航空施药在林业上的发展方向。目前国内使用的有罗宾逊R44直升机(Robinson R44)、施瓦泽S-300C(Schweizer 300C)直升机，主要技术参数如表1-9。

表1-9　林业有害生物防治常用直升机技术参数

项目	罗宾逊R44	施瓦泽S-300C
作业速度	90～110 km/h	90～110 km/h
航高	防护林、村庄、行道树、片林、护岸林10～15 m；山区15～20 m；复杂地形20～25 m	防护林、村庄、行道树、片林、护岸林10～15 m；山区15～20 m；复杂地形20～25 m
喷幅	26～30 m	25～30 m
每架次载药量	200～250 kg(海拔800 m以上装药量减半)	150～200 kg(海拔800 m以上装药量减半)
每架次喷药时间	8～10 min	7～8 min
每架次作业面积	53～67 hm²	40～53 hm²

1.3.7.1　防治前的准备

(1)作业区情况调查

作业区情况调查包括有害生物发生情况、林地特点调查和作业区测量。前者包括有害生物发生地点、面积、种类、密度、天敌、林木、地形、净空情况等，在调查基础上，标出作业区位置坐标和范围，绘制发生情况分布图。作业区测量包括基线测设和航标线测量，基线测设是在1∶50 000以上地形图上，按飞防确定的飞行作业航线方位角，在地形图上找出两个明显的地形地物点，连接两点并延伸至飞防作业区两端，作为基线。航标线测量是在图上完成作业区设计后，在航标线起止点附近寻找明显的地形地物作为起测点，利用航标线通过的地物点，采用地形图进行校核。一般采用罗盘仪测角，测绳测距。

(2)飞防作业设计

①技术参数设计　根据虫情监测结果和气候条件，确定飞行防治适期。一般害虫幼龄期或发生初期防治效果较好，害虫大部分老熟甚至结茧，或天敌寄生率达到50%以上，应停止飞行作业。飞行航带一般按南北方向设计，航带的长度应大于作业区。在地形复杂的林地，航带一般按山脊或河流的走向确定。根据地形和净空条件、长度和宽度、每架次喷药面积等确定飞行作业方式(单程式、复程式和穿梭式)。作业航向设计基本按照沿相同海拔高

度飞行作业的原则，结合地形条件，确定飞行作业航向。山区航向应尽量与作业区主山梁平行，并与作业季节的主风方向一致，侧风角最大不超过30°。应尽量避免正东西向。根据药剂性能、机型、作业区条件等，确定合理的航高和喷幅。为减少漏喷，一般每条喷幅的两侧应各有约15%的重叠；地形复杂和风向多变地区，重叠应达20%左右。航标线应选在与作业航向基本垂直、视野良好的地方。航标线要在作业区两端各设一条，作为进出航和作业的标志，进出航期间其数量视机型、作业区长度合理加设。导航系统可采用人工信号导航、固定地标导航、GPS导航，也可3种方法结合使用。如采用人工导航，信号队应由熟悉地形的人员组成，作业前培训内容包括：信号排列、队形移动、地面侧风修正、空地联络、作业质量及时反馈等。也可设立固定信号，或与流动信号结合，信号要高出树冠1~2 m，可采用信号旗、信号板、烟雾信号等。流动信号队排列一般取南北方向，以免阳光对视觉的干扰。一般大型飞机加药队人数：喷粉约15人，喷雾约8人；不同机型可适当增减。加药人员应熟练有关操作，并注意安全防护。

②作业区设计　是以县或起降场为单位，在1∶50 000以上地形图上标定发生区、绘制作业位置图，标出各作业区位置、航带上明显的地物、主要山峰及海拔等。以作业区为单位，绘制作业设计图，图上应标明作业地块、各防治区方向、主要村庄、高压线、高大建筑物、作业忌避区（鱼塘、蚕、蜂、鹿场等），根据飞机的性能参数，结合喷洒的防治要求，确定飞防操作时作业高度、作业时速等飞行技术参数。同时编制飞行架次安排表。在技术参数设计和作业区设计基础上，编制作业计划，报上级主管部门批准。

1.3.7.2　相关测定检查

（1）飞行参数测定

作业前，先进行视察飞行，了解作业区位置、面积、方向、障碍物等情况。用清水试喷，计算以下参数：

每秒作业面积(hm^2/s) = 航速(m/s) × 喷幅宽度(m)/10 000；

每架次作业面积(hm^2) = 每架次载药量(kg)/每公顷喷药量(kg/hm^2)；

每架次作业时间(s) = 每架次作业面积(hm^2)/每秒作业面积(hm^2/s)；

每公顷喷药量(kg/hm^2) = [每秒喷头流量总和(kg/s) × 10 000]/[实际飞行速度(m/s) × 喷幅(m)]

喷幅和用药量测定，可在机场跑道上进行。飞机装药后在跑道上根据所确定的作业技术参数模拟作业，飞机起飞后在跑道中间竖一红色信号旗，以红旗为中心与航向垂直，左右每间隔3 m放置一块氧化镁玻片，飞机通过15 min后，按次序收回玻片，室内镜检单位面积雾滴数量、雾滴密度、测量雾滴直径，计算出有效喷幅及雾滴均匀度。应用地形图结合有效喷幅进行航带设计，根据喷洒的剂量要求，通过对喷洒设备的调节，测定每架次药液的喷洒时间，计算每公顷喷洒量和每架次喷洒面积，并配制农药。

（2）喷洒质量检查

一般采用玻片法和纸卡法。玻片法包括氧化镁玻片法和白明胶玻片法。氧化镁玻片法是用镁条燃烧给洁净的玻片熏烟，烟层厚度略大于雾滴直径。制好的玻片密封保存，使用时设置在测定点上，雾滴落下时在烟层上留下圆孔，镜检孔洞数量和大小，计算雾滴直径、密度等指标。孔洞大小与雾滴实际大小存在差异，孔洞的实测结果要乘以一定的系数加以校正。

一般雾滴直径 10~15 μm 时校正系数为 0.75，15~20 μm 时为 0.8，20~200 μm 时为 0.86。白明胶玻片法是用水煮好白明胶液，将其涂在洁净的载玻片上涂抹一薄层，晾干后即可进行现场雾滴截取，带回室内检查统计。纸卡法可将苏丹Ⅲ、油溶红等油溶性染料加入药液中，用量一般 0.5%~1%，喷洒现场用白纸卡截取，也可将 0.2% 苏丹Ⅲ氯仿溶液、0.1% 苏丹黑 B 丙酮溶液等涂于白纸卡上，溶剂挥发后形成有色纸卡，截取雾滴处，留下一个褪色浅斑，室内测定分析。实测结果也应通过雾滴扩张系数加以校正。

(3) 防治效果检查

飞防时记录各气象因子，在防治区内与飞行方向垂直的直线上，选两组标准株，组间相距 30~70 m，每组选标准树 4~8 株，每株相距 2~5 m，喷药前检查树上的活虫数；喷药后根据各农药所确定的检查时间定期统计地面上的死虫数，最后再清点树上的活虫数，统计死亡率。在与防治区条件一致的非防治区，设一定面积的对照区，采用与防治区相同的调查方法，统计自然死亡率；按下列公式计算出校正死亡率：

活虫率 =（防治后的活虫数/防治前的总虫数）×100%

校正死亡率 =（对照区的活虫率 - 防治区的活虫率）/对照区的活虫率 ×100%

1.3.8　其他使用方法

1.3.8.1　毒饵

毒饵（poison bait）是用害虫或鼠类喜食的食物为饵料，加适量的水拌合，再加具有胃毒或触杀作用的农药拌匀而成。药剂用量一般为饵料量的 1%~3%。每公顷用毒饵 22.5~30 kg。使用时应根据害虫取食习性，于傍晚撒布于田间诱杀，尤其在雨后撒饵效果较好。作毒饵的饵料有麦麸、米糠、玉米屑、豆饼、木屑、青草和树叶等，配制时磨细切碎，最好能炒至散发出焦香味，然后再拌以农药制成毒饵，鼠类和家蝇的饵料中常添加香油或糖。毒谷配制与毒饵法类似，将谷子煮成半熟，晾成半干后再拌药。毒谷一般随种子施入土中。

1.3.8.2　虫道施药

(1) 毒签

毒签用于防治林木蛀干害虫，原理是将磷化锌和草酸胶结在竹签一端，当毒签插入蛀干害虫排粪孔后，虫道内的水汽接触毒签上的磷化锌，发生化学反应，产生磷化氢气体，将虫道内的幼虫熏蒸致死。林间毒签插孔时，插不进的部分可折断，最后用黏土或胶带封住外口，以保证熏蒸效果。

(2) 毒棉球

毒棉球是防治天牛等蛀干害虫的有效方法，林间工效高，杀虫效果好。施药前准备镊子、粗细不同的钢丝锥、药瓶等工具，用棉花制作 2 种大小规格的棉球，并用药剂浸泡。林间发现虫道排粪孔后，略作清理，确定木质部虫孔后，先用小棉球塞入虫道深处，再用大棉球塞紧孔口。约 1 周后检查，如发现棉球松动，或有新虫粪排出，重新补塞。

(3) 虫道注药

配制一定浓度药液，发现虫孔后，略作清理，用注射器吸取药液向虫道注射。有些虫道排粪孔在虫道下方，影响注药效果。虫道施药是防治蛀干害虫活动期幼虫的可靠方法，但林间施药技术要求高、操作工作量大，对位于树干高处的虫道难以施行。

1.3.8.3 毒环与毒绳

毒环与毒绳用于防治有上、下树习性的害虫,使害虫在上、下树过程中接触农药死亡。具体做法是用塑料布或塑料胶带在树干 1.5 m 以下位置,缠绕宽 20~30 cm 的塑料环,上抹粘虫胶或自制毒剂。农药一般采用油剂以延长有效期。对于树皮较薄的树种,应注意药剂对树皮的伤害。毒绳杀虫原理与毒环类似,也是阻隔害虫上、下树活动。一般用拟除虫菊酯类原药溶于柴油或机油,将草绳浸泡后制成毒绳,使用时在树干上绑紧,形成宽约 5cm 的闭合环。对于厚皮树种,也可用农药油剂直接在树表喷洒或涂刷形成闭合环。

1.3.9 农药的混合使用

1.3.9.1 混合使用的特点和原则

农药混合使用是指两种以上不同农药混配在一起施用。混用的目的在于提高药剂效能、劳动效率或经济效益,科学合理地混用可以起到扩大防治范围、增强防治效果、降低药剂毒害、延长施药时期、节省防治成本、克服农药抗性、减少施药次数、强化农药适应性能、挖掘农药品种潜力等方面的效果。农药混用的形式有 3 种:

①现混 是生产中普遍应用的方式,灵活方便,可根据具体情况调整混用品种和剂量。应注意随混随用,药液不宜久存,以免减效。

②桶混 有些农药之间现混现用不方便,但又确实应该成为使用伴侣,厂家便将其制成桶混制剂(罐混制剂),分别包装,集束出售,称为"子母袋、子母瓶"。

③预混 由工厂预先将两种以上农药混合加工成定型产品,按照说明书直接使用。预混虽然应用方便,但存在两个不足:一是农药有效成分可能在长期的贮藏、运输过程中发生缓慢分解而失效;二是预混不能根据使用时的环境条件、病虫草害的组成和密度不同而灵活掌握混用的比例和用量,甚至可能因为病虫草害的单一,造成一种有效成分的浪费。

农药复配混用有许多好处,但如果混用不合理,也会出现不良后果,造成损失。必须提倡合理混用,没有经过全面试验的复配方案不宜随便加以推广。

农药混合使用应考虑以下原则:

①根据防治目标和要求,选准针对性混配农药 如要兼治同期发生的病、虫害,需选用杀虫剂和杀菌剂混配;如要降低防治成本,在相同防治目标内,应增加廉价农药;如要改变防效迟缓的不足,应选用速效农药混配。

②明确禁混范围 凡混配后出现分离、沉淀、结絮、起气、飘油、分解、置换、变性、灭活等不正常现象,应列为禁混范围。一般碱性和酸性农药不混;微生物杀虫剂和化学杀菌剂、微生物杀菌剂不混;含铜素农药和含锌素农药不混。具体可参阅农药标签上混配要求和有关书刊的《农药混用表》,或先行测试后再混配。

③要有增效、兼治作用 相克减效,或低于单用防效,或无兼治作用,则失去混用的意义。要选用高效、低毒、低残留农药品种。

④避免交互抗性 注意农药品种间的作用机理是否相同、有无交互抗性。如已存在抗性,则不再选用相同抗性类型的农药进行混配和防治。

⑤混用的农药种类不宜过多,一般不超过 3 种 混配使用的品种越多,风险性加大。混配农药毒性一般都较单一农药毒性趋重。多品种混合后,一旦发生中毒,解救困难。如长期

使用后产生多重抗性，也难于除治。

1.3.9.2 混合使用对生物的作用

(1) 相似的联合作用

复配混用农药对同一种生物的毒力与组成该混剂的各种药剂单用的毒力之和相等时的联合作用就属于加合作用，也就是相加作用。一般来说，化学结构相似、作用机制相同的农药复配在一起，多数表现为加合作用。复配混用在速效性、残留活性、杀卵活性、生物活性谱以及价格等方面有提高和改善。

(2) 独立的联合作用

两种药剂作用机理不同，各自独立作用于不同生理部位，但复配混用可以发挥各自作用机制的加和作用。这类作用在实际应用中较为普遍。

(3) 增效或增毒作用

混合药剂对同一种生物的毒力大于组成该混剂各药剂单剂的毒力之和，其联合作用就属增效作用，这种增效作用会随配比的改变而变化。

(4) 颉颃作用

复配混剂对同一种生物的毒力比组成混剂的各药剂单用毒力之和显著低时，称为颉颃作用。颉颃作用可以表现为防治效果降低，也可表现为对保护对象的药害减轻。如硫酸锌和代森锰混用，可降低代森锰的药害；铜制剂和链霉素混用，可减轻链霉素对白菜的药害。利用这些颉颃作用，可以扩大药剂的应用范围。

复配混剂的效果还与防治对象有关，某一混剂对某一防治对象是最佳的，但对另一防治对象就不一定理想。

小 结

农药是用于防治危害农、林、牧业生产的有害生物和调节植物生长的化学药品及基因工程产品。常用农药按防治对象分为杀虫剂、杀螨剂、杀菌剂、杀线虫剂、除草剂、植物生长调节剂、杀鼠剂、杀软体动物剂等。转基因农药目前主要为转基因植物，包括获得毒素基因的抗病虫植株和获得耐除草剂基因的植株。

未经加工的农药称为原药。在原药中加入适当的辅助剂，经过一定的加工工艺，制成便于使用的形态，这一过程称为农药加工。加工后的农药称为制剂。制剂的形态称为剂型。剂型包括商品药剂的外观形态、药剂的分散状态和所属分散系以及药剂的可使用方式等内涵。剂型加工实质上是农药的分散过程。农药剂型加工和使用方法基本上都是为了获得适宜的农药分散度。农药助剂是农药加工的重要材料，根据是否能够显著降低表面张力，农药助剂分为表面活性剂和非表面活性剂两类。表面活性剂分子具有两亲性基团，其亲油、亲水性的强弱通常用亲油亲水平衡值（HLB 值）表示，HLB 值越大，水溶性越强；HLB 值越小，油溶性越强。表面活性剂按分子结构中的带电特征，分为阴离子型、阳离子型、非离子型、两性型、混合型 5 类。阴离子型表面活性剂在水中电离后起表面活性作用的部分带负电荷，包括脂肪酸盐、硫酸酯盐、磺酸盐和磷酸酯盐 4 类。非离子表面活性剂在水中不发生电离，是以羟基（—OH）或醚键（R—O—R′）为亲水基的两亲结构分子，在水中和有机溶剂中都有较好的溶解性，在溶液中稳定性高，不易受强电解质的影响，与其他类型表面活性剂相容性好，常可混合复配使用。混合型表面活性剂是非离子型表面活性剂的衍生物，分子结构中具有聚氧乙烯链和阴离子盐基两部分亲水基团，从而使其既具有非离子型表面活性剂的许多功能，又具有阴离子型表面活性剂的某些特点。天然表面活性剂是具有表面活性的天然产物或其衍生物。如山梨糖醇酐脂肪酸酯、蔗糖脂肪酸酯以及植物源表面活性剂、纸浆废液等。表面活性剂可用做乳化剂、湿展剂、增溶剂、发泡（消泡）剂等农药助剂。乳化和湿展作用的机理主要是降低界面张力。增溶作用有单态模型和双态模型两种解释。非表面活性剂类助剂包括填充剂、溶剂、助溶剂、黏着剂、稳定剂、安全剂、增效剂等。林业常用的农药剂型有粉剂、可湿性粉剂、乳油、粒剂、浓悬浮剂、缓释剂、油剂、烟雾剂、熏蒸剂、种衣剂等，施药方法有喷雾、喷粉、种子处理、熏蒸、施放烟雾、树干注射、虫道施药等。液体雾化的方法有压力雾化法（液力雾化法）、气力雾化法和旋转离心雾化法。喷雾的类型可按喷雾机具分为航空喷雾、地面喷雾；也可按喷雾容量分为高容量喷雾、中容量喷雾、低容量喷雾、很低容量喷雾、超低容量喷雾；或按喷雾方式划分为针对性喷雾、飘移性喷雾、泡沫喷雾、循环喷雾、滞留喷洒。水的硬度对喷雾施药影响较大，水的硬度普遍采用德国度（°d）表示，不同表示方法之间换算关系：1mmol/L = 5.608德国度 = 56.08mg/L（以氧化钙计）= 100.08mg/L（以碳酸钙计）。农药混用是提高药效、治理抗性的重要途径，复配混用对生物可能产生相似的联合作用、独立的联合作用、增效或增毒作用、颉颃作用。

思考题

1. 农药的定义与涵盖的范围是什么？
2. 杀虫剂的主要类型与代表品种有哪些？
3. 杀菌剂的主要类型与代表品种有哪些？
4. 除草剂的主要类型与代表品种有哪些？
5. 杀螨剂、杀鼠剂的主要类型与代表品种有哪些？
6. 杀线虫剂、杀软体动物剂的主要类型与代表品种有哪些？
7. 植物生长调节剂的主要类型与代表品种有哪些？
8. 原药、制剂、剂型的概念是什么？剂型加工的意义是什么？
9. 简述药剂分散度对应用性能的影响、不同剂型药剂的雾滴范围、生物最佳粒径概念。
10. 简述不同粒径雾滴和固体粒子在植物表面的行为。
11. 农药助剂的定义是什么？其类型有哪些？
12. 简述表面活性剂的类型、特点和作用机理。
13. 简述表面活性剂的亲油亲水平衡值（HLB值）与性能的关系。
14. 简述表面活性剂发挥润湿作用、乳化作用、增溶作用的机理。
15. 简述非表面活性剂类农药助剂的类型与作用。
16. 简述农药剂型的命名、常见种类及质量标准。
17. Stoke定律的定义与内涵是什么？
18. 简述烟雾剂的组成与使用方法。
19. 简述液体雾化的方法、雾滴大小的表示方法。
20. 简述喷雾的类型、特点与影响因子。
21. 简述水硬度的定义、计算方法、不同表示方法之间的换算关系。
22. 简述实施航空化学防治的主要技术环节。
23. 简述树干注射施药的优点与不足。
24. 简述农药混用的目的、形式与原则。
25. 简述农药混用对生物的作用类型。

推荐阅读书目

1. 杨小平. 1999. 守卫绿色——农药与人类的生存[M]. 长沙：湖南教育出版社.
2. 苗建才. 1990. 林木化学保护[M]. 哈尔滨：东北林业大学出版社.
3. 徐汉虹. 2007. 植物化学保护学[M]. 4版. 北京：中国农业出版社.
4. 屠豫钦. 2008. 植物化学保护与农药应用工艺—屠豫钦论文选[M]. 北京：金盾出版社.
5. 王世娟，李璟. 2008，农药生产技术[M]. 北京：化学工业出版社.
6. 虞轶俊，施德. 2008. 农药应用大全[M]. 北京：中国农业出版社.
7. 中华人民共和国国家质量监督检验检疫总局发布. 2003. 农药剂型名称及代码[M]. 北京：中国标准出版社.
8. 吴学民，徐妍. 2009. 农药制剂加工实验[M]. 北京：化学工业出版社.
9. 邵维忠. 2003. 农药助剂[M]. 3版. 北京：化学工业出版社.

第 2 章
杀虫剂

杀虫剂是用于防治农林害虫的药剂。许多杀虫剂还兼有杀螨的作用。一般兼有杀螨作用的杀虫剂也称为杀虫杀螨剂。大多数杀虫剂不能防治植物病害,但有些杀菌剂兼有杀虫、杀螨作用。如石硫合剂既可杀介壳虫、螨,又能防治白粉病。杀虫剂在我国农药生产中占较大比重,品种和产量均占首位。虽然少数高毒、高残留品种仍有使用,但低毒、低残留品种的生产和使用正在迅速扩大,杀虫剂的剂型加工也不断创新。

2.1 杀虫剂毒理学基础知识

2.1.1 杀虫剂进入虫体的途径

杀虫剂要发挥毒效,必须通过不同途径进入昆虫体内进而到达作用部位。一般来说药剂可以从昆虫口腔、体壁及气门等部位进入虫体。1940 年代以前使用的无机杀虫剂及植物源杀虫剂根据进入虫体的途径分为胃毒剂、触杀剂和熏蒸剂等类型,目前常用的有机合成杀虫剂往往具有多种进入途径。

2.1.1.1 从口腔进入

杀虫剂喷洒在植物表面或拌和在害虫的饵料中,随害虫取食过程进入虫体。从口腔进入必须通过害虫的取食活动进行,要求含杀虫剂的食物对害虫不产生忌避和拒食作用。与昆虫取食活动关系密切的感觉器,大多集中在触角、下颚须、下唇须和口器内壁上,能被化学药剂激发并很快产生反应。无机杀虫剂大多不具挥发性,因此不能激发昆虫的嗅觉,一般不产生忌避作用。有机合成杀虫剂品种多,性能差别较大。例如,有机氮杀虫剂中的杀虫脒对鳞翅目幼虫有明显的拒食作用;而另一种含氮的取代苯基脲类化合物灭幼脲,对松毛虫的取食几乎无拒食作用。昆虫口器部位的化学感觉器,对含有药剂的液体和固体食物均有一定的反应。药剂在食物中含量过高时,就会产生拒食作用,造成药剂的防治效果降低。

很多有机合成杀虫剂还会引起害虫的呕吐反应,如害虫接触拟除虫菊酯类杀虫剂立即出现呕吐症状。呕吐现象受神经控制,神经受刺激使昆虫前肠出现痉挛而呕吐。咀嚼式口器害虫取食时的呕吐现象会影响药剂从口器进入虫体。一些夜蛾科幼虫取食含有无机杀虫剂的食物时也会出现呕吐现象,并且呕吐以后拒绝再取食。一些作用快的神经毒剂,即使处理害虫的体壁也会产生呕吐反应。有内吸作用的杀虫剂,如克百威、乐果、磷胺等,施用后被植物吸收随植物汁液在植物体内运转。当刺吸式口器害虫如蚜虫、叶蝉、飞虱等吸取植物汁液时药剂也能进入口腔、消化道,并穿透肠壁到达血淋巴,随血淋巴液循环到达作用部位——神经系统。与咀嚼式口器害虫相比,刺吸式口器害虫仅是取食方式不同,药剂仍可经口腔进入虫体发挥胃毒作用。

2.1.1.2 从体壁进入

昆虫的体型小，比表面积大，增大了体壁接触药剂的机会。与从口腔和气门进入比较，从体壁侵入虫体是更为重要的途径。触杀性杀虫剂施用后，可以直接接触到害虫体壁，也可以通过害虫的活动从其他受药植物表面接触到药剂，药剂透过体壁进入害虫体内而发挥作用。

昆虫的体壁是一种油—水两相结构。上表皮的蜡层是不透水的油相，可以阻止水分的通透。如果将上表皮的蜡层用溶剂除去或者用坚硬的粉粒磨损时，昆虫体内的水分可以从受损的部位蒸发逸散。体壁中的原表皮具有较强的亲水性，能阻止脂溶性物质的通透。亲水性强的杀虫剂由于不易溶解于表皮的蜡层，难以穿透表皮，因而触杀作用较小，如杀虫脒。一般情况下，脂溶性较强的药剂易溶解蜡质，比较容易穿透上表皮，能否继续穿透原表皮（包括外表皮和内表皮）则取决于药剂是否具有一定的水溶性。脂溶性很强的化合物，由于向原表皮的穿透很慢，因此穿透体壁的速率很低。

虽然昆虫的整个躯体被硬化的体壁所包被，但不同部位的体壁结构存在差异。如节间膜、触角、足的基部及部分昆虫的翅都是骨化程度不强的膜状组织，药剂容易经这些部位侵入。此外，昆虫的跗节、触角和口器等感觉器集中的部位，药剂也容易侵入。如家蝇的跗节着生有大量的感化器，感化器含有特化的空心刚毛，脂溶性杀虫剂极易从表皮穿透到达感觉神经细胞。由于大部分杀虫剂的作用靶标是神经系统，就整个昆虫躯体而言，药剂侵入的部位越靠近脑和体神经节，越易使昆虫中毒。例如，药剂处理昆虫头部和胸部比腹部更容易中毒，药剂处理腹部腹板时比处理腹部背板更容易中毒。

2.1.1.3 从气门进入

大多数昆虫呼吸系统由气门和气管系统组成。气管由外胚层细胞在胚胎发育过程中内陷形成，因此气管系统的内壁与体壁相连，并与体壁具有同样的构造。气门是气管在体壁处的开口，也是昆虫吸入空气和排出 CO_2 的进出口。气态药剂如氯化苦、磷化氢等，可在昆虫呼吸时随空气进入气门，沿昆虫气管系统经过微气管最后到达作用部位而产生毒效。有机磷杀虫剂敌敌畏有触杀、胃毒和熏蒸作用，它的作用靶标在神经节内，对乙酰胆碱酯酶产生抑制作用。敌敌畏挥发的气体由气门进入气管系统，经微气管进入血淋巴，继而到达神经系统产生毒效。一般以喷雾方式施药接触昆虫体壁时，药剂靠湿润展布能力进入气门，与经体壁进入的情况类似。矿物油乳剂具有较强的穿透性能，较一般乳剂更容易由气门进入虫体，且能堵塞气管，阻碍气体的交换，致使害虫窒息死亡。

昆虫的气门有开闭结构，开闭结构的活动由化学刺激及神经冲动控制气门肌实现。CO_2 有助于刺激气门肌的活动，使气门开启。使用熏蒸剂防治害虫时，适当提高 CO_2 浓度，有助于气态药剂进入虫体。

2.1.2 杀虫剂的穿透和运输

杀虫剂进入昆虫体内及其在体内的转移情况见图 2-1。

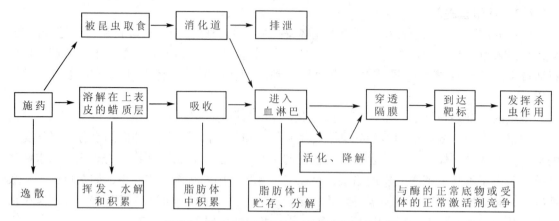

图 2-1　杀虫剂在昆虫体内的穿透和转移路径

(1) 穿透昆虫体壁

当昆虫接触到药剂以后,药剂首先溶解于上表皮的蜡层,然后按照药剂的油—水分配系数进入原表皮。分配系数是一种溶质在油相与水相中溶解性的比值,分配系数小,表示溶质的亲水性强。

昆虫体壁由表皮、皮细胞层和底膜构成。表皮分为上表皮、外表皮和内表皮。上表皮又分为3层,最外层是护蜡层(黏胶层),主要成分是类脂和鞣化蛋白;其次是蜡层,主要由含有 25~34 个碳原子的长链烃类、脂肪酸酯和醇组成;第三层是角质精层(表皮质层),主要含鞣化蛋白、类脂等。由于上表皮层的蜡质和类脂与水无亲和性,不能被水湿润。因此,药剂进入虫体时必须首先在昆虫体壁湿润展布,当药液喷洒在昆虫体壁上后,如不能展布就会使液滴聚集成球状从昆虫体表滚落流失。不同种类昆虫体壁具有不同亲水性能,有些昆虫如蚜虫、介壳虫的体壁覆盖了较厚的蜡质,不易被药剂润湿,对很多药剂表现了高度的耐药性。在农药制剂加工中,乳化剂的重要功能就是改善药液在虫体表面的展布性,乳油中的溶剂在一定程度上可以溶解上表皮的蜡质,使药剂更容易进入表皮层。有的溶剂不仅本身可以穿透上表皮,还可以携带一些药剂进入表皮。由于上表皮的亲脂性,杀虫剂中脂溶性强的非极性化合物能溶解于蜡质被上表皮吸收,这类杀虫剂表现为很强的触杀作用。杀虫剂中水溶性强的极性化合物,由于难溶于上表皮的蜡质,不易被上表皮吸收,故触杀作用弱。目前使用的杀虫剂多为触杀剂或兼有触杀作用。

昆虫表皮中的孔道有助于杀虫剂向体内渗透。孔道是皮细胞的细胞质向外伸出的细丝,在分泌活动结束时留下的细孔道。这些细孔道贯穿整个表皮层直到上表皮蜡层的下方。因此,被蜡层吸收的药剂可以通过孔道渗入虫体。

(2) 穿透昆虫消化道

昆虫的消化道分为前肠、中肠和后肠。前、后肠起源于外胚层,肠壁的构造和性质与体壁相似。前肠的功能主要是磨碎和暂时贮存食物。后肠主要是排泄废物,吸收水分、无机盐以及调节血淋巴液渗透压。中肠起源于内胚层,内壁具有非常发达的肠壁细胞,是分泌消化酶、水解食物和吸收营养物质的主要部位。

杀虫剂穿透昆虫中肠肠壁细胞、体壁的皮细胞与穿透高等动物消化道壁、皮肤、胎盘、口腔黏膜和肝薄膜细胞等在理论上是一致的，都要受到细胞质膜这个主要障碍的选择性影响。细胞质膜是一个典型的生物膜，保护着细胞的内容物，如细胞质、细胞核、内质网和线粒体等。细胞质膜本身是一个双分子类脂层，厚度 7~10 nm。表面有细小的、充满水的孔洞，直径只有 4 nm，水溶性化合物可以从这种水孔进入到膜内，而质膜本身可容许简单的亲脂性化合物扩散通过。一些亲水性的化合物不能靠扩散作用进入细胞质膜，但它们可以借细胞质膜上的嵌入蛋白作为导体，形成暂时性结合，通过蛋白质分子构型的变化，将结合的物质转移入膜内。大多数外来化合物包括药物和杀虫剂，它们是通过细胞质膜被动的扩散作用，受内外浓度梯度的影响，由高浓度向低浓度扩散。一些亲水性化合物及相对分子质量小的离子化合物通过水孔时，也受浓度梯度的影响，向低浓度一边扩散。由于离子化的毒物在非离解形式时通常都是脂溶性，所以化合物的电离度非常重要，同时细胞质膜内外溶液中的 pH 值对化合物的穿透速率也有重要影响。

各种杀虫剂都可以穿透昆虫肠壁，但穿透速率因药剂的种类不同而有明显差异。穿透速率受到药剂油/水分配系数的影响，亲脂性强的化合物容易被肠壁吸收。但从肠组织进入血淋巴时，同药剂穿透表皮的原表皮层一样，需要一定水溶性才能较快地扩散到血淋巴液中，因此，也表现为具有一定极性的化合物的穿透速率大于非极性化合物。

（3）从血淋巴液到达作用部位

昆虫的血淋巴液在头部后方离开背血管以后，在血腔内大致呈由前向后的方向流动。从背血管中泵出的血淋巴液，首先供给脑部。昆虫脑和神经系统与血淋巴液有明显分界，以保持神经系统环境的稳定，其中重要的如神经系统的胶质细胞，有严格的选择性获得营养和物质的通透作用。杀虫剂的电解离常数及溶液的 pH 值等因素都会影响其穿过屏障。控制处理溶液的 pH 值、降低电离度，可以增加杀虫剂对屏障的穿透能力，从而增加对昆虫的毒力。

杀虫剂中有个别的乙酰胆碱酯酶抑制剂是离子化合物，如胺吸磷，它的作用部位是神经元之间的胆碱能突触，对突触部位的乙酰胆碱酯酶产生抑制。由于昆虫的胆碱能突触集中在中枢神经系统，胺吸磷不能越过屏障，因此对昆虫的毒力很低。

（4）体内的排泄过程

昆虫中有多种器官具有排泄外来化合物的功能，使它们转变成极性水溶性的轭合物。昆虫的马氏管和后肠组成的排泄系统，类似于哺乳动物的肾。马氏管开口于后肠的前端，另一端封闭。全部马氏管都浸浴在血淋巴中，吸收血淋巴中的水分、无机盐、小分子外来化合物和代谢废物，转移到后肠，对水分和无机盐重吸收后，代谢废物等由直肠排出体外。直肠壁阻挡了大分子的外来化合物和离解的化合物穿过肠壁回到虫体，因此杀虫剂中的轭合物在直肠的排泄过程中，就不能被直肠壁吸收。

昆虫体内的脂肪体有类似哺乳动物肝脏的功能，它能贮存脂肪、蛋白质及碳水化合物等营养物质，同时也能贮存代谢外来化合物。由于脂肪体大部分裸露在昆虫的血淋巴液中，因此进入血淋巴液的杀虫剂很容易被脂肪体吸收。特别是一些亲脂性强的杀虫剂容易被脂肪体吸收，直接影响到达作用部位的药量，形成在昆虫体内大量贮存、缓慢释放的现象，在时间上给昆虫解毒的机会，毒效大大降低。例如，有机氯杀虫剂对鳞翅目幼虫随龄期增高而毒效降低，其中一个重要原因就是高龄幼虫有大量的脂肪体，贮存有机氯杀虫剂的能力大于低龄幼虫。

2.1.3 杀虫剂作用的靶标

药剂进入虫体后经过一系列解毒、活化、累积以及与作用位点发生反应,最后抑制靶标酶,干扰或破坏昆虫正常生理活动而导致昆虫死亡。

目前常用的杀虫剂,如有机磷、氨基甲酸酯类等都是神经毒剂。还有一些干扰代谢毒剂也常被使用,如鱼藤酮、取代苯基脲类等,从全部杀虫剂作用机制看,大致可分为两类:

(1) 神经系统毒剂

①对胆碱能突触部位受体作用,如烟碱、杀螟丹。②对刺激传导化学物质分解酶作用。包括:胆碱酯酶抑制剂,如有机磷、氨基甲酸酯;单胺氧化酶抑制剂,如赛丹。③作用于神经纤维膜。包括:膜的 Na^+、K^+ 活化,抑制 ATP 分解酶,如拟除虫菊酯、滴滴涕。

(2) 干扰代谢毒剂

①破坏能量代谢,如鱼藤酮、氢氰酸、磷化氢等;②抑制几丁质合成,如取代苯基脲类;③抑制激素代谢,如保幼激素类似物等;④抑制毒物代谢酶系,包括:多功能氧化酶抑制剂,如 3,4-亚甲二氧苯基类化合物(MDP);水解酶抑制剂,如三磷甲苯磷酸酯(TOCP),正苯基对氧磷;转移酶抑制剂,如杀螨醇等。

2.1.3.1 神经系统

(1) 昆虫神经系统基本构造

昆虫神经系统是由无数个神经元(neurone)组成。神经元由细胞体(soma)或称核周质(perikaryon)、轴突(axon)、树突(dendrite)和端丛(terminal arborization)构成。神经系统的主要功能是传递信息。神经元内信号可以通过轴突进行传递;不同的神经元之间不是直接相连的,而是在脑、神经节等处,以突触的形式相联系。神经元能与肌肉形成神经-肌肉连接点,又称为神经与肌肉突触。

神经系统接受刺激能使机体产生反应,当感觉器官接受到来自外界或体内的刺激,刺激引起神经兴奋导致膜电位的改变,兴奋以动作电位形式沿感觉神经元传入中枢神经系统。冲动被传导至神经节内,再经联系神经元传导至运动神经元,最后传导至肌肉、腺体或其他效应器作出相应的反应。兴奋在突触之间以化学递质进行传递。昆虫神经传导的基本反射弧如图 2-2。

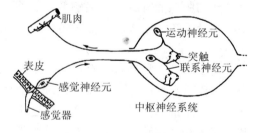

图 2-2 昆虫神经传导的反射弧

神经元外表有神经胶细胞包被,除轴突连接处外,这种包被覆盖神经元胞体和突起全部,但与神经元之间保持一定的膜隙。胶细胞不但以各种方式包围神经节和内部的神经细胞,而且在胶细胞之间以桥粒连接、间隙连接、紧密连接 3 种方式相互连接在一起,构成对离子有选择性穿透作用的血脑屏障(hemolymph-brain barrier),保证神经细胞在进行电传导时不受血淋巴中化学物质和离子变动的干扰。在胶细胞之间或胶细胞与神经细胞之间都通过细胞膜上的离子通道及 Na^+/K^+ 泵与周围血淋巴以及轴突系膜进行物质交流和保持离子平衡。

（2）昆虫神经系统传导神经兴奋的机制

神经轴突上的离子通道都是双层脂膜上的跨膜大分子蛋白质，对离子通透具有高度选择性。离子通道的密度较大，如蜚蠊的轴突上，离子通道密度达 90 个$/\mu m^2$。离子通道的开关可以改变膜内外的离子浓度和膜电位，从而引发动作电位。根据通道对电位的引发方式，神经轴突的离子通道分为电压门控通道和化学门控通道两大类：电压门控通道（voltage-gated ion channel）也称为电压门控性离子通道，其开关由轴突膜电位控制。常见的电压门控通道有 Na^+ 通道、K^+ 通道、Ca^{2+} 通道、Cl^- 通道等。化学门控通道（chemically-gated ion channel）也称配体门控通道（ligand-gated channel），位于突触后膜上，由突触前膜释放的神经递质作为配体，作用于突触后膜上的受体。当受体与配体结合，启动突触后电位或肌肉的终板电位。昆虫配体门控通道中与神经递质偶联的有乙酰胆碱受体、γ-氨基丁酸受体、谷氨酸受体等。

神经系统的功能都是通过神经轴突和突触形成的神经网络完成的，其生理基础是神经元跨膜电位的存在。神经细胞的跨膜电位差称为膜电位（membrane potential），在静息状态下细胞膜对 Na^+ 和带电荷的蛋白质大分子几乎无通透性，对 K^+ 和 Cl^- 具有较大的通透性，形成内负外正的平衡称为极化。此时的膜电位称为静息电位（resting potential），通常在 -50～-100 mV 之间。当刺激程度达到神经细胞膜去极化水平时，细胞膜上电压门控的 Na^+ 通道开启，大量 Na^+ 在瞬间进入膜内，引起局部部位的膜去极化（depolarization），形成脉冲形的动作电位（action potential），局部电流又影响邻近部位的膜，引起新的去极化，这种沿轴突的去极化作用朝一个方向移动就形成动作电位的传导。而完成动作传导部位的膜对 Na^+ 的渗透性很快下降，K^+ 的渗透性又开始上升，K^+ 流出膜外。同时离子泵开始发挥作用，使膜恢复到极化状态（图 2-3、图 2-4）。

神经元的突触部位，由输出信息的神经元末梢形成突触前膜，接受信息的神经元树突形成后膜。前、后膜之间距离 10～20 nm，也有的达 20～50 nm。极少数前后突触连接较为紧密，可直接进行电传导，大多数需要由化学递质扩散到突触后膜上，进行化学传导。昆虫突触传导分为兴奋性突触和抑制性突触两大类，兴奋性突

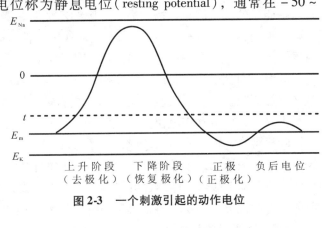

图 2-3 一个刺激引起的动作电位

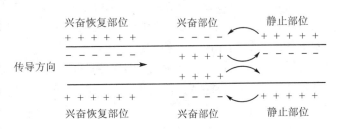

图 2-4 轴突部位动作电位传导图解

触多以乙酰胆碱为递质,当信号到达神经元末梢,刺激突触前膜中囊状小泡向突触间隙释放神经递质,神经递质到达突触后膜或肌肉上与受体结合时,产生后膜的兴奋或抑制性电位,即完成了信号的传导(图2-5)。

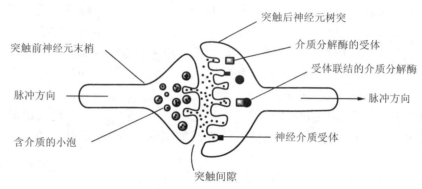

图 2-5　突触结构简图(Hassall,1990)

突触主要包括前膜内的乙酰胆碱及其小泡、合成乙酰胆碱的胆碱转移酶、突触间隙中降解乙酰胆碱的乙酰胆碱酯酶和突触后膜的乙酰胆碱受体及通道。乙酰胆碱合成后即被包围在突触小泡内,小泡直径 20~40 nm。当动作电位传来时,突触前膜的 Ca^{2+} 通道打开,Ca^{2+} 因通透性加大而进入突触前膜,通过第二信使 cAMP 引发系列反应,导致突触内小泡膜与突触前膜融合,向突触间隙释放乙酰胆碱。小泡与突触前膜融合后使突触前膜略有延长,乙酰胆碱在突触间隙扩散,与突触后膜上的乙酰胆碱受体结合,使突触后膜的 Na^+ 通道打开,突触后膜去极化,形成动作电位。乙酰胆碱与乙酰胆碱受体结合后,又会迅速分离,可以与其他受体随机结合,但大多数的乙酰胆碱在 1ms 之内被乙酰胆碱酯酶水解为乙酸和胆碱,使神经递质很快失去活性。抑制性突触前膜释放的神经递质是 γ-氨基丁酸,后膜为 γ-氨基丁酸受体,γ-氨基丁酸与受体结合后引起 Cl^- 通道开放,产生过极化而抑制动作电位的产生。目前关于抑制性突触的认识多来自于对蛙的研究,昆虫的情况有待进一步开展。

2.1.3.2　呼吸链电子传递

昆虫的呼吸作用包括通过呼吸器官与外界环境之间进行的气体交换和细胞内呼吸两个过程。前一过程是物理过程,昆虫通过气管系统吸入 O_2 并将其输送到各类组织中,同时也排出新陈代谢产生的 CO_2;后一过程是指虫体细胞内的氧化磷酸化作用,即利用吸入的 O_2,氧化分解体内的能源物质,产生高能化合物三磷酸腺苷(ATP)及热量的能量代谢,包括一系列生物化学反应过程。杀虫剂对昆虫呼吸作用的影响也可分为物理和化学两个方面。物理作用是阻塞昆虫的气管系统而影响气体交换,如杀虫剂中的油乳剂。化学作用则是干扰昆虫的能量代谢,影响能源化合物的产生和有效利用。

昆虫的能量代谢主要通过细胞内的呼吸作用来完成。大致过程为碳水化合物、脂肪和蛋白质转变为乙酰辅酶 A,然后进入三羧酸循环,通过电子转移及偶联进行氧化磷酸化作用,将营养物中的能量转变为 ATP,作为生命活动的能源(图 2-6)。

砷素杀虫剂、氟乙酰胺、鱼藤酮、磷化氢、氢氰酸和二硝基酚类杀虫剂的作用机制,都是进入能量代谢的三羧酸循环,影响电子传递链和氧化磷酸化作用,致使昆虫死亡。但具体

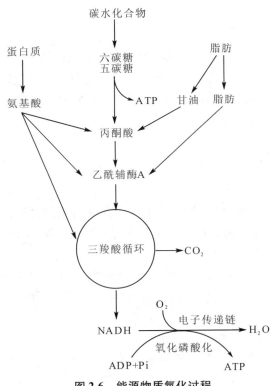

图 2-6 能源物质氧化过程

的作用位点有所不同。从本质上看，昆虫和高等动物的呼吸作用差别很小，因此，上述杀虫剂一般选择性差，对高等动物的毒性较大。

砷素杀虫剂的作用位点是抑制能量代谢中含巯基的酶。鱼藤酮作为线粒体呼吸作用的抑制剂，作用于电子传递链，作用位点在 NADH 脱氢酶与辅酶 Q 之间，使呼吸链被切断。氢氰酸是一种气体熏蒸杀虫剂，它作用于呼吸链的电子传递系统，作用位点是抑制细胞色素 C。另一种熏蒸剂磷化氢，经证实作用位点也是细胞色素 C，从而影响了呼吸作用。氢氰酸和磷化氢都不是专一的细胞色素氧化酶抑制剂，它们同时还能抑制多种酶的活性，但对细胞色素氧化酶最为敏感。

此外，还有一些有机磷杀虫剂，例如，杀螟硫磷等也能抑制线粒体的氧化磷酸化作用。据报道，滴滴涕也对氧化磷酸化有抑制作用。

2.1.3.3 体壁与几丁质合成

杀虫剂对昆虫体壁的作用，主要表现为破坏体壁的保护性功能和干扰几丁质合成等方面。

昆虫的体壁的上表皮，一般是水的通透性屏障，既可以阻止外界的水分大量渗入体内，又能防止体内水分的流失，这对生活在干燥环境、补充水分困难的昆虫尤其重要。杀虫剂中的矿物油乳剂、部分油剂可以溶解昆虫体壁表面的蜡层，惰性粉可以通过昆虫活动时对体壁产生摩擦，造成对昆虫体壁的损伤，这些方法都可用以防治害虫。

在昆虫的生长发育过程中，要经历多次蜕皮变态过程，昆虫在每次蜕皮后形成新表皮的过程中都需要合成几丁质。体壁几丁质合成涉及一系列生物化学反应，每一步骤均有可能成为药剂的作用位点。在研究除草剂敌草腈时发现，苯甲酰基苯基脲类化合物可以抑制昆虫的几丁质合成，从而研制出除虫脲等多种高效低毒的几丁质合成抑制剂，这些药剂对昆虫通常具有胃毒作用，对咀嚼式口器的害虫有效。昆虫取食除虫脲后导致不能正常蜕皮，出现老熟幼虫不能蜕皮化蛹、蜕皮后成为畸形蛹、畸形成虫等中毒症状。从昆虫体壁的结构看，药剂能使内表皮的形成受到抑制，除虫脲抑制了从尿苷二磷酸-N-乙酰葡萄糖胺（UDP-acetyl glucosamine）向几丁质的转化，抑制了几丁质的合成，出现新表皮变薄、不能硬化的现象。高等动物由于不具有几丁质合成等生化过程，此类杀虫剂对高等动物安全。

2.2 杀虫剂在昆虫体内的代谢

杀虫剂通过各种途径进入虫体后,即面临代谢、转移及排泄的过程。许多杀虫剂在生物体内的降解可以在微粒体多功能氧化酶的参与下进行。这种氧化反应与药剂的降解、活化以及昆虫的抗药性等密切相关。昆虫体内的微粒体多功能氧化酶种类很多,主要有细胞色素 P450、NADPH-黄素蛋白还原酶和细胞色素 b_5 3 种。

2.2.1 微粒体多功能氧化酶的代谢作用

2.2.1.1 昆虫的微粒体多功能氧化酶系

近代微粒体的概念是 Caude 于 1938 年提出的。微粒体是指从细胞中光滑内质网分离的碎片,实际上是内质网延伸的类似小囊结构的碎片,可以通过高速离心与其他细胞器分离获得。从化学组成来看,微粒体的主要成分是脂蛋白,脂类物质占 40%,蛋白质的含量为 12%,以及约 50% 核糖核酸。其中脂类物质包括磷酯、肌醇磷酯、缩醛磷酯和少量的脂肪酸。已知微粒体上含有的酶类有细胞色素 P450、细胞色素 b_5、NADPH-黄素蛋白还原酶、NADH-细胞色素 b_5 还原酶以及磷脂酰胆碱等。

(1) 微粒体多功能氧化酶氧化底物的总反应

微粒体多功能氧化酶(MFO)从所催化的反应性质来看,是单加氧酶,将 1 个分子氧拆成 2 个氧原子,一个与底物结合或氧化,另一个被还原成水。氧化反应可用下式表示:

$$RH + O_2 + 2H^+ + 2e^- \xrightarrow{MFO} ROH + H_2O$$

(2) 微粒体多功能氧化酶的主要特点

①氧化底物多样化。在昆虫体内多功能氧化酶非常活跃,广泛参与多种物质的代谢反应。

②微粒体氧化酶系具有强亲脂性。因此,它们代谢的首先是那些非极性的外来化合物。亲脂性的化合物被代谢为极性强的羟基化合物或离子化合物而被排泄。

③酶的活性可以通过诱导而产生和增强。微粒体氧化酶易受药物或杀虫剂等外来物质的作用而提高活性。例如,有机磷类杀虫剂、氨基甲酸酯类杀虫剂及保幼激素类似物等都是昆虫细胞色素 P450 的诱发剂。这些杀虫剂的诱发能力因昆虫的品系、性别、龄期而有差异。保幼激素类似物可以刺激一个抗性家蝇品系的微粒体氧化酶作用,细胞色素 P450 的活性可以提高 31%。

④不同环境中生存的昆虫、昆虫的不同器官、昆虫的不同生长发育阶段酶的活性不同。如卵期及蛹期酶的活性极低,幼虫期或若虫期酶活性变化具有规律性,在每龄幼虫中期活性最高,而在蜕皮的前期活性都低。

⑤很多昆虫酶的活性有昼夜节律变化现象,一般酶的活性夜晚高,白天低。

2.2.1.2 微粒体多功能氧化酶系对杀虫剂的代谢

有机杀虫剂和杀虫剂的增效剂都容易受到微粒体多功能氧化酶的攻击。这种氧化作用使大多数底物降解成无毒化合物,少数杀虫剂被活化成毒性更强的物质,又迅速被降解为无毒的代谢物。一个化合物可以有几个反应部位，如：

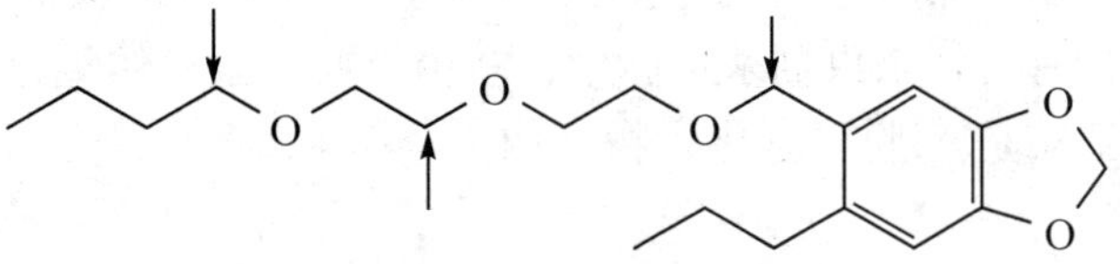

$$\text{增效醚}$$

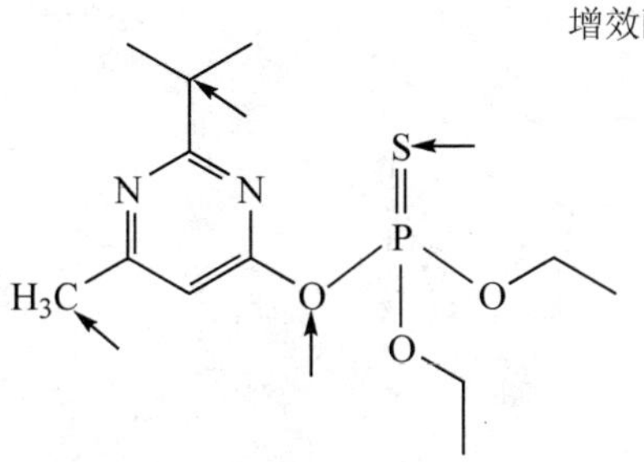

$$\text{二嗪磷} \qquad \text{烟碱}$$

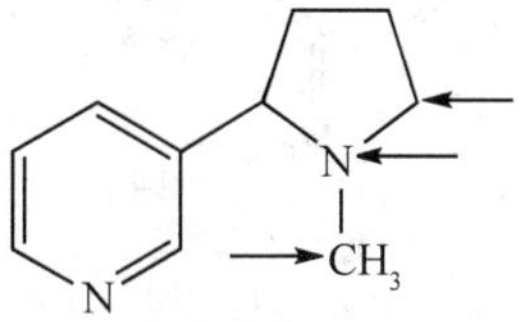

上式中箭头所指是易遭受微粒体多功能氧化酶攻击的部位。到目前为止，还不能预测哪一部分是微粒体多功能氧化酶主要的攻击部位，也不能预测哪一部位首先发生反应，只能从各个化合物的化学结构上判断可能产生的反应，同时从代谢物的鉴定中加以证实。

(1) O—、S—及 N—脱烷基化

在杀虫剂中，氧、硫、氮原子与烷基键合处是微粒体氧化酶攻击的靶标。由于氧和硫的电负性高，反应的结果往往是脱烷基作用。在有机磷杀虫剂中，不但 O—CH_3 能产生脱烷基反应，较高级的烷基如 O—C_2H_5 和 O—$CH(CH_3)_2$ 也可发生脱烷基作用。这一反应在磷酸酯类杀虫剂中普遍存在，如杀虫畏、毒虫畏等。

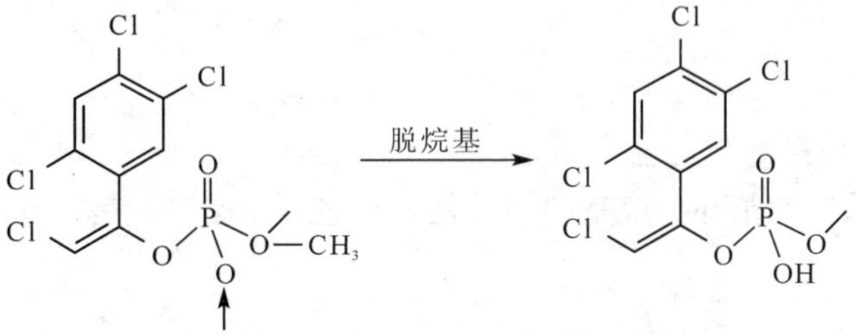

$$\text{杀虫畏} \xrightarrow{\text{脱烷基}}$$

S-烷基的脱烷基化反应，多发生在氨基甲酸酯类杀虫剂具有硫甲基的化合物中，如内吸性杀虫剂涕灭威。

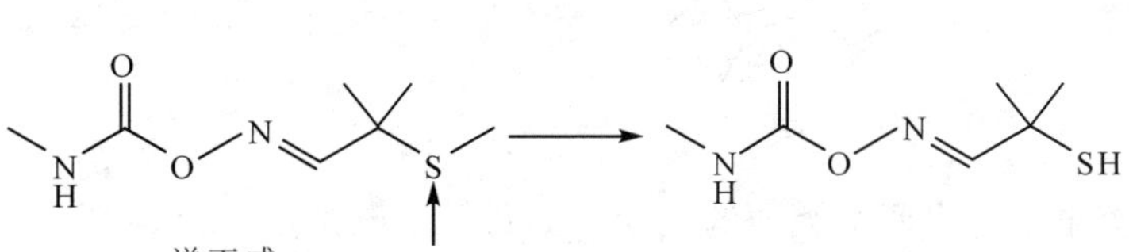

$$\text{涕灭威} \longrightarrow$$

N-烷基的羟基化反应，在有机磷杀虫剂中往往是脱烷基反应。在氨基甲酸酯类杀虫剂中可以产生 N-甲基羟基化合物，但不发生脱烷基反应。有机磷杀虫剂磷胺、乐果，氨基甲酸酯类杀虫剂害扑威，有机氮杀虫剂杀虫脒中，一个重要的微粒体氧化代谢物已在大鼠、家蝇、山羊体内发现，证实是 N-脱甲基化合物，如：

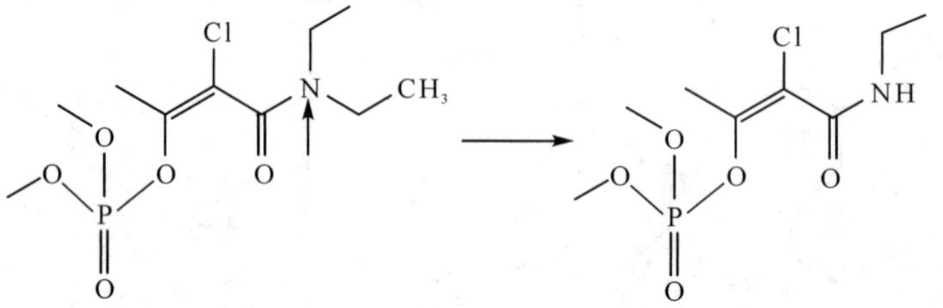

磷胺

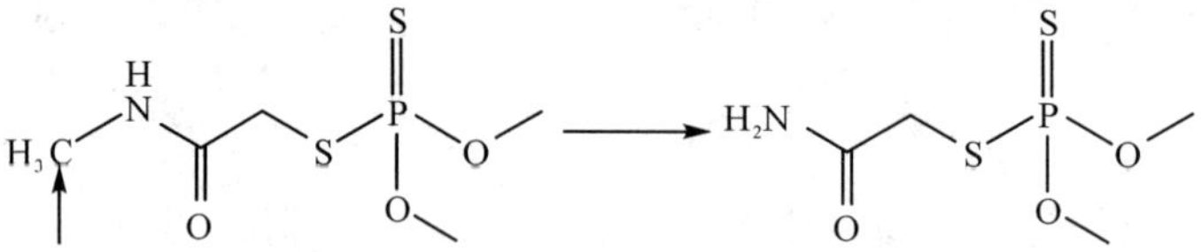

乐果

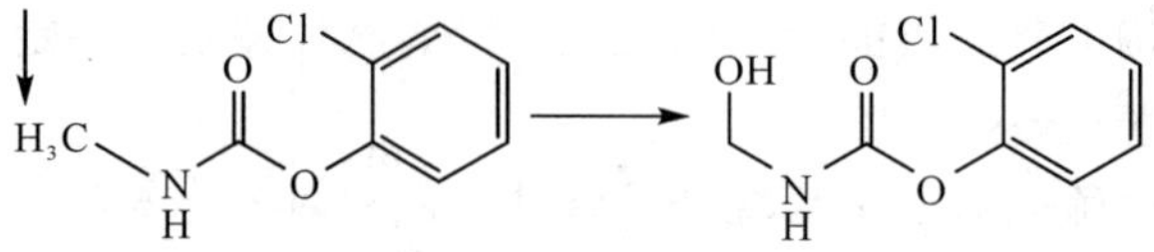

害扑威

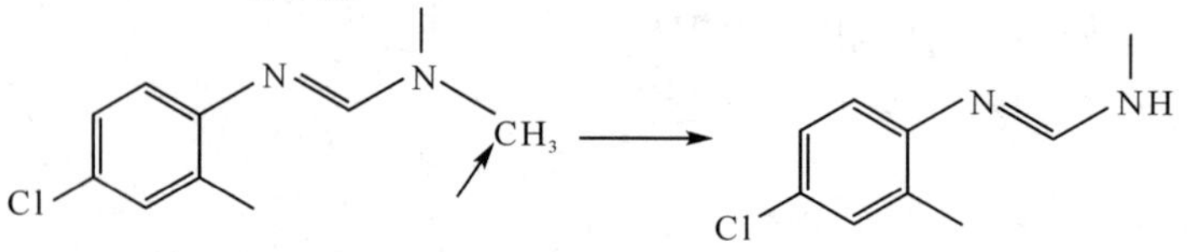

杀虫脒

（2）脂肪族烷基的羟基化反应

氨基甲酸酯类杀虫剂苯环上烷基的羟基化属于这一类反应，是氨基甲酸酯类杀虫剂的降解途径，如呋喃丹。

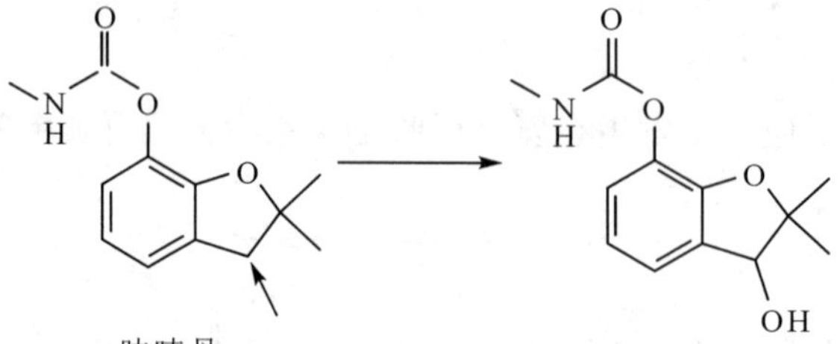

呋喃丹

拟除虫菊酯类杀虫剂也产生类似的反应，如二氯苯醚菊酯。

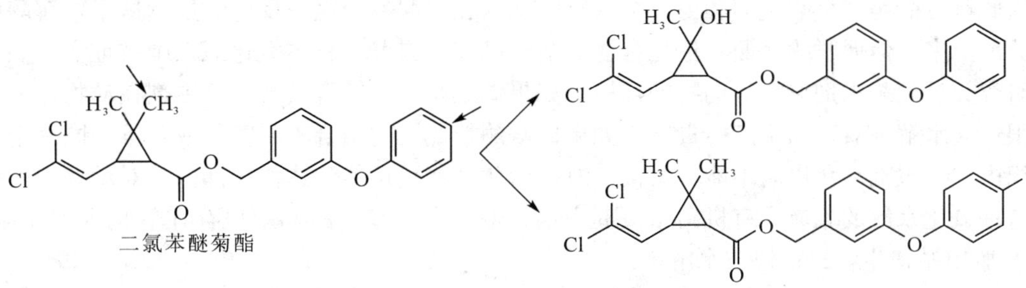

二氯苯醚菊酯

(3) 芳基羟基化反应

氨基甲酸酯类杀虫剂苯环及萘环上羟基化也是重要的降解代谢途径。如残杀威和西维因就属于此类。

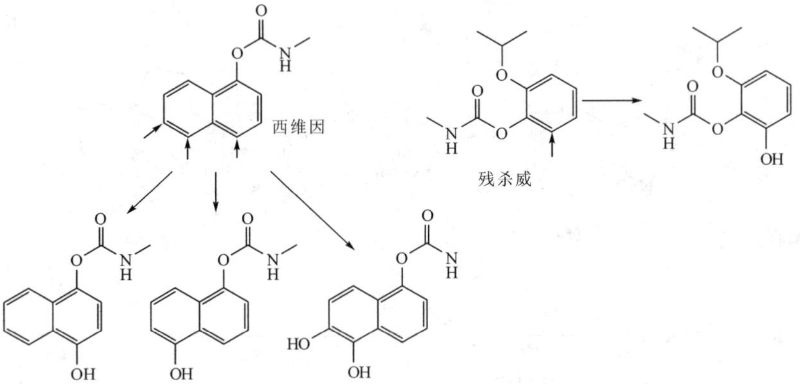

(4) 有机磷杀虫剂的氧化作用

有机磷杀虫剂中含有 P═S 结构的硫化磷酸酯类化合物，在哺乳动物和昆虫体内被微粒体酶系代谢时发生两个反应：①硫代磷酸酯被氧化为磷酸酯，即 P═S 转化为 P═O。②酯键被水解而断裂。如下式中对硫磷的水解和活化：

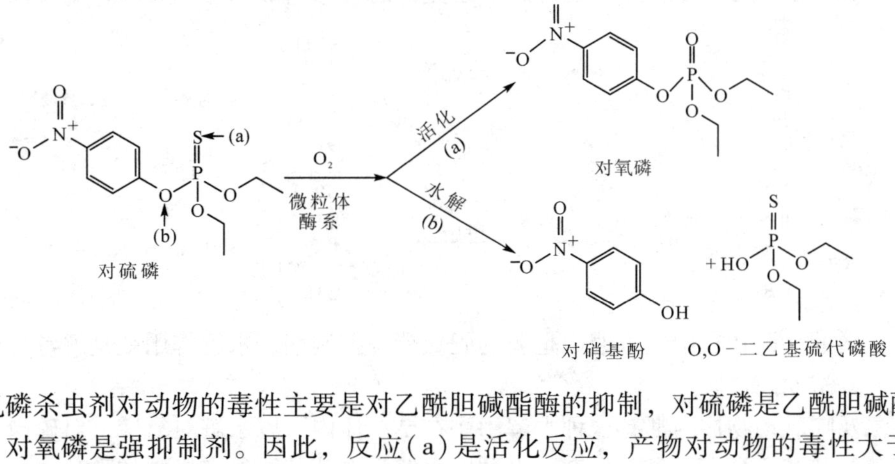

有机磷杀虫剂对动物的毒性主要是对乙酰胆碱酯酶的抑制，对硫磷是乙酰胆碱酯酶的弱抑制剂，对氧磷是强抑制剂。因此，反应(a)是活化反应，产物对动物的毒性大于原化合物。反应(b)的水解产物都不是乙酰胆碱酯酶的抑制剂，是解毒反应或称为降解反应。目前的解释认为两种反应不是由两个完全分开的氧化酶进行的。因为微粒体氧化酶系是一个混合体,因此有可能是一个氧化酶和另一个水解酶偶联在一起参与这一反应。虽然这个水解酶尚未被分离出来,但偶联酶代谢其他化合物的活性已在大鼠肝微粒体氧化酶系中被证实。偶联酶的研究关系到杀虫剂对高等动物的毒性。如果偶联酶之间结合紧密,杀虫剂在动物体内活化后很快被水解,对动物不产生毒害。如果偶联酶彼此之间结合不紧密,或者不在同一个细胞组织内,杀虫剂活化以后不能及时被水解,活化产物仍可能到达作用部位,对动物产生毒害。这种氧化水解的反应在有机磷杀虫剂中很普遍。在氨基甲酸酯中也存在氧化水解反应,产生 N-脱甲基衍生物,很快被水解。

(5) 氮及硫醚的氧化作用

氮的氧化作用只有烟碱一例。哺乳动物微粒体氧化酶系可以使烟碱被氧化为烟碱-1-氧化物。硫醚被微粒体氧化酶系代谢后产生亚砜化合物,如有机磷杀虫剂中的内吸磷、甲拌磷等,主要产生亚砜化合物,砜化合物是次要的代谢物。反应如下式:

① 烟碱

$$\underset{\underset{CH_3}{|}}{\text{(吡啶-吡咯烷)}} \xrightarrow[NADPH]{\text{微粒体氧化酶系} \atop O_2} \underset{\underset{H_3C \quad O^-}{|}}{\text{(吡啶-吡咯烷-N-氧化物)}}$$

② 亚砜和砜

$$R_1-S-R_2 \xrightarrow[NADPH]{\text{微粒体氧化酶系} \atop O_2} R_1-\overset{O^-}{\underset{}{S^+}}-R_2 \longrightarrow R_1-\overset{O^-}{\underset{O^-}{\overset{|}{S}}}-R_2$$

2.2.2 其他酶类的代谢作用

2.2.2.1 磷酸三酯水解酶

有机磷类杀虫剂可被多种水解酶降解。这些酶总称为磷酸三酯水解酶,主要反应如下:

$$\underset{\underset{OR_2}{|}}{\overset{S(O)}{\underset{||}{R_1O-P-X}}} + H_2O \xrightarrow{\text{磷酸三酯水解酶}} \underset{\underset{OR_2}{|}}{\overset{S(O)}{\underset{||}{R_1O-P-OH}}} + HX$$

$$\underset{\underset{OR_2}{|}}{\overset{S(O)}{\underset{||}{R_1O-P-X}}} + 2H_2O \xrightarrow{\text{磷酸三酯水解酶}} \underset{\underset{OH}{|}}{\overset{S(O)}{\underset{||}{R_1O-P-OH}}} + HX + R_2-OH$$

这些含磷的代谢物在中性溶液中是弱的胆碱酯酶抑制剂,水解作用就是解毒代谢。

(1) 芳基酯水解酶

在昆虫及哺乳动物体内都有这种水解酶。在昆虫体内可以水解对氧磷、对硫磷、二嗪磷和杀螟硫磷等苯基酯类有机磷杀虫剂,也可以水解没有苯基酯的有机磷如敌敌畏。

(2) O-烷基水解酶

此酶可以使敌敌畏脱烷基、对氧磷脱乙基，但这类反应与微粒体氧化酶系无关。

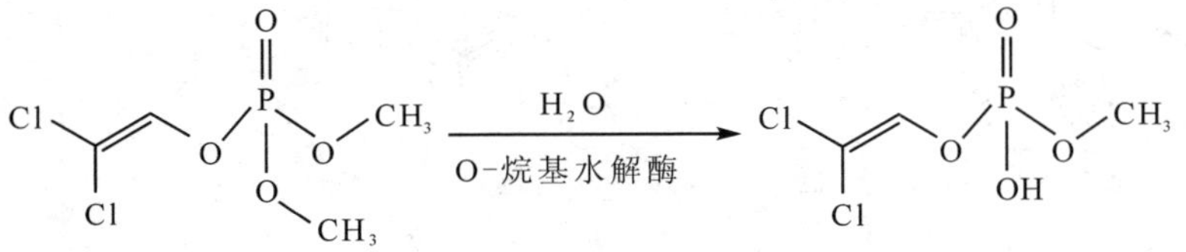

(3) 磷酸二酯水解酶

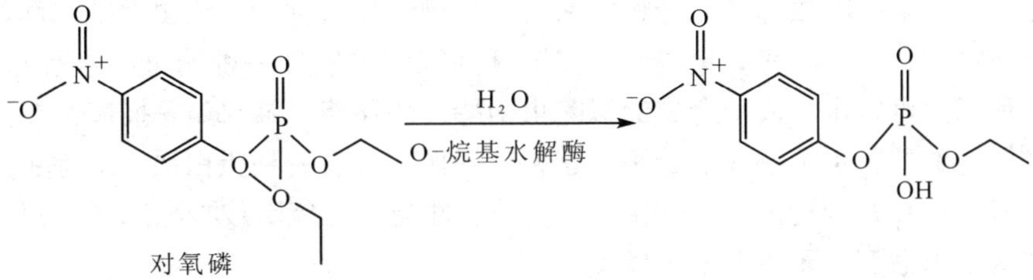

磷酸二酯水解酶主要是使脱烷基的磷酸酯发生水解。

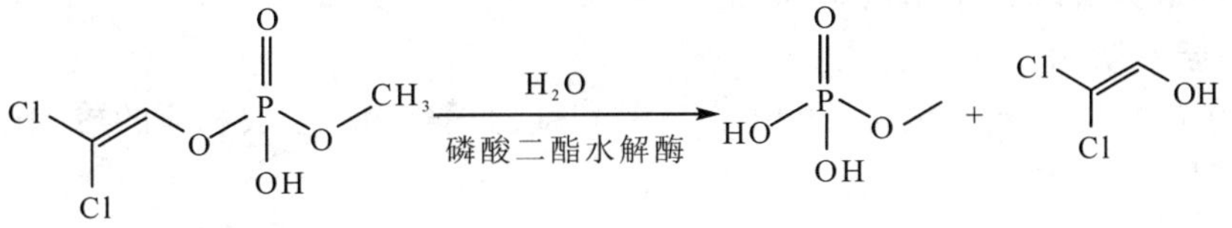

2.2.2.2 羧酸酯水解酶

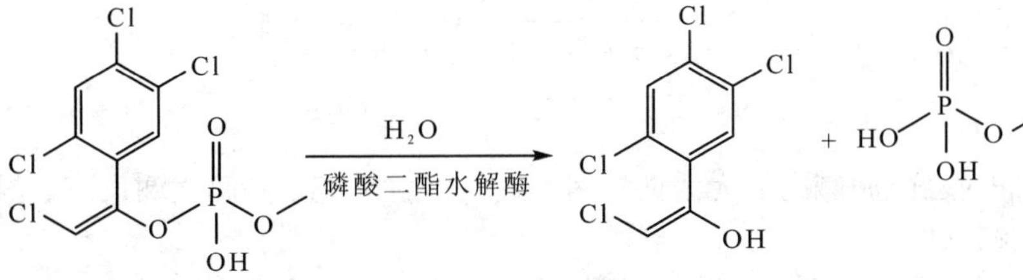

(1) 水解有机磷化合物

羧酸酯酶能使马拉硫磷水解，酯键断裂为水溶性的马拉硫磷-羧酸。羧酸酯酶在哺乳动物中很普遍，但昆虫中有些种缺乏这种酶，因此对马拉硫磷特别敏感。反之，有些对马拉硫磷有抗性的昆虫，羧酸酯酶的活性特别高。已知土壤微生物绿色木霉中也含有羧酸酯酶，可以降解代谢马拉硫磷。

很多有机磷杀虫剂和氨基甲酸酯化合物能抑制羧酸酯酶的活性，如对硫磷、苯硫磷、氯硫磷、谷硫磷、内吸磷和磷胺等。P═O 结构的有机磷抑制能力大于 P═S 结构的有机磷，与有机磷化合物相比，氨基甲酸酯化合物的抑制较小。苯硫磷与马拉硫磷混用，虽然可以增加对昆虫的药效，但也增加了对高等动物的毒性，正是因为苯硫磷抑制了降解马拉硫磷的羧酸酯酶。

$$\text{马拉硫磷} \xrightarrow[\text{羧酸酯酶}]{H_2O} \text{马拉硫磷-羧酸} + H_3COH \text{(乙醇)}$$

(2) 水解拟除虫菊酯

羧酸酯酶能水解拟除虫菊酯化合物中的羧酸酯键，也可称为拟除虫菊酯水解酶。

在哺乳动物中，Elliott 1972 年报道，在鼠肝微粒体中发现一种酶可以水解除虫菊素Ⅱ。后来发现这种酯酶可以水解人工合成的拟除虫菊酯。1978 年 Takashi 等报道，在鼠肝微粒体中得到经过提纯的拟除虫菊酯羧酸酯酶，这种酶好像只含有一种蛋白质，对除虫菊酯反式异构体的水解速率比顺式异构体快 5~10 倍。它的活性与马拉硫磷羧酸酯酶很相似。两种酯酶对有机磷和氨基甲酸酯类杀虫剂都很敏感。

在几种昆虫中也存在除虫菊酯的羧酸酯酶，如乳草螬、甘蓝夜蛾幼虫、家蝇和德国蜚蠊等。这种酯酶对反式苄呋菊酯的水解速率比顺式异构体要快，但是较鼠肝中的羧酸酯酶活性要低，两者的最大反应速率相差 30 倍。

2.2.2.3 酰胺水解酶

酰胺水解酶可以代谢有机磷酸酯中含有酰胺基的化合物，生成相应的羧酸。例如，乐果被酰胺酶代谢为乐果酸。

$$\text{乐果} \xrightarrow[\text{酰胺水解酶}]{H_2O} \text{乐果酸} + NH_2CH_3$$

由于乐果酸对乙酰胆碱酯酶无活性，因此这一水解反应是降解代谢反应。酰胺酶在各种哺乳动物中普遍存在。

酰胺水解酶与马拉硫磷羧酸酯酶很相似，它既能水解硫代磷酸酯类杀虫剂，同时又被磷酸酯类的同系物所抑制。

2.2.2.4 硝基还原酶

对硫磷、杀螟松、苯硫磷等有机磷杀虫剂可以被硝基还原酶代谢为无毒化合物，在昆虫体内这是一种解毒代谢。

$$\xrightarrow{\text{硝基还原酶}}$$

在哺乳动物、鸟类和鱼类体内都有这种还原酶。这种还原酶需要 NADPH 参与反应，但是不需要氧。在昆虫体内有活性的组织包括脂肪体、消化道及马氏管等。在家蝇中整体匀浆都有活性,蜱螨中只限于亚细胞组分。

2.3 有机磷类杀虫剂

2.3.1 概况

有机磷杀虫剂绝大多数都能杀虫兼杀螨,为了方便,一般简称为杀虫剂。有机磷杀虫剂是一类最常用的杀虫剂,加工品种达1万多种,有机磷原药近400种,大规模生产的常用品种有百余种。有机磷杀虫剂具有品种多、药效高、应用广等特点,同时在我国有广泛的生产基础。这些,使得有机磷成为我国目前主要的农药品种,在目前使用的杀虫剂中占有极其重要的地位。

2.3.1.1 有机磷杀虫剂发展过程

有机磷杀虫剂的研究开始于170多年前,但系统研究并发现有机磷类化合物生物活性是在60多年前,第二次世界大战期间,德国人Schrader等人研究了有机磷化合物,发现了八甲磷、特普以及对硫磷等的生物活性。战争结束后,此类杀虫剂由于其突出特点,受到世界各国的广泛重视。尤其是对硫磷很快进入工业化生产,迅速发展成为世界性的杀虫剂品种,此后有机磷不断发展,新品种不断涌现,成为杀虫剂中的主要种类。战后的几十年中,有机磷杀虫剂的品种成倍增加,并且发现了高效的内吸剂。

由于长期、大量使用有机磷杀虫剂,尤其是高毒有机磷杀虫剂,已经引起了作物耐药性、人畜中毒、农药残留超标和环境污染等一系列问题。减少高毒有机磷农药,使用低毒品种替代,已经成为有机磷杀虫剂发展的必然趋势。

开发低毒有机磷农药,可利用现有生产设备,生产成本较低,工艺相对简单。现在已经成功开发一系列新品种有机磷农药,如乙酰甲胺磷、毒死蜱、二嗪磷、嘧啶磷和甲基嘧啶磷等。这些低毒替代品种对人畜和环境安全,并有较好的杀虫活性。现在,我国已经停止甲胺磷、久效磷、对硫磷、甲基对硫磷、磷胺等5种高毒有机磷农药的生产。

2.3.1.2 有机磷杀虫剂化学结构类型

根据有机磷杀虫剂化学结构,可将其分为以下5类:

(1) 磷酸酯类(phosphate)

结构通式: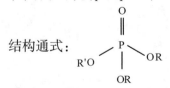

3个取代基中,一般有1个为酸性取代基,是亲核性的,这个酸性基可以使这个有机磷化合物具有生物活性。属于这类的常用药剂有敌敌畏、久效磷、杀虫畏。

(2) 一硫代磷酸酯

磷酸分子中的一个氧原子被硫原子取代,为一硫代磷酸酯。硫原子有两种取代方式,分别称为硫逐磷酸酯和硫赶磷酸酯。

① 硫逐磷酸酯(phosphorothionate) 结构通式：
$$\begin{array}{c} S \\ \| \\ R'O-P-OR \\ | \\ OR \end{array}$$

属于这类的常用药剂有对硫磷、甲基对硫磷、杀螟松。

② 硫赶磷酸酯(phosphorothiolate) 结构通式：
$$\begin{array}{c} O \\ \| \\ RO-P-SR' \\ | \\ OR \end{array}$$

属于这类的常用药剂有内吸磷、氧化乐果。

(3) 二硫代磷酸酯(phosphorodithioate)

结构通式：
$$\begin{array}{c} S \\ \| \\ RO-P-SR' \\ | \\ OR \end{array}$$

属于这类的常用药剂有马拉硫磷、乐果、甲拌磷。

(4) 膦酸酯和硫代膦酸酯

磷酸酯中的一个羟基(—OH)被有机基团置换，形成了 P—C 键。

① 膦酸酯(phosphonate) 结构通式：
$$\begin{array}{c} O \\ \| \\ RO-P-R' \\ | \\ OR \end{array}$$

属于这类的常用药剂有敌百虫。

② 硫代膦酸酯(phosphonoathioate) 结构通式：
$$\begin{array}{c} S \\ \| \\ RO-P-R' \\ | \\ OR \end{array}$$

属于这类的常用药剂有苯硫磷。

(5) 磷酰胺、硫代磷酰胺

磷酸酯中的一个羟基(—OH)被氨基(—NH$_2$)取代，为磷酰胺；磷酰胺分子中的氧原子被硫取代，即为硫代磷酰胺。

① 磷酰胺(phosphoramidate) 结构通式：
$$\begin{array}{c} O \\ \| \\ RO-P-NH_2 \\ | \\ OR \end{array}$$

属于此类的常用药剂有甲胺磷。

② 硫代磷酰胺(phosphorothiolamidate) 结构通式：
$$\begin{array}{c} S \\ \| \\ RO-P-NH_2 \\ | \\ OR \end{array}$$

属于此类的常用药剂有乙酰甲胺磷、水胺硫磷等。

2.3.1.3 有机磷杀虫剂理化性质

有机磷原药多为油状液体，具有大蒜臭味，少数为结晶固体，工业品杂质多，一般气温较高时，颜色略深。密度一般比水稍大。有机磷杀虫剂大多不溶于水或微溶于水，易溶于有机溶剂。也有少数种类在水中有较大溶解性，如敌百虫、乐果、甲胺磷、磷胺等。

大部分种类沸点较高,常温下蒸气压低,不易挥发,但不同品种的有机磷农药挥发度差别很大,敌敌畏挥发度大,而敌百虫则相反,因此前者可以作为熏蒸剂,利用其有毒蒸气来杀灭害虫,后者则不能作为熏蒸剂使用。有机磷农药不耐高温,受热易分解。

有机磷农药一般是磷酸酯或磷酰胺类,容易发生水解反应,生成无毒化合物,在碱性介质中更易于水解。有机磷杀虫剂的水解形式与药剂的结构、溶剂、pH 值和催化剂等有关,在制剂加工和农药混配应注意考虑有机磷农药这一性质。

2.3.1.4 有机磷杀虫剂作用机理和应用特点

所有的有机磷杀虫剂,都对乙酰胆碱酯酶产生抑制作用,扰乱正常的神经功能,昆虫中毒后高度兴奋、痉挛,直至瘫痪、死亡。

(1) 乙酰胆碱酯酶的生物学意义

无脊椎动物(包括昆虫、螨类等)和脊椎动物的神经组织内,都含有高浓度的乙酰胆碱酯酶(AChE),人和其他哺乳动物的血红细胞中也含有乙酰胆碱酯酶,但大多数动物的血浆中含有胆碱酯酶。

乙酰胆碱酯酶水解乙酰胆碱的反应式如下:

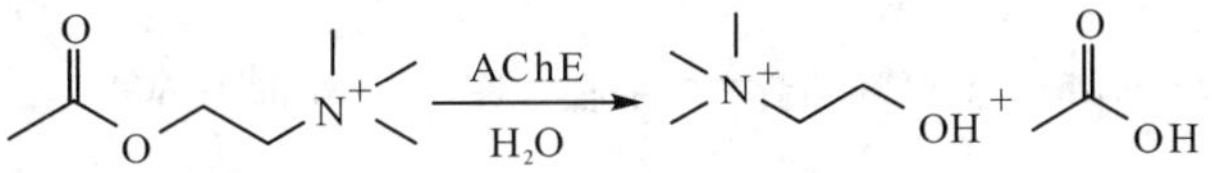

$$\text{乙酰胆碱} \xrightarrow[\text{H}_2\text{O}]{\text{AChE}} \text{胆碱} + \text{乙酸}$$

乙酰胆碱酯酶水解乙酰胆碱的反应过程可以用下列反应式来说明。

$$E + AX \underset{K_{-1}}{\overset{K_{+1}}{\rightleftharpoons}} E \cdot AX \xrightarrow[X]{K_2} EA \xrightarrow{K_3} E + A$$

上式中 E 代表酶,AX 代表底物乙酰胆碱。这一反应从开始到酶恢复共分 3 个步骤:

第一步是酶与底物形成复合体(E·AX),反应的速度可以用解离常数 K_d 来表示,$K_d = \dfrac{K_{-1}}{K_{+1}}$,$K_d$ 越小说明 E 和 AX 的亲和力越强。

第二步是乙酰化反应,是化学反应,其反应速率用速度常数 K_2 表示,生成乙酰化酶(EA),复合体放出胆碱(X)。

第三步是水解反应乙酰化酶被水解成乙酸(A)和酶(E),反应速率用速度常数 K_3 表示。

全部反应从开始到酶活性的恢复需要 2~3 ms。

最早研究乙酰胆碱酯酶是从研究电鳗开始的,到 1967 年才得到该酶的结晶,相对分子质量很大。许多实验证明,AChE 表面有两个活性部位,阴离子部位(anionic site)和酯解部位(esteratic site)。前者称为结合部位,后者称为催化部位。前者的作用是为了更好地和底物结合,发挥专化性的结合作用,后者主要是对底物进行水解的催化作用。

① 阴离子部位 带有负电荷,由于静电吸引作用,极易和带正电荷的基团结合。例如,乙酰胆碱结构中,对 $-\text{N}(\text{CH}_3)_3^+$ 亲和力最强。但是,Wilson 认为,不单纯是静电吸引,酶表面的非极性部分与烃基部分进行亲油性结合,这种亲和力比静电吸引还重要。

② 酯解部位 即和乙酰胆碱的酯结合的部位,此处有两个离子化倾向的基团,解离常数

分别为 6.5 和 10.5，前者是组氨酸咪唑基，具有帮助丝氨酸的羟基进行亲核反应的作用。后者是丝氨酸的羟基和乙酰胆碱亲核的羰基结合。乙酰胆碱酯酶和乙酰胆碱的反应是酶与底物的亲核反应，失去胆碱形成乙酸酶复合体，最后水解，生成乙酸和酶，酶复原。

③酯解部位的抑制　对酯解部位的抑制即对丝氨酸羟基的氧原子进行的攻击，有机磷、氨基甲酸酯类杀虫剂都有这种作用，有机磷为不可逆性抑制剂，其特征是与酶结合的磷酸在有水的条件下，很难被水解而使酶复原，这与酶和底物乙酰胆碱的结合不同，在有水的条件下，酶和乙酸的结合体只要很短时间即可水解，一般为几毫秒。但是，所谓"不可逆抑制"也是相对的，并非绝对不可逆(图 2-7)。

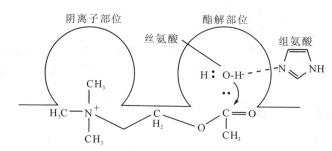

图 2-7　AChE 和 ACh 结合方式的模式图(仿 Froede 和 Wilson，1971)

(2) 有机磷杀虫剂对乙酰胆碱酯酶的抑制作用

试验证明昆虫中毒情况与 AChE 受抑制程度密切相关。严重中毒时酶的活性很低，昆虫复活时酶的活性增高，昆虫死亡时酶的活性最低。

有机磷化合物在结构上与底物乙酰胆碱相似，所以能与 AChE 作用，发生一系列与乙酰胆碱类似的变化，生成磷酰化酶。乙酰化酶不稳定，水解很快，半衰期约 0.1 ms，而磷酰化酶十分稳定，两者的稳定性相差 10^7 倍以上。

有机磷杀虫剂与 AChE 的反应式如下：

$$PX+E \xrightleftharpoons{K_d} PX \cdot E \xrightarrow{K_2} PE \xrightarrow{K_3} P+E$$
$$\phantom{PX+E \xrightleftharpoons{K_d} PX \cdot E \xrightarrow{K_2}}\searrow$$
$$\phantom{PX+E \xrightleftharpoons{K_d} PX \cdot E \xrightarrow{K_2}\ }X$$

式中 PX 代表有机磷杀虫剂，X 代表杀虫剂分子上的侧链，E 代表 AChE，K_d 代表解离常数(又称亲和力常数)，K_2 代表磷酰化反应的速度常数，K_3 代表脱磷酰基水解反应速度常数(又称酶致活常数)。

与 AChE 的正常底物一样，有机磷酸酯化合物能与 AChE 形成复合体(PX·E)，X 被放出后形成磷酰化酶(PE)，发生脱磷酰基水解反应后酶活性恢复。其中 K_3 步反应相当慢，长时间被占领的 AChE 降低了分解正常底物的能力。

有机磷化合物与 AChE 的反应是利用 P 原子的亲电性，攻击酶丝氨酸上的羟基。如对氧磷与 AChE 的反应：

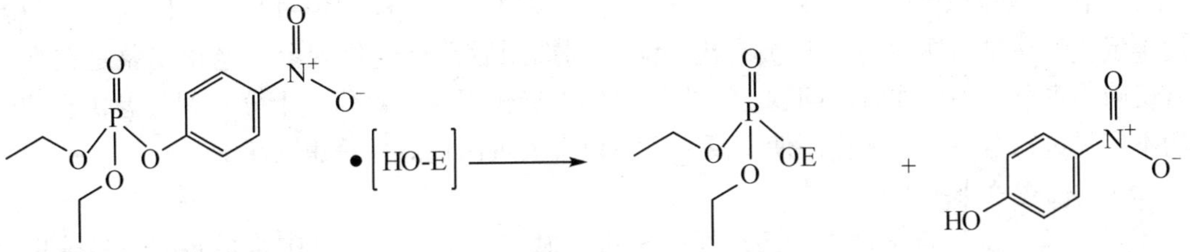

$$\text{对氧磷-AChE复合体} \cdot [\text{HO-E}] \longrightarrow \text{O,O-二乙基磷酰化酶} + \text{对硝基酚}$$

各种有机磷杀虫剂与 AChE 反应都是形成 O,O-二烷基磷酰化酶，同时分离出 X 基团。P 原子是反应中心。磷酰化反应实质上是有机磷化合物与 AChE 中的羟基之间发生的亲电反应。加强 P 原子的亲电性可以提高其对 AChE 的抑制能力。酰化反应的另一个特点是 P 原子的亲电反应与 X 基团的解离同时进行。P 原子的亲电性越强，X 基团的分离能力越大。因此，取代基在改善 P 原子的亲电性时，P—X 键也受到影响，更容易水解，严重时会影响有机磷化合物的稳定性。

(3) 乙酰胆碱酯酶的复活

人畜中毒的主要原因是磷酰化 AChE 不易复活，使磷酰基与酶不易解离。如果加入亲核性更强的药剂，就可能将磷酰基取代下来，使酶复活。解磷定和氯磷定等有机磷解毒剂就是根据这一原理制成的。

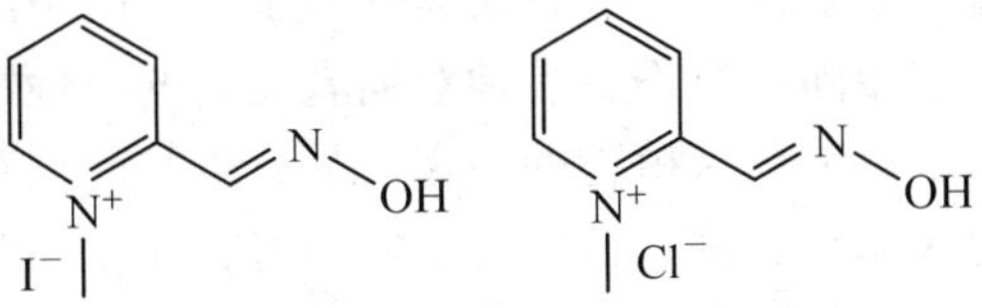

解磷定　　氯磷定

最初研究的化合物是亲核性很强的羟胺(NH_2OH)，羟胺带有较多的负电荷，极易和磷酰基中电正性的磷原子反应，使磷酰化酶的酶被替代出来，恢复酶的活性。

由于羟胺只能使酶的复活比自然恢复增加10%，不是一个有效的解毒剂。因此，解毒剂分子结构中除有极强的亲核性基团外，还必须有一个带正电的季胺基，才能使化合物更有效地被酶分子中阴离子部位所吸引，进而发生反应，将酶取代出来。同时分子的大小也应该与酶的阴离子、酯解部位相匹配。

在临床上常使用阿托品治疗有机磷中毒的病人，不过阿托品不能直接对酶的复活起作用，而是封闭交感神经末端乙酰胆碱受体，使大量积累的乙酰胆碱不能发挥作用，能使中毒症状得到缓解，AChE 逐渐得到恢复。

(4) 酶的老化和对酶活性恢复的影响

所谓老化是指有机磷中毒后，形成的磷酰化酶能发生结构改变，作用的时间越长则解毒剂的效果越差，甚至无效，这种现象即称为磷酰化酶的老化。有人认为老化是由于磷酰化酶发生了去羟基反应所致。因为用二异丙氧基氟磷酸酯处理 ChE 后，得到的是一个异丙氧基磷酸酯和丝氨酸的结合体，而另外一个异丙氧基的 O—C 键断裂，异丙基脱落变为羟基，因此认为有机磷药剂首先和丝氨酸的羟基反应形成"磷酰化 ChE – I 型"的复合体，然后脱去羟基形成"磷酰化 ChE-Ⅱ型"复合体而老化。由于去羟基作用,磷原子的亲核性相对减弱,使其不易和解毒剂发生反应,在昆虫体内的 ChE 被有机磷杀虫剂抑制后也有老化现象。老化现象是在高等动物有机磷中毒急救中应注意的问题。而在昆虫体内老化现象却对药剂十分有利,老化后的磷酰化酶不容易进行自主的水解作用使酶复活,所以常表现出良好地杀虫效果。

(5) 有机磷杀虫剂的应用特点

① 药剂品种多、杀虫谱广、药效高 有机磷制剂在杀虫剂品种中是最多的,且杀虫范围广,能同时防治多种害虫,对螨类也有较好的防效。多种药剂交替使用,可以有效地提高防治效果。有机磷杀虫剂比滴滴涕、六六六等有机氯杀虫剂杀虫效力大 10 倍至数十倍,也比氨基甲酸酯类杀虫剂作用强。可以提高防治效率,减少农药使用量,降低防治成本,同时减少对环境的危害。

② 作用方式多样 有触杀、胃毒、熏蒸、内吸等作用,可以防治多种害虫。因不同品种而异,同一品种的多种作用方式有主次之分,如对硫磷以触杀为主,敌百虫以胃毒为主,内吸磷以内吸作用为主。有些品种具有强的选择性,仅对某些种类的害虫有效,尤其是内吸性农药,可通过内吸作用杀虫,对天敌伤害小,有利于保护害虫天敌,使化学防治与生物防治能很好地结合起来。

③ 在生物体内易降解,毒性低 有机磷杀虫剂在生物体内能转化为磷酯化合物,对人畜无毒,这是它的优点。多数有机磷药剂进入人畜体内,会水解成无毒的磷酸化合物排出,对人畜危害较小,如马拉硫磷、杀螟松、灭蚜松、敌百虫、乙酰甲胺磷、双硫磷等。但由于对哺乳动物和对害虫作用机理相同,有不少品种对哺乳动物的急性毒性较大。对植物来说,有机磷杀虫剂在一般浓度下不致引起对植物的药害,只有少数药剂对个别植物会产生药害,如敌敌畏、乐果等药剂会造成梅花、桃、杏等树木的药害,在较高浓度下,出现花瓣枯卷,叶片、花序、果实、小枝脱落等药害现象。

④ 持效期长短不一 有机磷农药品种多,各品种间的持效期差异较大。有的施药后数小时完全分解失效,如日光照射下的辛硫磷。敌敌畏等在施药后数小时至 2~3 d 就完全分解失效。又如甲拌磷,由于植物的内吸作用,可以维持较长时间的药效,甚至可达 1~2 个月以上。有机磷杀虫剂的持效期一般较有机氯杀虫剂要短。由于持效期有长有短,为合理选用适当品种提供了有利条件。结合残留毒性考虑,在实际使用中,一般食用作物或特种经济作物如蔬菜、茶树、烟草、桑叶上施药,需选择持效期较短的;在花卉、未结果的果树以及很多绿化树种上施药时,可以选择持效期较长的。

⑤ 对环境破坏程度小 绝大多数有机磷药剂遇碱性条件易水解,也能被环境中微生物所降解,对环境的破坏程度相对较小。另外,从某种程度上说,有机磷的代谢产物可以对土壤和植物有一定的营养作用,因为磷是植物必需的三大营养素之一,能够刺激植物生长,起肥料的作用。

2.3.2 代表性品种

2.3.2.1 敌敌畏

别名:DDVP。

英文名称:Dichlorvos。

化学名称：O,O-二甲基-O-(2,2-二氯乙烯基)磷酸酯。

(1) 理化性质

化学结构式：

分子式：$C_4H_7Cl_2O_4P$；相对分子质量：220.99。

外观与性状：纯品为无色油状液体，微带芳香气味。工业品微黄色。

蒸气压：1.599 8 Pa(20 ℃)；熔点：-60 ℃；沸点：74 ℃/133.3 Pa；相对密度(水=1)：1.415 g/mL。

溶解性：室温下水中的溶解性为 6~10 g/L，在煤油中溶解 0.2%~0.3%，能与大多数有机溶剂和气溶胶推进剂混溶。

稳定性：有很强的挥发性，温度越高，挥发度越大。对热稳定，对水特别敏感。在室温下，饱和的敌敌畏水溶液转化成磷酸氢二甲酯和二氯乙醛，水解速度每 10 d 约 3%，在碱性溶液中水解更快。敌敌畏水溶液水解的速率与温度、溶液的 pH 有关。

(2) 生物活性

敌敌畏具有触杀、胃毒和熏蒸作用，击倒作用强，持效期短(1~2 d)、无残留。杀虫范围很广，对咀嚼式口器害虫和刺吸式口器害虫均有良好的防治效果。可防治鳞翅目、鞘翅目、膜翅目、双翅目等多种危害农林作物的害虫以及螨类。

敌敌畏对高等动物中等毒性。大鼠急性经口 LD_{50} 80 mg/kg(雄)、56 mg/kg(雌)；雄大鼠急性经皮 LD_{50} 107 mg/kg，雌性为 75 mg/kg；小鼠急性吸入 LC_{50} 13.2 mg/m³(4 h)，大鼠吸入 LC_{50} 14.8 mg/m³。对瓢虫、食蚜蝇等天敌及蜜蜂具有杀伤力。

(3) 使用方法

常用 80% 乳油 800~1 500 倍喷雾，可防治斜纹夜蛾、苹果卷叶虫、尺蠖、松毛虫、杏毛虫、桑毛虫、核桃扁叶甲等害虫。敌敌畏杀虫作用与气候条件有直接的关系，气温高时杀虫效力较大。就对害虫的触杀毒力来说，对某些害虫比敌百虫大 7 倍多，但对荔枝蝽的触杀毒力不及敌百虫。敌敌畏在一般浓度下对高粱、玉米易发生药害。

2.3.2.2　敌百虫

英文名称：Dipterex；Trichlorphon。

化学名称：O,O-二甲基-O-(2,2,2-三氯-1-羟基乙基)磷酸酯。

(1) 理化性质

化学结构式：

分子式：$C_4H_8Cl_3O_4P$；相对分子质量：257.45。

外观与性状：纯品为稍带芳香气味的白色结晶粉末。工业品为白色块状固体，带氯醛气味。

蒸气压：1.04×10^{-3} Pa(20 ℃)；熔点：83~84 ℃；沸点：100 ℃/13.33 Pa；相对密度

（水＝1）：1.73 g/mL。

溶解性：在水中的溶解性为154 g/L(25 ℃)，易溶于三氯甲烷、醇类、苯、乙醚和丙酮等溶剂，难溶于石油醚和四氯化碳。

稳定性：在中性和弱酸性溶液中比较稳定，但其溶液长期放置也会变质。在碱性溶液中可以脱去1分子的氯化氢，进行分子重排，转化成毒性更强的敌敌畏，如继续分解，即失效。

(2) 生物活性

敌百虫主要为胃毒作用，兼有触杀作用。对咀嚼式口器害虫胃毒作用突出，对半翅目蝽类具有特效，也表现有较好的触杀作用。对鳞翅目、双翅目、膜翅目、鞘翅目等多种害虫有很好的防治效果；对高等动物毒性低。雄性大鼠急性经口 LD_{50} 630 mg/kg，雌性为560 mg/kg；大鼠急性经皮 LD_{50} >2 000 mg/kg。含敌百虫500 mg/kg的饲料喂养大鼠2年，未发现异常现象。

(3) 使用方法

常用80%可溶性粉剂稀释700~1 000倍液喷雾，可防治茶毛虫、茶尺蠖、荔枝蝽等。敌百虫在常用浓度甚至500~600倍的高浓度下，对大多数作物仍不致发生药害，但浓度超过1%~2%时则易发生药害。对哺乳动物的毒性低，用80%可湿性粉剂400倍液洗刷，可防治牛、马、猪、羊等家畜体表寄生虫，如牛虱、羊虱、猪虱、牛瘤蝇蛆等。加在饲料中可防治家畜肠道寄生虫。防治牛、马厩内的厩蝇和家蝇，可以用80%可湿性粉剂1∶100制成毒饵诱杀。敌百虫对高粱和大豆易发生药害。

2.3.2.3 乐果

别名：乐戈。

英文名称：Dimethoate；Dimethoate；Rogor；Cygon；Fosfamid；Perfekthion；Roxion。

化学名称：O, O-二甲基-S-(N-甲胺基甲酰甲基)二硫代磷酸酯。

(1) 理化性质

化学结构式：

分子式：$C_5H_{12}NO_3PS_2$；相对分子质量：229.3。

外观与性状：纯品为白色结晶，带有类似樟脑的臭味。工业品为带有蒜臭味的浅黄色固体或浅黄色液体，带有硫醇的臭味。

蒸气压：1.13×10^{-3} Pa(25 ℃)；熔点：51~52 ℃；沸点：86 ℃/1.3 Pa；密度：1.281 g/mL。

溶解性：21 ℃时水中的溶解性为25 g/L，除己烷类饱和烃外，可溶于大多数有机溶剂。

稳定性：在酸性、中性溶液中较稳定，在碱性溶液中易分解失效，且重金属离子有催化水解作用。在贮存期会缓慢分解，分解速度与纯度及温度有关，纯度高、气温低，分解慢。在使用过程中乐果的酯键部位容易水解而失效。这是其持效期不长的主要原因。一般持效期5~7 d。

(2) 生物活性

乐果具有良好的触杀、内吸和胃毒作用,是广谱性高效低毒选择性杀虫、杀螨剂。可用于防治多种作物上的刺吸式口器害虫。适用于防治蔬菜、果树、茶叶、油料、棉花及大田作物上多种刺吸式口器和咀嚼式口器害虫。对高等动物低毒。纯品对大鼠急性经口 LD_{50} 500~600 mg/kg。工业品为 320~380 mg/kg。大鼠急性经皮 LD_{50} 650 mg/kg。鲤鱼 LC_{50} 40 mg/L(48 h)。蜜蜂 LD_{50} 0.09 μg/只。

乐果的选择毒性是由于在高等动物和昆虫体内的代谢酶系及其活性不同,决定了活化和降解代谢的速率不同。进入昆虫体内被迅速地氧化为毒性更强的氧化乐果,而降解代谢进行很缓慢,因而会引起昆虫中毒死亡。在高等动物体内很不稳定,迅速被酰胺酶和磷酸酯酶水解代谢为无毒物质排出体外。虽然也有部分被氧化成更毒的物质,但不是主要的反应,而且可以立即被水解成上述类似的无毒化合物。

(3) 使用方法

乐果对害虫的毒力随气温的升高而显著增强,施药的浓度应视气温而定。一般用 40% 乳油稀释 1 000~2 000 倍液喷雾,防治蚜虫、蓟马、叶跳虫、盲蝽、茶小绿叶蝉、柑橘潜叶蛾等,800~1 500 倍喷雾防治棉红蜘蛛、梨木虱、柑橘红蜡蚧、实蝇等。

40% 的乐果乳油使用浓度不宜高于 0.04%,否则易产生药害。牛对乐果很敏感,喷过药的草半月内不能喂牛。乐果对家禽的毒性也很大。乐果在蔬菜上的安全间隔期为 7d。对于抗性害虫,它与内吸磷有交互抗性作用,在长期使用的地区对蚜、螨类易产生抗性,除换用与乐果不产生交互抗性的其他品种药剂外,还可将乐果与敌敌畏按 1∶1 混用,可以提高防效。

2.3.2.4 乙酰甲胺磷

别名:高灭磷;杀虫灵。

英文名称:Acephate;Orthene。

化学名称:O,S-二甲基-N-乙酰基硫代磷酰胺酯。

(1) 理化性质

化学结构式:

分子式:$C_4H_{10}NO_3PS$;相对分子质量:183.2。

外观与性状:纯品为白色结晶。原药(纯度在 80%~90%)为白色固体。

蒸气压:2.266×10^{-4} Pa(24 ℃);熔点:90~91 ℃(原药为 82~90 ℃);沸点:147 ℃;密度:1.35 g/mL。

溶解性:易溶于水(约 6.5 g/L)、甲醇、乙醇、丙酮等极性溶剂和二氯甲烷、二氯乙烷等卤代烷烃类,在苯、甲苯、二甲苯中的溶解性较小,在醚中溶解性很小,低温时贮藏相当稳定。

稳定性:在酸性介质中稳定,在碱性介质中易分解。

(2) 生物活性

乙酰甲胺磷具有内吸、胃毒和触杀作用,并可杀卵。持效期长,是缓效型杀虫剂。对鳞翅目幼虫的胃毒作用比触杀作用强,对蚜虫的触杀作用速度比乐果慢。对咀嚼式口器和刺吸式口器害虫均有良好的防治效果。适用于防治粮、棉花、油、蔬菜、茶树、桑树、果树、甘蔗等作物上的主要害虫。对高等动物低毒。99%工业品对雄性大鼠急性经口 LD_{50} 945 mg/kg,雌性为 866 mg/kg;兔急性经皮 LD_{50} 2 000 mg/kg。89%原药以 300 mg/kg 剂量喂养大鼠 3 个月无影响。红鲤鱼忍受限量(TLM)104 mg/L(48 h),白鲢 485 mg/L(48 h)。100 mg/kg 掺入饲料,喂养狗 2 年,未发现致癌、致畸、致突变作用。

(3)使用方法

用 30%乳油稀释 500~1 000 倍液喷雾防治 2~5 龄茶大尺蠖,杀虫效果达 90%以上,对小绿叶蝉在施药 13 d 后仍有 77%以上效果。40%乳油 450~600 倍液喷雾,可防治在成虫产卵高峰期的桃小食心虫、梨小食心虫及桃蛀螟等蛀果害虫,以及苹果小卷叶蛾、苹果黄蚜、苹果瘤蚜、红蜘蛛、花卉害虫等,防治花卉上的各种介壳虫,在 1 龄若虫期使用。用 0.011%~0.037%浓度的乙酰甲胺磷在桑树上喷雾,防治桑蓟马、六点裂爪螨和桑粉虱效果达 100%,防治桑毛虫效果达 92%,防治桑叶螨效果达 97%以上。乙酰甲胺磷对家蚕毒性比较大,0.02%浓度要在施药 7 d 后、0.1%要在施药 10 d 后采集桑叶,家蚕才不致中毒,最适宜在采桑后施药。

2.3.2.5 杀螟硫磷

别名:杀螟松;杀螟磷;速灭松。

英文名称:Fenitrothion;Sumithion。

化学名称:O,O-二甲基-O-(3-甲基-4-硝基苯基)硫代磷酸酯。

(1)理化性质

化学结构式:

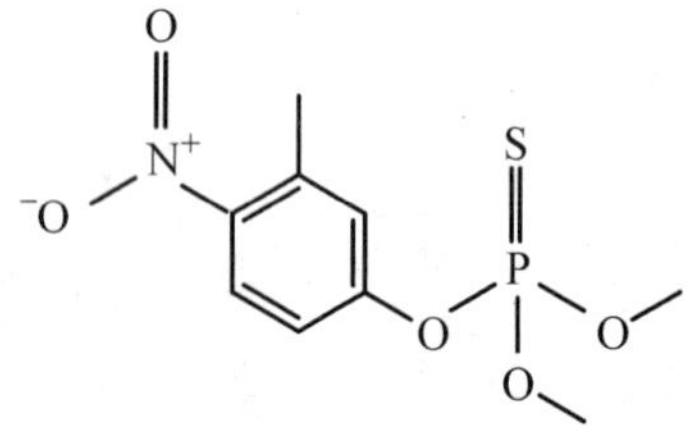

分子式:$C_9H_{12}NO_5PS$;相对分子质量:277.14。

外观与性状:纯品为微黄色油状液体,有蒜臭味。工业品棕黄色,带臭味。

蒸气压:0.80 mPa(20 ℃);熔点:0.3 ℃;沸点:140~145 ℃/13.3 Pa;密度:1.323 g/mL。

溶解性:难溶于水,30 ℃时为 14 mg/L,易溶于苯、二甲苯、乙醇、丙酮、乙醚、氯仿等多种有机溶剂,微溶于石油醚和煤油。

稳定性:酸性条件下比较稳定,100 ℃时水解反应半衰期为 14 h,碱性介质中不稳定。常温下对光稳定。减压蒸馏时可能出现异构化反应。

(2)生物活性

杀螟硫磷具有触杀、胃毒作用,无内吸作用,但在植物体上有很好的渗透作用,对某些昆虫有渗透杀卵作用。主要用于防治食叶害虫,对鳞翅目、鞘翅目害虫都有很好的防治效果。对高等动物低毒。化学结构与甲基对硫磷相似,但对高等动物的毒性远比甲基对硫磷低。杀螟松在动物体内氧化为氧化杀螟松,对胆碱酯酶的抑制能力增强,但很快就被继续降解为无毒化合物。雄性大鼠急性经口 LD_{50} 242 mg/kg，雌性为 433 mg/kg；小鼠急性经口 LD_{50} 870 mg/kg。大鼠急性经皮 LD_{50} 700 mg/kg。鲤鱼忍受限量 8.6 mg/kg(48 h)。无致癌、致畸作用，有较弱的致突变作用。

(3) 使用方法

用 50% 乳油 1 000~2 000 倍液喷雾，能防治松毛虫、尺蠖、食心虫、潜叶蛾、夜蛾、黏虫、蚜虫、螨类等害虫。杀螟硫磷对十字花科作物及高粱易产生药害。水果、蔬菜等在收获前 10~15 d 应停止使用。

2.3.2.6 马拉硫磷

别名：马拉松；防虫磷；粮虫净；四零四九；马拉赛昂。

英文名称：Malathion。

化学名称：O,O-二甲基-S-[1,2-二(乙氧基羰基)乙基]二硫代磷酸酯。

(1) 理化性质

化学结构式：

分子式：$C_{10}H_{19}O_6PS_2$；相对分子质量：330.36。

外观与性状：纯品为无色或淡黄色油状液体，略带酯气味。工业品纯度一般应在 95% 以上，红棕色液体，带有浓厚蒜臭味。

蒸气压：5.333×10^{-3} Pa(30 ℃)；熔点：2.85 ℃；沸点：156~157 ℃/93.3 Pa；密度：1.23 g/mL。

溶解性：室温下微溶于水，溶解性为 145 mg/L，能与多种有机溶剂混溶。

稳定性：对光稳定，对热稳定性差。在中性条件下稳定，但在 pH 7.0 以上或 pH 5.0 以下即迅速分解。工业品中加入 0.01%~1% 有机过氧化物可增加其稳定性。遇活性炭以及铁、锡、铅、铜等金属均能促使其分解。

(2) 生物活性

马拉硫磷具有良好的触杀、胃毒作用和微弱的熏蒸作用，无内吸杀虫作用。持效期较短，高温时施药效果好，低温时施药要适当提高浓度。对多种咀嚼式和刺吸式口器的害虫有很好的防治效果。目前常用于防治各种鳞翅目幼虫、蚜虫、介壳虫、蝇类及螨等。对高等动物低毒。雄性大鼠急性经口 LD_{50} 1 634 mg/kg，雌性为 1 751.5 mg/kg；大鼠急性经皮 LD_{50} 4 000~6 150 mg/kg。对眼睛和皮肤有刺激作用。饲料中含 0.1% 马拉硫磷工业品饲喂大鼠 2 年后，体重正常增加。鲤鱼忍受限量 9.0 mg/L(48 h)，对蜜蜂有强烈毒性。

(3) 使用方法

常用 50% 乳油的 1 000 倍液，可防治蓟马、金龟子、食心虫、潜叶蝇等。也可用于防治杨潜蛾、杨银潜蛾、杨潜叶金花虫等，效果都很好，死亡率可达 90% 以上。用 10 mg/kg 的马拉硫磷拌林木种子或粮食，可有效地防治林木种子害虫和贮粮害虫。

对植物较为安全，一般不产生药害。但使用浓度过高对高粱、瓜类、樱桃、梨、苹果等会引起药害,使用时应予注意。对鱼类毒性极大,在鱼塘和水田附近使用时要注意安全。喷药器具不可在河塘刷洗。对蜜蜂高毒,使用时要注意保护蜂群。有恶臭味,但不污染食用作物,对作物的味道也无不良影响。我国规定马拉硫磷在食用作物上最大残留限量为 8 mg/kg,收获前 10 d 禁止使用。

2.3.2.7 辛硫磷

别名:肟硫磷;倍腈磷;倍腈松;腈肟磷;仓虫净。

英文名称:Phoxim; Valaxon; Baythion。

化学名称:O,O-二乙基-O-(苯乙腈酮肟)硫代磷酸酯。

(1) 理化性质

化学结构式:

分子式:$C_{12}H_{15}N_2O_3PS$;相对分子质量:298.18。

外观与性状:纯品为浅黄色油状液体。原药为红棕色油状液体。

蒸气压:2.1×10^{-3} Pa(20 ℃);熔点:5~6 ℃;沸点:102 ℃/1.333 Pa;密度:1.176 g/mL。

溶解性:难溶于水,20 ℃水中溶解性为 7 mg/kg,易溶于醇、酮、芳烃、卤代烃等有机溶剂,稍溶于脂肪烃、植物油和矿物油。

稳定性:辛硫磷易光解,在中性和酸性介质中稳定,在碱性介质中易分解。高温下易分解,光照下分解加速,产生大量降解产物,丧失杀虫活性。

(2) 生物活性

辛硫磷具有强烈的胃毒和触杀作用,无内吸作用,对昆虫的渗透性很强,是一种广谱、速效、安全的杀虫剂。对鳞翅目大龄幼虫和鞘翅目金龟子幼虫(蛴螬)等地下害虫以及仓库和卫生害虫有较好效果。对高等动物低毒。雄性大鼠急性经口 LD_{50} 2 170 mg/kg,雌性为 1 976 mg/kg;大鼠急性经皮 LD_{50} >1 120 mg/kg,以含量 150 mg/kg 饲喂大鼠 15 个月,未见中毒现象。鳟鱼和鲤鱼忍受限量 0.1~1.0 mg/L,对蜜蜂有毒。对七星瓢虫的卵、幼虫、成虫均有杀伤作用。

(3) 使用方法

用 50% 乳油的 1 000~1 500 倍液喷雾,可防治松毛虫、杨柳毒蛾等的老龄幼虫。在南方曾用于防治黄蚂蚁,效果很好。辛硫磷在阴暗避光条件下不易分解,是防治地下害虫的良药。用 2.5% 颗粒剂以 0.05%~0.1% 浓度拌种,或以 1.5~1.8 kg/hm² 施药,对地老虎、蝼蛄、蛴螬等地下害虫有较好的防效。此外,辛硫磷还可用于防治仓库害虫和卫生害虫,对臭虫、蜚蠊、蚊、蝇等都效果良好。

辛硫磷能被土壤微生物分解,不留残毒,是滴滴涕的良好替代品种。在土壤中的持效期为 1~2 个月。喷洒在叶面上的药剂在阳光直射下 3 d 后只残留 8.5%,6 d 后基本无残留。

2.3.2.8 毒死蜱

别名:乐斯本;氯蜱硫磷;氯吡硫磷;DOWCO 179;ENT27311。

英文名称：Chlorpyrifos；Dursban；Eradex；Chlorpyrifos-ethyl；Chlorpyritos。

化学名称：O,O-二乙基-O-(3,5,6-三氯-2-吡啶基)硫逐磷酸酯。

(1) 理化性质

化学结构式：

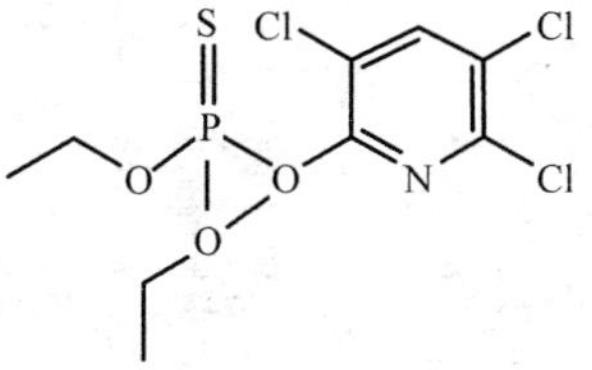

分子式：$C_9H_{11}Cl_3NO_3PS$；相对分子质量：350.59。

外观与性状：纯品为白色晶体。工业品带硫醇味。

蒸气压：2.493×10^{-3} Pa(25 ℃)；熔点：41.5~43.5 ℃；沸点：200 ℃；密度：1.398 g/mL(43.5 ℃)。

溶解性：35 ℃时溶解性：水 2 mg/L，甲醇 430 g/kg，可溶于丙酮、苯、氯仿等大多数有机溶剂。

稳定性：在碱性介质中易分解，可与非碱性农药混用。

(2) 生物活性

毒死蜱具有胃毒和触杀作用，无内吸作用。是广谱的杀虫、杀螨剂。在土壤中挥发性较高。适用于防治柑橘、棉花、玉米、苹果、梨、水稻、花生、大豆、小麦和茶树等多种作物上的害虫及螨类，也可用于防治蚊、蝇等卫生害虫和家畜的体外寄生虫。对高等动物毒性中等。雄性大鼠急性经口 LD_{50} 163 mg/kg，雌性为 135 mg/kg。对动物眼睛有轻度刺激，对皮肤有明显刺激，多次接触产生灼伤。大鼠慢性经口无作用剂量为每天 0.1 mg/kg。虹鳟鱼忍受限量 15 mg/L(96h)。对蜜蜂有毒。在试验剂量下，动物未发现致畸、致癌、致突变作用。在动物体内能很快解毒。

(3) 使用方法

防治稻瘿蚊、柑橘潜叶蛾、小麦黏虫、桃蚜、介壳虫、桃小食心虫、茶尺蠖、小绿叶蝉、茶叶瘿螨等，用40%乳油 800~1 500 倍液喷雾。防治棉蚜、棉红蜘蛛、稻纵卷叶螟、茶毛虫、茶刺蛾等，用40%乳油的 1 000 倍液喷雾。防治地下害虫用 0.9~3 kg/hm² 有效成分，持效期 2~3 月。防治白蚁用48%乐斯本乳油 2 000~2 500 倍液或每 100 L 水加 48% 乐斯本 40~50 mL(有效浓度 192~240 mg/L)喷雾。与菊酯类混用，可以用于生产内墙涂料，防治卫生害虫。

2.3.2.9 其他有机磷杀虫剂

其他有机磷杀虫剂品种介绍见表 2-1。

表 2-1 部分有机磷杀虫剂品种

名称	化学结构及化学名称	主要理化性质	毒性	特点及用途
三唑磷; 三唑硫磷; 特力克; Triazophos; Hostathion Triazofos	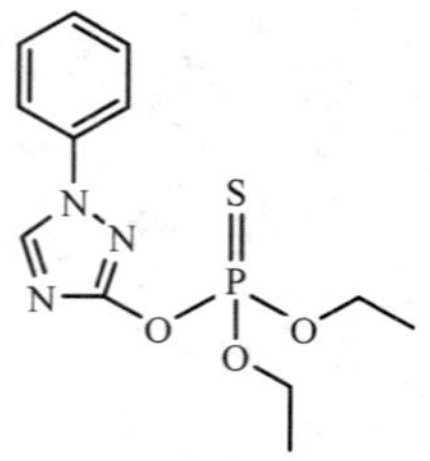 （化学结构图） O,O-二乙基-O-(1-苯基-1,2,4-三唑-3-基)硫代磷酸酯	纯品为浅棕黄色液体，熔点 0～5 ℃，相对密度 1.247（30 ℃，水＝1），蒸气压为 $3.87×10^{-4}$ Pa（30 ℃），20 ℃时在水中的溶解性为 35 mg/L；可溶于大多数有机溶剂	中等毒性，大鼠急性口服 LD_{50} 82 mg/kg，大鼠急性经皮 LD_{50} 1 100 mg/kg	有触杀和胃毒作用，是高效、广谱的杀虫、杀螨剂。对虫卵尤其对鳞翅目虫卵有明显的杀伤作用。可渗入植物组织，但无内吸活性。对危害林木、果树、粮食、棉花等作物的害虫、螨类幼虫都有较好的防治效果。对地下害虫、植物线虫、松毛虫也有显著作用
杀扑磷; 速扑杀; Methidathion; Supracide; Vltracide; GS13005; NC2964	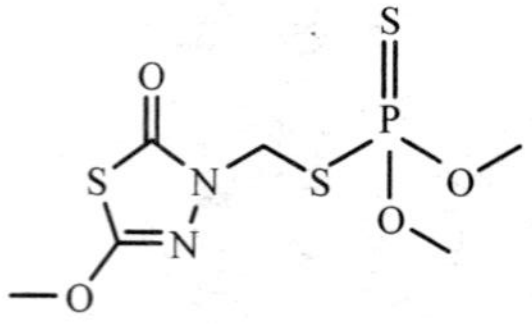 （化学结构图） S-2,3-二氢-5-甲氧基-2-氧代-1,3,4-噻二唑-3-基甲基 O,O-二甲基二硫代磷酸酯	无色晶体，熔点 39～40 ℃，相对密度 1.51（水＝1）（25 ℃），蒸气压 $2.5×10^{-4}$ Pa（20 ℃），水中溶解性 200 mg/L（25 ℃）	高毒，大鼠急性经口 LD_{50} 44 mg/kg，经皮 LD_{50} 640 mg/kg。对眼睛无刺激作用，对皮肤有轻微刺激性	有触杀和胃毒作用，是广谱杀虫剂，防治介壳虫有特效，但无内吸作用。药效发挥速度较慢，在植物上持效期约 14 d。在常用剂量下，对作物安全，可用于森林、果树、茶树、粮食、棉花、蔬菜等作物
丙硫磷; 氯丙磷; Prothiofos; Prothiophos; Tokuthion	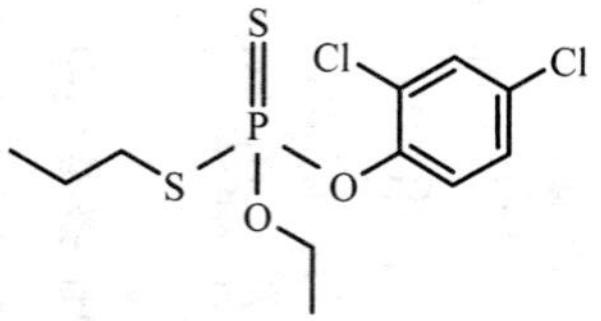 （化学结构图） 二硫代磷酸-O-(2,4-二氯苯基)-O-乙基-S-丙酯	纯品为无色液体。沸点 125～128 ℃（13.3 Pa）。相对密度（水＝1）1.293（20 ℃），几乎不溶于水，溶于二氯乙烷、甲苯、异丙醇	低毒，对小白鼠急性经口 LD_{50} 926～966 mg/kg，雄大白鼠急性经皮 LD_{50} 1300 mg/kg	有触杀和胃毒作用，无内吸作用，是广谱低毒杀虫剂。对鳞翅目幼虫高效，尤其对氨基甲酸酯和其他有机磷类杀虫剂产生交互抗性的蚜虫、蓟马、粉蚧、卷叶虫有良好效果，对地下害虫幼虫有明显活性，可用于防治金针虫、地老虎和白蚁等害虫

2.3 有机磷类杀虫剂

(续)

名称	化学结构及化学名称	主要理化性质	毒性	特点及用途
哒嗪硫磷;苯哒嗪硫磷;哒净松;杀虫净;苯哒嗪;打杀磷;Pyridaphenthion;Pyridaphenthione;Ofunack	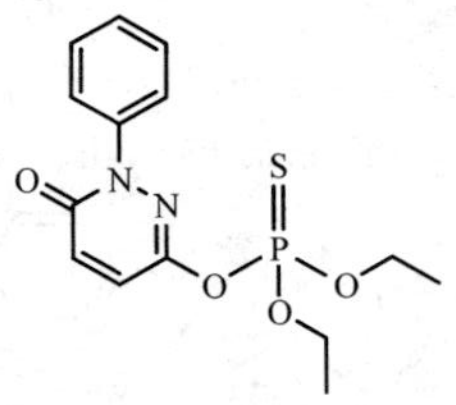 硫逐磷酸-O,O-二乙基-O-(3-氧代-2-苯基-4,5-(2H)-哒嗪基)酯	纯品为白色结晶,熔点54.5~56.5 ℃,沸点110.7 Pa(90 ℃)。溶解性为乙醇1.25%,1.325。相对密度(水=1)异丙醇58%,三氯甲烷67.4%,甲醇226%,难溶于水。对酸、热、光较稳定	低毒,对大鼠(雄)急性经口LD_{50} 769 mg/kg;小鼠(雄) LD_{50} 555 mg/kg	有触杀和胃毒作用,是一种高效、低毒、低残留的广谱性杀虫剂。对多种咀嚼式口器和刺吸式口器害虫均有较好防治效果。可用于防治农林、果树、蔬菜等各种蚜虫、红蜘蛛、叶蝉、飞虱、螟虫等
倍硫磷;百治屠;蕃硫磷;Fenthion;Bayten;Baycin;Lebaycid;ENT 25540	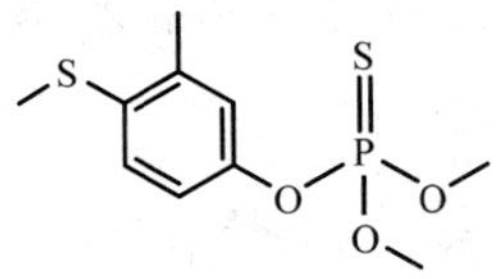 O,O-二甲基-O-(4-甲硫基)硫代磷酸酯	无色油状液体。沸点87 ℃(1.33 Pa)。20 ℃时蒸气压4.00×10⁻³ Pa,相对密度(水=1) 1.25。在室温水中溶解性为54~56 mg/L	中等毒性,原药对大鼠急性经口LD_{50} 180 mg/kg;大鼠急性经皮LD_{50} 330~500 mg/kg	有触杀和胃毒作用,是一种广谱性杀虫剂。对植物有内渗作用,但无内吸作用。持效期长,可达40 d。可用于防治森林、果树、粮食、棉花、蔬菜等作物上的多种害虫,对螨类也有效
喹硫磷;喹恶硫磷;爱卡士士;Quinalphos;Bay5821;Bayer;77049;Chinalphos;Diethquinalphion;diethquinalphione	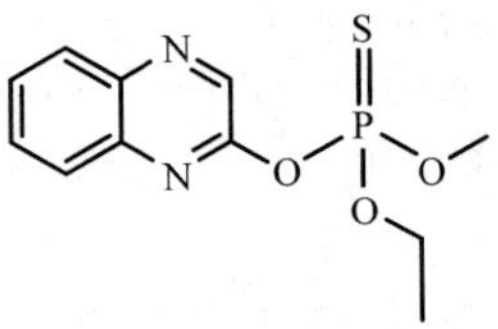 O,O-二乙基-O-(2-喹恶啉基)硫代磷酸酯	纯品为无色无味结晶;熔点31~36 ℃,沸点142 ℃/40.0 mPa(分解),蒸气压6.2×10⁻⁷ Pa(20 ℃),相对密度(水=1) 1.235(20 ℃)。水中溶解性低,易溶于乙醇、甲醇、乙醚、丙酮和芳香烃,微溶于石油醚	中等毒性,原药对大鼠急性经口LD_{50} 195 mg/kg;大鼠急性经皮LD_{50} 2000 mg/kg。对兔皮肤和眼睛无刺激作用	有触杀和胃毒作用,无内吸和熏蒸作用,有一定的杀卵作用,是一种广谱性杀虫、杀螨剂。在植物体上降解速度快,持效期短。适用于森林、果树、粮食、棉花、蔬菜上多种害虫的防治

· 92 · 第 2 章 杀虫剂

(续)

名称	化学结构及化学名称	主要理化性质	毒性	特点及用途
二嗪磷；二嗪农；地亚农；Diazinon；Neocidol；Nucidol	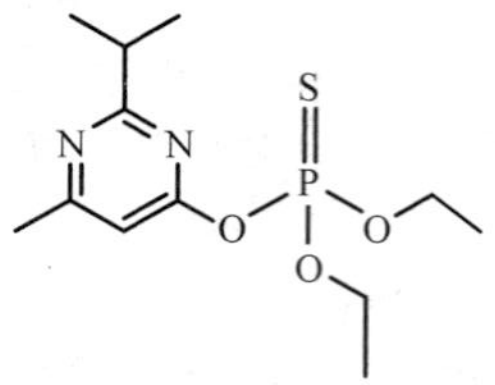 O,O-二乙基-O-(2-异丙基-6-甲基-4-嘧啶基)硫逐磷酸酯	黄色液体，沸点 83~84 ℃/26.6 Pa；蒸气压 9.7×10⁻⁵ Pa (20 ℃)，相对密度（水=1）1.11，在水中溶解性(20 ℃)为60 mg/L，与普通有机溶剂不混溶	中等毒性，原药对大鼠急性经口 LD₅₀ 285 mg/kg；对家兔经皮 LD₅₀ 455 mg/kg。对家兔皮肤和眼睛无刺激作用	有触杀、胃毒、熏蒸和一定的内吸作用，有较好的杀螨和杀卵作用，是一种广谱性杀虫剂。对鳞翅目、同翅目等多种害虫均有较好的防治效果，也可兼种防治多种作物的地下害虫
嘧啶氧磷；灭定磷；Midinyanglin；N-23；Midinyanglin；MDYL	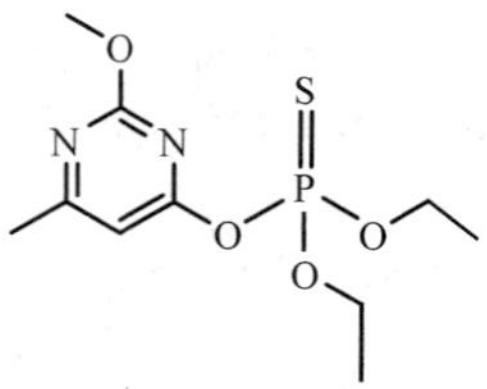 O,O-二乙基-O-2-甲氧基-6-甲基-嘧啶-4-基硫代磷酸酯	纯品为淡黄色油状液体，原药为褐色液体。相对密度（水=1）1.203。水中溶解性为0.0375 g/100mL (15 ℃)，溶于乙醇、丙酮、乙酸乙酯、苯、甲苯、二氯乙烷等多种有机溶剂	中等毒性，大白鼠急性经口毒性 LD₅₀ 183.4 mg/kg，大白鼠经皮毒性 LD₅₀ 1 062 mg/kg；对家兔皮肤和眼睛无刺激作用	有触杀、胃毒和内吸作用，是一种广谱性杀虫剂。对多种害虫都有很好的防治效果。对刺吸式口器害虫有效，能防治蚜螨、地老虎等地下害虫。有较强的杀卵作用。对高粱作用敏感，易产生药害
亚胺硫磷；酞胺硫磷；Phosemet；Imidan	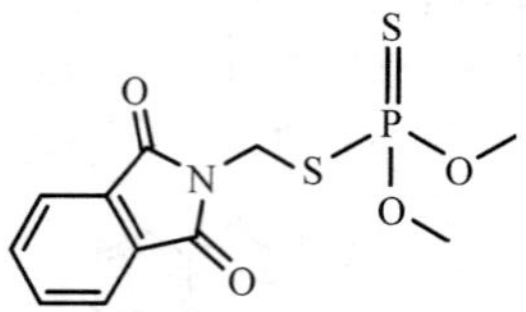 O,O-二甲基-S-(邻苯二甲酰亚氨基甲基)二硫代磷酸酯	白色结晶。熔点 72.5 ℃，100 ℃ 以上迅速分解。蒸气压 (50 ℃) 为 1.33×10⁻⁴ kPa。在 25 ℃ 水中溶解性为22 mg/L，溶于丙酮、乙醇、苯、氯苯、二甲苯中溶解性为10%~20%	中等毒性，原药大鼠经口 LD₅₀ 雄性为 203 mg/kg，雌性为 299 mg/kg，原药白兔经皮 LD₅₀ > 3 160 mg/kg。在环境中和试验动物体内能迅速降解	有触杀和胃毒作用，是一种广谱性杀虫剂。对植物组织有一定的渗透作用。适用于防治水稻、棉花、果树、蔬菜等多种作物上的害虫，并兼治叶螨。持效期较长

2.4 拟除虫菊酯类杀虫剂

2.4.1 概况

拟除虫菊酯类杀虫剂(pyrethroid insecticides)是仿照天然除虫菊素的化学结构,人工合成的新型杀虫剂。它是一类仿生农药,具有杀虫活性高、毒性低、使用安全、易分解、无污染、原料丰富和价格低廉等特点。我国拟除虫菊酯的研发水平、产品质量和生产能力均达到世界先进水平。

2.4.1.1 发展过程

早在 15 世纪,人们就发现除虫菊的花有杀虫作用。19 世纪中后期,开始人工栽培。天然除虫菊素有许多优点,引起人们的高度重视,经过分离、结构探索、生物合成和立体化学方面的系统研究,分离出除虫菊素中所含的 6 种有效成分(表 2-2)。

表 2-2 天然除虫菊素的有效成分及含量

组分	含量(%)	报道年份(年)
除虫菊素 I	35	1924
除虫菊素 II	32	1924
瓜叶除虫菊素 I	10	1945
瓜叶除虫菊素 II	14	1945
茉莉叶除虫菊素 I	5	1964
茉莉叶除虫菊素 II	4	1964

天然除虫菊素杀虫谱广、药效高、对人畜安全。但是其耐光性差,在日光下很快分解,不能在大田使用,只能用于室内卫生害虫防治。

在研究天然除虫菊酯结构的基础上,1949 年人工合成了第一个拟除虫菊酯——丙烯菊酯。丙烯菊酯保持了天然除虫菊酯的特点,杀虫活性高、低毒、无污染,对光不稳定,只能用于室内防治卫生害虫。这些对光不稳定的拟除虫菊酯称为第一代拟除虫菊酯。这一类的代表品种有苄菊酯、苄呋菊酯、胺菊酯、苯醚菊酯、氰苯醚菊酯等。此后,又对菊酯化学结构的醇部分进行了改造,使新合成的拟除虫菊酯药效更高,光稳定性也得到了改善。1972 年合成出第一个农用除虫菊酯——氯菊酯。此后对拟除虫菊酯不断改进,如引入氟原子、改变菊酯结构等,逐渐弥补了原有拟除虫菊酯存在的不足,如对鱼毒性高,对螨类和土壤害虫效果差和没有内吸性,这些都已获得重要进展。代表品种有氯菊酯、溴氰菊酯、氯氰菊酯、氟氯氰菊酯、氰戊菊酯等。

2.4.1.2 理化性质、作用机理和应用特点

(1)理化性质

拟除虫菊酯类杀虫剂属于有机酯类化合物,易水解,在碱性条件下分解速度更快,混配和使用时应避免与碱性介质接触。

(2)作用机理

拟除虫菊酯包括一系列人工合成的除虫菊素类似物,昆虫中毒后的表现与天然除虫菊有效成分除虫菊素十分相似。其主要特点是中毒后昆虫迅速麻痹,击倒作用明显,击倒后的昆虫很快死亡。

许多试验证明,拟除虫菊酯类杀虫剂主要作用于神经突触和神经纤维。对丙烯菊酯神经

电生理学的研究表明,主要是作用于神经突触的末梢,引起反复兴奋,促进神经突触和肌肉间的冲动传导。由于神经末梢很小,所以一般都采用巨大神经纤维细胞内电极法或膜电位法来进行研究。试验证明,拟除虫菊酯可引起膜电位的异常,主要是对膜的离子渗透性产生了影响。例如,丙烯菊酯对蜚蠊巨大神经纤维的膜电位影响测定表明:在低浓度处理时,负后电位增大和延长;随温度增高出现了反复的兴奋;如用高浓度处理,则静止电位降低,同时动作电位也有所降低。

以上这些现象产生的原因,主要是因为膜的离子通透性发生了异常。根据对电流的精密测量,证明丙烯菊酯主要是影响了 Na^+ 的活性,因此在瞬间 Na^+ 的流入受到抑制,动作电位降低。负后电位的增大和延长,主要说明 Na^+ 的活性及 K^+ 的活化机制受到了抑制。但也有人认为抑制了膜外 Ca^{2+} ATP 酶或 Ca^{2+}、Mg^{2+} ATP 酶,使膜的渗透性改变。不同种类拟除虫菊酯的作用机制,虽然大体相似,但在许多试验中都存在差别,加之所用供试昆虫不同,使结果难以一致,甚至相互矛盾。这类药剂作用机制复杂,还有许多问题未有结论。迄今为止,拟除虫菊酯可能的作用位点有 9 个之多,但一般认为主要作用位点是 Na^+ 通道。根据 Na^+ 流入以及通道膜结合实验,拟除虫菊酯作用时,可推迟 Na^+ 通道的关闭。

拟除虫菊酯中毒的昆虫,除神经系统的传导受到干扰和阻断外,还会引起一些组织器官的病变。如神经细胞和肌肉组织的病变、失水、泌尿异常等生理现象。也有研究证明,溴氰菊酯可引起神经系统产生酪胺毒素,不过这些现象大多产生于中毒后期,因此一般认为这些病变不是这类药剂的初级作用,可能是神经系统受到干扰或破坏以后的次级反应,促使昆虫死亡,所有这些都是造成昆虫死亡的因素(图 2-8)。

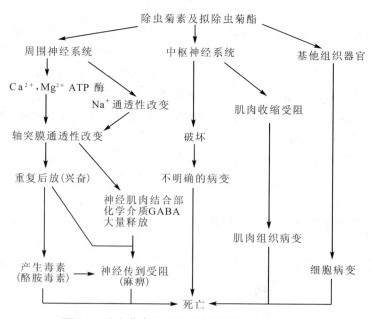

图 2-8 除虫菊素及拟除虫菊酯的作用机制

(3) 应用特点

拟除虫菊酯有多种作用方式,包括驱避、击倒和毒杀等。一般认为,驱避是作用于感觉器官引起的反应，使用极低浓度就有效果，它不影响神经系统的其他部位，与击倒和毒杀的作用机制不同。击倒和毒杀是否属于同一作用机制，是否作用于同一部位，还存在争议。一种说法是，击倒只影响到周围神经，毒杀则破坏了中枢神经系统。相反的试验却证明，用点滴或注射法处理，都同样产生击倒，随之也同样产生毒杀效应。

拟除虫菊酯是一类较理想的杀虫剂：杀虫效果好、杀虫谱广、对人畜安全；不污染环境，没有致癌、致畸、致突变作用；毒素不会在体内积累(在体内水解为无毒化合物)。不足之处是光稳定性差，没有内吸作用，对水生生物高毒，对螨类和土壤害虫防治效果差。

2.4.2 代表性品种

2.4.2.1 氯氰菊酯

别名：灭百可；安绿宝；灭百灵；兴棉宝；赛波凯。

英文名称：Cypermethrin；Cymbush；Basathrin；Cymperator；Anomethrin。

化学名称：α-氰基-3-苯氧苄基-3-(2,2-二氯乙烯基)-2,2-二甲基环丙烷羧酸酯。

(1) 理化性质

化学结构式：

分子式：$C_{22}H_{19}Cl_2NO_3$；相对分子质量：416.2。

外观与性状：原药为淡黄色至棕色黏稠液体或半固体。

蒸气压：2.266×10^{-7} Pa(20 ℃)；熔点：60 ℃(工业品)。沸点：170～195 ℃；相对密度(水=1)：1.12(25 ℃)。

溶解性：水溶性差，可溶于丙酮、氯仿、环己酮、二甲苯等有机溶剂。

稳定性：对热稳定，220 ℃以下不分解，在酸性介质中比较稳定，田间试验对光稳定，碱性条件下不太稳定。

(2) 生物活性

氯氰菊酯对害虫具有触杀和胃毒作用，具有广谱、高效、快速的作用特点，主要用于鳞翅目、鞘翅目等害虫的防治，对螨类防治效果较差。对高等动物中等毒性。大鼠急性经口$LD_{50} > 251$ mg/kg，小鼠 138 mg/kg(250～400 mg/kg)。大鼠急性经皮$LD_{50} > 1\,600$ mg/kg。对皮肤有轻微刺激作用，对眼睛有中度刺激作用。虹鳟鱼LC_{50} 0.5 μg/L(2～2.8 μg/L)(96 h)。对蚕、蜜蜂高毒。动物试验未发现致畸、致癌、致突变作用。

(3) 使用方法

主要用于防治森林、果树、棉花、蔬菜、小麦、大豆等的害虫。防治柑橘潜叶蛾用 10% 乳油 2 000～3 000 倍液于抽梢初期或卵孵化盛期喷施，还可兼治橘蚜、卷叶蛾。防治苹果桃小食心虫，在卵果率 0.5%～1% 或卵孵化盛期，用 10% 乳油 2 000～3 000 倍液进行防治。

2.4.2.2 溴氰菊酯

别名：康素林；敌杀死；凯素灵；右旋顺溴腈苯醚菊酯；凯安保倍特。

英文名称：Deltamethrin；Decamethrin；K-othrin；Decis。

化学名称：(S)-α-氰基苯氧基苄基(1R,3R)-3-(2,2-二溴乙烯基)-2,2-二甲基环丙烷羧酸酯。

(1) 理化性质

化学结构式：

分子式：$C_{22}H_{19}Br_2NO_3$；相对分子质量：505.2。

外观与性状：原药为白色粉末，无味，用异丙醇重结晶为斜方晶系针状结晶。

蒸气压：1.999×10^{-6} Pa(25 ℃)；熔点：99~101 ℃；沸点：300 ℃；相对密度(水=1)：1.05(25 ℃)。

溶解性：水中溶解性 10 mg/L，能溶于丙酮、环己酮、苯、二甲基甲酰胺、二甲基亚砜等多种有机溶剂。

稳定性：对光照和热稳定，在酸性介质中比在碱性介质中稳定。

(2) 生物活性

溴氰菊酯以触杀和胃毒作用为主，兼有一定的趋避和拒食作用，无内吸和熏蒸作用。具有杀虫谱广、药效迅速、对作物安全等特点。主要用于防治鳞翅目幼虫，对同翅目、半翅目等害虫也有较好防治效果，对螨、蚧效果差。对其他拟除虫菊酯产生抗性的害虫有交互抗性。对高等动物中等毒性。雄大鼠急性经口 LD_{50} 155 mg/kg(128 mg/kg)，雌大鼠 160 mg/kg (138 mg/kg)；大鼠急性经皮 LD_{50} > 2 940 mg/kg；对皮肤无刺激作用，对眼睛有轻度刺激性。大鼠亚急性无作用剂量每天 2.5~10 mg/kg。蓝鳃鱼忍受限量 0.001 mg/L(96 h)，虹鳟鱼忍受限量 0.006~0.008 mg/L(96 h)。对蚕高毒。动物试验未发现致癌、致畸、致突变作用。

(3) 使用方法

用有效成分 7.5~15 g/hm²，或用 2.5% 乳油 3 000~4 000 倍液喷雾，防治果树害虫及森林害虫。对松毛虫有特效，75 mL/hm² 超低容量喷雾。可以用于防治蚊、蟑螂、虱、跳蚤等卫生害虫，主要以可湿性粉剂 1:100 稀释液 30~50 mL/m² 作滞留喷洒，或涂刷处理卫生害虫活动和栖息场所的表面。对蟑螂还可配制毒饵诱杀。防治卫生害虫不用乳油。

2.4.2.3 氰戊菊酯

别名：杀灭菊酯；速灭菊酯；来福灵；速灭杀丁；中西杀灭菊酯；敌虫菊酯；异戊氰酸酯；戊酸氰醚酯。

英文名称：Fenvalerate；Sumi-alpha；Sumicidin；WL-43775；SD-43775。

化学名称：(S)-α-氰基-3-苯氧苄基(R,S)-2-(4-氯苯基)-3-甲基丁酸酯。

(1) 理化性质

化学结构式：

分子式：$C_{25}H_{22}ClNO_3$；相对分子质量：419.9。

外观与性状：原药为黄色油状液体。

蒸气压：3.703×10^{-5} Pa(25 ℃)；熔点：59.0~60.2 ℃；沸点：300 ℃(4.9×10^3 Pa)；相对密度(水=1)：1.175(25 ℃)。

溶解性：难溶于水，微溶于己烷，能溶于甲醇、丙酮、乙二醇、氯仿、二甲苯等有机溶剂。

稳定性：热稳定性好，75 ℃放置100 h无明显分解，加热至150~300 ℃时逐渐分解。在酸性条件下稳定，碱性条件下不稳定。

(2) 生物活性

氰戊菊酯的杀虫作用以触杀和胃毒作用为主，击倒速度快，无内吸和熏蒸作用。主要用于防治鳞翅目幼虫，对直翅目、双翅目、半翅目害虫也有较好防效。对高等动物中等毒性。大鼠急性经口 LD_{50} 451 mg/kg，小鼠急性经口 LD_{50} 200~300 mg/kg；对大、小鼠急性经皮 LD_{50} >5 000 mg/kg。对兔眼睛有中度刺激性，对皮肤有轻度刺激性。大鼠2年喂养无作用剂量为每天250 mg/kg。虹鳟鱼忍受限量7.3 μg/L(48 h)。对蜜蜂高毒。动物试验未发现致畸、致癌、致突变作用。

(3) 使用方法

用20%乳油150 mL/hm²超低容量喷雾，防治马尾松毛虫，效果达95%以上。防治桃小食心虫、梨小食心虫等幼虫，用20%乳油2 000~4 000倍(或5%来福灵乳油1 700~3 000倍)，还可兼治苹果蚜、桃蚜、梨星毛虫、卷叶蛾、刺蛾、叶蝉、潜叶蛾、梨木虱、蝽象等害虫。不宜在桑园、鱼塘、蜂场附近使用。

2.4.2.4 联苯菊酯

别名：天王星；虫螨灵；氟氯菊酯；天王星；虫螨灵；毕芬宁。

英文名称：Bifenthrin；FMC-54800；Biphenthrin。

化学名称：2-甲基联苯基-3-基甲基-3-(2-氯-3,3,3-三氟-1-丙烯基)-2,2-二甲基环丙烷羧酸酯。

(1) 理化性质

化学结构式：

分子式：$C_{23}H_{22}ClF_3O_2$；相对分子质量：422.6。

外观与性状：纯品为灰白色固体。

蒸气压：2.41×10^{-5} Pa(25 ℃)；熔点：68~70.6 ℃；沸点：143 ℃；相对密度(水=1)：1.21。

溶解性：不溶于水，稍溶于庚烷和甲醇，能溶于丙酮、氯仿、二氯甲烷、甲苯、乙醚等有机溶剂。

稳定性：原药在常温下稳定1年以上，在天然日光下半衰期225 d，土壤中65~125 d。弱酸性条件下稳定。

表 2-3 部分拟除虫菊酯杀虫剂品种

名称	化学结构及化学名称	主要理化性质	毒性	特点及用途
醚菊酯；多来宝；MTI-500；Ethofenprox	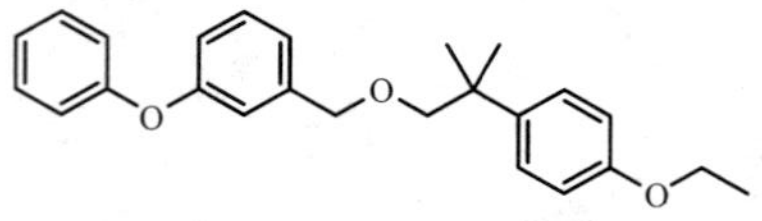 2-(4-乙氧苯基)-2-甲基丙基-3-苯氧基苄基醚	纯品为白色固体，熔点36～38℃。沸点208℃（7.2×10^2 Pa）。相对密度（水=1）1.073。微溶于水（1 mg/L），溶于丙酮、氯仿、二甲苯	低毒，对大鼠急性经口 LD_{50} 21 440～42 880 mg/kg，急性经皮 LD_{50} >1 072 mg/kg，对皮肤和眼睛无刺激作用。对鱼和蜜蜂高毒	胃毒和内吸作用，是一种高效、广谱杀虫剂。具有击倒速度快、持效期长、对作物安全等特点。用于防治鳞翅目、半翅目、鞘翅目害虫、双翅目、直翅目和等翅目害虫。对蜜蜂和水生生物高毒，施药时避开鱼塘和蜂场
氯菊酯；二氯苯醚菊酯；除虫精；虫氯菊酯；Permethrin	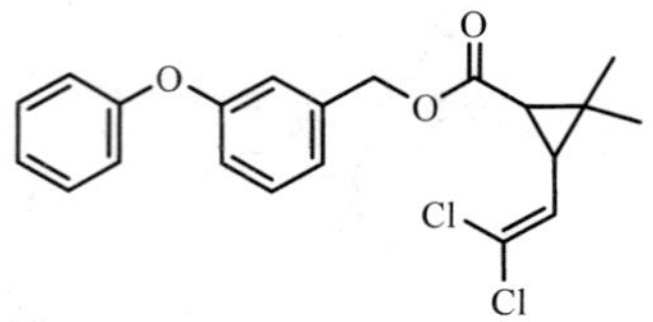 (3-苯氧苄基)顺式,反式(±)-3-(2,2-二氯乙烯基)-2,2-二甲基环丙烷羧酸酯	原药（有效成分80%～90%）为暗黄色至棕色带有结晶的黏稠液体，相对密度（水=1）1.21（20℃），熔点约点220℃（6.7 Pa），闪点大于200℃。几乎不溶于水，溶于大多数有机溶剂	低毒，原药大鼠急性经口 LD_{50} >2 000 mg/kg，大鼠、兔急性经皮 LD_{50} >2 000 mg/kg。对皮肤和眼睛有轻度刺激作用。对鱼类、蜜蜂高毒，对鸟类低毒	有触杀和胃毒作用，无内吸和熏蒸作用，是一种高效、低毒、广谱的杀螨剂。具有持效期长、对作物安全的特点。用于防治棉花、蔬菜、茶叶、果树上多种害虫，尤其适于卫生害虫的防治。不宜与碱性物质混用，防止日晒。对蜜蜂和水生生物高毒，施药时避开鱼塘和蜂场
氟氰菊酯；中西氟氰菊酯；氟氰皮菊酯；Flucythrinate	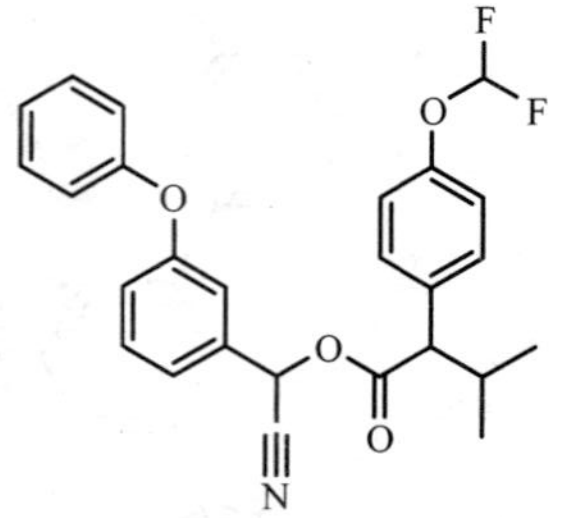 (R,S) α-氰基-间苯氧基苄基(S)-2-(对二氟甲氧基苯基)-3-甲基丁酸酯	原药琥珀色至白色黏稠液体。沸点108℃（47 Pa），相对密度（水=1）1.189（22℃），难溶于水，溶于丙酮、二甲苯、2-丙醇等有机溶剂	大鼠经口 LD_{50} 67～81 mg/kg，兔经皮 LD_{50} >1 000 mg/kg。在试验剂量内动物未发现致畸、致突变、致癌作用。对鱼类、蜜蜂剧毒，对鸟类低毒	具有高效、对光和热更稳定，同时也能防治螨虫类等优点，主要用于防治鳞翅目、双翅目、鞘翅目等多害虫，也用于防治棉田的棉铃虫、红蜘蛛、粉虱以及蔬菜、果树害虫

2.4 拟除虫菊酯类杀虫剂

（续）

名 称	化学结构及化学名称	主要理化性质	毒 性	特点及用途
氟氯氰菊酯；百树德；Cyfluthrin；Baythroid；Cyfoxylate	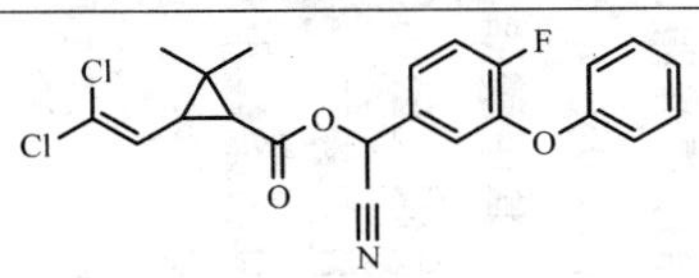 (S)-α-氰基-4-氟-3-苯氧基苄基-3-(2,2-二氯乙烯基)-2,2-二甲基环丙烷羧酸酯	原药为棕色黏稠液体，无特殊气味，相对密度（水=1）1.27～1.28，蒸气压为1.33×10^{-8} Pa（20 ℃）。不溶于水，微溶于乙醇，易溶于乙醚、丙酮、甲苯、二氯甲烷等有机溶剂	低毒，原药大鼠急性经口$LD_{50} > 590 \sim 1270$ mg/kg，急性经皮$LD_{50} > 5000$ mg/kg。对兔皮肤无刺激作用，对眼睛有轻度刺激作用。对鱼类、蜜蜂、蚕高毒，对鸟类低毒	有触杀和胃毒作用，无内吸和熏蒸作用，是一种高效、低毒、广谱杀虫剂。具有作用迅速、持效期长，对作物安全等特点。对多种鳞翅目幼虫也有良好效果，对某些地下害虫也有防效。适用于棉花、果树、蔬菜、茶树、烟草、大豆作物。对蜜蜂和水生生物高毒，果施药时避开鱼塘和蜂场
三氟氯氰菊酯；功夫菊酯；氯氟氰菊酯；Cyhalothrin	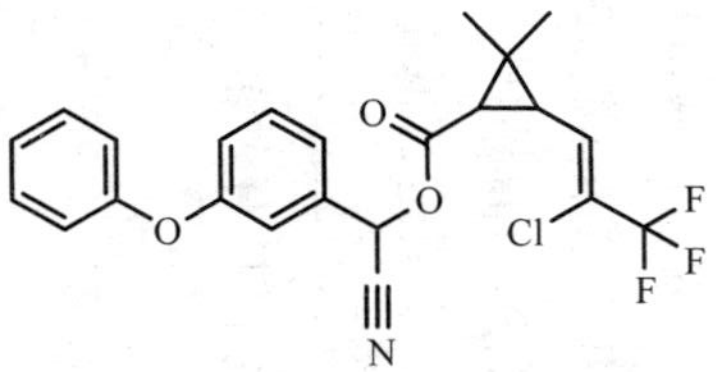 (R)-α-氰基-3-苯氧基苄基-(2-氯-3,3,3-三氟丙烯基)-2,2-二甲基环丙烷羧酸酯	原药为黄色至棕色黏稠油状液体，相对密度（水=1）1.25（25 ℃），沸点187～190 ℃（2.67 Pa）。水溶性<1 mg/L，在丙酮、二氯甲烷、甲苯等溶剂中的溶解性均>500 g/L（20 ℃）	低毒，原药大鼠急性经口LD_{50} 56～79 mg/kg，急性经皮LD_{50} 632～696 mg/kg。对鱼兔皮肤无刺激作用。对哺乳动物低毒，对鸟类低毒类、蜜蜂高毒	有触杀和胃毒作用，无内吸和熏蒸作用，是一种高效、低毒、广谱性杀虫剂。具有作用迅速、持效期长，对哺乳动物低毒，对作物安全等特点。对光稳定。对鳞翅目多种幼虫及蚜虫等害虫有良好的效果，适用于棉花、烟草、大豆、花生、玉米等作物。勿在桑园、鱼塘、水源、养蜂场附近使用

(2) 生物活性

联苯菊酯具有触杀、胃毒作用，无内吸、熏蒸作用。杀虫谱广，作用迅速。可防治各种鳞翅目幼虫、粉虱、蚜虫等害虫和植食性叶螨。在土壤中不移动，对环境较为安全，持效期长。对高等动物中等毒性。雄性大鼠急性经口 LD_{50} 81 mg/kg，雌性 67 mg/kg；大鼠急性吸入 LD_{50} 4.85 mg/L。对眼睛和皮肤有刺激性。鲤鱼忍受限量 0.01 mg/L（96 h），蜜蜂 LD_{50} 0.078 μg/只。动物试验未见致畸、致癌、致突变作用。

(3) 使用方法

在白粉虱发生初期，低虫口密度时（约2头/株）施药。用2.5%乳油2 000～2 500倍液喷雾。虫情严重时可选用2.5%乳油4 000倍液与25%扑虱灵可湿性粉剂1 500倍液混用，用于虫螨并发时，省时省药。

2.4.2.5　其他拟除虫菊酯类杀虫剂

其他拟除虫菊酯类杀虫剂品种介绍见表2-3。

2.5　氨基甲酸酯类杀虫剂

2.5.1　概况

氨基甲酸酯类杀虫剂是一类广谱、低毒、高效的优良杀虫剂。人工合成了多个品种，同时由于原料易得、合成简单，已成为重要的农用杀虫剂，商品化的品种有60余种。

2.5.1.1　发展过程

氨基甲酸酯类化合物的生物活性很早就引起人们的注意。最初在非洲西海岸，人们用毒扁豆压出的汁液制作毒箭使用，发现这些毒液能引起瞳孔缩小。直至1864年才分离出毒扁豆碱，1925年确定了毒扁豆碱的分子式。毒扁豆碱可以使瞳孔收缩，能治疗青光眼，但用量过多会使人呼吸困难甚至死亡。1953年，美国联合碳化公司合成甲萘威，1956年肯定它为广谱、低毒、高效的优良杀虫剂并使之迅速商品化。在短短的几年内，氨基甲酸酯类就成为数万吨级的重要杀虫剂。近十余年来，主要进行低毒化方向的研究。联合碳化公司的化学家在结构上进行创新，在空间结构上模拟乙酰胆碱，在电子结构上又使其具有芳基化合物的特点，合成的新品种氨基甲酸酯类农药不仅具有触杀和内吸作用，而且还具备杀线虫和杀螨的药效。

2.5.1.2　氨基甲酸酯类杀虫剂化学结构类型

氨基甲酸酯类杀虫剂的一般通式：

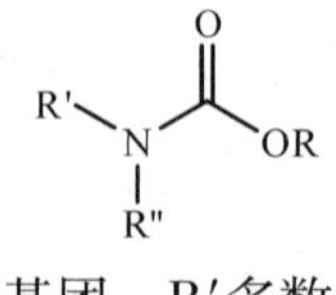

$$\text{R}'\text{N}(\text{R}'')\text{-C(=O)-O-R}$$

式中，R几乎都是苯环、稠环、杂环等基团，R'多数情况下是甲基，R″多数情况下是氢原子或甲基。

氨基甲酸酯类化合物按结构可分为以下3类：

(1) 取代酚类—甲基氨基甲酸酯

氮原子上1个氢被甲基取代，R可以是苯基、萘基和苯并杂环。化合物的通式：

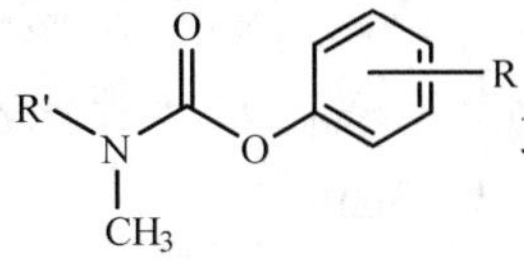

$$\text{R'}\underset{CH_3}{N}-\overset{O}{\underset{\|}{C}}-O-\underset{}{\bigcirc}-R \quad 或 \quad H_3C-\underset{H}{N}-\overset{O}{\underset{\|}{C}}-O-\underset{}{\bigcirc}-R$$

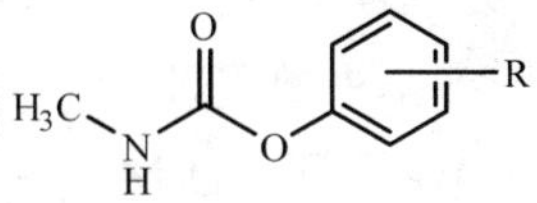

属于这类的常用药剂有甲萘威、克百威、异丙威、仲丁威、丙硫克百威、丁硫克百威等。

(2) N,N-二甲基氨基甲酸酯

酯基中都含有烯醇结构，是杂环或碳环的二甲基氨基甲酸衍生物。化合物的通式：

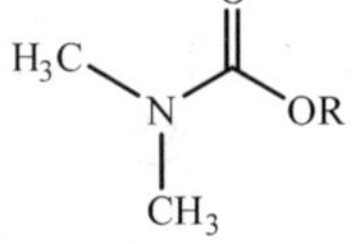

$$\underset{CH_3}{\overset{H_3C}{N}}-\overset{O}{\underset{\|}{C}}-OR$$

属于这类的常用药剂有抗蚜威、抗蝇威、吡唑威、嘧啶威、地麦威等。

(3) N-甲基氨基甲酸肟酯

肟酯基的引入，使大多数化合物变得高毒、高效。化合物的通式：

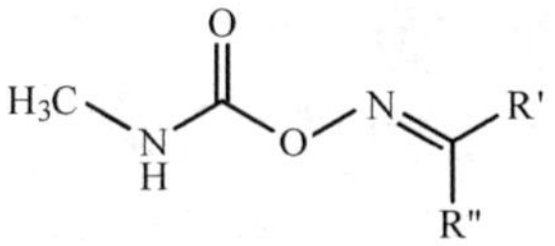

$$H_3C-\underset{H}{N}-\overset{O}{\underset{\|}{C}}-O-N=\underset{R''}{\overset{R'}{C}}$$

属于这类的常用药剂有涕灭威、灭多威、硫双威、丁酮威、棉铃威等。

氨基甲酸酯的化学结构和生物活性有很大的关系：

①N原子上的取代基为甲基时活性最高。N-甲基比N-乙基抑制胆碱酯酶的作用大15~50倍，杀虫毒力高10~20倍。N-甲基比N,N-二甲基更为有效，两者的杀虫效果和抑制胆碱酯酶的作用差4~40倍。

②苯环上取代烃基的种类和位置对活性的影响极大。异丙基和仲丁基的活性最高，比这两个取代基大或小的烃基活性都降低。苯环上取代基的位置，对位比邻位或间位的活性差。为保持化合物的活性，一般商品化的品种在苯环邻位或间位都存在某种大小的烃基。

③如果氨基甲酸酯分子中的氧原子变成硫原子，杀虫效力明显降低。

2.5.1.3 理化性质、作用机理和应用特点

(1) 理化性质

氨基甲酸酯类化合物是有机酯，易水解，遇碱分解。在混配和使用时应避免与碱性介质接触。

(2) 作用机理

氨基甲酸酯类杀虫剂在空间结构上与底物乙酰胆碱相似，其作用酶和反应步骤与有机磷杀虫剂完全相同，反应式如下：

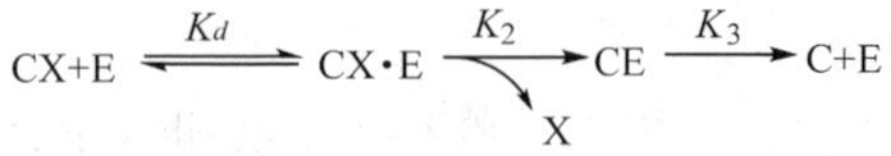

$$CX+E \underset{}{\overset{K_d}{\rightleftharpoons}} CX\cdot E \overset{K_2}{\underset{X}{\longrightarrow}} CE \overset{K_3}{\longrightarrow} C+E$$

氨基甲酸酯（CX）首先与酶形成复合体（CX·E），再解离 X 形成氨基甲酰化酶（CE），最后氨基甲酰化酶经过脱氨基甲酰基水解作用使酶恢复。K_3 步骤比乙酰化酶水解慢，但比磷酰化酶水解要快得多。AChE 恢复活性 50% 需要 20min。

脱酰化使酶复活的速度顺序为：

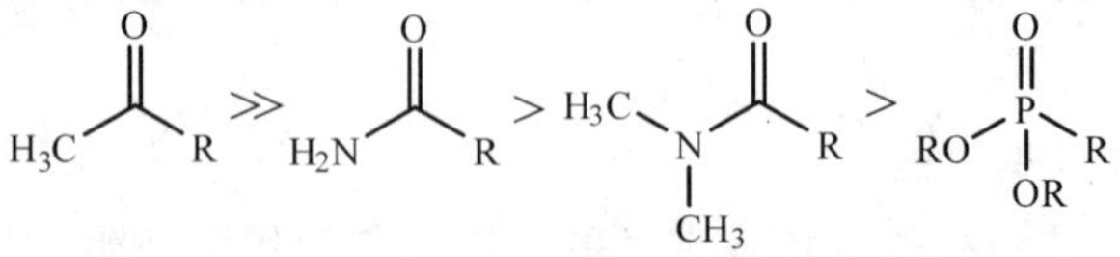

$$\underset{H_3C}{\overset{O}{\|}}\!R \gg \underset{H_2N}{\overset{O}{\|}}\!R > \underset{\underset{CH_3}{H_3C-N}}{\overset{O}{\|}}\!R > \underset{\underset{OR}{RO}}{\overset{O}{\|}}\!R$$

乙酰化酶的复活半衰期只有 0.1ms，氨基甲酰化酶为几分钟至数小时，而磷酰化酶为几小时至几十天，甚至永不复活。这就是氨基甲酸酯杀虫剂与有机磷杀虫剂在作用机理上的差别。

(3) 应用特点

①杀虫谱广。能有效防治很多危害农林作物的害虫，如天牛、潜叶蛾、桃小食心虫、棉铃虫、夹竹桃黄蚜、斑衣蜡蝉、柑橘红蜘蛛，以及对有机磷产生抗性的害虫，有些品种如克百威具有内吸作用，可防治螟虫类、稻瘿蚊等害虫。但氨基甲酸酯类杀虫剂杀虫范围不如有机磷杀虫剂广泛，对螨类和介壳虫药效低。

②毒性较低，使用安全。大部分氨基甲酸酯类杀虫剂较有机磷杀虫剂毒性低，对人畜的毒性较小，对鱼类也比较安全，但对蜜蜂具有较高的毒性。

③药效高，选择性强。氨基甲酸酯类杀虫剂的毒性与分子结构有密切关系。分子结构不同其毒效和防治对象有很大的差别，此类杀虫剂具有高度的选择性。

④有些害虫会对氨基甲酸酯类农药产生抗药性，不宜长期使用。与有机磷产生颉颃作用，不宜同时使用。除虫菊酯的增效剂能够抑制昆虫体内对氨基甲酸酯类杀虫剂的解毒代谢酶，对氨基甲酸酯类杀虫剂有显著的增效作用。

⑤许多品种合成时要使用含羟基的含酚类化合物以及光气，生产成本高，工业生产不安全。

2.5.2　代表性品种

2.5.2.1　甲萘威

别名：西维因；胺甲萘。

英文名称：Carbaryl；Dicarbam；Carbamec；Cekubaryl；Denapon；Hexavin；UC 7744。

化学名称：1-萘基-N-甲基氨基甲酸酯。

(1) 理化性质

化学结构式：

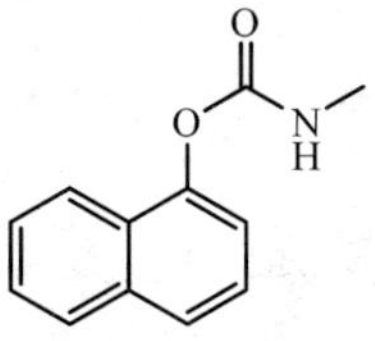

分子式：$C_{12}H_{11}NO_2$；相对分子质量：201.2。

外观与性状：纯品为白色晶体。工业品略带灰色或粉红色。

蒸气压：0.666 Pa(25 ℃)；熔点：145 ℃；沸点：315 ℃；相对密度(水=1)：1.232 g/mL。

溶解性：难溶于水，30 ℃时在水中的溶解性 40 mg/L。可溶于丙酮、苯、乙醇等有机溶剂。

稳定性：对光、热稳定。在酸性条件下稳定，遇碱性物质迅速分解失效。

(2) 生物活性

甲萘威对害虫有强烈的触杀作用，兼有胃毒作用，并有轻微的内吸作用。是高效、低毒、低残留、持效期长的广谱性杀虫剂，并有杀卵作用。对叶蝉、螟蛾、夜蛾、蚜虫、卷叶蛾、飞虱等害虫有较好的防效。对高等动物中等毒性。大鼠急性经口 LD_{50} 250~560 mg/kg，急性经皮 LD_{50} 4 000 mg/kg。虹鳟鱼忍受限量 1.5 mg/L(96 h)。在试验剂量内，对动物无致畸、致癌、致突变作用。

(3) 使用方法

防治刺蛾用 25% 可湿性粉剂稀释 200 倍喷雾，也能防治棉铃虫等害虫。用 25% 可湿性粉剂 400~500 倍液喷雾可以防治桃小食心虫、梨小食心虫、梨蚜、枣尺蠖等果树害虫。用 50% 可湿性粉剂 500~800 倍液喷雾，防治潜叶蛾、枣龟蜡蚧等。

2.5.2.2 混灭威

别名：三甲威。

英文名称：Mixed Dimethylphenyl Methylcarbamate。

化学名称：N-甲基氨基甲酸混二甲苯酯(3,5-二甲基苯氨基甲酸酯及 3,4-二甲基苯甲氨基甲酸酯混合物)。

(1) 理化性质

化学结构式：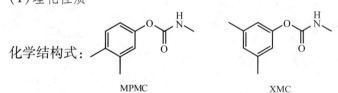

外观与性状：原油为淡黄色至红棕色油状液体，微臭。

熔点：温度低于 10 ℃时有结晶析出，30~50 ℃时熔化成半透明油状物。相对密度(水=1)：1.129(20 ℃)。

溶解性：不溶于水，微溶于汽油、石油醚，易溶于甲醇、乙醇、丙酮、苯和甲苯等有机溶剂。

稳定性：遇碱易分解。

表 2-4 部分氨基甲酸酯杀虫剂品种

名称	化学结构及化学名称	主要理化性质	毒性	特点及用途
速灭威;Tsumacide;MTMC;Metolcarb;Metacrate;Tsumacide	间甲苯基-N-甲基-氨基甲酸酯	纯品为白色结晶,熔点76~77 ℃,沸点180 ℃,相对密度(水=1)1.2,蒸气压36.796 Pa(95 ℃),易溶于丙酮、乙醇、氯仿、微溶于苯、甲苯,水中溶解度2 300 mg/L(30 ℃)	中等毒性,原药大鼠急性经口 LD_{50} 498~580 mg/kg,相对性经皮 LD_{50} >6 000 mg/kg	有触杀和熏蒸作用,是一种内吸性广谱杀虫剂。能有效防治多种害虫成虫、幼虫和卵,持效期较短,对稻飞虱、稻蓟马、稻叶蝉及茶小绿叶蝉等有特效,对稻田蜘蛛有良好杀伤作用
异丙威;叶蝉散;灭扑威;异灭威;Isoprocorb;MIPC;Entrofolan;Mipcin;Hytox;Mipcide	2-异丙基苯基-N-甲基-氨基甲酸酯	纯品为白色结晶粉末,熔点96~97 ℃,沸点128~129 ℃,相对密度(水=1)1.2,蒸气压0.133 Pa(25 ℃),易溶于丙酮、2-甲基苯甲酰胺,不溶于卤代烃和水	中等毒性,原药大鼠急性经口 LD_{50} 403~485 mg/kg,急性经皮 LD_{50} >500 mg/kg。对兔皮肤和眼睛刺激性小,动物试验无明显蓄积性	是一种杀虫性速效农药。击倒力强,药效迅速,但持效期较短。对叶蝉科害虫有特效,可兼治稻飞虱、叶蝉蚜螨,对稻有药害。作物收获前2周停止使用
唑蚜威;灭蚜唑;灭蚜灵;Triazamate;RH-7988;Triaguron;WL 145158	(3-特丁基-1-二甲基氨基甲酰-1-氢-1,2,4-三唑-5-基硫)乙酸乙酯	白色至浅棕褐色结晶固体,原药有硫醇气味。水中溶解性为448 mg/L(25 ℃),原药溶于二氯甲烷和乙酸乙酯	中等毒性,大鼠急性经口 LD_{50} 50~200 mg/kg,大鼠急性经皮 LD_{50} >5 000 mg/kg。对兔眼睛刺激不明显,对皮肤有刺激作用	有触杀和内吸作用,是一种高效选择性专杀蚜剂。对抗性蚜虫也有良好的防治。在植物体内双向传导,可在土壤施用,也可叶面喷洒,能保护整个植株。对哺乳动物毒性低,对人畜安全
仲丁威;丁苯威;巴沙;扑杀威;BPMC;Fenobucarb;Baycarb;Osbac;Hopcin	2-仲丁基苯基-N-甲基氨基甲酸酯	纯品为白色结晶,熔点32 ℃,沸点130 ℃,相对密度(水=1)1.050(20 ℃),蒸气压0.533 Pa(25 ℃),易溶于二甲苯、甲醇、丙酮,在水中溶解性660 mg/L	中等毒性,原药大鼠急性经口 LD_{50} 410~635 mg/kg,急性经皮 LD_{50} >5 000 mg/kg	有触杀、胃毒、熏蒸和杀卵作用,是一种速效杀虫剂。作用迅速,持效期较短。主要防治稻飞虱、稻蓟马。在稻田使用时,稻叶蝉,避免使用敌稗,以免发生药害10 d,在稻田施药的前后

2.5 氨基甲酸酯类杀虫剂

（续）

名 称	化学结构及化学名称	主要理化性质	毒 性	特点及用途
双氧威；苯氧威；芬诺克；Fenoxycarb	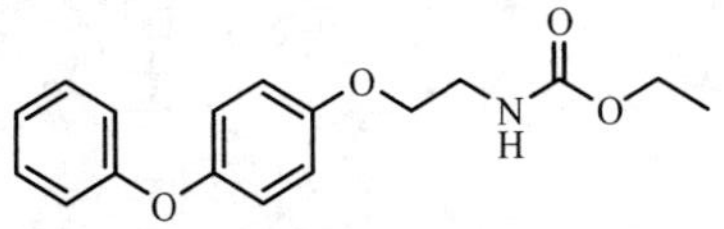 2-[(4-苯氧基苯氧基)乙基]氨基甲酸乙酯	纯品为无色结晶，熔点53～54 ℃，蒸气压 7.8×10⁻⁶ Pa(20 ℃)，相对密度(25 ℃)=1)1.148。溶解性(25 ℃)为：水 5.7 mg/kg，己烷 5 g/kg，丙酮、氯仿、乙醚、乙酸乙酯、甲醇、异丙醇、甲苯>250 g/kg	低毒，对大鼠急性经口毒性 LD₅₀16 800 mg/kg，大鼠经皮毒性 LD₅₀ > 20 000 mg/kg。对眼和皮肤无刺激	兼有胃毒和触杀作用，是一种高效、低毒、广谱性杀虫剂。持效期长，对环境无污染。能有效防治抗性害虫，对天敌安全。主要用于防治仓储害虫，对昆虫生长起调节作用
抗蚜威；辟蚜雾；灭定威；辟蚜威；Pirimicarb	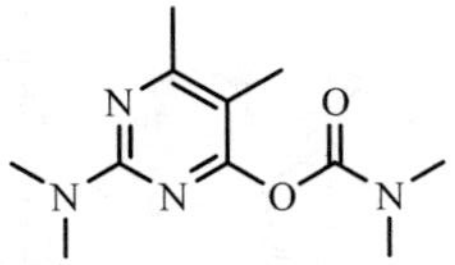 5,6-二甲基-2-甲氨基-4-嘧啶基-N,N-二甲基氨基甲酸酯	纯品为白色无臭结晶，熔点 90.5 ℃，蒸气压 4×10⁻³ Pa(30 ℃)，能溶于甲醇、酮、酯、芳烃、氯化烃等多种有机溶剂，难溶于水 (0.27 g/100 mL)	中等毒性，原药大鼠急性经口 LD₅₀ 68～147 mg/kg，急性经皮 LD₅₀ >500 mg/kg	有触杀、熏蒸和渗透叶面作用，是一种高效选择性杀虫剂。能防治对有机磷产生抗性的蚜虫。药剂作用迅速，施药后数分钟即可迅速杀死蚜虫，对预防蚜虫传播的病毒病有较好的作用。持效期短，对作物安全，不伤害天敌。适用于防治粮食、果树、蔬菜、花卉上的蚜虫
丁硫克百威；好年冬；好安威；Carbosulfan；FMC-35001；Adrantage OMS；3022	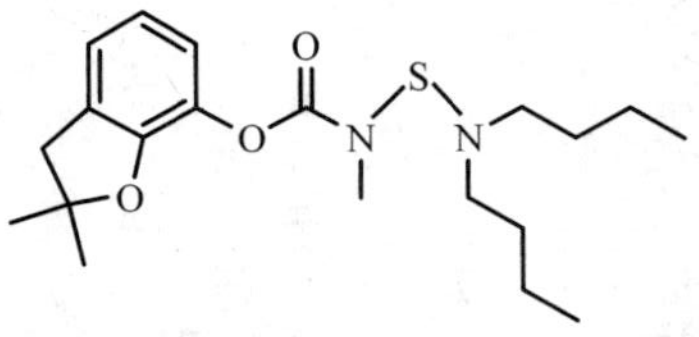 2,3-二氢-2,2-二甲基-7-苯并呋喃-N-(2-正丁基硫基)-N-甲基氨基酯	原药为黏稠状液体，沸点 124～128 ℃，蒸气压 0.041×10⁻³ Pa，相对密度(水=1)1.056，能溶于丙酮、乙醇、二甲苯，在水中溶解性为 0.3 mg/L	中等毒性，原药大鼠急性经口 LD₅₀ 224 mg/kg，兔急性经皮 LD₅₀ >2 000 mg/kg	有触杀和胃毒作用，是一种内吸性广谱杀虫、杀螨、杀线虫剂。药效快，持效期长，对植物生长有调节作用。不能与敌稗混用，以免产生药害。可用于防治柑橘、水稻、蔬菜上的多种害虫

(2) 生物活性

混灭威具有触杀、胃毒、熏蒸作用。对叶蝉、飞虱有特效,击倒速度快,一般施药后 1 h 左右,大部分害虫跌落,但持效期只有 2~3 d。其药效不受温度的影响,在低温下仍有很好的防效。对高等动物中等毒性。雄性大鼠急性经口 LD_{50} 441~1 050 mg/kg,雌性大鼠 295~626 mg/kg。小鼠急性经口 LD_{50} 214 mg/kg,小鼠急性经皮 LD_{50} >400 mg/kg。红鲤鱼忍受限量 30.2 mg/L(48 h)。

(3) 使用方法

防治柑橘锈壁虱用 50% 乳油 800~1 000 倍液喷雾。棉花害虫的防治如棉蚜、棉铃虫用 25% 可湿性粉剂 200~300 倍液喷雾。棉叶蝉用 3% 粉剂 37.5~45 kg/hm² 直接喷粉。

2.5.2.3 其他氨基甲酸酯类杀虫剂

其他氨基甲酸酯类杀虫剂见表 2-4。

2.6 有机氮类(沙蚕毒素类)和芳基杂环类杀虫剂

2.6.1 有机氮类杀虫剂

2.6.1.1 概况

有机氮类杀虫剂有良好的杀虫活性,作用方式全面,低毒,易降解,其品种和制剂的研究较为活跃。生产工艺相对简单,对某些害虫有特效,不易产生交互抗性,是一类很有发展前景的杀虫剂。1934 年,Nitta 从生活在浅海泥沙中的环节软体动物沙蚕体内分离出沙蚕毒素,1962 年确定其化学结构,并对此化合物进行生物测定,证明其有良好的杀虫活性。此后,人们以沙蚕毒素的骨架为基础,模拟合成出一批仿生农药,即沙蚕毒素类杀虫剂。沙蚕毒素类杀虫剂与沙蚕毒素具有相似结构。沙蚕毒素类杀虫剂大多具有较好的水溶性,多制成水剂或可溶性粉剂使用。在碱性条件下不稳定。沙蚕毒素的化学结构式为:

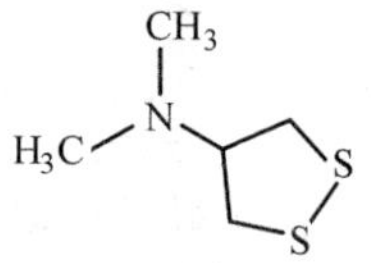

$$\begin{array}{c} CH_3 \\ | \\ H_3C-N \\ \diagdown \\ \diagup \\ S-S \end{array}$$

2.6.1.2 作用机理和应用特点

(1) 作用机理

沙蚕毒素类杀虫剂作用于昆虫中枢神经突触的乙酰胆碱受体。虽然也是作用于昆虫神经系统的毒剂,但与有机磷类杀虫剂的作用机制不同,它不能抑制乙酰胆碱酯酶,而是侵入昆虫神经细胞的结合部位,切断前一神经细胞传递给后一神经细胞的乙酰胆碱,中断神经细胞的刺激传递,使其不发生兴奋现象,最终瘫痪麻痹而死亡。对胆碱能突触的作用方式可归纳如下:

① 沙蚕毒素在烟碱样胆碱能突触部位作用于突触后膜,与乙酰胆碱竞争,占领受体使受体失活,影响离子通道,降低突触后膜对乙酰胆碱的敏感性,最后降低了终板电位,使其不能引起动作电位,去极化现象不再产生,突触传递被中断。

② 作用于突触前膜的受体,抑制乙酰胆碱的释放。沙蚕毒素无论是阻断受体还是抑制释

放,结果都是抑制突触的神经传递,这与其他类型杀虫剂不同。

③对胆碱酯酶抑制作用的研究表明,沙蚕毒素及其类似物也是一个微弱的、竞争性的、可逆的胆碱酯酶抑制剂。但由于作用较弱,在低剂量时可能不是主要作用。

④对毒蕈碱样胆碱能突触的作用与烟碱样胆碱能突触相反。前者是竞争性阻断,后者则是引起兴奋,产生去极化而阻断。这两种相反的作用可能在不同剂量水平时分别表现出来,并不矛盾。此外,沙蚕毒素还刺激温血动物的毒蕈碱受体,即刺激消化道和子宫的运动,促进泪腺和唾液腺的分泌,并使瞳孔缩小。因此,沙蚕毒素本身不宜作为杀虫剂使用。经过对化学结构和活性关系的研究,明确了沙蚕毒素的化学结构中,双硫结构是毒杀作用的关键,开发出杀螟丹、杀虫双等优良杀虫剂。在昆虫体内杀螟丹和杀虫双转变为沙蚕毒素而起作用。

(2)应用特点

①杀虫谱广,杀虫效果好,作用方式比较全面,既有强烈的胃毒、触杀作用,还有内吸和一定的杀卵、熏蒸作用。作用机制与有机磷类和氨基甲酸酯类不同,对其产生抗性的害虫,使用沙蚕毒素类杀虫剂的效果更加显著。

②对人畜低毒,对皮肤、黏膜无刺激作用。在生物体内和自然环境中易降解代谢,不积累,残留量小,属高效、低毒农药。

2.6.1.3 代表性品种

(1)杀螟丹

别名:巴丹;派丹。

英文名称:Cartap;Cartap hydrochloride;Padan;Thiobel。

化学名称:1,3-二(氨基甲酰硫)-2-(N,N-二甲基氨基)丙烷盐酸盐。

①理化性质

化学结构式:

分子式:$C_7H_{15}N_3O_2S_2 \cdot HCl$;相对分子质量:237.3。

外观与性状:杀螟丹通常制成盐酸盐,外观为白色结晶,有轻微臭味。

蒸气压:可以忽略;熔点:179~181 ℃。

溶解性:25 ℃时在水中的溶解性为200 g/L,微溶于甲醇,难溶于乙醇,不溶于丙酮、乙醚、氯仿、己烷、苯等有机溶剂。

稳定性:在酸性介质中稳定,在碱性介质中不稳定,在中性和碱性溶液中水解。在40 ℃和60 ℃贮存3个月无变化,常温下密闭保存无变化,稍有吸湿性。

②生物活性 对高等动物中等毒性。有强烈的触杀、胃毒和内吸作用,同时具有一定的拒食和杀卵作用。有较长的持效期。能用于防治鳞翅目、鞘翅目、半翅目、双翅目等多种害虫和线虫。茶树、果树害虫的防治可用50%可溶性粉剂1 000~2 000倍液均匀喷雾。对捕食性螨类影响较小。雄性大鼠急性经口 LD_{50} 345 mg/kg,雌性 325 mg/kg;大、小鼠急性经皮 LD_{50} > 1 000 mg/kg。对眼睛和皮肤有轻度刺激性。大鼠喂养无作用剂量为每天10 mg/kg。鲤

鱼 LC_{50}1.3 mg/L(48h)。对蜜蜂低毒，对家蚕有毒，对鸟低毒，对蜘蛛等天敌安全。动物试验未见致癌、致畸、致突变作用。

(2)杀虫双

英文名称：Bisultap；Dimehypo

化学名称：2-二甲氨基-1,3-双硫代磺酸钠基丙烷

①理化性质

化学结构式：

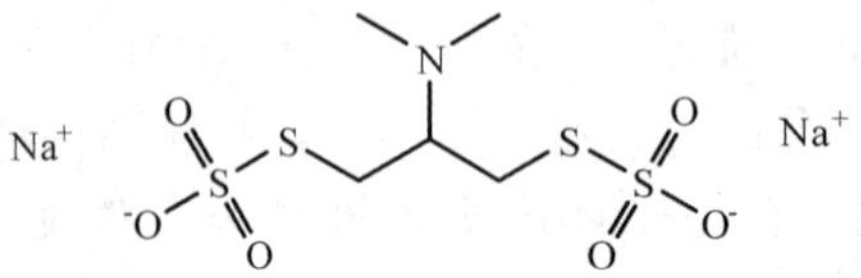

分子式：$C_5H_{11}NO_6S_4Na_2$；相对分子质量：391.4。

外观与性状：纯品为白色结晶。工业品为无定形颗粒状固体。

蒸气压：≥0.013 33 Pa。熔点：169～171 ℃(分解)；相对密度(水=1)：1.30～1.35。

溶解性：易溶于水，微溶于甲醇、二甲基甲酰胺、二甲基亚砜，不溶于丙酮、乙醚、氯仿、乙酸乙酯及苯。

稳定性：在酸性和中性溶液中稳定，在碱性溶液中易分解。

②生物活性　具有较强的触杀、胃毒、内吸作用，兼有杀卵作用。对鳞翅目害虫有较好的防治效果。对高等动物中等毒性。雄性大鼠急性经口 LD_{50}451 mg/kg，小鼠急性经皮 LD_{50} 2 062 mg/kg。红鲤鱼忍受限量 27.8 mg/L(48 h)。对蜜蜂和天敌毒性较小，对家蚕毒性大。对动物慢性毒性试验未发现致癌、致畸、致突变作用。

③使用方法　对大多数危害森林、茶树、果树害虫的防治可用 18% 杀虫双水剂 400～800 倍液均匀喷雾。也可采用毒土法或根部施药等方法防治食叶害虫。防治柑橘潜叶蛾时用药量不宜过高，以免造成橘树药害。

2.6.1.4　其他有机氮类杀虫剂

其他有机氮类杀虫剂品种介绍见表 2-5。

2.6.2　芳基杂环类杀虫剂

(1)吡虫啉

别名：咪蚜胺；一遍净；康福多；高巧；益达胺；蚜虱净。

英文名称：Imidacloprid；Bay-ntn 33893；NTN33823。

化学名称：1-(6-氯-3-吡啶基甲基)-4,5-二氢-N-硝基亚咪唑烷-2-基胺。

①发展过程　吡虫啉是 1980 年代中期由德国白亚公司和日本特殊农药公司共同开发，于 1991 年投放市场，现在已在超过 100 个国家的近 70 种作物上使用。我国 1990 年代初期开发吡虫啉，1992 年登记生产，到目前已形成相当规模的生产能力。现在吡虫啉已成为重要的杀虫剂品种，在作物害虫防治上发挥了重大作用。

2.6 有机氮类(沙蚕毒素类)和芳基杂环类杀虫剂

表 2-5 部分有机氮杀虫剂品种

名称	化学结构及化学名称	主要理化性质	毒性	特点及用途
杀虫单；Monosultap；Molosultap	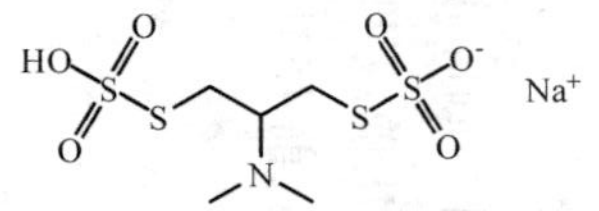 1-硫代磺酸钠基-2-二甲氨基-3-硫代磺酸基丙烷	白色至微黄色粉状固体，熔点142～143 ℃。易溶于水、乙醇；微溶于甲醇等有机溶剂。在强酸、强碱条件下能水解为沙蚕毒素	中等毒性，雄性大鼠急性经口 LD_{50} 451 mg/kg。鲤鱼忍受限量 9.2 mg/L（48 h）。对兔皮肤和眼睛无刺激作用	有触杀、胃毒和内吸传导作用，也有一定的熏蒸作用。对鳞翅目幼虫有较好防治效果。可用于防治多种农林害虫
杀虫环；甲硫环；易卫杀；虫噻烷；Thiocyclam；Eviseke；Sultamine	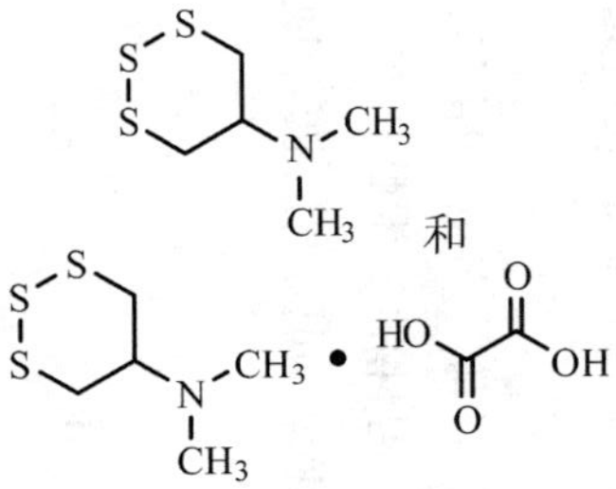 N,N-二甲基-1,2,3-三硫杂环己烷-5-胺及其草酸盐	草酸盐纯品为白色结晶，熔点125～128 ℃（分解）。蒸气压 5.333 × 10⁻⁴ Pa（20 ℃），微溶于水，水中溶解性 84 g/L（23 ℃），在丙酮中溶解性 545 mg/L	中等毒性，雄性大鼠急性经口 LD_{50} 310 mg/kg，急性经皮 LD_{50} 1 000 mg/kg。对兔皮肤和眼睛有轻度刺激作用	有触杀和胃毒作用，也有一定的内吸和熏蒸作用，而且能杀卵。对害虫毒效缓慢，持效期短。对鳞翅目、鞘翅目害虫有良好防效。可用于防治水稻、玉米、甜菜、蔬菜的多种害虫，对蜜蜂和蚕毒性大
多噻烷；Polythiacycloalkane	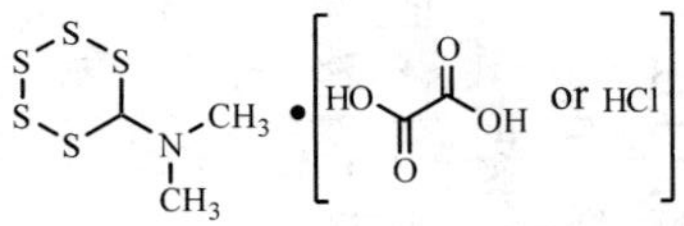 N,N'-二甲基-1,2,3,4,5-五硫杂环辛-7-胺（草酸盐或盐酸盐）	纯品为白色而略带异味的粉状结晶。水中溶解性 0.73 g/100 g，二甲基甲酰胺中 1.85 g/100 g，难溶于氯仿等有机溶剂	中等毒性，对大白鼠急性经口 LD_{50} 235～303 mg/kg，25％乳剂急性经皮 LD_{50} 217 mg/kg，1％以上浓度对家兔皮肤、眼结膜有一定的刺激作用	有触杀、胃毒和内吸传导作用，还有杀卵及一定的熏蒸作用。对柑橘铃虫、棉红蜘蛛、柑橘红蜘蛛、螨类有良好防效。可用于防治水稻、棉花、蔬菜、果树、茶叶、麻类等作物的多种害虫

②理化性质

化学结构式：

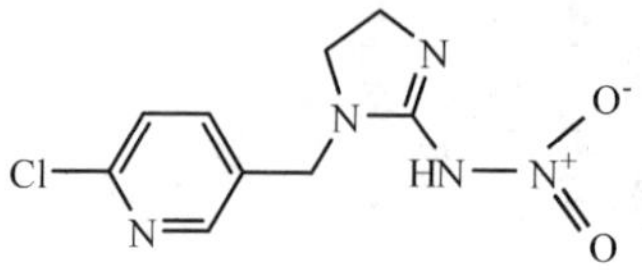

分子式：$C_9H_{10}ClN_5O_2$；相对分子质量：255.7。

外观与性状：纯品为白色结晶，有微弱气味。原药有效成分含量≥80%，外观为浅橘黄色结晶。

蒸气压：2×10^{-7} Pa(20 ℃)；熔点：143.8 ℃(A)、136.4 ℃(B)；相对密度(水=1)：1.543(20 ℃)。

溶解性：20 ℃时在水中溶解性为0.5 g/L，己烷<0.1 g/L，异丙醇1~2 g/L。

稳定性：在土壤中稳定性较高，半衰期150 d。

③生物活性　吡虫啉具有内吸、胃毒、拒食、驱避作用。主要用来防治刺吸式口器害虫，如蚜虫、叶蝉、飞虱、蓟马等。此外也可用于鞘翅目、双翅目和鳞翅目害虫防治。

吡虫啉的作用机理特殊，靶标为昆虫神经系统中的烟酸乙酰胆碱受体，能选择性抑制昆虫的乙酰胆碱受体，不被乙酰胆碱酯酶降解，从而破坏昆虫中枢神经系统的正常传导，导致昆虫的神经被破坏，害虫中毒后出现麻痹，最终导致死亡。

内吸性强，喷施在植物叶面上，可以迁移到植物的韧皮部和木质部，用于防治刺吸式口器害虫。特别适用于种子处理和以颗粒剂施用，林业上可以使用树干注药和土壤处理防治害虫。速效性好，施药后1 d即有较好的防效，持效期长达25 d左右，树干注射持效期长达数月。药效和温度呈正相关，温度高，杀虫效果好。作用方式与有机磷、氨基甲酸酯和拟除虫菊酯类杀虫剂不同，不存在交互抗性，可以混配或交替使用。

对高等动物低毒。雄性大鼠急性经口 LD_{50} 424 mg/kg，雌性大鼠450~475 mg/kg；雄性、雌性大鼠急性经皮 LD_{50}>5 000 mg/kg。对兔皮肤和眼睛无刺激作用。对鱼类低毒。动物试验无致癌和诱变作用。

④使用方法　防治蚜虫、叶蝉、飞虱、蓟马等害虫，用10%可湿性粉剂3 000~4 000倍液喷雾。防治光肩星天牛等成虫有补充营养习性的林木蛀干害虫，在成虫羽化前或羽化初期用10%浓度树干注药，有效成分0.03~0.06 g/cm(胸径)防治成虫。作物收获前15 d停止用药。

(2)吡虫清

别名：啶虫脒；莫比朗；乙虫脒；快益灵。

英文名称：Acetamiprid。

化学名称：(E)-N′-[(6-氯-3-吡啶基)甲基]-N-2-氰基-N-1-甲基乙脒。

①理化性质

化学结构式：

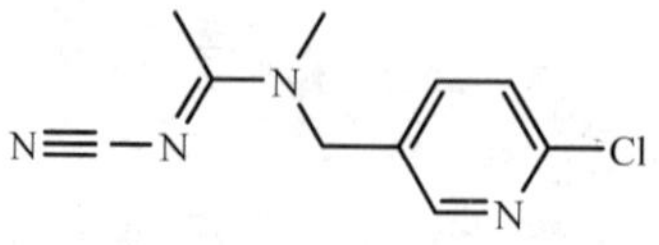

分子式：$C_{10}H_{11}ClN_4$；相对分子质量：222.68。

外观与性状：纯品为白色结晶。制剂外观为淡黄色液体。

蒸气压：$<1.0\times10^{-6}$ Pa（25 ℃）；熔点：101~103.3 ℃；相对密度（水=1）：1.330（20 ℃）。

溶解性：25 ℃时在水中的溶解性为4 200 mg/L，易溶于丙酮、甲醇、乙醇、二氯甲烷、氯仿、乙腈、四氢呋喃等有机溶剂。

稳定性：在pH 4~7的水中稳定，pH 9时，于45 ℃逐渐水解。在日光下稳定。常温贮存稳定性2年。

② 生物活性　吡虫清是1992年由日本曹达株式会社开发的新型杀虫剂。是继吡虫啉之后，又一种优良的氯代烟碱类杀虫剂。具有触杀和胃毒作用，并有卓越的内吸活性，以及活性高、用量少、速效及持效期长的特点。主要用于防治同翅目、半翅目、鳞翅目、鞘翅目以及缨翅目的害虫。作用于昆虫神经系统突触部位的乙酰胆碱受体。由于吡虫清作用机制与常用杀虫剂不同，所以对有机磷类、氨基甲酸酯类及拟除虫菊酯类有抗药性的害虫有特效。与其他种类杀虫剂不存在交互抗性。

对高等动物中等毒性。雄性大鼠急性经口 LD_{50} 217 mg/kg，雌性为146 mg/kg；雄性大鼠急性经皮 $LD_{50}>2 000$ mg/kg，雌性 $LD_{50}>2 000$ mg/kg。对皮肤和眼睛无刺激性。动物试验无致突变作用。

③ 使用方法　该药剂杀虫谱广，用于防治危害森林、果树、棉花、小麦等的害虫，常用量为有效成分15~22.5 g/hm² 喷雾。

(3) 其他常用芳基杂环类杀虫剂

其他常用芳基杂环类杀虫剂见表2-6。

2.7　昆虫生长调节剂

已有的有机合成杀虫剂几乎都是灭杀性的，即在短期内可以造成害虫的个体死亡。相当多的有机合成杀虫剂对人畜毒性大，对害虫的天敌有杀伤作用，而且长期单独使用往往产生抗药性。近年来，非直接杀死害虫的特异性杀虫剂成为重要发展方向。特异性杀虫剂对人、畜、天敌安全，对环境较为友好，包括昆虫保幼激素、蜕皮激素类似物和几丁质合成抑制剂等，对昆虫的生长、变态、滞育等产生调控作用，这些化合物也称为昆虫生长调节剂，或称为第三代杀虫剂。昆虫保幼激素类似物和几丁质合成抑制剂发展迅速，已有大批用于大量生产的品种。昆虫蜕皮激素类似物难以合成，昆虫本身又具有很强的胆固醇分解能力，所以在应用上比较困难，直至1988年，非固醇结构的蜕皮激素活性物质抑食肼及其类似物的发现才为蜕皮激素活性物的广泛应用带来了希望。

2.7.1　苯甲酰基苯基脲类

2.7.1.1　概况

(1) 发展过程

苯甲酰基苯基脲类主要杀虫机理为抑制几丁质的合成，使昆虫和螨类不能正常蜕皮而死亡。目前已进入实际应用，我国在森林害虫的防治上大面积推广使用，取得了良好的经济、

表 2-6 其他常用芳基杂环类杀虫剂

名 称	化学结构及化学名称	主要理化性质	毒 性	特点及用途
氟虫腈；非波罗尼；氟虫清；锐劲特；威灭；特密得；Fipronil；Termidor	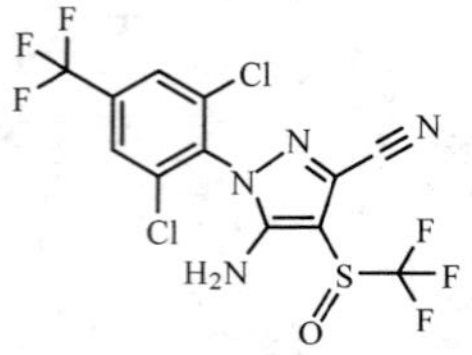 5-氨基-1-(2,6-二氯-α,α,α-三氟-对-甲苯基)-4-三氟甲基亚磺酰基吡唑-3-腈	纯品为白色固体，熔点200 ℃，蒸气压 $3.7×10^{-7}$ Pa(20 ℃)，相对密度(水=1)1.48~1.63，水中溶解性 1.9 mg/L，丙酮中 54.6 g/100 mL。土壤中半衰期 1~3 个月，水中的光解半衰期 135 d，在水中半衰期 8 h	中等毒性，原药大鼠急性经口 LD_{50} 97 mg/kg，急性经皮 LD_{50} >2 000 mg/kg，对兔皮肤和眼睛没有刺激性，对蜜蜂、鱼类高毒	胃毒作用为主，兼有触杀和一定的内吸作用，是一种高活性广谱杀虫剂。对蚜虫、鳞翅目幼虫、蝇类和鞘翅目等害虫有很高的杀虫活性。与现有杀虫剂无交互抗性，对有机磷、氨基甲酸酯、拟除虫菊酯类等有抗性的害虫有效。可用于水稻、玉米、棉花、香蕉、甜菜、马铃薯、花生等害虫的防治
溴虫腈；除尽；虫螨腈；氟唑虫清；Chlorfenapyr	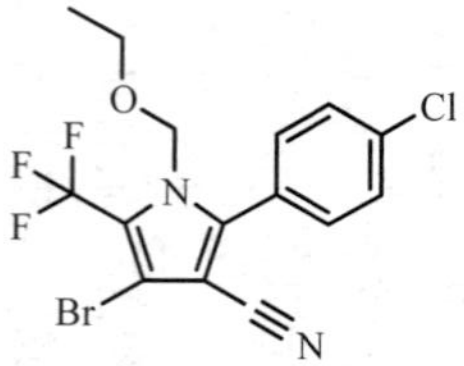 4-溴基-2-(4-氯苯基)-1-(乙氧基甲基)-5-(三氟甲基)吡咯-3-腈	纯品为白色固体，熔点91 ℃，能溶于丙酮、乙醚等有机溶剂，不溶于水	低毒，原药大鼠急性经口 LD_{50} 662 mg/kg，兔急性经皮 LD_{50} >2 000 mg/kg，对兔皮肤和眼睛有轻度刺激作用，对蜜蜂、鱼类高毒	有内吸和熏蒸作用，兼有胃毒和触杀作用，是一种选择性杀虫、杀螨剂。在紫外光下转化为具杀虫活性的物质，宜在晴天时使用。与其他杀虫剂无交互抗性，在作物上有中等残留活性。对钻蛀、刺吸咀嚼式害虫及螨类有优良防效。广泛应用于棉花、水果、蔬菜、茶树害虫的防治

生态和社会效应。Wellinga 等人于 1972 年在筛选除草剂敌草腈的过程中发现化合物 I 具有意外的杀幼虫和杀卵活性，从此掀起了系统研究酰基脲类几丁质合成抑制剂的序幕。近些年，苯甲酰基苯基脲类杀虫剂的性能、杀虫活性及作用机制研究已取得了显著进展，并很快在防治农林害虫方面得到应用。现在已合成了 300 多种类似物，40 余个国家获准登记使用。

(2) 化学结构类型

苯甲酰基苯基脲类化合物都含有苯环和酰基结构。其骨架结构如下：

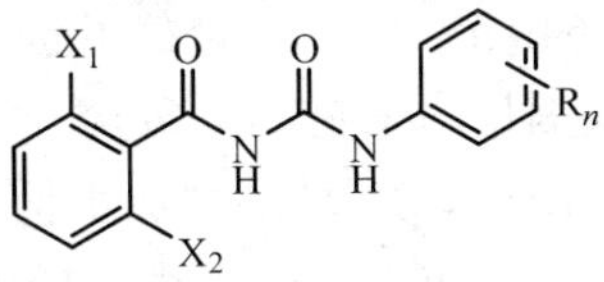

结构式中 X_1、X_2 为卤素，位于 2 位或 2, 6 位；R_n 为卤素、多卤烃氧基、多卤烃基，主要位于 4 位，$n = 1 \sim 4$。

(3) 作用机理和应用特点

几丁质合成抑制剂发现之初最引人注目的是其新颖的作用机制，即不是传统的神经毒剂，而主要是抑制昆虫体壁的几丁质（一种昆虫生长所不能缺少的乙酰葡萄糖胺多聚体）合成。发展至今，得到大多数学者认可的是 Post 等人最早提出的观点"灭幼脲的毒杀作用是由于抑制了几丁质合成酶，从而阻断了几丁质的最后聚合步骤"的理论。抑制几丁质的合成，昆虫最终因为不能蜕皮或化蛹而引起死亡。对有些昆虫还有干扰 DNA 合成的作用。被灭幼脲处理过的昆虫，其中毒症状大致相似，首先是活动减少，虫体逐渐缩小，体表出现黑斑或变黑。蜕皮时不能蜕皮立即死亡，或蜕皮一半而死亡。老熟幼虫不能蜕皮化蛹或呈现半幼虫半蛹状态，如能化蛹蜕皮则为畸形蛹；如能成为正常蛹，羽化后也为畸形成虫。

苯甲酰基苯基脲类杀虫剂具有杀虫活性高、用量少、使用经济等优点。同时由于其影响几丁质合成的特殊作用机理，还具有对人畜低毒、使用安全等特点。但家蚕和水生节肢动物对此类药剂敏感。

2.7.1.2 代表性品种

(1) 除虫脲

别名：灭幼脲 1 号；敌灭灵；伏虫脲；二氟脲；二氟阻甲脲。

英文名称：Diflubenzuron；Dimilin。

化学名称：1-(4-氯苯基)-3-(2,6-二氟苯甲酰基)脲。

① 理化性质

化学结构式：

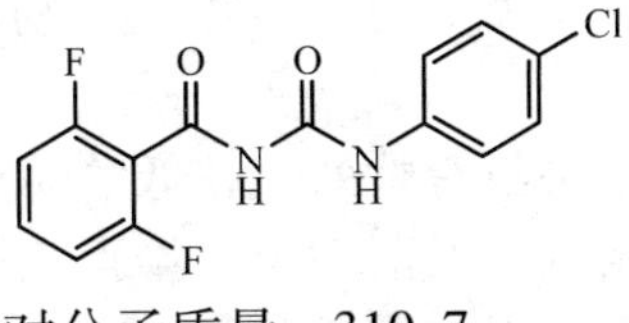

分子式：$C_{14}H_9ClF_2N_2O_2$；相对分子质量：310.7。

外观与性状：纯品为白色晶体。工业品为白色至浅黄色结晶。

蒸气压：1.32×10^{-5} Pa (50 ℃)；熔点：230~232 ℃；沸点：210~230 ℃ (2 000 Pa)；相对密度（水 = 1）：1.56。

溶解性：在水中为 0.1 mg/L，稍溶于乙醚、苯、石油醚，可溶于乙酸乙酯、乙醇、二氯甲烷，易溶于乙腈、二甲基亚砜。

稳定性：对光、热较稳定，遇碱或强酸易分解，能被土壤中微生物分解。常温贮存稳定期至少 2 年。

② 生物活性　抑制昆虫几丁质合成。以胃毒作用为主，兼有触杀作用。持效期长，但药效速度较慢。用于防治鳞翅目多种害虫，尤其对幼虫效果更佳。对作物、天敌安全。对高等动物低毒。大鼠急性经口 LD_{50} > 4 640 mg/kg。对蜜蜂低毒，急性接触 LD_{50} < 30 μg/只。对兔眼和皮肤有轻微刺激作用。在试验剂量内未见动物致畸、致突变作用。

③ 使用方法　防治林木害虫时使用 20% 悬浮剂加水稀释 3 000～5 000 倍液喷雾，或用有效成分 30～45 g/hm² 采用飞机喷洒，可防治美国白蛾、杨扇舟蛾、柳毒蛾、杨小舟蛾、槐树尺蠖、松毛虫、天幕毛虫。也能防治果树害虫，如金纹细蛾、桃小食心虫、潜叶蛾。用 2 500～5 000 倍液喷雾，可防治黏虫、棉铃虫、菜青虫、卷叶螟、夜蛾、巢蛾等农作物害虫。

（2）灭幼脲

别名：灭幼脲 3 号；苏脲一号；一氯苯隆；扑蛾丹；蛾杀灵；劲杀幼。

英文名称：Chlorbenzuron。

化学名称：1-邻氯苯甲酰基-3-（4-氯苯基）脲。

① 理化性质

化学结构式：

分子式：$C_{14}H_{10}Cl_2N_2O_2$；相对分子质量：308.9。

外观与性状：原药为白色结晶，无味。

熔点：199～201 ℃。

溶解性：不溶于水，在丙酮中溶解性为 10 g/L，易溶于 N,N-二甲基甲酰胺和吡啶等有机溶剂。

稳定性：对光、热稳定。遇碱或较强的酸易分解，通常条件下贮存较稳定。

② 生物活性　抑制昆虫几丁质合成，阻碍幼虫蜕皮。以胃毒作用为主，也有触杀作用。药效速度较慢，但持效期较长。用于防治多种鳞翅目害虫，在卵孵化期至幼虫期使用。对高等动物低毒。大鼠急性经口 LD_{50} > 20 000 mg/kg。对兔眼睛和皮肤无明显刺激作用。在动物体内无积累作用。对鱼类、鸟类、天敌、蜜蜂安全。动物试验未发现致癌、致畸、致突变作用。

③ 使用方法　灭幼脲对鳞翅目害虫有特效，在低龄幼虫期，用 25% 灭幼脲 3 号胶悬剂 2 000～4 000 倍液防治松毛虫、刺蛾、天幕毛虫、舞毒蛾等。防治桃小食心虫、梨小食心虫，在成虫产卵初期，幼虫蛀果前，用 25% 灭幼脲胶悬剂 1 000 倍液喷雾。持效期长达 15～20 d，且耐雨水冲刷。该药药效缓慢，应在初龄幼虫期使用。

（3）其他常用苯甲酰基脲类昆虫生长调节剂

其他常用苯甲酰基脲类昆虫生长调节剂见表 2-7。

2.7 昆虫生长调节剂

表 2-7 其他常用苯甲酰基脲类昆虫生长调节剂

名称	化学结构及化学名称	主要理化性质	毒性	特点及用途
氟啶脲；定虫隆；抑太保；定虫脲；克福隆；Chlorfluazuron；Atabron；5E	1-[3,5-二氯-4-(3-氯-5-三氟甲基-2-吡啶氧基)苯基]-3-(2,6-二氟苯甲酰基)脲	纯品为白色结晶，熔点232 ℃（分解）。蒸气压 $<1×10^{-10}$ Pa(20 ℃)，溶解性(20 ℃)：水中 <0.01 mg/L, 丙酮55 mg/L, 甲苯 6.5 mg/L	低毒，原药大鼠急性经口 LD_{50} 8 500 mg/kg, 急性经皮 LD_{50} 20 000 mg/kg。对家兔皮肤、眼睛中度刺激性, 未见致畸、致突变、致癌现象	以胃毒作用为主，兼有触杀作用，无内吸性。抑制几丁质的合成, 对害虫药效高, 但作用速度较慢, 幼虫接触药后不会很快死亡, 但取食活动明显减弱, 一般在施药后5~7 d 才能充分发挥效果。对多种鳞翅目害虫以及直翅目、鞘翅目、膜翅目、双翅目等害虫较高活性。对有机磷、氨基甲酸酯、拟除虫菊酯等其他杀虫剂已产生抗药性的害虫有良好防效。可用于蔬菜、棉花、茶树等作物的害虫防治
杀铃脲；杀虫隆；氟幼灵；Triflumuron；Lystin(Bayer)；BAY SIR 8514	1-2-(氯苯甲酰基)-3-(4-三氟甲氧基苯基)脲	本品为灰白色至白色粉末，熔点为195 ℃, 蒸气压为40 nPa(20 ℃), 在水中的溶解性为0.025 mg/L, 在二氯甲烷中为20~50 g/L, 异丙醇中为1~2 g/L, 甲苯中为2~5 g/L	低毒, 大鼠急性经口 LD_{50} > 5 000 mg/kg, 大鼠急性经皮 LD_{50} >5 000 mg/kg。无致畸、致癌、致突变作用。对人畜安全, 不污染环境, 不杀伤天敌	胃毒为主, 兼有一定的触杀作用。抑制几丁质合成酶的活性, 导致昆虫不能正常蜕皮而死亡。杀虫谱广, 药效高, 持效期长, 选择性强。对非靶标昆虫无伤害, 对鳞翅目、双翅目、鞘翅目害虫有很好的防效。用于玉米、棉花、大豆、蔬菜等的害虫防治
氟铃脲；盖虫散；六伏隆；Hexaflumuron	1-[3,5-二氯-4-(1,1,2,2-四氟乙氧基)苯基]-3-(2,6-二氟苯甲酰基)脲	纯品为白色结晶，熔点为202~205 ℃, 溶解性为己醇 11.3 g/L, 二甲苯 5.2 g/L, 不溶于水	低毒, 大白鼠急性经口 LD_{50} >5 000 mg/kg, 大白鼠急性经皮 LD_{50} >5 000 mg/kg。在大田间条件下, 仅对水氯有明显的危害, 对蜜蜂有毒, 对家蚕、鱼毒性大	具有很高胃毒和触杀作用, 较强的接触性。抑制几丁质的形成, 阻碍害虫正常蜕皮和变态, 还能抑制害虫进食速度。具有杀虫活性高, 杀虫谱广, 击倒力强, 速效等特点。对鞘翅目、双翅目、鳞翅目害虫有较好防效, 兼有杀卵作用。同翅目害虫有较好防效, 兼有杀卵作用。可用于棉花、果树、马铃薯等作物的害虫防治

(续)

名称	化学结构及化学名称	主要理化性质	毒性	特点及用途
氟虫脲；卡死克；Flufenoxuron; Cascade	1-[4-(2-氯-α,α,α-三氟-对甲苯氧基)-2-氟苯基]-3-(2,6-二氟苯甲酰)脲	原药（纯度 98%～100%）为无色固体，纯品为无色晶体，熔点 169～172 ℃ (分解)，蒸气压为 454.6 ×10^{-14} Pa (20 ℃)。土壤中强烈吸附，有较好的水解稳定性和光稳定性，对热稳定	低毒，原药大鼠急性经口 LD$_{50}$ > 3 000 mg/kg，对兔皮肤和眼睛无刺激作用。动物试验未见致畸、致突变作用	具有胃毒和触杀作用的杀虫、杀螨剂，无内吸作用。抑制昆虫体壁几丁质合成，使昆虫不能正常蜕皮或变态而死亡。成虫接触药剂后，产的卵即使孵化成幼虫也会很快死亡。对叶螨和全爪螨等多种害螨有效。可用于防治柑橘、大豆、果树、棉花、蔬菜和玉米等作物田间未成熟阶段的螨类和昆虫
氟苯脲；伏虫脲；农梦特；Teflubenzuron	1-(3,5-二氯-2,4-二氟苯基)-3-(2,6-二氟苯甲酰基)脲	纯品为白色结晶。熔点 223～225 ℃ (原药 222.5 ℃)，蒸气压 0.8×10^{-9} Pa (20 ℃)，密度 1.68 (20 ℃)。20～23 ℃时溶解性为：二甲基亚砜 66 g/L，环己酮 20 g/L，丙酮 10 g/L，乙醇 1.4 g/L，甲苯 850 mg/L，水 0.02 mg/L	低毒，原药大鼠急性经口 LD$_{50}$ > 5 000 mg/kg，对兔皮肤和眼睛有轻度刺激作用。对鸟、蜜蜂低毒，对家蚕有毒	具有胃毒、触杀作用，阻碍昆虫几丁质合成，影响内表皮形成，使昆虫不能正常蜕皮而死亡。对鳞翅目害虫活性强，对飞虱、叶蝉等刺吸口器害虫无明显效果。主要用于防治叶面活动的害虫，宜在卵孵化期施药。也可在低龄幼虫期防治钻蛀性害虫。对水生生物、尤其对甲壳类生物有毒，避免药剂污染水生生物的池塘和河流
虫酰肼；米螨；Tebufenozide; RH5922	N-叔丁基-N'-(4-乙基苯甲酰基)-3,5-二甲基苯甲酰肼	纯品为白色固体。熔点 191 ℃；蒸气压为 3.0×10^{-6} Pa (25 ℃)，水中溶解性 1 mg/L (25 ℃)，微溶于有机溶剂，94 ℃下贮存 7 d 稳定，25 ℃、pH 7 水溶液中光照稳定	低毒，大鼠急性经口 LD$_{50}$ > 5 000 mg/kg，对兔皮肤和眼睛无刺激，动物试验无致畸、致突变作用	具有胃毒、触杀作用，无内吸作用。为昆虫蜕皮激素类药剂，能使昆虫产生过度蜕皮激素，促成不正常的蜕皮过程，可使一些鳞翅目幼虫还未进入蜕皮阶段提前启动蜕皮，喷药后 6～8 h 即停止取食，2～3 d 内脱水饥饿而死亡。该药剂具有用药量少、持效期长，对人畜安全等特点

2.7.2 其他昆虫生长调节剂

2.7.2.1 保幼激素类似物

1930年代中期，确定了昆虫体内有激素的存在，发现昆虫体内具有完备的内分泌器官，体表有一些特殊的腺体，可分泌出重要的激素。这些激素调节控制着昆虫的生长、变态、生殖等生理过程，支配着雌雄两性的引诱、通信等活动。1960年代以后，昆虫激素的化学结构初步确定，并进行了人工合成。保幼激素的结构比蜕皮激素稍简单，故其类似物的合成近年来很活跃。合成的保幼激素类似物，经过分子改造比天然保幼激素的活性可高数百倍甚至千倍。化学稳定性好，持效期也略长。

保幼激素及其类似物对昆虫的生理作用有以下几个方面：

(1) 阻止正常变态和导致异常变态

保幼激素的生理效应主要是在蜕皮时保持幼虫形态。在减少或缺少保幼激素时幼虫可蜕皮化蛹或由蛹羽化为成虫。在昆虫生活史中有两个时期（末龄幼虫和蛹）血淋巴内保幼激素浓度极低，此时如施加外源保幼激素或保幼激素类似物，则引起幼虫期延长，或使幼虫成为超龄幼虫或变为幼虫—蛹中间体。这些虫态的个体都没有生命力，不久即死亡。在蛹期施用保幼激素则可能产生第二次蛹或蛹—成虫中间体，这些虫态的个体也没有生命力，以此达到消灭害虫的目的。如果使用的剂量较小，可能延长末龄幼虫的龄期，不会导致死亡。如用适量的保幼激素类似物处理家蚕幼虫，可以延长龄期1~2 d，个体长大，正常结茧，提高蚕丝产量。这为保幼激素类似物在蚕业上的应用开辟了前景。

(2) 打破滞育

昆虫的滞育是对抗外界不利条件（如高温、严寒、干旱）的一种适应，受激素调节控制。保幼激素能使已滞育的昆虫中止滞育，如果用保幼激素类似物打破滞育状态，在不利的外界条件下，昆虫就会死亡。同时也可以利用激素调节滞育，以利于益虫的繁殖。

(3) 不育和杀卵

用保幼激素处理雌雄成虫或直接处理卵，可引起胚胎发育停止或卵的死亡。有些保幼激素类似物对卵巢发育、性成熟有影响；高剂量时引起昆虫不育、卵不孵化；低剂量时可增加产卵量和提高卵孵化率。保幼激素类似物主要作用于细胞核染色体的DNA基因位点和遗传物质，造成害虫当代及下一代的不育，所以保幼激素类似物有希望成为一类安全的不育剂。

保幼激素类似物主要为烯烃类化合物，如烯虫酯、增丝素、烯虫乙酯、烯虫炔酯等。烯虫酯是第一个作为商品应用的保幼激素类似物。哒嗪酮类化合物是与保幼激素结构不同的新一类具有保幼激素活性的化合物。此外，氨基甲酸酯类杀虫剂双氧威也具有保幼激素活性。

保幼激素类似物生物活性高。一些类似物与害虫个体接触，1 μg以下即可发生作用。对人畜及害虫的天敌比较安全，用量少，环境污染小，较一般高效、低毒、低残留农药更为安全。

昆虫保幼激素类似物的缺点是杀虫作用缓慢，一般要在一定的发育阶段施用才有效，施药后不能迅速压低种群数量。此外，化学性质不稳定、持效期短、成本较高也是有待克服的问题。

2.7.2.2 蜕皮激素类似物

1954 年从 500 kg 家蚕蛹中分离到了 25 mg 蜕皮激素结晶，为 α-蜕皮酮；此后又有人从一种虾体内分离到 β-蜕皮酮；1959 年又从摩洛哥蝗虫中分离到这两种蜕皮激素；1965 年确定了化学结构，并人工合成了蜕皮激素。蜕皮激素属甾体化合物，合成较难，成本很高。从罗汉松中提取出 β-蜕皮酮后，相继又对 188 科 733 属 1 065 种植物进行了大规模的检查，发现了至少 50 种植物里含有类似蜕皮激素活性的物质。其中，在羊齿类和裸子植物中含量较高。

蜕皮激素在防治害虫实际使用的例子很少。试验中有人在每克饲料中加入了蜕皮激素类似物 5~25 μg，可导致 75% 的家蝇蛹在羽化为成虫之前死亡。剂量增加 6~30 倍，对德国小蠊、杂拟谷盗、烟草天蛾也有效。蜕皮激素不能穿透昆虫表皮，试验都采用口服，一般用量为每克虫体 1 μg。此外，还发现了蜕皮激素的颉颃物质，能抑制蜕皮激素的作用，从而达到抑制昆虫发育的效果。例如，在研究除草剂时发现取代苯甲酰脲类有抗蜕皮激素的功能，可使幼虫不能形成新的表皮，蜕皮变态受阻。天然的抗蜕皮激素也属于甾体化合物，一般在每克饲料中加入 1 μg，饲喂无翅红蝽的幼虫，结果幼虫停止发育；若再用正常饲料，则又可正常发育。

目前，从昆虫中分离出蜕皮激素 5 种以上，来自植物的蜕皮激素活性物质有 100 多种，仅在蚕业上得到应用，未能商业化。由于此类物质提取困难，结构复杂，不易合成，相关研究进展很慢，目前只开发出 2 种制剂，均属双酰肼类化合物。由罗门哈斯公司开发的抑食肼（国产商品称虫死净）就是其中一种。我国自行生产的具蜕皮激素活性的杀虫剂只有非甾醇结构的抑食肼。

抑食肼

别名：虫死净。

英文名称：RH-5849。

化学名称：2-苯甲酰基-1-特丁基苯甲酰肼。

①理化性质

化学结构式：

分子式：$C_{18}H_{20}N_2O_2$；相对分子质量：296.4。

外观与性状：纯品为白色或无色晶体，无味。原药有效成分含量≥85%，外观为淡黄色或无色粉末。

蒸气压：0.24×10^{-3} Pa(25 ℃)；熔点：174~176 ℃。

溶解性：在水中溶解性 50 mg/L，环己酮中溶解性 50 g/L。

稳定性：常温下贮存稳定，在土壤中半衰期 27 d(23 ℃)

②生物活性　抑食肼属于蜕皮激素活性的昆虫生长调节剂，对很多昆虫的幼虫具有抑制进食，加速蜕皮，羽化激素不能释放，使幼虫早熟蜕皮死亡，减少排卵的作用。

抑食肼以胃毒作用为主，兼有触杀作用，还具有较强的内吸性，对害虫作用迅速，持效期长。对鳞翅目、鞘翅目及某些同翅目和双翅目害虫有高效，施药后 2~3 d 产生效果。对有抗性的马铃薯甲虫防效优异。无残留，适用于多种农林害虫的防治。温度高时杀虫效果好。

对高等动物中等毒性。大鼠急性经口 LD$_{50}$ 271 mg/kg，急性经皮 LD$_{50}$ 5 000 mg/kg。对兔眼睛和皮肤无刺激。

③使用方法　防治小菜蛾时，施药适期为小菜蛾幼虫孵化高峰期至低龄幼虫盛发期，用 20% 可湿性粉剂 600~750 g/hm^2，加水 450~600 kg，均匀喷雾。7~10 d 后再喷药一次，以维持药效。防治森林或果树的卷叶蛾、食心虫、红蜘蛛、金针虫、各种蚜虫、潜叶蛾时，如苹果蠹蛾、舞毒蛾等，可用 20% 可湿性粉剂稀释 1 500~2 500 倍喷雾。

2.7.2.3　噻嗪酮类杀虫剂

1972 年，Willinga 等人在筛选除草腈的过程中，偶然发现化合物具有杀幼虫及卵的效应，从此开始系统研究此类几丁质合成抑制剂。这类化合物能抑制昆虫几丁质合成酶的活性，阻碍新表皮的形成，使昆虫蜕皮、化蛹受阻死亡。几丁质合成抑制剂按化学结构，可分为 3 类，即苯甲酰脲类、噻二嗪类、三嗪类。其中以噻二嗪类中的噻嗪酮商品化开发最成功。

噻嗪酮

别名：优乐得；稻虱灵；稻虱净；扑虱灵；捕虫净；布芬净。

英文名称：Buprofezin；NNI 750。

化学名称：2-特丁基亚氨基-3-异丙基-5-苯基-1,3,5-噻二嗪-4-酮。

①理化性质

化学结构式：

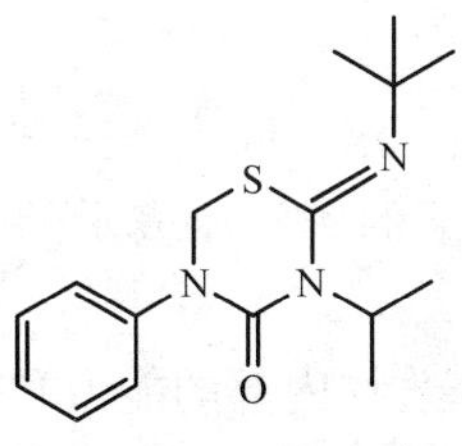

分子式：C$_{16}$H$_{23}$N$_3$OS；相对分子质量：305.4。

外观与性状：纯品为白色结晶。

蒸气压：1.25×10^{-3} Pa(25 ℃)；熔点：104.5~105.5 ℃；相对密度(水=1)：1.18 (20 ℃)。

溶解性：难溶于水，易溶于氯仿、苯、甲苯、丙酮等有机溶剂。

稳定性：对光和热稳定。对酸、碱稳定。

②生物活性　噻嗪酮是噻二嗪类昆虫生长调节剂，属昆虫蜕皮抑制剂。主要抑制昆虫几丁质的合成，使昆虫蜕皮受阻，接触药剂的昆虫死于蜕皮期，作用缓慢，不能直接杀死成虫，但能减少产卵和卵孵化。

噻嗪酮触杀作用强，也有胃毒作用。对某些鞘翅目和半翅目害虫以及螨螨具有持久的杀幼活性。属特异性杀虫剂，对天敌无害，毒性低。杀虫效力高，持效期长达 30 d 以上。与常规化学药剂无交互抗性。高活性、高选择性。对飞虱、叶蝉、粉虱有特效，对矢尖蚧、长白蚧等介壳虫也有较好的效果。对高等动物低毒。雄性大鼠急性经口 LD_{50} 2 198 mg/kg，雌性2 355 mg/kg；大鼠急性经皮 LD_{50} >5 000 mg/kg。对眼睛、皮肤的刺激轻微。鲤鱼 LC_{50} 2.7 mg/L，对蜜蜂无直接作用，对家蚕和天敌安全。动物试验未发现致癌、致畸、致突变作用。

③使用方法　防治柑橘矢尖蚧用25%可湿性粉剂1 500～2 000倍液喷雾。防治茶小绿叶蝉用25%可湿性粉剂750～1 500倍液，一般施药间隔期为15 d。由于作用特点，施药效果在昆虫蜕皮过程才能显现(施药后3～7 d)，所以应正确选择施药时间。萝卜、白菜对噻嗪酮比较敏感，使用时应予注意。

2.8　熏蒸剂

2.8.1　概况

在适宜气温下，应用有毒的气体、液体或固体挥发出来的蒸气毒杀害虫或病菌的方式，称为熏蒸。用于熏蒸的药剂称为熏蒸剂。

要充分发挥熏蒸剂对害虫的毒杀作用，必须在适宜的气温下，在固定和密闭的空间，使药剂挥发成气体，并在短时间内达到致昆虫死亡的浓度。熏蒸剂必须在密闭或近于密闭的场所(如仓库、帐幕、温室、塑料大棚、培养室和房屋等)内使用。熏蒸剂是易于气化的液体或固体，有的是压缩气体。这些有毒气体可以直接通过昆虫表皮或气门进入气管。由于昆虫气管的组织结构及理化性质与表皮基本相同，因此，凡可通过表皮的药剂，同样可通过气管渗透到血淋巴液，使昆虫中毒死亡。消灭集中而隐蔽的害虫时更应对熏蒸剂的特点予以充分认识。影响熏蒸效果的因子有：

(1)药剂的物理化学性质

熏蒸剂本身的挥发性是直接影响熏蒸效果的重要因素。在一定空间内，药剂的挥发性决定能杀死害虫的有效浓度。挥发性往往是以药剂在一定温度下的蒸气压表示的。蒸气压越高，挥发性越强，渗透力也越强。

熏蒸剂本身相对分子质量的大小与气体的扩散及渗透到熏蒸物内部的能力和效果密切相关。在同温同压下，蒸气的扩散速率与相对分子质量的平方根成反比。相对分子质量小的气体氢氰酸，有较高的扩散速度和渗透能力；氯化苦密度比空气小，扩散速度较慢，渗透速度也慢，易于聚集在地表，这类密度较空气大的熏蒸剂必须在高处施用，以利于毒剂向下弥散。

熏蒸剂的沸点与渗透力也有关系。沸点越低，渗透力越强。磷化氢的沸点低，故渗透力强。一个理想的熏蒸剂最好是沸点低、密度小、蒸气压高。

(2)被熏蒸物体的性质

任何一种固体表面均对气体有吸附能力。表面积越大，对气体的吸附量也越大。如细的面粉粉粒，表面积大，是粮食中吸附能力最强的物质，能使大量毒气吸附在其表面，阻碍了毒气的渗入，致使毒气需要较长时间才能渗入内部。同样，也需要较长的通风散气时间，才能把毒气散尽。由于物体表面的这种吸附性能，熏蒸剂的蒸气必须先把被熏蒸物体及仓库的墙壁吸附饱和后,才能扩散到空气中,再达到一定浓度才能起到熏蒸作用。所以,存放面粉的仓库比空仓库需要多几倍的药量,才能获得与空仓库同样的熏蒸效果。

固体对气体的吸附能力除与固体本身的表面活性有关外,还与熏蒸剂的沸点、熏蒸剂气体的浓度、湿度、压力等有关。当其他条件相同时,熏蒸剂的沸点越高,越易被吸附。氯化苦的沸点比磷化氢和溴甲烷都高,物体对氯化苦的吸附量也最大。有时在熏蒸剂的使用过程中,为了缩短熏蒸时间,往往采用减压熏蒸。在减压的密闭装置中引入熏蒸气体,毒气迅速渗入被熏蒸物的空隙,并使被熏蒸物的吸附力达到饱和,熏蒸时间可大大缩短,在短时间内达到满意的熏蒸效果。由于减压而使被熏蒸物表面吸附力增加,需要消耗较多的药剂。此外,有一些熏蒸剂有时可与被熏蒸物发生化学作用,也会影响熏蒸效果。例如,溴甲烷挥发成蒸气后,溴离子可与物体所含的脂肪不饱和双键起加成作用,降低了蒸气的浓度。

(3) 温度和湿度

温度和湿度对熏蒸效果的影响是通过影响药剂和有害生物以及药剂和有害生物之间的关系进行的。当温度高于10 ℃时,温度升高,药剂的挥发性增加,气压增大,被熏蒸物表面的吸附力减少,熏蒸剂的浓度增大。同时,温度升高,害虫活动加快,呼吸率增加,加速了害虫的中毒速度,故随着温度的升高,熏蒸效果也明显提高,表现为正温度系数。在10 ℃时,昆虫生理活动减慢,呼吸率降低,熏蒸的效果最差。当气温低于10 ℃时,对昆虫的生理活动不利,药剂的蒸发率也降低,但昆虫表皮对气体的吸附力增加,使昆虫易于中毒,熏蒸效果反而略有增加。

湿度对熏蒸效果的影响较为复杂,还没有找出一定的规律。一般来说,湿度对熏蒸效果影响不大。但在熏蒸粮食加工厂时,为避免毒气对金属的腐蚀,或熏蒸粮仓时为避免过湿引起种子发霉,最好选择在低湿条件下熏蒸。

(4) 有害生物种类及不同发育阶段

不同种类的害虫,因形态结构和生理的不同,对熏蒸剂的敏感程度存在差异。同一种害虫的不同发育阶段,对熏蒸剂的敏感程度差异也很明显。用浓度为 0.03~0.04 mg/L 磷化氢可以杀死米象、谷蠹和谷斑皮蠹的全部成虫,但要杀死其全部蛹,浓度应分别提高到 >0.2 mg/L、0.6 mg/L、0.8 mg/L。同一害虫对磷化氢的耐药性,在各个发育阶段中,以成虫最低,老熟幼虫最强。谷斑皮蠹对磷化氢的耐药顺序是:老熟幼虫>卵>蛹>成虫。粉螨的卵和成螨对氯化苦的耐药性相差很大,同一浓度的药剂,杀死成螨只需 8 min,而杀死螨卵需 25 d。这主要是和害虫不同发育阶段中呼吸速率不同有关。一般以成虫呼吸速率最快,其次是蛹和幼虫,卵呼吸速度最慢。因此,卵期比其他虫期抗药性大。在施药时必须考虑有害生物的种类、发育阶段和生理状态,确定合理的用量,以达到理想的防治效果。

(5) 熏蒸剂的作用时间

熏蒸剂的作用时间与效果有一定的关系。在一定条件下,当熏蒸剂浓度相同时,效果与作用时间成正相关,可用下列公式表示:

$$K = CT$$

式中 K——熏蒸效果;

C——浓度;

T——作用时间。

上述公式只在一定浓度范围内适用。若在浓度极低的情况下,即使延长时间也难以达到熏蒸效果。在实际工作中,如何确定合适的药量和熏蒸时间,也是很重要的问题。另外,熏蒸剂的合理混用,有利于减少毒性、燃烧、爆炸的危险。药剂使用剂量对提高熏蒸效果和降低使用成本都有很大的实践意义。例如,CO_2 和氯化苦混合熏蒸大米,可以显著提高药效。故应根据需要和条件,进行熏蒸剂的混用配方的筛选。混用的药剂可以同时施用,也可以先后施用。

大多数熏蒸剂对人都有剧毒,有的熏蒸剂有"警戒性",但多数熏蒸剂并无"警戒性"。所谓警戒性,是指药剂本身具有一种容易察觉的刺激气味,在极低浓度时即有人难以忍受的刺激作用,是一种危险的警告。例如,氯化苦在浓度极低时,即可刺激眼睛黏膜而流泪。氯化苦的高度催泪性使其成为具有很好警戒性的熏蒸剂。相反,无警戒性的熏蒸剂因无特殊气味,不易被察觉,甚至在较高浓度下,工作人员还不能察觉,以致造成人身中毒事故。为了安全操作,加入警戒性毒气是较好的办法。但是在任何情况下进行熏蒸都必须注意个人和公共的安全,要严格按安全规程操作。

2.8.2 代表性品种

(1) 磷化氢

别名:膦。

英文名称:Phosphine; hydrogen phosphide; phosphorus hydride。

化学名称:磷化三氢。

①理化性质

化学结构式:

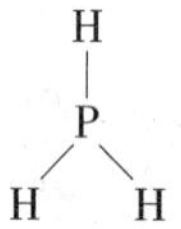

$$\begin{array}{c} H \\ | \\ P \\ / \ \backslash \\ H \ \ H \end{array}$$

分子式:PH_3;相对分子质量:34。

外观与性状:无色气体,具有特殊的电石及大蒜气味。

蒸气压:3.599×10^6 Pa (21.1 ℃);熔点:-133 ℃;沸点:-85 ℃;相对密度(水=1):1.18。

溶解性:微溶于水,易溶于酒精、醚类等有机溶剂。

稳定性:在空气中其浓度达到 26 mg/L 时能自燃,产生 P_2O_5 白烟,这是由于一般磷化氢中都混有少量双磷(P_2H_2)。在产品中往往加保护剂,防止自燃。

②生物活性　广谱性熏蒸杀虫剂,通过昆虫的呼吸系统进入虫体,抑制昆虫的正常呼吸。除粉螨外,对大多数仓储害虫都有效。同时,磷化氢还可用于灭鼠。可用于树木的蛀干害虫防治。对高等动物高毒。磷化氢对人有剧毒,当空气中浓度 2~4mg/m³ 可嗅到其气味,9.7 mg/m³ 以上浓度可致中毒;550~830 mg/m³ 接触 0.5~1.0 h 发生死亡,2798 mg/m³ 可迅速致死。大鼠吸入 LC_{50} 11 mg/kg(4 h),小鼠吸入最低致死剂量(LC_{L0})380 mg/m³(2 h)。

③使用方法　56% 磷化铝片,每片重 3.3g,约产生 1g 磷化氢气体。仓库和露天帐幕熏

蒸时，室内熏蒸在10 ℃以上，一般按1 m³或1 000 kg粮食计算用药量。用56%磷化铝片3~4片即3~4 g磷化氢，可以有效地灭除米象、拟谷盗和粉螨等多种仓库害虫。在处理带虫伐木时，每立方米带虫伐木用56%磷化铝片2~4片，密封熏蒸处理5~7 d。活树上防治蛀干害虫时，先将排粪孔的虫粪清除后，将一小粒或1/4片磷化铝直接堵进虫孔内，用泥封口，可防治光肩星天牛、星天牛、桃红颈天牛、桑天牛、刺角天牛、薄翅锯天牛、木蠹蛾等。

④注意事项　存放阴凉干燥外，受潮易分解失效；施药人员要严格安全操作，戴好防毒面具等；本品易燃，熏蒸时不要将药剂堆放在一起，以免自燃，严禁用水浇；熏蒸留种用的油、粮和林木种子或苗木时，要注意温度的影响，若温度超过28 ℃，熏蒸时间不能过长，否则影响种子和苗木的发芽。

(2) 硫酰氟

别名：熏灭净；普罗氟。

英文名称：Sulfuryl fluoride；Sulfuric oxyfluoride；ProFume。

化学名称：氟化磺酰；氟氧化硫。

①理化性质

化学结构式：
$$\text{F}-\overset{\overset{\displaystyle O}{\|}}{\underset{\underset{\displaystyle O}{\|}}{\text{S}}}-\text{F}$$

分子式：SO_2F_2；相对分子质量：102.1。

外观与性状：纯品在常温下为无色无味气体。

蒸气压：1.79×10^6 Pa(25 ℃)；熔点：-136.67 ℃；沸点：-55.2 ℃；相对密度(水=1)：1.7(液体)。

溶解性：25 ℃时在水中的溶解性为7.5 g/L，可溶于乙醇、氯仿、四氯化碳、甲苯等有机溶剂，与溴甲烷能混溶。

稳定性：在400 ℃下稳定，在水中水解很慢，遇碱易水解。

②生物活性　硫酰氟是优良的广谱性熏蒸杀虫剂，具有杀虫谱广、渗透力强、用药量少、解吸快、不燃不爆、对熏蒸物安全，尤其适合低温使用等特点。适用于农副产品及土特产仓库、文物档案害虫的防治，粮、棉、林木种子的杀虫消毒，对建筑物和水库堤坝白蚁也有明显效果。

对高等动物中等毒性。豚鼠经口LD_{50}100 mg/kg，大鼠急性吸入LC_{50}991 mg/L(4 h)。对人浓度5 mg/L时每天接触8 h，或浓度为200 mg/L时每周接触8 h都是危险的。毒理学试验证明无致畸、致癌、致突变作用，过量接触，会对肺、肾、中枢神经有损伤。

③使用方法　可采用陆地帐幕熏蒸法防治带虫伐木，用药量在虫害木防虫时0.59~3.45 g/m³，虫害木防卵时54~75.8 g/m³。熏蒸16 h，防治效果可达95%以上。硫酰氟熏杀小蠹虫等害虫效果优异。另外，也能在林木检疫除害方面使用。

④注意事项　帐幕熏蒸要离民宅30 m以上。

(3) 氯化苦

英文名称：Chloropicrin；trichloronitromethane；Aquinite；Cultafume；Dolochlor。

化学名称：三氯硝基甲烷；硝基氯仿。

①理化性质

化学结构式：

$$\begin{array}{c}\text{Cl}\\|\\\text{Cl}-\text{C}-\text{N}^+=\text{O}\\|\quad\;\;|\\\text{Cl}\quad\;\text{O}^-\end{array}$$

分子式：Cl_3CNO_2；相对分子质量：164.39。

外观与性状：纯品为无色液体。工业品纯度为98%~99%，为浅黄色液体。

蒸气压：3.17×10^3 Pa(25 ℃)；熔点：-64 ℃；沸点：112.4 ℃；密度：1.69 g/mL。

溶解性：难溶于水，可溶于丙酮、苯、乙醚、四氯化碳等有机溶剂。

稳定性：常温下贮存2年以上有效成分含量无明显变化。

②生物活性　具有杀虫、杀菌、杀线虫、杀鼠作用，但毒杀作用比较缓慢。温度高时，药效较显著。对害虫的成虫和幼虫熏杀力很强，但对卵和蛹的作用小。氯化苦易挥发，扩散性好，其蒸气经昆虫气门进入虫体，水解成酸性物质，引起细胞肿胀和腐烂，并可使细胞脱水和蛋白质沉淀，造成生理机能破坏而死亡。对常见的储粮害虫如米象、米蛾、拟谷盗、谷蠹等都有良好的杀伤力，但对螨卵和休眠期的螨效果较差。对高等动物高毒。大鼠急性经口LD_{50} 126 mg/kg；人吸入5 mg/m³，眼刺激症状；人吸入7.5 mg/kg×10 min，可耐受。家兔经眼滴 500 mg/kg(24 h)，轻度刺激。家兔经皮 500 mg/kg(24 h)，轻度刺激。

③使用方法

熏蒸仓库防治仓储害虫：最低平均粮温应在15 ℃以上，一般粮堆体积用药35~70 g/m³，空仓体积用药20~30 g/m³，熏蒸50~70 h。此方法也能防治危害植物的盾蚧、粉蚧、蓟马、蚜虫、红蜘蛛、潜叶蝇及部分钻蛀性害虫。氯化苦的蒸气密度比空气大，必须在高处均匀施药，仓库四角应适当增加药量。氯化苦也可用于土壤熏蒸防治土壤病害和线虫，还可用于鼠洞熏杀鼠类。

熏蒸杀鼠：每鼠洞投药4~6 mL。用干净无泥的细砂与药混合投入，或用棉花球、玉米芯吸药液后投入，立即封死洞口。

土壤消毒：我国以125 mL/m²剂量，防治棉花枯萎病、黄萎病；以112.5 kg/hm²剂量沟施防治花生根结线虫等。氯化苦能有效控制导致草莓根病或枯萎的喙担子菌属、刺盘孢属、柱果霉属、镰刀菌属、疫霉属、须壳孢属、腐霉属、丝核菌属、轮枝菌属真菌，对土壤杆菌属细菌也有效，对地下害虫和土壤线虫有很好的效果。在作物种植2周前，将液体注射到土壤15~25 cm处，48 h即可杀死土壤中的真菌，防治土壤真菌的效果高于溴甲烷20倍。氯化苦防治根结线虫和杂草的效果较差，通常将氯化苦与1,3-二氯丙烯混用以提高对土壤线虫的防治效果，或与除草剂混用来提高除草效果。

④注意事项　加工粮(如面粉一类的细粉)因熏蒸后气体不易散出，故不能用氯化苦熏蒸。氯化苦会影响种子发芽，特别在种子含水量高时影响更大，因此谷类种子不宜使用，豆类种子熏蒸前后应检查发芽率。熏蒸的起点温度为12 ℃，最好在20 ℃以上进行熏蒸。由于氯化苦吸附力强，熏蒸后散气15 d才能搬运出库。氯化苦对眼有剧烈的刺激作用，施用氯

化苦需用专用的机械。

(4) 溴甲烷

英文名称：Methyl bromide；Bromomethane；Monobromomethane。

化学名称：溴代甲烷；甲基溴；一溴甲烷。

① 理化性质

化学结构式：

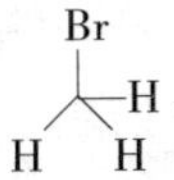

$$\begin{array}{c} Br \\ | \\ H-C-H \\ | \\ H \end{array}$$

分子式：CH_3Br；相对分子质量：94.95。

外观与性状：纯品在常温下为无色气体。工业品（含量99%）液化装入钢瓶中，为无色或带有淡黄色的液体。

蒸气压：2.432×10^5 Pa（25 ℃）；熔点：-94 ℃；沸点：3.6 ℃；相对密度（水=1）：1.732（液体）。

溶解性：25 ℃时在水中的溶解性为13.4 g/L，易溶于低级醇、醚、酯、酮、卤代烃、芳香烃和二硫化碳等有机溶剂。

稳定性：常温下贮存2年以上有效成分含量无变化。

② 生物活性　杀虫谱广，药效显著，扩散性好，尽管毒性较高，仍用于防治仓储害虫。广泛用于仓库、塑料大棚等密闭环境熏杀害虫。对高等动物高毒。大鼠急性经口 LD_{50} 100 mg/kg，吸入 LC_{50} 302 mg/L（8 h）。人吸入最低中毒浓度（TC_{L_0}）35 mg/L。试验条件下，未见致癌作用。

③ 使用方法　在花卉苗木等温室植物防治盾蚧、粉蚧、蓟马、蚜虫、红蜘蛛、潜叶蝇等害虫及部分钻蛀性害虫时，可以按照表2-8的用药量及熏蒸时间进行熏蒸。

表2-8　用溴甲烷熏蒸的用药量及熏蒸时间表

熏蒸温度（℃）	用药量（g/m³）	熏蒸时间（h）	熏蒸温度（℃）	用药量（g/m³）	熏蒸时间（h）
4~10	50	2~3	21~25	28	2
11~15	42	2~3	26~30	24	2
16~20	35	2~3	31以上	16	2

④ 注意事项　溴甲烷对大气臭氧层破坏被逐渐重视，所以使用量要逐渐减少。加强熏蒸作业卫生监督。熏蒸时现场溴甲烷浓度可达30~3 000 mg/kg。据实测，停止施药5 d后仍可维持4 mg/kg。土壤熏蒸停药11 d后可有11 mg/kg残留。

2.9　杀螨剂

2.9.1　概况

杀螨剂是指专门用于防治有害螨类的化学药剂。这些螨类属于节肢动物门蛛形纲蜱螨目；个体较小，大都密集群居于作物的叶片背面危害。通常在一个群体中可以存在所有生长阶段的个体，包括卵、若螨、幼螨和成螨。主要类群有：①叶螨类，多数是多食性，危害植物叶片，也危害嫩茎、花蕾、萼片等；②瘿螨类，其危害次于叶螨，体积微小，不易发现，一般不直接危害植物，常是病毒的传媒；③跗线螨，生长温度22～28 ℃，是大田、温室、塑料大棚常见的螨类；④其他，如矮蒲螨、根螨等。

　　螨类繁殖速度快，越冬场所变化大。这些因素给防治带来了困难。螨类的防治可以在越冬期进行，如采取矿物油制剂及杀螨剂喷洒越冬场所等。但最有效的防治期是在螨类活动期。良好的杀螨剂应符合以下要求：①对植食性螨和捕食性螨要有选择性。许多植食性螨为防治对象，捕食性螨多为害虫天敌。②化学性质稳定，不易分解，可与任何农药混用，达到虫螨兼治的目的。③杀螨力强，对成螨、若螨和卵都应有毒杀作用。④持效期长，对植物安全，对人畜低毒，在一般使用浓度下，不致引起植物的药害，对益虫及螨类的天敌没有毒杀作用。

　　显然，全面达到上述要求并不容易，而且大部分杀螨剂只对螨有效，对害虫无效，这就限制了杀螨剂的使用范围。同时螨类容易产生抗药性，更迫切要求不断开发新品种的杀螨剂。目前已开发不少杀螨剂新品种，趋向于杀虫、杀螨兼用的方向。

2.9.1.1　发展过程

　　1944 年美国 Stuffer 公司开发出一氯杀螨醇，后来逐步发展为有机氯类、有机磷类、有机锡类、硝基苯类、脒类和杂环类等多种类型的杀螨剂。杀螨剂发展过程中，一直伴随着克服杀螨剂抗性的问题。害螨的抗药性发展很快，一个杀螨剂品种使用数年后即有可能产生抗性。1990 年代以前，杀螨剂主要为有机氯、有机硫、脒类、硝基苯类和有机锡类化合物。其中有机氯和有机硫类杀螨剂在市场上占有主要地位，还有一些有机磷类、拟除虫菊酯类杀螨剂在农、林业上也有应用。1990 年代初，农药新品种发展迅速，新品种不断上市，随着农作物上害螨危害并由于用药频繁，一些商业化的杀螨剂相继出现抗性，急需开发新的杀螨剂。在此期间杀螨剂的开发非常兴盛，一些杀虫杀螨剂也得到了发展，并发现了抗生素类杀螨剂。代表性品种有哒螨酮、唑螨酯、氟螨脲、氟虫脲、阿维菌素等。最近的十几年里又开发了较多新的杀螨剂品种，大部分具有杂环结构，都具有活性高、用量低、持效期长的特点，作用机制不尽相同，具有较好的发展前景。一些毒性大、对环境有影响的老品种被淘汰。防治害螨的杀螨剂品种增多，使用时选择空间增大，在施药时选择无交互抗性的品种交替使用，可延缓抗性。代表性品种有乙螨唑、氟螨嗪、嘧螨酯、杀螨隆、溴虫腈等。杀螨剂的发展趋势是高效、安全和对环境友好，一些高毒或对环境有影响的品种正在被淘汰，开发新药和合理使用杀螨剂是发展的重要策略。

2.9.1.2　化学结构类型

　　有机磷和拟除虫菊酯类中都有部分品种具有杀螨活性，此外，杀螨剂的结构还包括有机氯类、甲脒类、杂环类、硝基苯类、有机锡类及有机硫杀螨剂，其结构式如下：

有机氯杀螨剂：三氯杀螨醇、三氯杀螨砜、杀螨酯、溴螨酯

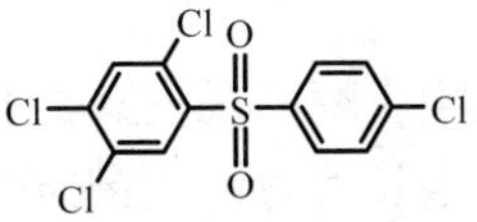

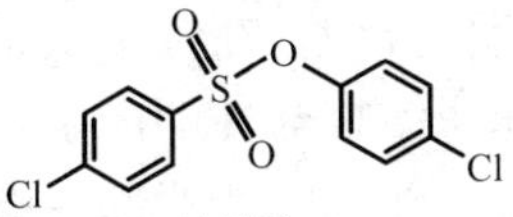

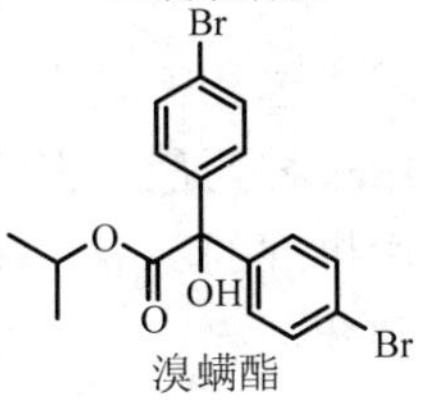

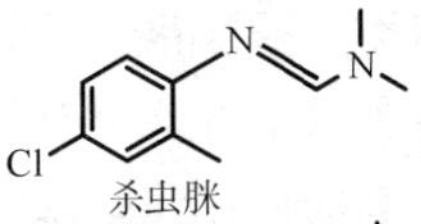

甲脒类杀螨剂：杀虫脒、单甲脒、双甲脒

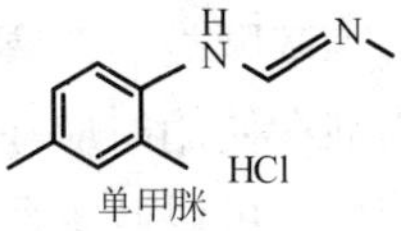

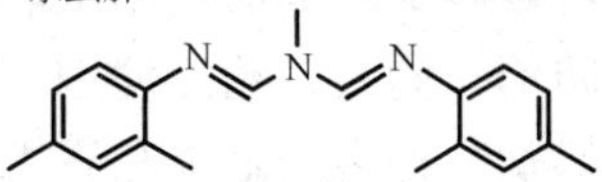

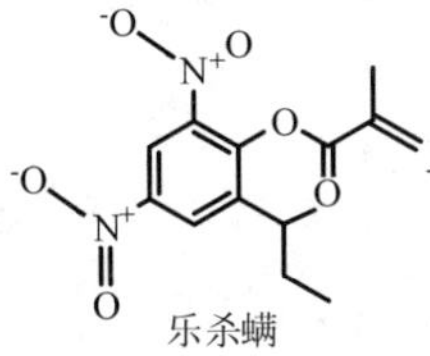

硝基苯类杀螨剂：乐杀螨、消螨通

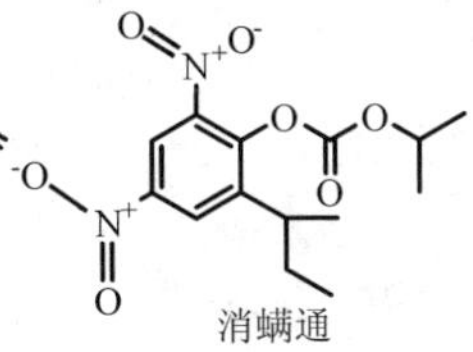

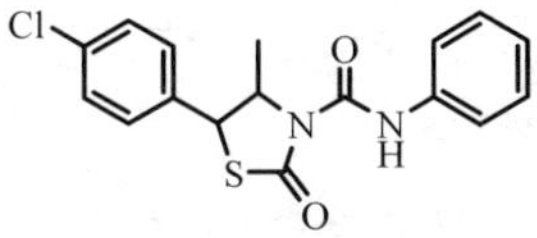

杂环类杀螨剂：噻螨酮、四螨嗪

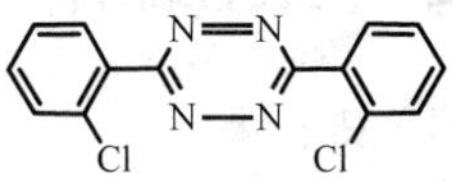

有机锡杀螨剂：三环锡、三唑锡、苯丁锡

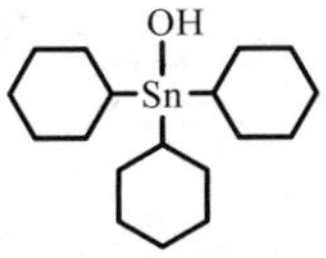

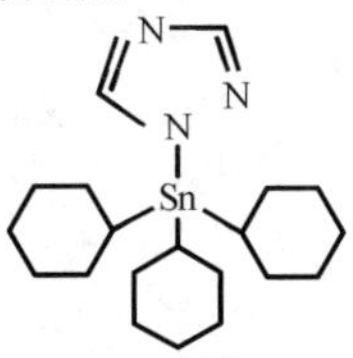

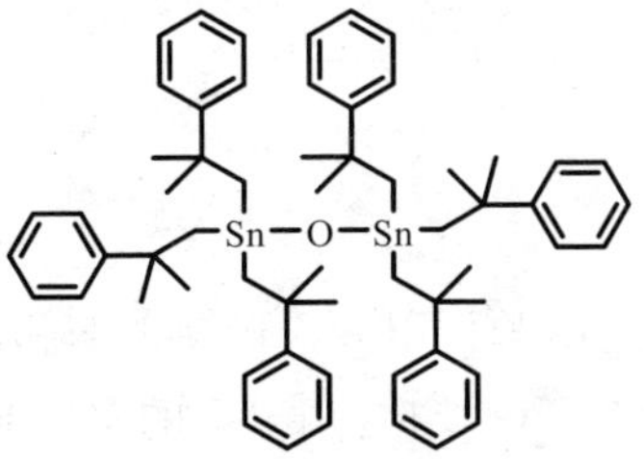

有机硫杀螨剂：杀螨特、苯螨特、克螨特、灭螨猛

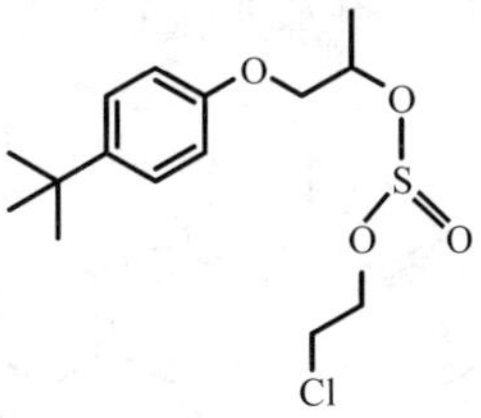

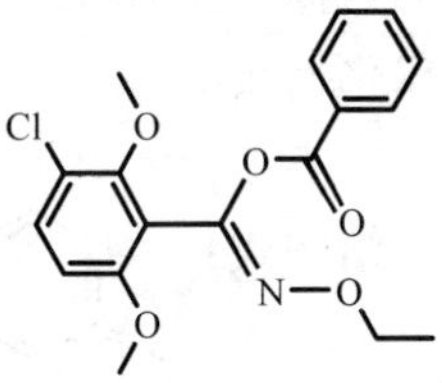

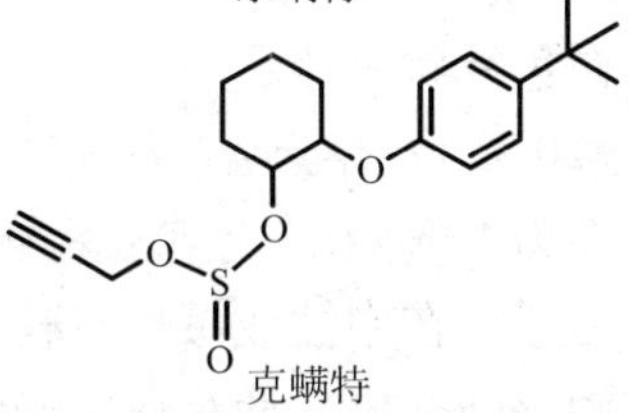

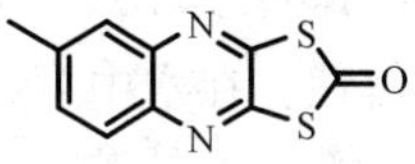

2.9.1.3 作用机理和应用特点

杀螨剂有多种类型，作用机理也多种多样。

（1）神经毒剂

神经毒剂是杀螨剂中最大的一类。如有机磷类、氨基甲酸酯类、拟除虫菊酯类和抗生素类的阿维菌素等。这类药剂一般都属于杀虫杀螨剂。

（2）线粒体呼吸作用抑制剂

这类药剂抑制线粒体的呼吸作用，影响害螨的代谢，最终杀死害螨。属于此类的杀螨剂有哒嗪类、吡唑类、喹唑啉类、萘醌类、吡咯类、硫脲类和嘧啶类。

灭螨醌是萘醌类杀螨剂，对许多农、林害螨都能有效防治，对益螨没有负面影响。灭螨醌经过代谢降解为脱乙酰基的代谢物时才具有杀螨活性，该代谢物可以抑制电子传递链的呼吸作用。

（3）生长抑制剂

这类药剂包含：几丁质合成抑制剂，它会影响害螨的蜕皮；类脂合成的抑制剂，它会影响害螨生长的能量供应。这类药剂都是作用于螨生长发育的关键阶段。属于此类的杀螨剂有苯甲酰基苯基脲类、四嗪类、季酮酸类和喹唑啉类。

杀螨剂在使用时应注意以下几点：①防治时间要选在害螨盛发初期，此时害螨种群密度和数量较少，可以减少药剂的使用量。②交替使用多种药剂。害螨种群中存在各个虫态，需用不同的药剂防治；同时，轮流使用多种不同作用机理的药剂，能减缓抗药性的产生。③目前市场上的杀螨剂品种多为触杀和胃毒作用，喷洒药剂要均匀，特别注意叶片背部主脉两侧是螨卵聚集处。

2.9.2 代表性品种

（1）双甲脒

别名：螨克；二甲脒；双虫脒；特敌克。

英文名称：Aazdieno；Amitraz；Bumetran；Edrizan；Ovidrex；Triazid。

化学名称：N,N-双-(2,4-二甲基亚氨基甲基)甲胺。

①理化性质

化学结构式：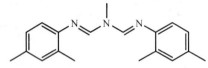

分子式：$C_{19}H_{23}N_3$；相对分子质量：293.4。

外观与性状：纯品为白色针状晶体。

蒸气压：5×10^{-5} Pa（20 ℃）；熔点：86~87 ℃。

溶解性：在水中溶解性为1 mg/L，能溶于丙酮、二甲苯、甲苯、甲醇等有机溶剂。

稳定性：不易燃、不易爆，在中性或碱性时较稳定，20 ℃时在 pH 7 的水中半衰期 6 h，在酸性介质中不稳定，在潮湿环境中长期存放将慢慢分解变质。

②生物活性　双甲脒是广谱性杀螨剂，杀螨作用以触杀作用为主，兼有胃毒、熏蒸、拒食、驱避作用，对植物有一定渗透内吸性，对幼若螨、成螨和螨卵有效，对其他一些杀螨剂产生抗性的害螨有效，速效性好，持效期长。一定程度上可做到虫螨兼治。对高等动物中等毒性。大鼠急性经口 LD_{50} 650 mg/kg，大鼠急性经皮 LD_{50} >1 600 mg/kg，大鼠急性吸入 LD_{50} 65 mg/L。对动物皮肤、眼睛无刺激作用。鲤鱼忍受限量 1.17 mg/L（48 h），虹鳟鱼为 2.7~4 mg/kg（48 h）。对蜜蜂、鸟及天敌低毒。动物试验未发现致癌、致畸、致突变作用。

③使用方法　用20%乳油 1 000~2 000 倍液喷雾，防治苹果叶螨、柑橘锈螨等多种害螨。也能防治沙枣木虱等害虫。

④注意事项　在气温低于25 ℃以下使用，药效发挥作用较慢，药效较低；高温天晴时使用药效高。不要与碱性农药混合使用。

（2）哒螨灵

别名：哒螨净；哒螨酮；达螨尽；扫螨净；速螨灵；速螨酮；螨必死；特螨酮；牵

牛星。

英文名称：Pyridaben。

化学名称：2-叔丁基-5-(4-叔丁基苄硫基)-4-氯哒嗪-3-(2H)酮。

①理化性质

化学结构式：

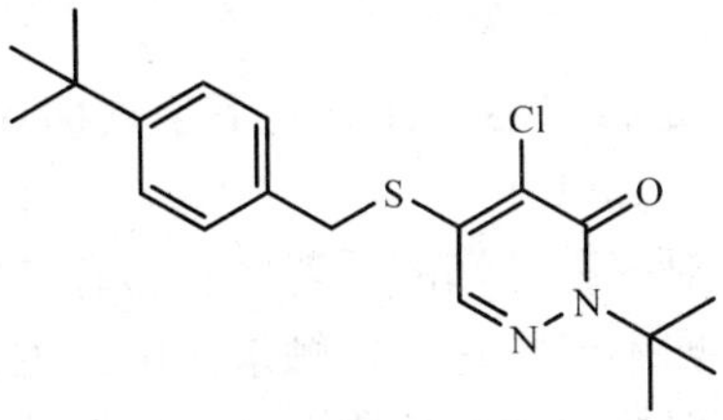

分子式：$C_{19}H_{25}ClN_2OS$；相对分子质量：364.9。

外观与性状：纯品为白色无味结晶固体。

蒸气压：0.25×10^{-3} Pa(20 ℃)；熔点：111~112 ℃；相对密度(水=1)1.22。

溶解性：在水中溶解性为 0.012 mg/L，溶于丙酮、二甲苯、苯、乙醇、环己烷、己烷等有机溶剂。

稳定性：对光不稳定，在大多数有机溶剂中稳定，在 50 ℃ 贮存 3 个月，在一般条件下贮存 2 年。

②生物活性　哒螨灵是速效广谱杀螨剂，药剂触杀性强，无内吸、传导、熏蒸作用，对叶螨的各个生育期(卵、幼螨、若螨和成螨)均有较好效果；对全爪螨、小爪螨、瘿螨和锈螨的防治效果较好，速效性好，持效期长，一般可达 1~2 个月。对高等动物低毒。雄性大鼠急性经口 LD_{50} 1 350 mg/kg，雌性 829 mg/kg；大鼠急性吸入 LC_{50} 0.62~0.66 mg/L；大鼠和兔急性经皮 LD_{50} >2 000 mg/kg。对眼睛和皮肤无刺激性。鲤鱼忍受限量 LC_{50} <0.5 mg/L(48 h)，蜜蜂经口 LD_{50} 0.55 μg/只(48 h)。动物试验未见致癌、致畸、致突变作用。

③使用方法　适用于柑橘、苹果、梨、山楂、棉花、烟草、蔬菜(茄子除外)及观赏植物。如用于防治柑橘和苹果红蜘蛛、梨和山楂等锈壁虱时，在害螨发生期均可施用(为提高防治效果，最好在平均每叶 2~3 头时使用)，将 20% 可湿性粉剂或 15% 乳油兑水稀释至 50~70 mg/L(2 300~3 000 倍)喷雾。安全间隔期为 15 d，即在收获前 15 d 停止用药。

④注意事项　不能与碱性药剂混合使用。没有内吸杀螨作用，要求喷布均匀周到。与其他杀螨剂交替使用，避免产生抗性。

(3)噻螨酮

别名：尼索朗；除螨威；己噻唑。

英文名称：Hexythiazox；Nissorun；NA-73；Cobbre；Acarflor；Acariflor；Dpxy5893-9。

化学名称：反-5-(4-氯苯基)-N-环己基-4-甲基-2-氧代噻唑烷酮-3-羧酰胺。

①理化性质

化学结构式：

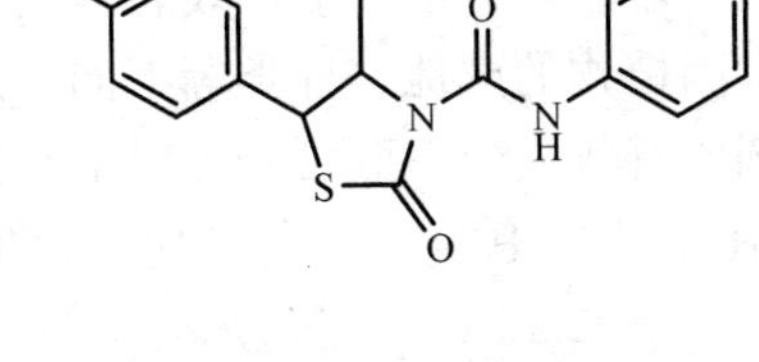

分子式：$C_{17}H_{21}ClN_2O_2S$；相对分子质量：352.9。

外观与性状：纯品为白色晶体，无味。

蒸气压：$3.4×10^{-6}$ Pa(20 ℃)；熔点：108~108.5 ℃。

溶解性：20 ℃时在水中的溶解性为 0.5 mg/L，可溶于甲醇、丙酮、乙腈、二甲苯、正己烷等有机溶剂。

稳定性：对热稳定。50 ℃贮存3个月稳定，水溶液在日光下半衰期6.7 d，在酸、碱性介质中能水解，在土壤中半衰期8 d(黏壤土，15 ℃)。

②生物活性　噻螨酮是广谱性杀螨剂，对多种叶螨的幼若螨和卵有良好的作用；但对成螨效果差；经药剂处理后雌螨成虫，其所产卵不能孵化。以触杀作用为主，对植物组织有良好的渗透性，无内吸作用。药效速度缓慢，但持效期可长达1个月以上。与有机磷、三氯杀螨醇无交互抗性。用于果树、棉花和柑橘等作物的多种螨类防治。对高等动物低毒。大鼠、小鼠急性经口 $LD_{50}>5\,000$ mg/kg，急性经皮 $LD_{50}>5\,000$ mg/kg，大鼠急性吸入 $LC_{50}>2$ mg/L (4 h)。对兔皮肤无刺激作用，对眼睛有轻微刺激性。鲤鱼 LC_{50} 3.7 mg/L(48 h)，蜜蜂 $LD_{50}>0.2$ mg/只。动物试验未发现致癌、致畸、致突变作用。

③使用方法　使用5%乳油加水1 000~1 500倍液(有效成分33~50 mg/kg)均匀喷雾，可以防治苹果全爪螨；加水1 000~2 000倍液(有效成分25~50 mg/kg)可以防治柑橘全爪螨、棉红蜘蛛。

④注意事项　噻螨酮对成螨无效，应掌握防治适期。无内吸性，喷药要均匀周到。

(4)其他常用杀螨剂

其他常用杀螨剂见表2-9。

2.10　生物源杀虫剂

长期大量使用同一类相同作用机制的化学农药，容易造成害虫抗药性，也会加剧农药残留以及害虫再增猖獗等问题发生，严重威胁着农、林业生产的可持续发展和人类的身体健康。现代生物源杀虫剂是伴随着以上诸多问题而发展起来的，随着经济的发展和人们对绿色环境的向往，生物源杀虫剂的种类和应用规模得到了较快的发展。

2.10.1　植物源杀虫剂

2.10.1.1　概况

(1)有效成分

植物源杀虫剂从化学结构来看一般都不是一种化合物，往往是植物有机体的全部或一部分。从1930年代确定鱼藤酮的平面结构至今，鱼藤酮研究者已经从豆类植物中分离鉴定出鱼藤酮类衍生物40多种。通常植物源杀虫剂在植物体中的含量极低，在应用时，稀释倍数一般在50倍以下，有的甚至是10倍或5倍，才能对害虫发生毒效。有效成分较易挥发和分解，若贮藏不当，杀虫效力会逐渐降低。常因植物的产地、种类等不同，造成植物源杀虫剂产品的有效成分及含量差异。植物源杀虫剂的有效成分一般可分为以下6类：

①生物碱(植物碱)　生物碱是一类存在于植物中的含氮有机盐类，生物碱的分子构造

2.10 生物源杀虫剂

表 2-9 其他常用杀螨剂

名 称	化学结构及化学名称	主要理化性质	毒 性	特点及用途
四螨嗪；阿波罗杀螨；克螨净；杀螨芬；死螨；Clofentezine	3,6-双(2-氯苯基)-1,2,4,5-四嗪	纯品为红色晶体。熔点182.3 ℃。蒸气压13×10⁻³ Pa。25 ℃溶解性：水<1 mg/L，丙酮5 g/L，氯仿50 g/L	低毒，大鼠急性经口LD₅₀ 3 200 mg/kg，大鼠急性经皮LD₅₀>5 000 mg/kg。对鸟类、鱼虾、蜜蜂及捕食性天敌较安全	有触杀作用，是一种抑制胚胎发育的杀螨剂。主要杀螨卵，对幼螨也有一定效果，对成螨无效。药效发挥较慢，持效期长，施药2周后可达到最高杀螨效果。用于果树、豆、柑橘、观赏植物、棉花等作物，防治全爪螨属和叶螨属害螨，对梨全爪螨的越冬卵特别有效。在果园冬卵孵化前喷药，能防治整个季节的植食性叶螨
苯丁锡；螨完锡；杀螨锡；克螨锡；Fenbutatin oxide；Osdaran	双[三(2-甲基-2-苯丙基)锡]氧化物	纯品为白色结晶。熔点138~139 ℃，蒸气压6.7×10⁻⁶ Pa(25 ℃)。难溶于水，溶于丙酮、易溶于苯、二氯甲烷等有机溶剂。对光和热稳定，能被水解，水解产物在室温下能缓慢地(在98 ℃能很快地)再转变成原化合物	低毒，大鼠急性经口LD₅₀ 2 631 mg/kg，经皮LD₅₀>1 000 mg/kg。对鱼类等水生生物高毒，对鸟类、蜜蜂、草蛉等天敌和害螨天敌较安全。在试验剂量内无致畸、致癌、致突变作用	以触杀作用为主，无内吸作用。对有机磷和有机氯杀螨剂、杀螨活性较高。对有抗性的害螨不产生交互抗性。对卵活性较差，对成螨和若螨均有良好活性。温度在22 ℃以上时，药效发挥较好。施药后药效发挥较慢，3 d后活性开始增强，14 d可达高峰，持效期较长，可达2~5个月。用于防治柑橘、苹果、梨、葡萄、茶树、豆类、茄子、瓜类、番茄等作物的叶螨
溴螨酯；螨代治；新杀螨；Bromopropylate	4,4'-二溴二甲苯乙醇酸异丙酯	纯品为白色结晶。熔点77 ℃，蒸气压1.066×10⁻⁵ Pa(20 ℃)，溶于丙酮、苯等有机溶剂，在水中溶解性<0.5 mg/L(20 ℃)	低毒，原药大鼠急性口服LD₅₀>5 000 mg/kg。对兔眼、兔皮肤有轻微刺激作用，对天敌安全。在试验剂量下未见致畸、致癌、致突变作用。对鱼、蜜蜂、鸟高毒	杀螨谱广，有较强触杀作用，无内吸作用。持效期长，毒性低，对天敌、蜜蜂及作物比较安全。可用于棉花、蔬菜、果树、茶树防治叶螨、樱螨、线螨等害螨。温度变化对药效影响不大。害螨对该药和三氯杀螨醇有交互抗性，使用时应注意

（续）

名　称	化学结构及化学名称	主要理化性质	毒　性	特点及用途
三氯杀螨醇；开乐散；Dicofol；Kelthane	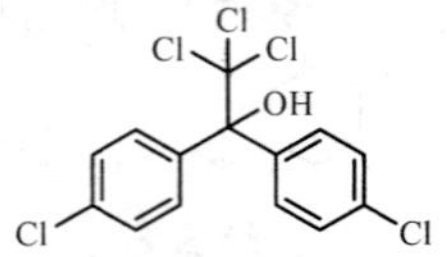 1,1-双(对氯苯基)-2,2,2-三氯乙醇	纯品为白色固体，工业品为褐色透明油状液体。熔点 78 ℃，微溶于水，能溶于多种有机溶剂。化学性质稳定，但在碱性条件下能水解成二氯苯酮和氯仿	低毒，对天敌无害。雄鼠口服 LD$_{50}$ 575 mg/kg。兔急性经皮 LD$_{50}$ 1 870 mg/kg，有致畸作用	以触杀为主，无内吸作用，是一种高活性、广谱杀螨剂。对成螨、幼若螨和卵均有效，对蜂类天敌，不伤害天敌。用于防治棉花、果树、蔬菜、花卉上的多种害螨
三唑锡；倍尔霸；三唑烯锡；灭螨锡；唑螨特；白螨灵；Azocyclotin	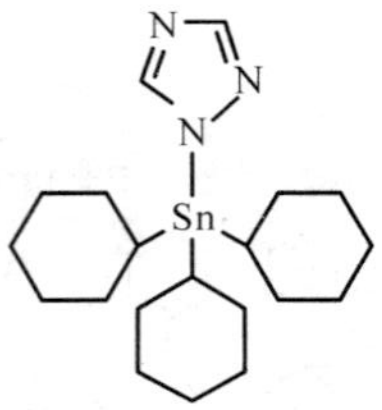 1-[三环己基甲锡烷基]-1H-1,2,4-三唑	原药白色或淡黄色粉末，熔点 218.8 ℃，蒸气压 <5×10^{-8} Pa (25 ℃)，可溶于乙烷、丙酮、乙醚等有一定的溶解性，不溶于其他有机溶剂，水中溶解度为 0.25 mg/L。在稀酸中不稳定	中等毒性，大鼠急性经口 LD$_{50}$ 76～180 mg/kg，急性经皮 LD$_{50}$ 1 000 mg/kg。对鱼毒性高，对蜜蜂毒性极低。在试验剂量内无致畸、致癌、致突变作用	触杀作用较强，是一种广谱性杀螨剂。持效期长，对叶螨、锈螨等的幼若螨、成螨、卵有较好的防效。用于防治柑橘、苹果、山楂、棉花、蔬菜等作物的害螨。在常用药量下对作物安全，可与其他农药混用，以扩大防治范围
丙炔螨特；克螨特；炔螨特；Propargite；Comite	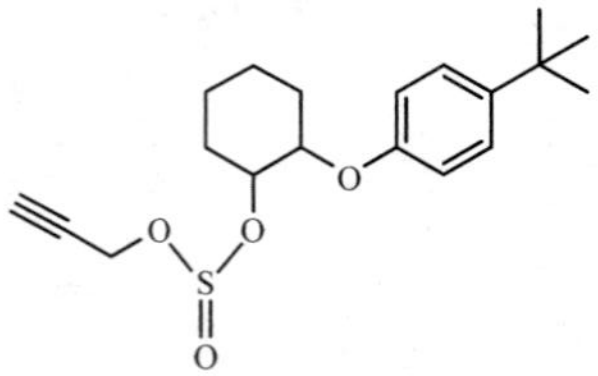 2-(4-特丁基苯氧基)-环己基丙-2-炔基亚硫酸酯	40%乳油为深褐色轻微黏滞流体。原药为深琥珀色黏稠液，160 ℃分解，相对密度(水=1) 1.14 (25 ℃)。不溶于水，易溶于丙酮、乙醇、苯等大多数有机溶剂	低毒，原药对大鼠急性经口 LD$_{50}$ 2 200 mg/kg，家兔急性经皮 LD$_{50}$ 3 476 mg/kg，大鼠急性吸入 LC$_{50}$ 2.5 mg/L。对兔皮肤有强烈刺激性。在试验剂量内未见致畸、致癌、致突变作用	具有触杀和胃毒作用，无渗透和内吸传导作用。杀螨谱广，对成螨、幼若螨有效，杀卵效果较差。可用于防治柑橘、茶、苹果、蔬菜、花卉等多种作物上的害螨。对多数天敌安全

多数属于仲胺、叔胺或季胺类,少数为伯胺类。它们的构造中常含有杂环,并且氮原子在环内。多种植物性杀虫剂含有有机碱而呈碱性,如烟草含有烟碱,雷公藤含有5种雷公藤碱。生物碱也是植物有毒成分中最大的一类,分布极为广泛。至今已发现6 000种以上的植物生物碱,主要有烟碱、毒扁豆碱、雷公藤碱、百部碱、苦参碱、藜芦碱、黄连碱、喜树碱、三尖杉碱等。生物碱对昆虫的作用方式是多种多样的,如胃毒、触杀、忌避、拒食、抑制生长发育等。

②糖苷类　糖苷也称配糖体或甙类,是由葡萄糖与另一种有机化合物结合而成的复杂化合物。在植物的根、树皮、果实中含量较多,一般呈中性、微酸性或碱性,味苦,无臭,有的有特殊香味,多能溶于水或酒精中,遇无机酸、碱和酶易分解。在昆虫体内经过化学作用就可以转变为有毒物质。巴豆中含有的巴豆糖苷、皂荚中含有的皂荚素、苦木中含的苦木素均是糖苷化合物。

③萜类　萜类化合物是指具有异戊二烯通式$(C_5H_8)_n$以及其含氧和不同饱和程度的衍生物,可以看成是由异戊二烯或异戊烷以各种方式连接而成的一类天然化合物。结构中具有醇、醚、醛、酮、羧酸、酯、内酯、亚甲二氧基等含氧基团。萜类化合物可分为涕烯、单萜类、倍半萜类、二萜类、三萜类,主要有川楝素、印楝素、苦皮藤酯Ⅰ、苦皮藤酯Ⅱ、苦皮藤酯Ⅲ、苦皮藤酯Ⅳ、雷公藤甲素、闹羊花毒素、瑞香毒素、木藜芦毒素、马醉木毒素、α-涕烯、β-涕烯等,是目前最受欢迎的一类植物源杀虫剂。这类化合物防虫作用是多方面的,如胃毒、触杀、拒食、忌避、麻醉、抑制生长发育等。

④有机酸类、酯类和酮类等　天然除虫菊素含有6种非常近似的酯类化合物,鱼藤的根皮中含有鱼藤酮及其衍生物。除虫菊酯和鱼藤酮都是较高效的杀虫剂,对烟蚜、小地老虎、烟盲蝽、烟蓟马等多种害虫有强力触杀作用。

⑤光活化毒素类　光活化物质是指一类化合物,原先没有或具有较低的生物毒性,但在近紫外光或可见光下这类物质对害虫杀伤力几倍甚至上千倍地提高。从光化学角度来看,光活化是一种光敏化的过程。它们在植物中广泛存在,至少存在于30个科的植物中,按照化学结构主要有噻酚类,如α-三噻吩等,聚乙炔类如茵陈二炔等,醌类如金丝桃素等,香豆素类如花椒毒素等。

⑥有毒的蛋白质、挥发性香精油、单宁和树脂等　蓖麻毒素是蓖麻体内的一种球状蛋白质,有剧毒。巴豆毒素也是毒性蛋白,有胃毒作用。精油是植物次生代谢物质,多为具有芳香味的混合物,在叶、果皮、花、种子中含量较多。如八角茴香等5种精油对黏虫、小菜蛾、棉铃虫、玉米象都有较强的熏杀活性。樟树叶、桉树叶和岗松等都含有挥发性香精油,有特殊的强烈气味,不溶于水,易溶于酒精及乙醚,对害虫有一定的忌避作用。很多植物的根、茎、叶、果实中含有单宁,是一类结构复杂的非结晶形物质,化学成分属于多元酚的衍生物和含糖物,味涩,呈弱酸性,在碱性中变为浅灰色,遇铁盐呈黑色。单宁含量较多的植物有臭椿、枫杨、苦楝、油茶等。单宁能对害虫体内蛋白质起破坏作用,引起害虫萎缩中毒死亡。松香是一种树脂,遇碱即皂化。松脂合剂又称松碱合剂,是用松脂、碱(Na_2CO_3或NaOH)加水熬制而成的黑褐色强碱性杀虫剂。主要用于防治果树和园林、花卉树木的矢尖蚧、红蜡蚧等介壳虫,还可兼治粉虱、螨类等多种害虫,对寄生于树干、树枝上的地衣、苔藓等寄生植物也有良好的清除效果。

(2) 杀虫方式

植物源杀虫剂的作用方式以胃毒为主,兼有触杀作用,很多种类具有内吸、拒食、忌避和熏蒸作用,如烟草、鱼藤和除虫菊等。厚果鸡血藤种子磨成粉对菜白蝶5龄幼虫经口 LD_{50} 0.08mg/g,相当于砷酸钙的胃毒毒力。有些种类对害虫有显著的忌避作用,如雷公藤根皮粉对小菜蛾产卵有忌避作用,效力可维持数天;喷洒在番茄果实上,斜纹夜蛾幼虫避而不食。有时也具有引诱作用。从喜树和三尖杉提取分离的喜树碱和三尖杉酯碱等,对马尾松毛虫有不育作用。喜树碱很可能是一种比较好的化学不育剂,能显著地降低卵的孵化率,用0.005%喷雾处理过的成虫,交尾后产卵不孵化率达68.9%。

(3) 制备与使用

植物源杀虫剂有效成分的提取一般采用煮沸和冷浸两种方法。煮沸法可使有些植物性杀虫剂,如羊角扭、闹羊花和雷公藤等,抽取出更多的有效成分,还可以使浸出液不易发霉变质。有些植物性杀虫剂,如山苍子、樟树等,要用冷浸法提取,因为这些植物的有效成分易挥发。也有些种类会因高温处理降低药效,如鱼藤、厚果鸡血藤等,故也要用冷浸法抽提。冷浸法可保持药效的黏着性,易于附着在虫体和林木上。抽提所用的溶剂,除水外还有有机溶剂,如酒精、石油和丙酮等。植物源杀虫剂的水抽提液,一般不能贮藏过久,否则容易腐烂,以致不能使用。可采用加入0.1%~0.3%防腐剂如甲醛、水杨酸、安息香酸、苯甲酸和苯甲酸钠等方法解决。以下是一些植物源杀虫剂防腐的简单方法:

① 植物源药剂5 kg,加入硼砂30 g,可保存1个月不变味。
② 植物源药剂5 kg,加入梅片(或称梅花冰片,一种中草药)3 g,可保存1个月不变味。
③ 药液中加0.1%苯甲酸,可久贮不变质。
④ 药液贮存在瓦罐中,液面加煤油少许,加盖盖好,用泥封存,可保存一段时间。

植物源杀虫剂多采用"复方"的形式配制,即某一种药和另一种或几种药混用,但应明确主药(杀虫效力强的)和配药(杀虫效力低的)。植物源杀虫剂无论是用有机溶剂提取,还是用水提取,均可以加入乳化剂配制成乳剂。植物源杀虫剂也可以制成粉剂。植物源杀虫剂中加入一些化学农药,能更好地防治病虫害。加入一些增效剂,如煤油、肥皂等,有的可加入少量薄荷、青矾等,均可提高药效。野花椒和厚果鸡血藤混用,有显著的增效作用。

(4) 发展趋势

我国植物性农药资源丰富,今后如何开发利用是人们十分关心的问题。近些年,美国在农药研究上的新发展就是十分注重研究农林作物、野生植物及树木等的化学成分,其中包括活性物质的分离、提纯、分子结构的鉴定,人工模拟合成类似物以及活性物质的生物测定,从中筛选出新型的农药品种。我国在研究除虫菊的6种杀虫有效成分基础上,先后研制出多种人工合成的除虫菊素,逐渐形成了拟除虫菊酯类农药。研究毒扁豆碱的化学结构,为创制氨基甲酸酯类杀虫剂奠定了基础。研究自然界杀虫防病的有效物质,不仅可开辟农药新资源,而且为人工合成高效低毒的农药新品种提供了重要参考线索,为农药的研制开辟新途径。

"导向农药"是植物源杀虫剂的重要发展方向,所谓"导向农药",就是农药有效成分(杀虫弹头)与导向载体偶联后能在植物体内向特定部位(如果、叶、芽或害虫取食造成的伤口)定向累积的农药制剂。与相应的常规农药相比,导向农药可能使制剂用量降低几倍、几十倍甚至上千倍(徐汉虹等，2003)。印楝素可被云杉等植物的根系吸收，在植株中传导并呈系统性分布，并且在云杉中能够向芽定向积累。用含 10 μg/mL 印楝素的营养液培育云杉苗，印楝素被根吸收，累积于光合产物形成处(特别是芽)，印楝素在芽中的最高含量为 5 116 μg/g 鲜重，在针叶中为 2.56 μg/g 鲜重，在茎秆中的含量很低(Duthie，1999)。不仅植物中含有大量的导向载体，很多农药也能在植物中传导并向植物的特定组织积累，这些农药不仅可以作为杀虫弹头，也可作为导向载体与其他农药组成导向农药。

2.10.1.2 代表性品种

(1) 烟碱

别名：尼古丁。

英文名称：Nicotine；Destruxol orchid spray；Emo-nik。

化学名称：1-甲基-2-(3-吡啶基)吡咯烷。

① 理化性质

化学结构式：

分子式：$C_{10}H_{14}N_2$；相对分子质量：162.23。

外观与性状：无色油状液体。有焦灼味，工业品为棕色。

蒸气压：130 Pa(61.8 ℃)；熔点：-79 ℃；沸点：246.7 ℃；相对密度(水=1)：1.01。

溶解性：溶于水、乙醇、氯仿、乙醚、油类。

稳定性：烟碱易挥发，故持效期较短，而它的盐类(如硫酸烟碱)则较稳定，持效期长。

② 生物活性　烟碱是烟草所含的具有杀虫活性的有效成分，黄花烟草含烟碱 10%~15%。烟草整个植株都含有烟碱，但叶部含量最高，茎中含量最少。一般杀虫剂用烟筋(烟骨)含量在 1% 以下。烟碱对害虫有胃毒、触杀及熏蒸作用。烟碱的蒸气可自虫体任何部位侵入体内而发挥毒杀作用。烟碱易于挥发，故持效期很短，而它的盐类则较稳定，持效期较长。烟碱对害虫的毒杀机理是通过占领突触后膜上的乙酰胆碱受体(AChR)，阻止正常底物传递神经兴奋，造成昆虫麻痹后死亡。对高等动物高毒，大鼠急性经口 LD_{50} 50~60 mg/kg；兔急性经皮 LD_{50} 50 mg/kg。大鼠吸入 LC_{50} 79.37 mg/m³。

③ 使用方法　烟草可作喷粉或喷雾使用。烟草石灰水的配制方法是：烟草 1 kg、生石灰 1 kg、水 6~8 kg。可以用热浸或冷浸法调制。撒于稻田，可防治蓟马。用 40% 硫酸烟碱 800~1 000 倍液喷雾，可防治果树蚜虫、叶螨、叶蝉、卷叶虫、食心虫、潜叶蛾等。硫酸烟碱还具有杀卵作用，能杀死二化螟的卵。在药液中加入 0.2%~0.3% 的中性皂，可提高药效。

④ 注意事项　烟碱遇明火能燃烧。与氧化剂可发生反应。受高热分解放出有毒气体。除不能与石硫合剂、波尔多液等碱性农药混用外，可与多种农药混用。烟碱对人畜毒性高，配制和使用时要注意防护。

(2) 除虫菊素

别名：除虫菊；除虫菊酯；扑得。

英文名称：Pyrethrins。

由除虫菊花中分离提取出的有效成分，共有 6 种杀虫有效成分：除虫菊素Ⅰ、除虫菊素Ⅱ、瓜叶除虫菊素Ⅰ、瓜叶除虫菊素Ⅱ、茉酮除虫菊素Ⅰ、茉酮除虫菊素Ⅱ。这些都是酯类化合物，是一类环丙烷羧酸，即除虫菊酸与链烯甲基环戊醇所合成的酯。

①理化性质

化学结构式：

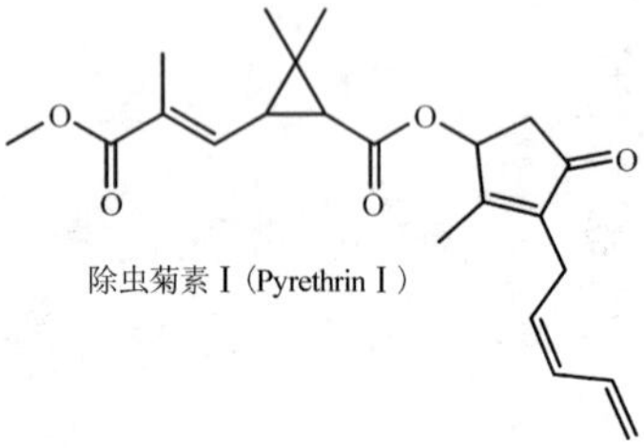

除虫菊素Ⅰ(PyrethrinⅠ)　　除虫菊素Ⅱ(PyrethrinⅡ)　　瓜叶除虫菊素Ⅰ(CinerinⅠ)

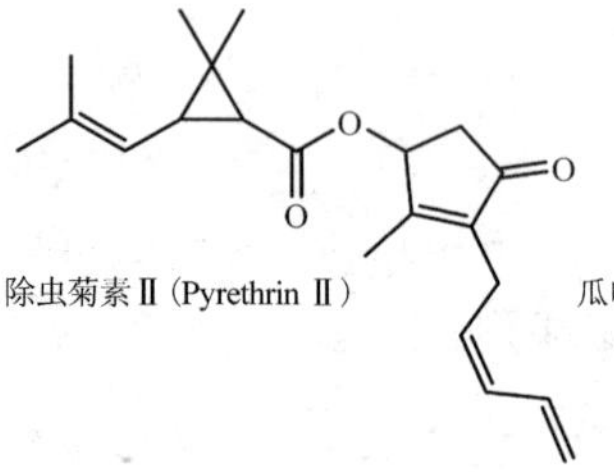

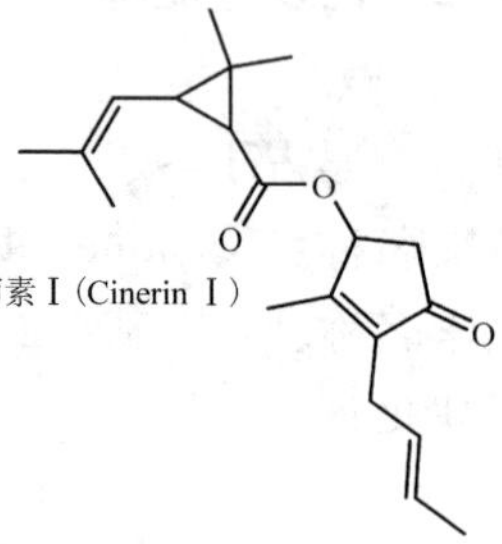

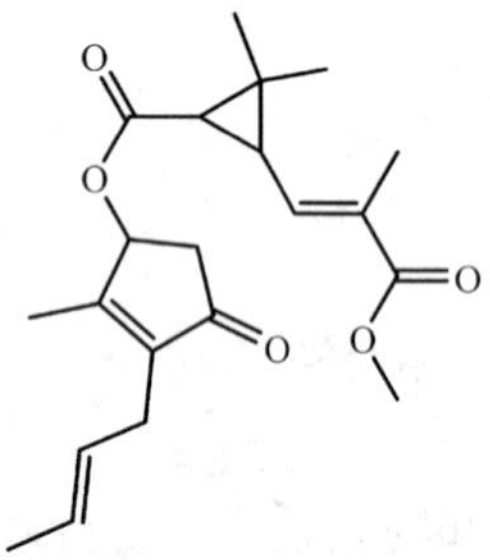

瓜叶除虫菊素Ⅱ(CinerinⅡ)　　茉酮除虫菊素Ⅰ(jasmolinⅠ)　　茉酮除虫菊素Ⅱ(jasmolinⅡ)

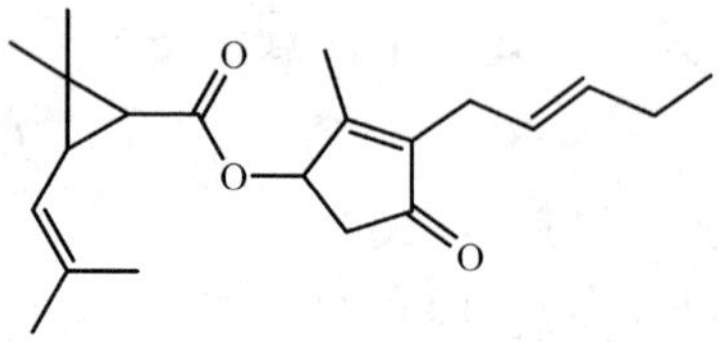

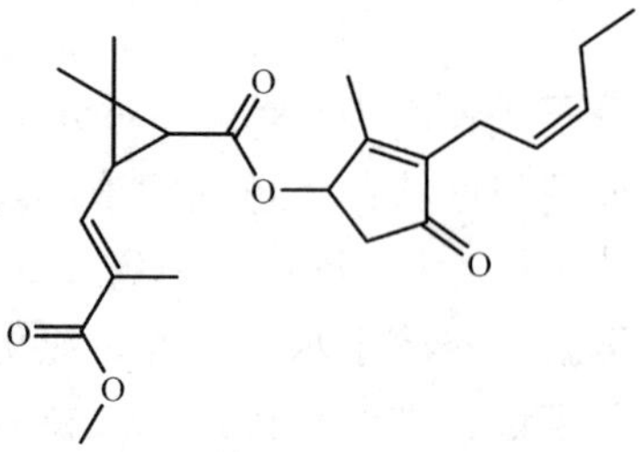

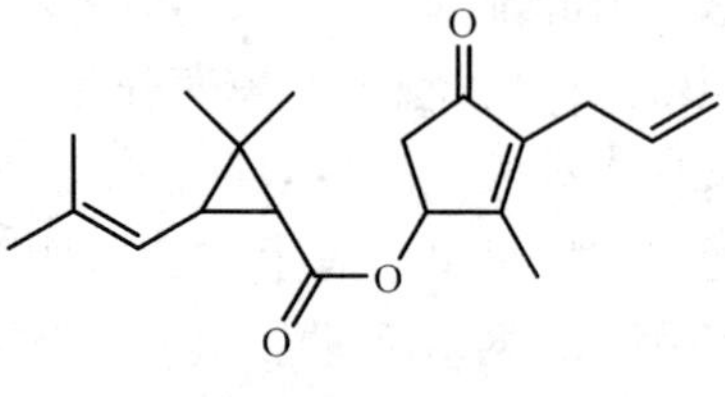

丙烯菊酯(Allethrin)

分子式：除虫菊素Ⅰ：$C_{21}H_{28}O_3$；除虫菊素Ⅱ：$C_{22}H_{28}O_5$。相对分子质量：除虫菊素Ⅰ 328.00；除虫菊素Ⅱ 372.00

外观与性状：浅黄色透明流动液体。

蒸气压：<10 kPa(50 ℃)；沸点：除虫菊素Ⅰ为 146～150 ℃，除虫菊素Ⅱ为 192～193 ℃。相对密度：0.95～1.01。

溶解性：不溶于水，易溶于甲醇、乙醇、石油醚、四氯化碳、煤油等有机溶剂。

稳定性：强光下不稳定，加入抗氧化剂可以防止其氧化作用。

②生物活性　天然除虫菊素原药含有 6 种杀虫活性成分，杀虫高效广谱，几乎对所有的农业害虫均具有极强的触杀作用，具迅速麻痹击倒作用，可广泛用于农林牧业生产和城市园林防虫等领域。除虫菊的有效成分含量受品种、当地气候条件和栽培方法的影响。干花有效

成分含量为 0.8%~1.5%，一般在 1% 左右。天然除虫菊素用作杀虫剂已有百余年的历史，由于见光易分解，目前常用于室内卫生害虫蚊、蝇、虱、蚤的防治。除虫菊素具有杀虫谱广，触杀作用强，杀虫活性高，对害虫接触击倒快，且昆虫不易产生抗药性等优点，但持效期较短。天然除虫菊素见光慢慢分解成 H_2O 和 CO_2，施用后无残留，对人畜的毒性极低。

③使用方法　除虫菊花可直接加工成粉使用，也可将其提取液加工成乳油、气雾剂、蚊香等剂型，防治卫生害虫。

④注意事项　避免日光直接照射。

(3) 鱼藤酮

别名：毒鱼藤。

英文名称：Rotenone；Tubatoxin。

化学名称：[2R-(2aα,6aα,12aα)]-1,2,12,12a-四氢-8,9-二甲氧基-2-(1-甲基乙烯基)[1]苯并吡喃[3,4-b]糠酰[2,3-h][1]苯并吡喃-6(6aH)-酮。

①理化性质

化学结构式：

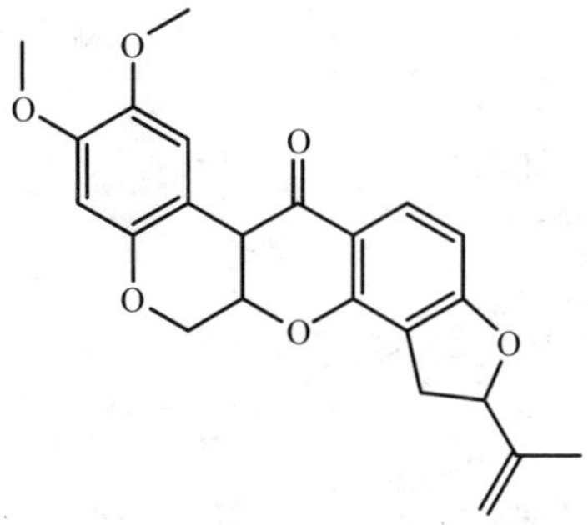

分子式：$C_{23}H_{22}O_6$；相对分子质量：394.45。

外观与性状：纯品为白色晶体，无色无味。制剂为淡黄至棕黄色液体，有轻微刺鼻性气味。

熔点：163 ℃（双晶型为 185~186 ℃）；沸点：210~220 ℃（66.66 Pa）；相对密度（水=1）：1.27（20 ℃）。

溶解性：几乎不溶于水，微溶于矿油和四氯化碳，易溶于极性有机溶剂，在氯仿中溶解性最大。

稳定性：鱼藤酮或鱼藤酮溶液经长时间日光照射，接触空气，氧化作用使颜色逐渐变为黄色至红色，其杀虫能力也逐渐失去。鱼藤酮遇碱性物质，也容易分解成无毒化合物。

②生物活性　鱼藤酮对昆虫有触杀和胃毒作用，能防治多种害虫，对蚜虫、鳞翅目幼虫和螨类效果较好。鱼藤酮对 15 个目 137 科的 800 多种害虫具有一定的防治效果，作用谱广，尤其对蚜虫、螨类效果突出。鱼藤酮的作用机理是影响昆虫的呼吸作用，作用于呼吸酶，抑制辅酶 I 和辅酶 Q 之间的电子传递，降低 ATP 的供应量，害虫最终呼吸麻痹死亡。

鱼藤酮对鱼类有强烈毒性，金鱼放入含有 0.1 mg/kg 鱼藤酮的 25 ℃ 水中，5 h 后死亡。但对人畜较为安全，对林木也没有药害。鱼藤酮可逐渐分解而不易残留，不影响食物品质。用于蔬菜、桑、果树及茶树，较一般化学农药优越。

③使用方法　用 2.5% 鱼藤精乳油加水 600~800 倍液喷雾，对蚜虫、鳞翅目幼虫和螨类

有很好的防治效果。鱼藤可以加工鱼藤水剂。用鱼藤根粉 1 kg，加入 10～12 kg 清水中，浸泡 24 h，经捣碎、过滤，即可得到乳白色浸出液。取浸出液 1.5～2 kg，加水 50 kg 并加少量洗衣粉或肥皂，可供喷雾使用。为了使鱼藤剂具有杀卵作用，可使用煤油鱼藤乳剂，配制方法是用鱼藤根粉 1 kg 加入 10 kg 煤油中，加盖，浸泡 1～3 d 后，过滤，慢慢加入乳化剂约 680 mL，充分搅匀，即得原液。取原液 250～500 g，加水 50 kg 搅匀，即可喷雾。这些制剂对具有抗性的红蜘蛛药效良好。

④注意事项　不宜与碱性药剂混用。鱼类对该药剂敏感，使用时注意不要污染鱼塘。本剂应贮存在阴凉、黑暗处，避免高温或曝光，远离火源。

（4）印楝素

英文名称：Azadirachtin。

印楝素-A 是一类从印楝中分离出来的活性最强的化合物，属于四环三萜类。印楝素可以分为印楝素-A，-B，-C，-D，-E，-F，-G，-I 共 8 种，印楝素-A 就是通常所指的印楝素。

①理化性质

化学结构式：

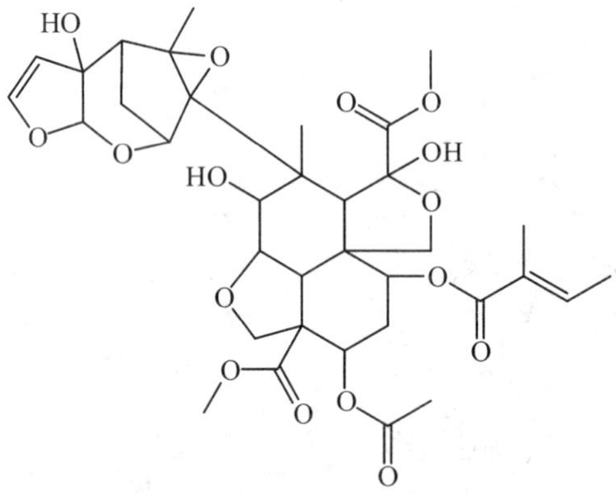

分子式：$C_{35}H_{44}O_{16}$；相对分子质量：720.0。

外观与性状：浅黄色粉末，无刺激性气味。熔点：154～158 ℃。

溶解性：不溶于水，易溶于甲醇、乙醇、丙酮等有机溶剂。

稳定性：光照易分解。遇酸或遇碱都易分解。

②生物活性　印楝素对害虫具有触杀、胃毒、内吸等作用，也有拒食、驱避作用，对作物具有调节生长发育作用。药效持效期长，害虫不易产生抗药性。对几乎所用植物害虫都有驱杀效果，对鳞翅目、鞘翅目等害虫有特效。印楝素能抑制昆虫体内酶的活性，降低昆虫的取食率和对食物的转化利用率，能影响昆虫的呼吸作用，影响昆虫体内激素平衡，从而干扰昆虫正常生长发育。印楝素具有广谱、高效、低毒、易降解、无残留等特点。由于能干扰害虫生命过程中多个靶标位点，害虫不易产生抗药性。

③使用方法　用 0.3% 印楝素乳油稀释 800～1 200 倍液防治蜀柏毒蛾幼虫，施药后 2 d 防治效果达到 72.9%～96.0%。用 0.5% 印楝素微胶囊悬浮剂稀释 800～1 200 倍液以及 0.3% 印楝素乳油稀释 480～720 倍液喷雾防治斜纹夜蛾，施药 7 d 后防治效果分别达到 79.0%～91.7% 和 71.7%～88.7%。

④注意事项　本品不可与呈碱性的农药混合使用。用药前应将药品摇匀后使用。使用本品时应穿戴防护服和手套，避免吸入药液。施药期间不可进食和饮水。施药后应及时洗手和

(5) 苦参碱

别名：母菊碱；α-苦参碱。

英文名称：Matrine；cis-matrine。

化学名称：喹里西啶生物碱。

① 理化性质

化学结构式：

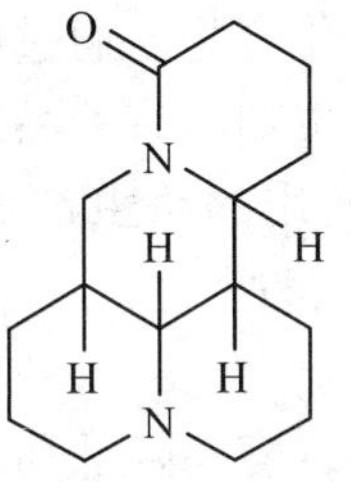

分子式：$C_{15}H_{24}N_{20}$；相对分子质量：248.37。

外观与性状：纯品为白色粉末。

溶解性：25 ℃时微溶于水，易溶于甲醇、乙醇、三氯甲烷、乙醚等有机溶剂。

② 生物活性　苦参碱是由植物苦参的根、茎、叶及果实经乙醇等有机溶剂提取制成的生物碱。苦参碱具有胃毒和触杀作用，杀虫活性较高，能使害虫拒食、麻痹、死亡，对多种作物上刺吸式和咀嚼式口器的害虫有很好的防效。也能防治蔬菜霜霉、疫病、炭疽病等病害。

苦参碱的作用机制比较复杂，包括能麻痹昆虫中枢神经，继而使虫体蛋白质凝固，堵塞气孔，使昆虫窒息而死等作用。对人畜低毒，原药大鼠急性经口、经皮 LD_{50} 均大于 5 000 mg/kg。

③ 使用方法　苦参碱水剂可以防治如蚜虫、茶毛虫、菜青虫、红蜘蛛。用0.8%苦参碱内酯水剂加水稀释600和800倍液防治菜青虫，3 d 后防效分别为54.4%、49.9%；施药后7 d 防效分别为91.5%、64.9%；施药后14 d 防效分别达到94.2%和80.9%。用5%阿苦 EW（阿维菌素·苦参碱复配水乳剂）1 000～3 000 倍液防治朱砂叶螨，施药后5d防效均在93%以上。

④ 注意事项　田间应用苦参碱的速效性和持效性较差，应与其他速效性和持效性好的杀虫剂联合使用，才能达到更好的防治效果。不同来源的苦参碱药效存在差异或提取加工技术影响苦参碱有效成分含量差异，防治同一种害虫时，不同厂家的产品其使用剂量差异较大。

2.10.2　微生物源杀虫剂

2.10.2.1　概况

近年来，生物农药的发展非常迅速，而微生物源杀虫剂是生物农药中研究较多、较成熟的一类。所谓"绿色农药"，就是以微生物为资源的环保型农药，由于其在生产中采用了现代生物技术中的"发酵工程"、"酶工程"及"基因工程"，这些产品具有无污染、对环境无不良影响、对人类安全等特点。目前，微生物源杀虫剂的开发主要有以下几个方面：

(1) 微生物直接作为农药

自然界中不少微生物具有杀虫活性。这类微生物具有很高的专一性，对靶标害虫具有极高的选择性,对其他生物十分安全。

(2) 微生物的代谢产物作为农药

利用微生物的代谢产物作为杀虫剂——农用抗生素,近年来的发展甚为迅速,已成为微生物源杀虫剂的主体之一。商品化的品种有阿维菌素、杀螨素等。农用抗生素已成为世界农药市场不可或缺的一部分,作为化学农药的互补药剂越来越引起人们的重视。

(3) 通过人工模拟合成有杀虫活性的新品种

农用抗生素的研究开发,为化学农药的创制提供了先导化合物。通过对微生物源杀虫剂的改造创制了很多新药。这些新药不仅保留了原微生物源杀虫剂特有的品质,还克服了天然产物的不足,提升了产品的市场价值。目前,我国大面积使用的杀虫剂仍是以化学农药为主,微生物源杀虫剂仅占1%左右。分析原因,主要有以下几种:

① 一般施药后产生药效较慢,不能对植物迅速形成保护。

② 药效不稳定,受环境的影响较大,在不适宜的环境中,容易降低药效。

③ 生产工艺较落后,生产成本较高,剂型单一,质量不稳定。

同时,微生物源杀虫剂作为化学农药的极好替代品,具有以下优点:

① 对靶标害虫防治效果好,对人畜安全,不污染环境。

② 对害虫作用特异性强,极少杀伤害虫天敌和有益生物,不破坏生态平衡。

③ 多种因素和成分发挥作用,害虫难以产生抗药性。

微生物源杀虫剂的上述特点弥补了化学杀虫剂的不足。国内外越来越重视这类产品的研究开发。近年来,微生物源杀虫剂的品种不断增加,应用范围不断扩大。

2.10.2.2 代表性品种

(1) 阿维菌素

别名:齐墩螨素;灭虫丁;灭虫灵;爱福丁;7051杀虫素;虫螨光;绿菜宝。

英文名称:Avermectins;Abamectin;Mixture of Avermectin B1a and Avermectin B1b;Agri-Mek。

① 理化性质

化学结构式:

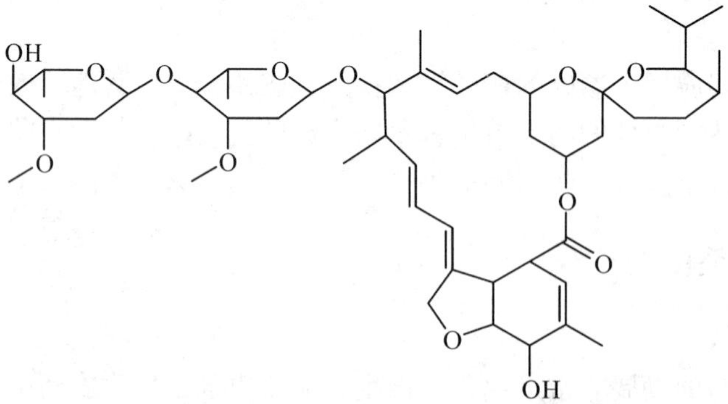

分子式:$C_{48}H_{72}O_{14}$(B1a),$C_{47}H_{70}O_{14}$(B1b)(天然阿维菌素是十六元大环内酯化合物,含有8个组分,主要有A1a、A2a、B1a、B2a,其总含量≥80%;对应的4个比例较小的同系物是A1b、A2b、B1b和B2b,其总含量≤20%)。

相对分子质量:B1a:873.09;B1b:859.06。

外观与性状:淡黄色至白色结晶粉末,无味。

蒸气压：2×10^{-7} Pa；熔点：150～155 ℃；相对密度(水=1)：1.16(21 ℃)。

溶解性：21 ℃时在水中溶解性 10 μg/L，能溶于丙酮、甲苯、氯仿、异丙醇等有机溶剂。

稳定性：正常条件下稳定，pH 5～9 时不会水解。

②生物活性　阿维菌素具有胃毒和触杀作用，不能杀卵。阿维菌素对叶片有很强的渗透作用，可杀死表皮下的害虫，且持效期长。用于防治蔬菜、果树等作物上小菜蛾、菜青虫、黏虫、跳甲、螨类、线虫等多种有害生物，也能用于治疗牲畜体内的寄生虫。可防治已经对其他农药产生抗性的害虫。

阿维菌素作用于昆虫神经元突触或神经肌肉突触的 γ-氨基丁酸(GABA)系统，激发神经末梢放出神经传递抑制剂 GABA，促使 GABA 门控的 Cl^- 通道延长开放，大量 Cl^- 涌入造成神经膜电位超极化，致使神经膜处于抑制状态，从而阻断神经冲动传导，而使害虫在几小时内迅速麻痹、拒食、缓动或不动，因不引起昆虫迅速脱水，所以致死作用缓慢。

阿维菌素属高毒杀虫剂。原药对大鼠急性经口 LD_{50} 10 mg/kg，大鼠急性经皮 LD_{50} 380 mg/kg，急性吸入 $LD_{50}>5.7$ mg/L。对皮肤无刺激作用，对眼睛有轻微刺激作用。制剂对大鼠急性经口 LD_{50} 650 mg/kg，兔急性经皮 $LD_{50}>2\ 000$ mg/kg，大鼠急性吸入 LC_{50} 1.1 mg/L。在试验剂量内对动物无致畸、致癌、致突变作用。对捕食性和寄生性害虫天敌有直接杀伤作用，但作物表面残留少，因此对益虫的损伤小。

③使用方法　1.8% 乳油 150 g/hm^2 飞机超低容量喷洒防治马尾松毛虫，防治效果达 94.6%。用 1.8% 阿维菌素乳油 6 000～8 000 倍液地面喷雾防治各种松毛虫、美国白蛾、杨树舟蛾等食叶害虫；4 000～6 000 倍液可以防治危害苹果树、棉花、蔬菜、柑橘上的害螨；用 3 000～4 000 倍液防治梨木虱；用 2 000～4 000 倍液防治桃蛀果蛾；用 2 000～2 500 倍液防治斑潜蝇；用 1 000～2 000 倍液防治棉铃虫。喷药宜在早晨或傍晚进行。

④注意事项　该药剂无内吸性，喷药时应注意喷洒均匀。不能与碱性农药混用。夏季中午不要喷药，以避免强光、高温对药剂的不利影响。

(2)多杀菌素

别名：刺糖菌素；菜喜；催杀。

英文名称：Spinosad。

①理化性质

化学结构式：

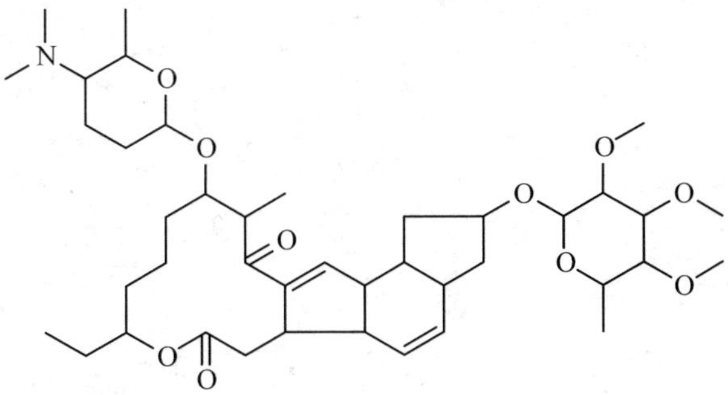

分子式：$C_{42}H_{67}NO_{16}$（多杀菌素 A），$C_{41}H_{65}NO_{16}$（多杀菌素 D）。

相对分子质量：731.98（多杀菌素 A）；746.00（多杀菌素 D）。

外观与性状：浅灰白色固体晶体，带有一种轻微陈腐泥土气味。

蒸气压：约 1.3×10^{-10} Pa。3.2×10^{-10} Pa（多杀菌素 A），2.1×10^{-10} Pa（多杀菌素 D）。

熔点：84.0~99.5 ℃（多杀菌素 A），161.5~170.0 ℃（多杀菌素 D）。

溶解性：在水中溶解性，多杀菌素 A，290 mg/L（pH 5.0）、235 mg/L（pH 7.0）、16 mg/L（pH 9.0）；多为菌素 D，29 mg/L（pH 5.0）、0.332 mg/L（pH 7.0）、0.053 mg/L（pH 9.0）。

稳定性：在土壤中光降解半衰期 9~10 d；水光解的半衰期 <1 d。在 pH 5~7 范围内，在水溶液中相对稳定；在 pH 9 时，半衰期 >200 d。

②生物活性　多杀菌素具有胃毒和触杀作用，具有一定的杀卵作用。能有效地控制危害蔬菜、果树、园艺、农作物的鳞翅目、双翅目、缨翅目、鞘翅目、直翅目等食叶害虫。多杀菌素对叶片有较强的渗透作用，可杀死表皮下的害虫，持效期较长。对捕食性天敌昆虫比较安全。杀虫效果受降雨影响较小。

多杀菌素的作用机制是通过激活烟碱型乙酰胆碱受体（nAChR），使正常昆虫神经细胞去极化，也可通过抑制 γ-氨基丁酸受体（GABAR）使神经细胞超极化，导致非功能性的肌肉收缩、衰竭，并伴随着颤抖和麻痹，最后导致害虫死亡。

多杀菌素属低毒杀虫剂。原药大鼠急性经口 LD_{50} >5 000 mg/kg（雌），3 783 mg/kg（雄）。兔急性经皮 LD_{50} >5 000 mg/kg。对兔眼睛有轻微刺激作用，对兔皮肤无刺激性。在试验剂量内对动物无致畸、致突变、致癌作用。

③使用方法　防治小菜蛾，在低龄幼虫盛发期用 2.5% 悬浮剂 1 000~1 500 倍液均匀喷雾，或用 2.5% 悬浮剂 495~750 mL/hm² 加水 300~750 kg 喷雾。防治棉铃虫、烟青虫时在棉铃虫处于低龄幼虫期施药，用 48% 除虫脲多杀菌素悬浮剂 63~84 mL/hm²（有效成分 30~40.5 g），对水 300~750 kg，稀释后均匀喷雾。

④注意事项　本品为低毒生物源杀虫剂，但使用时仍应注意安全防护。本商品应存放于阴凉、干燥、安全的地方，远离粮食、饮料和饲料。清洗施药器械或处置废料时，应避免污染环境。

(3) 其他常用微生物源杀虫剂

其他常用微生物源杀虫剂见表 2-10。

2.10 生物源杀虫剂

表 2-10 部分微生物源杀虫剂

名称	化学结构及化学名称	主要理化性质	毒性	特点及用途
甲氨基阿维菌素苯甲酸盐；埃玛菌素苯甲酸盐；因灭汀苯甲酸盐；Emamectin benzoate; Methylamino abamectin benzoate	4″-表-4″-脱氧-4″-甲氨基阿维菌素苯甲酸盐	纯品为白色固体。熔点 141～146 ℃，溶于丙酮、甲醇，微溶于水，不溶于己烷。对紫外光不稳定	低毒，原药对大鼠急性经口 LD_{50} 121 mg/kg，急性经皮 LD_{50} 1 210 mg/kg。对眼睛黏膜和皮肤有轻度刺激	高效、广谱的杀虫、杀螨剂，具有胃毒、触杀作用，渗透性强。与其他杀虫驱虫药无天交叉抗性，对作物无副作用。可广泛用于林木、花卉、果树、棉花、粮食、蔬菜等作物上害虫和螨类的防治
浏阳霉素；多沃霉素；Liuyangmycin	5,14,23,32-四乙基-2,11,20,29-四甲基-4,13,22,31,37,38,39,40-八氧五环[32,2,17,10,116,19,125,28]四十烷-3,12,21,30-四酮	纯品为无色棱柱状结晶。易溶于苯、醋酸乙酯、氯仿、乙醚、丙酮，可溶于乙醇、正己烷等有机溶剂，不溶于水	低毒，对大白鼠急性经口 LD_{50} > 2 500 mg/kg，经皮 LD_{50} > 2 000 mg/kg。对鱼毒性较高，但对天敌昆虫、家蚕及蜜蜂比较安全。动物试验未见致畸、致癌、致突变性。对眼睛有一定刺激作用	是一种广谱性杀螨剂。对害螨具有强烈触杀作用。可用于防治棉花、茄子、番茄、豆类、瓜类、苹果、桃类、柔树、山楂、花卉等作物的叶螨科、瘿螨科等多种害螨，对蚜虫也有较高活性。不产生抗性。10% 浏阳霉素乳油使用浓度为 800～1 500 倍。多与有机磷、氨基甲酸酯类农药混配使用，以达到增效及扩大杀虫谱的效果
华光霉素；日光霉素；尼柯柯素；Nikkomycin	2-(2-氨基-4-羟基-4-(5-羟基-2-吡啶)3-甲基乙酰氨基-6-(3-甲酰-4-咪唑啉-5-酮)己糖醛酸盐酸	纯品为白色粉末，溶于水和吡啶，不溶于丙酮，乙醇和非极性溶剂	低毒，对大白鼠急性经口 LD_{50} > 5 000 mg/kg。大白鼠急性经皮 LD_{50} > 10 000 mg/kg。动物试验未见致畸，致突变	抗生素类杀螨、杀菌剂。干扰细胞壁几丁质的合成，抑制螨类和真菌的生长。具有高效、低毒、低残留的特点。对作物和天敌安全。可用于林木、果树、蔬菜等害螨防治。防治苹果红蜘蛛以 20～40 mg/L 均匀喷雾；防治柑橘全爪螨以 40～60 mg/L 均匀喷雾。还可用于西瓜枯萎病、炭疽病、韭菜灰霉病、苹果枝叶腐烂病、水稻穗颈瘟、番茄早疫病、白菜黑斑病等病害的防治

小　结

本章主要介绍了用于防治林木害虫、螨类的杀虫剂和杀螨剂。包括这些药剂的作用机制和代谢特点。分别介绍了代表性药剂的化学结构、主要理化性质、毒性、作用方式、防治对象和使用方法。杀虫剂和杀螨剂的品种很多，其中有些品种对高等动物毒性较大，在使用时要根据防治对象的种类以及具体环境选择相适应的药剂、剂型和施药方法，在取得良好防治效果的同时，尽可能地减小对高等动物的危害以及对环境造成的破坏。

思考题

1. 什么是杀虫剂？简述杀虫剂的过去与现状，并分析其未来的发展趋势。
2. 杀虫剂进入昆虫体内的途径有哪些？分别简述它们是如何进入的。
3. 杀虫剂按作用方式可分成哪几类？
4. 举例说明杀虫剂中神经毒剂的作用机制。
5. 比较有机磷杀虫剂及氨基甲酸酯类杀虫剂的主要特点、作用机制的异同点。
6. 乙酰甲胺磷有什么特点？能防治哪些害虫？
7. 喹硫磷有哪些特点？怎样使用？
8. 拟除虫菊酯类杀虫剂的主要特点是什么？试举 5 种常用的品种。
9. 一个理想的杀螨剂应具备哪些特点？试举 3 种常用的专用杀螨剂。
10. 灭幼脲类杀虫剂的作用机制有哪些？使用这类药剂要注意些什么？
11. 尼索朗的防治对象是什么，对哪些生长阶段有效？
12. 克螨特、双甲脒有哪些优点？如何使用？
13. 阿维菌素的作用特点是什么，使用时应注意什么问题？
14. 什么是熏蒸剂？影响熏蒸效果的因子有哪些？
15. 硫酰氟有什么特点？使用时应注意什么问题？

推荐阅读书目

1. 苗建才. 1990. 林木化学保护[M]. 哈尔滨：东北林业大学出版社.
2. 韩熹莱. 1995. 农药概论[M]. 北京：北京农业大学出版社.
3. 赵善欢. 2005. 植物化学保护[M]. 3 版. 北京：中国农业出版社.
4. 沙家骏，张敏恒，姜雅君，等. 1992. 国外新农药品种手册[M]. 北京：化学工业出版社.
5. 唐徐痴，李煜昶，陈彬. 1998. 农药化学[M]. 天津：南开大学出版社.
6. 朱良天. 2004. 农药[M]. 北京：化学工业出版社.
7. 农业部农药检定所. 1989. 新编农药手册[M]. 北京：农业出版社.
8. 农业部农药检定所. 1998. 新编农药手册[M]. 续集. 北京：中国农业出版社.

9. 张宗炳.1987.杀虫药剂的分子毒理学[M].北京：农业出版社.

10. 徐汉虹.2001.杀虫植物与植物性杀虫剂[M].北京：中国农业出版社.

11. 王宁，薛振祥，等.2005.杀螨剂的进展与展望[J].现代农药，4(2)：1-8.

12. 徐汉虹，张志祥，等.2003.中国植物性农药开发前景[J].农药，42(3)：1-10.

13. ERNEST HODGSON. 2004. A textbook of modern toxicology [M]. 3rd Edition. Hoboken, New Jersey, USA：John Wiley & Sons, Inc.

14. SIMON J. Yu. 2008. The Toxicology and Biochemistry of Insecticides [M]. London, England：CRC Press, Llc.

15. ROBERT KRIEGER. 2001. Handbook of Pesticide Toxicology[M]. 2nd Edition. 2-Volume Set. San Diego, California, USA：Academic Press.

16. MOTOHIRO TOMIZAWA, JOHN E CASIDA. 2005. Neonicotinoid insecticide toxicology：mechanisms of selective action [P]. Annual Review of Pharmacology and Toxicology, 45：247-268.

第 3 章
杀菌剂

引起植物病害的病原物主要有真菌、细菌、病毒、类菌原体和寄生性种子植物等。就林木病害而言，真菌所致林木病害种类最多，约占森林病害的 80% 以上，导致木材及木材制品霉变、腐朽的也主要是真菌。

3.1 定义与类型

用于防治植物病害的化学农药通称为杀菌剂（fungicide）。从字义上讲，"杀菌剂"应该是把病菌杀死，但实际上，只有少数几个杀菌剂可以杀死病菌，大多数杀菌剂并没有把病菌杀死。从杀菌剂对病菌作用机制看，有的对病菌有直接毒性，可以抑制病菌菌丝生长或孢子萌发，有的杀菌剂对病菌并无毒性作用，而是改变病菌的致病过程或通过调节植物代谢，诱导（提高）植物抗病能力。所以，杀菌剂一词是广义的，包括了所有能够达到防治植物病害目的的化学物质。

杀菌剂除对病原生物有毒杀或抑制作用外，还必须要求在使用剂量下，对人、畜及其他有益生物及作物是安全的，不会造成环境污染。由于菌体和寄主植物有极其相似的生化代谢过程和酶系统，因此，杀菌剂在植物与病菌之间要具有足够的选择性。在杀菌剂开发和实际应用时也必须注意对作物的药害问题。

按照不同的分类方法，杀菌剂可分为不同的类型。一般按药剂的作用方式、化学类型和使用目的分类。

按化学类型，可分为无机杀菌剂，如硫磺、硫酸铜、波尔多液、石硫合剂、汞制剂等；有机杀菌剂，如生物源杀菌剂（井冈霉素、大蒜素杀菌剂 420）、活体微生物杀菌剂和有机合成杀菌剂。

按作用方式，杀菌剂可分为保护性杀菌剂、治疗性杀菌剂和铲除性杀菌剂。

保护性杀菌剂：在植物感病前施于植物体，由于药剂的覆盖作用而对后来附着上的病原孢子有抑制或致死作用，从而使植物免受侵染。

治疗性杀菌剂：在植物感病以后，可用一些非内吸性杀菌剂直接杀死病菌；或用具内渗作用的杀菌剂渗入到植物组织内部杀死病菌；或用内吸性杀菌剂直接进入植物体内，随植物体液运输传导而起治疗作用。

铲除性杀菌剂：对病原菌有直接强烈杀伤作用的杀菌剂，如多数无机杀菌剂。这类药剂对生长期植物药害严重，故一般用于播前土壤处理、植物休眠期或种苗处理。

按杀菌剂的使用目的，可分为杀真菌剂（fungicides）、杀细菌剂（bactericides）、杀病毒剂(viricides)等。

也可按照杀菌剂在植物体内的传导性,将其分为非内吸性杀菌剂和内吸性杀菌剂。

3.2 发展概况

杀菌剂是在人们对植物病害的本质及其发生和流行规律的正确认识,在无机、有机和生物化学相关基础学科逐步完善的基础上逐步发展起来的,其发展经历了无机化合物、有机合成保护性杀菌剂、有机合成内吸性杀菌剂3个阶段。

在没有获得植物病害是由植物病原菌引起的认识之前,人们将植物病害归结为是上帝对人类的惩罚。直到1845年,也只有少数生物学家认为马铃薯晚疫病是由真菌引起的。为了减少植物病害对人类带来的损失,在长期的生产实践中,人们不断积累和总结控制植物病害的经验,逐步认识到一些天然物质可以用于植物病害的防治。公元前1000年,古希腊诗人荷马(Homer)在著作中曾谈及硫磺的性质及防病作用;我国古代也有大量用天然药物防治作物病害的记载,公元304年,晋代葛洪所著《抱扑子》一书中记载了"青铜涂木,入水不腐",即用氧化铜可以防治木材腐烂;北魏时代贾思勰在著名的古代农书《齐民要术》中记载了用盐处理种子防治植物病害的方法"凡种法先用水淘净瓜子,以盐和之——盐和则不笼死";公元900年左右,中国民间开始使用砷制剂防治蔬菜病虫害。在18世纪中叶至1980年代间,随着植物病害病原学的形成,先后发现了硫酸铜、石灰硫磺合剂、氯化锌等天然物质对植物病害的防治作用。

采用天然药物防治植物病害是一种自发的、根据民间经验进行种子处理或喷洒以减轻植物病害造成农产品损失的行为,虽然发现了一些天然无机化合物的防病作用,但这些天然活性化合物并未形成杀菌剂品种。

(1) 无机化合物阶段——第一代杀菌剂

19世纪中叶,巴斯德建立了植物病原学理论,阐明了植物病害是由植物病原真菌的侵染所致,大大促进了农用杀菌剂品种的形成步伐。1882年,法国波尔大学米亚尔代(P. M. A. Millardet)教授发现波尔多液可用于葡萄霜霉病的防治,开创了人类有意识合成杀菌剂防治植物病害的历史。1885年,波尔多液大规模应用于植物病害的防治,形成了第一个杀菌剂品种;砷酸钙和砷酸铅也相继大规模应用于植物病害的防治。这段时期,杀菌剂品种主要是无机合成化合物,主要品种有波尔多液、硫磺、砷制剂、汞制剂等,其中砷、汞制剂由于毒性问题,已经禁用。波尔多液、硫制剂、石硫合剂等无机杀菌剂,现在仍为杀菌剂的重要品种。杀菌剂商品的形成及应用,促进了杀菌剂的研究和开发。至20世纪初,已在杀菌剂合成、活性筛选、生物测定技术及田间防治植物病害等方面初步形成了较为系统的方法,为杀菌剂品种的进一步研究与开发奠定了基础。

(2) 有机合成保护性杀菌剂阶段——第二代杀菌剂

有机硫杀菌剂是杀菌剂发展史上最早形成的一类有机杀菌剂。1934年,蒂斯代尔(W. H. Tisdale)、威廉姆斯(I. Williams)与马丁(H. Martin)同时报道了二硫代氨基甲酸酯类化合物福美双(thiram)对植物病害的防治作用,很快合成并大规模应用了许多二硫代氨基甲酸盐类杀菌剂,如福美类、代森类杀菌剂。1950年代,杀菌剂新品种的研究开发得到了快速发展。在福美类、代森类杀菌剂广泛应用的同时,有机汞、有机锡、有机砷类杀菌剂,三氯甲硫基类化合物克菌丹(captan)、灭菌丹(folpet),取代苯类杀菌剂六氯代苯(hexachlorobenzene)、五氯硝基苯(quintozene)、氯硝胺(dicloran)、地茂散(chloroneb)、百菌清(chlorothalonil)等品种成功开发,并相继应用于植物病害的防治。

与无机杀菌剂相比,第二代杀菌剂具有较少的作用位点,但仍然属于起杀菌作用的多作用位点杀真菌剂。植物病原菌和植物有极其相似的生化代谢过程和酶系统,多作用位点杀菌剂容易导致植物药害(phytotoxicity),只能施于植物表面,对植物起保护作用,不能进入植物体内,否则容易引起药害。这些杀菌剂又称为传统保护剂。传统保护剂必须在病原菌入侵前使用才能有效,要求全面覆盖整个叶片,并有较长的残留持效期。使用时需要全面喷布,多次重复施药,用药量大。因此,准确预报植物病害的发病时间,是提高传统保护剂防治效果,减低施药量的关键。随着杀菌剂品种的开发和应用及植物病理学的发展,对植物病害的生物学及流行规律的研究也取得了长足进步,建立了病害预测预报技术体系,改进了用药技术,提高了传统保护剂使用时间的准确性,防治效果得到进一步提高。所以福美类、代森类以及百菌清等杀菌剂品种,现在还在大量生产和使用。

(3) 有机合成内吸性杀菌剂阶段——第三代杀菌剂

早在1920年代,科学家就提出植物病害内部治疗的设想。直到1966年加拿大尤尼罗亚尔(Uniroyal)公司开发出第一个内吸性杂环类杀菌剂品种萎锈灵以后,这一设想才得到实现。随后,相继由杜邦(Du Pont)公司和德国巴斯夫(BASF)公司开发出了苯并咪唑类杀菌剂苯菌灵(benomyl)和多菌灵(cabendazim)两个品种,标志着第三代杀菌剂——内吸杀菌剂时代的开始。随着研究开发技术的完善,杀菌剂新品种不断涌现,形成了酰胺类、酰亚胺类、有机磷类、噻唑类、噁唑类、烷基嘧啶类、氨基甲酸酯及硫代氨基甲酸酯类等几大类杀菌剂。其中酰胺类杀菌剂甲霜灵对卵菌病害高效,在植物体内可双向传导,标志着内吸杀菌剂防治卵菌纲病害的开始。目前已商品化多种不同类型的对卵菌纲病害高效的内吸剂。

杀菌剂新品种的开发及应用,蛋白质晶体学、分子生物学以及计算机等相关学科的迅速发展,为杀菌剂机理的研究提供了理论基础及研究方法,使得对杀菌剂作用机理的研究取得了突破性进展。1980年代,以甾醇为靶标开发的甾醇抑制剂,具有高活性和广谱活性、优良的内吸传导性和不易产生抗药性等特点,是目前使用最广泛、品种最多的杀菌剂类型,且新品种不断出现。

1996年,甲氧基丙烯酸酯类杀菌剂嘧菌酯上市,对杀菌剂的发展具有划时代的意义,短短几年就形成了一类新颖杀菌剂。该类杀菌剂防治谱很广,对子囊菌、担子菌、卵菌和半知菌的病害均有很高的活性;可用于茎叶喷雾、种子处理,也可进行土壤处理;具有保护、治疗、铲除、渗透、内吸活性。

内吸杀菌剂能进入植物体内,并在植物体内输导,因此其在植物与真菌之间具有很强的选择性,不会造成药害。内吸剂获得选择性的原因有:第一,植物体内没有药剂的作用靶标和作用位点。如多抗霉素类抑制几丁质的生物合成,植物细胞几乎没有几丁质,因此不会受到多抗霉素的影响。第二,靶标受体对药剂亲和力的差异。如多菌灵和真菌的微管蛋白结合,干扰形成纺锤体微管组装,使细胞不能分裂。而植物细胞的微管蛋白与多菌灵的亲和力较弱,对多菌灵不敏感。第三,药剂对原生质膜渗透性的差异。大多数内吸剂仅在植物细胞的原生质体外的空间和导管组织中传导，药剂对植物细胞膜的渗透性小于对真菌细胞膜的渗透性，植物细胞不易受到药剂的伤害。内吸剂的选择性还可以通过植物和真菌对药剂的积累（排出）、解毒或活化作用等多方面的差异而获得。

内吸性杀菌剂选择性强，对人畜基本无毒；能被植物吸收，可以采用叶面喷施、种子处理、根施等施药方法；杀菌活性高，单位面积的施药量极低，每公顷只用几克至几十克，基本不存在残留。但内吸剂对病原菌的作用机制单一，病原菌在杀菌剂的选择压力下，极易产生抗药性。有些内吸剂使用1~2年后，就出现了严重的抗药性问题。如多菌灵、甲霜灵和嘧菌酯等，均是抗性风险较高的杀菌剂，甾醇抑制剂也存在抗性问题。

三环唑和烯丙苯噻唑等是较早使用的无杀菌毒性化合物。无杀菌毒性化合物在离体条件下对病原菌无毒性，但施于作物后可以防治植物病害。1996年，诺华公司开发的活化酯即属于该类化合物，与其相类似的还有寡聚糖类化合物。无杀菌毒性的化合物不直接作用于病菌，病菌不易产生抗药性，是值得关注的杀菌剂发展方向。

3.3 使用原理

林木与其病原物在环境因子的作用下，相互适应和相互斗争导致了病害的发生和发展。林木病害防治就是通过人为干预，改变林木、病原物与环境的相互关系，减少病原物数量，削弱其致病性，保持与提高植物的抗病性，优化生态环境，以达到控制病害的目的，从而减少植物因病害流行而蒙受的损害。林木病害的化学防治原理包括化学保护、化学治疗和化学免疫3个方面。

（1）化学保护

化学保护是指病原菌侵入寄主植物之前使用杀菌剂将病菌杀死或阻止其侵入，使林木避免受害而得到保护。化学保护一般有两个途径，即在接种体来源施药和在可能被侵染的林木表面施药。

接种体来源包括病菌的越冬越夏场所、中间寄主、带菌土壤、带菌种子、繁殖材料和林间发病中心。从理论上讲，给接种体来源施药是一种简便易行又比较彻底的防治措施，但1970年代以前使用的杀菌剂很难达到理想的防治效果。这是由于病菌子实体或其他繁殖体对不良环境（包括杀菌剂）的抵抗能力很强，很难彻底被杀死。只要少量存活，在适宜条件下仍会造成病害流行。广泛使用内吸杀菌剂后，清除病菌的效果大大提高。如用苯来特、甲基托布津作冬季清园和早春喷洒花梗、树干，能使桃缩叶病和桃褐腐病得到完全控制。特别是高效、持效期长的三唑类杀菌剂用作种衣剂，进行土壤处理、浸苗或苗期喷洒，可有效防治苗期病害，如松、杉、花卉等猝倒病和立枯病。

对大多数气流传播的叶丛病害，叶面施药是最有效的化学保护途径。施药使植物表面形成一层均匀药膜，病菌孢子不能萌发侵入。内吸性杀菌剂由于能被植物吸收，所以再分布能力好，喷药次数和用药量均比保护性药剂少。无杀菌毒性的化合物三环唑、烯丙苯噻唑和活化酯，施于作物后可以使作物获得或提高抗病能力。由于诱导寄主抗病性需要一定的时间，所以必须进行保护性施药。

(2) 化学治疗

林木感病后施药，利用药剂的内吸传导性到达染病部位，使病害得到治疗。化学治疗比化学保护困难得多，真正由于内部治疗作用而使植物病害得到控制的化学防治，是在内吸性杀菌剂出现和广泛使用后才实现的。局部化学治疗、表面化学治疗和内部化学治疗是化学治疗的3种类型。

局部化学治疗，是果树、林木干部病害（如杨树烂皮病、苹果腐烂病）常用的"外科治疗"方法。把腐烂部用刀刮去至健康部分，刮去病部时应直切，伤口呈菱形（图3-1）。伤口用药剂消毒，再涂防水剂或杀菌膏剂。或者用刀将病斑划破，需深达木质部，周围超出病斑2cm左右，再涂防水剂或杀菌膏剂。杀菌膏剂一般含有内吸性杀菌剂和成膜剂，成膜后可防止水分进入伤口，也可在其中加入生长调节剂，如萘乙酸或"920"，以促进伤口愈合。

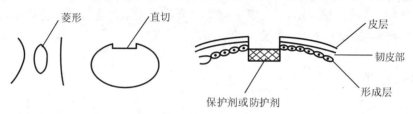

图 3-1　刮除病斑的伤口形状和药剂涂抹部位示意图（仿苗建才，1998）

对主要附着在植物表面的病菌，如白粉病菌，可使用石硫合剂或喷洒硫磺粉，以杀死表面病菌；对在植物角质层与表皮之间活动的病菌，如苹果黑星病菌可使用渗透性较强的杀菌剂，也可起到杀菌治疗作用。用于表面化学治疗的杀菌剂不一定具有内吸作用。

内部化学治疗是严格意义上的化学治疗，即药剂能进入已感病的植物体内，使病害得到控制。能用于内部化学治疗的药剂均要求具有内吸活性。杀菌剂进入植物体内后，可通过两种方式防治病害：一是药剂对病菌直接起毒杀作用、抑制作用或影响病菌的致病过程；二是药剂影响植物代谢，改变植物对病菌的反应而减轻或阻止病害的发生，即提高对病菌的抵抗能力。

(3) 化学免疫

免疫是一种生物固有的抗病能力，这种抗病性是可以遗传的。化学免疫是利用化学物质使植物产生这种抗病性。目前比较肯定的具有化学免疫功能的化合物有2,2-二氯-3,3-二甲基环丙羧酸、乙膦铝和烯丙苯噻唑等3种化合物。

3.4　使用方法

在日益强调森林的生态功能的今天，森林病害化学防治时要考虑的问题越来越复杂。首先要明确防治对象病原菌的传播途径，再确定防治策略，以达到有效、经济、安全的目的。决定用药的原则可概括为：根据对象病原菌种类选择最便宜的有效药剂；采用较低的使用量；最少的施药次数；使用简便的施药方法。

林木树体高，面积大，在进行林木病害防治时，还应根据具体情况采用有效的施药方法。一般采用的方法有林间树体喷药、种苗消毒、土壤处理和个别或局部处理。

(1) 林间树体喷药

树体喷药是指在生长的树木上喷洒杀菌剂，这是林木病害防治的主要手段。由于致病病原物是极微小的生物，它的活动难于掌握和观察，所以，对林木病害进行准确的预测预报，是适时、合理和科学用药的关键。进行林间喷药时，应注意以下问题：

①首先从树木、病原菌和药剂三个要素考虑，林木和病菌种类决定了采用的药剂种类和使用浓度，寄主的发育期、耐药性及病害发生阶段决定药剂的使用剂量。在病害发生的不同时期，应选择保护性杀菌剂或内吸杀菌剂。同种病害在不同的林木上发生，要根据林木种类选择不同的杀菌剂。在使用铜制剂和硫磺制剂时，要注意使用浓度，以免发生药害。施药剂量的确定，除考虑寄主和病害因素，还应注意药剂的剂型和施药时的气候因素。

②施药时期和次数。森林是一个相对稳定的生物群落，多数病害的发生期与寄主的发育阶段密切相关。对这些病害及经济价值和生态意义较高的树木病害，可根据病害的发生及流行规律制定出防治病害的施药时期，进行适时施药。林木病害的发生规律及在此基础上得到的病害测报是防治的关键。使用保护剂的最好时机是在病菌开始侵入寄主的前夕；治疗剂的施药时间要求不很严格，但为了将病害造成的损失减至最小，也应以早治为原则。对容易造成流行的病害，应在蔓延前控制其发展；有些病害发展比较缓慢，但在森林中经常发生，如针叶树落叶病，可以在病害发生并有发展趋势时喷药。气候条件直接影响施药时机的选择。在阴雨天，很多病害容易流行，应抓紧防治，但下雨会冲刷掉药剂，黏着性较差的制剂雨后要及时补喷。许多病害在林木的整个生长季节可以多次侵染，防治时往往需要多次喷药。

(2) 种苗消毒

种苗带菌是林木病害的主要传播途径之一，许多检疫病害的传入是由种苗的调拨、运输引起的。种苗消毒不仅防止由种苗传播病菌，也可以防止土传病菌的侵入，是林木病害检疫的重要措施。种苗消毒包括对林木的种子、果实、播条、接穗、苗木及其他繁殖器官的药剂处理。常用的方法有浸液法、拌种法、种衣法。

①浸液法　可用于浸种、浸蘸苗木或其他繁殖体。最早使用的是有机汞杀菌剂。浸液所用的杀菌剂必须是真溶液或乳浊液，一般不使用悬浮剂（着药不匀，易造成药害）。药剂浓度和时间是浸液法的关键，否则会影响药效或产生药害。为此，药剂种类、种苗类型和病菌所在部位都应作全面考虑，最好参考以往的文献和经验。浸液法的优点是药效好，大批量处理时比较节省药剂。缺点是操作复杂、技术性强，很难把药剂浓度和处理时间掌握到既能达到消毒效果、又不造成药害的程度。尽管如此，浸液法仍是防治苗木根部病害和根茎病害的主要方法。

②拌种法　拌种用的药剂一般是粉状的，所用种子必须较为干燥，才有利于种子表面都能均匀粘附上药剂，用药量是种子的 0.2%~0.5%。三唑类杀菌剂拌种只用种子量的 0.01% 左右。为了防止在拌种时药粉飞散污染环境，大量拌种时应该用拌种箱（机），小量可用塑料袋进行。药粉和种子要分别分次加入（3~4 次），封盖（口）后充分混合。为了保证药效、节省药剂，有时可以提早拌种以延长作用时间，视种子和药剂情况，可提早数月乃至 1 年。内吸性杀菌剂出现以后，近年来又出现了一种新的拌种方法——湿拌法。即将药粉用少量的水湿润，然后拌种；或将干的药粉拌在湿的种子上，使药粉粘在种子表面，待播种之后，药剂慢慢溶解并吸收到植物体内向上传导。

③种衣法　用种衣剂对种子包衣的方法。经过处理的种子在其表面包上一层药膜，种衣剂中的黏结剂可使药剂不易从种子表面脱落。播种后药剂慢慢溶解，连续不断地进入植物体内，从而维持较长时间的防病作用，甚至转运到地上部分防治气流传播的病害。用于种衣剂的药剂作用方式不同，有的起保护作用，有的进入植物体而起治疗作用。种衣剂在林木种子处理中还未大面积应用。

(3) 土壤处理

土壤是许多病原菌(包括线虫)栖居之处，是许多病害初次侵染的来源。如苗木猝倒病、茎腐病、白绢病和根癌病等。土壤处理显然是防治这些病害的重要方法。保护性杀菌剂在土壤中使用可保护苗木免受土壤病菌的侵染或在种植前铲除土壤中的病原菌。内吸性杀菌剂由于较高的选择性，可用来处理栽种在染病林地上的苗木，防治土壤传染的病害，也可通过苗木根部吸收转运至地上部分，防治气流传播的病害。

用化学药剂处理土壤时，除根据病害种类选择适宜的药剂外，首先应考虑如何使药剂在土壤中均匀分布，即药剂在土壤中浸透或扩散的问题。土壤的种类不同，对药剂的吸附性能存在很大差异，从而影响其扩散和滞留。黏土中含水量过多，可直接影响气体药剂的扩散，还会由于土粒不易打碎而影响药剂分布的均匀性。含有机质过多的土壤，对药剂的吸附性较强而使药剂分布不均匀，在土壤中施药后，药剂气体向各个方向扩散，一般向上扩散比向下扩散快，因此，有时药剂仅能存在于通气性强的表层土壤中，并扩散进入大气，在植物的根部达不到足以杀菌的浓度。为了避免这种现象，可以于施药后在土面上加覆盖物或灌入高出土面约3cm的水层。为了保证对植物的安全，土壤处理后需要一定的候种期，即土壤施药和栽种植物之间的间隔期。间隔长短根据药剂、土壤种类、土壤温度、种苗对药剂的敏感性和气候条件确定，一般应有2~3周的时间。

土壤处理施药有以下方法：

①浇灌法　用水稀释杀菌剂，使用浓度与叶丛喷雾浓度相仿，单位面积所需药量以能渗透到土壤10~15cm深处为宜。当用于防治苗木猝倒病、根腐病或土表感染的病害，宜采用较少量限浓度的药液。

②犁沟或犁底施药　将药液或药粉施在第一犁沟内，盖以第二犁翻上来的土壤。这种方法简便易行，特别适合于处理不是很黏重的易碎土壤，过于黏重的土壤，盖土很难平整均匀，防治效果较差。此施药法要求药剂有较高的蒸气压。

③撒布法(翻混法)　将药剂尽可能均匀地撒布土壤表面(也可结合施肥进行)，随即与土壤拌匀。此法可用于挥发性较低的药剂，如敌克松、棉隆等。

④注射法　用土壤注射器每隔一定距离注射一定量的药液，每平方米25个孔(孔深15~20cm)。每孔注入药液10 mL。药液浓度可根据药剂种类、土壤湿度和病菌种类而定。

(4) 个别或局部处理

许多林木病害是单株、分散发生的，如根部病害、枝干部病害以及某些初发病害，可以采用个别或局部处理方法进行防治或清理，以挽救病树或消灭侵染源及发病中心。采用的具体措施包括单株喷药、局部土壤消毒或更换土壤、局部化学治疗等。随着内吸性杀菌剂的使用，出现了树干注射施药以防治树木根部、枝干部和叶部病害的施药方法，特别适合于高大林木的病害防治。如树干注射丙环唑、戊唑醇防治松树溃疡病、林木枯萎病等。

3.5 作用机理

1950 年代末，J. G. Horsfall 在其著作 *Principles of Fungicidal Action* 中，对杀菌剂的作用机理进行了全面的论述。受当时实验技术和生物学科发展水平的限制，对药剂的作用机理的认识是很初步的。随着生物化学和分子生物学等基础学科的发展，化学分析技术和电子显微镜的普遍使用，从病原菌的形态、生理生化和分子等不同水平，研究杀菌剂的作用机理。1980 年代，病原菌抗药性问题日益严重，对抗药性机理的研究以及在分子水平上阐述病原菌与植物的互作关系，也促进了对杀菌剂作用机理的认识。

杀菌剂作用机理研究需要多学科知识和技术，存在着较大的难度和复杂性，目前只有少部分杀菌剂的作用机理得到证实。杀菌剂作用机理可概括为对菌体细胞结构和功能的破坏、影响体内能量的转化、抑制或干扰病菌细胞内的生物合成及对病菌的间接作用等。

3.5.1 对菌体细胞结构和功能的破坏

（1）对菌体细胞壁的影响

真菌和细菌的细胞壁由微纤丝和无定形物质组成，真菌细胞壁的微纤丝主要是几丁质和纤维素，而细菌的主要是肽多糖。对真菌而言，几丁质受损是对细胞壁的严重损害，细胞壁的其他组分的改变也会使菌体细胞壁发生变化，导致菌体中毒。当菌体细胞结构和功能受到破坏时，真菌会表现出孢子芽管粗糙、末端膨大、扭曲畸形，菌丝生长缓慢或过度分枝；细菌则表现为原生质裸露等中毒症状，继而细胞死亡。

目前应用的许多杀菌剂均会对细胞壁的形成或功能起破坏作用，不同种类药剂的作用位点概括于图 3-2。

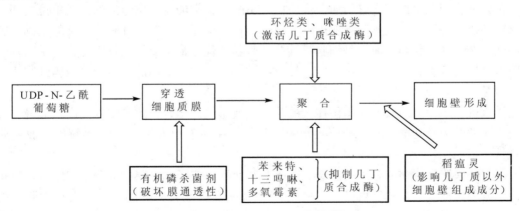

图 3-2 杀菌剂对真菌细胞壁形成的影响（仿赵善欢，2000）

① 对几丁质合成的影响　真菌中的子囊菌、担子菌和半知菌的细胞壁主要成分是几丁质。几丁质的前体 N-乙酰葡萄糖氨（GlcNAc）及其活化是在细胞质中进行的，然后输送到细胞膜外侧，在几丁质合成酶的作用下合成几丁质。几丁质的合成过程为：

N-乙酰葡萄糖氨(GlcNAc) ⟶ N-乙酰葡萄糖氨-6-磷酸 $\xrightarrow{\text{UTP} \quad \text{Pi}}$ UTP-GlcNAc

UTP-GlcNAc+(GlcNAc)$_n$ $\xrightarrow{\text{几丁质合成酶Mg}^{2+}}$ (GlcNAc)$_{n+1}$+UTP

苯来特、十三吗啉、多氧霉素可以竞争性抑制几丁质合成酶，干扰几丁质合成，菌体细胞缺乏几丁质而无法组装细胞壁，生长受到抑制。卵菌的细胞壁主要成分是纤维素，不含几丁质，所以几丁质合成抑制剂对卵菌无活性。

②对肽多糖生物合成的影响　细菌的细胞壁主要成分是肽多糖，青霉素的作用机理是与转肽酶结合，抑制肽多糖的合成，阻止细菌细胞壁的形成。

③对黑色素生物合成的影响　黑色素是许多植物病原真菌细胞壁的重要组分之一，其生物功能是利于细胞抵御不良环境。真菌为侵入植物而形成的附着孢壁最内层沉积有黑色素，以保证病菌侵入时维持强大的渗透压。无黑色素的附着孢，不能形成侵染钉，无法侵入植物。早期用于防治稻瘟病的稻瘟醇(Blastin，1950年代出现，后因有药害问题停用)和稻瘟酞(Fthalide，1970年代)，现已阐明两者的防病机理都是影响病菌对植物的穿透效能。四氯苯酞、三环唑、丰谷隆等杀菌剂的主要靶标部位是抑制1,3,6,8-四羟萘酚还原酶和1,3,8-三羟萘酚还原酶的活性；环丙酰菌胺和氰菌胺等是抑制小柱孢酮脱水酶的活性，使真菌附着孢黑色素的生物合成受阻，失去侵染寄主植物的能力。当前黑色素合成抑制剂最具有实际意义的品种是三环唑。

此外，组成细胞壁的其他物质如蛋白质、脂肪和果胶，也会受到杀菌剂的影响而致细胞壁异常。稻瘟灵的作用是减少脂类物质的合成，影响细胞壁的形成；丙酰胺则影响卵菌纤维素的合成使细胞壁形成受阻。

(2) 破坏菌体细胞膜

菌体细胞膜是由许多含有脂质、蛋白质、甾醇、盐类的亚单位组成的，亚单位之间通过金属桥和疏水键连接。细胞膜各亚单位的精密结构是保证膜的选择性和流动性的基础。膜的流动性、选择性吸收与排泄则是细胞膜维护细胞新陈代谢最重要的生物学性质。杀菌剂对细胞膜的破坏使细胞膜失去其生物功能，导致细胞死亡。目前应用的杀菌剂对菌体细胞膜的破坏机理是：

①有机硫杀菌剂与膜上亚单位连接的疏水键或金属键结合，致使细胞膜出现裂缝、孔隙而失去正常的生理功能；含重金属元素的杀菌剂，作用于细胞膜上ATP水解酶，改变膜的通透性。

②对卵磷脂和脂肪酸合成的影响。磷脂和脂肪酸组成了细胞膜的双分子层结构。有机磷杀菌剂异稻瘟净、敌瘟磷等可抑制S-腺苷高半胱氨酸甲基转移酶的活性，阻止细胞膜的卵磷脂生物合成过程；稻瘟灵的作用靶标是脂肪酸生物合成的关键酶乙酰辅酶羧化酶，干扰了脂肪酸的合成。卵磷脂和脂肪酸合成受到影响，膜的通透性遭到破坏。

③对麦角甾醇生物合成的影响。麦角甾醇是真菌生物膜的特异性组分，对保持细胞膜的完整性、流动性和细胞的抗逆性等具有重要作用。可影响麦角甾醇生物合成的杀菌剂是目前应用最多的杀菌剂类型，包括吡啶类、嘧啶类、吗啉类、哌嗪类、咪唑类和三唑类。吗啉类是影响甾醇生物合成过程中△8-双键异构化，抑制△14异构酶；三唑类等杀菌剂均抑制甾醇

生物合成过程中由细胞色素 P450 催化进行的 C_{14} 上的脱甲基，使麦角甾醇的 C_{14} 脱甲基不能进行。

麦角甾醇不仅参与细胞膜的结构，其代谢产物还是相关遗传信息表达的信息素，因此，麦角甾醇生物合成抑制剂可以引起真菌多种中毒症状。

(3) 破坏菌体内一些细胞器或其他细胞结构

细胞内还有其他细胞器，如线粒体、核糖体、纺锤体等，这些细胞器担负的生理代谢功能不同，杀菌剂对细胞器的作用都会导致菌体细胞代谢的深刻变化，这与药剂对细胞器代谢过程的干扰密切相关。

3.5.2 影响菌体内能量的转化

生物能量是病菌一切生命活动的基础。杀菌剂影响菌体能量代谢，将导致病菌生命活动的减弱或终止。菌体不同生长发育阶段对能量的需要量不同，孢子萌发比维持菌体生长所需的能量大得多，因而能量供应受阻时，孢子不能萌发。菌体所需能量来源于其体内糖、脂肪或蛋白质在酶作用下的生物氧化。菌体内物质的降解途径有：酵解、有氧氧化和磷酸戊糖途径(图 3-3)。由于糖酵解提供的能量很少，杀菌剂干扰糖酵解途径对菌体能量的生成意义不大。杀菌剂对菌体能量生成的影响主要是对有氧氧化(有氧呼吸)的影响，包括对乙酰辅酶 A 形成的干扰、对三羧酸循环的影响，对呼吸链上氢和电子传递的影响，以及对氧化磷酸化的阻碍和解偶联作用。生物细胞的有氧呼吸在线粒体上进行，对线粒体有破坏作用的杀菌剂均会干扰有氧呼吸而破坏能量生成。

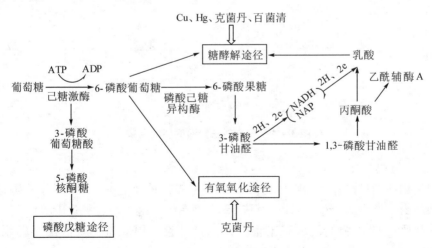

图 3-3 杀菌剂对糖酵解、有氧氧化和磷酸戊糖途径的影响(仿赵善欢，2000)

(1) 对乙酰辅酶 A 形成的影响

细胞质内糖酵解产生丙酮酸渗透进入线粒体，在丙酮酸脱氢酶的作用下形成乙酰辅酶 A，然后进入三羧酸循环进行有氧氧化。有机磷杀菌剂克菌丹可以抑制丙酮酸脱氢酶的活性，影响丙酮酸脱羧形成乙酰辅酶 A，造成大量丙酮酸积累。克菌丹的作用位点是丙酮酸脱氢酶系中的硫胺素焦磷酸(TPP)。氧化态的硫胺素焦磷酸(TPP^+)才能接受乙酰基。克菌丹和 TPP⁺ 反应，至 TPP⁺ 结构破坏，失去转乙酰基作用而使乙酰辅酶 A 不能形成。

(2) 对三羧酸循环的影响

三羧酸循环在线粒体中进行，参与三羧酸循环每个反应过程的酶分布在线粒体膜、基质和细胞液中。对三羧酸循环有影响的杀菌剂主要是对这些关键酶活性的抑制，使相关的代谢过程不能进行(图3-4)。如福美双、克菌丹、硫磺、二氯萘醌等能使乙酰辅酶 A 失活；有机硫代森类和 8-羟基喹啉等能与三羧酸循环中的乌头酸酶螯合，使酶失去活性；α-酮戊二酸脱氢酶的辅酶是硫胺素焦磷酸(TPP)，所以克菌丹也可以抑制 α-酮戊二酸脱氢酶的活性；硫磺、萎锈灵能抑制琥珀酸、苹果酸脱氢酶的活性；含铜杀菌剂能抑制延胡索酸酶的活性。

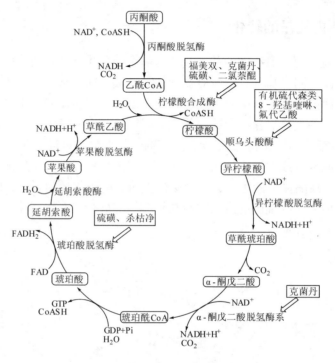

图 3-4　杀菌剂对三羧酸循环的影响

(3) 对呼吸链的影响

ATP 是生物体能量贮存库，在生物体中 ATP 主要在呼吸链中形成。1 分子葡萄糖完全氧化时，在细胞内可产生 36 分子 ATP，其中 32 个是在呼吸链中通过氧化磷酸化形成的。抑制或干扰病菌呼吸链的杀菌剂常表现出很高的杀菌活性，甲氧基丙烯酸酯类即属于该类杀菌剂。

如图 3-5 所示，呼吸链的复合物Ⅰ、Ⅱ、Ⅲ、Ⅳ四个部位均有杀菌剂的作用位点：敌枯双是通过抑制辅酶Ⅰ的合成而破坏呼吸链的功能；敌克松会强烈抑制辅酶Ⅱ与呼吸链细胞色素 C 氧化酶之间的电子传递，作用位点接近 NADH 脱氢酶系的黄素酶(FMN)部分；萎锈灵则作用于复合物Ⅱ中琥珀酸脱氢酶到辅酶 Q 之间的非血红铁硫蛋白；抗霉素作用于复合物Ⅲ的辅酶 Q 还原位点；甲氧基丙烯酸酯类杀菌剂作用于复合物Ⅲ的辅酶 Q 氧化位点。

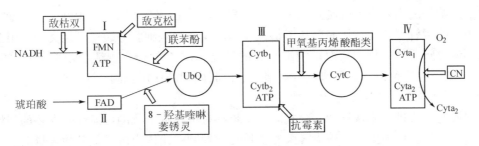

图 3-5 杀菌剂对真菌线粒体呼吸链的作用位点(仿赵善欢，2000)

(4)对脂质氧化的影响

脂肪是菌体内能量代谢的一类重要物质，对脂质氧化的影响也是杀菌剂的作用机理之一。菌体内脂质氧化主要是 β-氧化，在辅酶 A 参与下，进行脂肪酸羧基的第二个碳的氧化，生成酯酰辅酶 A 和乙酰辅酶 A，乙酰辅酶 A 进入三羧酸循环，酯酰辅酶 A 继续进行 β-氧化。能影响辅酶 A 活性的杀菌剂如克菌丹、二氯萘醌均会影响脂肪的氧化。二甲酰亚胺类和环烃类杀菌剂都会增大线粒体膜和内质网膜上的过氧化反应，但在毒性上两类杀菌剂不完全相同，环烃类可使细胞膜加厚，二甲酰亚胺类则不会。

(5)对氧化磷酸化的影响

物质氧化与 ADP 分子磷酸化是偶联的，称为氧化磷酸化偶联反应。氧化磷酸化是生物体内产生三磷酸腺苷(ATP)的反应过程，其实际过程和机理非常复杂，至今并不是十分清楚，因此杀菌剂对氧化磷酸化反应过程的影响也只是一般的推论。二硝基酚类和离子载体类药剂会改变线粒体内膜的通透性，从而消除了内膜内外两侧原来形成的 H^+ 浓度差和电位差，使氧化磷酸化解偶联，电子传递照常进行而不生成 ATP。铜、砷、锡、汞等杀菌剂能直接影响 ATP 酶的活性，抑制氧化磷酸化反应。

3.5.3 对代谢物质的生物合成及其功能的影响

杀菌剂影响菌体代谢物质的生物合成可归属为抑菌作用，内吸杀菌剂多数起抑菌作用，主要影响代谢物质的生物合成。

(1)杀菌剂对菌体核酸合成和功能的影响

①苯来特、多菌灵等苯并咪唑类杀菌剂与菌体内核酸碱基的结构相似，在菌体细胞中可以代替核苷酸的碱基，形成"掺假的核酸"，使正常的核酸合成和功能受到影响。

②放线菌素 D、丝裂霉素会影响真菌核酸的聚合，放线菌素 D 与菌体 DNA 鸟嘌呤结合，与 DNA 形成复合体，阻碍 RNA 聚合酶的功能，抑制 RNA 的合成，特别是 mRNA 的合成。

③甲霜灵的作用机制是专化性抑制 rRNA 的合成。担负细胞内核苷酸聚合的有三种 RNA 聚合酶，Ⅰ类主要负责核糖体 rRNA 的合成，Ⅱ类用于 mRNA 的合成，而Ⅲ类用于 tRNA 和 5sRNA 的合成。甲霜灵对三种酶有选择性抑制作用，对聚合酶的影响最大，主要抑制核糖体 rRNA 的合成，造成三磷酸核苷的大量积累。

④对细胞分裂的影响。苯并咪唑类杀菌剂苯来特、多菌灵和甲基硫菌灵等杀菌剂主要影响菌体内微管的形成进而影响细胞分裂。在植物体内，苯来特和硫菌灵都转换成多菌灵起作

用。这类杀菌剂的主要作用机制是多菌灵和微管蛋白的 β-微管相结合,阻止了微管的组装,或使已组装的微管解装配,从而破坏了纺锤体的形成,影响细胞分裂;环烃类和二甲酰亚胺类杀菌剂诱导脂质过氧化,从而影响细胞膜的功能、RNA 的转运,还会影响 DNA 的功能,出现 DNA 断裂和染色体畸形,有丝分裂增加。但其确切的作用机制还不清楚。

(2) 杀菌剂对蛋白质合成和功能的影响

蛋白质的合成机制非常复杂,合成的每一步都有被药剂干扰的可能性。很多药剂处理病菌后,常表现为菌体中蛋白质减少,菌的生长受到抑制;菌体内游离氨基酸含量增加;细胞分裂不能正常进行。如春雷霉素与稻瘟菌核糖体的 40S 或 30S 小亚基结合,使核糖体蛋白质不能再与 mRNA 结合,影响蛋白质的合成。链霉素可以影响线粒体上蛋白质的合成,但不影响细胞质中蛋白质合成,真菌的细胞质是其蛋白质的主要合成部位,所以链霉素对真菌的活性低。

3.5.4 对病菌的间接作用

有些杀菌剂在离体条件下对病菌孢子萌发和菌丝生长没有抑制作用,或作用很小,施用于植物后(活体)却对植物病害表现出很好的防治效果,称为无杀菌毒性药剂。其防治植物病害的机理不是直接毒杀病原菌,而是干扰病菌致病的关键因素,或者提高植物的抗病性,因此将无杀菌毒性药剂分为影响致病力和激活植物抗病性两大类。这类药剂具有更高的选择性,对非靶标生物和环境危害极小;诱导产生的植物抗病性比其他直接作用于病菌的杀菌剂作用更持久;由于这类药剂对病菌没有毒性,不会使病菌在生理生化方面产生深刻的变化,故不易产生抗药性。

三环唑是典型的黑色素合成抑制剂,除了抑制附着孢黑色素生物合成,阻止稻瘟病菌对水稻的穿透侵染以外,还能够在稻瘟病菌已侵染时诱导水稻体内超氧化物阴离子自由基的产生和抗病性相关酶的活性,并可抑制稻瘟病菌的抗氧化能力。所以三环唑在水稻上防治稻瘟病的有效剂量远远低于离体条件下对黑色素合成的抑制剂量。

三乙膦酸铝在离体条件下对病菌生长发育几乎没有抑制作用,施于番茄则可以防治疫霉(*Phytophthora infestans*)引起的番茄晚疫病,但在马铃薯上不能防治由同种病菌引起的马铃薯晚疫病。这是由于三乙膦酸铝在番茄体内可以降解为亚磷酸发挥防病作用,而在马铃薯内则不能转化为亚磷酸。

活化酯和烯丙苯噻唑属于植物防卫激活剂。活化酯是第一个商品化产品,可诱导激活植物系统性获得抗病性。在离体条件下,800 μg/mL 的烯丙异噻唑对稻瘟病菌仍无抗菌活性;但在水稻活体上,10 μg/mL 即可抑制稻瘟病菌的侵染,经药剂处理的稻株提取物中含有抑制孢子萌芽的物质,同时其过氧化酶的活性也有增强。烯丙异噻唑能通过刺激水稻活性氧 O_2^{-1} 的产生而诱导 PBZ1 基因的表达,启动寄主的防卫反应。近年来在有机酸、核苷酸、小分子蛋白等诱导植物抗病性研究方面取得了很多新成果,尤其是水杨酸诱导植物抗病性已在生产中应用,β-氨基丁酸也有这种功能。

生物体内的各种生理生化过程是相互联系的,上述杀菌剂的作用机理绝不是孤立的。菌体内能的生成受阻,最终必然干扰菌体的生物合成,药剂对菌体细胞的破坏也会导致细胞代谢的深刻变化。

3.6 无机杀菌剂

3.6.1 概况

以天然矿物为原料,加工制成的具有杀菌作用的元素或无机化合物,称为无机杀菌剂。多为保护性杀菌剂,缺乏渗透和内吸作用,一般用量较高(汞制剂除外),对作物安全性较差,对敏感性作物易产生药害。按其所含重要元素可分为三大类:无机硫、无机铜和无机汞杀菌剂。如元素硫的各种制剂、石硫合剂、硫酸铜、波尔多液、碱式碳酸铜、升汞、甘汞、氧化汞和碘化汞等。无机硫杀菌剂主要防治多种作物的白粉病、小麦锈病、苹果黑星病和炭疽病等;无机铜杀菌剂用来防治多种作物的霜霉病、炭疽病等;无机汞杀菌剂已禁用。近年来有些种类在剂型、药粒细度、辅助剂性质等方面进行改进,以新的面貌出现在市场上,如古老的铜制剂氧化亚铜为 Copper Sandoz(靠山)取代。

3.6.2 代表性品种

(1)波尔多液

别名:碱式硫酸铜;硫酸铜—石灰混合液。

英文名称:Bordeaux mixture;Tri-basic copper sulfate;Copper Hydro-Bordo;Ortro-Bordo Mixture。

①理化性质

分子式:$CuSO_4 \cdot xCu(OH)_2 \cdot yCa(OH)_2 \cdot zH_2O$。

外观与性状:不透明悬浮液,呈松绿色。

溶解性:几乎不溶于水。

稳定性:波尔多液是一种天蓝色的胶状悬液,刚配好时悬浮性很好,但放置过久悬浮的胶粒会相互聚合沉淀并形成结晶,性质也会发生变化,所以波尔多液必须随配随用,不能贮存。波尔多液具碱性,对金属容器有腐蚀作用。

②生物活性与使用方法 波尔多液是一种良好的保护剂,喷于植物表面后形成一层薄膜,黏着力很强,不易被雨水冲刷,持效期可达 15 d 左右。如用 0.5%~1.0%(以 $CuSO_4 \cdot 5H_2O$ 计)浓度喷雾,可防治林木及果树的霜霉病、绵腐病、炭疽病、黑星病、落叶病、叶锈病,苗木的猝倒病、立枯病,细菌引起的柑橘溃疡病,花卉的黑斑病、灰霉病、褐斑病、叶霉病等。波尔多液可用作枝干病害的伤涂剂。波尔多液杀菌谱很广,用于叶丛喷雾。对细胞壁富含纤维素的低等真菌(如霜疫霉菌)有特效,亦能有效降低某些细菌病害(如柑橘溃疡病)的发生;但对细胞壁以角壳质为主的白粉菌效果甚差。应特别注意的是,长期使用铜剂会导致螨类猖獗。

波尔多液对林木比较安全,微量的铜能促进叶绿素合成,有延长生长期、增加蒸腾量的作用。李、桃、梨及某些苹果品种对波尔多液敏感,特别是在植物生长旺季、高温、高湿的条件下,由于铜的解离度及叶表面渗透能力的变化,易产生药害。在高温干旱条件下,对石灰敏感的植物易造成药害。此药对人、畜低毒。

配合量：波尔多液有多种配合量，应根据作物和病害种类选用。柑橘上使用1%波尔多液：硫酸铜 1 kg，生石灰 1 kg，水 100 L 配制而成，这种硫酸铜和生石灰质量相等的称为等量式波尔多液。在葡萄上使用0.5%倍量式波尔多液：硫酸铜0.5 kg，石灰为硫酸铜的2倍。豆类作物上使用0.5%等量式波尔多液。蕉类使用黏着力特别强的波尔多液（硫酸铜 1 kg，生石灰 0.3~0.4 kg，水 100 L）。外科治疗腐烂病可使用波尔多浆（硫酸铜 1kg，生石灰 3 kg，水 15 L，另加动物油 0.4 kg）涂在伤口表面。

(2) 石硫合剂

英文名称：lime-sulphur; eau grison; dow lime-sulfur; farmrite lime-sulfur solution。

化学名称：多硫化钙。

①理化性质

分子式：$CaS_2 \cdot S_x (x = 1 \sim 5)$。

外观与性状：橙色至樱桃红色的透明水溶液，有强烈的硫化氢气味。密度 1.28（15.5 ℃）。

稳定性：呈碱性，遇酸分解。在空气中易被氧化，特别在高温及日光照射下，更易引起变化，而生成游离的硫磺及硫酸钙。故贮存时要严加密封。

理化特性：褐色透明液体，具有强烈的臭鸡蛋味，密度 1.28（15.6 ℃）；含 $CaS \cdot S_x$ 不少于 74%（v/v），并有少量 CaS_2O_3。

剂型：石硫合剂现成的商品极少，通常是需要时用生石灰、硫磺加水熬制而成的一种深棕红色透明液体。配制比例为生石灰：硫磺：水 = 1:2:(13~14)。熬制时，须选用瓦锅或生铁锅，不用铜锅或铝锅，否则易腐蚀损坏。首先将生石灰、硫磺粉和水按比例称好备用。把称好的生石灰放入锅内，用少量水化开，调成糊状再用少量水配成石灰乳。去除杂质后兑入足量水（即 1 份石灰对 13~14 份水），烧沸腾时将硫磺粉（如用块状硫磺，熬制前一定粉碎成细粉）加水调成糊状，慢慢加入石灰乳中，搅拌均匀后，加猛火熬煮。至沸腾后 45~60min，待药液呈深枣红色、渣子变黄绿色时停火，冷却后用纱窗布滤出渣子，即为石硫合剂原液。熬制质量高的石硫合剂，除选择优良的生石灰和硫磺外，还必须注意，熬煮时火力要强，不停地搅拌，但后期不宜剧烈搅拌，从沸腾倒入硫磺后熬制时间一般不超过 1 h。石硫合剂的质量，一般以原液浓度的大小表示，通常用波美比重计测量。原液浓度大，则波美比重表的度数高。一般自行熬制的石硫合剂浓度多为 24~30 °Be。石硫合剂熬好后要用厚塑料桶或木桶盛装，不用瓦或陶器盛装，以免药液渗出外流。

②生物活性与使用方法　有良好的保护作用。喷洒在植物表面，接触空气，经水、氧和二氧化碳的作用发生一系列变化（图3-6），形成极微细的元素硫沉积，其杀菌作用比其他硫磺制剂强。同时石硫合剂呈碱性，有侵蚀昆虫表皮蜡质层的作用，故对介壳虫及其卵有较强的杀伤力。不同植物对石硫合剂的敏感性差异很大，叶组织幼嫩的植物易受药害。气温越高，药效越高，药害也越重。使用浓度，要根据作物的种类、喷药时间及气温来决定。果树生长期防治病害和介壳虫等，使用 0.3~0.5 °Be；防治小麦白粉病、锈病，在早春用 0.5 °Be，在后期用 0.3 °Be；冬季清园及涂抹树干可用 5~8 °Be。防治红蜘蛛一般用 0.2~0.3 °Be。

$$CaS \cdot S_x + 2H_2O \longrightarrow Ca(OH)_2 + H_2S\uparrow + xS\downarrow$$
$$\downarrow CO_2$$
$$CaCO_3\downarrow + H_2O$$

$$2CaS \cdot S_x + O_2 \longrightarrow 2CaS_2O_3 + 2(x-1)S\downarrow$$
$$\downarrow$$
$$2CaSO_3 + H_2S\uparrow$$
$$\downarrow O_2$$
$$CaSO_4\downarrow$$

$$2CaS \cdot S_x + O_2 + H_2O \longrightarrow CaCO_3\downarrow + H_2S\uparrow + xS\downarrow$$

图 3-6 石硫合剂在植物表面的化学变化

石硫合剂可防治各种作物的白粉病、锈病、炭疽病、疮痂病、黑星病、芽枯病、毛毡病、桃缩叶病、胴枯病等。也可防治介壳虫、叶螨、叶蚧、红蜘蛛等,还能防治家畜寄生螨和虱。

石硫合剂对人的皮肤有强烈腐蚀性,并能刺激眼、鼻。29%石硫合剂大鼠急性经口 LD_{50} 1 210 mg/kg,大鼠急性经皮 LD_{50} 4 000 mg/kg。

(3)硫酸亚铁

别名:绿矾;铁矾;施乐菲。

英文名称:Ferrous sulfate;Green vitriol。

① 理化性质

分子式:$FeSO_4$;硫酸亚铁晶体分子式:$FeSO_4 \cdot 7H_2O$;相对分子质量 278.05。

外观与性状:浅蓝绿色单斜晶体。熔点 64 ℃($-6H_2O$);相对密度(水 =1):1.897(15 ℃)。

溶解性:溶于水、甘油,几乎不溶于乙醇。

稳定性:禁与强氧化剂、潮湿空气、强碱接触。避光。高温下分解:

$$2FeSO_4 \cdot 7H_2O \xrightarrow{\text{高温}} Fe_2O_3 + SO_2\uparrow + SO_3\uparrow + 14H_2O$$

② 生物活性与使用方法 用作微肥、除草剂和杀菌剂。硫酸亚铁土壤处理,可防治杜仲苗立枯病,叶面喷施可防治果树黄叶病。小鼠急性经口 LD_{50} 1 520 mg/kg。该物质对环境有危害,应特别注意对水体的污染。

(4)硫磺

英文名称:sulphur。

化学名称:硫。

① 理化性质

化学式:S;相对分子质量:32.06。

外观与性状:商品为黄色固体或粉末,有明显气味,能挥发。

熔点 112.8 ℃;沸点 445 ℃;相对密度(水 =1):2.36。

溶解性:难溶于水,微溶于乙醇,易溶于二硫化碳。

稳定性：化学性质比较活泼，能跟氧、氢、卤素（除碘外）、金属等大多数元素化合，生成离子型化合物或共价型化合物。硫单质既有氧化性又有还原性。硫磺粉中含有几种同素异形体，其中正交晶体最稳定。水悬液呈微酸性，不溶于水，与碱反应生成多硫化物。硫磺燃烧时发出青色火焰，伴随燃烧产生二氧化硫气体。

②生物活性与使用方法　有杀菌、杀螨和杀虫作用，是防治植物白粉病的重要保护性杀菌剂。其杀菌杀虫效力与粉粒大小有密切联系，粉粒越细，效力越大；但粉粒过细，容易聚结成团，不能很好分散，影响药效。50%硫磺悬浮剂对大鼠急性经口毒性 $LD_{50} > 10\,000$ mg/kg，使用安全。

粉剂一般含10%惰性物质。用于喷粉或制成烟剂使用。喷粉时，硫颗粒附着在作物表面，黏着力差，故持效期短。可用于防治多种作物的白粉病、锈病和半知菌引起的各种叶斑病。一般用量为 26.25~37.5 kg/hm²。可湿性硫是将硫磺和湿润剂混合研磨成细粉，一般含硫磺50%以上，硫磺颗粒直径小于 5 μm，但最大的可达 250 μm，杀菌杀虫效果虽不及石硫合剂，但使用方便，较安全，对在夏季用其他药剂易发生药害的桃、李也可使用。喷雾防治白粉病、锈病、真菌性叶斑病，用量 7.5 kg/hm²；拌种可防治小麦黑穗病和坚黑穗病，用量为种子量的 0.5%。胶体硫含硫 40% 以上，黄褐色块状或胶糊状，可均匀分散在水中，颗粒直径在 1~2 μm 之间，最大不超过 5 μm。黏着力比可湿性硫更强，药效也较长，保护作用更好。喷雾用，与可湿性硫相同。

3.7　有机硫杀菌剂

3.7.1　概况

有机硫杀菌剂是最早广泛用于防治植物病害的一类有机化合物。它的出现是杀菌剂从无机化合物发展到有机合成化合物的标志，在代替铜、汞制剂方面发挥了重要作用。有机硫杀菌剂具有高效、低毒，对人、畜、植物安全和防治谱广的特点，因此发展非常迅速。它在农业生产中的广泛使用证明不易引致病菌产生抗药性，价格比较便宜，即使在内吸性杀菌剂广泛使用后，仍以相当的规模继续使用和生产。当前有机硫杀菌剂除单剂外，多与内吸性杀菌剂混配，在延缓内吸剂抗药性产生上起着重要作用。

有机硫杀菌剂可分为二硫代氨基甲酸盐类（代森类），二甲基二硫代氨基甲酸盐类（福美类）和三氯甲硫基类，属多作用位点杀菌剂。三氯甲硫基类是1950年代初发展起来的一类有机硫杀菌剂。1951年 Kittleson 报道了克菌丹，它是一种比较安全的杀菌剂，且药效高，对真菌和细菌都有毒杀作用，因此，三氯甲硫基类化合物很快成为铜、汞类杀菌剂的代用品。

3.7.2　代表性品种

(1) 代森锰锌

别名：大生 M-45；叶斑青；喷克；新万生；锌锰乃浦。

英文名称：Mancozeb；Carmazine；Critox；Manzeb。

化学名称：{[1,2-亚乙基-双(二硫代氨基甲酸)](2-)}锰锌盐。

①理化性质

化学结构式：

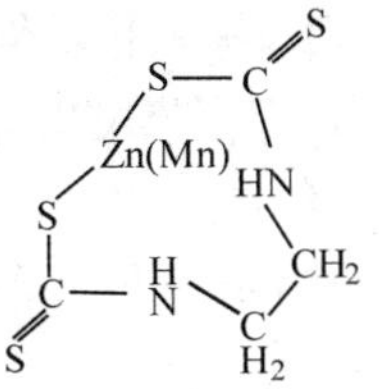

分子式：$C_4H_6MnN_2S_4$；$C_4H_6ZnN_2S_4$；相对分子质量：265.28；275.72。

外观与性状：灰黄色粉末。熔点136 ℃（熔点前分解）；相对密度（水=1）：1.92。

溶解性：不溶于水和大多数有机溶剂，但能溶于吡啶。

稳定性：对光、热、潮湿不稳定，易分解出二硫化碳，遇碱性物质或铜、汞等物质均易分解放出二硫化碳而减效，挥发性小。在35 ℃贮存时，每天失重0.18%，在高温时遇潮湿和遇酸则分解。可与一般农药混合使用。

理化特性：原药是灰黄色粉末，在熔点前即可分解。

②生物活性与使用方法　代森锰锌是广谱的保护性杀菌剂，用于防治多种作物的真菌性叶部药害。对小麦锈病、玉米大斑病及蔬菜霜霉病、炭疽病、疫病和果树黑星病、赤星病、炭疽病有很好的防效。毒性：大鼠急性经口 LD_{50} 14 000 mg/kg。鲤鱼忍受限量4.3 mg/L（48h）。常接触对皮肤有刺激。

叶丛喷雾用有效成分1.83~2.335 kg/hm²；可采用拌种方法防治棉花苗期病害，以棉籽重量的0.5%的药量进行湿拌。1980年代后常与内吸杀菌剂混配，用于延缓抗药性的产生。

(2) 福美双

别名：秋兰姆；赛欧散；阿锐生；促进剂T；促进剂TMTD。

英文名：Thiram；TMTD；Tetramethyl thiuram disulfide。

化学名称：N,N′-四甲基二硫双硫羰胺。

①理化性质

化学结构式：

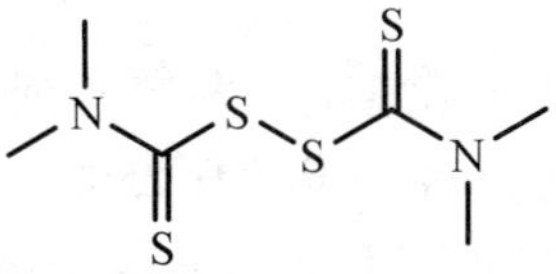

分子式：$C_6H_{12}N_2S_4$；相对分子质量：240。

外观与性状：原药为白色无味结晶。

蒸气压2.3 mPa（25 ℃）；熔点155~158 ℃；沸点129 ℃；相对密度（水=1）：1.43。

溶解性：不溶于水，微溶于乙醇和乙醚，可溶于氯仿、丙酮、苯和二硫化碳等有机溶剂。

稳定性：遇酸易分解。

②生物活性与使用方法　该药原为橡胶硫化促进剂，1931年美国杜邦公司发现其杀菌活性，而推广作种子处理、土壤处理和叶丛喷雾剂。低毒杀菌剂，大鼠急性经口 LD_{50} 780~865 mg/kg；对鼻黏膜有刺激。

以有效成分0.125%拌种，可防蔬菜类、蚕豆等苗期立枯和猝倒病；以有效成分

0.15%~0.25%拌种，防治稻苗立枯、禾谷类黑穗病和松、杉、茶苗木立枯病；以有效成分 3.75~5.625 kg/hm² 处理土壤（沟施或穴施），防治蔬菜、烟草、甜菜苗期病害；用 500~1 000 倍液喷雾防治蚕豆褐斑病、瓜霜霉病和炭疽病、梨黑星病、苹果斑点病等。

(3) 克菌丹和灭菌丹

别名：克菌丹：盖普丹；开普顿；可菌丹；卡丹；普丹。灭菌丹：福尔培；苯开普顿。

英文名称：

克菌丹　Captan；Dhanutan；Captaf；Merpan；Agro-Captan；Phytocape；Vancide 89。

灭菌丹　Folpet；Acryptan；Ent26539；Folnit；Folpex；Fungitrolii；Intercidetmp。

化学名称：

克菌丹　N -(三氯甲硫基)-环己-4-烯-1,2-二甲酰亚胺。

灭菌丹　N-(三氯甲基硫)邻苯二甲酰亚胺。

① 理化性质

化学结构式：

克菌丹　　　　灭菌丹

分子式：克菌丹：$C_9H_8Cl_3NO_2S$；灭菌丹 $C_9H_4Cl_3NO_2S$。相对分子质量：克菌丹 300.57；灭菌丹 296.56。

外观与性状：克菌丹和灭菌丹理化性质相似，均为白色结晶，工业品带棕色。熔点：均为 177~178 ℃。相对密度（水=1）：均为 1.74。

蒸气压：克菌丹 1.33×10^{-3} Pa(25 ℃)；灭菌丹 1.33×10^{-3} Pa (20 ℃)。

溶解性：难溶于水，克菌丹在室温水中溶解性低于 0.5 mg/L，灭菌丹为 1 mg/L。两药遇碱都不稳定，分解产物都有腐蚀性。

稳定性：在水中缓慢分解，在浓碱中迅速分解。

② 生物活性与使用方法　克菌丹作为果树、蔬菜病害的叶丛喷雾剂和拌种剂已广泛使用。50% 可湿性粉剂喷雾使用 400~500 倍液，拌种用种子量的 0.25%。果实和蔬菜中残留量不能超过 20 mg/kg。灭菌丹用途与克菌丹相似，多用于防治观赏植物病害。此外，两药都有杀螨作用。近来主张与内吸杀菌剂混配使用，可延缓内吸剂抗药性的出现，例如，防治葡萄病害专用的 Caltan（瑞毒霉 Ridomil + 灭菌丹 folpet）、国产 40% 多可胶悬剂（多菌灵 + 克菌丹按 1∶1 配合）。低毒杀菌剂，大鼠急性经口 LD_{50} 克菌丹 9 000 mg/kg、灭菌丹 10 000 mg/kg。

3.8　有机磷杀菌剂

3.8.1　概况

有机磷杀菌剂有近 10 个品种。有机磷化合物作为一般杀菌剂使用，实际上早在真正内吸杀菌剂出现之前就已存在，最早是威菌灵（1960 年）。在实际使用中发现，这些药剂都具有很好的内吸性能。

按化学结构可将有机磷杀菌剂分为硫赶磷酸酯、硫逐磷酸酯和烷基亚磷酸盐三类，不同结构的有机磷杀菌剂有不同的防治谱。硫赶磷酸酯类杀菌剂主要用于防治稻瘟病和水稻其他病害；硫逐磷酸酯类杀菌剂主要用于防治白粉病和立枯病；烷基亚磷酸盐只有三乙膦酸铝一个品种，对卵菌病害高效。

3.8.2 代表性品种

(1) 稻瘟净

英文名称：Kitazine。

化学名称：O,O-二乙基-S-苄基硫代磷酸酯。

①理化性质

化学结构式：

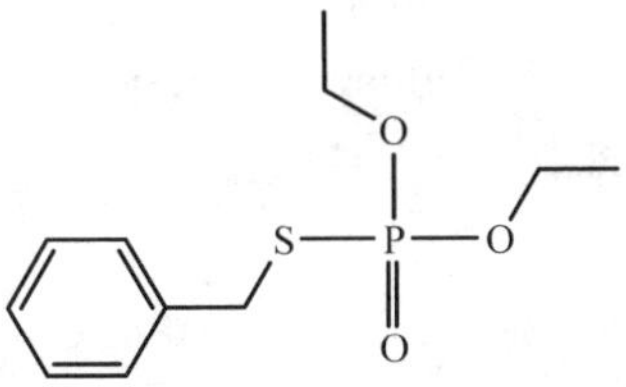

分子式：$C_{11}H_{17}SO_3P$；相对分子质量：260.28。

外观及性状：纯品为无色透明液体，稍具特殊臭味。

蒸气压：1.32 Pa(20 ℃)；沸点：120~130 ℃；密度：1.157 g/cm^3(20 ℃)。

溶解性：难溶于水，易溶于乙醇、乙醚、二甲苯。

稳定性：对光稳定，遇碱易分解。

②生物活性与使用方法　有内吸、治疗和保护作用，主要用于防治稻瘟病，对水稻小粒菌核病、纹枯病、颖枯病和玉米大小斑病也有效，并可兼治稻飞虱、叶蝉。防治稻瘟病用400倍药液，叶瘟初发期喷雾1次，根据病情隔5~7d再喷1次，穗颈瘟在抽穗期前喷药2次，重病田在齐穗期间加喷1次。防治玉米大小斑病，用药液量900~4 050L/hm^2。中等毒性杀菌剂，小白鼠急性经口LD_{50}237 mg/kg，对鱼毒性较低。

(2) 异稻瘟净

别名：异丙稻瘟净；克打净P。

英文名称：Iprobenfos。

化学名称：O,O-二异丙基-S-苄基硫代磷酸酯。

①理化性质

化学结构式：

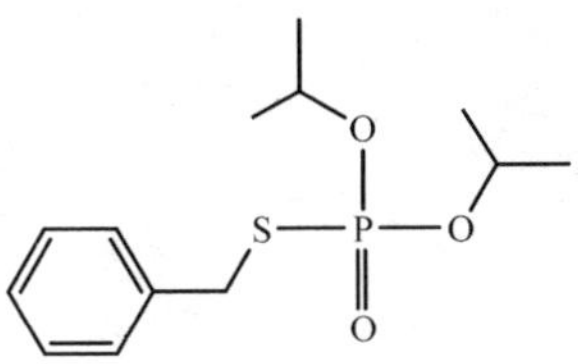

分子式：$C_{13}H_{21}O_3P$；相对分子质量：288.32。

外观及性状：纯品为无色透明液体，低温时为白色固体。

蒸气压：0.27 mPa(20 ℃)；熔点：22.5~23.8 ℃；沸点：126 ℃；相对密度(水=1)：1.107(20 ℃)。

溶解性：难溶于水，易溶于乙醇、乙醚、二甲苯。

稳定性：对光和酸较稳定，遇碱性物质易分解，遇高温或长期处于高温下也会引起分解。

②生物活性与使用方法　有内吸、治疗和保护作用。主要用于防治稻瘟病，对水稻纹枯病、颖枯病和胡麻斑病也有效，并可兼治稻飞虱、叶蝉。具有很好的内吸输导性能，特别适合施于稻田水层，由根部及水下的叶鞘吸收并输送到地上部位。一般加工成粒剂撒施，防效是叶面喷施的2~3倍。水面施药3 d后即可见效，5~7 d内吸量达到最大，持效期可达3~4周。对人畜中等毒性，大鼠急性经口LD_{50} 550 mg/kg。米中允许残留量0.2 mg/L。

(3) 甲基立枯磷

别名：利克磷；利克菌；立枯灭；甲基立枯灵；棉苗康。

英文名称：Tolclofos-methyl；S-3349；Risolex；Benzthiazuron pestanal。

化学名称：O,O-二甲基-O-(2,6-二氯-对-甲苯基)硫代磷酸酯。

①理化性质

化学结构式：

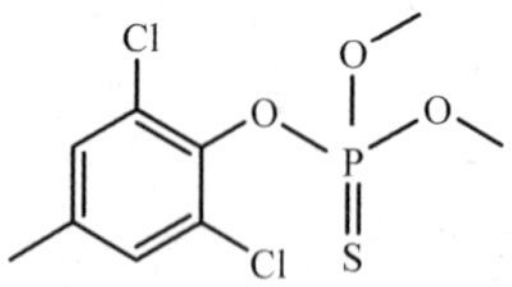

分子式：$C_9H_{11}Cl_2O_3PS$；相对分子质量：301.13。

外观与性状：纯品为无色晶体，原药为浅棕色固体。

蒸气压：57mPa(20 ℃)；熔点：78~80 ℃；相对密度(水=1)：1.515。

溶解性：20 ℃水中溶解性为0.3~0.4 mg/L。

稳定性：对光、热和潮湿均较稳定。

②生物活性与使用方法　为内吸性杀菌剂。对罗氏白绢菌、丝核菌、玉米黑粉病、灰霉菌、核盘菌、禾谷全蚀菌、青霉菌有高效，特别对丝核菌，如危害马铃薯的丝核菌菌核与此药接触30 min即可被杀死。但对疫霉菌、腐霉菌、镰刀菌和黄萎轮枝菌无效。防治多种作物苗立枯病、菌核病、雪腐病效果优异。混土、拌种、浸种或叶面喷雾均可。甲基立枯磷可使病菌孢子不能形成或萌芽，会破坏肌丝功能，影响游动孢子游动和导致体细胞分裂不正常。低毒杀菌剂，大鼠急性经口LD_{50} 5 000 mg/kg。

(4) 三乙膦酸铝

别名：乙膦铝；疫霉灵；霉菌灵；克菌灵；霜霉灵；疫霉净。

英文名称：Fosetyl-aluminum。

化学名称：三(O-乙基膦酸)铝。

①理化性质

化学结构式：

分子式：$C_6H_{18}AlO_9P_3$；相对分子质量：354.10。

外观与性状：纯品为白色无味结晶，工业品为白色粉末。

蒸气压：20 ℃蒸气压极小；熔点：＞300 ℃。

溶解性：在水中的溶解性为120 g/L。

稳定性：通常的贮存条件下稳定，不易挥发。

②生物活性与使用方法　乙磷铝是第一个双向传导的内吸性杀菌剂，进入植物体内移动迅速并能持久，根据作物种类的不同，药效可维持4周至4个月。防病谱广，是防止鞭毛菌病害的重要品种，对霜霉病、疫霉菌、白粉病菌、菌核病菌均有效。用于防治果树、蔬菜、花卉等作物由霜霉菌、疫霉菌引起的病害，用制剂的300～400倍液喷雾，此浓度药液也可作灌根、浸渍方法施用。

低毒杀菌剂，毒性：大鼠急性经口 LD_{50} 5 800 mg/kg，大鼠急性经皮 LD_{50} ＞3 200 mg/kg。对蜜蜂及生物安全。

3.8.3　其他有机硫、有机磷杀菌剂

其他有机硫和有机磷杀菌剂见表3-1。

表3-1　有机硫和有机磷杀菌剂部分品种

类型	名称	结构式及化学名称	主要特点及用途
有机硫类	代森锌；锌乃浦；Zineb；DithaneZ-78；Caswellnumber930；Cynkotox；Deikusol	乙撑基二硫代氨基甲酸锌	广谱型保护性杀菌剂，可防治茶、桑、果树及林木的多种真菌性病害。大鼠急性经口 LD_{50} 5 000 mg/kg
	代森锰；锰乃浦；Maneb；Dithane M-22；Multi-wfl；Policritt；Trimangol	乙撑基二硫代氨基甲酸锰	可兼治植物缺锰症，在海滨地区使用对植物安全，防病谱同代森锌。70% WP 400～800 倍液喷雾。大鼠急性经口 LD_{50} 7 500 mg/kg
	代森铵；阿姆巴；Amobam；Dithanestainless	乙撑基二硫代氨基甲酸铵	喷布于植物后可迅速渗入体内，抗雨水冲刷。可防治树木早期落叶病、杨树溃疡病、果树黑斑病、炭疽病、立枯病、霜霉病、白粉病。大鼠急性经口 LD_{50} 450 mg/kg
	福美锌；锌来特；橡胶硫化促进剂PZ；Ziram；Zincmate	二甲基二硫代氨基甲酸锌	可防治苹果炭疽病、梨黑星病、葡萄炭疽病、白粉病、桃炭疽病、褐腐病、茶炭疽病、白粉病、桑干枯病。大鼠急性经口 LD_{50} 1 400 mg/kg

类型	名称	结构式及化学名称	主要特点及用途
有机硫类	福美铁；Ferbam	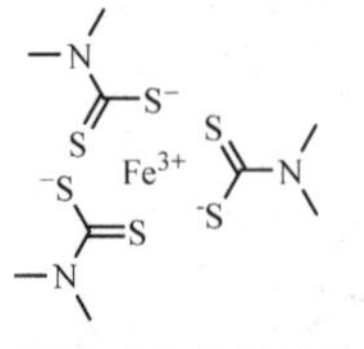 N,N-二甲基二硫代氨基甲酸铁	广谱性杀菌剂。可防治炭疽病、白粉病、锈病、细菌性穿孔病。大鼠急性经口 LD_{50} 4 000 mg/kg
有机磷类	克瘟散；敌瘟磷；护粒松；Edifenphos；Bay78418；Bayer78418；Hinosan	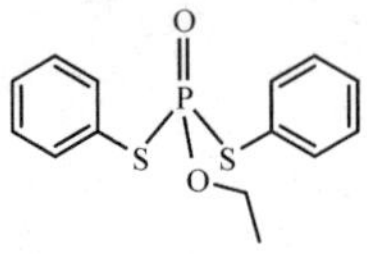 O-乙基-S,S-二苯基二硫代磷酸酯	内吸性杀菌剂，用途与稻瘟净、异稻瘟净相同，对稻瘟孢子触杀性能优于稻瘟净、异稻瘟净，但治疗作用不及异稻瘟净。30%乳油大鼠急性经口 LD_{50} 185～220 mg/kg，急性经皮 LD_{50} 920～1 098 mg/kg，急性吸入 LC_{50} 780～1 050 mg/L。对蜜蜂无毒，对叶蝉有兼治作用

3.9 取代苯基类杀菌剂

3.9.1 概况

这类杀菌剂化学结构差异较大。其中一些品种，如六氯苯、氯硝散、四氯硝基苯等，是利用杀虫剂六六六无毒体作原料。随着杀虫剂六六六禁用而停产后，廉价的原料断源，加上新的药效更高的其他类型药剂的不断出现，这类药剂的发展受到限制。但是这类杀菌剂在杀菌机理的研究上提供了许多论据，特别是与1970年代出现的二甲酰亚胺类杀菌剂的作用机理有许多相同点，因此有助于杀菌剂毒理学的研究。甲基托布津也可归入这类杀菌剂中。

3.9.2 代表性品种

(1)百菌清

别名：打克尼尔；大克灵；桑瓦特。

英文名称：Chlorothalonil。

化学名称：2,4,5,6-四氯-1,3-二氰基苯。

①理化性质

化学结构式：

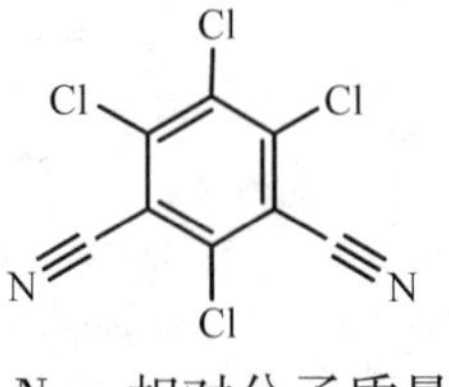

分子式：$C_8Cl_4N_2$；相对分子质量：265.91。

外观与性状:纯品为无色结晶,稍有刺激臭味,不腐蚀容器,对皮肤、眼睛有刺激。
蒸气压:1.33Pa(40℃);熔点:250~251℃;沸点:350℃;相对密度(水=1):1.7。
溶解性:微溶于水,溶于丙酮、环己烷、酸。
稳定性:对碱、酸、水、紫外光都稳定。

②生物活性与使用方法　根据百菌清杀菌谱极广的特点,可在花卉、林木、草坪的病害和蚕体霉菌病害防治上发挥作用。作叶丛喷雾可防治多种真菌性病害,效果与波尔多液相类似,使用浓度为800~1 000倍液。大棚和温室作物病害防治使用烟剂。

百菌清是1965年开始使用的一种保护性杀菌剂,对人、畜的急性毒性低,原粉大鼠急性经口和兔急性经皮 LD_{50} 均大于10 000 mg/kg,但对人、动物的慢性毒性受到高度重视,1982年法国里昂肿瘤研究中心首次证实,百菌清在5 000 mg/kg对大鼠肾脏有致癌作用;另一研究指出,百菌清在大鼠体内有致癌可能,但在小鼠中没有;广东中山医科大学检测结果指出,在被检的59种农药中,百菌清的致突变作用最强。百菌清虽然急性毒性低,但在我国也曾出现过急性中毒事故,加上慢性毒性问题,应尽量少用于粮油作物和果蔬作物上,特别对多次采收的果、蔬作物的使用要严格控制。我国药检部门规定:百菌清在水稻上最终残留量不能超过0.2 mg/kg,安全间隔期为10 d;苹果、梨、葡萄不能超过1 mg/kg,安全间隔期分别为21 d、25 d、21 d。百菌清对鱼毒性大,24 h对鲻鱼 LC_{50} 为0.088 mg/L;但当水中浓度为0.08 mg/L时,鲻鱼有明显的忌避反应,忌避率为63.4%。

(2)甲基托布津

别名:甲基硫菌灵。

英文名称:Thiophanate-methyl;Topsin-M。

化学名称:1,2-双(3-甲氧羰基-2-硫脲基)苯。

①理化性质

化学结构式:

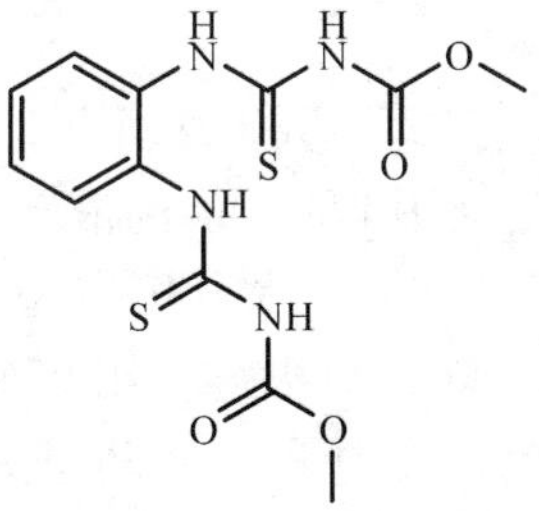

分子式:$C_{12}H_{14}N_4O_4$;相对分子质量:342.39。

外观和性状:原药为微黄结晶。

蒸气压:949.1×10^{-8} Pa(25℃);熔点:172℃(分解);沸点:100~110℃(50%胶悬剂);相对密度(水=1):1.5(20℃)。

溶解性:在水和有机溶剂中的溶解性很低,易溶于二甲基甲酰胺,溶于二氧六环、氯仿,以及丙酮、甲醇、乙醇、乙酸乙酯等。

稳定性:对酸碱稳定。

②生物活性与使用方法　广谱性内吸性杀菌剂,在植物体内转化为多菌灵,杀菌谱与苯并咪唑类相似。连续单一使用,容易引起病菌产生抗药性,与苯并咪唑类杀菌剂有正交互抗药性。主要防治子囊菌、担子菌和半知菌引起的病害。具有内吸、铲除和治疗作用。用于防

治小麦赤霉病、白粉病、黑穗病和根腐病、蔬菜菌核病、炭疽病、叶霉病等。林业上用作树木剪枝造成的伤口保护剂。

低毒杀菌剂，50%甲基托布津胶悬剂大鼠急性经口 LD_{50} 5 000 mg/kg（雄）和 3 800 mg/kg（雌）。大鼠急性经皮 LD_{50} >5 000 mg/kg。

(3) 敌克松

别名：地可松；敌磺钠；地爽。

英文名称：Fenaminosulf；Pehnaminosulf；Phenaminosulf；Bayer22555；Diazoben。

化学名称：对-二甲氨基苯重氮磺酸钠。

①理化性质

化学结构式：

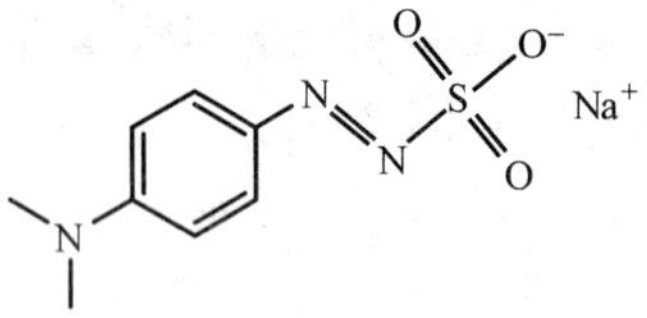

分子式：$C_8H_{10}N_3O_3SNa$；相对分子质量：251.24。

外观及性状：为棕黄色无臭粉末。熔点：200 ℃（分解）。

溶解性：溶于高极性溶剂，如二甲基甲酰胺、乙醇等，不溶于大多数有机溶剂。可溶于水，常温下溶解性为 2%~3%。

稳定性：极易吸潮，在水中呈重氮离子状态而渐渐分解，光照能加速分解，同时放出氮气生成二甲氨基苯酚。

②生物活性与使用方法　敌克松自1958年由西德拜耳公司推出后，成为著名的种子和土壤消毒剂，对腐霉菌（*Pythium*）及丝囊霉（*Aphanomyces*）所致的作物病害有特效，但对丝核菌（*Rhizoctonia*）效果较差。敌克松具有弱的内吸渗透性，能被植物根、茎吸收，吸收后再从植物筛管、木质部输导至其他部位。

防治烟草黑胫病，95%可湿性粉剂 5.25 kg/hm² 与 225~300 目细土混匀，移植或培土时施用；或用 500 倍液喷洒在烟草茎基周围土面，每公顷用 1 500 kg 药液，隔 15 d 施 1 次，共 3 次。蔬菜病害，每公顷用 95%可湿性粉剂 2.76~5.52 kg 兑水 100~200 L 喷雾或泼浇，防绵疫病、枯萎病、猝倒病等。水稻苗期立枯病、黑根病、烂根病，用 95%可湿性粉 500~1 000 倍液，每公顷喷洒 1 500 kg 药液。用 95%可湿性粉剂拌种，用药量为种子量的 0.2%~0.5%，防治棉花苗期病害、麦腥黑穗病、松杉苗立枯根腐病。

中等毒性杀菌剂，大鼠急性经口 LD_{50} 75 mg/kg，大鼠急性经皮 LD_{50} >100 mg/kg。对皮肤有刺激作用。对鱼类毒性中等。

3.9.3　其他取代苯类杀菌剂

其他取代苯类杀菌剂见表 3-2。

表 3-2 取代苯类杀菌剂部分品种

名称	结构式及化学名称	主要特点及用途
甲霜灵；瑞毒霜；立达霉；阿普隆；Metalaxyl	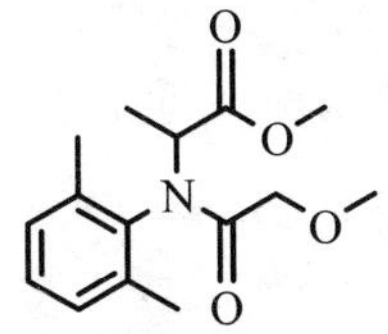 N-(2-甲氧基乙酰基)-N-(2,6-二甲基苯基)-DL-α-氨基丙酸甲酯	内吸性杀菌剂。对各种植物上由霜霉菌、疫霉菌、腐霉菌引起的病害有效。可作茎叶处理、种子处理和土壤处理。大鼠急性经口 LD_{50} 669 mg/kg；急性经皮 LD_{50} >3 100 mg/kg
苯霜灵；Benalaxyl	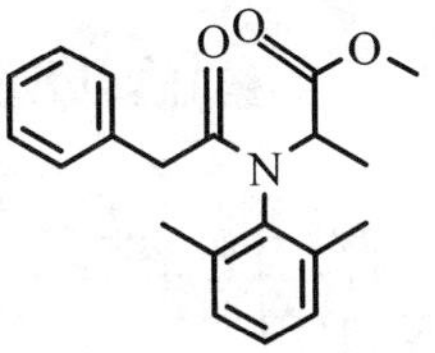 N-苯乙酰基-N-(2,6-二甲基苯基)-DL-α-氨基丙酸甲酯	用于防治苹果、梨火疫病，烟草野火病、蓝霉病、白菜软腐病、番茄细菌性斑腐病、晚疫病、马铃薯种薯腐烂病、黑胫病等。大鼠急性经口 LD_{50} 4 200 mg/kg。大鼠急性经皮 LD_{50} >5 000 mg/kg
噁霜灵；杀毒矾；Oxadixyl；Oxadixyl anchor；Sandofan	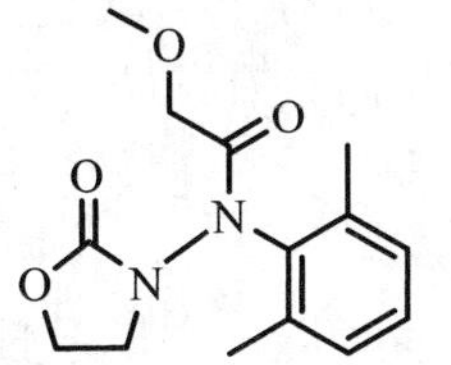 2-甲氧基-N-(2-氧代-1,3-噁唑烷-3-基)乙酰-N-2′,6′-二甲基苯胺	对霜霉目病原菌具有很高防效，有保护和治疗作用，持效期长。采用茎叶处理和拌种均可。大鼠急性经口 LD_{50} 3 380 mg/kg，雄大鼠急性经皮 LD_{50} >2 000 mg/kg

3.10 三唑及杂环类杀菌剂

3.10.1 概况

这是一类品种繁多的杀菌剂，主要作用机理是抑制真菌细胞麦角甾醇的生物合成，破坏细胞膜的结构，干扰细胞正常的新陈代谢，导致菌体生长停滞、繁殖下降直至死亡。从化学结构上包括了三唑类、吡啶类、哌嗪类、咪唑类、哌啶类、吗啉类约 40 种化合物，尤以三唑类杀菌剂的活性最高、抗菌谱最广、品种最多。

该类杀菌剂几乎对所有作物的白粉病和锈病特效，除鞭毛菌、细菌和病毒外，对子囊菌、担子菌、半知菌都有效果。大多数品种具有内吸性和明显的熏蒸作用，具有治疗、保护和抗产孢作用。持效期长，一般为 3~6 周，使用剂量明显低于保护性杀菌剂。

3.10.2 代表性品种

(1) 三唑酮

别名：粉锈宁；百菌酮；唑菌酮；二唑二甲酮。

英文名称：Triadimefon；Bayleton。

化学名称：1-(4-氯苯氧基)-3,3-二甲基-1-(1,2,4-三唑-1-基)-2-丁酮。

① 理化性质

化学结构式：

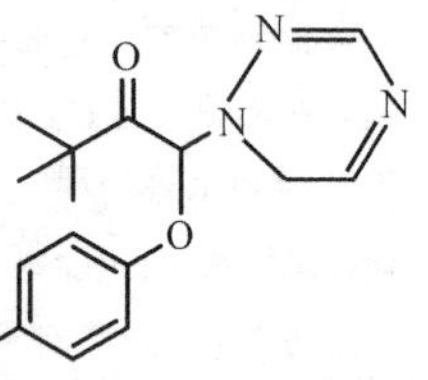

分子式：$C_{14}H_{16}ClN_3O_2$；相对分子质量：293.75。

外观及性状：无色晶体。

蒸气压：0.02 mPa(20 ℃)，0.06 mPa (25 ℃)；熔点：82.3 ℃；相对密度(水=1)：1.22(20 ℃)。

溶解性：水中溶解性为260 mg/L，可溶于大部分有机溶剂。

稳定性：可与碱性以及铜制剂以外的其他制剂混用。

② 生物活性与使用方法　高效、低毒、低残留、持效期长的内吸杀菌剂。被植物各部分吸收后，能在植物体内传导。内吸到植物体内5d后有56%转变为羟锈宁(羟锈宁与粉锈宁结构相似，只是酮基处改为羟基)。对锈病、白粉病具有预防、铲除和熏蒸作用。叶丛喷雾可防治禾谷类作物叶部多种病害，如白粉病、锈病、黑穗病，用量为有效成分120~130 g/hm²；拌种用量为有效成分0.3~0.4 g/kg。

毒性：原药大鼠急性口服 LD_{50} 1 000~1 500 mg/kg，大鼠急性经皮 LD_{50} >1 000 mg/kg。对鱼类及鸟类安全，对蜜蜂和害虫天敌无害。

(2) 多菌灵

别名：贝芬替；防霉宝；棉萎丹；棉萎灵；苯并咪唑44号。

英文名称：Carbendazim；Bavistin；Devosal。

化学名称：2-(甲氧基氨基甲酰)苯并咪唑。

① 理化性质

化学结构式：

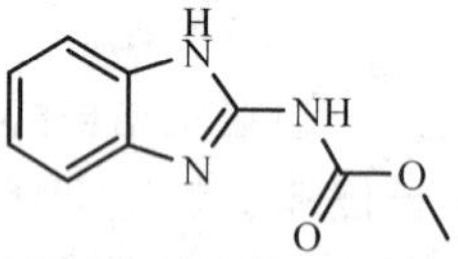

分子式：$C_9H_9N_3O_2$；相对分子质量：191.19。

外观与性状：纯品为白色固体，无气味。

蒸气压：1.333 μPa(20 ℃)；熔点：307~312 ℃(分解)；相对密度(水=1)：1.45(20 ℃)。

溶解性：几乎不溶于水，可溶于稀无机酸和有机酸形成的相应盐；溶于丙酮、氯仿、二氯甲烷。

稳定性：在阴凉干燥处，原药至少可贮存2~3年，对酸、碱不稳定。

② 生物活性与使用方法　为广谱内吸性杀菌剂，有明显的向顶性输导性能。对葡萄孢菌、镰刀菌、小尾孢菌、青霉菌、壳针孢菌、核盘菌、黑星菌、轮枝孢菌、丝核菌等效果较好，但对鞭毛菌无效；对子囊菌的作用也有明显的选择性，如对子囊菌无性世代的孔出孢子

类和环痕孢子类不敏感。具有保护和治疗作用。连续使用容易诱致病菌产生抗药性。除叶丛喷雾外，也作拌种和浇土使用。叶丛喷雾使用浓度为 500～1 000 mg/L。拌种用50%可湿性粉剂，药量为种子量的0.2%～0.5%。种苗、薯苗防病可用 50 mg/L 药液浸 10 min。

低毒杀菌剂，大鼠急性经口 $LD_{50}>10\,000$ mg/kg，大鼠急性经皮 $LD_{50}>15\,000$ mg/kg。大鼠经口无作用剂量 1 000 mg/kg。无致畸、致癌作用，对鱼类和蜜蜂低毒。

(3) 萎锈灵

英文名称：Carbathiine；Carboxin；Vitavax。

化学名称：5,6-二氢-2-甲基-N-苯基-1,4-氧硫杂环己烯-3-甲酰胺。

① 理化性质

化学结构式：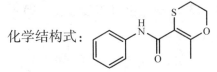

分子式：$C_{12}H_{13}NO_2S$；相对分子质量：235.30。

外观及性状：白色针状结晶。熔点：93～95 ℃；相对密度(水=1)：1.45。

溶解性：不溶于水，溶于氯仿、丙酮、苯、乙醇等有机溶剂。

稳定性：萎锈灵稳定性不及氧化锈菌灵，在土壤中和植物体内易被氧化为无效的亚砜衍生物，所以萎锈灵持效期短。

② 生物活性与使用方法　萎锈灵是第一个内吸治疗杀菌剂，和萎锈灵结构相似的还有氧化锈菌灵，这两种杀菌剂的主要防治对象是担子菌亚门菌引起的许多重要的病害，是禾谷类锈病、黑穗病和丝核菌病害的种子处理剂和土壤消毒剂。氧化萎锈灵拌种用有效成分 0.33 g/kg 处理种子，几乎可完全铲除小麦秆黑粉病菌；萎锈灵也有较好的效果，用量为有效成分 0.75 g/kg。

大多数内吸杀菌剂是影响生物合成的，一般来说，具有明显抑制呼吸作用的内吸剂，对植物组织和病菌组织都会有几乎相等的毒性，这样在生产实际中就很难有使用价值；但是萎锈灵和氧化锈菌灵杀菌剂却例外，它们抑制病菌的呼吸作用，破坏菌体能量的产生，而对植物的毒性不大，在农业生产上可用于防治植物病害。这是由于这类杀菌剂有非常典型的选择性：药剂的作用接收点是琥珀酸→辅酶Q之间的还原酶系复合体中一个特定的非血红铁硫蛋白组分，药剂与非血红铁硫蛋白发生螯合作用，破坏了呼吸链及支路的电子传递。实际上，不同生物的非血红铁硫蛋白是不同的，因为蛋白上的氨基酸排列顺序不同。使人惊讶的是，这样一种微小的差别就足以使其在毒性上有明显的差异，药剂与菌体的非血红铁硫蛋白亲和而与植物的不亲和，因而对植物无毒害。

低毒杀菌剂，鼠急性经口 LD_{50} 分别为 3 820 mg/kg(小鼠)和 1 000 mg/kg(大鼠)。

(4) 丙环唑

别名：脱力特；敌力脱；必扑尔；丙唑灵；氧环三宝。

英文名称：Propiconazole；Propiconazol；Tilt；Desaol；Cgd92710f。

化学名称：1-[2-(2,4-二氯苯基)-4-丙基-1,3-二氯戊环-2-甲基]-1-氢-1,2,4-三唑。

①理化性质

化学结构式：

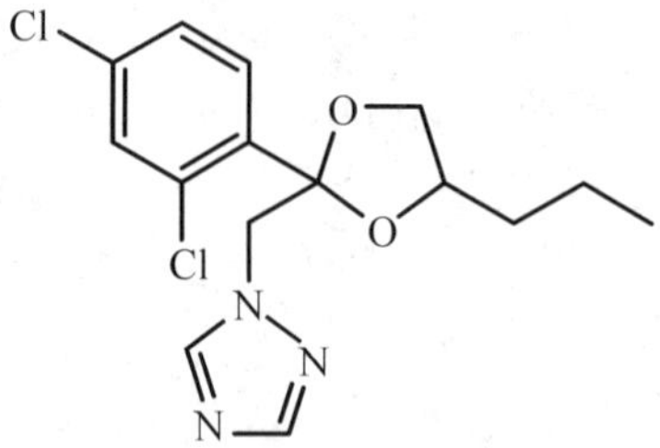

分子式：$C_{15}H_{17}Cl_2N_3$；相对分子质量：342.22。

外观及性状：纯品为淡黄色黏稠液体，闪点为 61 ℃。

蒸气压：0.133×10^{-3} Pa(20 ℃)；沸点：180 ℃/13.32Pa；相对密度(水=1)：1.27(20 ℃)。

溶解性：微溶于水，易溶于有机溶剂。

稳定性：对光、酸、碱比较稳定。

② 生物活性与使用方法 是具有保护和治疗作用的内吸性三唑类杀菌剂。丙环唑能控制一系列子囊菌、担子菌及半知菌等植物病原真菌，包括壳针孢、长尾孢、锈菌、白粉菌、德氏霉、丝核菌以及种子传带的腥黑粉病菌，但对霜霉目真菌无活性。丙环唑可通过种子、土壤、叶面处理而被植物吸收，通过植物木质部向上传导，但不能向基部传导，在传导中丙环唑不会改变。在水稻中内吸过程十分稳定，施药后 14 d，标记的活性部分有 71% 被水稻吸收；在葡萄中，3 d 内有 63% 的标记物存在植株中；在香蕉上使用 30 min 后即可吸收 30%~70%（根据天气），绿色部分吸收最多。对推荐使用的作物及剂量的叶面喷雾，未发现有药害，但对苹果和葡萄的少数品种有抑制生长的反应。丙环唑对大多数作物都会引起延缓种子萌发的药害症状，因此，限制作种子处理用。

丙环唑是近 10 年在欧洲使用量最多的品种之一，并在世界范围内扩大使用。适用于多种由子囊菌、担子菌、半知菌引起的作物病害。香蕉用制剂 1 000~1 500 倍叶面喷雾，防治黄叶斑病、条叶斑病、黑叶斑病等，5 月叶斑病初现时喷 1 次，9 月开花结果期间喷 2 次，相隔 15~20 d。可与多种杀虫剂、杀菌剂、杀螨剂混合使用。

低毒杀菌剂，原药对大鼠急性经口 $LD_{50} > 1\ 517$ mg/kg，急性经皮 $LD_{50} > 4\ 000$ mg/kg。对家兔眼睛和皮肤有轻度刺激作用。

(5) 腐霉利

别名：速克灵；菌核酮；二甲菌核利；杀霉利；扑来灭宁；扑灭宁；杀力利。

英文名称：Procymidone；Sumisclex；Promidon；Procymidonl；Procymidone。

化学名称：N-(3,5 二氯苯基)-1,2-二甲基环丙烷-1,2-二羧基亚胺。

①理化性质

化学结构式：

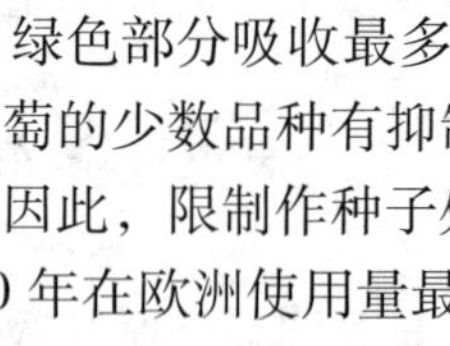

分子式：$C_{13}H_{11}Cl_2NO_2$；相对分子质量：284.14。

外观与性状：白色结晶。

蒸气压：10.5 mPa（20 ℃）、17.6 mPa（25 ℃）；熔点：166 ℃；相对密度（水=1）：1.452。

溶解性：可溶于丙酮、二甲基苯，微溶于水。

稳定性：在日光、高温条件下仍稳定。常温贮存2年以上。

② 生物活性与使用方法　是一种接触型保护性杀菌剂，具弱内吸性，对核盘菌和灰葡萄孢菌特效。主要用于防治黄瓜、番茄、草莓等作物的灰霉病和油菜菌核病。对抗苯来特、多菌灵、甲基托布津的灰霉菌和核盘菌也有效。使用浓度为250~500 mg/L药液喷雾。温室大棚内用10%速克灵烟剂每公顷3.75 kg熏蒸。对人畜低毒，小鼠急性经口LD_{50} 7 800 mg/kg。

3.10.3　三唑及杂环类杀菌剂的其他主要品种

三唑及杂环类杀菌剂的其他品种见表3-3。

表3-3　三唑及杂环类杀菌剂部分品种

结构类型	名称	结构式及化学名称	主要特点及用途
三唑类	戊唑醇；立克秀；Tebuconazole；GWG 1609；Hwg 1608	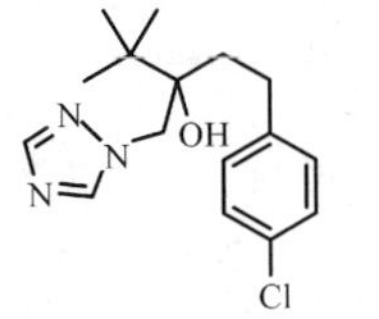 1-(4-氯苯基)-3-(1H-1,2,4-三唑-1-基甲基)-4,4-二甲基戊-3-醇	三唑类杀菌剂，是甾醇脱甲基抑制剂，用于重要经济作物的种子处理或叶面喷洒，可有效地防治禾谷类作物的多种锈病、白粉病、网斑病、根腐病、赤霉病、黑穗病以及种传轮斑病等。大鼠急性经口LD_{50} 4 000 mg/kg
	氟环唑；环氧菌唑；欧霸；Epoxiconazol	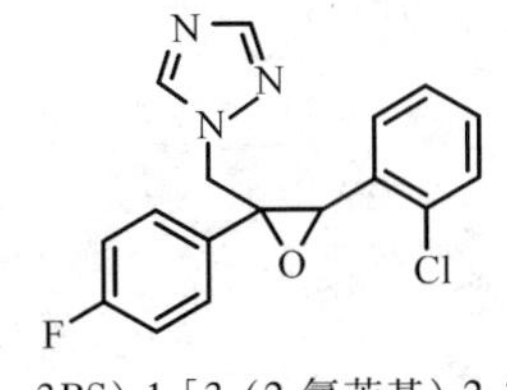 [(2RS,3RS)-1-[3-(2-氯苯基)-2,3-氧桥-2-(4-氟苯基)丙基]-1H-1,2,4-三唑	防治由担子菌、半知菌和子囊菌引起的多种病害。对禾谷类作物立枯病、白粉病、眼纹病等具有良好的防治作用，能防治糖用甜菜、花生、油菜、草坪、咖啡、水稻及果树等病害。不仅具有很好的保护、治疗和铲除活性，而且具有内吸和较佳的残留活性。大鼠急性经口LD_{50} 5 000 mg/kg
	苯醚甲环唑；敌萎丹；噁醚唑；Difenoconazol；Dividend	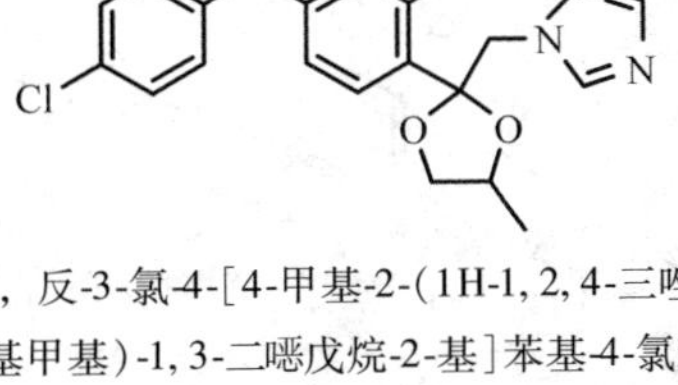 顺,反-3-氯-4-[4-甲基-2-(1H-1,2,4-三唑-1-基甲基)-1,3-二噁戊烷-2-基]苯基-4-氯苯基醚	甾醇脱甲基化抑制剂，杀菌谱广。叶面处理或种子处理可提高作物的产量和保证品质，对子囊菌、担子菌和包括链格孢属、壳二孢属、尾孢霉属、刺盘孢属、球座菌属、茎点霉属、柱隔孢属、壳针孢属、黑星菌属在内的半知菌、白粉菌、锈菌和某些种传病原菌有持久的保护和治疗活性。大鼠急性经口LD_{50} 1 453 mg/kg

结构类型	名称	结构式及化学名称	主要特点及用途
三唑类	氟硅唑；福星；克菌星；护矽得；Flusilazole；Dpx-h6573	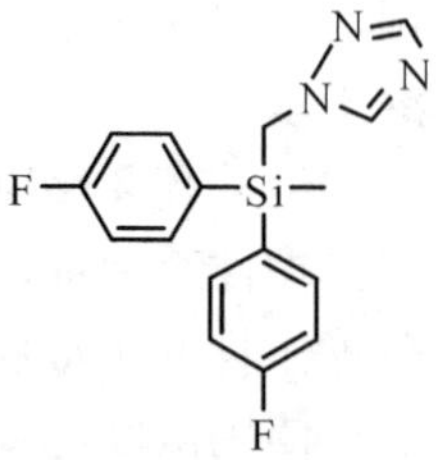 双(4-氟苯基)-(1H-1,2,4-三唑-1-基甲基)甲硅烷	可防治子囊菌、担子菌和半知菌引起的病害，如苹果黑星病、白粉病。禾谷类的麦类核腔菌、壳针孢菌、葡萄钩丝壳菌、葡萄锈病、白粉病、颖枯病、叶斑病等。对梨、黄瓜黑星病，花生叶斑病，番茄叶霉病亦有效。持效期约7 d。大鼠急性经口 LD_{50} 1 110 mg/kg
	腈菌唑；Myclobu-tanil；Hoe39304f；Nu-flowm；My-clobutanil；Syse-ant	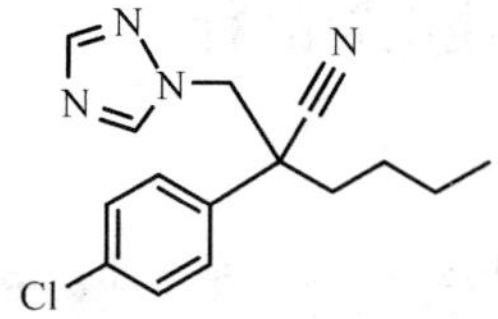 2-(4-氯苯基)-2-(1H,1,2,4-三唑-1-甲基)己腈	有较强的内吸性，杀菌谱广，药效高，持效期长。具有预防和治疗作用。对子囊菌、担子菌、核盘菌均有较高防效。可防治果树、烟草、小麦等作物的白粉病、黑星病等病害。大鼠急性经口 LD_{50} 1 600 mg/kg
吗啉类	烯酰吗啉；安克；Dimethomorph	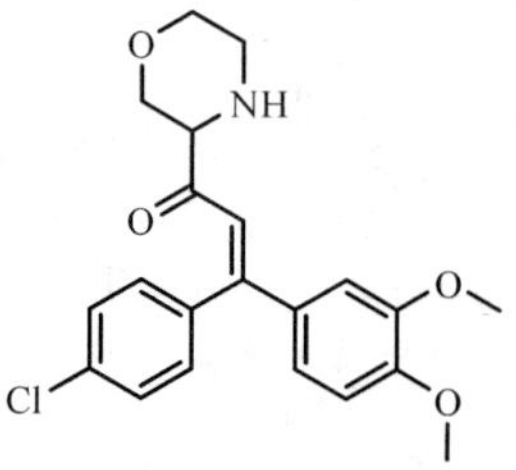 4-[3-(4-氯苯基)-3-(3,4-二甲氧基苯基)丙烯酰]吗啉	是专一杀卵菌纲真菌的杀菌剂，具内吸活性。可破坏细胞壁膜的形成，对卵菌生活史的各个阶段都有作用。广泛用于蔬菜霜霉病、疫病、苗期猝倒病、烟草黑胫病等病害防治，常与代森锰锌等保护性杀菌剂复配使用，以延缓抗性的产生。大鼠急性经口 LD_{50} 3 900 mg/kg
	十三吗啉；三得芬；克啉菌；异十三吗啉；卡拉西内酯；环吗啉；克力星；十三烷吗啉；三缩吗吩醇；Tridemorph	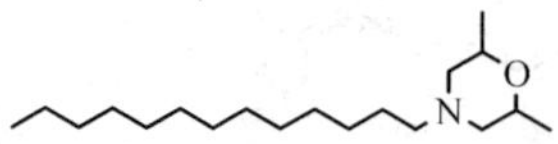 2,6-二甲基-4-十三烷基吗啉	是麦类和热带作物白粉病、锈病、蕉叶斑病、茶疱疫病的保护剂、铲除剂和治疗剂。能被植物的根、茎、叶吸收并在体内运转。属低毒杀菌剂，大鼠急性经口 LD_{50} 558 mg/kg
二羧酰胺类	异菌脲；扑海因；依扑同；异丙定；异菌咪；扑菌安；Iprodi-one；Glycophen	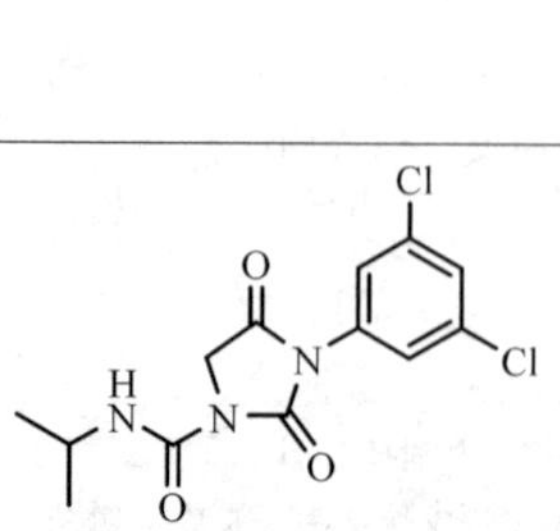 3-(3,5-二氯苯基)-1-异丙基氨基甲酰基乙内酰脲	接触型杀菌剂，对孢子、菌丝体同时起作用，对灰葡萄孢属、丛梗孢属、核盘菌属、小菌核菌属、交链孢属等所引起的病害，均有防治效果。也可用作种子处理。大鼠急性经口 LD_{50} 3 500 mg/kg

3.10 三唑及杂环类杀菌剂 ·177·

(续)

结构类型	名称	结构式及化学名称	主要特点及用途
	乙烯菌核利；农利灵；代菌唑灵；免克宁；烯菌酮；Vinclozolin；Ronilan	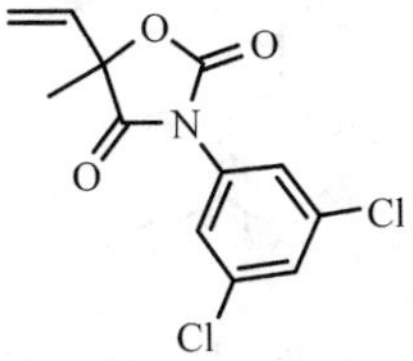 3-(3,5-二氯苯基)-5-乙烯基-5-甲基-2,4-恶唑烷二酮	接触性杀菌剂，对葡萄灰霉病，苹果、梨灰霉病有良好的防治效果。也用于防治马铃薯晚疫病、葡萄霜霉病、黄瓜霜霉病、番茄疫病等。大鼠急性经皮 $LD_{50} > 2\,500$ mg/kg
二羧酰胺类	环丙酰菌胺；加普胺；Carpropamid	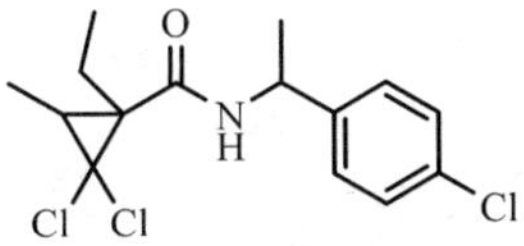 2,2-二氯-N-(1-(4-氯苯基)乙基)-1-乙基-3-甲基环丙羧酸酰胺	通过抑制微管蛋白亚基的结合和微管细胞骨架的破裂来抑制菌核分裂，离体活性低。用于防治卵菌病害，如马铃薯和番茄晚疫病、黄瓜霜霉病和葡萄霜霉病等；对甘薯灰霉病、莴苣盘梗霉、花生褐斑病、白粉病等有一定的活性。大鼠急性经口 $LD_{50} > 2\,500$ mg/kg
	氰菌胺；稻瘟酰胺；Fenoxanil；Zarilamid	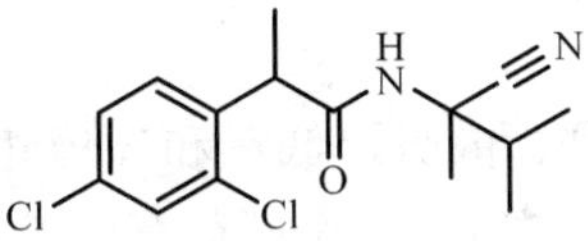 N-(1-腈基-1,2-二甲基丙基)-2-(2,4-二氯苯氧基)丙酰胺	具有良好内吸性和持效期，是目前防治水稻稻瘟病的最佳药剂之一。对水稻稻瘟病具有良好的防治效果，优于常规药剂。大鼠急性经口 LD_{50} 526~775 mg/kg
嘧啶类	嘧菌环胺；Cyprodinil	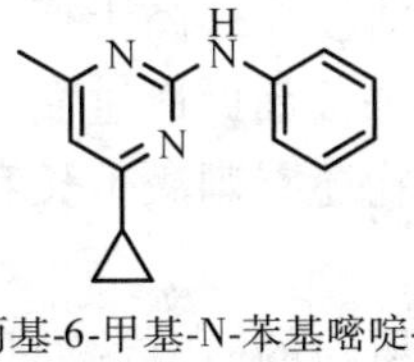 4-环丙基-6-甲基-N-苯基嘧啶-2-胺	甲硫氨酸生物合成抑制剂。与三唑类、咪唑类、吗啉类等无交互抗性。具有保护、治疗、叶片穿透及根部内吸活性。主要用于防治小麦、大麦、葡萄、草莓、果树、蔬菜、观赏植物等的灰霉病、白粉病、黑星病、颖枯病以及小麦眼纹病等。大鼠急性经口 $LD_{50} > 2\,000$ mg/kg
	嘧霉胺；嘧螨醚；Pyrimethanil	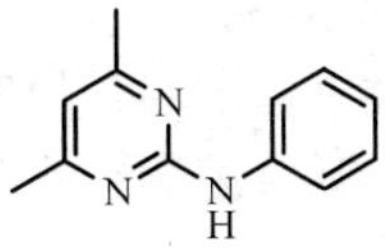 N-(4,6-二甲基嘧啶-2-基)苯胺	具有内吸传导和熏蒸作用，施药后迅速达到植株的花、幼果等喷雾无法达到的部位以杀死病菌。防治灰霉病活性高，与苯并咪唑类杀菌剂有负交互抗性。用于防治黄瓜、番茄、葡萄、草莓、豌豆、韭菜等作物灰霉病以及果树黑星病、斑点落叶病等。大鼠急性经口 LD_{50} 4 150~5 971 mg/kg

结构类型	名称	结构式及化学名称	主要特点及用途
嘧啶类	嘧菌胺； Mepanipyrim；Frupica	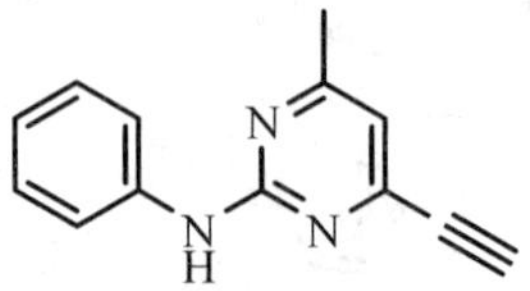 N-(4-甲基-6-丙-炔基嘧啶-2-基)苯胺	对苹果和梨的黑星病菌，黄瓜、葡萄、草莓和番茄的灰葡萄孢菌有优异防效。大鼠急性经口 LD_{50} > 5 000 mg/kg

3.11 甲氧基丙烯酸类杀菌剂

3.11.1 概况

甲氧基丙烯酸类杀菌剂是近年来迅速发展的一类杀菌剂，是某些担子菌、子囊菌和黏菌产生的抗生素（strobilurins 和 oudemansins）的衍生物，所以又称为 strobilurin 类杀菌剂。由于化学结构中有(E)-β-甲氧丙烯酸酯的基本结构，从化学结构上属于甲氧基丙烯酸酯类。1992 年，Ammermann 等首先发现这类杀菌剂的作用机制是阻止细胞色素 b/c_1 复合物（复合物Ⅲ）的电子传递，抑制能量的形成。结合位点是线粒体内膜上的细胞色素 b 外侧，所以根据作用机制又称为 Q_0Is。

这类杀菌剂具有特高效、特广谱、内吸、低毒和环境相容的优良特性，可用于防治卵菌、子囊菌、担子菌和半知菌病害。尽管这类杀菌剂有广谱的抗菌活性，但不同品种对不同类型的真菌活性有明显差异，如醚菌酯对白粉病特别高效，嘧菌酯对霜霉病效果更好，嘧菌胺（SSF-126）则主要用于防治稻瘟病。不同品种内吸输导性能也有很大差异。多数品种虽然具有内吸治疗作用，但抑制孢子萌发的活性往往高于抑制菌丝生长的活性，因此使用时还应以保护性用药为好。甲氧基丙烯酸酯类杀菌剂可通过喷雾、种子处理和土壤处理等方法，防治各种植物的真菌病害，有的品种对植物还有刺激生长和延缓衰老作用，能显著改善农产品的品质。

在早期开发和使用时，对其抗药性风险的研究认为是中等抗药性风险。实际上，这类杀菌剂在使用 2 年后就产生了抗性，防治效果明显下降。如嘧菌酯在应用 1 年后就有关于小麦白粉病发生抗性的报道。当前甲氧基丙烯酸酯类杀菌剂除单剂使用外，多与其他类型杀菌剂混用，这将成为该类杀菌剂进一步发展的趋势。

到目前为止，有关甲氧基丙烯酸酯类杀菌剂的各种发明专利已达数千个，商品化的品种有嘧菌酯、醚菌酯、肟菌酯、苯氧菌酯、啶氧菌酯、唑菌胺酯、氟嘧菌酯和烯肟菌酯等。

3.11.2 代表性品种

(1) 嘧菌酯

别名：阿米西达；安灭达；腈嘧菊酯。

英文名称：Azoxystrobin；Amistar；Pyroxystrobin；ICI A5504。

化学名称：(E)-[2-[6-(2-氰基苯氧基)嘧啶-4-基氧]苯基]-3-甲氧基丙烯酸甲酯。

① 理化性质

化学结构式：

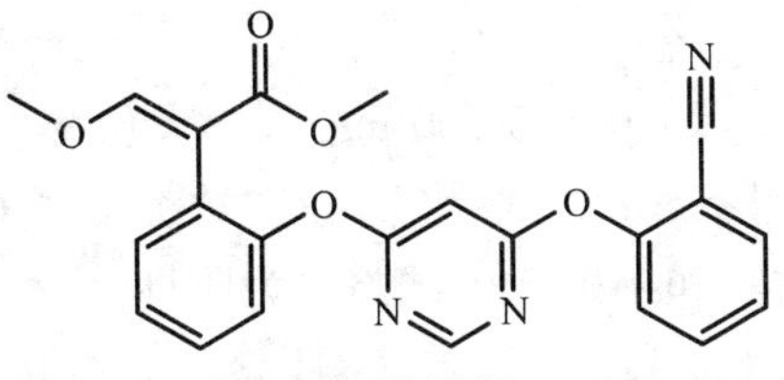

分子式：$C_{22}H_{17}N_3O_5$；相对分子质量：403.4。

外观与性状：纯品为白色结晶固体，原药为棕色固体。

蒸气压：1.1×10^{-7} mPa(20 ℃)；熔点：116 ℃；相对密度(水=1)：1.34。

溶解性：水中溶解性6 mg/L(20 ℃)，微溶于己烷、正辛醇，溶于甲醇、甲苯、丙酮，易溶于乙酸乙酯、乙腈、二氯甲烷。

稳定性：水溶液中光解半衰期为2周，对水解稳定。

② 生物活性与使用方法 该产品是先正达公司开发成功的第一个商品化的甲氧基丙烯酸酯类杀菌剂，高效、广谱，对几乎所有的真菌(子囊菌、担子菌、鞭毛菌和半知菌)病害如白粉病、锈病、颖枯病、网斑病、霜霉病、稻瘟病等均有良好的活性。可用于茎叶喷雾、种子处理，也可进行土壤处理，主要用于谷物、水稻、花生、葡萄、马铃薯、果树、蔬菜、咖啡、草坪等。使用剂量为25～400 g/hm²。

低毒杀菌剂，大鼠急性经皮$LD_{50} > 2\ 000$ mg/kg。对兔眼睛和皮肤轻微刺激，无致畸、致突变、致癌作用。在推荐剂量下于田间施用对其他非靶标生物无不良影响。

(2) 醚菌酯

别名：翠贝；苯氧菌酯。

英文名称：Kresoxim-methyl；Stroby。

化学名称：(E)-2-甲氧亚氨基-[2-(邻甲基苯氧基甲基)苯基]-乙酸甲酯。

① 理化性质

化学结构式：

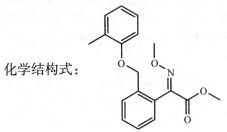

分子式：$C_{18}H_{19}NO_4$；相对分子质量：313.35。

外观与性状：原药为白色粉末结晶体。

蒸气压：1.3×10^{-6} Pa(25 ℃)；熔点：87.2～101.7 ℃；密度：1.258 kg/L(20 ℃)。

溶解性：水中2 g/L(20 ℃)，易溶于有机溶剂。

② 生物活性与使用方法 是一种高效、广谱、新型杀菌剂。对半知菌、子囊菌、担子菌、卵菌等真菌引起的多种病害具有很好的活性，如葡萄白粉病、草莓白粉病、甜瓜白粉病、黄瓜白粉病、小麦锈病、马铃薯疫病、南瓜疫病、梨黑星病、水稻稻瘟病等具有良好的

防效。醚菌酯不仅具有广谱的杀菌活性,同时兼具有良好的保护和治疗作用。与其他常用的杀菌剂无交互抗性,且比常规杀菌剂持效期长。具有高度的选择性,对作物、人、畜及有益生物安全,对环境基本无污染。

低毒杀菌剂,大鼠雌雄急性经口 LD_{50} 均大于 5 000 mg/kg。大鼠雌雄急性经皮 LD_{50} > 2 000 mg/kg。对家兔眼睛、皮肤无刺激性。Ames 试验(污染物致突变性检测,也称鼠伤寒沙门菌回复突变试验)、小鼠精子致畸试验和小鼠微核试验均为阴性。

(3) 肟菌酯

别名:肟草酯;三氟敏。

英文名称:Trifloxystrobin。

化学名称:(E,E)-2-[1-(3-三氟甲基苯基)-乙基-亚胺-氧-甲苯基]-2-羰基乙酸甲酯-O-甲酮肟。

①理化性质

化学结构式:

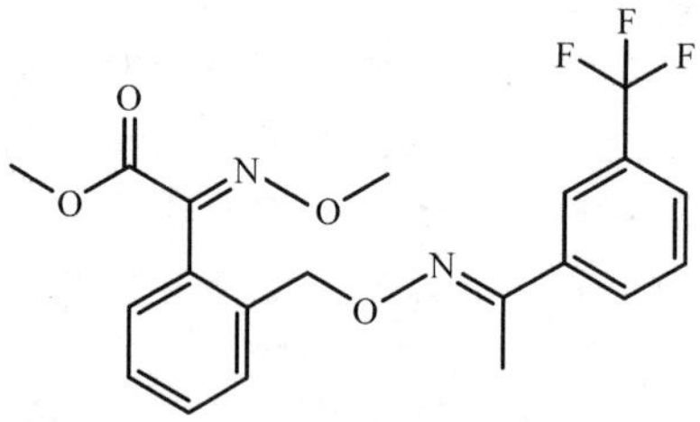

分子式:$C_{20}H_{19}F_3N_2$;相对分子质量:408.37。

外观与性状:原药为无臭、白色固体。

蒸气压:3.4×10^{-6} Pa(25 ℃),熔点:72.9 ℃,沸点:312 ℃。

溶解性:水中 0.61 mg/L(25 ℃),易溶于丙酮、乙酸乙酯、甲醇。

稳定性:在 pH 2~12 范围内稳定。

②生物活性与使用方法　具有广谱的杀菌活性。主要用于茎叶处理,具有优良的保护作用和一定的治疗作用,不具内吸性。除对白粉病、叶斑病有特效外,对锈病、霜霉病、立枯病、苹果黑星病亦有很好活性。通常使用剂量为 200 g/hm²。100~187 g/hm² 即可有效地防治麦类病害如白粉病、锈病等,50~140 g/hm² 即可有效地防治果树、蔬菜各类病害。可与多种杀菌剂混用,如与霜脲氰混配使用。

低毒杀菌剂,大鼠急性经口 LD_{50} >5 000 mg/kg。对家兔眼睛和皮肤有一定的刺激作用。

3.11.3　其他甲氧基丙烯酸酯类杀菌剂

甲氧基丙烯酸酯类杀菌剂的部分品种见表 3-4。

表 3-4 甲氧基丙烯酸酯类部分品种

名称	结构式及化学名称	主要特点及用途
唑菌胺酯；吡唑醚菌酯；百克敏；Pyraclostrobin	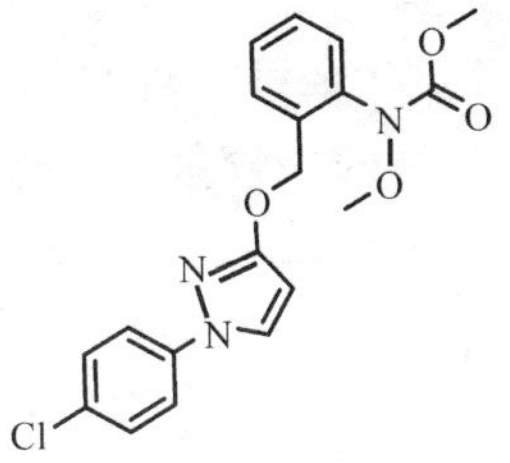 N-{2-[[1-(4-氯苯基)吡唑-3-基]氧甲基]苯基}-N-甲氧基氨基甲酸甲酯	可防治子囊菌、担子菌、半知菌、卵菌等大多数病害。对孢子萌发及叶内菌丝体的生长有很强的抑制作用，具有保护和治疗活性。具有渗透性及局部内吸活性，持效期长，耐雨水冲刷。用于防治小麦、水稻、花生、葡萄、蔬菜、马铃薯、香蕉、柠檬、咖啡、果树、核桃、茶树、烟草和观赏植物、草坪及其他大田作物上的病害。大鼠急性经口 LD_{50} 5 000 mg/kg
啶氧菌酯；Picoxystrobin；ZA1963	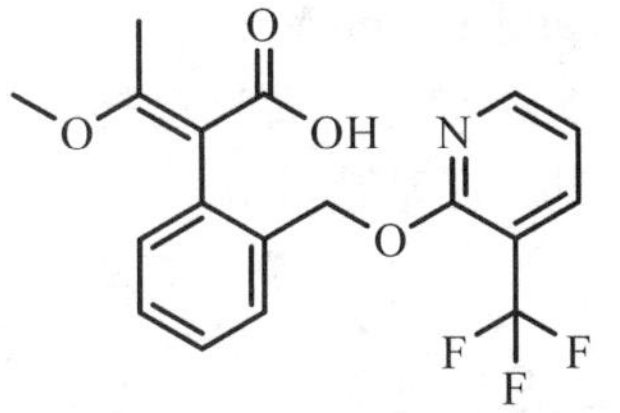 (E)-3-甲氧基-2-{2-[6-(三氟甲基)-2-吡啶氧甲基]苯基}丙烯酸甲酯	具内吸和熏蒸活性。被叶片吸收后，会在木质部移动，随水流在运输系统中流动。主要用于防治叶面病害如叶枯病、叶锈病、颖枯病、褐斑病、白粉病等，与现有 strobilurin 类杀菌剂相比，对小麦叶枯病、网斑病和云纹病有更好的治疗效果。大鼠急性经口 LD_{50} >5 000 mg/kg

3.12 抗菌素及植物源杀菌剂

3.12.1 概况

抗菌素和植物源杀菌剂是以天然活性物质为有效成分的生物源农药，也可归纳入生物农药范畴。其共同的特点是原料来自于天然，在自然环境中有降解途径，对环境安全。

抗菌素是由微生物代谢产生的一类物质，多数是土壤放线菌类的代谢产物，如放线菌酮、庆丰霉素、链霉素、春雷霉素等。大部分农用抗菌素具有选择性强、活性高的特点，同时具有保护和治疗作用，但也存在着慢性毒性和容易产生抗药性的问题。有些抗菌素已经能够人工合成，有些抗菌素的发酵工艺及质量控制已趋完善，分子生物学的进步也为抗菌素生产创造了新的技术，如我国已成功克隆了井冈霉素合成基因，并能够在大肠杆菌中表达，为定向生产井冈霉素提供了基础。

抗菌素的防治谱各异。放线菌酮、庆丰霉素、链霉素可以防治多种植物真菌和细菌病害，防治谱较广；有的抗菌素防治谱窄，如灭瘟素和春雷霉素只能防治稻瘟病，井冈霉素只能防治丝核菌病害。

植物源杀菌剂是利用有些植物含有的某些抗菌物质或诱导产生的植物防卫素，杀死或有效抑制某些病原菌的生长发育。植物体内的抗菌化合物是植物体产生的多种具有抗菌活性的次生代谢产物，包含生物碱、类黄酮、蛋白质、有机酸和酚类化合物等许多不同的类型，如毛蒿素（capillin）、皂角苷（saponin）类。植物源杀菌剂一般多为保护性杀菌剂，内吸治疗作用较弱。

植物源杀菌剂品种不多，大蒜素是我国开发较早的植物源杀菌剂品种；以银杏中生物活性物质为模板合成的拟银杏杀菌剂——绿帝，已开发成为杀菌剂品种，对多种病原菌有显著的抑菌和杀菌作用。

植物病毒病有"植物癌症"之称，目前已知的有1 000余种，对农林生产具有很大的危害性，其危害程度仅次于真菌病害，化学杀菌剂对病毒病害效果较差。植物源杀菌剂对植物病毒病表现良好的防治效果，值得进行深入研究。

3.12.2 代表性品种

(1) 井冈霉素

别名：有效霉素；百里达斯；稻纹散。

英文名称：Jinggangmycin A；Validamycin；Validamycin A。

化学名称：N-[(1S)-(1,4,6/5)-3-羟甲基-4,5,6-三羟基-2-环己烯基][O-β-D-吡喃葡萄糖基-(1→3)]1S-(1,2,4/3,5)-2,3,4-三羟基-5-羟甲基环己基胺。

① 理化性质

化学结构式：

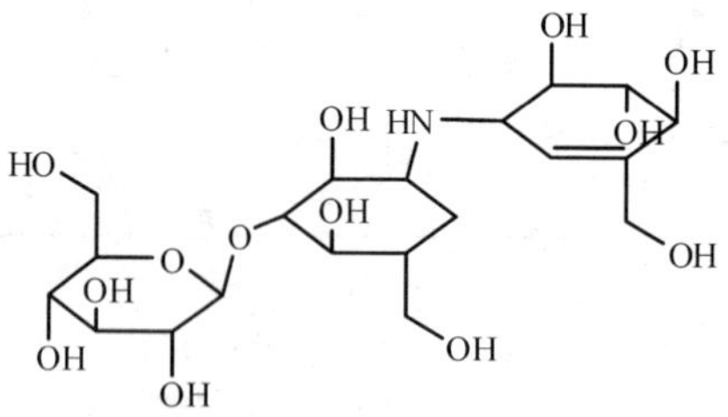

分子式：$C_{20}H_{35}O_{13}N$；相对分子质量：497.49。

外观与性状：纯品为白色粉末。

蒸气压：室温下不计；熔点：130~135 ℃。

溶解性：易溶于水，可溶于甲醇，微溶于乙醇，不溶于丙酮、氯仿、苯、石油醚。

稳定性：吸湿性强，在pH 4~5的水溶液中较稳定，能被多种微生物分解失去活性。

② 生物活性与使用方法　是内吸作用很强的农用抗生素。主要用于防治水稻纹枯病，兼具有保护和治疗作用。施药后耐雨水冲刷，4 h后遇雨不影响药效。也可用于防治小麦纹枯病、稻曲病。

低毒杀菌剂，纯品大、小鼠急性经口$LD_{50}>20\ 000$ mg/kg，对皮肤、眼睛无刺激，对蜜蜂安全。

(2) 大蒜素

别名：大蒜精油；大蒜油；大蒜辣素。

英文名称：Allicin；Diallyldisulfid-S-oxide；Dially disulfide。

化学名称：硫代-2-丙烯-1-亚磺酸-S-烯丙酯。

① 理化性质

化学结构式：

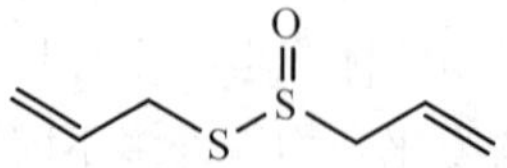

分子式：$C_6H_{10}S_2$；相对分子质量：178.33。

外观与性状：淡黄色油状液体，具有强烈的大蒜臭，味辣。
沸点：80~85 ℃(0.2 kPa)；相对密度(水=1)：1.112(24 ℃)。
溶解性：溶于乙醇、氯仿或乙醚。水中溶解性2.5%(w/w，10 ℃)。
稳定性：对热碱不稳定，对酸稳定。静置时有油状沉淀物产生。23 ℃时可在16h内分解。

②生物活性与使用方法　广谱性杀菌剂，也可用作杀虫剂，也用于饲料、食品、医药上。作为饲料添加剂具有如下功能：第一，增加肉仔鸡、甲鱼的风味。在鸡或甲鱼的饲料中加入大蒜素，可使鸡肉、甲鱼的香味变得更浓。第二，提高动物成活率。大蒜素有解毒、杀菌、防病、治病的作用，在鸡、鸽子等动物饲料中添加0.1%的大蒜素，可提高成活率5%~15%。第三，增加食欲。大蒜素有增加胃液分泌和胃肠蠕动，刺激食欲及促进消化的作用，在饲料中添加0.1%大蒜素制剂，可增强饲料的适口性。大蒜素对人、畜安全。

3.13　无杀菌毒性化合物

3.13.1　概况

传统杀菌剂均直接作用于病原菌生命过程的某个环节，影响病菌的生理生化过程，从而杀死病原菌或抑制病原菌的孢子萌发或菌丝生长。这些化学物质在使用中存在两大问题：一是由于病菌的变异而产生抗药性，药剂的使用寿命会大大缩短；二是这类药剂对人类和环境的危害。杀死或抑制病原菌不是植物病害防治的全部，植物病害防治的根本目的是使植物免受病害的危害，达到保护植物的目的。根据这一理念，人们开始研究具有全新作用机制的药剂。这些药剂始于1970年代的噻瘟唑(probenazole)和1980年代的三环唑(tricyclazole)，现已成为一类独特的防治植物病害的化学药剂——无杀菌毒性的植物保护剂(nonfungitoxic protectants)。

无杀菌毒性的植物保护药剂的定义为：药剂喷到植物上，在能发挥防病效果的浓度下，对病菌本身却没有毒性或几乎没有毒性。这类药剂可以直接作用于病菌，影响病菌的致病能力，使其不能侵入植物或不能在植物组织内定殖，不能发展形成病害；或通过干扰病菌致病的关键因素(如真菌毒素和酶的活性或者产物)达到削弱病菌的致病能力；也可以影响病菌和植物间的反应，使植物提高抗病能力。近年出现的植物保护活化剂，就是可激活植物后天系统抗病性，使植物产生自我保护作用，从而防治病害的发生。与传统杀菌剂相比，无杀菌剂毒性药剂有以下优点：

①具有更高选择性和无杀伤生物的作用，是一类比普通内吸杀菌剂更具有专一作用的药剂，对非靶标生物和环境的危害极小。

②若属于诱导寄主植物抗病性作用的化合物，其使用浓度很低，诱导而获得的抗病性比具有杀菌毒性药剂的作用更持久；通过诱导而获得的抗病作物比一般通过育种而获得的抗病品种更能保持原有的优良品质。

③对病菌没有毒性或不使病菌产生深刻的生化变化而受到毒害，不易引致病菌出现抗药性。无杀菌毒性药剂主要有影响病菌的致病力和激活植物的抗病力两大类。

3.13.2 主要类型和代表性品种

3.13.2.1 作用于病菌削弱病菌致病力的制剂

(1) 黑色素生物合成抑制剂(melanin biosynthesis inhibitors)

又称为抗穿透化合物(antipenetrants)。病原真菌必须穿透植物表层，随后才侵入下层组织。真菌穿透植物表皮需要特殊酶的活性和机械力，或者两者共同作用。利用一些化合物影响真菌穿透植物表皮的过程，已成为病害化学防治的一个有实际意义的目标。至今最成功的是真菌黑色素生物合成抑制剂，其作用是干扰附着细胞壁的黑色素形成。无黑色素的附着胞，不能形成侵染钉，因而不能侵入植株。早期用于防治稻瘟病的稻瘟醇(blastin，1950年代出现，后因有药害问题停用)和稻瘟酞(fthalide，1970年代)，现已证明两者的防病机理都是影响病菌的穿透效能。近年，这类药剂中出现的一个新品种(通用名 capropamil，商品名 Win)，它与原有的黑色素生物合成抑制剂(四氯苯酞、三环唑、丰谷隆等)的主要靶标部位不同，对 1,3,8-三羟萘的减少无影响。当前黑色素合成抑制剂最具有实际意义的品种是三环唑，介绍如下。

三环唑

别名：克瘟唑；稻瘟唑；三赛唑；比艳。

英文名称：Tricyclazole。

化学名称：1,2,4-三唑并[b]4-甲基苯并噻唑。

① 理化性质

化学结构式：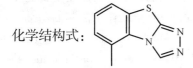

分子式：$C_9H_7N_3S$；相对分子质量：189.24。

外观与性状：原药为白色结晶。

蒸气压：2.666×10^{-5} Pa(25 ℃)；熔点：187~188 ℃。

溶解性：在水中溶解性为 0.7 g/L，在氯仿中大于 500 g/L。

稳定性：在水中稳定，对光、热也稳定。

② 生物活性与使用方法　第一个黑色素合成抑制剂产品，用于防治水稻稻瘟病。三环唑有内吸性并能迅速在稻株内转移，在植株体内和土壤中分解缓慢，持效期长达 7~10 周。在离体条件下，三环唑对稻瘟病菌没有毒性，并不能抑制稻瘟病菌孢子萌发、附着胞形成和菌丝生长，但却能完全阻碍附着胞黑色素的生成。三环唑影响黑色素合成的浓度为 0.1 mg/L，但高至 20 mg/L 的浓度却不能抑制稻瘟病菌的生长。

稻种用有效成分 1 000 g/t 拌种，播后可使秧苗 5 周内不受稻瘟菌侵染；用制剂 3~5 g/mL 悬浮液浸秧根 10~20 min 后移植，秧苗 10 周内可免受病菌侵染；用有效成分 250 g/hm² 的药量在孕穗时喷雾，可防穗瘟病。应特别注意的是，用三环唑防治稻瘟病时施药要非常及时，试验证明，在接种 5 h 内或病菌侵入前 5 h 施药才有效，迟了则无效，因为接种 5 h 后附着胞的黑色素已经形成，侵入丝已侵入寄主体内；同时，有了黑色素的菌体细胞会阻止药剂的透入。

中等毒性杀菌剂。原药对大鼠急性口服 LD_{50} 237 mg/kg，对水生动物毒性较低。

(2) 角质酶抑制剂

英文名称：Cutinase inhibitors。

角质层是植物表皮细胞壁最外层组织，也是病菌进入植物表皮下组织必须穿过的屏障，病菌产生角质酶对其致病性具有重要意义。通过抑制这种酶产生或抑制病菌侵染活性防治植物病害的可能性已受到人们重视。有证据表明，病原物的侵染可以由作用于角质酶而对离体病菌无毒性的化合物所制止。例如，转化的角质酶抗血清或有效的角质酶抑制剂二异丙基氟代磷酸酯和对氧磷(Paraoxon)，在无杀菌毒性的浓度(I_{50}低于 1 μmol)下，就能保护无损伤的豌豆表面不受镰刀菌的侵染，也可使无损伤的木瓜果实不受胶孢炭疽病的侵染。

(3) 抑制或钝化病菌产生毒素的化合物

近 20 年，植物病原菌毒素的研究受到重视。植物病原菌毒素，特别是特异性毒素，在病害发生发展过程中具有重要作用。采用化学的方法中和毒素，消除其有害作用或抑制毒素产生，必然会干扰病原菌的致病过程，达到防病目的。但当前这方面的研究还处在实验阶段，尚无产品上市。

3.13.2.2 作用于调节(或激活)寄主植物抗病性化合物

此类化合物的使用是人们对植物病害化学防治策略的一种新观念，避开了直接作用于病原微生物，而是作用于寄主保卫系统，即采用化学方法来调节植物和病菌之间的相互反应，激发植物抗病的主导作用而使病害得到控制。代表品种如活化酯。

活化酯

英文名称：Acibenzolar-s-methyl；Acibenzolar；CGA245704；BTH；Bion 50；Unix Bion 63。

化学名称：S-甲基苯并[1,2,3]噻二唑-7-硫代羧酸酯。

① 理化性质

化学结构式：

分子式：$C_8H_6N_2S_3$；相对分子质量：226.34。

外观与性状：纯品为白色至米色粉状固体，且具有拟烧焦的气味。

蒸气压：4.4×10^{-4} Pa (25 ℃)；熔点：132.9 ℃；沸点：约 267 ℃；相对密度(水 = 1)：1.54 (20 ℃)。

溶解性：25 ℃时溶解性：甲醇 4.2 g/L，乙酸乙酯 25 g/L，正己烷 1.3 g/L，甲苯 36 g/L，丙酮 28 g/L，正辛醇 5.4 g/L，二氯甲烷 160 g/L，水 7.7 g/L。

稳定性：水解半衰期 3.8 年(20 ℃，pH 5)、23 周(20 ℃，pH 7)、19.4 h (20 ℃，pH 9)。

② 生物活性与使用方法　无杀菌毒性化合物。是模拟抗性品系中一种天然信息素，可引发植物自我保护机理而间接发挥防病作用，对靶标病菌无直接毒杀作用。在植物系统性获得抗病性(SAR)进程中，生物和化学诱导剂具有相同的信号传递途径，因而对缺乏 SAR 信息传递途径的植物无效。此药剂引起植物体内的生化反应与生物诱导因子相同。在用药一段时间后，植物的防卫反应才能增强，因此应在发病初期施用。药剂能被植物迅速吸收和输导，诱导的植物防卫反应对病原菌生活史中多个环节都有影响。用于防治小麦的多种真菌性病害和蔬菜霜

霉病。

低毒杀菌剂，大鼠急性经口 LD_{50} 2 000 mg/kg。

3.14 杀线虫剂

3.14.1 概况

植物寄生性线虫是植物侵染性病原之一，比真菌、细菌、病毒等病原生物，具有主动侵袭寄主和自动转移危害的特点。线虫除了直接侵染植物，诱致各种植物病害，导致产量、质量下降外，它所造成的植物根部大量伤口，往往又是其他土壤侵染性真菌、细菌侵入植物的有利通道，诱发这些病害的发生和流行。同时，线虫还能传带多种植物病原微生物，特别是病毒，有些"土壤传染"的病毒病现已查明是由土壤中栖居的线虫所致。植物寄生性线虫的危害是不容忽视的。有许多线虫对农作物的危害是极其严重的，如马铃薯金线虫是国际植物检疫对象，松材线虫对我国南方松林造成了巨大的损失。调查证明，线虫在我国的分布很广，造成的损失也很大，每年因线虫危害而减产可达12%。

用于防治植物病原线虫的药剂称为杀线虫剂(nematodicides)。使用杀线虫剂防治植物线虫病，可在短期内迅速甚至能彻底地控制线虫群落，而且许多杀线虫剂有兼治地下害虫和杂草的作用。故杀线虫剂使用后作物增产效果显著。但化学杀线虫剂大多施于土壤，用药量大，防治成本高，受作物经济价值的制约较大；而且杀线虫剂一般毒性较大，常有环境污染问题。因此，植物线虫病的防治不能单靠化学药剂，必须有综合治理的策略。

绝大多数植物线虫在土壤中存活，应用杀线虫剂防治植物线虫病害的防效受多种因素影响，必须充分考虑下列各方面：①必须熟悉主要线虫种类的生活史和习性，如许多种类的线虫随季节变化在土壤中迁移的深度不同；只有当线虫移居浅土层时用药才能达到高的防治效果。②杀线虫剂在土壤中的扩散或移动受土壤的各种物理和化学条件的影响，特别是土壤湿度，一般以不超过80%饱和度最为适宜，湿度太高会影响药物在土中移动，太低则会使药剂逸失。至于土壤温度，经验认为土壤温度在15~24 ℃时施用药剂可获得最好的效果。③杀线虫剂的最适施用量应该以能使作物产值与防治费用相比得到最大的收益为原则。在黏土和有机物含量高的土壤中，药剂的用量比砂质土壤要多20%~40%。④施用内吸性杀线虫剂，如有机磷和氨基甲酸酯类的一些品种，可通过叶丛施药达到控制土壤中线虫的危害。⑤对危险性线虫种类（检疫对象），有必要对处理材料(种子、苗木、鳞茎、块茎)进行室内药物熏蒸、蘸根、浸根；已污染的土壤要进行消毒，并采用隔离措施。

3.14.2 主要类型和代表性品种

3.14.2.1 卤化烃类

生产上最早使用的杀线虫剂多属于卤化烃类化合物，如 D-D 混剂、溴甲烷、氯化苦、二溴乙烷、二溴氯丙烷等，多是土壤熏蒸剂，具有高的蒸气压，药剂可在土壤中扩散，溶解在土粒水膜中或吸附在土粒表面，直接毒杀线虫。由于其毒性和对环境卫生的影响，这类杀线虫剂的使用已受限制。

(1) 溴甲烷

别名:溴代甲烷;甲基溴。

英文名称:Methyl bromide;Bromomthane;Bromo-Methane;Brom-O-gas。

化学名称:一溴甲烷。

① 理化性质

化学结构式:

$$\begin{array}{c} Br \\ | \\ H-C-H \\ | \\ H \end{array}$$

分子式:CH_3Br;相对分子质量:94.95。

外观与性状:纯品为无色气体,有甜味。

蒸气压:243.18 kPa(25 ℃);熔点:-93 ℃;沸点:3.6 ℃;相对密度(水=1):1.72。

溶解性:25 ℃水中1.34 g/L,与冰水形成体积大的结晶水。溶于大多数有机溶剂,还能溶于脂肪、树脂、橡胶、染料、蜡等。

稳定性:易与强氧化剂、活性金属粉末反应。

② 生物活性与使用方法 溴甲烷对病菌、杂草、线虫、昆虫和鼠均有效。防治黄瓜、番茄等作物的土壤线虫,用药量为77~102 g/m²。施药前将土壤疏松、整平后用塑料薄膜覆盖地面,薄膜四周用土压紧以防漏气,然后将实际用药量的溴甲烷蒸气通过有许多小孔的薄膜管道,迅速蔓延扩散入土中熏蒸,一般熏蒸24 h。打开薄膜散气2 d后方可播种。施药操作人员要戴防毒口罩,熏蒸前每人服100 g糖,预防中毒。高毒杀线虫剂,大鼠急性经口LD_{50} 100 mg/kg,急性吸入LC_{50} 3 120 mg/L(15 min)。

(2) 滴滴混剂

别名:氯丙混剂。

英文名称:Dichloropropene-dichloroprop-anemlxture。

化学名称:I.1,3-二氯丙烯;II.1,2-二氯丙烷。

① 理化性质

化学结构式:

$$\text{I} \quad Cl-CH=CH-\overset{H_2}{C}-Cl \qquad \text{II} \quad H_3C-\overset{Cl}{\underset{|}{CH}}-\overset{H_2}{\underset{|}{C}}-Cl$$

分子式:$C_3H_4Cl_2$;$C_3H_6Cl_2$;相对分子质量:110.98;112.99。

外观与性状:原药为黄绿色至棕褐色液体,有蒜臭味,对金属有腐蚀性,易燃。

蒸气压:3.73 kPa(25 ℃);5.33 kPa(19.4 ℃);熔点:-84 ℃;-100 ℃;沸点:108 ℃;95~96 ℃;相对密度(水=1):1.22;1.156。

溶解性:难溶于水,易溶于有机溶剂。

稳定性:在水、稀酸或稀碱液中比较稳定。

② 生物活性与使用方法 土壤处理杀线虫剂。中等毒性杀线虫剂,大鼠急性经口LD_{50} 140 mg/kg,对皮肤有刺激作用。

3.14.2.2 硫代异氰酸甲酯类

这类药剂都能释放硫代异氰酸甲酯,即具有—N=C=S毒性基团。

(1) 威百亩

别名：硫威钠。

英文名称：Metham-sodium；Vapam。

化学名称：N-甲基二硫代氨基甲酸钠。

① 理化性质

化学结构式：

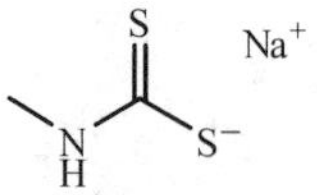

分子式：$C_2H_4NNaS_2$；相对分子质量：129.17。

外观与性状：白色晶体。

蒸气压：0.0385 Pa(20 ℃)；熔点：-60 ℃；沸点：218 ℃；相对密度（水＝1）：1.169（液体）。

溶解性：水中 72.2 g/100mL(20 ℃)，在甲醇中有一定的溶解性，但在其他有机溶剂中几乎不溶。

稳定性：酸和重金属盐会促进其分解。在湿土中分解成异氰酸甲酯起熏蒸作用。

② 生物活性与使用方法　土壤杀真菌、杀线虫和除草剂，具熏蒸作用。其活性是由于原药分解产生毒性较大的异硫氰酸甲酯（$CH_3N{=\!=\!=}C{=\!=\!=}S$），在比较湿的土壤中更容易产生。此活性物质对植物也有毒性，因此，土壤处理后，必须待药剂全部分解消失后方可移植或播种。一般每 100 m² 用药 4.87～9.94 L，加水 7.6～18.9 L 稀释，穴施，施后盖土（或加水封），1 周后翻耕透气。

中等毒性杀线虫剂，原药对雄大鼠急性经口 LD_{50} 820 mg/kg，对兔急性经皮 LD_{50} 800 mg/kg。对鱼毒性中等，对蜜蜂无毒害。

(2) 棉隆

别名：必速灭；二甲硫嗪；二甲噻嗪。

英文名称：Dazomet；Mylone；Amerstat 233。

化学名称：四氢-3,5-二甲基-2H-1,3,5-噻二嗪-2-硫酮。

① 理化性质

化学结构式：

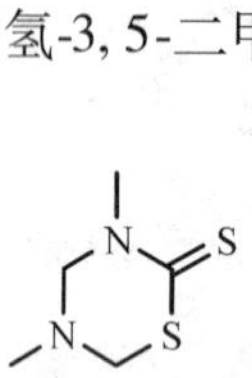

分子式：$C_5H_{10}N_2S_2$；相对分子质量：162.28。

外观与性状：原药为白色结晶，无气味。

蒸气压：$400×10^{-6}$ Pa；熔点：99.5 ℃；相对密度（水＝1）：1.39。

溶解性：微溶于水（<0.1 g/100 mL/18 ℃），易溶于丙酮、氯仿；稍溶于乙醇、苯；难溶于醚、四氯化碳。

稳定性：水溶液中易分解，温度在 45 ℃ 以上分解加快，影响药剂效果；遇强酸、强碱易分解。

② 生物活性与使用方法　棉隆是一种土壤熏蒸剂，在土壤中能分解生成有毒的异硫氰酸甲酯、甲醛和硫化氢，这些分解产物对线虫、地下害虫、霉菌、杂草以及生长作物均有毒杀

作用。作物生长期间使用，要离根部 1~1.5 m 以外施用，且不宜在温室施用以防药剂蒸气伤及生长作物。棉隆施用适宜的土温是 10~25 ℃，25 ℃ 以上不宜施用。施药后土壤必须保持湿润 5~7 d（适于微生物生长）。处理 8 d 后应松土和彻底通气，但松土不要超过原处理深度，不要把未处理的土层翻上。棉隆对根结线虫、甜菜茎线虫、甘薯异皮线虫和马铃薯线虫具有毒性；也可用于防治作物根腐病和马铃薯丝核菌病，杀灭藜属鹤虱海、狗舌等杂草。

作土壤处理用，处理时药剂与土壤混合深度为 20 cm。用药量（有效成分）：果树植前用 139~356 kg/hm²；蔬菜植前用 179~448 kg/hm²；花卉、观赏作物植前用 139~366 kg/hm²。而大田作物苗床土壤处理，用有效成分 23~75 g/m²。

低毒杀线虫剂，原药对雌、雄大鼠急性经口 LD_{50} 分别为 710 mg/kg 和 550 mg/kg，对雌、雄兔急性经皮 LD_{50} 分别为 2 600 mg/kg 和 2 360 mg/kg。对鱼毒性中等，对蜜蜂无毒害。

3.14.2.3 有机磷酸酯类

线虫具有与昆虫相似的神经系统，因此对有机磷杀虫剂的作用敏感，但多数有机磷化合物在土壤中分解迅速，作用时间短，只有少数有机磷化合物可同时作为杀线虫剂和杀虫剂使用，单独作杀线虫剂使用的则更少。有机磷化合物对胆碱酯酶产生抑制作用，使正常的神经冲动传导受阻，结果使线虫麻醉瘫痪导致死亡。

这类杀线虫剂均属高毒农药，应由曾经接受过指导、可信赖的成人使用。施药人员应穿保护服、戴手套、风镜、穿胶鞋等。操作后用大量肥皂与清水彻底洗涤。施药后 4~6 周，处理区避免禽、畜进入。

（1）克线磷

别名：苯线磷；虫胺磷；灭线灵一号；线畏磷；力螨库。

英文名称：Fenamiphos；Nemacur；Nemacurp；Inemacuty；Phenamipho。

化学名称：O-乙基-O-(3-甲基-4-甲硫基)苯基-N-异丙氨基磷酸酯。

①理化性质

化学结构式：

分子式：$C_{13}H_{22}NO_3PS$；相对分子质量：303.36。

外观与性状：原药为无色结晶。

蒸气压：约 1×10^{-3} Pa (30 ℃)；熔点：49 ℃；相对密度（水=1）：1.14 (20 ℃)。

溶解性：20 ℃ 时在水中溶解性为 0.4 g/L。

稳定性：在 pH 7 时，50 d 无降解现象。

②生物活性与使用方法　内吸性杀菌剂，具触杀作用。克线磷对土壤自由习居线虫、根结线虫、胞囊线虫和刺吸式口器昆虫如蚜虫、蓟马、叶蝉都有明显作用。药剂经植物根部吸收后有向顶部和基部传导的性能，在含水量充足的土壤中能充分分布，使习居较深土层的线虫得到控制，施药后可明显降低线虫群体密度。克线磷不受土壤类型和气候条件的影响，除干旱季节，即使不翻土混合也能维持药效达几个月；干旱季节施用时，施药后立即灌水或通过灌溉系统施药。该药对花生药害显著，不可使用。

用于防治果树、蔬菜、花卉、经济作物等的根结线虫、矮化穿孔线虫、螺旋线虫、肾形线虫、半穿刺线虫、毛刺线虫和剑线虫引起的线虫病。可在播种、种植时及作物生长期施药，药剂要施在根部附近的土壤中，可以沟施、穴施或撒施，也可直接放入灌溉水中。植前土壤全面撒施用量(有效成分，kg/hm^2)：棉花 5~6，花生 3~6，蔬菜 4.5~6.7，果树(苹果、樱桃)11.2。栽种期或植后土壤处理用量(有效成分 kg/hm^2)：棉花 1.12~2.24，花生 1.3~3，蔬菜 1.5~3，草地 0.25~0.5，柑橘 15~30，花卉 6.73~13.44(鸢尾、百合、水仙)，蕨类、草本属 11.2。

高毒杀线虫剂，大白鼠急性经口 LD_{50} 15.3~19.4 mg/kg，经皮为 500 mg/kg，对蜜蜂有毒。

(2) 丙线磷

别名：益舒宝；灭克磷；灭线磷；益收宝。

英文名称：Ethoprophos。

化学名称：O-乙基-S,S-二丙基二硫代磷酸酯。

① 理化性质

化学结构式：

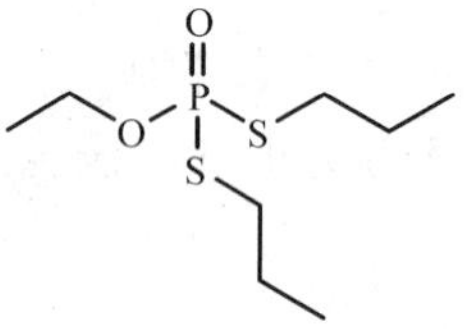

分子式：$C_8H_{19}O_2PS_2$；相对分子质量：242.34。

外观与性状：原药为淡黄色透明液体。

蒸气压：46.5 mPa(26 ℃)；熔点：-60 ℃；沸点：86~91 ℃，闪点 140 ℃；相对密度(水=1)：1.094(20 ℃)。

溶解性(20 ℃)：水中 700mg/L，酮、环己烷、1,2-二氯乙烷、乙醚、乙醇、乙酸、乙酯、二甲苯 >300 g/kg。

稳定性：在酸性溶液中稳定，分解温度为 100 ℃。在碱性介质中迅速分解。对光和温度稳定性好，50 ℃下 12 周无分解，150 ℃下 8 h 无分解。

② 生物活性与使用方法　灭线磷无内吸和熏蒸作用，是一种触杀性杀线虫剂和土壤杀线虫剂，杀线虫谱广。可以在播种前、播种或移植时、甚至作物生长期施药。在作物中无残留。灭线磷可与其他保护植物的除草剂、杀菌剂及杀虫剂混用。由于它的作用方式为触杀，因此只有在线虫蜕皮后开始活动时才能奏效。一些作物对灭线磷比较敏感，药剂一般不应与种子直接接触。适用于花生、菠萝、香蕉、烟草、蔬菜等作物，可防治根结属、短体属、刺属、穿孔属、茎属、螺旋属、轮属、剑属和毛刺属等多种线虫。同时对危害根、茎部的鳞翅目、鞘翅目、双翅目的幼虫和直翅目、膜翅目的一些害虫也有效。

高毒杀线虫剂，工业品对大鼠、小鼠急性口服 LD_{50} 分别为 62 mg/kg 和 31 mg/kg；颗粒剂毒性较低，大鼠急性口服 LD_{50} 720 mg/kg。对鱼类有一定毒性，但施入土中并与土壤混合的灭线磷，无论哪种剂型对野生动物均无危害；对蜜蜂毒性中等。药剂在土中半衰期随土壤条件不同而有很大变化，一般在 14~28 d。

3.14.2.4 氨基甲酸酯类

氨基甲酸酯类化合物是目前杀线虫剂中使用较多的,它的作用是损害线虫神经活性,减少线虫的迁移、侵染和取食,从而防止线虫的危害和繁殖,对减少植物寄生线虫的虫口密度有特别明显的作用。有报道认为,这类药剂在低浓度情况下能影响线虫的感觉行为。

(1) 涕灭威

别名：铁灭克；丁醛肟威。

英文名称：Aldicarb；Temek；Carbanolate。

化学名称：2-甲基-2-(甲硫基)丙醛-O-[(甲基氨基)羰基]肟。

① 理化性质

化学结构式：

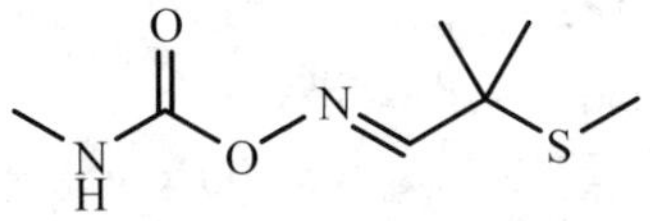

分子式：$C_7H_{14}N_2O_2S$；相对分子质量：190.29。

外观与性状：白色结晶,有硫磺味。

蒸气压：0.0133 Pa(25 ℃)；熔点：98~100 ℃；相对密度(水=1)：1.195(25/20 ℃)。

溶解性：室温下在水中的溶解性为6 g/L。溶于大多数有机溶剂。

稳定性：本品稳定,不易燃,对金属容器、设备无腐蚀性,在浓碱中易水解。

② 生物活性与使用方法　涕灭威是抑制昆虫胆碱酯酶的氨基甲酸酯类杀虫、杀螨、杀线虫剂,具有触杀、胃毒、内吸作用,能被植物根系吸收,传导到植物地上部各组织器官。涕灭威速效性好,一般在施药后数小时即能发挥作用,药效可维持6~8周。对根结线虫、球形胞囊线虫和茎线虫等都具有毒杀作用,0.5~1 mg/L涕灭威可抑制线虫卵的孵化；对减少根结线虫迁移活性的作用最大,但对马铃薯胞囊线虫迁移能力的影响不大；0.1 mg/L涕灭威并不影响线虫向甜菜苗的移动,但极低的浓度(0.01 mg/L)却可干扰雄虫对雌虫的吸引。涕灭威在土壤中不易分解,多年使用积累会污染地下水,因此,在南方稻田和种植花生的田块中不能使用。

(2) 克百威

别名：呋喃丹；大扶农；虫螨威；卡巴呋喃。

英文名称：Carbofuran；Furadan。

化学名称：2,3-二氢-2,2-二甲基-7-苯并呋喃基-N-甲基氨基甲酸酯。

① 理化性质

化学结构式：

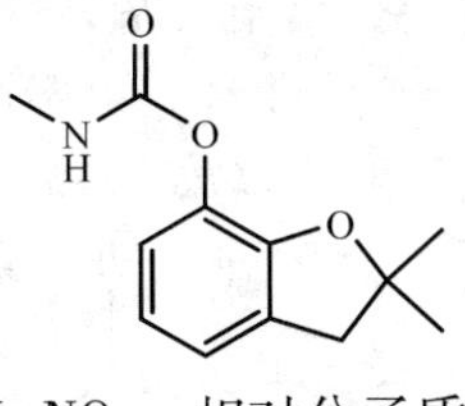

分子式：$C_{12}H_{15}NO_3$；相对分子质量：221.25。

外观与性状：纯品为白色无臭结晶,工业品稍有苯酚气味。

蒸气压：2.67 mPa；熔点：153 ℃；相对密度(水=1)：1.18。

溶解性：微溶于水，溶于多数有机溶剂。

稳定性：稳定。禁配物：强氧化剂、碱类。

②生物活性与使用方法　克百威是一种内吸性杀虫、杀螨剂，也具有杀线虫活性，可防治玉米、甘蔗、烟草、花生等多种作物的线虫，如胞囊线虫、根腐线虫、根结线虫、矮化线虫、针线虫、螺旋线虫和穿孔线虫等。

3.14.2.5　生物源杀线虫剂

(1) 淡紫拟青霉菌 (*Paecilomyces lilacinus*) 菌剂

别名：防线霉；线虫清。

原药外观为淡紫色粉末，为活体真菌杀线虫剂。该药施入土壤，孢子萌发长出菌丝，菌丝碰到线虫卵，分泌几丁质酶，破坏卵壳的几丁质层，使菌丝穿透卵壳，利用线虫卵内物质为养料进行大量繁殖，最后使卵内细胞和早期胚胎受到严重破坏，不能孵化出幼虫。对人无毒，大鼠急性经口 $LD_{50} > 5\,000$ mg/kg，大鼠急性经皮 $LD_{50} > 5\,000$ mg/kg。

(2) 厚孢轮枝菌 (*Verticillium chlamydosporium*) 菌剂

别名：线虫比克。

制剂外观为淡黄色粉末，菌体、代谢产物和无机混合物各占母粉干重的50%。为活体真菌杀线虫剂。厚孢轮枝菌为微生物农药，以活体微生物为主要活性成分，是经过发酵生成的分生孢子和菌丝体。产品施入土壤后迅速萌发繁殖，寄生线虫并抑制线虫卵的繁殖，对烟草、蔬菜根结线虫有很好的防治效果，对其他作物线虫危害也有较好防效，同时该产品施用后对各种地下害虫有驱避作用。母粉对雌雄大鼠急性经口 $LD_{50} > 5\,000$ mg/kg，大鼠急性经皮 $LD_{50} > 2\,000$ mg/kg。对皮肤、眼睛无刺激性，弱致敏性，无致病性。

(3) 阿维菌素

属高效的杀虫、杀螨、杀线虫剂。广谱性杀植物病原线虫药剂，对土壤线虫的防治效果亦很好，对根结线虫属 (*Meloidogyne*)、根腐线虫属 (*Pratylenchus*)、穿孔线虫属 (*Radopholus*) 及半穿刺虫属 (*Tylenchulus*) 的线虫均有防效 (详见第2章"2.10.2 微生物源杀虫剂"部分阿维菌素介绍的内容)。

3.15　木材防腐、防霉剂

由真菌造成的木材损害有多种形式，严重时木制材料被分解成比较简单的有机物，可使整体材质崩溃。边材变色菌导致木材边材变色，影响木材的外观和加工性能。

木材腐朽有3类：褐腐、白腐和软腐。褐腐主要有密黏褶菌 (*Gloeophyllum trabeum*)、山柏松卧孔菌 (*Poria placenta*)、千朽皱孔菌 (*Merulius lacrymans*) 3种，褐腐菌破坏木材的全纤维素；白腐主要有采绒革盖菌 (*Coriolus versieoly*)、多点侧孢菌 (*Phanerochaete chrysosporium*) 2种，既能代谢全纤维素又能代谢木质素；软腐菌属于子囊菌和半知菌，主要是球毛壳菌 (*Chaetomium globosum*)，侵害细胞壁物质中的纤维素。

木材变色菌多属于子囊菌和半知菌，主要有青霉 (*Penicillium*)、木霉 (*Trichoderma*)、黏帚霉 (*Gliocladium*)、曲霉 (*Aspergillus*) 和丛梗孢菌 (*Monilia*)。

凡能够预防或杀死危害木材的有害生物 (真菌、昆虫、海生钻孔动物)，使木材毒化又不破坏材质的化学物质，均可称为木材防腐剂。防腐剂应具有对有害生物高效、对木材有良好的渗透性、化学性质稳定、有持久性的药效又不严重影响木材的应用性能等特点，来源丰富、价格低廉，且能兼治害虫。

常用的木材防腐剂使用方法有喷洒、涂刷和浸渍等。浸渍有时间长短之分，有时还要利用真空、加压、升温等辅助性措施，以利药剂的渗透，提高防腐效果。浸渍法可以达到良好的效果，但需要有专门的真空加压浸注设备。

常用的木材防腐剂可以分为3类：油质防腐剂、油溶性防腐剂和水溶性防腐剂。

油质防腐剂有煤杂油醇、蒽油、煤杂酚油与煤焦油或石油的混合物。

煤杂酚油主要用于处理铁路枕木，对人有剧毒，有致癌作用，现已禁用。

煤焦油对人毒性高。长期吸入或接触能引起急性皮炎、痤疮等皮肤病，有诱发皮癌、肺癌的危险。现已禁用。

油溶性防腐剂主要有五氯酚、喹啉酮、环烷酸铜、硝基苯酚及有机锡类、氯萘类和有机汞类。不易挥发、水溶性小、抗流失性好，不会引起木材膨胀，适用于精加工木制品的防腐处理。处理时用轻质挥发性溶剂，处理后木材表面清洁，不影响木材的后加工性能。这类防腐剂在环境中不易分解，可长期残留，均为潜在的环境激素化合物；处理后溶剂挥发会带来环境污染，现在已停止使用。

水溶性防腐剂是使用最多的防腐剂，有单一型和复合型2类。单用时杀菌、杀虫谱窄，抗流失性能差，所以常用复合型防腐剂。常用的复合型水溶性防腐剂见表3-5。

表3-5　常用的复合型水溶性防腐剂

制剂名称	混合物及配比
酸性铬酸铜（ACC）	$CuSO_4$（以 CuO 计）45%，$Na_2Cr_2O_7$（以 CrO_3 计）50%，$Cr(CH_3COO)_3$ 5%
铜铬砷合剂（CCA）	铜化物（以 CuO 计）18.1%，铬化物（以 CrO_3 计）65.5%，砷化物（As_2O_5）16.4%
氨溶砷酸铜（ACA）	$Cu(OH)_2$（以 CuO 计）47.7%～49.8%，As_2O_5 47.6%～50.2%，NH_3 1.5～2 倍于 CuO，CH_3COOH（最大量）
氟铬砷酚合剂（FCAP）	NaF（以 F 计）22%，$Na_2HAs_3O_6$（以 As_2O_5 计）25%，$Na_2Cr_2O_7$（以 CrO_3 计）37%，二硝基酚或五氯酚钠 16%

复合型防腐剂综合了多种化合物的生物效应，具有高效、广谱的优点。多种单一组分之间、组分与木材间发生了一系列化学变化，提高了毒性组分在木材中的固着率和抗流失性。传统的复合型水溶性防腐剂中，均含有铬、砷等重金属元素，对水体、土壤生物毒性大；在环境中不降解，处理木材及其制品完成使用后，其中的重金属元素无法回收，成为永久性环境污染物存留于环境中，对环境造成危害。如 CCA 在发达国家现已被禁止使用，在我国限制使用。

为克服传统水溶性防腐剂的不足，科研人员致力于环境友好型木材防腐剂的开发，去掉了传统防腐剂中对环境有污染的铬、砷等成分，使用铜和阳离子表面活性剂季铵盐（如二癸基二甲基氯化铵），开发出了季铵铜（ACQ）木材防腐剂。一些农用杀菌剂也用于木材防腐剂，如丙环唑、戊唑醇等杀菌剂，但还没有定型的产品上市。

ACQ 有较好的渗透性，对大规格木材处理十分有效。ACQ 具有如下优点：①具有良好的防霉、防腐、防虫的性能；②对木材有良好的渗透性，可用来处理大规格、难处理的木材和木制品；③抗流失性，具有长效性；④低毒，不含砷、铬、酚等对人、畜有毒害的物质。ACQ 已成为取代目前在世界各国广泛使用的 CCA 的新一代木材保护剂，现已在美国、日本、东南亚等国家投入使用。特别适合于处理室外用材。

环境友好型木材防腐剂毒性低、环境相容性好，但却存在环境中易降解、持久性差、抗流失性能低等缺点，需要在进一步研究中，从防腐剂的制剂形态、稳定剂及抗流失助剂等方面入手，解决存在的问题。在日益重视环境污染的共识下，环境友好型木材防腐剂有良好的发展前景。

引起木材霉变的真菌种类与木材腐朽菌不同，传统的木材防腐剂对木材霉变菌毒力较低。竹材及其制品在贮存、加工和使用中，霉变是其主要问题。由于竹材制品使用中多与人接触，不能使用高毒性物质进行防霉处理。现在还没有开发出适合木竹材防霉的低毒、高效防霉剂。但国内外的相关研究比较多，其中对壳聚糖金属配合物在木竹材防霉中的性能研究比较系统。

壳聚糖(chitosan)是一种可持续的绿色环保资源，具有生物相容性、可食用性、可抗菌性、可生物降解性及安全无毒、对环境无公害等特点，在农业、化工、纺织、医药等行业得到广泛应用。壳聚糖及其衍生物与金属离子螯合制备的壳聚糖金属配合物(CMC)，对木竹材常见的霉变菌(木霉、青霉、黑曲霉)都有良好的抑制效果；壳聚糖铜盐和锌盐对彩绒革盖菌和棉腐卧孔菌均有较好的防腐效果，而且抗流失性较强，性能优于 CCA 木材防腐剂。

小　结

本章主要介绍用于防治林木病害和木材腐朽的杀菌剂、杀线虫剂和木材防腐剂。内容包括药剂的作用机制和代谢特点，主要药剂品种的化学结构、主要理化性质、毒性、作用方式、防治对象和使用方法。杀菌剂、杀线虫剂的品种较多，应根据防治对象的种类以及具体环境条件选择相适应的药剂、剂型和施药方法，以取得良好防治效果，并尽可能减小对环境的污染。

思考题

1. 简述杀菌剂的定义、发展历程及其未来的发展趋势。
2. 简述杀菌剂的使用和病原物、寄主、环境之间的关系。
3. 简述对菌无毒化合物防治植物病害的原理。
4. 简述杀菌剂的使用原理与病害侵染循环的关系。
5. 传统多作用位点杀菌剂与现代选择性杀菌剂的区别有哪些？
6. 什么是杀菌剂的选择性？杀菌剂的选择性和内吸性有何关系？
7. 三环唑有哪些特点？怎样使用？
8. 什么是木材防腐剂？其主要类型有哪些？
9. 林木病害防治和作物病害防治有何异同？
10. 简述三唑类杀菌剂的作用原理，并举例说明。

11. 简述杀线虫剂的主要类型及其作用原理。
12. 简述杀鼠剂的发展及其主要类型。

推荐阅读书目

1. 赵善欢.2005.植物化学保护[M].3版.北京：中国农业出版社.
2. 苗建才.1990.林木化学保护[M].哈尔滨：东北林业大学出版社.
3. 林孔勋.1995.杀菌剂毒理学[M].北京：中国农业出版社.
4. 周明国.2002.中国植物病害化学防治研究[M].第三卷.北京：中国农业科技出版社.
5. 张一宾，张怿.2006.世界农药新进展[M].北京：化学工业出版社.
6. 李坚.2006.木材保护学[M].北京：科学出版社.
7. 韩崇选.2003.农林啮齿动物灾害环境修复与安全诊断[M].西安：西北农林科技大学出版社.
8. 刘飞，黄青春，徐玉芳.2006.杀菌剂作用机制的最新研究进展[J].世界农药，28(1)：10-15.
9. 丛林晔，丁秀英，王毓，等.2005.不同抗逆诱导剂对水稻细胞PBZ1基因表达的影响[J].农药学学报，7(3)：254-258.

第 4 章
除草剂和植物生长调节剂

除草剂是对目标植物的生长发育起破坏作用的一类化学物质,个别品种在低浓度时对植物的生长有利。植物生长调节剂是一类对植物的生长发育起调节作用的具有植物激素活性的化学物质。它们的共同点是超过使用浓度,都会不同程度的对植物产生严重药害,其药害程度比杀虫剂、杀菌剂等其他农药更为严重。因此,要安全、合理、有效的使用除草剂和植物生长调节剂,就必须了解相关的知识。

4.1 除草剂类别和使用方法

4.1.1 发展概况与主要类别

4.1.1.1 发展概况

杂草的存在会给农、林业生产带来严重的危害。主要表现在:①杂草和农、林植物竞争肥水和阳光,影响农林产品的产量和质量。②传播病虫害。许多杂草是森林病虫害的寄主或中间寄主,它们的存在能助长病虫害的发生和传播,如竹笋夜蛾(*Oligia vulgaris*)危害的轻重,主要与林地里的中间寄主——禾本科和莎草科杂草的多寡有关;又如毁灭性的五针松疱锈病(*Cronatium ribicola*)以茶藨子为中间寄主。③引发和传播火灾。在森林里滋生着各类杂草,秋后杂草干枯,极易燃烧,是传火的主要媒介,开设防火隔离带,必须清除林缘、森林、铁路两侧和森林附近、居民点周围的杂草。此外,有些杂草的存在还会影响人类健康,如豚草的花粉会引发人们患豚草花粉热病。消除杂草是林业生产中一项迫切而繁重的任务,利用化学除草剂控制苗圃和林地杂草、灌木及非目的树种是促进幼苗和林木生长的重要措施。化学除草剂与机械除草相比,具有省时、省工、高效等优点,可以节省劳力,降低成本,提高劳动生产率,促进现有栽培制度的改革。

林业化学除草主要范围有:①在直播造林地,主要用于造林前清除杂草;②在苗圃,主要用来清除与苗木竞争的杂草;③在幼林抚育时,用来控制与目的树种竞争的植物;④在林分改造中,用来消灭影响目的树种生长的非目的树种;⑤在人工促进更新时,消灭活地被物,以利于天然下种;⑥在开辟防火道时,用来开设和维护森林防火道,有效地控制森林火灾。

目前世界上农、林业发达的国家,在除草剂的产量和产值方面,都已超过了杀虫剂和杀菌剂。美国 1971 年在这方面花费了 6.6 亿美元,1975 年 14.5 亿美元,1987 年达 26 亿美元;生产的除草剂占世界用量的 31%。随着工业化的发展,在农业上除草剂应用的比例逐渐上升,到1987年,国际上除草剂用量占农药总量的43%。到2000年初,全世界生产的除草剂品种300多个,国际除草剂的销售总额2003年为135亿美元,2004年为155亿美元,约占当年农药销售总额的50%。过去30年间,除草剂的新品种增加了近百个,市场占有率的增长速度最快,年平均超过16.6%。1980年代开发的超高效除草剂,如磺酰脲类的绿磺隆、甲磺隆等。它们的药效比常用除草剂高出100倍,用量由每公顷1~2 kg降至10~20 g。超高效除草剂的开发,使除草剂进入新的发展阶段。

我国在除草剂的研究、生产与使用等方面都取得了较大的进展,除草剂的品种、产量与应用面积逐年增加。林业上化学除草剂的应用始于1959年,目前已有扑草净、氟乐灵、茅草枯、百草枯、草甘膦、调节膦等十多个品种应用于苗圃、幼林抚育、防火道、经济林、果园和园林等方面。施药技术也从常量喷雾发展到超低量喷雾,地面喷雾发展到飞机喷雾。但是,我国的林业化学除草工作与国际先进技术相比还比较落后,适用于林业的化学除草剂品种少、剂型少、产量低、成本高、质量不稳定,药械也不够配套完善。急需加强林业化学除草相关的基础理论研究,完善林业苗圃化学除草体系,开展对飞播造林及幼林抚育上化学除草应用技术的研究,进一步完善防火线开设、维护工作中化学除草应用技术的研究,加强林业适用新品种、新剂型及其喷药机具的研究等工作。

4.1.1.2 分类方法

(1)按作用方式分类

①选择性除草剂　一定剂量范围内对不同的植物有选择性,即它能够毒杀某些植物,而对另外一些植物则没有毒害作用或较为安全。选择性是相对的,它与用药量及植物发育阶段等因素密切相关。如2,4-滴是选择性除草剂,当用量大时就变为非选择性的。

②灭生性除草剂　这类除草剂在植物间没有选择能力或选择能力小,对几乎所有的植物都有毒害作用,能杀死接触到的所有植株或植株部位。这类除草剂不能直接喷在生长期的苗木上,否则苗木也会受害或死亡。如百草枯、草甘膦、五氯酚钠与氯酸钠等。这类除草剂可以用在休闲地、防火道、非耕地上除草。此外,有些药剂品种也可以通过一定的方式用在苗圃地除草上。如百草枯和草甘膦可以通过"时差"产生选择性,五氯酚钠可以通过"时差"或"位差"产生选择性用于苗圃地除草。

(2)按除草剂在植物体内的输导性能分类

①输导型除草剂　这类除草剂能被植物吸收并传导,将药剂输送到植株的未受药部位,甚至遍及整个植株而将该植株杀死。除草剂的输导性能与剂量或浓度密切相关,用量过大时,会伤害输导组织,使药剂失去了传导的途径,只能发挥局部的杀伤作用。如2,4-滴、2甲4氯、扑草净、草甘膦和茅草枯等。

②触杀型除草剂　这类除草剂不能在植物体内移动或移动较小,药剂主要集中在接触部位发生作用,只能杀死接触到的植株部位。如五氯酚钠、敌稗和杀草油等。这类药剂必须均匀地喷洒在杂草上才能产生好的效果。用它们去防除宿根性杂草,往往难以取得好的效果。

(3)按使用方法分类

①土壤处理剂　以土壤处理法施用的药剂。药剂施于土壤后,一般由杂草的根、芽鞘或下胚轴等部位吸收而产生毒效。如敌草隆、西玛津和杀草安等。

②茎叶处理剂　以茎叶处理法施用的药剂,如草甘膦、百草枯、敌稗、2,4-滴、苯达松

和麦草畏等。这种分类方法也是相对的，有些除草剂既可以做茎叶处理剂，又可以做土壤处理剂。如 2,4-滴、莠去津等。

(4) 按化学结构分类

①无机除草剂　如无机砷化合物、硫酸、氯酸盐类、硫酸铜、硼酸钠、硫氰酸铵等。

②矿物油类除草剂　如杀草油、101 除草剂等。

③有机合成除草剂　包括酰胺类、二硝基苯胺类、苯氧羧酸类、氨基甲酸酯类、脲类、酚类、二苯醚类、三氯苯类、有机磷类、磺酰脲类、苯甲酸类等。

4.1.1.3　除草剂的主要类别

(1) 酰胺类 (acylamides)

结构通式：

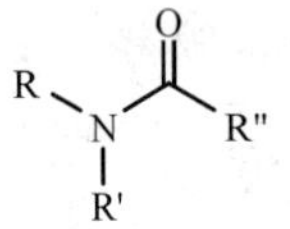

羧酸中的羟基被氨基（或胺基）取代而生成的化合物，也可看成是氨（或胺）的氢被酰基取代的衍生物。R、R′、R″可以是氢或烃基。1956 年 Hamm 等报道了酰草胺能防除玉米、大豆田一年生禾本科及若干阔叶杂草，同年孟山都公司正式生产推广。1960 年另一个酰胺类除草剂敌稗问世，它也是第一个具有属间（水稻和稗草）选择性的除草剂。后来相继开发出了大量的选择性强、活性高的酰胺类除草剂，如乙草胺、异丙草胺、异丙甲草胺等，目前共开发了 50 多个品种。酰胺类除草剂中目前应用较为广泛的是 N-苯基氯乙酰胺类。

酰胺类除草剂的特点：①都是选择性输导型除草剂；②广泛应用的绝大多数品种为土壤处理剂，部分品种只能进行茎叶处理；③几乎所有品种都是防除一年生禾本科杂草的除草剂，对阔叶杂草防效较差；④作用机制主要是抑制发芽种子 α-淀粉酶及蛋白酶的活性；⑤土壤中持效期较短，一般为 1～3 个月；⑥在植物体内降解速度较快；⑦对高等动物毒性低。

(2) 二硝基苯胺类 (dinitroanilines)

1960 年第一个二硝基苯胺类除草剂氟乐灵问世，以后相继出现了许多新品种。二硝基苯胺类除草剂特点：①均为选择性触杀型土壤处理剂，在播种前或播后苗前应用；②杀草谱广，对一年生禾本科杂草高效，同时还可以防除部分一年生阔叶杂草；③易挥发和光解，尤其是氟乐灵；④土壤中半衰期 2～3 个月，对大多数后茬作物安全；⑤水溶性低，并易被土壤吸附，在土壤中不易移动，不易污染水源；⑥对人、畜低毒，使用安全。

二硝基苯胺类除草剂的两个硝基位置以 2,6-二硝基结构的化合物生物活性最强，该类除草剂的结构通式为：

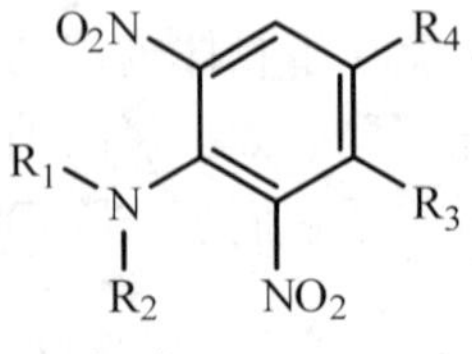

(3) 苯氧羧酸类 (phenoxyalkanoic acids)

1941 年 Pokrny 报道了 2,4-滴的合成方法，次年 Zimmerman 和 Hitchcock 报道了 2,4-滴作为植物生长调节剂和除草剂的效果，随后 2,4-滴迅速发展，类似品种相继被开发。例如，苯环上不同基团取代,开发出 2,4,5-涕、2甲4氯。在侧链脂肪酸上取代,开发出 2,4-滴的丙酸和丁酸。羧酸基团衍生物合成,开发出盐类品种:2,4-滴钠盐、钾盐、铵盐、二甲胺盐等和酯类品种 2,4-滴甲酯、乙酯、丁酯等。

苯氧羧酸类除草剂的基本结构为:

$$\text{C}_6\text{H}_5\text{-O-(CH}_2)_n\text{-COOH}$$

常用苯氧羧酸类除草剂特点:①由于羧酸类产品不易溶于水和常见的有机溶剂,生产上多应用其盐或酯;②属于激素类选择性输导型除草剂,具有激素的活性,即低浓度刺激植物生长,而高浓度抑制植物生长;多数品种具有较高的茎叶处理活性,可在植物体内输导杀死整个植株;③该类除草剂的作用机理为干扰植物的激素平衡,使受害植物扭曲、肿胀、发育畸形等,最终导致死亡;④主要用于水稻、玉米、小麦、甘蔗、苜蓿等作物田防除一年生阔叶杂草和部分莎草科杂草。

(4) 氨基甲酸酯类(carbamates)

1954 年施多福(Srauffer)公司发现丙草丹的除草活性,随后开发了禾草敌、灭草猛、丁草敌等品种。1960 年代初孟山都(Monsanto)公司开发了燕麦敌1号和燕麦畏。1960 年代中期稻田高效除稗剂禾草丹问世,不久即广泛应用。我国于1967年研制成燕麦敌2号。目前,生产中常用品种主要为硫代氨基甲酸酯类(thiocarbamates)。

氨基甲酸酯类除草剂的作用机理还不太清楚,可能与抑制脂肪酸、脂类、蛋白质、类异戊二烯、类黄酮的生物合成有关。杂草和作物间对此类除草剂的降解代谢或耦合作用的差异是其选择性的主要原因。位差、吸收和传导的差异也是此类除草剂选择性的原因。

此类除草剂主要用做土壤处理剂,在播前或播后苗前施用。但禾草敌在稗草3叶期前均可施用。硫代氨基甲酸酯类除草剂的挥发性强,为保证药效,旱地施用的除草剂需混土。

(5) 脲类(ureas)

尿素(NH_2CONH_2)分子中的氢原子被其他有机基团取代而形成脲。1950 年代初发现了灭草隆的除草作用后,此类除草剂的许多品种相继出现,特别是在20世纪六七十年代,开发出一系列的卤代苯基脲和含氟脲类除草剂,提高了选择性,扩大了杀草谱,在农业生产中被广泛应用。我国 1960 年代以来,研制出除草剂1号、敌草隆、绿麦隆、杀草隆、异丙隆等品种,在推广化学除草中起了重要的作用。

脲类除草剂在土壤中的移动性差,靠位差选择性起杀草作用;大部分为光合抑制剂,经根系吸收后,通过木质部沿蒸腾液流向上传导于叶片内,抑制叶绿素合成和希尔反应,阻碍电子传递;一般以苗前土壤处理,防治阔叶杂草为主,对禾本科杂草也有一定防效;可与三氮苯类、氨基甲酸酯类、酰胺类等多种类型除草剂混用。主要品种有灭草猛、敌草隆、异丙隆、利谷隆、绿谷隆等。利谷隆可用于大豆、玉米、水稻及胡萝卜田在作物播后、杂草芽前进行土壤处理,防治一年生杂草及部分多年生杂草;敌草隆主要用于棉田。

(6) 酚类(phenols)

该类除草剂为触杀类除草剂,在植物体内几乎不传导。破坏细胞膜,抑制膜的脂类合成而影响膜的结构与功能，低浓度促进植物呼吸，高浓度抑制植物呼吸，从而影响植物体内 ATP 的形成；原酸溶于油，但其盐类溶于水而不溶于油，喷洒后 48h 内降雨药效显著降低；在土壤中的残留期一般 2～4 周；动物吸收后，难以被代谢而残存于体内，故对动物的毒性强，其中五氯酚对水生动物的毒性最强，不宜在养蟹、养鱼的稻田中使用。

此类除草剂的代表品种有二硝酚（DNOC）、地乐酚（dinoseb）和五氯酚（PCP），用于土壤处理防治一年生杂草幼芽与幼苗。

(7) 二苯醚类（diphenyl ether）

1960 年代初，罗门-哈斯公司发现了除草醚的活性，日本后来开发出了草枯醚。近几十年来这一类除草剂在作用机理和开发方面进展迅速，有 20 多个品种已商品化。由于除草醚的低活性等原因，我国在 2000 年 12 月 31 日全面停止除草醚的生产。

二苯醚类除草剂的基本结构为：

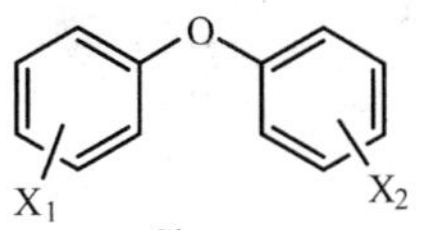

如草枯醚（chlornitrofen）：

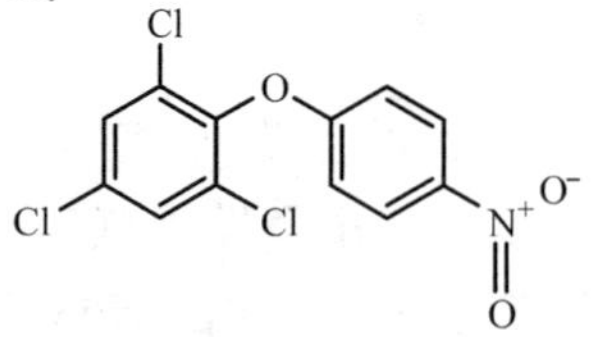

常用品种多为对-硝基二苯醚。在这一类中邻位取代的品种占重要地位。它们具有光活化机制。目前生产中应用的都是此类除草剂。

常用二苯醚类除草剂的特点：①多数品种为触杀型除草剂，可以被植物吸收，但传导性差；②一般易被杂草的幼芽吸收，在有光条件下才能发挥药效，易被土壤颗粒吸附，淋溶性差，故作土壤处理剂使用，对林地除草较为安全，持效期 6～8 周；③防除一年生杂草和种子繁殖的多年生杂草，多数品种防除阔叶杂草的效果优于防除禾本科杂草；④该类品种对所应用作物安全性略低，应用剂量严格；⑤对高等动物低毒。

(8) 三氮苯类（triazines）

1952 年 Gast 等人发现了可乐津（chlorazine）的除草活性，特别是 Gast1956 年发现西玛津的优异杀草活性，并由瑞士嘉基（Geigy）公司开发生产后，此类除草剂迅速发展，共有 30 多个品种商品化。其中莠去津的产量最大，是玉米田最重要的除草剂之一。三氮苯类除草剂属于氮杂环衍生物。目前开发出的这类药剂绝大多数是均三氮苯类，较重要的非均三氮苯类仅有嗪草酮 1 种。

三氮苯类除草剂的基本结构为：

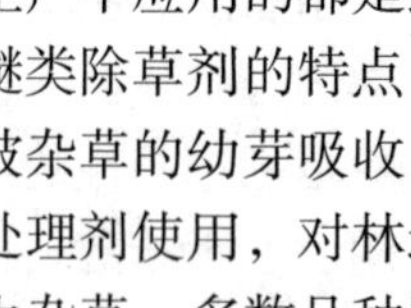

均三氮苯 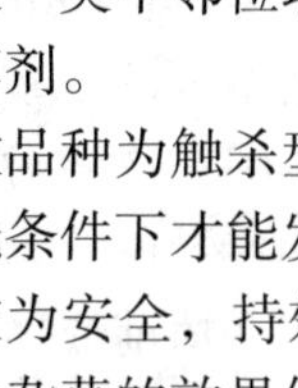　　　　非均三氮苯 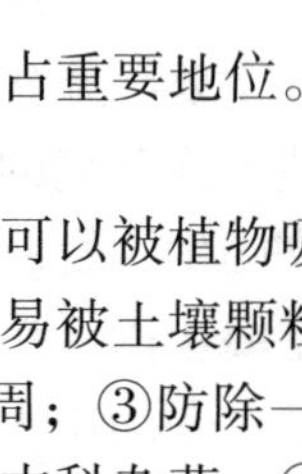　　　　嗪草酮

均三氮苯类除草剂按其环上 R_1 的取代基的不同,可以分为"津"、"净"和"通"三个系统。即 R_1 取代基为氯原子(—Cl)称为"津"类,甲硫基(—SCH_3)称为"净"类,甲氧基(—OCH_3)称为"通"类。这三类除草剂在性质与用途上都有一定的差别。

三氮苯类除草剂的通性:

①**基本性状** 纯品白色结晶,水溶性非常低,多数不易在有机溶剂中溶解。它们在水中的溶解性,通常是"通"类＞"净"类＞"津"类。多数三氮苯类除草剂性质稳定,具有较长的持效期。

②**除草原理** 三氮苯类除草剂属于选择性输导型土壤处理剂。易被植物根部吸收,并随蒸腾液流向上转移至地上部分,转移仅限于质外体系中。三氮苯类除草剂自叶部吸收的情况,因药剂的种类不同而异。一般"净"类较容易由叶部吸收,而"津"类中以西玛津与扑灭津由叶部吸收较差,氰草津、莠去津选择吸收能力较强。被叶部吸收的三氮苯类除草剂基本上不输导。

③**选择性原理** 不同植物对三氮苯类除草剂的敏感性,取决于药剂在其体内的降解速度。药剂基于母体成分的不同,在植物体内可能发生羟化、脱氯、脱甲氧基或甲硫基等不同的化学反应。例如,玉米体内含有玉米酮(MBOA)可促使莠去津羟化而失去活性。三氮苯类除草剂的作用机制与取代脲类除草剂相似,主要抑制植物光合作用中的电子传递。杂草中毒症状,首先是在叶片尖端和边缘产生失绿,进而扩大及整个叶片,终致全株枯死。三氮苯类除草剂在土壤中有较强的吸附性,通常在土壤中不会过度淋溶,因此,对有些敏感作物也能利用土壤位差,达到安全施药的目的。三氮苯类除草剂在土壤中的淋溶性,主要受土壤胶体离子吸附力的影响,与药剂本身的水溶性关系不大。"净"类(如扑草净)和"通"类(如扑灭通)的吸附受土壤质地(黏土含量)的影响较大,而"津"类(如西玛津、莠去津和扑灭津)则与土壤有机质含量高度相关。多数三氮苯类除草剂在土壤中有较长的持效期。通常在三氮苯类中,"通"类在土壤中的持续性长于"净"类和"津"类。三氮苯类虽存在持效长的优点,但有时会对后茬敏感作物产生影响。三氮苯类除草剂的种类很多。我国常用的有西玛津、莠去津、扑草净、西草净、氰草津、嗪草酮等。

(9) 有机磷类(organophosphorus)

1958 年美国有利路来公司(Uniroyal Chemical)开发出第一个有机磷除草剂伐草磷(2,4-DEP),随后相继研制出一些用于旱田作物、蔬菜、水稻及非耕地的品种,如草甘膦、草丁膦、调节膦、莎稗磷、胺草磷、哌草磷、抑草磷、丙草磷、双硫磷等除草剂。有机磷除草剂作用机理随品种不同而异,如草甘膦为内吸传导型灭生性除草剂,作用于芳香族氨基酸合成过程中的一种关键性酶:5-烯醇丙酮酰-莽草酸-3 磷酸合成酶,从而抑制芳香族氨基酸的合成。而双丙氨膦是从土生放线菌吸水链霉菌(*Streptomyces hygroscopicus*)的培养液分离得到的,是谷氨酰胺合成酶不可逆的抑制剂。它可引起植物体内氨的累积,抑制光合作用过程中的光合磷酸化过程;草胺膦是谷氨酰胺合成抑制剂;莎稗磷则是通过抑制蛋白质的生物合成来达到除草效果。

(10) 磺酰脲类(sulfonylureas)

磺酰脲类除草剂由美国杜邦公司发现,是除草剂进入超高效时代的标志。1975 年,Levitt 发现了磺酰脲类除草剂的先导化合物,并于 1976 年发现了磺酰脲类除草剂中第一个商品化品种氯磺隆，1982年杜邦公司在美国注册登记了该品种。到目前为止，已有30多个品种问世。分别用于小麦、水稻、大豆、玉米、油菜、甜菜、草坪、果园、林业等。

磺酰脲类除草剂的模式结构包括芳环、脲桥与杂环三部分，如下图。

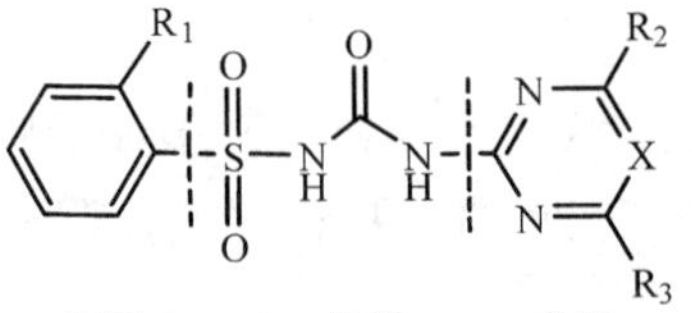

每一部分的分子结构都与除草活性有关。芳环邻位含取代基时，化合物的除草活性最高；将苯环改为吡啶、呋喃、噻吩、萘及其他五环或六环芳环时，化合物也有较高活性；当杂环为嘧啶或三氮苯环时，第4、6位含有甲基或甲氧基的化合物活性最高。试验证明，高活性化合物的结构必备条件是芳环—脲桥—杂环。

磺酰脲类除草剂均为选择性输导型除草剂，主要特点有：①活性高，用量极低；②杀草谱广，所有品种都能防除阔叶杂草，部分品种还可防除禾本科或莎草科杂草；③选择性强，对作物安全；④使用方便，多数品种既可进行土壤处理，也可进行茎叶处理；⑤植物根、茎、叶都能吸收，并可迅速传导；⑥作用机制为抑制乙酰乳酸合成酶（ALS）/乙酰羟基丁酸合成酶（AHAS），阻碍支链氨基酸的合成，该类除草剂通常称为乙酰乳酸合成酶抑制剂；⑦一些品种土壤残留较长，影响下茬作物；⑧对人、畜毒性极低。

(11) 苯甲酸类（benzoics）

苯甲酸类除草剂可通过植物的根、茎、叶吸收，双子叶杂草中借助韧皮部和木质部传导和积累于顶端分生组织，单子叶杂草中传导和积累于茎节分生组织，具激素活性，土壤兼茎叶处理剂；在土壤中的持效期6~12周。代表性结构式为：

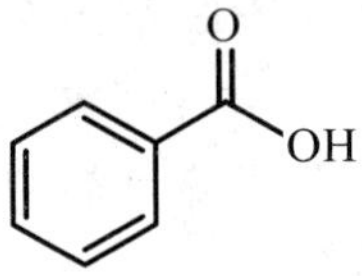

主要品种有三氯苯甲酸（2,3,6-TBA）、豆科威（amiben）、百草敌（dicamba）等。三氯苯甲酸用于玉米、麦类作物、林地及禾本科牧草，苗后防治多年生深根阔叶杂草如田旋花、田蓟、苦苣菜等；豆科威用于大豆、花生、玉米、向日葵、胡萝卜、番茄、辣椒、甘薯等作物，苗前土壤处理防治一年生单/双子叶杂草，土壤中的持效期为6~8周。百草敌用于麦类、玉米等作物苗前土壤处理和作物分蘖期或4~5叶期苗后茎叶处理，防治阔叶杂草。

4.1.2 使用原理、方法及注意事项

4.1.2.1 除草剂使用原理

除草剂的使用原理与除草剂的选择性密切相关，除草剂在某一用量下对一些植物敏感，而对另外一些植物安全，这种现象被称为选择性。除草剂的选择性主要来源于以下几个方面。

(1) 位差选择性

原来对苗木有毒害的除草剂，利用其在土中分布的位置差异而获得选择性。通常可利用

下列3类处理方法达到选择除草的目的。

①**播后苗前处理法** 对苗木有较强毒害作用的除草剂，在种子播后苗前的一段时间施药，利用除草剂固着在1~2 cm表土层中的特性，杀死或抑制土层中萌芽的杂草。苗木种子因有覆土层的保护，故可安全生长发芽(图4-1)。

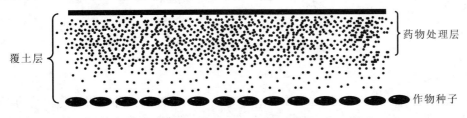

图4-1 播后苗前处理法示意

这类处理方法要求除草剂具有较强的固着在土壤表层的特性，以免向下淋溶接触苗木种子而发生药害。因此，在土壤中淋溶性强的除草剂，不宜用这种施药法获得选择性。如三氯醋酸、草芽平、非草隆、西玛通以及亚砷酸与氯酸盐等。土壤性质也影响除草剂在土壤中的淋溶性，有机质含量少的砂性土壤常限制这种施药法的使用。另外，播种浅薄的林木种子，不宜使用这种除草剂。

②**深根苗木发育期处理土壤法** 利用苗木与杂草根系在土壤层中分布深浅的差异，即苗木和幼树的根系分布较深，而大多数杂草根系分布较浅的特性，将除草剂施于土壤表层，使之能够杀死生长在表层的浅根性杂草，而对深根的苗木无伤害(图4-2)。如用西玛津和敌草隆防除果园杂草。

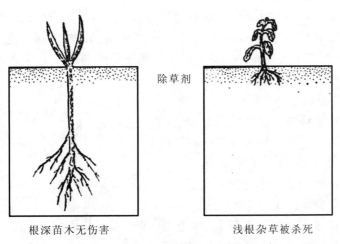

图4-2 深根苗木发育期处理土壤法示意

③**生育期行间处理法** 有些除草剂虽然在苗木生育期施用会产生毒害，但可采用定向喷雾或加防护设备，使喷雾的药液不接触苗木或仅能喷到苗木的非要害部位，从而达到安全除草的目的(图4-3)。

图 4-3　生育期行间处理法

(2) 时差选择性

有些除草剂虽然对苗木有较强的毒害,但遇到土壤就钝化,可利用施药时间的不同安全有效地防除杂草。如百草枯或草甘膦,在种子播种之前施药可杀死刚萌发出的杂草,待其溶在土壤中药性消失后,再进行播种。

(3) 形态差异选择性

利用植物外部形态的差别,对除草剂的承受与吸收的差异及对药剂的耐药性的差异防除杂草。如单子叶与双子叶植物在形态上就有很大差别。单子叶植物叶片、茎杆竖立,狭小,表面积较小且表面角质层和蜡层较厚,药液易于滚落,不利于承受与吸附,故往往有较强的耐药性。而双子叶植物叶片平伸、表面积大,且叶片表面的角质层较薄,药液易在叶子上沉积,而有利于药剂的吸收,故较敏感。此外,禾谷类等单子叶植物的生长点在植物的基部,且被多层叶片所保护,故常对药剂有较强的抗药性。相反,双子叶植物的生长点在植物的顶端与叶腋,幼芽裸露在外面易因接触药液而受害。

(4) 生理差异选择性

利用不同植物的根、茎、叶对除草剂的吸收与输导的差异而产生的选择性称之为生理差异选择性。若植物对除草剂容易吸收和输导,常表现较敏感,相反则对药剂表现出较强的耐药性。如利用 ^{14}C 标记 2,4-滴除草剂的试验证明,通常此药剂在双子叶植物体内的输导速度与程度要高于单子叶植物(图 4-4)。

(5) 生化差异选择性

利用除草剂在植物体内所发生生化反应的差异而产生的选择性称为生化差异选择性。植物的生化选择性多数情况是由所含酶系不同而产生的。这种选择性对植物来讲,相对较为安全,也是除草剂发展的主要方向。又分 3 种情况:

① 活化差异选择性　这类除草剂本身对植物并无毒害或毒害作用较小,但在植物体内经过酶系和其他物质的催化,可活化成有毒物质。因此,除草剂对植物的毒性强弱,主要取决于不同种类植物体内物质转变药剂的能力,即转变能力强的植物种类将被杀死,而转变能力弱的植物种类则得到保存。如 2 甲 4 氯丁酸或 2,4-滴丁酸本

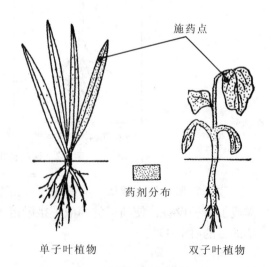

图 4-4　2,4-滴的形态差异选择性

身对植物并无毒害或毒害较小，但经植物体的 β-氧化酶系的催化产生 β-氧化反应，则产生对杂草活性强的 2 甲 4 氯或 2,4-滴：

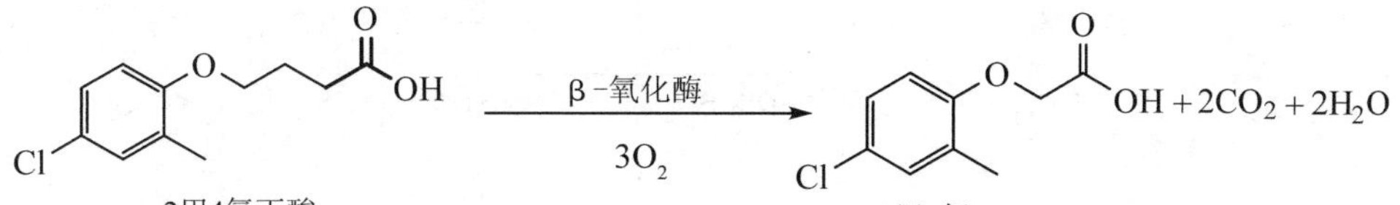

$$\text{2甲4氯丁酸} \xrightarrow[3O_2]{\beta\text{-氧化酶}} \text{2甲4氯} + 2CO_2 + 2H_2O$$

不同植物体内含有的 β-氧化酶量并不相同，因此转化 2 甲 4 氯丁酸的能力也有差别。一些 β-氧化能力强的杂草，如荨麻、藜、蓟等，由于能使大量药剂转变成有毒的 2 甲 4 氯或 2,4-滴，故被杀死。

均三嗪类除草剂可乐津本身不具有杀草活性，但经 N-脱烷基酶系的作用生成草达津，最后生成杀草活性非常强的西玛津，从而起杀草作用：

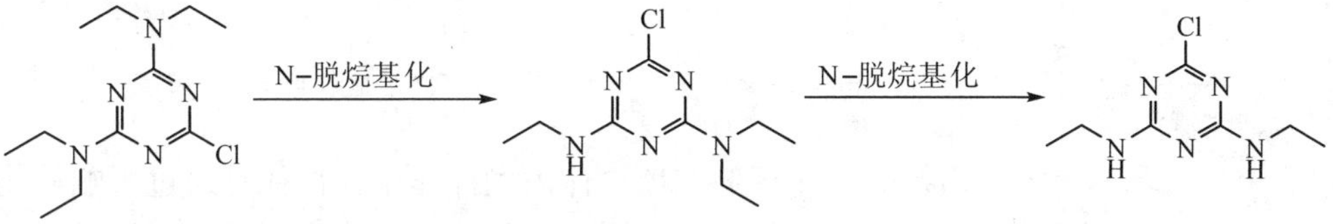

$$\text{可乐津} \xrightarrow{\text{N-脱烷基化}} \text{草达津} \xrightarrow{\text{N-脱烷基化}} \text{西玛津}$$

同样，各种植物因所含 N-脱烷基酶系量的不同，所进行的 N-脱烷基反应过程也不相同。

又如赛松本身也无杀草活性，但落在土壤中经微生物水解生成 2,4-滴醇，再经氧化则生成具有杀草活性的 2,4-滴。如在草莓生育期应用赛松进行喷洒，草莓不会受到毒害，而落到土壤中的药剂经微生物的分解，产生 2,4-滴后才发挥除草作用：

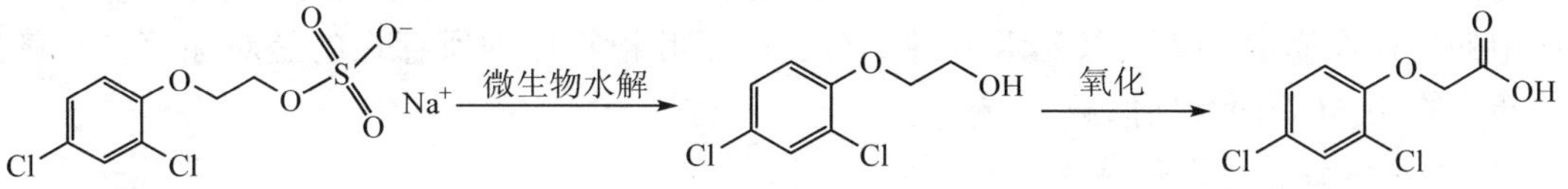

$$\text{赛松} \xrightarrow{\text{微生物水解}} \text{2,4-滴醇} \xrightarrow{\text{氧化}} \text{2,4-滴}$$

② 钝化差异选择性　有些除草剂对植物是有毒害的，但在植物体内被降解后则失去活性。不同种类植物分解药剂的能力是有差别的，因此降解药剂能力强的植物具有较强的抗性，反之则抗性较差。如喷洒敌稗防除稻田杂草，药剂能使水稻不受毒害而只杀死杂草，这主要是因为水稻体内含酰胺水解酶系，能够迅速地分解钝化敌稗，而生成无除草活性的 3,4-二氯苯胺与丙酸的缘故。而稗草等杂草则因含有酰胺水解酶系的量很少，故仍能保持敌稗的除草活性。

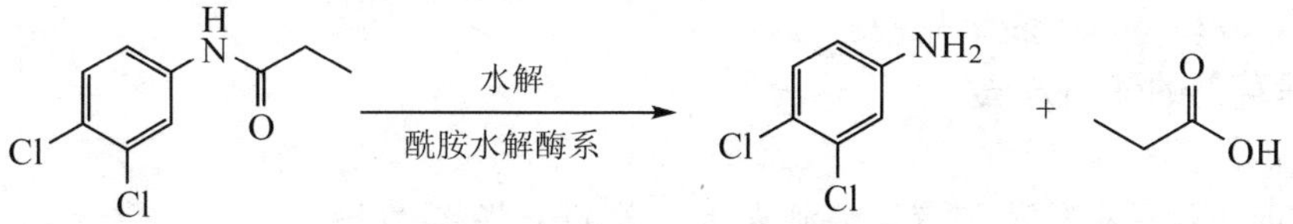

$$\text{敌稗} \xrightarrow[\text{酰胺水解酶系}]{\text{水解}} \text{3,4-二氯苯胺} + \text{丙酸}$$

西玛津与莠去津对玉米具有安全选择性，这是因为玉米的根系能够使药剂产生脱氯反应迅速转变为无毒性的羧基衍生物。催化这种反应的解毒物质是玉米酮(2,4-二羧基-7-甲氧基-

1,4-苯并噁嗪-3-酮,简称 DIMBOA):

$$\text{西玛津(有活性)} \xrightarrow[\text{(DIMBOA)}]{\text{脱氯反应}} \text{羟化西玛津(无活性)}$$

又如棉花对敌草隆有较强的抗性,这是由于敌草隆在棉花体内经 N-脱甲基反应,而迅速失去其活性的缘故。而在某些杂草中,如藜和马唐等,敌草隆则不表现这种反应,因此这类杂草对敌草隆的抗性弱。

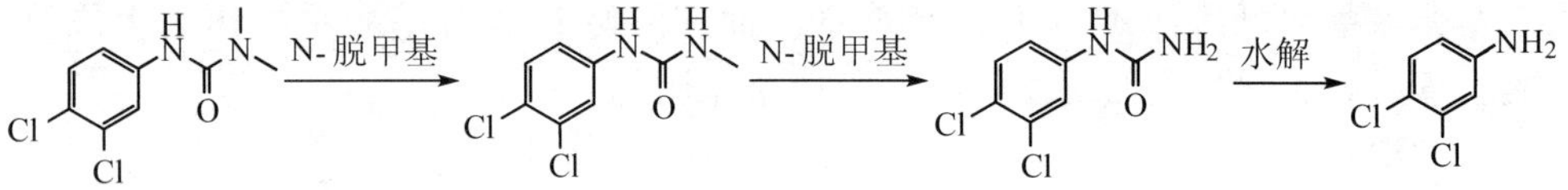

$$\text{敌草隆(活性强)} \xrightarrow{\text{N-脱甲基}} \text{脱烷基敌草隆(活性弱)} \xrightarrow{\text{N-脱甲基}} \text{3,4二氯苯基脲(无活性)} \xrightarrow{\text{水解}} \text{3,4二氯苯胺(无活性)}$$

③植物体内靶标酶差异选择性　除草剂在植物体内发挥作用,往往是通过影响植物正常的生理生化反应来完成的,而对生理生化反应的影响又是通过影响生化反应所需的酶来实现的。这些酶就是除草剂发挥作用的靶标酶。对于存在这种靶标酶且对该除草剂敏感的植物来讲,接触除草剂后就会被杀死;而对于不存在这种靶标酶或靶标酶对该除草剂不敏感的植物,就能正常生长。例如,芳氧苯氧丙酸类(APP)和环己烯二酮类(CHD)除草剂的作用靶标是乙酰辅酶 A 羧化酶(ACCase,ACC),ACC 受抑制后,造成酰基脂类的生物合成受到抑制,进而不能形成组成膜类的脂类,使膜遭受破坏而死亡。这两类除草剂能抑制禾本科植物质体中的真核生物型 ACC,杀死禾本科杂草,双子叶植物体内所存在的是对除草剂不敏感的原核生物型 ACC 而受到保护。

(6)利用解毒物质而获得选择性

本来对作物不安全的除草剂,加入一些吸附剂或解毒剂而使除草剂获得一定的选择性,避免或减轻除草剂对作物的毒害。例如,用活性炭处理玉米种子,可以减轻三氮苯类、取代脲类的毒害。目前,常见的解毒剂有 NA(萘酐;1,8-萘二甲酸酐)和 R-25788(二氯丙烯胺;磺胺喹喔啉)。NA 用拌种方法能增加玉米对硫代氨基甲酸酯类和绿磺隆的安全性。R-25788 可提高玉米对酰胺类和氨基甲酸酯类除草剂的耐药性,是防止茵达灭、乙草胺伤害玉米的特殊保护剂,它既可用于拌种,也可与除草剂混合喷雾进行土壤处理。

目前,已作为商品出售的添加解毒剂的混合制剂有莠丹(丁草胺混合 R-25788)、一雷定(菌达灭混合 R-25788)等多个品种。

4.1.2.2　除草剂的使用方法

(1)茎叶处理法

茎叶处理法就是把除草剂直接喷洒在生长着的杂草茎、叶上。

①播前茎叶处理　在苗圃尚未播种或移栽苗木时,用药对已长出的杂草进行喷雾处理。由于此时苗圃无苗木,故可安全有效地消灭杂草。这种方法采用的除草剂应具有杀草谱广和高度叶面吸收能力,而且落在土壤中的药剂不致影响播种或栽培苗木的生长期。常用的有百

草枯和草甘膦等。

②生长期茎叶处理 在苗木出土后施用除草剂，通常除草剂不仅能接触到杂草，也会接触到苗木，因而要用选择性除草剂，达到既可以杀死杂草而又对苗木无害的目的。如应用 2,4-滴或 2 甲 4 氯防除针叶苗圃中的双子叶杂草。

(2) 土壤处理法

土壤处理法就是把除草剂施用于土壤中以防除杂草。

①播前土壤处理 在苗木播种或移栽前应用除草剂处理土壤。这种处理法可以把除草剂施于土壤的表面，称播前土表处理；还可以把除草剂与土混合，称播前混土处理，即在施药后及时进行浅耙。通常可用圆盘耙交叉耙 2 次，使药剂均匀混入 3~5 cm 的土层中，这样形成了封锁的药层，杂草幼芽穿过药层时，因接触药剂而死亡。一些挥发性较强或易光解的除草剂，采用播前混土处理法可有效地防止药剂的流失。常用的有茵达灭、燕麦敌等易挥发的硫代氨基甲酸酯类和易挥发、光解的氟乐灵与敌乐胺等二硝基苯胺类除草剂。土表处理法很容易失效，而采用混土处理法则能维持较长的药效。另外，对在土壤深层也能萌发的杂草，如野燕麦等，采用混土处理法防除才能更好地发挥药效。通常在遇到土壤干旱的情况下，采用播后苗前土表处理法，由于药剂不能淋溶接触下层杂草种子，因此药效较差；而采用播前混土法则能使药剂接触到杂草种子，故能获得较好的效果。如应用西玛津防除玉米田杂草就可用这种方法来解决药效差的问题。但采用播前混土处理法的除草剂应具有高度的选择性，否则将出现药害。

②播后苗前土壤处理 在种子播后尚未出苗阶段，应用除草剂处理土壤的方法称为苗前土壤处理法。多数的土壤处理剂是以这种方法施药的，其中包括取代脲类和三氮苯类等重要的除草剂。苗前土壤处理法可以采用一些具有选择性的除草剂。但是大多数土壤处理除草剂均对植物有一定的毒害，通常是利用土壤位差的选择性达到安全除草的目的。

用做土壤处理的除草剂只有具备一定的持效期，才能有效地控制杂草。一些接触土壤立即钝化的除草剂如敌稗、百草枯和草甘膦等，不宜作土壤处理剂。

③苗后土壤处理 在苗木生长期应用除草剂处理土壤的方法称为苗后土壤处理法。用作土壤处理的除草剂主要对萌芽杂草有效，故防除旱田生长期已长出的杂草时多采用这种处理法。

(3) 杀草薄膜法

杀草薄膜是一种含除草剂的薄膜，用法是把杀草薄膜覆于地面，按苗木栽培的株距打孔，然后在孔中播种，植物就从孔中长出，其余部分因覆有杀草薄膜而起杀草作用。

4.1.2.3 除草剂使用的注意事项

除草剂和其他农药一样，由于高频率地重复使用，也会产生许多不利的影响。诸如对环境的污染，对当茬或后茬作物的药害，除草剂在作物中的残留以及杂草对除草剂的抗药性等。其中抗药性杂草种群的蔓延，会给农、林业生产带来潜在的威胁。因此，在推广使用除草剂的同时，还要加强对广大农林技术人员、农民宣传如何合理地使用除草剂，提高科学使用的水平。

除草剂的使用是在植物之间进行选择，要求杀死杂草，而对非目标生物，尤其是非目标植物不能产生不利影响。因此，除草剂使用的技术要求比杀虫剂、杀菌剂等其他农药技术要求更高。否则，就会产生药害，造成不必要的损失，影响林业生产的正常进行。要做到"安全、经济、有效"地使用除草剂，必须了解各种除草剂的诸多性能，如理化常数、选择性能、输导性能等；还要了解目标植物和保护植物的生理发育特点，以及施用区的风力、风向等气象条件以及土壤条件等。具体要求如下。

(1) 选择合适的药剂品种

除草剂品种的选择极为关键。品种选择不当，直接会影响到药效的发挥，甚至产生药害，进而对环境造成污染。进行品种选择时，必须考虑到除草剂的诸多性能，如理化常数、选择性能、输导性能等，应选择对目标杂草最有效，而对保护植物最安全的品种。

(2) 选择合适的药剂剂型

除草剂剂型很多，各种剂型有其特殊的使用特点和技术要求。如颗粒剂可以延长药剂在土壤中的持效期，减少药剂在土壤中的淋溶性，对于提高药效、减少药害都有好处；而杀草薄膜对于苗圃地的除草效果就很好。

(3) 选择合适的剂量和浓度

剂量和浓度的选择对除草剂药效的发挥及药害的避免都极为关键。因为除草剂各种性能的发挥都是在一定剂量和浓度范围内进行的，超过一定的范围，就会失去原有的特点。如选择性除草剂超过一定剂量和浓度就失去选择性，对所有的植物都会起到杀灭作用；输导型除草剂超过一定剂量和浓度就失去输导性能，将接触到的植株部位杀死，变成触杀型除草剂；激素类除草剂，如2,4-滴，低浓度能刺激植物生长，高浓度则抑制植物生长；而高浓度、大剂量的使用除草剂对所有的植物都有害，同时会造成环境污染。

(4) 选择合适的施药时机

施药要选择目标杂草生理发育的敏感期和保护植物的耐药期进行，杜绝在保护植物的敏感期施药。同时，施药时还要注意施用区的风力、风向等气象条件，以及施用区周边所栽种的植物是否有对该除草剂敏感的种类存在，若存在敏感种类，则要加强保护措施。严禁在刮风天喷药，尤其在下风方向有敏感作物存在时，绝对不能喷药。

(5) 选择合适的施药次数

除草剂的使用原则就是"低剂量、低浓度、多次数"施用。因此，在施用过程中，可以通过控制单次施用剂量和浓度来减少对非目标植物的药害，而通过增加施用次数来提高在目标杂草中的累积而提高药效。

(6) 选择最简便的施药方法

施药方法的难易程度直接影响到除草剂的推广，简便施药方法容易被广大群众所掌握，所花费的劳动力低，容易被广大群众接受，有利于施药方法的推广和普及。

(7) 施药机具应专用

除草剂施药机具应专用，不能和喷洒杀虫剂、杀菌剂等其他农药的施药机具混用。尤其不能使用喷洒过除草剂的施药机具喷洒杀虫剂、杀菌剂等其他农药，以免造成药害。如果必须使用时，要将喷洒过除草剂的施药机具清洗干净，没有任何除草剂的残留后，方可喷洒其他农药。

(8) 注意后茬作物安全

对于施用过除草剂的耕作区，在栽种后茬作物时，一定要了解所施用过的除草剂的各种性能，如选择性、持效期、安全间隔期等，避免对后茬作物的生长发育造成不良影响。

(9) 轮换使用不同的品种

长期使用单一品种和超剂量多次数使用同一品种会导致杂草对除草剂产生抗药性，同时会加剧环境污染。解决的途径就是轮换使用不同的除草剂品种，以延缓抗药性产生的速度，延长除草剂的使用寿命，减少环境污染。

4.2 除草剂的作用机理

除草剂的作用机理比较复杂，有些除草剂主要有一种作用机理，而多数除草剂的作用机理涉及植物的多种生理生化过程。还有一些除草剂的作用机理尚不十分清楚。但各种除草剂都必须进入植物体内才能发挥毒害作用，因此吸收与输导是除草剂必备的性能。

4.2.1 吸收与输导

除草剂对杂草产生毒害要经过一系列的过程，包括除草剂的吸收、输导、降解、引起植物的生理生化的变化，最后植物呈现毒害症状，直至死亡。通常把上述的整个过程称为除草剂的作用方式。了解除草剂的作用方式对创制新除草剂及合理用药，都具有重要的意义。

4.2.1.1 吸收作用

除草剂对植物发生作用的开始，必须要进入植物体内。除草剂可以通过植物的根、茎和叶面被吸收，当然种子也能吸收除草剂。

(1) 叶部吸收

除草剂可通过叶表皮或气孔进入植物体内。表皮在组成上并不是均匀的组织，外层主要为蜡质，内层主要还有角质层，角质层的下面与细胞壁邻接。药剂由于亲水性与亲脂性的不同，渗入的部位也有差异。亲水性强的药剂(极性药剂)从角质蜡质层薄的地方进入，亲脂性强的药剂(非极性药剂)从角质蜡质层厚的地方进入(图4-5)。

很多种因素可以影响除草剂从叶面的吸收，如植物的形态、龄级、外界环境条件与助剂等。通常气温高、空气湿度大时，有利于叶面吸收。在药液中加入湿润剂可增进除草剂渗入，因此能提高杀草活性，但也相应地降低了除草剂的选择性。

(2) 根部吸收

多数除草剂可以从土壤进入植物的根部。有些除草剂如2,4-滴、毒莠定、莠去津、西玛津和灭草隆等很容易从根部吸收，而抑芽丹、茅草枯与杀草强则吸收较缓慢。

除草剂从根部进入植物体内有三个途径，即经过质外体、共质体以及质外-共质体系进入。除草剂经质外体进入的途径，主要是在细胞壁间移动，经过凯氏带而进入木质部。除草剂经共质体进入的途径是最初穿过细胞壁，然后进入表皮与皮层的细胞原生质中，通过胞间连丝在细胞间移动，再通过内皮层、中柱而到达韧皮部。除草剂经质外-共质体系进入的途径基本上与共质体途径相同。不过药剂在通过凯氏带后，可能再进入细胞壁，而后抵达木质部(图4-6)。

根部缺乏表皮的蜡质与角质层，吸收极性化合物比较容易，吸收非极性化合物较困难。由于各种除草剂本身性质的差异，进入根部的途径也有差别。通常除草剂借助质外体进入根

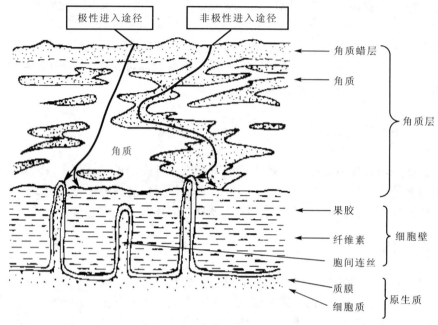

图 4-5　植物叶面吸收除草剂示意

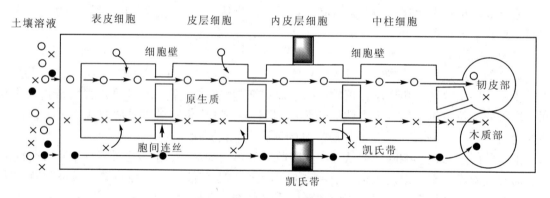

图 4-6　除草剂进入根部示意

○：表示分子可能进入原生质（共质体系），细胞间通过胞间连丝而进入韧皮部
●：表示分子可能进入细胞壁（质外体系），扩散经凯氏带而进入木质部
×：表示分子可能同时从细胞壁（质外体系）和原生质（共质体系），而进入木质部与韧皮部

部的数量大于从共质体进入的，因为质外体途径能够借助木质部的蒸腾液流将除草剂快速地向上传导；而共质体途径靠韧皮部仅能向上进行有限的输导。很多种重要的除草剂，如均三氮苯类与取代脲类等是靠质外体途径进入根部的。

（3）芽部吸收

有些除草剂是在种子萌发出土的过程中经胚芽鞘或幼芽吸收，而发挥杀草作用。如氟乐灵能对多种禾本科杂草起作用。这些杂草主要是通过胚芽鞘吸收药剂。甲草胺也是通过芽吸收而对杂草起作用，而根部吸收药剂量较少。另外，应用茵达灭处理土壤对稗草的效果，根部接触药剂的效果很差，主要也是靠芽部接触才能起作用。

4.2.1.2 输导作用

除草剂能否在植物体内输导及其输导的途径，关系到药剂有无内吸作用及药剂的输导方向，这对防除杂草是很重要的。有些触杀型除草剂(如百草枯)被叶面吸收后，在植物体内不输导，仅造成吸收药剂的细胞和邻近细胞的死亡，因此用它们来防除多年生繁殖器官在地下的杂草时，仅能将杂草的地上部分杀死，对地下根茎并无影响，不能对杂草进行彻底的根除，必须考虑使用内吸输导型的除草剂，如草甘膦和2,4-滴等，以便药剂输导到地下根茎部分，充分发挥药效。此外，由于触杀型除草剂仅能在着药的部位发生效用，因此在施药时注意对杂草要喷洒均匀周到才能取得好的效果。

内吸性除草剂容易在植物体内输导，但是由于药剂种类的不同，它们输导的途径便可能有差异。

(1) 共质体系输导

在共质体系输导的除草剂进入叶内后，在细胞之间通过胞间连丝的通道进行转移，直至韧皮部，药剂到达韧皮部后就在茎内借助同化液流上下移动，与光合作用形成的糖共同输导，而积累在需糖供给生长的地方。由于共质体系输导是在植物的生活部分，因此当施用高急性毒力的除草剂将韧皮部杀死后，共质体系的输导也就停止了。

除草剂在共质体系中的转移速度受植物的年龄、用药量以及温度、湿度等外界条件的影响，一般幼嫩植物转移药剂能力强于老龄植物。由于这类除草剂是随光合作用产物一起转移的，因此防治根蘖性杂草，在大量营养物质输送到根部时，效果最好。如应用2,4-滴防除多年生根蘖性杂草，施药的适期不是在早期杂草生长阶段，而是在稍晚一点，即杂草的光合产物开始大量向根部输送的时候。

使用某些除草剂时，并不是药量越多效果越好。如应用2,4-滴等苯氧羧酸类除草剂防除多年生杂草时，过高剂量反而效果差。因为2,4-滴等是靠共质体系转移，当高剂量的2,4-滴杀死韧皮部细胞后，向地下部分转移停止，杂草地上部分虽然死亡，地下部分由于得不到足够药量，而仍能生长或发芽。少量重复地使用药剂防治多年生杂草有理想的效果，其道理是杂草的输导组织未被破坏，除草速度虽然缓慢一些，但防治效果较好。

由于共质体系输导的除草剂是和光合作用的产物一起转移的，因此当光合作用强度高时输导作用也较强。一般在适当的温度范围内，温度高时输导作用也强。

(2) 质外体系输导

质外体系输导的除草剂经植物根吸收后，沿水运动的途径移动，进入到木质部，沿导管随蒸腾液流而向上转移。质外体系系统的主要成分为细胞壁和木质部(它们均为非生命物质)，因此施药量较高时也不致受伤害，而且即使根已被杀死，药剂的吸收与输导仍能持续一段时间。

通常除草剂靠质外体系输导的方向主要是向上方移动，但在特殊情况下，药剂也可能沿木质部向下移动。如植物处在干燥而高蒸腾速度的条件下，植物体内水分不足，除草剂也可能通过木质部向下移动。

(3) 共质体系与质外体系共存

有些除草剂的输导作用并不局限在共质体系或质外体系，可能同时发生于上述两个输导体系中。如杀草强、茅草枯、麦草畏与除莠定等在两种输导体系中同时存在。有些药剂在输导的过程中，可能由一条输导体系进入另外一条输导体系中。

此外，一些油类在植物体内移动时，可能在细胞间隙向四方移动扩散。

4.2.2 抑制光合作用

目前约有2/3以上的除草剂商品为干扰光合作用型。当光合作用受到抑制后，植物因饥饿而死亡。由于光合作用是植物特有的生理机制，因此这类药剂更具有对人、畜无害的特点。这类除草剂的主要类别有：取代脲类(敌草隆、非草隆和利谷隆等)、均三氮苯类(西玛津和莠去津等)、三嗪酮类(赛克津等)、尿嘧啶类(除草定和异草定等)、季铵盐类(百草枯和杀草快等)、酰胺类(如敌稗和毒草胺)等。

光合作用的本质是植物将光能转变为化学能在体内贮藏的过程。整个光合作用大致可分为下列三大步骤：①光能的吸收、传递和转换过程(通过原初反应完成)；②电能转变为活跃的化学能过程(通过光合电子传递和光合磷酸化完成)；③活跃的化学能转变为稳定的化学能过程(通过碳同化完成)。第一、二两个大步骤基本属于光反应，第三个大步骤属于暗反应。由光能转化为化学能的过程是通过叶绿素中的电子吸收光能后，脱离叶绿素分子轨道，经过一些电子传递体的传导，将能量通过传递体交给接受体，变成植物合成糖需要的化学能。当电子从叶绿素中脱出时，叶绿素中便留下了空穴。在正常情况下，这些空穴有2种方式来补充，一是环式光合磷酸化，二是由水光解中得到电子来补充。这样叶绿素上的电子不断受光激发发射出去，叶绿素上的空穴又不断得到填充，于是光能就不断转化为化学能。光合作用机理见图4-7。

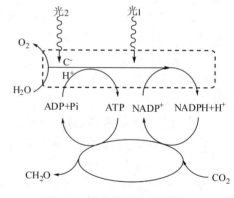

图4-7 光合作用机理图解

在整个光合作用系统中施用干扰光合作用的除草剂后，电子得不到填充，叶绿素上会留下大量空穴，叶绿素失去电子而被氧化，表现为绿色植物的叶片失绿和枯萎，最后导致死亡。

除草剂干扰光合作用的过程大致可分为以下3类(图4-8)。

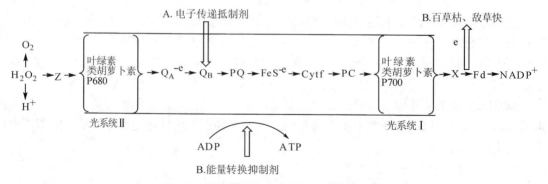

图4-8 除草剂对光合作用抑制的作用部位

(1) 抑制电子传递体

这一类除草剂有取代脲类、三氮苯类、三嗪酮类、二苯醚类和哒嗪类等。这些除草剂能和电子传递体形成氢键，钝化电子传递中的载体，使光合作用的电子传递过程受阻。

(2) 抑制光合磷酸化反应

这一类除草剂有二硝基酚类、二硝基苯胺类、卤代苯腈类及 N-苯基氨基甲酸酯类。这些除草剂主要是破坏能量的转化，抑制三磷酸腺苷(ATP)的生成。它们还兼有抑制电子传递的作用。

(3) 捕获电子

这一类除草剂主要是一些接收电子能力很强的季铵盐类除草剂，如杀草快、百草枯等。这类药剂能与电子传递链中的一些成分相竞争，截获电子传递链中的电子而被还原，使电子传递受到影响，从而抑制辅酶Ⅱ的光还原。

4.2.3 抑制呼吸作用

植物在生长发育等各项生命活动中，需要不断地进行呼吸，以便获得能量进行生物合成、吸收营养和物质的转移等代谢活动。当植物的呼吸受到除草剂破坏时，植物得不到生命活动所需的能量而死亡。植物的呼吸作用和其他生物一样都是碳水化合物等基质的氧化过程，即基质通过糖酵解与三羧酸循环及脱氢酶的电子传递系统进行氧化，并通过氧化磷酸化反应，将产生的能量变成三磷酸腺苷(ATP)，以供给生物的各项生命活动。

不同类农药在生物呼吸作用的生化历程中，作用部位是有差别的。如多种有机合成杀菌剂是—SH 基酶的抑制剂，因此在真菌呼吸作用的生化历程中，对多种脱氢反应产生抑制，杀虫剂中的鱼藤酮、氢氰酸等则在电子传递过程中发挥作用。影响呼吸作用的除草剂几乎都是抑制三磷酸腺苷的产生。如五氯酚、二硝基酚、碘苯腈、溴苯腈等，都属于解偶联剂，即它们的作用是破坏植物的氧化磷酸化偶链反应，使高能化合物三磷酸腺苷不能生成，因而破坏了呼吸作用而使植物死亡。生物体内的呼吸速度控制和解偶联剂(呼吸抑制剂)对胞内呼吸作用的作用机制如图 4-9 所示。

由图 4-9 中可见，植物体所进行的生物合成、营养吸收与物质转移等代谢活动，需要有三磷酸腺苷供给能量，这时反应向左方进行，使二磷酸腺苷(ADP)与无机磷(Pi)的浓度增加。二磷酸腺苷的增加可促进呼吸作用的进行，从而强化氧化磷酸化反应，使二磷酸腺苷和无机磷生成三磷酸腺苷，这时二磷酸腺苷减少，呼吸作用也相应减弱。在正常情况下，植物就是这样不断地获取能量和维持循环平衡的。当五氯酚等解偶联剂参与植物的呼吸作用时，由二磷酸腺苷生成三磷酸腺苷的反应受到抑制，因此二磷酸腺苷维持在高浓度水平，增强了植物的呼吸作用，却不能生成三磷酸腺苷以满足植物生活的能源需要，植物终因缺乏三磷酸腺苷，影响了代谢活动，导致死亡。

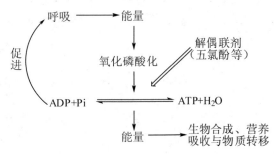

图 4-9 呼吸速度控制机理图解

4.2.4 影响激素代谢

植物体内含有多种激素，它们与协调植物生长、发育、开花和结果都有重要的关系，同时它们在植物体内的不同组织中都有严格的定量与比例。激素型除草剂是人工合成的化合物，如苯氧羧酸类（2,4-滴、2甲4氯等），苯甲酸类（草芽平、豆科威、麦草畏等）和毒莠定等。这类除草剂的作用机制与天然的植物激素相似，在植物体内很稳定，因而它们进入植物体内后，打破了原有的天然植物激素的平衡，于是植物生长就会发生深刻的质变。激素型除草剂对植物的作用特点是：在低浓度时有刺激作用，高浓度时则起抑制作用。由于植物的不同器官积累的药剂量有差别，对药剂的敏感程度也不同，因此受害的植物常可以看到同时出现刺激与抑制的症状，即植物表现为扭曲和畸形。如2,4-滴防治双子叶杂草时出现的症状是顶端与根系停止生长，叶片皱缩，茎、叶发生扭曲，茎基部变粗、肿涨或出现瘤状物等。

4.2.5 抑制蛋白质合成

氨基酸是植物体内蛋白质及其他含氮有机物合成的重要物质。氨基酸合成的受阻将导致蛋白质合成的停止。蛋白质与核酸是细胞核与各种细胞器的主要成分。因此，对氨基酸、蛋白质、核酸代谢的抑制，将严重影响植物的生长、发育，造成植物死亡。

4.2.5.1 抑制氨基酸的生物合成

目前已开发并商品化的抑制氨基酸合成的除草剂有有机磷类、磺酰脲类、咪唑啉酮类、磺酰胺类和嘧啶水杨酸类等。在上述类别中，除含磷除草剂外，其他均为抑制支链氨基酸生物合成的除草剂。它们的抑制部位见图4-10。

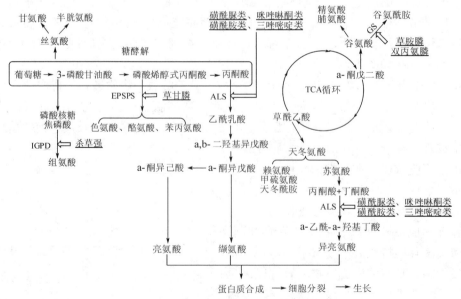

图4-10 抑制氨基酸合成的除草剂作用机理

(1) 含磷除草剂对氨基酸的抑制作用

目前常用的含磷除草剂有草甘膦、草铵膦和双丙氨膦。草甘膦的作用部位是抑制莽草酸途径中 5-烯醇丙酮酸基莽草酸-3-磷酸酯合成酶 (5-enolpyruvylshikimic acid-3-phosphate synthase，EPSPS)，使苯丙氨酸、酪氨酸、色氨酸等芳族氨基酸生物合成受阻。

草铵膦和双丙氨膦则抑制谷氨酰胺的合成，其靶标酶为谷氨酰胺合成酶 (glutamine sythase，GS)。该两种除草剂通过对谷酰胺合成酶不可逆抑制及破坏其后 GS 有关过程而引起植物死亡。这些过程破坏的结果导致细胞内氨积累、氨基酸合成及光合作用受抑制、叶绿素破坏。

(2) 抑制支链氨基酸的合成

植物体内合成的支链氨基酸为亮氨酸、异亮氨酸和缬氨酸，其合成开始阶段的重要酶为乙酰乳酸合成酶 (acetolactate synthase，ALS) 或乙酰羟基丁酸合成酶 (acetohydroxy acid synthase，AHAS)，ALS 可将两分子的丙酮酸催化缩合生成乙酰乳酸，AHAS 可将一分子丙酮酸与 α-丁酮酸催化缩合生成乙酰羟基丁酸 (见图 4-10)。磺酰脲类、咪唑啉酮类、磺酰胺类、嘧啶水杨酸类等除草剂的作用靶标为 ALS 和 AHAS。通常将该类除草剂统称为 ALS 抑制剂。ALS 抑制剂是目前开发最活跃的领域之一。

另外，杀草强为杂环类灭生性除草剂，通过抑制咪唑甘油磷酯脱水酶 (IGPD) 而阻碍组氨酸的合成。

综上所述，植物体内氨基酸合成受相应酶的调节控制，而各种氨基酸抑制剂正是通过控制这种不同阶段的酶发挥其除草效应。表 4-1 列出了一些除草剂及其抑制相应氨基酸的靶标酶。

表 4-1　阻碍氨基酸合成的除草剂及靶标酶

除草剂	抑制途径	靶标酶	除草剂	抑制途径	靶标酶
杀草强	组氨酸	咪唑甘油磷酯脱水酶 (IGPD)	磺酰脲类	支链氨基酸	乙酰乳酸合成酶 (ALS) 或乙酰羟基丁酸合成酶 (AHAS)
草甘膦	芳氨酸	5-烯醇丙酮酸基莽草酸-3-磷酸酯合成酶 (EPSPS)	咪唑啉酮类	支链氨基酸	乙酰乳酸合成酶 (ALS) 或乙酰羟基丁酸合成酶 (AHAS)
草铵膦	谷氨酰胺	谷氨酰胺合成酶 (GS)	磺酰胺类	支链氨基酸	乙酰乳酸合成酶 (ALS) 或乙酰羟基丁酸合成酶 (AHAS)
双丙氨膦	谷氨酰胺	谷氨酰胺合成酶 (GS)	三唑嘧啶类	支链氨基酸	乙酰乳酸合成酶 (ALS) 或乙酰羟基丁酸合成酶 (AHAS)

4.2.5.2　干扰核酸和蛋白质的合成

除草剂抑制核酸和蛋白质的合成主要是间接性的，直接抑制蛋白质和核酸合成的报道很少。已知干扰核酸、蛋白质的除草剂几乎包括了所有重要的除草剂类别：苯甲酸类、氨基甲酸酯类、酰胺类、二硝基酚类、二硝基苯胺类、卤代苯腈、苯氧羧酸类和三氮苯类等。试验证明，很多抑制核酸和蛋白质合成的除草剂干扰氧化和光合磷酸化作用。通常除草剂抑制 RNA 与蛋白质合成的程度与降低植物组织中 ATP 的浓度有关。除草剂干扰核酸和蛋白质合成，是 ATP 被抑制的结果。磺酰脲类除草剂是通过抑制支链氨基酸的合成而影响核酸和蛋白质的合成；并证明氯磺隆能抑制玉米根部 DNA 的合成。目前尚无商品化的除草剂直接作用于核酸和蛋白质的合成。

除草剂的作用机理还包括抑制脂类物质的合成，抑制叶绿素和类胡萝卜素的合成，抑制微管与组织发育等。类脂包括脂肪酸、磷酸甘油酯与蜡质等，它们分别是组成细胞膜、细胞器膜和角质层的重要成分。脂肪酸是各种复合脂类的基本结构成分，如磷酸甘油酯是脂肪酸和磷脂酸的复合体。因此，除草剂抑制脂肪酸合成，也就抑制脂类物质的合成，最终造成细胞膜、细胞器膜、细胞质膜和蜡质生成受阻。叶绿素是进行光合作用必需的成分，而类胡萝卜素是叶绿素的保护色素，它们的合成受到抑制，最终表现为抑制光合作用。抑制微管与组织发育会导致植物体内物质传导受阻，植物器官因缺乏营养而发育不良甚至死亡。

4.3 常用除草剂

(1) 2,4-滴

英文名称：2,4-D；Amicide；Crotilin；Dicotox；Ipaner；Netagrone；Pennamine；Agrotect；Amoxone；Weedtrol。

化学名称：2,4-二氯(苯氧基)乙酸。

① 理化性质

化学结构式：

分子式：$C_8H_6O_3Cl_2$；相对分子质量：221.04。

外观与性状：白色至钠色晶体粉末，无臭，工业品略带酚气味。

蒸气压：0.053 kPa(160 ℃)；熔点：纯品 141 ℃，工业品 135~138 ℃；沸点：160 ℃/0.05 kPa；相对密度(水=1)：1.563。

溶解性：微溶于水，微溶于油类，溶于乙醇、乙醚、丙酮和苯等有机溶剂等。2,4-滴钠盐为无色针状结晶，熔点 216~218 ℃，在 30 ℃水中溶解性为 5%。

稳定性：不吸湿，有腐蚀性。在常温条件下性质稳定。可与碱作用生成盐(一般制成钠盐或铵盐)。

② 作用特点　2,4-滴为选择性输导型激素类除草剂，高浓度抑制植物生长，低浓度刺激植物生长。可被植物的根和叶部传导。由叶吸收的药剂，通过角质层、细胞壁而进入活细胞，水解成 2,4-滴酸。转化为游离酸才能起杀草作用。2,4-滴是通过共质体系并随光合作用产物转移到营养器官的，因此在黑暗或光弱的条件下，2,4-滴很少从叶部转移或转移很慢。通过根吸收的药剂，有向上传导的趋势。2,4-滴主要集中在茎和根的分生组织内，抑制和影响呼吸作用和细胞分裂，使植物生长异常。所以，选择施药期对 2,4-滴防除多年生杂草很重要。在晚春或早秋施药效果常较早春为好，因为多年生杂草在早春处于快速生长发育阶段，根部贮藏的养分向上转移，所以 2,4-滴很少能进入根部。晚春或早秋阶段，2,4-滴能随大量同化产物输往根部。使用过量的 2,4-滴防除多年生杂草的效果往往不好，这是由于活的韧皮

③毒性 大鼠急性口服 LD_{50} 375 mg/kg，2,4-滴钠盐对大白鼠急性口服 LD_{50} 666~805 mg/kg。

④使用方法 剂型有80% 2,4-滴钠盐粉剂，55% 2,4-滴铵盐溶液，5% 2,4-滴乙醇溶液。2,4-滴的除草对象为双子叶和莎草科杂草，如蓼、藜、刺儿菜、田旋花、田蓟、眼子菜、泽泻、苍耳、鸭跖草、鸭舌草、荆三棱、野慈姑等。禾本科植物抗性较强，故常用在禾本科栽培植物地里防除阔叶杂草。应用于茎叶处理的剂量，为原粉 0.75~1.50 kg/hm²。气温在 20~25 ℃时使用效果好，在气温高的南方使用时可降低用药量。

2,4-滴的激素特性可作为植物生长调节剂。在苹果树上用 5~10 μg/g，梨树上用 2.5 μg/g，柑橘谢花期用 5~10 μg/g，生理落果期用 15~20 μg/g，可以防止早期落果；用 200~1 600 μg/g喷洒，可促进香蕉、苹果、梨的果实早熟；番茄用 10~25 μg/g，茄子用 50~100 μg/g、无花果用 100~750 μg/g处理后可形成无子或少子果实；用 100~200 μg/g药液浸果树、林木插穗，可提早生长，提高成活率。

⑤注意事项 第一，2,4-滴为激素型除草剂，高浓度时可防除多年生杂草或乔灌木，低浓度时可调节植物生长，应根据施药目的掌握使用剂量。双子叶植物对此药相当敏感，要防止发生药害。第二，不宜用硬水配置2,4-滴钠盐溶液，否则会产生沉淀、降低药效，并会堵塞喷雾器喷头和过滤器。

(2) 丁草胺

别名：马歇特；灭草特；去草胺；丁草镇；丁草锁；丁基拉草；新马歇特。

英文名称：Butachlor；Machete；CP 53619；Dhanuchlor；Hiltachlor；Farmachlor；Butataf；Rasatanchlor。

化学名称：N-(丁氧基甲基)-2-氯-N-(2,6-二乙基苯基)乙酰胺。

①理化性质

化学结构式：

分子式：$C_{17}H_{26}O_2NCl$；相对分子质量：311.86。

外观与性状：纯品为浅黄色油状液体。原药（含量为90%~92%）为琥珀色或深紫色液体。

蒸气压：约为 0.6 mPa(25 ℃)；熔点：0.5~1.5 ℃；分解温度：165 ℃；沸点：156 ℃(66.5 Pa)；相对密度(水=1)：1.0695(25 ℃)。

溶解性：难溶于水，室温下能溶于乙醚、丙酮、乙醇、乙酸乙酯和乙烷等多种有机溶剂。

稳定性：275 ℃分解，在 pH 7~10 稳定。抗光解性能好，对紫外光稳定。

②作用特点 丁草胺是酰胺类选择性芽前除草剂。主要通过杂草幼芽和幼小的次生根吸收，抑制体内蛋白质合成，使杂草幼株肿大、畸形、色深绿，最终导致死亡。可用于水田和

旱地防除以种子萌发的禾本科杂草、一年生莎草及一些一年生阔叶杂草，如稗草、千金子、异型莎草、碎米莎草、牛毛毡等。对鸭舌草、节节草、尖瓣花和萤蔺等有较好的预防作用。对水三棱、扁秆藨草、野慈姑等多年生杂草则无明显防效。

只有少量丁草胺能被稻苗吸收，而且在体内迅速完成分解代谢，因而稻苗有较大的耐药力。丁草胺在土壤中稳定性小，对光稳定，能被土壤微生物分解。持效期30~40 d，对下茬作物安全。

③使用方法　杂草萌芽前土壤表层喷雾。菜豆、豇豆、小白菜、茴香、育苗甘蓝、菠菜等直播菜田除草，于播种前每亩用60%乳油100 mL，兑水40~50 kg，均匀喷雾畦面，然后播种。花椰菜、甘蓝、茄子、甜（辣）椒、西红柿等移栽田，于定植前每公顷用60%乳油2 250 g，兑水750 kg，均匀喷雾处理土壤。

④毒性　低毒除草剂，原药大鼠急性经口 LD_{50} >2 000 mg/kg，大鼠急性经皮 LD_{50} >3 000 mg/kg，大鼠急性吸入 LC_{50} >3.34 mg/L。对兔皮肤有中等刺激作用，对兔眼睛有轻度刺激作用。蓄积性弱，在试验剂量内，对动物未见致突变和致畸作用。大鼠2年喂饲试验，无作用剂量<100 μg/g，不发生肿瘤的剂量为100 μg/g。丁草胺对鱼类和水生生物毒性大，鲤鱼和蓝鳃鱼96 h的 LC_{50} 分别为0.32 μg/g和0.44 μg/g，使用时应注意保护水生生物的问题。对鸟毒性低，野鸭急性经口 LD_{50} >10 000 mg/kg，鹌鹑急性经口 LD_{50} >10 000 mg/kg（药饲7d）。蜜蜂急性经口 LD_{50} >100 μg/头。

⑤注意事项　丁草胺对露籽麦（或陆稻等）出苗有严重影响。露籽多的地块不宜施用。

丁草胺对鱼类毒性很高，不宜在养鱼的稻田使用。残药或清洗液不能倒入池塘河流中。

使用时应遵守农药安全使用的一般操作规程。丁草胺对眼睛和皮肤有刺激作用，若溅入眼睛，应立即用清水冲洗，并从速就医。溅到皮肤上，要用肥皂水洗净。经本剂污染的衣物，须洗涤后再穿。严禁儿童接触药剂，吞服对身体有害。

丁草胺乳油具可燃性，应在空气流通处操作。贮存应避开高温或有明火的地方。发现渗透，应用水冲洗。在贮藏或使用过程中，严格避免污染饮水、粮食、种子和饲料。

(3) 扑草净

别名：割草佳；扑蔓尽；捕草净；割杀佳；扑灭通。

英文名称：Prometryne；Prometryn；KA-3878；LGC′（1627）；Gesagard；Agrogard；Prometrex。

化学名称：4,6-双异丙胺基-2-甲硫基-1,3,5-三嗪。

①理化性质

化学结构式：

分子式：$C_{10}H_{19}N_5S$；相对分子质量：241.35。

外观与性状：纯品为白色晶体。原粉为灰白色或米黄色粉末，有臭鸡蛋味。

蒸气压：0.13 mPa(20 ℃)；熔点：118~120 ℃(纯品)、113~115 ℃(原粉)；相对密度

(水=1)：1.157。

溶解性：20 ℃时在水中的溶解度48 mg/L，易溶于有机溶剂。

稳定性：在中性、弱酸及弱碱介质中稳定，不可燃，不易爆，无腐蚀性。土壤吸附性强。

②作用特点　扑草净为选择性内吸传异型土壤处理剂。防除对象是多种一年生单、双子叶杂草。可从根部吸收，也可从茎叶渗入体内，运输至绿色叶片抑制光合作用，中毒杂草逐渐干枯死亡。其选择性与植物生态和生化反应的差异有关，对刚萌发的杂草防效最好。扑草净水溶性较低，施药后可被土壤黏粒吸附在0~5 cm表土中，形成药层，使杂草萌发出土时接触药剂。持效期20~70 d，旱地较水田长，黏土中达120 d。

③使用方法

农田使用　棉花播种前或播种后出苗前，每亩用50%可湿性粉剂50~75 g，兑水30 kg均匀喷雾于地表，或混细土20 kg均匀撒施，然后混土3 cm深，可有效防除多种一年生单、双子叶杂草。花生、大豆、播种前或播种后出苗前，每亩用50%可湿性粉剂50~75 g兑水30 kg，均匀喷雾土表。谷子播后出苗前，每亩用50%可湿性粉剂50 g，兑水30 kg，土表喷雾。麦田于麦苗2~3叶期，杂草1~2叶期，每亩用50%可湿性粉剂75~100 g，兑水30~50 kg，作茎叶喷雾处理，可防除繁缕、看麦娘等杂草。胡萝卜、芹菜、大蒜、洋葱、韭菜、茴香等在播种时或播种后出苗前，每亩用50%可湿性粉剂100 g，兑水50 kg土表均匀喷雾。水稻移栽后5~7 d，每亩用50%可湿性粉剂20~40 g，拌湿润细沙土20 kg左右，充分拌匀，在稻叶露水干后，均匀撒施全田。施药时田间保持3~5 cm浅水层，施药后保水7~10 d。水稻移栽后20~25 d，眼子菜叶片由红变绿时，北方每亩用50%可湿性粉剂65~100 g，南方用25~50 g，拌湿润细土20~30 kg撒施。水层保持同前。

果树、茶园、桑园使用　在1年生杂草大量萌发初期，土壤湿润条件下，每亩用50%可湿性粉剂250~300 g，单用或减半量与拉索、丁草胺等混用，兑水均匀喷布土表层。

④毒性　低毒除草剂。纯品大鼠急性经口LD_{50} 2 100 mg/kg，原药大鼠急性经口LD_{50} 3 150~3 750 mg/kg。大鼠喂养2年无作用剂量为1 250 μg/(g·d)。对鲤鱼LC_{50}(96 h) 8~9 mg/L，银鱼LC_{50} 7 mg/L，鲦鱼LC_{50} 4.5 mg/L。

⑤注意事项　有机质含量低的沙质土不宜使用。

称量应准确，撒施要均匀。可先将称好的药剂与少量稀土混合，再与所需含量细土混匀，均匀撒施，否则容易产生药害。

适当的土壤水分是发挥药效的重要因素。

使用时应戴口罩，穿防护衣服，并背风用药。施药时切勿吸烟。施药后用肥皂洗手、脸。该药吸入高浓度时，能引起支气管炎，肺炎，肺出血，肺水肿，肝、肾功能障碍。治疗要对症处理，保护肾脏及肺脏。

(4) 氯磺隆

别名：绿黄隆；嗪磺隆。

英文名称：Chlorsulfuron；Opx-4189；Trilixon。

化学名称：3-(4-甲氧基-6-甲基-1,3,5-三嗪-2-基)-1-(2-氯苯基)磺酰脲。

①理化性质

化学结构式：

分子式：$C_{12}H_{12}O_4N_5SCl$；相对分子质量：357.77。

外观与性状：纯品为无色结晶。原药（含量>90%）外观为白色至淡灰色粉末。

蒸气压：3×10^{-6} Pa（25℃）；熔点：174~178℃。

溶解性（25℃）：水中 100~125 mg/L（pH 4.1）、300 mg/L（pH 5）、27.9 g/L（pH 7）；22℃时，丙酮 57 g/L，二氯甲烷 102 g/L，己烷 10 mg/L，甲醇 14 g/L，甲苯 3 g/L。

稳定性：干燥情况下对光稳定。

②作用特点　属磺酰脲类高效内吸选择性除草剂。植物根、茎、叶均可吸收，以茎、叶吸收速度较快，掉落土壤中的药液也能被根部吸收而发挥除草作用。存在于叶绿体基质中的乙酰乳酸合成酶是氯磺隆在植物体内的主要作用靶标。在极低浓度下，即可中止乙酰乳酸对缬氨酸、亮氨酸合成的催化作用，继而发生磺酰脲类除草剂的专化反应。而抗性植物如小麦等能将 95% 以上的氯磺隆形成 5-OH 代谢物，并迅速与葡萄糖共轭合成不具活性的 5-糖苷轭合物；氯磺隆在小麦叶片内的半衰期仅 2~3 h，这种快速代谢作用是小麦等植物具有高度抗性的原因。敏感植物处理 24 h 后，叶片内氯磺隆 97% 仍以原药存在，仅形成微量代谢物。上述两方面是该产品选择性作用的生理基础。氯磺隆分子中的脲桥极易水解，不同地区土壤类型、降雨量，尤其是 pH 值的差异，会导致降解速度不同，pH 6 时的水解速度是 pH 8 时的 15 倍。氯磺隆在土壤中残留及持效期差异较大，在土壤中吸附作用小，淋溶性强，而且 pH 值对吸附常数、尤其是水溶性（pH 7 时的水溶性为 pH 5 时的 5 倍）影响很大。pH 值上升吸附作用下降，故导致在土壤中淋溶性较强。在黑土中最大淋溶深度可达 24~26 cm。氯磺隆活性高，且作用部位较为专一，连续使用后，杂草形成抗性的速度比较快。国外已有抗氯磺隆的看麦娘、千金子和繁缕出现，而且对咪唑啉酮、黄酰胺类、取代脲类等除草剂有交互抗性。

氯磺隆在麦类及亚麻等作物田中，防治常见的一年生单、双子叶杂草。在长江流域稻-麦轮作区小麦田使用，具有较好除草效果。

但是，由于不同自然条件（尤其是 pH 和降雨量），药效及安全性差异大，对后茬敏感作物的药害时有发生。美国做出在土壤中性和碱性的大平原农业区禁用的规定。我国目前限制在长江流域麦—稻轮作区麦田使用。其他地区尚在试验中。

③使用方法　主要用于小麦、大麦、黑麦、燕麦和亚麻田，也可用于休闲地和非耕田，防除绝大多数阔叶杂草，如碎米荠、荠菜、雀舌草、稻茬菜、大巢菜、小巢菜、繁缕、苋、藜、猪殃殃、田蓟、蓼等。也可防除稗草、早熟禾、马唐、狗尾草、看麦娘等禾本科杂草。此外，对抗苯氧羧酸类除草剂的鼬瓣花、卷茎蓼等也有卓效。抗性杂草有狗牙根、硬草、龙葵、碱茅等。

用量和施药期因杂草种类、土壤 pH 值、气候和轮作制度的不同而异，一般作物田每亩用25%可湿性粉剂2~4 g(有效成分0.5~1 g),休闲及非耕地用6.6~20.0 g(有效成分1.6~5.0 g),可在播前、播后苗前进行土壤处理,也可在苗后进行茎叶喷雾,以杂草苗后早期施用防效较佳。

④**毒性** 低毒除草剂。原药大鼠急性经口 LD_{50} 5 545~6 293 mg/kg,兔大鼠急性经皮 LD_{50} 10 000 mg/kg。对兔眼睛有轻微刺激,对皮肤无刺激性。大鼠喂养90 d试验,在500 mg/kg以上时,雌鼠的体重才有所下降。2年喂养试验无作用剂量:大鼠100 mg/kg饲料,小鼠500 mg/kg饲料。在动物试验中无致突变、致畸和致癌作用。野鸭和鹌鹑 LD_{50}(8 d) > 5 000 mg/kg饲料,蓝腮鱼和虹鳟鱼 LC_{50}(96 h) > 250 mg/L。

⑤**注意事项** 对氯磺隆敏感的作物有甜菜、豌豆、玉米、油菜、棉花、芹菜、胡萝卜、辣椒、苜蓿、水稻等。较敏感作物有大豆、烟草、向日葵、南瓜、黄瓜、大麦等。氯磺隆适用于小麦连作区使用,作物轮作频繁地区,用户在使用之前应考虑下茬作物的安排,以免造成残留药害。

土壤中氯磺隆含量为 0.1×10^{-9}~0.2×10^{-9} 时,可使水稻株高和根长受到抑制,植株发僵,根呈鸡爪状。多数情况下,麦田施药后到水稻插秧时,土壤中氯磺隆的残留量已在水稻敏感的极限浓度之内,若水稻田再用新得力(含甲磺隆)处理,则使药害出现的可能性大大增加。氯磺隆处理过的麦田,不宜作秧田、直播田和小苗插秧田。

对当茬麦类作物的安全性,少耕田小于翻耕田,尤其裸露麦种多的情况下更是如此。试验表明,某些小麦品种,如龙麦15、浙农大2号等对氯磺隆耐药性较差。

pH值大于7的中性和碱性土壤、生长季短、降雨量少、干旱低温地区,氯磺隆在土壤中分解速度缓慢,可在土壤中残留2~4年,对敏感作物会造成药害,要慎重使用。而土壤有机质含量大于5%时,除草效果下降。

作物苗期(1~5叶)遇低温、干旱或涝洼地、病虫危害时会造成药害。地面结冻或覆盖冰雪,以及风蚀时,不可使用氯磺隆。

用有机磷杀虫剂(乙拌磷)处理的地块,不宜使用氯磺隆。

氯磺隆可与2甲4氯、2,4-滴、敌草隆、赛克津、百草敌、野燕枯等除草剂混用。与液体肥料混用时,表面活性剂使氯磺隆对作物安全性下降。小麦苗后2~4叶期,与马拉松、对硫磷混用处理,遇低温时,可能会发生药害。

药剂应现混现用,混后不可久放。

施用本品的施药器械要彻底清洗干净。

本品对眼、鼻、咽喉有轻度刺激性,用药时要注意防护,施药完毕要清洗裸露部分。

本品应保存在阴凉、干燥、通风处,严禁与种子、饲料、食品混放。

(5)杀草丹

别名:禾草丹;灭草丹;稻草完。

英文名称:Thiobencarb;Bolero Hydram;Benthiocarb;Morinate。

化学名称:N,N-二乙基硫赶氨基甲酸对氯苄酯。

①理化性质

化学结构式：

分子式：$C_{12}H_{16}ONSCl$；相对分子质量：257.78。

外观与性状：纯品为淡黄色液体。

蒸气压：$2.93×10^{-3}$ Pa(23 ℃)；熔点：3.3 ℃；沸点：126~129 ℃/1.07 Pa；相对密度（水=1）：1.16(20 ℃)。

溶解性：20 ℃时，在水中溶解性为 27.5 μg/g(pH 6.7)，易溶于二甲苯、醇类、丙酮等有机溶剂。

稳定性：对酸、碱稳定，对热稳定，对光较稳定。

②作用特点　禾草丹为氨基甲酸酯类选择性内吸传导型土壤处理除草剂，可被杂草的根部和幼芽吸收，特别是幼芽吸收后转移到植物体内，对生长点有很强的抑制作用。禾草丹阻碍 α-淀粉酶和蛋白质合成，对植物细胞的有丝分裂也有强烈抑制作用，因而导致萌发的杂草种子和萌发初期的杂草枯死。稗草吸收传导禾草丹的速度比水稻要快，而在体内降解禾草丹的速度比水稻要慢，这是形成选择性的生理基础。此类除草剂能迅速被土壤吸附，因而随水分的淋溶性小，一般分布在土层 2 cm 处。土壤的吸附作用减少了由蒸发和光解造成的损失。在土壤中半衰期，通气良好条件下为 2~3 周，厌氧条件下则为 6~8 个月。能被土壤微生物降解，厌氧条件下被土壤微生物降解形成的脱氯禾草丹，能强烈地抑制水稻生长。

本品常用于直播稻、秧田及移栽稻田，防除稗草、三棱草、鸭舌草、萤蔺、牛毛毡等。也可用于棉花、大豆、花生、马铃薯、青豆、甜菜等旱地作物，防除马唐、蓼、藜、苋、繁缕等杂草。

③使用方法

秧田使用　播种前或水稻立针期施药，每亩用 50% 乳油 150~250 mL，或 10% 颗粒剂 960~1 500 g，用毒土法撒施。保持水层 2~3 cm，5~7 d。温度高或地膜覆盖田的使用量酌减。

直播田使用　水稻直播田可在播前或播后稻苗 2~3 叶期施药。每亩用 50% 乳油 200~300 mL，兑水 35 kg 喷雾。施药时保持水层 3~5 cm，5~7 d。旱直播田可在播种覆土后，每亩用 50% 乳油 400~500 mL 兑水 40 kg 均匀喷雾于土表，处理后再灌水。与敌稗混用可收到更好效果。

插秧田　水稻移栽后 3~7 d，稗草处于萌动高峰至 2 叶期以前，每亩用 50% 乳油 200~250 mL，兑水 35 kg，或混细潮土 20 kg 均匀喷雾或撒施。或 10% 颗粒剂 1~1.5 kg，混细潮土或化肥均匀撒施。保持水层 3~5 cm，时间 5~7 d。自然落干，不要排水。

麦田使用　播种后出苗前，每亩用 50% 乳油 300 mL，兑水 35 kg，均匀喷布土表。

④毒性　低毒除草剂。原药大鼠(雄性)急性经口 LD_{50} >920 mg/kg，小鼠急性经口 LD_{50} >1 000 mg/kg；大鼠急性经皮 LD_{50} >1 000 mg/kg，家兔急性经皮 LD_{50} >2 000 mg/kg(无死亡)；大鼠急性吸入 LC_{50} 7.7 mg/L(1 h)。对兔皮肤和眼睛有一定刺激作用，但在短时间内

即可消失。禾草丹在动物体内能很快排除，无蓄积作用。在试验条件下对动物未见致突变、致畸、致癌作用。大鼠三代繁殖试验未见异常。2 年饲喂试验，大鼠无作用剂量为 30 μg/g [约 3.0 mg/(kg·d)]。鲤鱼 48h 的 LC_{50} 3.4 μg/g，白虾 96 h 的 LC_{50} 0.264 μg/g。鹌鹑 LD_{50} 7 800 mg/kg，野鸡 LD_{50} >1 000 mg/kg。

⑤注意事项　插秧田、水直播田及秧田，施药后应注意保持水层。

水稻出苗时至立针期不要使用本品，否则易产生药害。可在苗后、稗草 1.5 叶期前用药。播前施药时，不宜播种催芽的谷种。

冷湿田块或使用大量未腐熟的有机肥田块，禾草丹用量过高时易形成脱氯杀草丹，使水稻产生矮化药害。发生这种现象时，应注意及时排水、晒田。砂质田及漏田不宜使用禾草丹。

禾草丹可与敌稗、西草净等混用。但与 2,4-滴混用时会降低除草效果。

使用禾草丹应遵循农药安全使用一般操作规程，在使用中如有药液溅到皮肤上或眼睛里，要立即用大量清水清洗，至少 15 min；脱去被药液污染的衣服。如误服，应饮用大量牛奶、蛋清或明胶溶液，或饮用大量清水使患者呕吐，并请医生治疗。避免饮酒。对症治疗，尚无特效解毒药。

本剂应原包装贮存在干燥、通风阴凉处，以免着火。勿与食品、饲料、种子混放。

(6)百草枯

别名：克芜踪；对草快；巴拉刹。

英文名称：Paraquat；Gramoxone；Dimethyldipyridyl chloride；Efoxon；LGC (1622)；Herbaxon；Pilarxone。

化学名称：1,1-二甲基-4,4′-联吡啶鎓盐二氯化物。

①理化性质

化学结构式：

分子式：$C_{12}H_{14}N_2Cl_2$；相对分子质量：257.16

外观与性状：原药(含量 >97%)为白色晶体。水剂外观为深蓝色至绿色均相液体。

蒸气压：$<1.33 \times 10^{-8}$ kPa；熔点：300 ℃；相对密度(水 =1)：1.10。

溶解性：极易溶于水，微溶于低相对分子质量的醇类，不溶于烃类溶剂。

稳定性：在酸性及中性溶液中稳定，在碱性中水解。原药对金属有腐蚀性。

②作用特点　百草枯为速效触杀性灭生型除草剂，联吡啶阳离子迅速被植物叶子吸收后，在绿色组织中通过光合作用和呼吸作用被还原成联吡啶游离基，又经自氧化作用使叶组织中的水和氧形成过氧化氢和过氧游离基。这类物质对叶绿体层膜破坏力极强，使光合作用和叶绿素合成很快中止，叶片着药后 2~3 h 即开始受害变色。百草枯对单子叶和双子叶植物的绿色组织均有很强的破坏作用，但无传导作用，只能使着药部位受害。不能穿透栓质化后的树皮。一经与土壤接触，即被吸附钝化，不能损坏植物根部和土壤内潜藏的种子，因而施药后杂草有再生现象。

③使用方法　百草枯用于果树、茶、桑园、橡胶园除草。对单、双子叶各种杂草都有效，尤对一、两年生杂草防除效果好。只能杀死多年生靠地下根茎生长的杂草的地上绿色

茎、叶，不能毒杀地下根茎。可防除的杂草有马唐、千金子、蟋蟀草、狗尾草、藜、辣蓼、猪毛菜、羊蹄、青蒿、苋菜、刺苋、马齿苋、酢浆草、繁缕等；杀死地上部分后易恢复的多年生杂草有白茅、香附子、狗牙根、鸭跖草、田旋花、车前、艾蒿等。

百草枯可直接杀死绿色植物，所以在杂草长出后至开花之前都可使用，使用剂量以百草枯有效成分计，一般用量为 300~900 g/hm^2。百草枯与敌草隆、拉索等除草剂混用，可提高除草效果，延长药效持续时间。

④毒性　中等毒性除草剂。原药大鼠急性经口 LD$_{50}$ 112~150 mg/kg，家兔急性经皮 LD$_{50}$ 204 mg/kg，对家兔的眼和皮肤有中等刺激作用。对人毒性较高，是人类急性中毒死亡率最高的除草剂。在实验室条件下，未见致畸、致突变、致癌作用。原药对虹鳟鱼 LC$_{50}$(48 h) 62 μg/g，鲤鱼 LC$_{50}$(48 h) 40 μg/g。

⑤注意事项　百草枯在幼树和作物行间作定向喷雾时，切勿将药液溅到叶子和绿色部分，否则会产生药害。

光照可加速百草枯药效发挥，蔽荫或阴天虽然延缓药剂显效速度，但最终不降低除草效果。施药后 30 min 遇雨时能基本保证药效。

本品为中等毒性及有刺激性的液体，运输时须以金属容器盛装，药瓶盖紧存于安全地点。

最大允许残留量：水果、蔬菜、玉米、高粱、大豆均为 0.05 μg/g（美国 FAO/WHO）。按推荐剂量施药，检不出在作物内的残留物。

使用时须按一般安全使用农药规则，处理农药药液时必须戴上胶手套和面罩，避免药液与皮肤接触。当药液溅在皮肤、眼睛上时，应立即冲洗，喷药后 24 h 内勿让家畜进入喷药区。若误服药液，立即催吐并送医院，服 15% 漂白土悬浮液或 7% 皂土或活性炭悬浮液，也应给予适合的泻药，如有必要则进行血液透析和血液灌注治疗。

(7) 氟乐灵

别名：氟特力；茄科宁；特氟力；三氟草灵；氟东灵。

英文名称：Trifluralin；Trifurex；Trilin 4ec；Treflam；Premerlin；Agreflan 24；Elancolan；Eflurin。

化学名称：2,6-二硝基-N,N-二正丙基-4-三氟甲基苯胺。

①理化性质

化学结构式：

分子式：C$_{13}$H$_{16}$F$_3$N$_3$O$_4$；相对分子质量：335.28。

外观与性状：原药(98%)为橘黄色结晶固体，具芳香族化合物气味。

蒸气压：13.7 mPa(25 ℃)；熔点：48.5~49 ℃；沸点：96~97 ℃(24 Pa)，相对密度（水=1）：1.23。

溶解性(27 ℃)：水中 < 1 mg/L，丙酮中 400 g/L，二甲苯 580 g/L。

稳定性：52 ℃下稳定(高温贮存试验)，在 pH 3.6 和 9(52 ℃)下水解；紫外光下分解。本品贮存稳定期为 3 年，易光解。

②作用特点　氟乐灵是通过杂草种子发芽生长穿过土层的过程中被吸收的。主要被禾本科植物的幼芽和阔叶植物的下胚轴吸收，子叶和幼根也能吸收，但出苗后的茎和叶不能吸收。

造成植物药害的典型症状是抑制生长，根尖与胚轴组织细胞体积显著膨大。受害后的植物细胞停止分裂，根尖分生组织细胞变小，厚而扁，皮层薄壁组织中的细胞增大，细胞壁变厚。由于细胞中的液泡增大，使细胞丧失极性，产生畸形，呈现"鹅头"状的根茎。

氟乐灵施入土壤后，由于挥发、光解、微生物和化学作用而逐渐分解消失，其中挥发和光解是分解的主要因素。施到土表的氟乐灵最初几小时内的损失最快，潮湿和高温会加快它的分解速度。

③使用方法　氟乐灵是二硝基苯胺类除草剂，可用作苗前或苗后土壤处理。氟乐灵的用药量因杂草种类，土壤质地、有机含量而异。一般情况下，用含有效成分 0.96~1.95 kg/hm^2。在以禾本科杂草为主的地块用药量宜低些，阔叶杂草较多的地块用药量宜高些，阔叶杂草为主的地块则不宜使用氟乐灵。土壤质地轻、通气性强、有机质含量低的地块，用药量可以低些，反之，用药量宜高些。

④毒性　低毒除草剂。原药大鼠急性经口 LD_{50} > 10 000 mg/kg，家兔急性经皮 LD_{50} > 20 000 mg/kg，大鼠急性吸入 LC_{50} > 2.8 mg/L(1h)，对家兔的眼睛、皮肤有刺激作用。慢性经口无作用剂量大鼠为 2 000 mg/(kg·d)，狗为 400 μg/g(每天饲料中)。在试验条件下未见致癌、致畸和致突变作用。蓝鳃鱼和金鱼 LC_{50} 值分别为 0.058 μg/g 和 0.59 μg/g，水蚤 LC_{50} 为 0.2~0.6 μg/g。对蜜蜂致死量为 24 mg/头。各种鸟类经口毒性 LD_{50} 均大于 2 000 mg/kg。

⑤注意事项　春季天气干旱时，应在施药后立即混土镇压保墒。

大豆田播前施用氟乐灵，应在播种前 5~7 d 施药，以防发生药害。

低温干旱地区，氟乐灵施土壤后持效期较长，因此下茬不宜种植高粱、谷子等敏感作物。

在大豆播种前土壤喷施，每亩用量 125~175 mL(商品量)，收获时籽粒中最高残留限量(MRL 值)为 0.01 mg/kg，美国规定大豆、蔬菜 MRL 值为 0.05 μg/g。

吞服、吸入或皮肤接触本剂，对身体均有害。施药时避免吸入。有些人对氟乐灵可能会有皮肤过敏反应，操作时应戴风镜、防渗手套，穿防护服等。若皮肤和眼睛接触药液，应立即用大量水冲洗。若刺激作用仍不消减，应进行医治。偶然吞服，应立即催吐。

本品贮存时避免阳光直射，不要靠近火和热气，在 4 ℃以上阴凉处保存。在 -15 ℃以下存放时，应在使用前将容器搬到 15 ℃以上温度放 24 h，将容器摇动使药物均匀后才能使用，并存放在儿童接触不到的地方。

(8)草甘膦

别名：农达；镇草宁；膦甘酸；草干膦。

英文名称：Glyphosate；MON-0573。

化学名称：N-(膦酰基甲基)甘氨酸。

① 理化性质

化学结构式：

$$\text{HO} - \underset{\underset{O}{\|}}{\overset{\overset{OH}{|}}{P}} - CH_2 - NH - CH_2 - COOH$$

分子式：$C_3H_8O_5NP$；相对分子质量：169.08。

外观与性状：纯品为白色非挥发性固体。

蒸气压：2.45×18^{-8} kPa(45 ℃)；熔点：232~236 ℃(分解)。

溶解性：25 ℃时在水中溶解度为1.2%，不溶于一般有机溶剂。

稳定性：不可燃，不爆炸，常温贮存稳定。对中碳钢、镀锌铁皮(马口铁)有腐蚀作用。

② 作用特点　草甘膦为内吸传导型广谱灭生性除草剂。主要通过抑制植物体内烯醇丙酮基莽草酸磷酸合成酶，从而抑制莽草酸向苯丙氨酸、酪氨酸及色氨酸的转化，使蛋白质的合成受到干扰导致植物死亡。草甘膦以内吸传导性强而著称，它不仅能通过茎叶传导到地下部分，而且在同一植株的不同分蘖间也能进行传导，对多年生深根杂草的地下组织破坏力很强，能达到一般农业机械无法达到的深度。草甘膦杀草谱很广，对40多科的植物有防除作用，包括单子叶和双子叶、一年生和多年生、草本和灌木等植物。豆科和百合科一些植物对草甘膦的抗性较强。草甘膦入土后很快与铁、铝等金属离子结合而失去活性，对土壤中潜藏的种子和土壤微生物无不良影响。

③ 使用方法

防除多年生杂草　对多年生根茎类恶性杂草如茅草，用药量按有效成分计为3~6 kg/hm²。最佳施药期是其生长旺盛阶段，以便有足够的叶片吸收药物。喷后6~8 h内不遇雨，施药1次即可达到90%以上的干枯率，半年后很少复生。防除香附子以在开花结实之前施药为宜。对多年生禾草及其他杂草，如马唐、臂形草、龙爪草、竹叶草、狗尾草、胜红、雀稗、地毯草等，用药量为1.5~3 kg/hm²(有效剂量)，药效在95%以上，可维持3~5个月。施药期最好在杂草生长的中期，且草籽基本已完全发芽出土，有利于提高杀草率。可用低容量或超低容量喷雾法施药，按每公顷所需有效剂量加水稀释喷洒。

防除灌木　用有效成分3.75~5.70 kg/hm²兑水调成的药液均匀喷洒，2个月后的干枯率可达85%~95%，持效期为3个多月。每年需喷药1~2次，施药时期应在灌木的早期生长旺盛阶段、高度不超过1m时。

灭生性除草　在打防火带、修森林铁路、建贮木场、开垦荒地、改良和更新牧场时，草甘膦都可发挥灭草作用，不过要参考上述草情和剂量，结合实际情况使用。

④ 生物活性　低毒除草剂。原药大鼠急性经口 LD_{50} 4 300 mg/kg，兔急性经皮 LD_{50} > 5 000 mg/kg，对兔的眼睛、皮肤有轻度刺激作用。对豚鼠的皮肤无刺激作用。草甘膦不易被动物的胃肠吸收，不经代谢很快经胃肠道和肾排出，在体内不蓄积。在试验条件下对动物未见致畸、致突变、致癌作用。大鼠三代繁殖试验未见异常。大鼠2年饲喂试验无作用试剂量为34.02 mg/(kg·d)(雌)和31.49 mg/(kg·d)(雄)。

草甘膦对鱼和水生动物毒性较低，虹鳟鱼 LC_{50} 120 μg/g(48 h)，蓝鳃太阳鱼 LC_{50} 140 μg/g(48 h)，水蚤 LC_{50} 780 μg/g(48 h)。对蜜蜂和鸟类无毒害。蜜蜂对草甘膦耐受力为100 μg/头。对天敌及有益生物较安全。

⑤注意事项　草甘膦为灭生性除草剂，施药时应防止药物飘移到附近作物上，以免造成药害。

药液应该用清水配置，兑入泥浆水时会降低药效。

施草甘膦后3 d请勿割草、放牧和翻地。施后4 h内遇大雨时会降低药效，应酌情补喷。

草甘膦对金属有腐蚀性。在储存与使用时应尽量用塑料容器。

低温储存时，会有草甘膦结晶析出。用前应充分摇动容器，使结晶重新溶解，才能保证药效。

使用草甘膦时，加入适量表面活性剂和柴油，可增强除草效果，节省用药量。

草甘膦人体每日允许摄入量（ADI）是0.10 mg/kg。我国尚未制定控制草甘膦在农产品中残留的合理使用准则。

使用草甘膦应遵守一般农药的安全使用操作规程，如皮肤和眼睛接触该药液时，要用大量清水冲洗，冲洗眼睛不少于15 min，最好迅速请医生治疗。

其他常用除草剂见表4-3。

4.4　植物生长调节剂

4.4.1　发展概况和主要类别

4.4.1.1　发展概况

1928年Fritz Went发现植物体内存在生长素，1934年Fritz Kogl和Arie J. Haagen-Smit，1939年K. V. Thimann分别从人尿和根霉菌培养基中提取出吲哚乙酸（IAA），特别是1940年以后的2,4-滴类植物生长调节剂的发现和应用，对合成、筛选植物生长调节剂起了重要推动作用。至今已合成并投入使用的植物生长调节剂有数百种，农林业生产中常用的也已有几十种。不少常用农药品种，特别是除草剂，在适当的剂量和植物生长期施用，也会不同程度地表现出生长调节活性；而不少植物生长调节剂在某些情况下又表现出除草、杀虫、防病活性。如2,4-滴、2,4,5-涕、调节膦、百草枯、草甘膦、氯酸镁、氯酸钠等，均为重要的除草剂品种；多效唑、氟节胺还具杀菌防病作用；可用于疏花、疏果的甲萘威是一个经典的杀虫剂品种。这又可说明，植物生长调节剂的使用技术性很强，如使用得当，可表现出用量少、见效快、毒性低的突出优点，它的使用已和化肥、杀虫剂、杀菌剂及除草剂一样，成为农业生产上一项重要的增产措施。

我国使用植物生长调节剂有近60年的历史，时间虽不是很长，但发展迅速。目前已被广泛地应用于大田作物、经济作物、果树、林木、蔬菜、花卉等各个方面。不少研究成果已在生产上大面积推广应用，并取得了显著的经济效益，对促进农业生产起到了一定的作用。

4.4.1.2　主要类别

植物生长调节剂是仿照植物激素的化学结构人工合成的具有植物激素活性的物质。这些物质的化学结构和性质可能与植物激素不完全相同，但有类似的生理效应和作用特点，即均能通过施用微量的特殊物质来达到对植物体生长发育产生明显调控作用的效果。它的合理使用，可以使植物的生长发育朝着健康的方向或人为预定的方向发展；增强植物的抗虫性、抗

表 4-3 其他常用除草剂

药剂名称	化学结构与化学名称	主要理化常数	大鼠急性经口 LD$_{50}$（mg/kg）	特点及用途
2甲4氯；芳米大；兴丰宝；MCPA	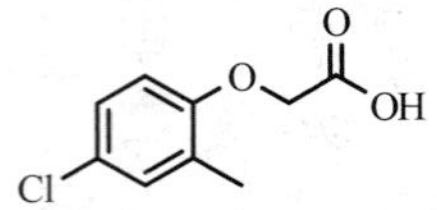 （2-甲基-4-氯苯氧乙酸）	纯品为无色无臭结晶，熔点 118～119 ℃，难溶于水，易溶于有机溶剂，一般制成2甲4氯钠盐使用	700。致癌、致突变试验阴性	选择性内吸传导激素型除草剂。主要用于稻田除草，防除对象基本上同 2,4-滴，药效高于 2,4-滴，施用方法与 2,4-滴相同
禾草灵；伊洛克桑；禾草除；苯氧醚；Diclofop-methyl	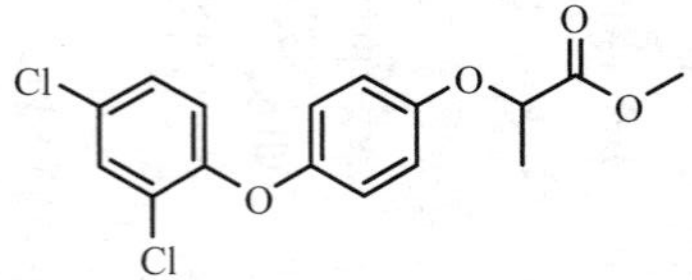 2-[4-(2,4-二氯苯氧基)苯氧基]丙酸甲酯	纯品为无色无臭固体，熔点 39～41 ℃，微溶于水，易溶于丙酮、乙醚、二甲苯等有机溶剂	563。致癌、致突变试验阴性	选择性茎叶面处理剂。主要用于小麦、大麦、黑麦、大豆、甜菜、油菜、马铃薯、亚麻等防除野燕麦、稗草、看麦娘及狗尾草等禾本科杂草。不能用于其他禾谷类植物和棉花
克草胺；Ethachlor	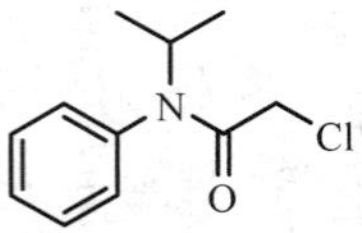 2-乙基-N-(乙氧甲基)-α-氯代-N-乙酰苯胺	原药为红棕色油状液体，不溶于水，可溶于丙烷、二氯丙烷、乙醇、乙醚、苯、二甲苯等有机溶剂	小白鼠雌性774；雄性464。致癌、致突变试验阴性	选择性芽前土壤处理剂，效果与杂草出土前后的土壤湿度有关，持效期 40 d 左右。用于水稻插秧田防除稗草、牛毛草等。高粱、谷子等对克草胺敏感，不宜使用
敌草胺；草萘胺；萘氧草胺；大惠利；萘丙草胺；萘丙酰胺；Napromide；Napropamide	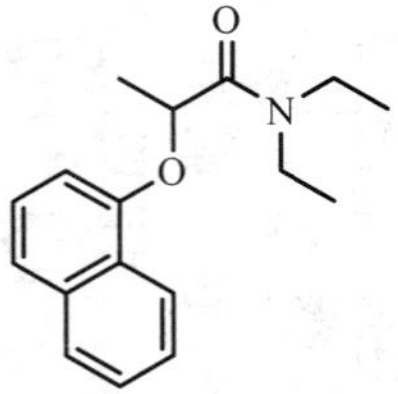 N,N-二乙基-2-(α-萘氧基)丙酰胺	纯品为白色结晶，熔点 75 ℃，微溶于水，易溶于二甲苯、正己烷。原药为棕色固体，熔点 68～70 ℃，密度 1.16。闪点 190.6 ℃（开口式）	5 000（雌）；4 680（雄）。致癌、致突变试验阴性	选择性芽前土壤处理剂。主要用于播种前后和作物移植后的土壤处理，防治萌芽杂草。可用于防除多种单子叶和双子叶杂草，如蓼、猪殃殃、繁缕、马齿苋、野苋、锦葵、菅菜等。对芹菜和茴香有药害，不宜使用

4.4 植物生长调节剂

（续）

药剂名称	化学结构与化学名称	主要理化常数	大鼠急性经口 LD$_{50}$（mg/kg）	特点及用途
嗪草酮；赛克津；赛克嗪；特丁嗪；赛克；立克除；Me-tribuzin；Sencoral；Sencorer；Beyer94337	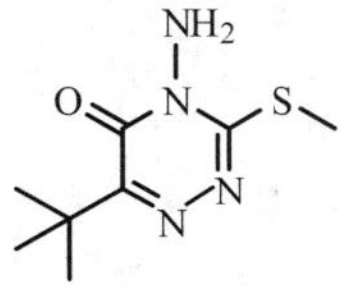 4-氨基-6-特丁基-4,5-二氢-3-甲硫基-1,2,4-三嗪-5-酮	纯品为无色结晶，熔点125.5～126.5 ℃，微溶于水，易溶于甲苯和甲醇，原药为白色粉末，含量90%	1 100～2 300。致癌、致变试验阴性	选择性土壤处理除草剂。主要用于播种前和作物移植后的土壤处理，适用于大豆、马铃薯、番茄、甘蔗、苜蓿、芦笋、咖啡等作物防除各种阔叶杂草，也可防除部分禾本科杂草，如稗草、狗尾草等，但对多年生杂草效果差。浓度过高易产生药害
西玛津；西玛嗪；阿米津；田保净；Simazine；Aquazina；Bitemol；Simater；Weedex；Aquazine；Azotop；Batazina	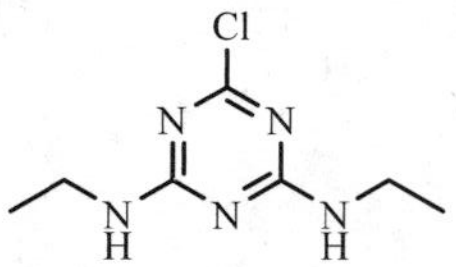 2-氯-4,6-二(乙氨基)-1,3,5-三嗪	纯品为白色结晶，熔点225～227 ℃（分解），微溶于甲醇，易溶于甲苯和氯仿。原药为白色粉末，熔点约224 ℃，常温下稳定，在较高温度下遇较强的酸或碱水解	>5 000。致癌、致变试验阴性	选择性内吸传导型土壤处理剂。主要适合于玉米、高粱、甘蔗、茶园、橡胶园、果园、香蕉、菠萝、铁路等防除一年生杂草。使用时要结合位差选择性。落叶松的新播林地和换床苗画不能使用。持效期长，对后茬作物如小麦、大豆、棉花、大豆、水稻、十字花科蔬菜有药害
苯磺隆；阔叶净；巨星；麦磺隆；Tribe-nuron-methyl；DPX-L5300；Express75df	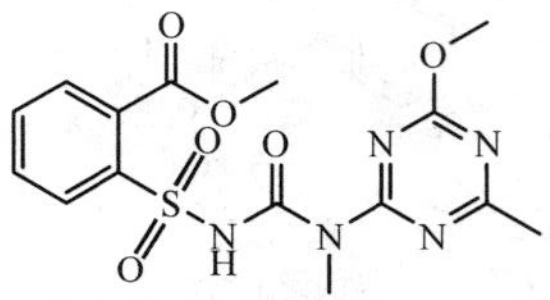 2-[4-甲氧基-6-甲基-1,3,5-三嗪-2-基(甲基)氨基甲酰氨基磺酰基]苯甲酸甲酯	原药为白色固体，熔点141 ℃，在水中的溶解性 pH 6 时为 280 mg/L，丙酮中 43.8 mg/L，甲醇中 3.39 mg/L	>5 000。致癌、致变试验阴性	选择性内吸传导型茎叶处理除草剂。主要适合于禾谷类田地防除阔叶杂草。使用时远离阔叶保护植物
异丙隆；Isoproturon	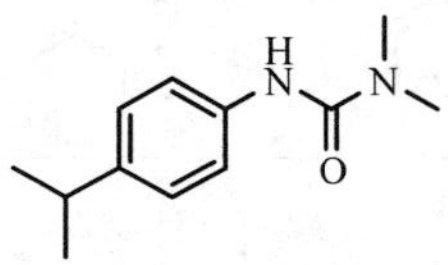 N,N-二甲基-N-[4-(1-甲基乙基)苯基]脲	原药为白色粉末，熔点151～153 ℃，20 ℃ 时溶解性：水中 0.072 g/L，二甲苯中 38 g/L，甲醇中 75 g/L	>3 900。致癌、致变试验阴性	选择性内吸传导型芽前和芽后土壤处理剂。主要适合于大麦、小麦、玉米、豆类等作物防除一年生禾本科杂草和部分双子叶杂草，如春蓼、藜、牛繁缕、野芥菜等

(续)

药剂名称	化学结构与化学名称	主要理化常数	大鼠急性经口 LD_{50} (mg/kg)	特点及用途
甲嘧磺隆；嘧磺隆；嘧黄隆；甲嘧磺隆甲酯；傲杀；森草净；Sulfometuron-methyl；DPX-T5648	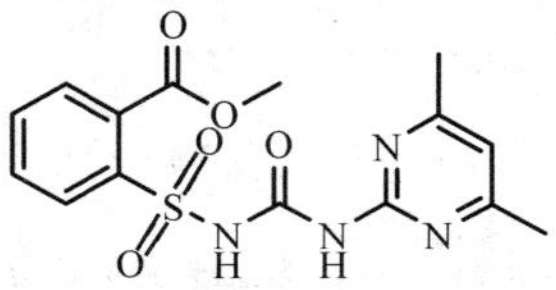 2-(4,6-二甲基嘧啶-2-基氨基甲酰氨基磺酰基)苯甲酸甲酯	原药为无色固体，熔点203～205 ℃，25 ℃时溶解性：水中 8 mg/L（pH 5）、70 mg/L（pH 7），丙酮 2.4 g/kg，乙腈 1.5 g/kg，乙醚 32 mg/kg，乙醇 137 mg/kg	>5 000。致癌、突变试验阴性	灭生性内吸传导型芽前和芽后茎叶处理剂。主要适合于森林防火道、机场、休闲非耕地、道路边除杂灭灌。严禁用于农田除草
灭草丹；杀草丹；稻草完；草达灭；除田莠；禾草丹；Thiobencarb；Benthiocarb；Bolero Hydram；Siacarb	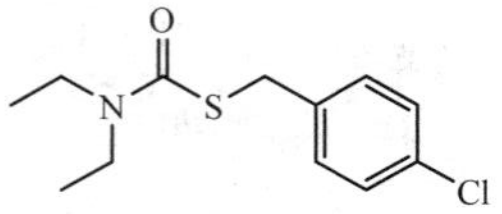 N,N-二乙基硫代氨基甲酸对氯苄酯	纯品为淡黄色液体，熔点3.3 ℃，沸点126～129 ℃（1.064 Pa），闪点172 ℃，蒸气压 2.93×10⁻³ Pa（23 ℃），20 ℃水中溶解度 27.5 μg/g（pH 6.7），对酸、碱、热和光稳定	920（雄）。致癌、突变试验阴性	选择性内吸传导型土壤处理剂。淋溶性小，被土壤吸附固定在 2 cm 处。主要用于稻田除草，防除稗草、三棱草、牛毛毡等，也可用于棉花、萤蒲、花生、马铃薯、甜菜、大豆、青苋、蓼、藜、繁缕等旱地作物防除马唐、苋等。水稻立针前不能使用本品，否则易产生药害
环草丹；禾大壮；禾草敌；禾草特；草达灭；杀克尔；雅兰；草达灭；Molinate；Ordram；R-4572；Hydram；Ssakkimol	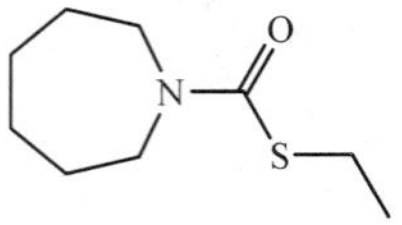 N,N-六亚甲基硫赶氨基甲酸乙酯	原药含量 99.5% 时为透明有芳香气味的液体，密度 1.063（20 ℃），沸点202 ℃（13.33 Pa），蒸气压 0.75 Pa（25 ℃），水中溶解性：800 μg/g（20 ℃），可溶于丙酮、苯、二甲苯等多种有机溶剂，常温下贮存稳定	468～705。致癌、突变试验阴性	选择性稻田防除稗草的土壤处理兼茎叶处理剂。由于密度大于水，常沉积在水与泥的界面，形成高浓度的药层，杂草通过药层时，能迅速被初生根、芽鞘吸收而死亡。经过催芽的稻种播于芽鞘药层之上，稻根向下通过药层，向上生长不受害。主要适合于稗草为主的水稻秧田、直播田和插秧本田。对 1～4 叶期的各种生态型稗草均有效

4.4 植物生长调节剂

（续）

药剂名称	化学结构与化学名称	主要理化常数	大鼠急性经口 LD$_{50}$ (mg/kg)	特点及用途
禾草克；喹禾灵；精禾草克；Quizalofop-ethyl；DPX-Y6202；Targa Super	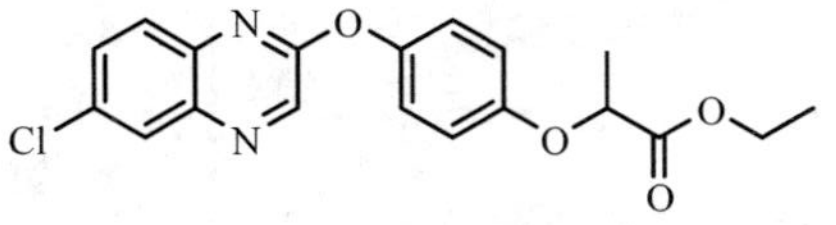 (RS)-2-(4-(6-氯-2-喹喔啉氧基)苯氧基)丙酸乙酯	纯品为浅灰色晶体，熔点76~77 ℃，难溶于水，易溶于丙酮、二甲苯。在蒸馏水中半衰期1~3 d，在缓冲溶液中半衰期3~6 d	1 210 mg/kg（雄）；1 182 mg/kg（雌）。致癌、致突变试验阴性	选择性内吸传导型旱田茎叶处理剂。可双向传导，积累在顶端和居间分生组织，抑制杂草细胞脂肪酸合成，使杂草坏死。具有高度的选择性。主要适合于防除各种禾本科杂草
吡氟氯禾灵；盖草能；吡氟乙草灵；氟唑磺隆；Haloxyfop；Dowco 453；Halossifop	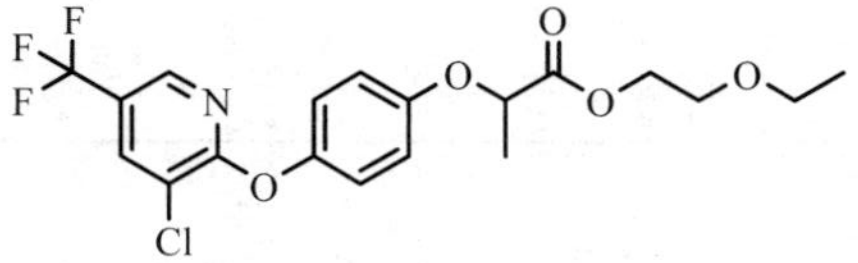 (RS)-2-(4-(3-氯-5-三氟甲基-2-吡啶氧基)苯氧基)丙酸甲酯	原药含量>99%时为白色晶体，熔点56~57 ℃，沸点350 ℃，蒸气压1.33×10^{6} Pa(25 ℃)，水中溶解性9.3 μg/g，溶于大多数有机溶剂	518~531。致癌、致突变试验阴性	选择性内吸传导型旱田茎叶处理剂。茎叶吸收很快，并被输导到整个植株，落入土壤后也能被根部吸收。因抑制茎和根的分生组织而导致杂草死亡。主要适合于防除各种禾本科杂草，对狗牙根、白茅、获等多年生杂草亦有效。对阔叶作物安全，对莎草无效
二甲戊乐灵；除草通；杀草通；胺硝草；施田补；菜草通；菜草灵；二甲戊灵；除芽通；Pendimethalin；Penoxalin；Accotab；Herbadox	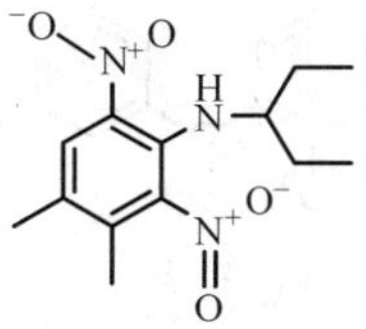 N-1-(乙基丙基)-2,6-二硝基-3,4-二甲基苯胺	纯品为橙黄色晶体，熔点54~58 ℃，蒸气压4.0×10^{-3} Pa(25 ℃)，水中溶解度0.33 μg/g，易溶于氯代烃和芳香族溶剂。对酸碱稳定	1 250。对鱼和水生生物高毒。致癌、致突变试验阴性	为广谱性土壤处理剂，淋溶性差，可被土壤吸附，具有位差选择性，对单子叶杂草效果比双子叶效果好，双子叶杂草吸收部位在下胚轴，单子叶杂草吸收部位在幼芽，因而对禾本科植物安全。主要适合于防除一年生禾本科和部分浅根的双子叶杂草。对阔叶作物安全

（续）

药剂名称	化学结构与化学名称	主要理化常数	大鼠急性经口 LD_{50} (mg/kg)	特点及用途
氟黄胺草醚；虎威；龙；Fomesafen；Flex；Flexstar；Reflex；PP021(ICI)	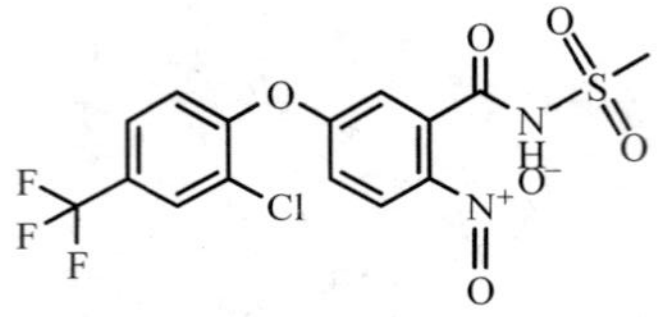 5-(2-氯-4-三氟甲基苯氧基)-N-甲磺酰-2-硝基苯甲酰胺	纯品为白色晶体，熔点 220~221 ℃，能溶于多种有机溶剂，水中溶解性：pH 1~2 时为 10 mg/L，pH 7 为 600 g/L	1 430~1 770。致癌、致突变试验阴性	选择性除草剂，能被茎叶和根吸收，破坏杂草的光合作用，使叶片黄化，迅速枯萎死亡。大豆吸收后能很快降解，对双子叶杂草效果好，单子叶效果差。主要适合于大豆田防除阔叶性杂草
乙氧氟草醚；氟果尔；Oxyfluorfen；RH2915	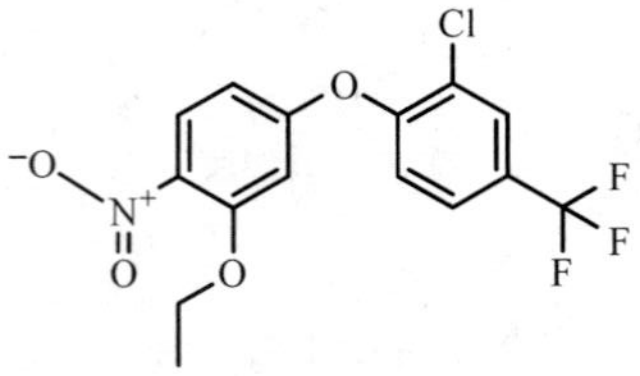 2-氯-1-(3-乙氧基-4-硝基苯氧基)-4-三氟甲基苯	黄色至红褐色半固体，有效成分含量 70%~80%。70%原药熔点 59~78 ℃，80%原药熔点 68~83 ℃，不溶于水，在丙酮、二甲苯、乙醇中溶解性 > 50%，易光解	> 5 000。致癌、突变试验阴性	触杀型土壤处理除草剂，主要经过胚芽鞘、中胚轴吸收进入植物体内，根部吸收较少。在有光的情况下发挥杀草作用。主要防除阔叶杂草、莎草和莎。对林木、果树树下杂草、地面定向喷雾时较安全

病性，起到防治病虫害的目的。另外，一些生长调节剂还可以选择性地杀死一些植物而用作田间除草。

植物生长调节剂可以按其生理效应划分为以下几类。

(1) 生长素类

该类植物生长调节剂的主要生理作用是促进细胞伸长，促进发根，延迟或抑制离层的形成，促进未受精子房膨胀，形成单性结实，促进形成愈伤组织。代表品种有萘乙酸、4-氯苯氧乙酸、增产灵、复硝钾、复硝酚钠和复硝铵等。

(2) 赤霉素类

植物体内存在有内源赤霉素，从高等植物和微生物中发现的赤霉素已有95种之多，一般用于植物生长调节剂的赤霉素主要是 GA_3。赤霉素类可以打破植物体某些器官的休眠，促进长日照植物开花，促进茎、叶伸长生长，改变某些植物雌、雄花比率，诱导单性结实，提高植物体内酶的活性。

(3) 细胞分裂素类

这类物质能促进细胞分裂，诱导离体组织芽的分化，抑制或延缓叶片组织衰老。目前人工合成的细胞分裂素类植物生长调节剂有多种，如糠氨基嘌呤、植物细胞分裂素、苄氨基嘌呤、6-(3-甲基-2-丁烯基氨基)嘌呤(Zip)和6-(3-甲基-2-丁烯基氨基)-9-β-D-核酸呋喃嘌呤(ZipA)等。最新合成的噻苯隆的生理活性是细胞分裂素的1 000倍，兼用作棉花脱叶剂。它能促使棉花叶柄与茎之间离层的形成而脱落，便于机械收获，并使棉花收获期提前10 d，棉花品质也得到提高。

(4) 甾醇类

1979年，M. D. Grove 等从一种芥菜型油菜的花粉粒中提取并纯化出一种甾醇类化合物油菜素内酯，又称芸薹素内酯，已知它也存在于几十种其他植物中；并分离出40多种天然存在的油菜素内酯类似物。油菜素内酯具有生长素、赤霉素、细胞分裂素类的部分生理作用，但与已知的植物激素又有明显的差别。它对植物细胞伸长和分裂均有促进作用，是目前已知植物激素中生理活性最强的一种。从化学结构上看，油菜素内酯与人和高等动物的甾醇类激素(肾上腺皮质激素、性激素)、昆虫的蜕皮激素等同属甾醇类化合物。甾醇类被列为第六类植物激素。除了天然油菜素内酯，国内已有多种仿生合成、使用效果良好的甾醇类植物生长调节剂面市，如丙酰芸薹素内酯、表高芸薹素内酯、表芸薹素内酯等。

(5) 乙烯类

高等植物的根、茎、叶、花、果实等在一定条件下都会产生乙烯。乙烯有促进果实成熟，抑制细胞的伸长生长，促进叶、花、果实脱落，诱导花芽分化，促进发生不定根的作用。乙烯作为一种气体很难在田间使用，但乙烯利的研制和使用则避免了这一问题。

(6) 脱落酸类

S-诱抗素(ABA)以前称为休眠素或脱落素。最早是1960年代初从将要脱落的棉铃或将要脱落的槭树叶片中分离出的一种植物激素。S-诱抗素是一种抑制植物生长发育和引起器官脱落的物质。它在植物各器官都存在，尤其是进入休眠和将要脱落的器官中含量最多。S-诱抗素能促进休眠，抑制萌发，阻滞植物生长，促进器官衰老、脱落和气孔关闭等。这一类植物生长调节剂的作用特点是促进离层形成，导致器官脱落，增强植物抗逆性。此类化合物结构比较复杂，虽已可人工合成，但价格较贵，尚未大量用于生产。

(7) 植物生长抑制物质

植物生长抑制物质可分为植物生长抑制剂和植物生长延缓剂。植物生长抑制剂对植物顶芽或分生组织都有破坏作用，并且破坏作用是长期的，不为赤霉素所逆转，即使在药液浓度很低的情况下，对植物也没有促进生长的作用。施用于植物后，植物停止生长或生长缓慢。植物生长延缓剂只是对亚顶端分生组织有暂时抑制作用，延缓细胞的分裂与伸长生长，过一段时间后，植物即可恢复生长，而且其效应可被赤霉素逆转。植物生长抑制物质在农业生产中的作用是抑制徒长、培育壮苗、延缓茎和叶衰老、推迟成熟、诱导花芽分化、控制顶端优势、改造株型等。代表品种有矮壮素、丁酰肼、甲哌鎓、多效唑等。

在对植物激素乙烯作用机理研究时，发现了乙烯作用的抑制剂或称乙烯作用阻断剂，如硫代硫酸银、1-甲基环丙烯。它们可与乙烯的受体牢固结合，阻止乙烯与其受体作用，破坏乙烯的信号传导，抑制乙烯生理效应的发挥。作为植物生长调节剂家族的新成员，它们以独特的作用方式，将在生产、生活中得到广泛应用。

4.4.2 作用与使用方法

4.4.2.1 主要作用

植物生长调节剂的特点之一是，只要使用很低的浓度，就能对植物的生长、发育和代谢起调节作用。一些栽培措施难以解决的问题，可以通过它得到解决。如打破休眠、调节性比、促进开花、化学整枝、防止脱落等。

植物生长调节剂的作用方式大致有2类：一是生长促进剂，如促进生长、生根用的萘乙酸，打破休眠用的赤霉素，防止衰老用的6-苄基氨基嘌呤素；另一类是生长抑制剂，如防止棉花、小麦疯长的矮壮素，防止大蒜、洋葱发芽的抑芽丹等。但是，这种分类不是绝对的，因为同一植物生长调节剂在低浓度下可能作为生长促进剂，而在高浓度下又可成为生长抑制剂。如2,4-滴，用低浓度处理时，具有促进生根生长、保花、保果等作用；高浓度时，会抑制植物生长；浓度再提高，便会杀死双子叶植物，具有除草剂的作用。

正确合理地施用植物生长调节剂则可以使植物朝着人们需要的方向发展，可以增强植物抗虫、抗病能力以及消除田间杂草。归纳起来，植物生长调节剂的主要作用如表4-2。

表4-2 植物生长调节剂的主要作用

主要作用	植物的生长调节剂
促进发芽	赤霉素、萘乙酸、吲哚乙酸
促进生根	萘乙酸、吲哚乙酸、吲哚丁酸、2,4-滴、6-苄基氨基嘌呤
促进生长	赤霉素、增产灵、增产素、6-苄基氨基嘌呤
促进开花	赤霉素、乙烯利、萘乙酸、2,4-滴
促进成熟	乙烯利、乙二膦酸、丁酰肼、增甘膦
促进排胶	乙烯利
抑制发芽	抑芽丹、萘乙酸甲酯、丁酰肼、矮壮素

(续)

主要作用	植物的生长调节剂
防止倒伏	矮壮素、多效唑、丁酰肼
打破顶端优势	抑芽丹、三碘苯甲酸、乙烯利
控制株型	矮壮素、甲哌鎓、整形醇、杀木膦、多效唑、丁酰肼
疏花疏果	萘乙酸、乙烯利、甲萘威、吲熟酯、整形醇
保花保果	赤霉素、4-氯苯氧乙酸、2,4-滴、萘乙酸、丁酰肼、萘氧乙酸
调节性别	乙烯利、赤霉素
化学杀雄	乙烯利、抑芽丹、甲基胂酸盐
改善品质	乙烯利、丁酰肼、吲熟酯、增甘膦、赤霉素
增强抗性	矮壮素、多效唑、S-诱抗素、整形醇、抑芽丹
储藏保鲜	6-苄基氨基嘌呤、丁酰肼、2,4-滴、抑芽丹、4-氯苯氧乙酸、赤霉素
促进脱叶	乙烯利、脱叶磷、脱叶亚磷
促进干燥	促黄素、百草枯、乙烯利、草甘膦、增甘膦、氯酸镁、氯酸钠
抑制光呼吸	亚硫酸氢钠、2,3-环氧丙酸
抑制蒸腾	S-诱抗素、矮壮素、丁酰肼、整形醇

植物生长调节剂进入植物体内,影响植物体生长发育及其代谢作用。包括植物生长调节剂及植物激素在内的这些植物生长物质,在对植物生长发育进行调控时,不同调节物质作用途径不尽相同,作用机理也较为复杂。有的能影响细胞膜的通透性;有的能促进结合态底物的释放,从而加快酶促反应的速度;而更多的是通过一系列生理生化反应,最终调节植物体内活性酶的种类与含量,影响代谢作用,调节植物的生长发育。

4.4.2.2 使用方法

(1)浸蘸法

浸蘸法是指对种子、块根、块茎、苗木插条或叶片的基部进行浸渍处理的一种施药法。处理种子是比较普遍的方法,把种子浸在调节剂溶液中一定时间后取出播种。如促进插枝生根处理,可以把插枝基部浸到调节剂的水溶液中,浸润时间长短与浓度有关。以 IBA 为例,高浓度时(1 000~2 000 mg/L)浸数秒即取出;低浓度时(100 mg/L)要浸 12~16 h。

(2)喷洒法

喷洒法是指用喷雾器将生长调节剂稀释液喷洒到植物叶面或全株上,是生产上最常用的一种施药方法。药液能否均匀地展布在叶面上会影响效果,药液在叶面上的黏着性也是一个重要因素。洋葱、甘蓝等植物叶面有蜡粉,喷洒时,宜在药液中加入适合的表面活性剂,以提高在叶表面上的展着性而使药效得到充分的发挥。采用高容量喷洒时,要使药液覆盖全株的叶片表面;如果用低容量喷洒,则要使液滴均匀地分布到全株表面上。所有这些都要在应用时合理配合,才能收到预期的效果。

(3)土壤浇施

土壤浇施是把调节剂按一定的浓度及用量浇到土壤中,以使根系吸收而起作用的一种施药方法。施用时每株应浇一定的药液量。大面积应用时,可按单位面积用药量与灌溉水同时施入大田中。小麦田用矮壮素防止倒伏常用这种方法。丁酰肼在土壤中不易移动，浇施后大都停留在土壤的上层，故不适于土壤施用而适于叶面喷洒。

(4) 涂布法

用毛笔或其他用具把药涂在待处理的植物某一器官或特定部位称为涂布法。这种方法对易引起药害的调节剂，可以避免药害，并可显著降低用药量。如用2,4-滴防止番茄落花时，由于其易引起嫩芽或嫩叶的变形，于是把2,4-滴涂在花上，可以避免对嫩叶的药害。又如，为了防止柑橘落果，可将赤霉素直接涂于果实上。采收后的柑橘果实也可用2,4-滴(200 mg/L)涂果柄防止落蒂。防止棉花落蕾亦可用赤霉素涂花(20 mg/L)的办法。用高浓度的乙烯利对采收前的柑橘及番茄果实进行催熟时，为避免喷洒到叶片上引起落叶，也可以用涂果的方法，浓度为2 000～3 000 mg/L。

(5) 熏蒸法

常温下呈气态的植物生长调节剂不多。不久前发现的1-甲基环丙烯(1-MCP)，沸点为10 ℃，常温下呈气态，是乙烯作用的抑制剂。在密闭的环境里(如塑料袋、纸箱、冷库、温室等)，用气态的1-MCP熏蒸处理花卉、蔬菜、果品等，只要很低的浓度和很短的处理时间，即能收到很好的保鲜效果，非常方便。配合适当的低温条件，效果更佳。

4.4.3 吸收与运转

4.4.3.1 植物对生长调节剂的吸收途径

植物生长调节剂和其他农药一样，在使用过程中可以由各种途径进入植物体内：从叶面渗进，从茎或其他器官的表面渗进，由根部吸收。由叶面渗进植物体内是最普遍的一种方式。当生长调节剂的水剂、乳剂或油剂以叶面喷洒或全株喷洒时，药液接触到叶的表面就可以渗透过叶的角质层、表皮细胞壁及质膜，进入细胞质。如从气孔进入的还要通过气孔腔的细胞壁。药剂透过表皮层是较慢的过程，进入细胞以后，可以沿胞间连丝在叶肉组织中转移。当进入叶脉维管束以后，便可以随着有机物的运输而运转。茎的表面往往缺乏气孔；如有皮孔，药剂从皮孔也可进入植物体中。对于草本植物，二者差异较少；但对木本植物，则还要通过树皮。木栓化的树皮，药液是不易透过的。土壤施用的药剂也可通过根系吸收而进入植物体内，根系吸收以根尖部分最活跃。根系生长状况及其在土中的位置，是土壤施用时应特别注意的问题。作物根际吸收的药剂多不是在根部发生作用，而是随着蒸腾液流运转到地上部引起反应。有些延缓剂，如矮壮素可用于叶面喷洒，也可用于土壤浇施，但后者的效果要好。

4.4.3.2 在植物体内的运转

生长调节剂进入植物体后，能否随植物体内液流运转，可因药剂品种的不同而异。可以运转的生长调节剂进入植物体以后，先运转到维管组织的导管、筛管或韧皮部等组织中，然后再运转到其他部位。在运输的方向上，一般是运转到生理活性较强的地方，如幼芽、幼叶、幼果及正在发育的种子、果实。有的生长调节剂可以在木质部中运输，也可以在韧皮部中运输。但也有的生长调节剂，如多效唑，只在木质部向顶部运输，而不能在韧皮部运输。不可运转或很少运转的生长调节剂，如吲哚丁酸，当进入薄壁组织或其他组织活性细胞以后，与原生质产生不可逆的结合，引起其附近细胞的破坏或发挥生长调节作用而不运送到其他组织中去。

生长调节剂在植物体中运转的速度,除与药剂本身的理化性质有关以外,还受外界条件的影响。阳光强,水分蒸腾量大,会促进运转(传导)的速度。当光合作用旺盛、叶片中有机物积累多时,则进入叶中的药液也容易输送出去。生长调节剂渗进植物体以后,往往不能长期维持原有的化学性质,常通过酶促作用或其他化学反应分解为其他化合物而失活。例如,吲哚乙酸进入植物体后,可以因为氧化酶的作用而失去活性。2,4-滴则不易受氧化酶的作用,在植物体中维持时间较久。但施入土壤后,2,4-滴会受土壤微生物作用而逐渐消失。

4.4.4 影响植物生长调节剂作用的因素

影响植物生长调节剂作用的因素包括环境条件、栽培措施、植物生长发育状况、使用时期、浓度和方法等。

4.4.4.1 环境因素

(1) 温度

在一定温度范围内,植物使用生长调节剂的效果一般随温度升高而提高。温度升高会加大叶面角质层的通透性,加快叶片对生长调节剂的吸收。同时温度较高时,叶片的蒸腾作用和光合作用较强,植物体内的水分和同化物质的运输也较快,这也有利生长调节剂在植物体内的传导。所以,叶面喷洒使用时,夏季往往比春季或秋季效果好。

(2) 湿度

空气湿度高,喷在叶面上的药液不容易干燥,从而延长了叶片对生长调节剂的吸收时间,进入植物体的药液量相对增多。所以,较高的空气湿度可以增强植物生长调节剂的效果。

(3) 光照

在阳光下,叶片气孔开放,有利植物生长调节剂的渗入。同时,一定的光照强度可促进植物的蒸腾和光合作用,加速水分和同化物质的运输,从而也就加快了生长调节剂在植物体内的传导。因此,生长调节剂宜在晴天使用。若阳光过强,药液在叶面会很快干燥,不利叶片的吸收,反而会影响效果。所以,夏天要避免在中午灼热的强光下喷洒。

(4) 风、雨

风速过大或喷洒后不久遇雨,都会降低其应有的效果。

4.4.4.2 栽培措施

植物的生长发育受植物激素的调节控制。植物生长调节剂可以解决植物生长发育过程中某些用常规栽培措施难以解决的问题。但是,植物生长调节剂仅为一类药剂而不能替代肥、水、光、温度。要使植物健壮地生长发育,仍不能离开农业技术措施的综合应用。大量实践表明,植物生长调节剂的应用效果同农业措施密切相关。例如,用乙烯利处理黄瓜,能多开雌花,多结瓜,这就需要对它供给更多的营养,才能显著增加黄瓜产量。如果肥、水等条件不能满足,则会造成黄瓜后劲不足和早衰,达不到预期的效果。

4.4.4.3 植物生长发育状况

植物生长发育状况不同,对生长调节剂的反应也不同。生长发育状况良好的植株,使用生长调节剂的效果较好,反之,效果较差。例如,使用生长调节剂,能明显提高健壮果树的座果率和促进果实增大，增产幅度较大；而对营养不良的弱树，效果就较小，增产也不明显。又如，矮壮素或甲哌鎓调控棉花生长，只有在棉花长势旺盛的条件下才能取得良好的效果。这是因为生长旺盛的棉花往往田间郁闭，营养生长过于旺盛，蕾铃脱落严重。在这种情况下，使用矮壮素或甲哌鎓就能控制棉花枝叶生长、协调营养生长与生殖生长的关系，使更多的营养输向蕾铃，从而提高结铃率，增加棉花产量。而对长势瘦弱的棉花，则会导致棉株个体生长太小、搭不起高产架子，蕾铃数减少，产量下降。

4.4.4.4 使用时期

只有在植物一定的生长时期内使用植物生长调节剂才能达到应有的效果。使用时期不当则效果不佳，甚至还有不良的副作用。适宜的使用时期主要取决于植物的发育阶段和应用目的。如用乙烯利催熟棉花，在棉田大部分棉铃的铃龄达到 45 d 以上时，有很好的催熟效果。如果使用过早，会使棉铃催熟太快，铃重减轻，甚至幼铃脱落；使用过迟，则棉铃催熟的意义不大。果树上使用萘乙酸，如作疏果剂则在花后使用，如作保果剂则在果实膨大期使用。对黄瓜使用乙烯利诱导雌花形成，需在幼苗 1~3 叶期喷施，过迟用药，则早期花的雌雄性别已定，达不到预期目的。另外，选择使用植物生长调节剂的时期，还要考虑药剂种类和药效持续期等因素。如在苹果上使用药效期较长的丁酰肼，于花后喷洒，可防止采前落果，增加果实硬度，但对当年果实生长有抑制作用；于果实发育后期喷洒，对当年果实生长的抑制作用不大，虽然可以防止采前落果，但是增加果实硬度的效果不明显，还会影响第二年果实的发育。因此，既要达到应有的效果，又要尽量减少副作用，它的最适用药期以果实采收前 45~60 d 较为适宜。由此可知，植物生长调节剂的适宜使用时期，不能简单的以某一日期为准，而是要根据使用目的、作物的生育阶段、药剂特性等因素，从当地实际情况出发，经过试验，才能确定最适宜的用药时期。

4.4.4.5 使用浓度

由于植物生长调节剂具有微量高效的作用特点，其应用效果与使用浓度密切相关。应特别指出的是，适宜的使用浓度是相对的，不是固定不变的。在不同情况下，如不同的地区、作物、品种、长势、目的、方法等，应使用不同的浓度。如果浓度过低，不能产生应有的效果；浓度过高，会破坏植物正常的生理活动，甚至伤害植物。在植物上使用生长调节剂的浓度远比一般农药复杂。同一种生长调节剂在不同作物上使用浓度会有很大差别。如用乙烯利促进橡胶排胶，要应用百分之几的浓度；对番茄、香蕉等果实催熟，一般用 1 g/L 左右；而黄瓜诱导雌花，只需 0.1~0.2 g/L。相同作物不同品种所需植物生长调节剂的浓度也不一样。如用乙烯利诱导瓠瓜产生雌花，早熟品种用 0.1 g/L，中熟品种用 0.2 g/L，晚熟品种用 0.3 g/L。由于目的的不同，使用植物生长调节剂的浓度也不一样。如用矮壮素处理小麦，用于培育壮苗则采用闷种，使用浓度为 1%；用于防止倒伏，则在拔节前喷洒，使用浓度 3% 左右。使用浓度还与处理方法有关，如用生长素处理插条生根，采用低浓度慢浸法只需 20~50 mg/L；而使用高浓度快浸法，则要用到 1~2 g/L。在配制植物生长调节剂溶液时，还必须考虑实际使用药液量。因为相同的药液浓度，药液量不同，实际上用药总量也不一样，这也会影响植物生长调节剂的应用效果。

4.4.4.6 使用方法

使用生长调节剂的方法有喷洒、浸蘸、涂抹、土壤处理和树干注射等，最常用的方法是喷洒法和浸蘸法。喷洒植物生长调节剂时，要尽量喷在作用部位上。例如，用赤霉素处理葡萄，要求均匀的喷在果穗上；用乙烯利催熟果实，要尽量喷在果实上；用萘乙酸作为疏果剂，对叶片和果实都要全面喷洒；如为防止采前落果，则主要喷在果梗部位及附近的叶片上。为了提高植物对生长调节剂的吸收量，提高应用效果、降低使用浓度，在配制好的溶液中可加入适量的表面活性剂。在用浸蘸法处理苗木插条、种子及催熟果实时，处理时间的长短非常重要。果实催熟，一般是在溶液中浸几秒钟，取出后晾干，堆放成熟。苗木插条生根，应将插条基部在低浓度生长素溶液中浸 12~24 h。如采用高浓度生长素快浸法，在 1~2 g/L 溶液中蘸几秒钟即可。

4.4.5 常用植物生长调节剂

（1）三十烷醇

别名：蜂花醇；蜂花烷醇；蜜蜡醇。

英文名称：1-Triacontanol；Myricyl alcohol；Melissyl alcohol；Miraculan；Triacon-10；1-Hydroxytriacontane；Alcohol C30。

化学名称：正三十烷醇。

① 理化性质

化学结构式：

分子式：$C_{30}H_{34}O$；相对分子质量：438.82。

外观与性状：纯品为白色鳞片状晶体（95%~99%）。

熔点：86.5~87.5 ℃；沸点：244 ℃/66.75 Pa；相对密度（水=1）：0.777（95 ℃）。

溶解性：几乎不溶于水，难溶于冷的乙醇、苯，可溶于乙醚、氯仿、二氯甲烷及热苯中。

稳定性：对光、空气、热及碱均稳定。

② 作用特点　三十烷醇是一种内源植物生长调节剂。高纯晶体配制的剂型，在极低浓度下（0.01~1 μg/g）就能刺激作物生长，提高产量。其作用为提高光合色素含量，提高光合速率，能量积累增多。首先表现在叶片中三磷酸腺苷（ATP）含量明显增多，增进干物质积累，提高磷酸烯醇式丙酮酸（PEP）羧化酶的活性；促进碳素代谢，提高硝酸还原酶活性；促进氮素代谢，增加氮、磷、钾吸收；促进生长发育，增强生理调控。适用于海带、紫菜等海藻养殖促生长及花生、玉米、小麦、烟草等多种作物提高产量。

③ 使用方法

水稻　用 0.5~1 mg/kg 药液浸种 2 d 后催芽播种。可提高发芽率，增加发芽势，增产 5%~10%。

大豆、玉米、小麦、谷子　用 1 mg/kg 药液浸种 0.5~1 d 后播种，可提高发芽率，增强发芽势，增产 5%~10%。

叶菜类、薯类、苗木、牧草、甘蔗等 用 0.5~1 mg/kg 药液喷洒茎叶，一般增产 10% 以上。

果树、茄果类蔬菜、禾谷类作物、大豆、棉花 用 0.5 mg/kg 药液在花期和盛花期各喷 1 次，有增产作用。

插条苗木 用 4~5 mg/kg 药液浸泡，可促进生根。

海带 用 0.5~1 mg/kg 药液浸泡长约 14 cm 海带苗 6 h，可增产 20% 以上，并使海带叶片长、宽、厚生长加快，内含干物质提高 7%，褐藻胶和甘露醇也有明显提高。

④**毒性** 低毒植物生长调节剂。纯品小鼠急性经口 $LD_{50} > 10\ 000$ mg/kg。三十烷醇为天然产物，多以酯的形式存在于多种植物和昆虫的蜡质中。人们每天吃的食品、蔬菜中的三十烷醇含量比处理一亩地作物用的三十烷醇量还要多。许多果皮中（如苹果）也含有三十烷醇，因此，三十烷醇实际上对人、畜、环境基本是无影响的。

⑤**注意事项** 应选用经重结晶纯化不含其他高烷醇杂质的制剂，否则效果不稳定。

控制用药剂量，浓度过高会抑制发芽。配制时要充分搅拌均匀。

本品不得与酸性物质混合，以免分解失效。

在使用过程中，要注意防护，如有药液溅到皮肤上，应用清水冲洗干净。

本品应贮存在阴凉、通风处，不可与种子、食品、饲料混放。

（2）乙烯利

别名：一试灵；艾斯勒尔；乙烯膦；玉米健壮素。

英文名称：Ethrel；Ethephon；Ethefon；Amchem 68-250；Bromeflor；Bromoflor。

化学名称：2-氯乙基膦酸。

①**理化性质**

化学结构式：

分子式：$C_2H_6O_3PCl$；相对分子质量：144.49。

外观与性状：纯品为白色针状结晶。

蒸气压：<0.01 mPa（20 ℃）；熔点：74~75 ℃；沸点：约 265 ℃（分解）；相对密度（水=1）：1.409（20 ℃，原药）。

溶解性：易溶于水和酒精，难溶于苯和二氯乙烷。

稳定性：在酸性介质（pH<3.5）中稳定，在碱性介质中很快分解释放出乙烯。对紫外光敏感，75 ℃以下稳定。

②**作用特点** 乙烯利是促进成熟的植物生长调节剂。在酸性介质中十分稳定，而在 pH 4 以上，则分解释放出乙烯。一般植物细胞液的 pH 皆在 4 以上，乙烯利经由植物的叶片、树皮、果实或种子进入植物体内，然后传导到起作用的部位，便释放出乙烯，发挥内源激素乙烯所起的生理功能，如促进果实成熟及叶片、果实的脱落，矮化植株，改变雌、雄花的比率，诱导某些作物雄性不育等。

③使用方法　苹果、梨催熟，在果实成熟前 3~4 周，喷施 40% 水剂 800~1 000 倍液；番茄催熟，在果实长足尚未变红的青番茄时，喷施 800~1 000 mg/kg 溶液；黄瓜、南瓜增加雌花，在 3~4 片叶起开始喷 100~250 mg/kg 溶液 1~2 次，间隔期 10 d；柿子催熟脱涩，在果实采收后，用 250~1 000 mg/kg 溶液浸蘸。

④毒性　低毒植物生长调节剂。原药大鼠急性经口 LD_{50} 4 229 mg/kg，兔急性经皮 LD_{50} 5 730 mg/kg，家鼠急性吸入 LC_{50} 90 mg/m³ 空气（4 h）。对皮肤、黏膜、眼睛有刺激性。无致突变、致畸和致癌作用。乙烯利与脂类有亲和性，故可抑制胆碱酯酶的活力。乙烯利对鱼类低毒，鲤鱼 LC_{50} 290 μg/g（72 h）。对蜜蜂低毒，LC_{50} 1 000 μg/g，无明显毒性作用。

⑤注意事项　遇碱性物质迅速分解，禁止与碱性农药混用，也不能用碱性较强的水稀释。要随配随用，不能存放，否则将失效。

适于干燥天气使用，如遇雨要补充施药。施用时的气温最好在 16~32 ℃，当温度低于 20 ℃ 时要适当加大使用浓度。

如遇干旱、肥力不足，或其他原因植株生长矮小时，使用该药剂应予小心。应降低使用浓度，并作小区试验；相反，如土壤肥力过大雨水过多，气温偏低，不能正常成熟时，应适当加大使用浓度。

乙烯利呈强酸性，能腐蚀金属、器皿、皮肤及衣物。因此，应戴手套和眼镜作业，作业完毕时应立即充分清洗喷雾器械。乙烯利遇碱或加热时则很快分解，放出乙烯，在清洗、检查或选用贮存容器时，必须注意这些性能，以免发生危险。贮存过程中勿与碱金属的盐类接触。

对皮肤、黏膜、眼睛有强刺激作用，如皮肤接触药液，应立即用水和肥皂冲洗；如溅入眼内，要及时用大量水冲洗，必要时请医生治疗。

遇明火、高热可燃。其粉体与空气可形成爆炸性混合物，当达到一定浓度时，遇火星会发生爆炸。受高热分解放出有毒的气体。

（3）1-萘乙酸

别名：α-萘乙酸；1-萘醋酸；α-萘醋酸。

英文名称：α-naphthaleneacetic acid；NAA；AKOS BBS-00007768；LABOTEST-BB LT00408955；Agronaa。

化学名称：1-萘基乙酸。

①理化性质

化学结构式：

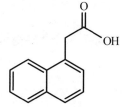

分子式：$C_{12}H_{10}O_2$；相对分子质量：186.21。

外观与性状：纯品是无色针状或粉状晶体，无臭无味。工业品黄褐色。

熔点：130 ℃（纯品）、106～120 ℃（原粉）；沸点：285 ℃。

溶解性：易溶于丙酮、乙醚和氯仿等有机溶剂，几乎不溶于冷水，易溶于热水。萘乙酸遇碱能成盐，盐类能溶于水，因此配制药液时，常将原粉溶于氨水后再稀释使用。

稳定性：常温下贮存，有效成分含量变化不大。

② 作用特点　α-萘乙酸属于广谱型植物生长调节剂。具有内源生长素吲哚乙酸的作用特点和生理功能，如促进细胞分裂和扩大，诱导形成不定根，增加坐果，防治落果，改变雌、雄花比率等。萘乙酸可经由叶片、枝干的嫩表皮、种子进入到植株体内，随营养流输导到起作用的部位。

③ 使用方法

小麦　用20 mg/kg 药液浸种10～12 h，风干播种，拔节前用25 mg/kg 喷洒1次，扬花后用30 mg/kg 药液喷剑叶和穗部，可防倒伏，增加结实率。

水稻　用10 mg/kg 药液浸秧6 h，插栽后返青快，茎秆粗壮。

棉花　盛花期用10～20 mg/kg 药液喷植株2～3次，间隔10 d，防蕾铃脱落。

甘薯　用10 mg/kg 药液浸秧苗下部(3 cm)6 h 后栽插，提高成活率增产。

番茄、瓜类　用10～30 mg/kg 药液喷花，防止落花，促进坐果。

果树　采前5～21 d，用5～20 mg/kg 药液喷洒全株，防止落果。

茶、桑、侧柏、柞树、水杉等插条　用25～500 mg/kg 药液浸泡扦插枝条基部(3～5 cm)24 h，可促进插条生根，提高成活率。

④ 毒性　低毒植物生长调节剂。原粉对大鼠急性经口 LD_{50} 1 000～5 900 mg/kg。对皮肤和黏膜有刺激作用。

⑤ 注意事项　联合国粮农组织和世界卫生组织建议在小麦上的最大残留限量（MRL）值为5 μg/g。

α-萘乙酸属低毒植物生长调节剂，但对皮肤和黏膜有刺激作用。配药和施药人员需注意防治污染手、脸和皮肤，如有污染应及时清洗。操作时不要吸烟、喝水或吃东西。工作完毕后应及时清洗手、脸和可能被污染的部位。各种工具要注意清洗。包装物要及时回收并妥善处理。

α-萘乙酸能通过食道等引起中毒，急性中毒可见肝、肾损害，一般采用对症治疗，并注意保护肝、肾。

(4) 芸薹素内酯

别名：油菜素内酯；益丰素；天丰素；农梨利。

英文名称：Brassinolide。

化学名称：(22R, 23R, 24R)-2α, 3α, 22, 23-四羟基-β-高-7-氧杂-5α-麦角甾-6-酮。

①理化性质

化学结构式：

分子式：$C_{28}H_{46}O_6$；相对分子质量：478.66。

外观与性状：原药外观为白色结晶粉。熔点：256~258 ℃。

溶解性：水中溶解性 5 μg/g，溶于甲醇、乙醇、四氢呋喃、丙酮等多种有机溶剂。

②作用特点　芸薹素内酯为甾醇类植物激素。1980年代初期，首先从油菜花粉中提取精制获得。由于它在很低浓度下，能明显地增加植物的营养体生长和促进受精作用，因而受到广泛注意。迄今为止，人们已从几十种植物体中分离鉴定出这类化合物。植物各个阶段的生长发育是受自身的激素控制和调节的。鉴于目前的五大类植物内源激素不足以解释植物生长发育的全部过程，因此，人们普遍认为芸薹素是新的一类植物内源激素。加之芸薹素内酯的化学结构与动物性激素极其近似，因此，它在植物生殖生理中的作用引起人们越来越多的兴趣。

在上述工作的基础上，发现24-表芸薹素内酯使作物增产作用较其他天然芸薹素内酯更高。目前在农业生产上推广使用的便是24-表芸薹素内酯的化学复制品。

③使用方法

小麦　用 0.05~0.5 mg/kg 药液浸种 24 h，对根系和株高有明显促进作用，分蘖期以此浓度进行叶面处理，能增加分蘖数。小麦孕期用 0.01~0.05 mg/kg 的药液进行叶面喷雾，增产效果最显著，一般可增产 7%~15%。

玉米　抽雄前以 0.01 mg/kg 的药液喷雾玉米整株，可增产 20%，吐丝后处理也有增加千粒重的效果。

其他作物　可用于油菜蕾期、幼荚期；水果花期、幼果期、蔬菜苗期和旺长期；豆类花期、幼荚期等增产效果都很好。

④毒性　按我国农药毒性分级标准，芸薹素内酯属低毒植物生长调节剂。原药大鼠急性经口 $LD_{50} > 2\,000$ mg/kg，小鼠急性经口 $LD_{50} > 1\,000$ mg/kg，大鼠急性经皮 $LD_{50} > 2\,000$ mg/kg。沙门菌回复突变试验（Ames试验）表明没有致突变作用。鲤鱼 $LC_{50} > 10$ μg/g（96 h）；水蚤 $LC_{50} > 100$ μg/g（3 h）。

⑤注意事项　施用芸薹素内酯时，应按兑水量的 0.01% 加入表面活性剂，以便药物进入植物体内。

使用过程中，要注意防护。如有药剂溅到皮肤上，应用肥皂水冲洗；如药液溅到眼中，应用大量清水冲洗；如误服请送医诊治。

要贮存于阴冷、干燥处，远离食物、饲料和儿童。

(5) 吲哚乙酸

别名：茁长素；生长素；异生长素；氮茚基乙酸；杂茁长素；β-吲哚乙酸。

英文名称：β-indoleacetic acid；Hexteroauxin。

化学名称：3-吲哚乙酸。

①理化性质

化学结构式：

分子式：$C_{10}H_9NO_2$；相对分子质量：175.19。

外观与性状：纯品是无色叶状晶体或结晶性粉末。遇光后变成玫瑰色。工业品呈黄色或粉红色。

蒸气压：60 ℃时小于 20 μPa；熔点：165~169 ℃（分解）。

溶解性：微溶于水，20 ℃时在水中的溶解度为 1.5 g/L。水溶液能被紫外光分解，但对可见光稳定。其钠盐、钾盐比酸本身稳定，极易溶于水。易溶于无水乙醇、醋酸乙酯、二氯乙烷，可溶于乙醚和丙酮。不溶于苯、甲苯、汽油、水及氯仿。

稳定性：在酸性介质中不稳定，在无机酸的作用下能迅速胶化，生成生理上不活泼的物质。水溶液也不稳定，在空气中或遇光则能分解。它的钠盐或钾盐要比其游离酸稳定。

②作用特点　吲哚乙酸（IAA）是第一个被鉴定的植物激素。它能促使植物生长、插枝生根，以及无受精结实。吲哚乙酸在茎的顶端分生组织、生长着的叶、发芽的种子中合成。人工合成的生长素可经由茎、叶和根系吸收。它有多种生理作用：诱导雌花和单性结实，使子房壁伸长，刺激种子的分化形成，加快果实生长，提高座果率，使叶片扩大，加快茎的伸长和维管束分化，叶呈偏上性，活化形成层，加快伤口愈合，防止落花落果落叶，抑制侧枝生长，促进种子发芽和不定根、侧根和根瘤的形成。它的作用机理是促进细胞的分裂、伸长、扩大、诱发组织的分化，促进 RNA 合成，提高细胞膜透性，使细胞壁松弛，加快原生质的流动。低浓度吲哚乙酸与赤霉素、激动素协同促进植物的生长发育，高浓度则诱导内源乙烯的生成，促进其成熟和衰老。然而，吲哚乙酸在植物体内易被吲哚乙酸氧化酶分解，故人工合成的生长素在生产上应用受到了相当的限制。当生长素与邻苯二酚等酚类化合物并用时才呈现较为稳定的生物活性。

③毒性　低毒植物生长调节剂。原药小鼠急性经皮 LD_{50} 1 000 mg/kg，小鼠腹腔内注射为 150 mg/kg，鲤鱼 LC_{50} >40 μg/g(48 h)。对蜜蜂无毒。

④注意事项　激素的共性是低浓度刺激植物生长，高浓度抑制植物生长，使用时注意浓度和剂量。

吲哚乙酸在植物体内易被吲哚乙酸氧化酶分解，使用时与邻苯二酚等酚类化合物混用，以达到较为稳定的生物活性。或者选用功能相同但更为稳定的同类产品萘乙酸或吲哚丁酸。

其他常用植物生长调节剂见表 4-4。

表 4-4 部分常用植物生长调节剂

药剂名称	化学结构与化学名称	主要理化常数	大鼠急性经口 LD$_{50}$ (mg/kg)	特点及用途
顺丁烯二酰肼;马来酰肼;失水苯果酸酰肼;抑芽丹;顺丁烯二酸酰肼;青鲜素;Maleic hydrazide; Malazide; Antergon; Antyrost; Bos MH; Chiltern fazor; Drexel-super P; Drexel-superp	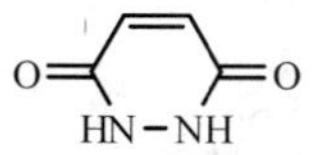 1,2-二氢-3,6-哒嗪二酮	纯品为无色晶体,熔点>300℃,水溶性差,其钠、钾、铵盐及有机磷盐类易溶于水,对氧化剂不稳定。对酸碱稳定	1 400	选择性除草剂和暂时性植物生长抑制剂。药剂可通过叶面角质层进入植株,降低光合作用,渗透压和蒸发作用,能强烈抑制芽的生长。用于防止马铃薯块茎、洋葱、大蒜、萝卜等贮藏期间的抽芽,并有抑制作物生长延长开花的作用。也可用作除草剂或用于烟草的化学摘心
丁酰肼;比久;二甲基琥珀酰肼;调节剂九九五;西酰肼;Daminozide; Alar-85	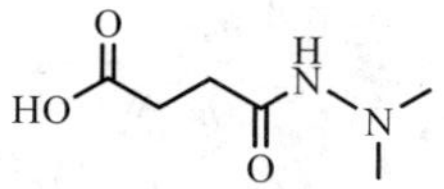 N-二甲基琥珀酰肼	纯品带有微臭的白色结晶,熔点154~156℃。在25℃时水的溶解性为10 g/100 g,贮存稳定性好	8 400	植物生长延缓剂。主要用于花生、果树、大豆、黄瓜、番茄及蔬菜等作物,用作矮化剂、坐果剂,生根剂及保鲜剂等
缩节胺;甲哌啶;助壮素;调节啶;壮棉素;皮克斯;Mepiquat chloride; Agro-Fix	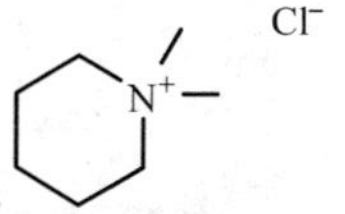 1,1-二甲基哌啶鎓氯化物	纯品为无味白色结晶体,熔点285℃(分解),易溶于水。对热稳定	1 490。对鱼类、鸟,蜜蜂无毒害	内吸性植物生长调节剂。能抑制植物体内赤霉素的合成,调节营养生长和生殖生长。使节间缩短,叶片增厚,面积变小,株型紧凑粗壮,增加叶绿素含量和光合效率,使植物提早开花,提高坐果率。主要用于棉花,也可用于小麦、玉米、花生、番茄、瓜类、果树等作物
矮壮素;稻麦立;氯代氯代胆碱;Cycocel; Chlorocholine Chloride	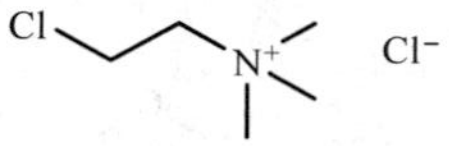 2-氯乙基三甲基氯化铵	纯品为白色结晶,原粉为浅黄色粉末,纯品在245℃分解,易溶于水,难溶于乙醚及烃类等有机溶剂,遇碱分解	883	赤霉素的颉颃剂。可控制植株的徒长,促进生长,使植株节间缩短而壮粗,根系发达,光合作用增强,提高坐果率。也能改善品质,从而增产量。适用于棉花、小麦、玉米、水稻、花生、番茄、果树等作物,可促进坐果,增产

(续)

药剂名称	化学结构与化学名称	主要理化常数	大鼠急性经口 LD_{50} (mg/kg)	特点及用途
调节膦；蔓草磷；Fosamine-ammonium；Phocarb；Phoscarb	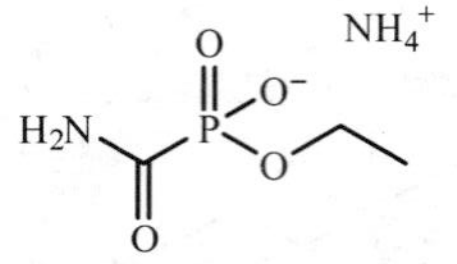 氨基甲酰基膦酸乙酯铵盐	纯品为白色有薄荷香味的晶体，熔点175 ℃，水中的溶解性为179.0 g。工业品为琥珀色液体	10 200	作用于植物的分生组织，抑制细胞的分裂与延长，抑制植物光合作用与蛋白质的合成。可作灭灌剂、化学修剪剂及保鲜剂，入土后几天即被土壤微生物分解和土壤胶粒及有机质吸附，很快失去活性，也可防除部分杂草
防落素；促生灵；丰收灵；防落壮果灵；番茄通；Tomatotone；4-CPA	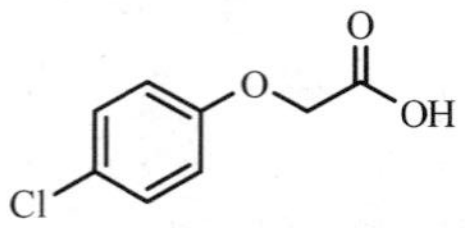 对氯苯氧乙酸	纯品为白色结晶，熔点157~159 ℃，易溶于水，在酸性介质中稳定，耐贮存	2 200	苯氧类植物生长调节剂，由植物的根、茎、叶、花和果吸收。主要用于防止落花落果，抑制豆类生根，促进坐果，诱导无核果，并有催熟增产作用
多效唑；氯丁唑；Paclobutrazol；PP333	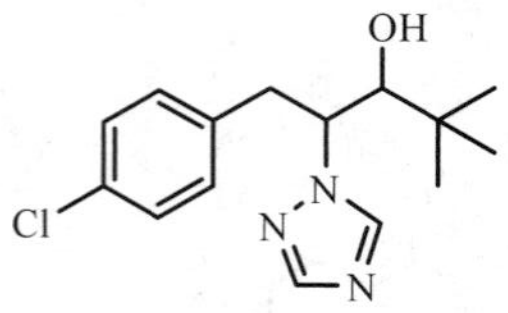 1-对氯苯基-2-(1,2,4-三唑-1-基)-4,4-二甲基-3-戊醇	原药为白色固体，熔点165~166 ℃，水中溶解性为35 mg/L，溶解于甲醇、丙酮等有机溶剂。常温(20 ℃)贮存稳定性在两年以上	2 000(雄) 1 300(雌)	内源赤霉素合成抑制剂。可降低吲哚乙酸的合量和增加乙烯的释放量。主要通过根系吸收而起作用，适用于谷类，特别是水稻田使用，以培育壮秧、防止倒伏，也可用于大豆、棉花和花木，还可用于桃、梨、苹果、柑橘等果树的"控梢保果"，使树形矮化

小　结

本章主要介绍了除草剂和植物生长调节剂。除草剂是对目标植物的生长发育起破坏作用的一类化学物质，个别品种在低浓度时对植物的生长有利。而植物生长调节剂是一类对植物的生长发育起调节作用的具有植物激素活性的化学物质。它们的共同点是超过使用浓度，都会不同程度地对植物产生严重药害，其药害程度比杀虫剂、杀菌剂等其他农药所产生的药害更为严重。因此，在生产中一定要严格按照使用规程施药，避免对植物产生药害。

思考题

1. 除草剂是如何分类的？它有哪些主要类别？
2. 除草剂的选择性有哪些？哪类选择性对植物相对比较安全？
3. 除草剂、杀虫剂、杀菌剂哪类最容易出现药害？哪一类对植物相对最为安全？为什么？
4. 除草剂的作用机制有哪些？
5. 除草剂的使用原则是什么？如何合理使用除草剂？
6. 苗圃除草可用哪些除草剂？
7. 果园使用的除草剂有哪些种类？
8. 激素类除草剂有哪些用途？如何合理使用？
9. 防火道除草可用哪些除草剂？
10. 草甘膦和百草枯各有哪些异同点？如何合理使用？
11. 播后苗前土壤处理用哪些除草剂较好？
12. 小规模种植的作物为什么没有专用的除草剂？
13. 什么是植物生长调节剂？它有哪些主要种类？
14. 促进生长的植物生长调节剂有哪些？哪些有促进生殖生长的作用？
15. 除草剂和植物生长调节剂有哪些异同点？

推荐阅读书目

1. 赵善欢 . 2000. 植物化学保护[M] . 3 版 . 北京：中国农业出版社 .
2. 苗建才 . 1990. 林木化学保护[M] . 哈尔滨：东北林业大学出版社 .
3. 农业部农药检定所 . 1989. 新编农药手册[M] . 北京：农业出版社 .
4. 农业部农药检定所 . 1989. 新编农药手册[M] . 续集 . 北京：农业出版社 .
5. 沙家骏 . 1999. 化工产品手册——农用化学品[M] . 3 版 . 北京：化学工业出版社 .
6. 费有春，徐映明 . 1997. 农药问答[M] . 3 版 . 北京：化学工业出版社 .
7. 许泳峰 . 1992. 农田杂草化学防除原理与方法[M] . 沈阳：辽宁科学技术出版社 .

第 5 章
杀鼠剂

杀鼠剂是用以防治有害啮齿类动物的药剂,包括化学杀鼠剂、生物杀鼠剂及兔害防治药剂。这类药剂绝大部分属于高毒甚至剧毒农药,对其他高等动物的安全性较差,误食、经皮肤接触或吸入后会引起严重的中毒事故。

5.1 发展概况与主要类型

5.1.1 发展概况

鼠类属于哺乳纲啮齿目,其门齿没有齿根而且终生生长,无犬齿,繁殖力很强,取食植物或杂食性。鼠类是人类的大敌,危害多种多样,主要表现在:①和人类竞争口粮,盗食种子,咬折禾苗,作物成熟时鼠类大量盗食贮藏穗粒;在林业上,鼠类盗食播下的种子,咬坏树苗。鼠类以其庞大的种群数量占据各种生境,其取食和危害对粮食产量损失高达 20%~30%,相当于其他病虫害危害的总和。②破坏房屋、家具、堤坝、通讯电缆等。鼠类具有啃咬物品和掘洞的习性,它们的危害小则造成物品毁坏,大则造成房舍倒塌、大堤溃决、通讯瘫痪等。③传播疾病,如鼠疫、森林脑炎及流行性出血热等传染病。鼠类通过和人类的交叉取食、体外寄生虫的交叉寄生,将恶性传染病传播给人类,严重威胁人类健康。防治鼠害对保障人民健康、促进农林业生产等都具有重要意义。

鼠类一胎多仔,繁殖周期短,繁殖力强,是典型的偏 r-对策种类,以数量取得生态学上优势,当种群数量减少时,它们会提高繁殖力,缩短繁殖周期,在短期内很快恢复到很高的数量。因此,人类在与鼠害的斗争中始终没有达到预期的理想效果。

人类对鼠害的防治对策主要有生物防治、物理器械灭鼠、化学灭鼠等。生物防治是保护利用鼠类的天敌,利用天敌来控制鼠类的种群数量。如鸟类、哺乳类、爬行类等。物理器械灭鼠是利用各种灭鼠器械杀灭鼠类,人类在数千年与鼠类的斗争中创造了许多优良的灭鼠器械,在短期灭鼠或区域灭鼠中效果优良,但费工费时、成本较高。化学灭鼠就是利用人工合成的化学杀鼠剂杀灭鼠类。化学灭鼠具有方法简便、效果显著、见效快、成本低、易为群众接受、容易推广等优点。但使用不当,也会使人畜中毒,杀伤天敌,污染环境,使鼠类拒食或产生耐药性等。化学灭鼠在综合灭鼠中占有重要的地位,但也有待不断改进和提高。

在鼠害防治中,应贯彻"预防为主、综合防治"的方针,具体地说就是"从生物与环境的整体观点出发,本着预防为主的指导思想和安全、有效、经济、简便的原则,因地因时制宜,合理运用机械、化学、生物以及其他有效手段。把鼠害控制到危害水平以下"。物理器械灭鼠和化学灭鼠在鼠害的短期控制中，发挥着极其重要的作用，尤其在鼠害大发生时，化学灭鼠以其优越的特性而处于不可动摇的优势地位。但鼠害的长期控制还要依靠生物防治。

杀鼠剂（rodenticides）是指用于控制有害啮齿类动物的药剂。狭义的杀鼠剂仅指具有毒杀作用的化学药剂，广义的杀鼠剂还包括熏杀害鼠的熏蒸剂，防止鼠类毁坏物品的驱鼠剂，使鼠类失去繁殖能力的不育剂，能提高其他化学药剂灭鼠效率的增效剂等。早期使用的杀鼠剂主要是无机化合物如黄磷、亚砷酸、碳酸钡等，以及植物性药剂如红海葱、马钱子等。这些药剂一般药效低，选择性差。1933 年第一个有机合成的杀鼠剂甘伏问世，不久，又出现了合成的杀鼠剂氟乙酸钠、鼠立死、安妥等毒性更强的杀鼠剂，但是这类品种都是急性单剂量杀鼠剂，在施药过程中需一次投足量使用，否则，就易产生拒食现象。1944 年，K. P. Link 等在研究加拿大牛的"甜苜蓿病"时发现双香豆素有毒，后来合成第一个抗凝血性杀鼠剂、杀鼠灵。为杀鼠剂开辟了一个新的领域。这类杀鼠剂较与早先的杀鼠剂相比，具有鼠类中毒慢，不拒食，可连续摄食造成累积中毒死亡，对其他非毒杀目标安全的特点，因此，这些杀鼠剂很快就在害鼠的防治中占有了举足轻重的地位。但随着这类杀鼠剂用量的增加和频繁使用，在 1950 年代末期鼠类对这类杀鼠剂就形成了严重的抗药性及交互抗性，使其应用效果受到严重影响。1970 年代中期，英国首先合成了能克服第一代抗凝血性杀鼠剂抗性的药剂鼠得克，随之，法国也合成了澳敌隆。此后，一些类似的杀鼠剂也相继合成并投入生产，这类杀鼠剂不仅克服了第一代抗凝血杀鼠剂需多次投药的缺点，且增加了急性毒性，对抗药性鼠类毒效好，称为第二代抗凝血性杀鼠剂。一些驱鼠剂、诱鼠剂、不育剂也有所研究，但投入使用者不多。目前所使用的一些专用杀鼠剂均为胃毒剂，鼠类取食后，通过消化系统的吸收而发挥毒效，使鼠中毒死亡。

一种理想的杀鼠剂应具备的条件：①用有效成分配成的毒饵，在各种条件下都有良好的稳定性，无臭、无味，鼠类不拒食；②对鼠类毒力强，对其他生物无二次中毒的危险；③具有高的选择毒力，对非靶标动物的毒力小，在使用浓度下对人、畜安全；④药效作用时间适当，使害鼠在药力发挥作用前取食足够的致死剂量；⑤中毒症状轻，使其他鼠不易警觉，且鼠死在易发现的地方；⑥不易产生抗药性；⑦无累积毒性，并有特效的解毒剂或治疗方法。全部满足以上条件是较为困难的，但作为一种杀鼠剂，至少对鼠具有较高的毒力和良好的喜食性，一定程度的安全性，致死量较少受到外界因素的影响。同时，害鼠不易产生抗药性。

我国每年需要防治的农田鼠害面积超过 $1\,300 \times 10^4\ hm^2$，森林新造林地和草原面积则更大，使用的杀鼠剂也有很大的变化，最主要的体现就是由过去的急性杀鼠剂磷化锌、氟乙酰胺、安妥等转为慢性抗凝血杀鼠剂，如敌鼠钠盐、杀鼠灵等。由于急性杀鼠剂有剧毒，并对环境的污染极大，加上对人、畜的伤害。1982 年农业部、卫生部联合颁发了《农药安全使用规定》，明确规定禁止使用氟乙酰胺。1991 年化工部又发文通知禁止使用毒鼠强。2002 年 6 月 5 日中华人民共和国农业部发出第 199 号公告，全面禁止使用毒鼠强、氟乙酰胺、甘氟、毒鼠硅、氟乙酸钠。近年来，由于慢性抗凝血杀鼠剂的安全性较高，二次中毒现象也很轻微，鼠药价格也比较便宜，已经逐渐被广为接受。

5.1.2 主要类型

我国常用的杀鼠剂按其作用快慢分为急性杀鼠剂和慢性杀鼠剂两类。前者指鼠进食毒饵后在数小时至 1d 内死亡的杀鼠剂,如毒鼠强、氟乙酰胺;后者指鼠进食毒饵数天后毒性才发作,如抗凝血类杀鼠剂敌鼠钠、溴敌隆。

急性(速效)杀鼠剂具有毒杀作用快,潜伏期短,投药后一次进食,即可引起中毒死亡,因此又称为单剂量杀鼠剂。急性杀鼠剂毒饵用量较少,使用方便,容易见效。但对人、畜毒性较大,使用不安全,且中毒后反应强烈,容易引起鼠类警觉而出现拒食现象,从而导致药效降低。如磷化锌、毒鼠磷、灭鼠优等。

慢性(缓效)杀鼠剂主要是抗凝血杀鼠剂。此类杀鼠剂毒性作用缓慢,潜伏期长,一般 2~3 d 后才引起鼠类中毒。由于此类药剂需使鼠类多次取食累积中毒,才能发挥最大作用,故又称多剂量灭鼠剂。这类药剂适口性好,能让害鼠反复多次取食,既符合鼠类的摄食行为,充分发挥药效,又可以减少非靶标动物误食中毒的机会,对人、畜毒性较小,使用比较安全。同时,由于其对害鼠作用缓慢、症状轻,不会引起鼠类的警觉拒食。如敌鼠、大隆、杀它仗等。

1950 年代初出现的第一代抗凝血剂——杀鼠灵、杀鼠醚、敌鼠等,慢性毒力强,急性毒力低;1970 年代以后出现的大隆、溴敌隆等第二代抗凝血杀鼠剂,急性毒力强大,急、慢性毒力几乎相当。第二代抗凝血杀鼠剂不需要多次投药,1 次用药便可奏效,故又称为一次性投药抗凝血剂。同时,第二代抗凝血剂能有效地防治抗性品系(表 5-1)。

表 5-1　第一、二代抗凝血杀鼠剂药剂比较(Hadler,1992)

抗凝血杀鼠剂	化合物	抗性鼠类[1]		非抗性鼠类[2]	
		浓度(mg/L)	死亡率(%)	浓度(mg/L)	急性 LD_{50}(g)
第一代	杀鼠灵(warfarin)	250	0	250	58
	氯鼠酮(chlorophacinone)	250	20	50	102
	敌鼠(diphacinone)	250	0	50	15
	杀鼠醚(coumatetralyl)	250	40	375	11
第二代	鼠得(difenacoum)	20	100	50	9
	溴鼠灵(brodifacum)	10	100	20	2.5
	氟鼠酮(flocoumafen)	10	100	50	1

注:1. 防治对象为褐家鼠威尔士抗性品系,给药条件是在没有可选择食物来源的情况下,连续喂饵 10 d。2. 防治对象为 250g 重的沟鼠敏感品系,LD_{50} 是指所需毒饵的克数。

按化学结构可分为无机杀鼠剂和有机杀鼠剂两大类。无机杀鼠剂主要包括磷化锌、磷化铝、氟化物、碳酸钡、亚砷酸钠、铊盐(硫酸铊、醋酸铊、硝酸铊等,含钡、砷、铊)等药物,对人畜的毒性均很大,目前已不用。但磷化锌仍在以毒饵法使用。此外,磷化铝、氢氰酸、二硫化碳等常作为熏蒸剂,用于船仓、粮库等处的灭鼠活动。

有机合成杀鼠药主要有 7 类:①有机氟类:如氟乙酰胺、氟乙酸钠、甘氟等(均已禁用);②含氮杂环类:如毒鼠强(已禁用);③香豆素类:如杀鼠灵、溴敌隆等;④茚二酮类:如敌鼠、氯敌鼠等;⑤有机磷类:如毒鼠磷、溴代毒鼠磷等;⑥芳基脲类:如灭鼠优、安妥等;⑦其他类。上述 7 类中,香豆素类和茚二酮类均属于抗凝血杀鼠剂,是主流杀鼠剂。

5.1.2.1　杀鼠剂的作用机制

杀鼠剂的作用机制与作用靶标很多,中毒后症状也不尽相同,但主要分三大类。

(1) 作用于中枢神经系统

代表化合物是毒鼠强（没鼠命、四二四）。本品化学名称四亚甲基二砜四胺，为剧毒急性杀鼠剂，人的致死量 5~12 mg，具有强烈的致惊厥作用，是颉颃 γ-氨基丁酸（GABA）的结果。由于其剧烈的毒性及稳定性，易造成二次中毒，且无解毒药，国内外早已禁止使用。另外，还有其他很多的神经性杀鼠剂，如高毒的毒鼠碱，人口服致死量仅为 0.25~0.5 g，能兴奋脊髓，大剂量兴奋延脑中枢，引起强直性惊厥和延髓麻痹。鼠立死（杀鼠嘧啶、crimidine）为维生素 B_6 的颉颃剂，干扰 γ-氨基丁酸的氨基转移和脱羧反应，引起抽搐和惊厥，人口服最小致死量为 5 mg。

(2) 作用于氧化磷酸化过程

有机氟类如氟乙酰胺（敌蚜胺、氟素儿、AFL-1081、fussol、baran）和氟乙酸钠（sodium fluoroacetate，1080），也是剧毒的急性杀鼠剂，在我国杀鼠剂中毒案例中仅次于毒鼠强，已明令禁止使用。氟乙酰胺人口服致死量为 0.1~0.5 g，进入体内后脱胺形成氟乙酸，与辅酶 A 形成氟乙酰辅酶 A，继而形成氟柠檬酸，使三羧酸循环中断，影响机体氧化磷酸化过程，导致神经系统和心肌损害。同时，该药剂也易造成二次中毒。

(3) 抗凝血作用

抗凝血杀鼠剂中毒机制主要是干扰肝脏对维生素 K 的作用，抑制凝血因子 Ⅱ、Ⅶ、Ⅸ、Ⅹ，影响凝血酶原合成，使凝血时间延长，代谢产物可破坏毛细血管壁。本类毒物作用缓慢，鼠中毒后 3~4 d 才死亡，人口服后也要 3~4 d 才出现症状，且有蓄积作用。

5.1.2.2 杀鼠剂的使用

(1) 毒饵

毒饵是由基饵、灭鼠剂和添加剂所组成。基饵主要是引诱害鼠取食毒饵。一般来说，凡是害鼠喜欢取食的食物均可作基饵。添加剂主要是改善毒饵的理化性质，增加毒饵的吸引力，提高毒饵的警戒作用。常用的添加剂有引诱剂、黏着剂、警戒色 3 种，有时还加入防霉剂、催吐剂等。

毒饵的配制常采用黏附、浸泡、混合及湿润的方法。黏附法适合不溶于水的杀鼠剂。若用粮食如小麦、稻谷、大米等作基饵，可添加适当的植物油，将杀鼠剂均匀黏附在粮食粒上。若用块状食物如甘薯、胡萝卜、瓜果等作基饵，可直接均匀加入杀鼠剂，即制成毒饵。有条件的地方适当加入 2%~5% 的糖，可增强适口性，提高灭鼠效果。混合法适用于粉状基饵，如面粉与杀鼠剂充分混合制成颗粒即可使用，也可干燥后储存备用，且勿发霉，以免影响灭鼠的效果。浸泡法及湿润法适用于水溶性杀鼠剂。先将杀鼠剂溶于水中制成药液后，倒入基饵中浸泡，待药液全部吸收或湿润进入基饵后即可。投饵方法如下：

点放：鼠道、鼠洞明显易发现时，可将毒饵成堆点放在鼠道上或鼠洞附近。

散放：若鼠道、鼠洞不易发现，可将毒饵散放在鼠类活动的场所。

投毒饵器：如毒饵盒、毒饵罐、毒饵箱等。毒饵器中央放毒饵，两端设一个方便鼠进出的小洞。大面积灭鼠后，在容易发生鼠患的场所设毒饵器，可长期巩固灭鼠的效果。

(2) 毒粉

鼠类有经常用舌舔爪、整理腹毛、净脸等习惯，可利用这些习性使鼠类将毒粉带入口中而中毒死亡。毒粉由灭鼠剂和填充料（如滑石粉和硫酸钙粉）混合均匀，制成粉末，投在室内鼠洞、鼠道或鼠类经常出没的地方。毒粉本身对鼠无引诱力，用药量大，灭鼠效果差，且易污染环境，使用不安全，因此投放时应慎重选择地点。

(3) 毒水

有些害鼠，如褐家鼠和黄胸鼠等家栖鼠类有喝水的习性，缺水不能生存。因此，在缺水的环境如粮食仓库、食品库房等，或在干旱季节、气温高的时候，水往往比其他食物对鼠更有吸引力。将药剂配成毒水，鼠类饮用后会中毒死亡，通常加入适量糖以改善其适口性。切忌毒水倒出而污染食品和环境。

(4) 毒糊

害鼠常通过鼠洞出入为害作物，而毒糊主要用于鼠洞防治。将水溶性的杀鼠剂配制成毒水，再加入适量的面粉，搅拌均匀即成毒糊。将配好的毒糊涂抹于高粱秆、玉米轴等的一端，将有药剂的一端插入鼠洞，害鼠取食中毒死亡。

(5) 蜡块毒饵

有些害鼠如褐家鼠常栖息在下水道、阴沟等潮湿处，多雨季节防鼠，毒饵投下后易发霉、变质，适口性下降。可用石蜡制成毒饵。即将配好的毒饵倒入溶化的石蜡中（毒饵和石蜡的比例为2∶1），搅拌均匀，冷却后使毒饵成为块状即可使用。

(6) 杀鼠烟剂

将点燃的烟剂投入鼠洞，利用烟剂产生的有毒烟雾经鼠类呼吸进入体内，而使其中毒或窒息死亡。杀鼠烟剂应有极高的燃烧速度和极快的击倒能力，在鼠类警觉之前应将其击倒，失去反应能力，避免其堵洞阻止烟雾进入而影响药效。

5.2 化学杀鼠剂

(1) 双甲苯敌鼠铵盐

别名：杀鼠新。

英文名称：Ditolylacinone ammonium salt。

化学名称：双甲苯基乙酰基-1,3-茚满二酮铵盐。

① 理化性质

化学结构式：

分子式：$C_{25}H_{23}O_3N$；相对分子质量：385.0。

外观与性状：产品为橘黄色粉末。

熔点：纯品 143～145 ℃。溶解性：微溶于水和甲苯，溶于乙醇、丙酮、甲醇。

② 作用特点　杀鼠新为抗凝血慢性杀鼠剂。适口性好，缓慢发挥作用，不易引起鼠类警觉。作用机制如敌鼠等抗凝血剂。在鼠体内不易分解和排泄。有抑制维生素 K 的作用，阻

碍血液中凝血酶原的合成，使摄食该药的老鼠内脏出血不止而死亡。中毒个体无剧烈的不适症状，不易被同类警觉。以浓度为0.005%~0.05%毒饵灭鼠。维生素K_1是其特效解毒药。

③使用方法　用于农田、粮仓、住宅及食品厂灭鼠，可毒杀家鼠、黄胸鼠、褐家鼠、板齿鼠、长爪鼠等。小麦种子浸润毒饵配制：取杀鼠新原药1.224 g，用18 mL酒精溶解，再加入2 g乳化剂吐温80和适量糖精，配成杀鼠新母液，取母液4或2加水300，拌入2 kg小麦，拌匀，水吸入晾干后即成100 mg/kg或50 mg/kg浸润毒饵，用于防治长爪鼠，每洞投100 mg/kg或50 mg/kg饵料2 g，防效均可达到100%。

对黄胸鼠、板齿鼠和黄毛鼠的中毒机理、中毒症状和死亡时间同敌鼠钠盐非常相似，使用方法可参考上述方法以及敌鼠钠盐的使用方法。

④毒性　急性口服LD_{50}(mg/kg)：3.23（黄胸鼠），1.25（板齿鼠），0.50（黄毛鼠），2.83（长爪沙鼠），48.4~58.8（小白鼠）。对雄大鼠急性经口毒性LD_{50} 34.8 mg/kg、雌大鼠6.19 mg/kg，雄小鼠79.4 mg/kg，雌小鼠92.6 mg/kg。

⑤注意事项　对人毒性大，误食后可服用维生素K_1解毒，并及时遵医指导抢救。

遇明火、高热可燃。其粉体与空气可形成爆炸性混合物，当达到一定浓度时，遇火星会发生爆炸。与氧化剂发生反应，有燃烧危险。受高热分解放出有毒的气体。药剂应贮于阴凉、干燥处。

(2) 杀鼠醚

别名：立克命；杀鼠萘；杀鼠迷。

英文名称：Coumatetralyl。

化学名称：4-羟基-3-(1,2,3,4-四氢-1-萘基)香豆素。

①理化性质

化学结构式：

分子式：$C_{19}H_{16}O_3$；相对分子质量：292.33。

外观与性状：纯品为白色粉末，原药为灰黄色结晶体。

熔点：166~178 ℃。

溶解性：难溶于水，20 ℃时，在水中的溶解度为10 mg/L，在环乙酮中的溶解度为50 g/L，在甲苯中的溶解度为10 g/L。

稳定性：贮藏适宜可保存18个月以上不变质。150 ℃高温下无变化。在水中不水解，但在阳光下有效成分迅速分解。

②作用特点　杀鼠醚属第一代抗凝血杀鼠剂，是一种慢性、广谱、高效、适口性好的杀鼠剂，一般无二次中毒的危险。杀鼠醚的有效成分能破坏凝血机能，损害微血管，引起内出血。鼠类服药后出现皮下、内脏出血、毛疏松、肌色苍白、动作迟钝、衰弱无力等症，3~6d后衰竭而死。中毒症状与其他抗凝血药剂相似。据报道，杀鼠醚可以有效地杀灭对杀鼠灵产生抗性的鼠，这一点不同于同类杀鼠剂而类似于第二代抗凝血性杀鼠剂，如大隆、溴

敌隆。

③用法用量　0.0375%毒饵可直接投放。0.75%粉剂可与19倍的饵料配成毒饵使用。投药15 d内，可保持良好的杀鼠效果。如果需要，隔10~15 d可再投药1次。饵料选择防治鼠类喜食的食物，直接投放于鼠洞内或鼠类经常活动的场所。

④毒性　高毒杀鼠剂。原药大鼠急性经口 LD_{50} 5~25 mg/kg，急性经皮 LD_{50} 25~50 mg/kg，大鼠亚急性经口无作用剂量为1.5 mg/kg。该药是一种慢性杀鼠剂，在低剂量下多次用药会使鼠中毒死亡。虹鳟鱼 LC_{50} 为1 000 mg/kg(96 h)。对猫、犬和鸟类无二次中毒危害。对益虫无害。

⑤注意事项　投放鼠饵时应注意药物不可与鸡或猪的饲料接触，尽量避免家禽、家畜与毒饵接近。毒饵要现配现用，剩余毒饵要深埋。

若出现中毒现象，用维生素 K_1 能有效地解除毒性；严重中毒时，可用维生素 K_1 作静脉注射，必要时每2~3 h作重复注射，但总注射量应不超过4针剂量(40 mL)。

遇明火、高热可燃。其粉体与空气可形成爆炸性混合物，当达到一定浓度时，遇火星会发生爆炸。受高热分解放出有毒的气体。

(3)溴敌隆

别名：乐万通；溴特隆。

英文名称：Bromadiolone。

化学名称：3-[3-(4-溴联苯基)-3-羟基-1-苯基丙基]-4-羟基香豆素。

①理化性质

化学结构式：

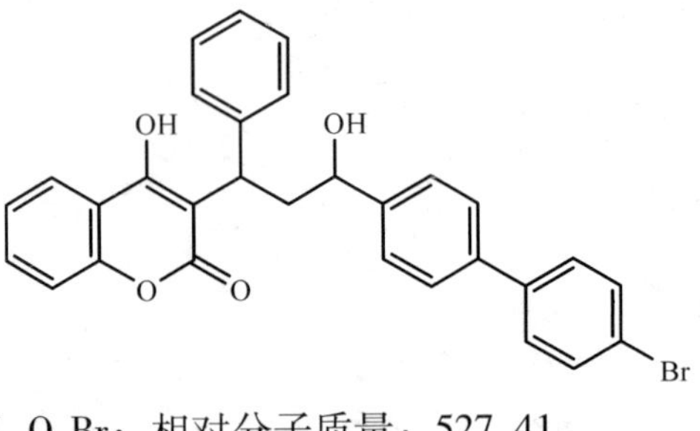

分子式：$C_{30}H_{23}O_4Br$；相对分子质量：527.41。

外观与性状：原药为黄色粉末。

蒸气压：20 ℃为0.002 mPa；熔点：200~210 ℃。

溶解性：可溶于丙酮、乙醇和二甲基亚砜，微溶于氯仿和醋酸乙酯，难溶于乙醚、正己烷和水(19 mg/L，20 ℃)。

稳定性：常温贮存稳定在两年以上。但在高温和阳光下不稳定，可引起降解。

②作用特点　溴敌隆是一种适口性好、毒性大、靶谱广的高效杀鼠剂。它不但具备敌鼠钠盐、杀鼠醚等第一代抗凝血剂作用缓慢、不易引起鼠类惊觉、容易全歼害鼠的特点，而且具有急性毒性强的突出优点，单剂量使用对各种鼠都能有效地防除。同时，它还可以有效地杀灭对第一代抗凝血剂产生抗性的害鼠。由于具备以上特点，溴敌隆与大隆、杀它仗等被称之为第二代抗凝血杀鼠剂。

该剂的毒力机制主要是颉颃维生素K的活性，阻碍凝血酶原的合成，导致致命的出血。

死亡高峰一般在 4~6 d，鼠尸解剖可见典型的抗凝血剂中毒症状。

③用法用量　溴敌隆饵剂可直接使用，液剂按需要配成不同浓度的毒饵，现配现用，配制方法如下：

取 1 L 0.25% 溴敌隆液剂兑水 5 kg，配制成溴敌隆稀释液，将小麦、大米、玉米碎粒等谷物 50kg 直接倒入溴敌隆稀释液中，待谷物将药水吸收后摊开稍加晾晒后即可。如果选用萝卜、马铃薯块配制毒饵，可将饵料先晾晒至发蔫，然后按比例加入 0.25% 溴敌隆液剂，充分搅拌均匀。实践证明，毒饵保持一定的水分对提高鼠类取食率是十分有利的，因此，现场配制的毒饵适口性要好过工厂化生产的毒饵。

防治家栖鼠种，可采用一次投饵或间隔式投饵。每间房 5~15 g 毒饵。如果家栖鼠种以小家鼠为主，布防毒饵的堆数应适当多放一些，每堆 2 g 左右即可。间隔式投饵需要进行两次投饵，可在第一次投饵后的 7~10 d 检查毒饵取食情况并予以补充。在院落中投放毒饵宜在傍晚进行，可沿院墙四周，每 5 m 投放一堆，每堆 3~5 g，次日清晨注意回收毒饵，以免家畜、家禽误食。

防治野栖鼠种毒饵有效成分含量适当提高，一般采取一次性投放的方式。对高原鼢鼠，毒饵的有效成分可提高至 0.02%；按洞投放，每洞 10 g。防治高原鼠兔可使用 0.01% 的毒饵，每洞 2 g。长爪沙鼠可使用 0.01% 的毒饵，每洞 1g，也可以使用常规的 0.005% 毒饵，每洞 2 g。达乌尔黄鼠使用 0.005% 毒饵，每洞 20 g，也可采用 0.007 5% 毒饵，每洞 15 g。

④毒性　高毒杀鼠剂。大鼠急性经口雄性 LD_{50} 1.75 mg/kg，雌性 LD_{50} 1.125 mg/kg；兔急性经皮 LD_{50} 9 mg/kg，大鼠吸入 LC_{50} 200 mg/m^3。对眼睛有中度刺激作用，对皮肤无明显刺激作用。在试验剂量内对动物无致畸、致突变、致癌作用。三代繁殖试验和神经毒性试验中，未见异常。两年喂养试验无作用剂量大鼠为 10 μL/(kg·d)，狗为 5~10 μL/(kg·d)。

溴敌隆对鱼类、水生昆虫等水生生物有中等毒性，如对鲇鱼 LC_{50} 3 mg/kg (48 h)，水蚤 LC_{50} 8.8 mg/kg。对鸟类低毒，如对鹌鹑 LD_{50} 1 690 mg/kg，野鸭 1 000 mg/kg。动物取食中毒死亡的老鼠后，会引起二次中毒。

⑤注意事项　溴敌隆灭鼠效果很好，但在害鼠对第一代抗凝血性杀鼠剂未产生抗性之前，不宜大面积推广。等一旦发生抗性再使用该药会更好地发挥其特点。

避免药剂接触眼睛、鼻、口或皮肤，投放毒饵时不可饮食或吸烟。施药完毕后，施药者应彻底清洗。溴敌隆轻微中毒症状为眼、鼻分泌物带血、皮下出血或大小便带血，严重中毒症状包括多处出血、腹背剧痛和神智昏迷等。如发生误服中毒，不要给中毒者服用任何东西，不要使中毒者呕吐，应立即求医治疗。对溴敌隆有效的解毒药是维生素 K_1 (phytomenadione)，具体用法：A. 静脉注射，于需要时重复 2~3 次，每次间隔 8~12 h。B. 口服 5 mg/kg 维生素 K_1，共 10~15 d。C. 输 200 mL 的柠檬酸化血液。

遇明火、高热可燃。其粉体与空气可形成爆炸性混合物，当达到一定浓度时，遇火星会发生爆炸。受高热分解放出有毒的气体一氧化碳、二氧化碳、溴化氢等。

(4) 灭鼠优

别名：抗鼠灵；鼠必灭。

英文名称：Pyrinuron；Vacor；Pyriminil。

化学名称：N-(3-吡啶甲基)-N′-(4-硝基苯基)脲。

① 理化性质
化学结构式：

分子式：$C_{13}H_{12}O_3N_4$；相对分子质量：272.27。

外观与性状：原粉为淡黄色粉末，无嗅、无味。

熔点：纯品 223~225 ℃，原粉一级品 217~220 ℃，二级品 215~217 ℃。

溶解性：不溶于水，溶于乙二醇、乙醇、丙酮等有机溶剂。

稳定性：常温下贮存有效成分含量变化不大。

② 作用特点　灭鼠优是1970年代出现的急性杀鼠剂，选择性较强，主要用于防治褐家鼠、长爪沙鼠、黄毛鼠、黄胸鼠等。对人及家畜、家禽较安全，二次中毒的危险性小。

灭鼠优适口性较好，不易引起拒食，也不易产生耐药性个体。作用机制是抑制烟酰胺代谢，中毒鼠类出现严重的维生素乙缺乏症，呼吸急促，厌食，死于呼吸肌瘫痪。中毒潜伏期 3~4 h，8~12 h 为死亡高峰，鼠多死于隐蔽场所不易被发现。

③ 使用方法

防治家栖鼠　用1%莜麦蜡饵（1 份原药，45 份莜麦面粉，15 份鱼骨粉，4 份食用油，充分拌匀，倒入 35 份熔融的石蜡中，立即成型，调配成 10 g 重的蜡块）。

防治长爪鼠　用2%高粱毒饵（高粱米湿润，加3%食用油搅拌均匀，倒入相当饵料重量2%的原粉，反复搅拌而成）。或1%麦粒颗粒毒饵（原药 1 g 加 9 g 面粉充分拌匀，倒入 90 g 已泡好麦粒中拌匀，即成1%颗粒毒饵）。

防治黄毛鼠等农田害鼠　用1%红薯或胡萝卜毒饵（取本品 1 g 加 9 g 淀粉或面粉，充分搅拌研细，然后加入 90 g 红薯块或胡萝卜块拌匀，即成1%的饵块）。

毒饵投放方法：将毒饵投放于鼠洞内、鼠洞旁或其经常出没地方，室内灭鼠每间房投饵 4 堆，煤堆 5~10 g。田间灭鼠，每洞放饵 1~2 g。

④ 毒性　高毒杀鼠剂。对挪威鼠急性经口 LD_{50} 4.75 mg/kg，大鼠急性经口 LD_{50} 18.0 mg/kg，狗急性经口 LD_{50} >500 mg/kg，猫急性经口 LD_{50} >500 mg/kg。

⑤ 注意事项　灭鼠优为高毒杀鼠剂，施药人员必须身体健康，配制毒饵时需穿戴防护服。

灭鼠优通过消化道引起中毒，可导致糖尿病、神经系统损害、周围神经炎。表现为丧失光反射、尿潴留等症状。急性中毒引起呕吐、惊厥，误中毒时应及时洗胃、催吐、注射烟酰胺和胰岛素等特效药。

用药后要认真清洗工具，污水和剩余药剂要妥善处理与保管。死鼠要收集深埋。

灭鼠优是一种新型的急性杀鼠剂，要合理使用，避免盲目单一使用，以延长该药剂的使用寿命。

遇明火、高热可燃。其粉体与空气可形成爆炸性混合物，当达到一定浓度时，遇火星会发生爆炸。受高热分解放出有毒的气体。

5.3 生物源杀鼠剂

生物源农药是指来源于生物，由生物分泌或从生物体内提取的有毒化学物质。生物源农药具有化学农药和生物农药的双重优点，同时又克服了它们各自的缺点而广泛受到人们的青睐。首先，生物源农药来源于生物，是由生物分泌的化学物质，在自然界有固定的微生物类群对它进行降解，在自然界中不会造成残留和污染，这是一般人工合成的化学农药不可比拟的；同时，它本身就是一种或一类化学物质，具有稳定性好，受环境影响小和方便使用等优点，这又是一般生物农药无法企及的。因此，利用生物源农药防治病虫鼠害将是今后人们研究和开拓的主要方向。生物源农药的直接利用只是这种研究的初级阶段，利用生物体内分泌的能够杀虫、杀鼠和灭菌的有效成分寻找先导化合物，进而人工仿生合成高效低毒的安全农药才是该项研究的终极目的。

人类利用有毒植物防治鼠害已有数千年的历史，很早以前，人类就利用红海葱、山管兰、马钱子等有毒植物拌成毒饵灭鼠，并取得了可喜成效。随着人工合成杀鼠剂的高速发展和高效利用，生物源杀鼠剂似乎走到了尽头。但随着人工合成杀鼠剂的大量使用，它所带来的严重的环境问题逐渐凸现，并导致了极其严重的后果：大量天敌和非目标动物被杀灭，造成食物链断裂和生态平衡被严重破坏，进而鼠害猖獗成灾。人们从教训中得到启示，生物防治在鼠害防治中的地位得到提高。作为生物防治的重要组成部分，生物源杀鼠剂得以迅速发展，尤其是植物源活性成分番木鳖碱，微生物分泌的活性成分C-肉毒素等，以其优越的特性，得到了广泛的应用。而苦参、曼陀罗、牛皮消、牛心朴、铁棒锤、皂荚、黄花烟草、接骨木、乌头、大戟、宽裂乌头、野八角、短柄乌头、贯众、瑞香狼毒等有毒植物的利用正在进一步深入研究中。我国幅员辽阔，有毒植物资源丰富，若加以深入研究，寻找更多的杀鼠植物，阐明其活性成分与作用机理，对于寻找更为安全的杀鼠剂，在鼠害大发生时降低鼠口密度，控制鼠类种群数量会起到不可低估的作用。以下介绍几种常用的生物源杀鼠剂。

(1) 毒鼠碱

别名：马钱子碱；士的宁；士的年。

英文名称：Strychnine；Certox；Vauquline。

化学名称：番木鳖碱。

① 理化性质

化学结构式：

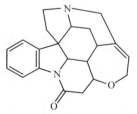

分子式：$C_{21}H_{22}N_2O_2$；相对分子质量：334.42。

外观与性状：从马钱子科植物的种子中提取的生物碱。纯品为白色结晶粉末，味极苦。

熔点：284～286 ℃；沸点：270 ℃ (0.67 kPa)；相对密度(水=1)：1.36。

溶解性：不溶于乙醇、乙醚，微溶于苯、氯仿及水，在室温时水中的溶解度为143 mg/L。

与强酸作用生成易溶于水的盐类，如毒鼠碱盐酸盐、毒鼠碱硫酸盐、毒鼠碱硝酸盐。

②作用机理　急性杀鼠剂，作用于中枢神经系统，毒杀作用速度快，鼠在饥饿状态时，药剂进入胃中后很快被吸收，5~30 min 即表现出中毒症状，小家鼠在半小时内可死亡。中毒动物出现强直性惊厥，最后死于呼吸衰竭。在死亡前表现为兴奋不安，渐转为精神萎靡，而后出现四肢强直性痉挛。对肉食动物二次中毒危险性小。

③使用方法　用鼠类喜食的食物拌成含量 0.5%~1.0% 的毒饵，直接投放于鼠洞内或鼠类经常活动的场所。

④毒性　毒鼠碱对人、畜及其他动物高毒。纯品急性经口大白鼠 LD_{50} 5.8~14 mg/kg，褐家鼠 LD_{50} 4.8~12 mg/kg，小家鼠 LD_{50} 0.41~0.98 mg/kg，大鼠 LD_{50} 16 mg/kg，大鼠腹腔注射 LD_{50} 2.5 mg/kg，对眼睛、皮肤有刺激作用。

⑤注意事项

防护措施：呼吸系统防护：空气中浓度超标时，佩戴防毒面具。紧急事态抢救或逃生时，佩戴自给式呼吸器。眼睛防护：戴化学安全防护眼镜。身体防护：穿相应的防护服。手防护：戴防化学品手套。其他：工作现场禁止吸烟、进食和饮水。工作后，淋浴更衣。单独存放被毒物污染的衣服，洗后再用。保持良好的卫生习惯。

急救措施：皮肤接触：脱去污染的衣着，用流动清水冲洗。眼睛接触：立即提起眼睑，用流动清水冲洗。吸入：迅速脱离现场至空气新鲜处。必要时进行人工呼吸。就医。食入：误服者给饮大量温水，催吐，就医。出现惊厥，应立即静注戊巴比妥 0.3~0.4 g 以对抗，或用较大量的水合氯醛灌肠。如呼吸麻痹，需人工呼吸。因口服本品中毒时，待惊厥控制后，以 0.1% 高锰酸钾液洗胃。

遇高热、明火可燃。受高热分解产生有毒的气体。燃烧（分解）产物为一氧化碳、二氧化碳、氧化氮。

(2) 红海葱 (*Vuginea naritima*)

别名：海葱素。

英文名称：Scilliroside；Silmine。

化学名称：海葱糖苷 (Scilliroside)；海葱甙 (Silmine)。

①理化性质

结构式：

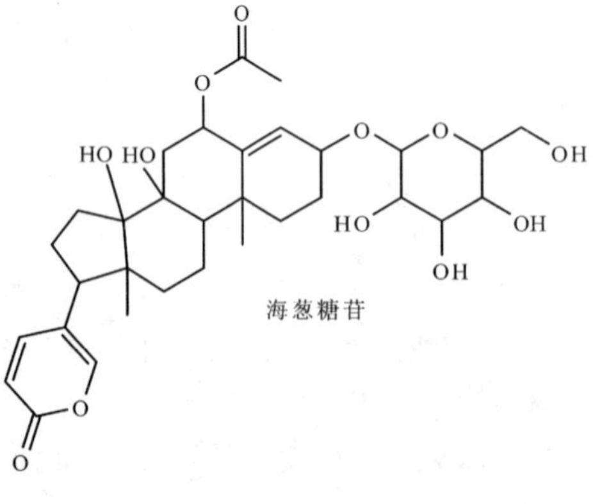

海葱糖苷 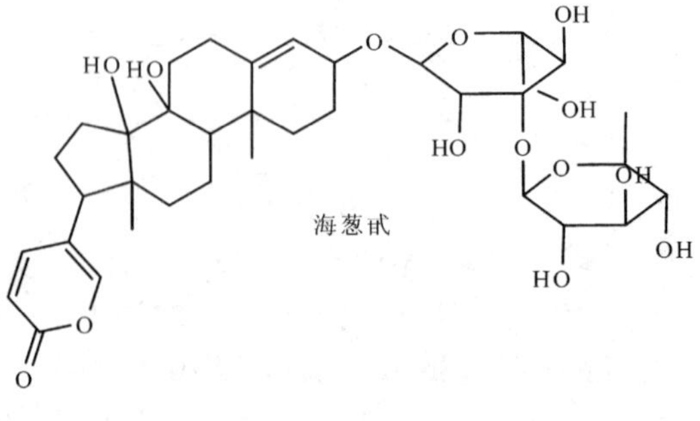　　　　　海葱甙

分子式：$C_{32}H_{44}O_{12}$(Scilliroside)；$C_{36}H_{52}O_{13}$(Silmine)；相对分子质量：620.76；692.00。

红海葱属百合科，原产于地中海各地，体内含有有毒成分海葱素（dethdiet）。海葱素产品为配糖化合物，即海葱糖苷和海葱甙，为亮黄色结晶，168～170℃时分解。易溶于乙醇、甘醇、二噁烷和冰醋酸，略溶于丙酮，几乎不溶于水、烃类、乙醚和氯仿。杀鼠成分由红海葱球根制成，干燥时温度不得超过80℃。可从红海葱球茎风干、粉碎或用溶剂萃取制得。

②作用机理 急性杀鼠剂，它的综合中毒症状包括胃肠炎和痉挛，对心脏可产生毛地黄样作用。即各种类型的心律失常并存或先后出现，如心动过速或过缓，心律改变如过早搏动、二联律，阵发性心动过速、心室颤动，各级房室传导阻碍。心室颤动和心室静止是最严重的心律失常，可直接危及生命。最后发生惊厥、虚脱、昏迷等。

③使用方法 红海葱灭褐家鼠的毒饵比例是1份红海葱与9份肉或鱼混合。制剂有0.015%毒饵和1.0%浓缩剂。红海葱毒饵对人畜不安全，应在规定用量下使用，误服后可按照心脏病患者服用了过量糖苷的治疗方法进行治疗。

④毒性 属剧毒杀鼠剂，雌大鼠急性口服LD_{50} 0.7 mg/kg；对猪和猫的存活剂量为16 mg/kg，鸡为400 mg/kg，对鸟类基本无毒。

(3) 山菅兰 *Dianella ensifolia*(L.)DC

科别：百合科

别名：桔梗兰；山猫儿；石兰花（浙江）；老鼠砒（福建）；山交剪；山扁竹（广西）。

主要成分：酸模素（山猫儿素 dianellidin；nepodin）、酸模甙（山猫儿苷 dianellin）。

山菅兰属百合科，多年生常绿草本，高1～2 m。生于海拔240～1 700 m的山坡、林下、林缘、草丛中、海岛裸岩旁或岩缝中。分布于浙江、江西、福建、台湾、广东、海南、广西、四川、云南等地。

作用机理：中毒机理不是很清楚，山菅兰全株有毒，是一种家畜食后能致死的有毒植物，民间用作毒鼠药。捣烂取其汁液和米炒香做毒饵或以其汁液浸米晒干做毒饵。根状茎夏、秋季采挖。鲜用或晒干，根状茎含山猫儿素及山猫儿苷。其成分分别为：2,2-二羟基-3,5,6-三甲基苯甲酸甲酯；2,4-二羟基-3,6-二甲基苯甲酸甲酯；2,4-二羟基-6-甲基苯甲酸甲酯即苔色酸甲酯；2,4-二羟基-6-甲氧基-3-甲基苯乙酮；5,7-二羟基-2,6,8-三甲基色酮；5,7-二羟基-2,8-二甲基色酮即O-去甲基异甲基丁香色原酮。

注意事项：全草有毒，家畜中毒可致死。人误食其果可引起呃逆，甚至呼吸困难而死。

解决方法：可按中毒急救一般原则处理，并对症治疗。据广州草药医方介绍，灌服鲜鸭血或鲜羊血直至呕吐，将毒物吐出。

(4) C 型肉毒素

别名：C型肉毒杀鼠素；C型肉毒梭菌外毒素；生物毒素杀鼠剂；肉毒梭菌毒素。

英文名称：Botulin type C；C-type botulin。

来源：肉毒毒素是肉毒梭菌繁殖时产生的外毒素，是一种强烈的神经毒素。根据其抗原性不同，分为A、B、C、D、E、F和G型，其中A、B、E、F型能引起人类中毒，而C、D型对人类相对较为安全。C型肉毒素是由C型肉毒梭菌产生的一种高分子蛋白质毒素，由2个亚单位通过二硫键联接成双链分子。一条链是具有活性的神经毒素，另一条链是无活性的血凝素。

①理化性质 原药(高纯度)为淡黄色液体,可溶于水,对光、热不稳定。在 pH 3.5~6.8 时比较稳定,碱性条件下不稳定,pH 10~11 时失活较快。在低温下稳定,在 -15 ℃ 可保持 1 年以上,在 5 ℃ 时贮存,24 h 后毒力就开始下降,60 ℃ 经 30 min 或 80 ℃ 经 20 min 或 100 ℃ 经 2 min 就可引起其变性失活。原药冻干剂(每毫升含小白鼠静脉注射最低致死量(MLD)200 万~300 万单位)为灰白色块状或粉末固体,偏酸性,易溶于水。2~8 ℃ 可保持 3 年,25 ℃ 可保持 6 个月,37 ℃ 可保持 4 个月。经过研究改进的水剂(每毫升含小白鼠静脉注射最低致死量 100 万单位)在 2~8 ℃ 可保持 1 年,25 ℃ 可保持 4 个月,37 ℃ 可保持 2 个月。

②作用特点 中毒动物经肠道吸收后,作用于颅脑神经和外周神经与肌肉连接处及植物神经末梢,阻碍乙酰胆碱的释放,引起运动神经末梢麻痹,导致肌肉瘫痪,死于呼吸衰竭。是一种极毒的嗜神经性麻痹毒素。如剂量大,一般 3~6 h 就出现症状,食欲废绝,口鼻流液,行走左右摇摆,继而四肢麻痹,全身瘫痪,最后死于呼吸麻痹,个别死鼠脏器有不同程度的淤血出血;中毒轻者经 24~48 h 后出现症状。鼠类中毒的潜伏期一般为 12~48 h,死亡时间在 2~4 d,介于急性与慢性化学药剂灭鼠剂之间。

广谱灭鼠剂,对高原鼠兔急性口服 LD_{50} 1.71 mL/kg 体重,属极毒,适口性好,毒饵持效期短,在自然条件下自动分解,无残留,无二次中毒,在常温下失效,安全性好,对生态环境几乎无污染,如误食毒素可用 C 型肉毒梭菌抗血清治疗,对人、畜比较安全。目前主要用于防治高原鼠兔和鼢鼠。

③制剂 成品 C 型肉毒梭菌毒素有 100 万 MLD/mL 水剂和 100 万~200 万 MLD/mL 冻干菌 2 种剂型。

水剂毒素毒饵 是用封闭式非循环透析培养器生产的经除菌的湿毒毒素,其毒力 100 万 MLD 小白鼠/mL(静脉注射)。先在拌毒饵容器内倒入适量清水,一般河水、自来水都可,但不宜用碱性太大的水,略偏酸性为好。水的温度最好在 0~10 ℃ 之间。水的用量因待拌毒饵数量而定,如配制 50 kg 燕麦毒素毒饵,可放入清水 10 kg,再从毒素瓶中倒入毒素,稍经晃动,使其充分溶解(毒素液用量按所配饵料 0.1% 而定。如配制 50 kg 燕麦毒饵,放入毒力 100 万 MLD 小白鼠/mL 静注的毒素液 50 mL)。再将饵料倒入毒素稀释液中,充分搅拌,使每粒饵料都有毒素液即可。最好就地现配现用。

冻干毒素毒饵 是用常规法生产的经过滤除菌、冻干的 C 型肉毒梭菌毒素,其毒力为 10 万 MLD 小白鼠/mL(静脉注射)。配制毒饵时,先用按比例计量的凉水,将冻干 C 型肉毒素溶解,其后配制方法与水剂毒素毒饵相同。

④使用方法 近几年经各地试用,防治高原鼠兔、高原鼢鼠、布氏田鼠、棕色田鼠和几种家鼠防治效果均好。

防治高原鼢鼠 在春季 4~5 月,日平均地表温度在 4 ℃ 以下,高原鼢鼠洞道内温度在 0 ℃ 左右,此时使用 C 型肉毒梭菌毒素毒饵,鼢鼠洞道内温度较低,毒素毒力保持期长,可以收到较好的防治效果。防治指标一般当高原鼢鼠密度达 4.18 只/hm² 时需要进行防治,用 0.1% 毒素青稞毒饵,每洞平均投毒素毒饵 70 粒,灭效可达 90% 左右。投饵方法与溴敌隆防治高原鼢鼠相同。

防治高原鼠兔 冬春季 12 月或 3~4 月,当高原鼠兔密度达到 30 只/hm² 或每公顷 150 个有效洞口时进行防治。用 0.1% C 型肉毒梭菌毒素燕麦或青稞毒饵。一般 4 粒燕麦毒饵就含 1 个高原鼠兔 MLD 的毒力，鼠兔一次采食毒饵都在 4 粒以上，按洞投饵，每洞投饵量 0.5~1 g(约 15 粒)，其灭效可达 90% 以上。

防治棕色田鼠　在春季 3~4 月繁殖高峰前，投撒 C 型肉毒梭菌毒素小麦(燕麦、玉米粉)毒饵，每洞 100 粒，每粒含毒量为 1 500 鼠单位(相当于 6 个 MLD)。投毒饵后 15~16 h，鼠死洞内，投毒饵后立即将饵处的洞口封好，避免田鼠推土堵洞时将毒饵埋在土下。

防治布氏田鼠　一般在春季，鼠经过冬季严寒，大批死亡，次年春季 4~5 月牧草返青之间前利用毒饵灭鼠成本低、效果好。用 C 型肉毒梭菌毒素水剂配制每克含 1.0 万单位肉毒素莜麦毒饵，每洞投 1 g，投在有效洞的 10~20 cm 处。

防治家栖鼠　对褐家鼠、黄胸鼠、小家鼠效果均好。以褐家鼠为主的发生地区，如早稻秧田害鼠密度达 2% 夹次，晚稻秧田害鼠密度达 3% 夹次，稻田孕穗期和乳熟期害鼠密度达 5% 夹次时就要进行防治。使用 0.1%~0.2% C 型肉毒梭菌毒素毒饵，饵料用褐家鼠喜食的面团毒饵；小家鼠喜食玉米糁，以此配制毒饵效果更好，使用大米制作毒饵亦可。一般在 15 ℃ 以下使用灭效可达 85% 左右。

室内防治家栖鼠　在北方农村秋冬季为最佳灭鼠时机，将毒饵直接投放室内地面、墙边、墙角等鼠经常活动处，每堆 5~10 g，一般 15 m² 房内可投 2 堆。一次投饵，平均户投 100 g 左右，可根据鼠情确定药量。

⑤**毒性**　中等毒性杀鼠剂。原药雄性大鼠 LD_{50} 58.4 mg/kg；雌性大鼠 LD_{50} 200 mg/kg。大鼠急性经皮 LD_{50} >5 000 mg/kg。高原鼠兔 LD_{50} 为 0.05~0.34 mg/kg，对眼睛和皮肤无刺激。狗喂食 500~800 mg/kg 不死，绵羊经皮无作用剂量 30~60 mg/(kg·d)，无致畸作用，无致突变作用，Ames 试验和微核试验均为阴性。小鼠蓄积性毒性试验其系数为 2.83，属中度蓄积性。

⑥**注意事项**　生产出的毒素液产品，一般在 -15 ℃ 以下冰箱保存，毒素冻结成冰状，使用时要先将毒素瓶放在 0 ℃ 的冰水中，待其慢慢溶化，不能用热水或加热溶解，以防其毒性降低。

拌制毒饵时，不要在高温、阳光下搅拌，不要用碱性水，以防降低毒力。由于毒素毒饵对鼠类适口性好，一般不加引诱剂。

毒素毒饵投饵方法与化学药物毒饵基本相同，投饵量以毒杀高原鼠兔为例，4 粒燕麦毒饵就含 1 个高原鼠兔 MLD 的毒力，而鼠兔一次采食毒饵都在 4 粒以上。根据不同鼠种试用不同的投饵量。

C 型肉毒梭菌毒素对人、畜比较完全，在大面积灭鼠时，万一不慎，误食毒素，可用 C 型肉毒梭菌抗血清治疗。

一般包装、运输、配制毒饵、使用毒饵以及剩余毒饵保存等均按使用剧毒化学农药的安全操作规则要求。

其他杀鼠剂见表 5-2。

表 5-2 常用杀鼠剂

药剂名称	化学名称与结构式	主要理化常数	原药经口 LD_{50} (mg/kg)	主要特点和用途
敌鼠钠；双苯鼠敌；东鼠酮；敌鼠净；敌鼠树脂盐；得伐鼠；Diphacinone	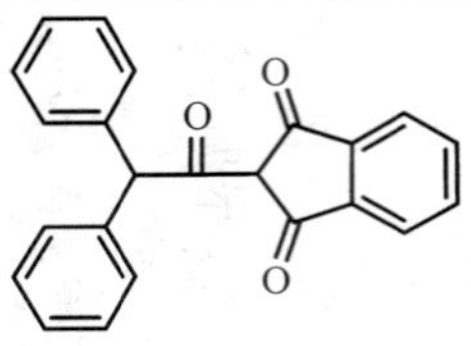 2-(2,2-二苯基乙酰基)-1,3-茚满二酮	原药是黄色无臭针状晶体，熔点146~147 ℃。不溶干水，溶干丙酮、乙醇等有机溶剂。钠盐溶于热水。两者化学性质稳定	大鼠3，狗3~7.5，猫为14.7，猪为150，高毒杀鼠剂，在动物体内蓄积性较小，无一次中毒现象	抗凝血剂，抑制维生素K，在肝脏中能阻碍合成血液中的凝血酶原，使之失去活力，并使毛细血管变脆，减弱抗张能力，增加血液渗透性，损害肝小叶。以配毒饵防治害鼠为主，也用作抗凝血的药物
氯敌鼠；氯鼠酮；Chlorophacinone; Liphadione; Raviac; Rozol	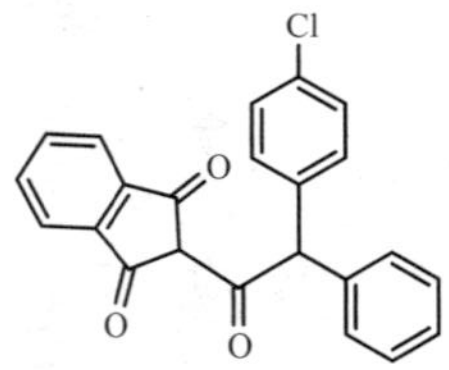 2-(4-氯苯基)苯基乙酰基)-1H-茚-1,3(2H)-二酮	纯品为黄色针状结晶，无臭无味，熔点138~144 ℃，不溶于水，可溶于丙酮、乙醇、乙酸乙酯。在酸性条件下不稳定	雌雄大鼠分别为9.6和13.0，属高毒杀鼠剂	除抗凝血外，还有氧化磷酸化作用。对人和家畜的毒力较小，比较安全。对鸡、鸭、鹅、猫和猪毒性小，对狗敏感。防治家栖、野栖鼠类，褐家鼠、黄胸鼠等有很好的灭鼠效果，防效在90%以上
华法林；杀鼠灵；灭鼠灵；华法灵；Warfarin; Warfarat	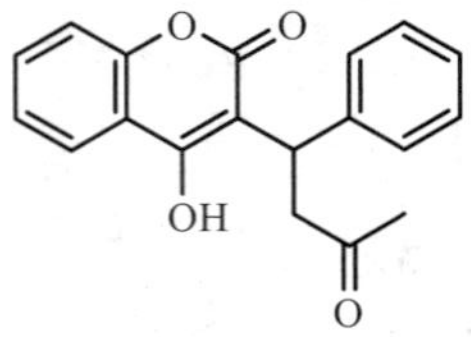 3-(1-丙酮基苄基)-4-羟基香豆素	纯品为白色结晶，工业品略带粉红色。熔点159~161 ℃，不溶于水，易溶干丙酮，二噁烷	大鼠3，狗20~50，猫5，高毒杀鼠剂，对猫、狗较敏感，对牛、羊、鸡、鸭毒性较低	作用机制和中毒症与敌鼠相似。主要用于居住区、粮仓、码头和家禽饲养场灭鼠，灭鼠效果可达90%左右，但不适用于田间灭鼠
毒鼠磷；没鼠命；Phosacetim; Gophacide; Phosazetim; Bayer38819	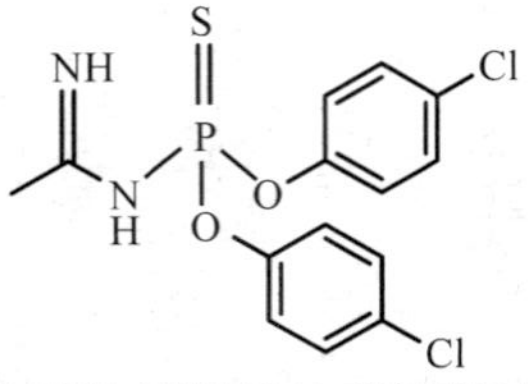 O,O-双(4-氯苯基)(1-亚氨基乙基)硫代磷酰胺	原药为浅棕粉色或浅黄色粉末，不溶于水，易溶于二氯甲烷、丙酮和热的矿物油，在常温和干燥条件下稳定。纯品熔点107~109 ℃，工业品纯度在80%以上	大鼠3.5~7.5，小白鼠14，褐家鼠3.5，小家鼠8.7，长爪沙鼠11.6，布氏田鼠12.1，狗30.0，喜鹊5.0~75.0，对野鼠毒性比较大，黄鼠，二次中毒的危险比较小。对人的毒性比较低，对鸭，鹅却很敏感	抑制胆碱酯酶活性，干扰神经传导，中毒之后呼吸道充血或心血管麻痹。目前主要用于防治野鼠，如长爪沙鼠、北方田鼠、布氏田鼠、黄毛鼠、板齿鼠、野兔、达乌尔鼠兔等，效果很好

5.3 生物源杀鼠剂

（续）

药剂名称	化学名称与结构式	主要理化常数	原药经口 LD_{50} (mg/kg)	主要特点和用途
溴代毒鼠磷；Phosazetim-bromo；Bromo-Gophacide	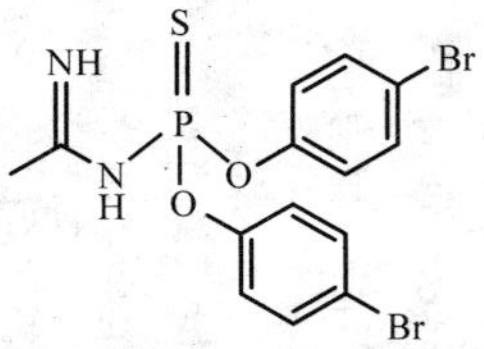 O,O-双(4-溴苯基)-N-亚氨逐乙酰基硫逐磷酰胺酯	纯品为白色粉末，原药为浅粉色或浅黄色粉末。熔点115～117℃，不溶于水，微溶于乙醇，易溶于苯、氯仿、二氯甲烷、丙酮	小白鼠10，沙土鼠25，褐家鼠6，黄胸鼠8，黑线姬鼠8，黄毛鼠11	适宜于居民住宅、工厂、仓库、食堂、草地、室内灭鼠。特别适用于稻田、旱地、草原、森林等野外灭鼠。每亩投0.3%毒饵50～100 g。溴代毒鼠磷配成毒饵使用，浓度一般以0.3%为宜。配制毒饵时，应染着警戒颜色，以防误食中毒
敌鼠隆；大隆；杀鼠隆；溴联苯杀鼠灵；溴鼠萘；杀特净苯杀鼠萘B；Brodifacoum	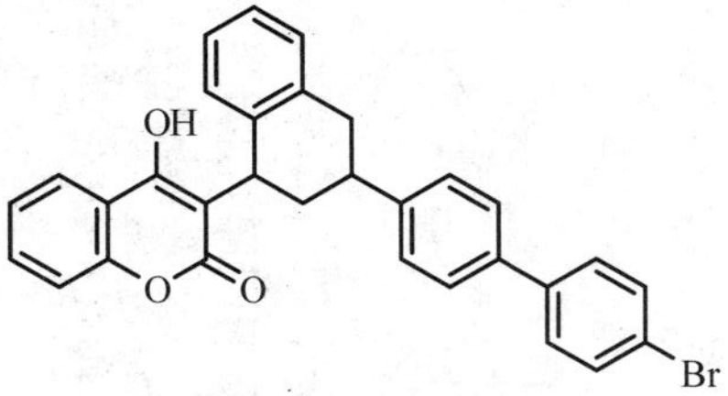 3-[3-(4-溴联苯基-4)-1,2,3,4-四氢萘-1-基]-4-羟基香豆素	原药是白色结晶粉末，熔点为223～232℃，无臭无味，不溶于水，易溶于氯仿	大白鼠0.26，小家鼠0.15，褐家鼠0.32，黄胸鼠0.39，中华鼢鼠0.40，高原鼠兔0.80，大仓鼠0.093，长爪沙鼠0.86，达乌尔黄鼠0.002～0.003，田鼠0.093。属高毒杀鼠剂。对非靶标动物一次中毒危险性较小，但剂量大时二次中毒危险性增大，对猪、狗、鸡敏感	理想的二代抗凝血剂，具有急性和慢性两种杀鼠作用，以极低的剂量一次用药就能杀死各种鼠类
安妥；Antu	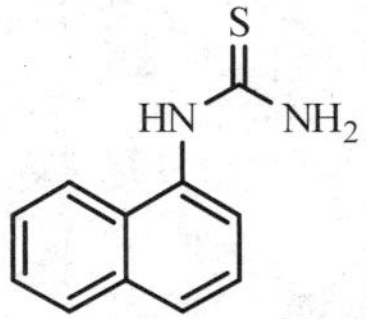 1-萘基硫脲	原药为灰白色结晶，熔点187℃，难溶于水，易溶于沸腾酒精，化学性质稳定，不易变质，受潮结块后研碎仍不失效	高毒杀鼠剂。挪威大鼠6～8，狗380，猴4 250，人最小致死剂量588	急性杀鼠剂，选择性较强，对褐家鼠和黄毛鼠毒性较强，对其他鼠类毒性低，目前主要用于配制毒饵防治以褐家鼠为主的家栖鼠类
溴鼠胺；溴杀灵；Bromethalin	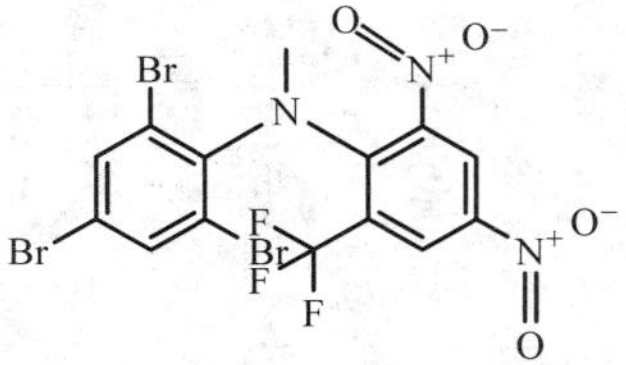 N-(2,4-二硝基-6-三氟甲基)-N-2,4,6-三溴苯基-N-甲基胺	产品为淡黄色结晶。熔点150～151℃，难溶于水，微溶于水饱和烃，溶于氯仿、丙酮，易溶于芳香烃类溶剂。常态下不稳定	5.25～8.13（小家鼠），鼠2.01～2.46，狗4.70，猴5.0，鹌鹑4.6，蓝鳃鱼0.12，急性剧毒杀鼠剂	对鼠适口性好，鼠食致死量后即停止取食，18 h内先为震颤，1～2次后发生痉挛。毒率出现衰竭死亡。对共栖鼠灭鼠效甚高，对抗药性鼠有效。毒饵使用浓度为0.005%～0.01%。由于溴杀灵中毒引起脑水肿，脑血流缓解，重度中毒可使脑压下降。上腺素进行缓解，可用利尿剂和肾上腺素滴注高渗利尿药使脑压下降

5.4 兔害防治药剂

野兔和鼠虽然同属于啮齿类，但体形较大，活动范围更广，需要的防治剂量更大，因而具有其独到的防治特点。

5.4.1 兔害危害特点

野兔（*Lepus capensis*），别名草兔、山兔、蒙古草兔。属啮齿类兔形目（Lagomorpha）兔科（Leporidae）。分布全国各地。野兔食性广，啃食杂草、树苗、嫩枝、嫩叶、树皮及各种农作物等。在冬季和早春，食物缺乏时，啃食刺槐、山桃、山杏、梨等幼树靠近地面的树干，牙齿十分锐利，危害形状为长条形，伤口边缘平滑，犹如刀削，长度1~7 cm，宽度1 cm左右；取食侧柏、油松的叶子、枝干及嫩梢，最后只剩下3~5 cm光秃秃的干枝。调查中发现尤其喜食侧柏的枝叶。

野兔喜独居，独自栖于山坡灌丛、林缘、荒坡、坟地、苗圃、河流两岸的草灌丛及长有农作物的农田中。听觉、视觉都极为发达。善于跳跃和奔跑。清晨和傍晚外出觅食，白天一般在隐蔽处休息，常爬伏地面，两耳紧贴颈背。野兔无固定洞穴，白天多在隐蔽处挖掘临时藏身的卧穴。筑卧穴速度快，几分钟即可完成，常因外界环境的影响而改变卧穴的地方。产仔时，选择灌丛或其他隐蔽的地方，垫草筑巢，并咬下自己腹部的毛敷于草上，在其中生产幼兔。每只野兔都有自己的领地，以排泄物确定边界，只在交配期追逐母兔。野兔有固定的活动路线，形成兔道。野兔繁殖力很强，1年繁殖4胎，且一年四季均可产仔，每胎产仔2~6只。

野兔以其食物来源充沛、繁殖力强而难于防治。兔害同鼠害一样，成为威胁农林牧业生产安全的一大灾害，越来越受到人们的重视。

传统的兔害的防治方法以捕猎为主，如枪击法、陷阱法，结合对幼林苗木的套笼埋条保护。但国家加强对枪械管理以后，猎捕法已很难实施。迫切需要寻找一种简便、安全、快捷、有效的防治技术。而化学药剂防治正好迎合了这一需求。药剂防治又分直接杀灭法、化学不育法和驱避法3种。

由于野兔的体型较大，药剂直接杀灭法需要的剂量太大，对其他野生动物和环境的安全构成了极大的威胁，因而不宜采用。不育剂防治同样对非目标生物具有潜在的威胁，尤其对同属草食性的其他野生动物和家畜的危害更大，一定要慎用。而驱避剂能散发一种野兔不喜欢的气味，或食用后产生应激性刺激反应而对野兔产生驱避作用，对需要保护的林木起到防卫作用。

5.4.2 兔害防治药剂

5.4.2.1 直接杀灭药剂

可用溴敌隆、C型肉毒素等直接拌成毒饵诱杀，使用剂量比杀鼠时要大很多，具体要求可按野兔和鼠的体重比例计算。

①溴敌隆杀鼠剂　该药剂为第2代新型抗凝血剂，毒杀作用强、适口性好，兼有第1代抗凝血剂的优点，可于野兔食物缺乏时期的3月底和11月下旬在需保护的林地投饵，按照每30 m×30 m投放一堆，尤其注意在兔道上投药，一次性投药即可。

②C型肉毒素毒杀　C型肉毒素配制成含量为0.2%的毒饵。先将C型肉毒素冻干剂稀释，将稀释的冻干剂2 mL加入80 mL水中拌匀，饵料应按每40 m×40 m投放一堆，每堆5~8 g，每公顷用药75 g左右。于野兔食物缺乏时期的3月底和11月下旬防治最好。配制方法等参见本书生物源杀鼠剂（C型肉毒素）。

5.4.2.2　不育剂防治

不育剂是破坏精子、卵子形成或抑制精子、卵子排放或抑制胚胎发育而导致动物不育，降低繁殖率，控制动物种群数量的药剂。应用不育剂要根据野兔发育历期来定，在交配前期和交配期应使用破坏精子、卵子形成或抑制精子、卵子排放的不育剂；在野兔怀孕期间使用抑制胚胎发育的不育剂。

应用不育剂，应于野兔食物缺乏时期的3月底和11月下旬在需保护的林地投饵，按照每30 m×30 m投放一堆，尤其注意在兔道上投药，每堆100 g，每公顷用药2.5 kg。第1年投药2次，每公顷5 kg，第2年以后，每年3月初投药1次，每公顷2.5 kg。从而达到长期控制的目的，常见不育剂及其性能如下：

①棉酚　别名棉子醇、棉子酚；Gossypol；分子式$C_{30}H_{30}O_8$；相对分子质量518.55。棉酚是锦葵科植物草棉、树棉或陆地棉成熟种子、根皮中提取的一种多元酚类物质，具有抑制精子发生和精子活动的作用。

②米非司酮　别名含珠停、抗孕酮、米那司酮、息百虑、Mifepristone，化学名称11B-[4-(N,N-二甲胺基)]苯基-17B-羟基-17A-(1-丙炔基)-雌甾-4,9-二烯-3-酮。分子式$C_{29}H_{35}NO_2$；相对分子质量429.59。新型抗生育药物，能与孕酮受体及糖皮质激素受体结合，对子宫内膜孕酮受体的亲和力比黄体酮强5倍，对受孕动物各期妊娠均有引产效应，因此可作为非手术性抗早孕药，也是药物流产的常用药物。

③左炔诺孕酮　别名Levonorgestrel、D-(-)-Norgestrel，化学名称D(-)-17α-乙炔基-17β-羟基-18-甲基雌甾-4-烯-3-酮。分子式$C_{21}H_{28}O_2$，相对分子质量312.45。能抑制卵泡发育，抑制排卵，使子宫内膜变薄，干扰卵子着床等节育作用。

5.4.2.3　驱避剂防治

驱避剂防治是林业兔害防治和保护林木避免被牲畜啃噬所特有的方式，不直接伤害动物，而使其产生逃避行为，避免对林木的伤害。常见的驱避剂及其使用方法如下。

①辣椒辣素溶液　用商品化的食品添加剂辣椒辣素，或用食用小红辣椒粉外加少量黏附剂，如动物油加洗衣粉，配成0.1%~0.2%混合液，在枝叶和树干喷洒或涂抹。

②苦楝素溶液　用商品化的苦楝素外加少量黏附剂，如动物油加洗衣粉，配成一定浓度，在枝叶和树干喷洒或涂抹。

③狼毒根浸提液　用商品化的狼毒根浸提液，或用狼毒根粉碎后用水或酒精浸提，将其浸提液外加少量黏附剂，如动物油加洗衣粉，配成一定浓度，在枝叶和树干喷洒或涂抹。

另外，有人用鼠、兔喜食的饵料，拌以高标号的水泥，做成无毒颗粒饵料，动物食用后，在体内凝结成块，使食物不能吸收，同时堵塞肠道引发死亡。

小 结

本章主要介绍了用以防止有害啮齿类动物的化学杀鼠剂、生物杀鼠剂及兔害防治剂。这类药剂绝大部分属于高毒甚至剧毒农药，对其他高等动物的安全性极差，误食、经皮肤接触或吸入后会引起严重的中毒事故。基于以上原因，在使用中一定要严格按照国家有关法律规定的"高毒农药安全使用规程"进行，做好安全防护工作。全面禁止生产、销售和使用禁用农药毒鼠强、氟乙酰胺、甘氟、毒鼠硅、氟乙酸钠等。

思考题

1. 什么是杀鼠剂，它是如何分类的？
2. 急性杀鼠剂和慢性杀鼠剂在作用机理和使用技术上有何异同？
3. 急性杀鼠剂主要有哪些种类？各自的主要特点是什么？
4. 慢性杀鼠剂主要有哪些种类？各自的主要特点是什么？
5. 鼠害防治的策略有哪些？你认为鼠害防治的根本出路是什么？
6. 生物源杀鼠剂主要有哪些种类？各自的主要特点是什么？
7. 你认为未来生物源杀鼠剂的发展趋势是什么？
8. 兔害防治与鼠害防治有何异同？
9. 国家全面禁止生产、销售和生产的杀鼠剂有哪几种？为何禁用？

推荐阅读书目

1. 赵善欢. 2000. 植物化学保护[M]. 3版. 北京：中国农业出版社.
2. 苗建才. 1990. 林木化学保护[M]. 哈尔滨：东北林业大学出版社.
3. 农业部农药检定所. 1989. 新编农药手册[M]. 北京：农业出版社.
4. 农业部农药检定所. 1989. 新编农药手册[M]. 续集. 北京：农业出版社.
5. 沙家骏. 1999. 化工产品手册——农用化学品[M]. 北京：化学工业出版社.
6. 费有春，徐映明. 1997. 农药问答[M]. 北京：化学工业出版社.
7. 马壮行，徐承强. 1993. 中国灭鼠工具图谱[M]. 北京：农业出版社.

第 6 章
抗药性及其治理

随着农药在农林业生产防治中的大量应用，越来越多的农林业有害生物对农药产生了抗药性。有害生物对药剂抗性的发展，严重影响了农林业生产，增加了对生态环境的破坏和对人类健康的威胁。但在未来较长的时期内，使用农药仍是控制农林业有害生物的重要手段之一。因此，研究有害生物抗药性形成过程、抗药性机理和治理策略，有利于农林业有害生物的有效控制。

6.1 害虫抗药性

6.1.1 害虫抗药性的概念

世界卫生组织(World Health Organization，WHO)1957 年将昆虫抗药性(insecticide resistance)定义为："昆虫具有忍受杀死正常种群大多数个体的药量的能力在其种群中发展起来的现象"，也就是说，在多次使用杀虫剂后，昆虫对某种杀虫剂的抗药力较原来正常情况下有明显增加的现象；并且这种由于使用杀虫剂而增加的抗药性是由基因控制的，是可遗传的。抗药性有地区性，即抗药性的形成与该地的用药历史、药剂的选择压力等有关。需要指出的是，昆虫的抗药性是昆虫种群的一种特性，而不是昆虫个体改变的结果，即个别昆虫对杀虫剂耐受性的提高并不意味着整个种群对杀虫剂产生了抗药性。

还有一些昆虫对杀虫剂具有自然抗性(natural resistance)，即会对某些类型的药剂表现出一种天然的低敏感度，从而对此类药剂具有高度的耐受性。如滴滴涕对棉蚜的药效很差而对蚊虫的效果很好。这种自然抗性也是可以遗传的。此外，由于营养条件或其他环境条件的改善，以致对药剂的抗性较强的现象，称为健壮耐性(vigorotolerance)。其特点是不稳定的、不遗传的，随着条件的改变又可消失。

害虫对一种杀虫剂产生抗药性后，再用这种杀虫剂进行防治，其防治效果会降低。但是在大田防治中不能一出现药效降低的现象，就认为是抗药性。因为药效降低的原因是多方面的，如农药的质量问题，施药技术和环境条件，害虫的虫态、龄期、生理状态等。只有在弄清楚上述条件的前提下，经过抗药性生物测定，才能确定某种害虫是否产生了抗药性。抗药性可分为以下几类。

①交互抗性(cross resistance)　昆虫的一个品系由于相同抗性机理或相似作用机理、类似化学结构，对选择药剂以外的其他从未使用过的一种药剂或一类药剂也产生抗药性的现象。作用机制相同的杀虫剂易产生交互抗性。例如，抗溴氰菊酯的棉蚜，由于抗击倒机理

(Kdr),对氯氰菊酯、氟氯氰菊酯及氯氟氰菊酯等几乎所有拟除虫菊酯杀虫剂都产生交互抗性。

②负交互抗性(negative cross resistance)　昆虫的一个品系对一种杀虫剂产生抗性后对另一种杀虫剂敏感度反而上升的现象。例如,对 N-甲基氨基甲酸酯产生抗性的黑尾叶蝉,对 N-丙基氨基甲酸酯化合物变得更敏感。

③多种抗性(multiple resistance)　昆虫的一个品系由于存在多种不同的抗性基因或等位基因,能对几种或几类药剂均产生抗性。但昆虫的这种抗性对几种杀虫剂的抗性机制是不同的,不同于交互抗性。

6.1.2　害虫抗药性的发展历史

人们对害虫抗药性的认识和研究已经有相当长时期。从 1908 年 Melander(1914 年报道)首次发现美国加利福尼亚州梨圆蚧(*Quadraspidiotus pernnicious*)对石硫合剂产生抗性之后,直至 1938 年前,仅发现有 7 种害虫产生抗药性。而对抗性真正引起重视是在 1950 年代。随着有机合成杀虫剂的出现,有机氯和有机磷杀虫剂的大量使用,抗性害虫的种类几乎呈直线上升,害虫抗药性发展速度明显加快,害虫的抗药性已经成为一个世界性问题。到 1980 年代,多抗性现象日益普遍,抗性发展速度加快。截至 2003 年,已报道至少有 548 种昆虫和螨对 310 种杀虫剂和杀螨剂产生了抗药性,其中报告抗性事例的国家和地区达 4 782 个。各种昆虫和螨类历年来发生抗性的情况列于表 6-1。这些抗性节肢动物分布于 15 个不同的目:蜱螨目、蛛形目、鞘翅目、革翅目、双翅目、蜉蝣目、半翅目、同翅目、膜翅目、鳞翅目、脉翅目、直翅目、虱目、蚤目和缨翅目,其中最多的是双翅目、蜱螨目、鳞翅目、鞘翅目和同翅目,这 5 个目的抗性种类占全部抗性种类的 90% 以上。随着交互抗性和多抗性现象日趋严重,害虫对新的取代药剂产生抗性有加快的趋势;双翅目、鳞翅目昆虫产生抗药性种类最多,农业害虫抗药性种类超过卫生害虫,重要农业害虫如蚜虫、棉铃虫、小菜蛾、菜青虫、马铃薯甲虫及蛾类的抗药性尤为严重。

害虫的抗药性几乎涉及所有的农药,除对有机磷、拟除虫菊酯、氨基甲酸酯类常规药剂产生抗药性外,对一些新型药剂,如酰基脲类杀虫剂、苏云金杆菌、病毒制剂、蜕皮激素类杀虫剂、新烟碱类杀虫剂等也产生了抗药性。

表 6-1　昆虫和螨类对 1 种或几种药剂产生抗性的情况(1908—2003 年)

年份	种类数	年份	种类数	年份	种类数
1908	1	1960	137	1980	432
1928	5	1963	157	1984	447
1938	7	1965	185	1989	504
1948	14	1967	224	2000	540
1954	25	1975	364	2003	548
1957	76	1977	392		

我国自 1963 年报道淡色库蚊（*Culex pipicns pallens*）对氯化烃类杀虫剂，棉蚜、棉红蜘蛛对内吸磷产生抗药性以来，据不完全统计，至今我国已有近 45 种昆虫产生了抗药性，其中卫生害虫 9 种，农业害虫 36 种。抗性尤为突出的虫种，在卫生害虫中有家蝇、淡色库蚊、三带喙库蚊和德国小蠊，农业害虫中有二化螟、棉铃虫、棉蚜和小菜蛾等，这些害虫均对多种不同类型的杀虫剂产生了抗性，并且抗性水平较高。

6.1.3 害虫抗药性的形成

昆虫抗药性形成的学说主要有以下几种：第一种是选择学说，认为昆虫种群中本来就存在少数具有抗性基因的个体，昆虫对农药的抗性是一种前适应现象（preadaptive phenomenon），杀虫剂在昆虫抗性形成过程中只是充当选择剂的角色。第二种是诱导变异学说，认为在昆虫体内本来并不存在抗性基因，而是因为杀虫剂的使用才导致了昆虫种群中某些个体被诱发突变，从而产生抗性基因。该学说认为昆虫的抗药性是一种后适应现象，杀虫剂在这个过程中起的是诱变剂的作用。第三种学说是基因复增学说（gene duplication theory），它与一般的选择学说不同，虽然它承认本来就有抗性基因的存在，但它认为某些因子（如杀虫剂等）引起了基因复制。即一个抗性基因拷贝为多个抗性基因，这是抗性进化中的一种普遍现象。近年来已发现抗性桃蚜（*Myzus persicae*）及库蚊的酯酶基因扩增，前者主要发生在酯酶 E4 或 FE4 基因的扩增。第四种为染色体重组学说，因染色体易位和倒位产生改变的酶或蛋白质，引起抗性的进化。到目前为止，大多数学者普遍承认和接受选择学说，但这几种学说在昆虫抗药性的形成是由于杀虫剂作用的结果这一点上是相同的。

有关昆虫种群抗药性演化的问题，一般认为可以将其分为 4 个阶段。第一阶段，在昆虫自然种群中，由于杀虫剂尚未被使用，昆虫的生长未受到杀虫剂的影响，因而抗性基因突变和自然选择以一个很低的平衡频率存在。此时，在种群中纯合子敏感个体（*SS*）占大多数，而纯合子抗性个体（*RR*）和杂合子个体（*RS*）则只占少数。第二阶段，杀虫剂开始被施用于昆虫种群，种群中的抗性基因开始被杀虫药剂选择，*SS* 个体被大量杀死，而在种群中占少数的 *RR* 个体和 *RS* 个体则可继续存活。在这一阶段，抗性基因的存在并不会引起防治效果的显著降低，但在这一过程中，抗性基因会逐渐扩散，并以 *RS* 个体的形式大量存在。第三阶段，随着防治的进行，杀虫剂的选择压力持续作用于昆虫种群，导致种群中的 *RR* 个体越来越多，从而使得该药剂的防治效力越来越低。为了达到理想的防治效果，就不得不提高杀虫剂的使用浓度。但随后不久，即使是高浓度的药剂也无法防治害虫，最终导致该药剂在一个大的地理范围内被废弃使用。第四阶段，在该杀虫剂停止使用后，由于作用于昆虫种群的选择压力消失，抗性基因频率因繁殖劣势或敏感基因的稀释而逐渐回落，*SS* 个体开始重新占据种群个体的大多数。昆虫种群抗性进化过程如图 6-1 所示。

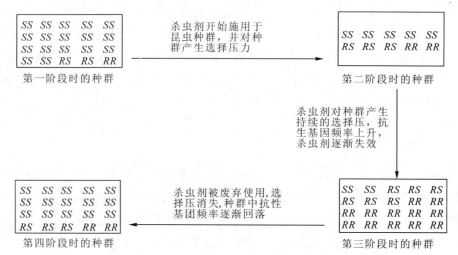

图 6-1 昆虫种群抗性进化过程示意图

（注：图中 4 个方框分别代表不同进化阶段的昆虫种群，SS 代表纯合子敏感个体，RR 代表纯合子抗性个体，RS 代表由 RR 和 SS 个体交配形成的杂合子个体。）

6.1.4 害虫抗药性的机理

昆虫抗药性是杀虫剂选择的结果，是一种复杂的遗传现象。昆虫生理生化机理的改变是抗性产生的直接原因，而抗性基因控制着这些机理的改变，是抗性产生的根本原因。昆虫抗药性机制的类型，可按由遗传引起的种属特征变化或形态、行为和生理生化特征的变化，分为行为抗性、生理抗性和生化抗性。昆虫对杀虫剂产生抗性的原因如图 6-2 所示。

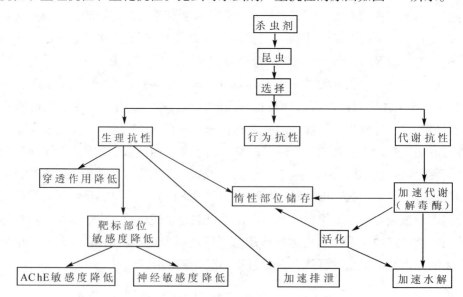

图 6-2 昆虫抗药性机制的图解（仿唐振华，毕强，2003）

6.1.4.1 昆虫的行为抗性

行为抗性(behavior resistance)是指昆虫在杀虫剂的影响和选择下,那些具有有利于生存的行为个性的个体适者生存,使整个昆虫群体改变了原有的行为习性。当杀虫剂被施用于昆虫时,会导致昆虫选择有利的行为,以减少或避免与杀虫剂的接触。

Gerold(1964)用滴滴涕对一种按蚊(*Anopheles ateaparus*)的过兴奋性(hyper irritability)和低兴奋性(hypoirritabilty)进行选育,以蚊虫迅速逃离滴滴涕处理纸的能力作为过兴奋的标准。结果显示,行为抗性和生理/生化抗性呈负相关;昆虫对杀虫剂越敏感,选择作用就对行为抗性越有利,则生理/生化敏感度增加;反之,若昆虫生理/生化耐药性高,则其对杀虫剂不敏感,从而不会有效地对杀虫剂产生驱避行为,结果这些昆虫将被筛选。

6.1.4.2 穿透速率的降低

杀虫剂穿透昆虫表皮速率的降低是昆虫产生抗性的机制之一。杀虫剂穿透昆虫体表、肠道、气管以及神经膜等组织是致毒作用的第一个阶段。许多研究表明,表皮穿透效率的降低会导致杀虫剂在昆虫体内的渗透速度变慢,从而延缓其到达靶标部位的时间。如氰戊菊酯对抗性棉铃虫幼虫体壁的穿透速率明显较敏感棉铃虫慢,内吸磷对抗性棉蚜体壁的穿透和敌百虫对抗性淡色库蚊的穿透都有类似的结果。

穿透时间的延长会使昆虫有更多的机会降解这些毒素,从而增强对杀虫剂的抗性。所以,具有降低穿透作用的基因可以视为其他抗性基因的强化因子,在降低穿透因子与代谢抗性因子相结合时,这种趋势即表现得非常明显。如在家蝇的滴滴涕抗性品系中发现,因 P450 单加氧酶活性增高而产生的抗性为 500 倍;因表皮穿透降低而产生的抗性仅为 2 倍,当这两个因子结合在一起时,所产生的抗性可高达 900 倍。

6.1.4.3 靶标部位敏感性降低

靶标敏感度降低是昆虫产生靶标抗性的主要机理。一般来讲,杀虫剂进入昆虫体内经活化,或未被代谢的杀虫剂与靶标分子、靶标蛋白结合互相作用,改变其功能,结果产生中毒症状,最后死亡。由于抗性昆虫的靶标分子发生了变化,从而降低其与毒剂的结合作用,或降低与杀虫剂的作用,这种因敏感性降低而产生的抗性称为靶标部位抗性(或靶标抗性)(target-site resistance)。目前,对昆虫靶标抗性的研究主要集中在 3 个方面:乙酰胆碱酯酶(acetylcholinestcrase,AChE)敏感性变异(modified acetylcholinesterase,MACE)、神经轴突钠离子通道的改变(insensitive sodium channel,SC)以及 γ-氨基丁酸(γ-aminobutyric acid,GABA)受体氯离子通道的突变(insensitive GABA receptor)。

(1) 乙酰胆碱酯酶敏感性变异

乙酰胆碱酯酶(AChE)是有机磷和氨基甲酸酯类杀虫剂的作用靶标。这些杀虫剂通过抑制中枢神经系统中的 AChE 对神经递质乙酰胆碱(acetylcholin,ACh)水解作用的干扰,从而最终抑制神经突触的传导。AChE 对有机磷和氨基甲酸酯类杀虫剂敏感性降低是许多害虫对这些杀虫剂产生抗性的一个重要原因。

昆虫 AChE 的活性中心包括 3 个主要部分:酯解部位、阴离子部位和疏水性区域。酯解部位专门催化乙酰胆碱的水解,阴离子部位使乙酰胆碱分子结合到酶分子上。研究发现,果蝇的 AChE 几个突变位点均位于酶的活性中心峡谷内,该部位的氨基酸序列在不同生物之间是高度保守的,其中 368 位氨基酸为酰基口袋的组成部分之一,决定着酶对底物的选择性。

368位的苯丙氨酸突变为酪氨酸,增加了对活性中心的空间限制作用,从而使得一些大分子杀虫剂进入活性中心的过程受到了限制。可见,昆虫通过其 AChE 活性中心氨基酸序列的改变,影响杀虫剂与酶的结合过程,从而对杀虫剂产生不同程度的抗药性。

许多证据表明,不敏感 AChE 对于杀虫剂的抗性归因于乙酰胆碱酯酶基因突变导致氨基酸替代,这种变化也改变了酶对底物以及杀虫剂的催化活性。在棉红蜘蛛 (*Tetranychus urticae*) 中发现,一个改变的 AChE 导致其对杀虫剂敏感度的降低。家蝇抗性品系 AChE 的 5 个点突变(缬氨酸-180→亮氨酸,甘氨酸-262→丙氨酸,甘氨酸-262→缬氨酸,苯丙氨酸-327→酪氨酸,甘氨酸-365→丙氨酸)在杆状病毒系统中的表达显示,每一种突变均可导致一定程度的抗性,其中甘氨酸-262→缬氨酸突变可导致对某些化合物的超过 500 倍高抗性,且这些突变效应是累加的,说明 AChE 基因的非中性突变可导致对杀虫剂的抗性。

通常由 AChE 变构引起的交互抗性谱较广。但有时也有一定的专一性,如在稻黑尾叶蝉的一个品系中其抗性仅限于某些氨基甲酸酯及有机磷杀虫剂。

(2) 神经轴突钠离子通道的改变

拟除虫菊酯和滴滴涕的主要作用靶标是神经细胞膜电压敏感钠离子通道,昆虫神经系统对拟除虫菊酯类杀虫剂的敏感性下降主要与神经膜上钠离子通道(sodium channel)的敏感度降低有关,这种敏感度降低引起的抗性称为击倒抗性(knockdown resistance,Kdr)。已知拟除虫菊酯是通过改变位于神经膜上的这类通道而发挥其杀虫效果的,钠通道基因的点突变是产生 Kdr 的主要原因。通常具有击倒抗性的昆虫会具有明显的交互抗性。如棉蚜对溴氰菊酯及氰戊菊酯产生抗性后,对几乎所有的拟除虫菊酯都产生交互抗性。在家蝇中已经鉴定了一些 Kdr 等位基因,包括可引起高抗性的超抗击倒性(super-Kdr)基因。关于 Kdr 机制的学说有 3 种:膜磷脂双分子层的变异;钠通道密度下降;钠通道的基因发生突变。其中第三种学说被普遍接受。

家蝇 Kdr 品系的 para 钠通道基因包含 2 108 个氨基酸,它折叠成 4 个跨膜的重复结构域。Kdr 中首个被证实的点突变是家蝇钠通道 Ⅱ 区 S6 跨膜段第 1 014 位亮氨酸(Leu)被苯丙氨酸(Phe)置换,它导致对滴滴涕和拟除虫菊酯 10~20 倍的抗性。肯尼亚冈比亚按蚊钠通道 1 014 位亮氨酸→丝氨酸突变与对滴滴涕和拟除虫菊酯抗性相关,且该突变还与敏感和抗性个体杂交的子二代的二氯苯醚菊酯抗性相连锁。若同时在 Ⅱ 区 S5、S6 跨膜段连接处存在蛋氨酸-918→苏氨酸突变则可产生超过 500 倍的超抗击倒性。

(3) γ-氨基丁酸受体氯离子通道的突变

GABA 是哺乳动物和昆虫中枢神经系统(CNS)的主要抑制性神经递质,GABA 的传递作用是由 GABA 受体介导的。在昆虫中,GABA 受体被证实是环戊二烯类、阿维菌素、吡唑类、二环磷脂类和二环苯甲酸酯类杀虫剂的作用靶标,这些杀虫剂主要是抑制 GABA 受体的氯离子转运。抗性昆虫的 GABA 受体与杀虫剂的亲和性降低。一般认为,GABA 受体氯离子通道相关的抗性主要是由基因突变所致。对环戊二烯类杀虫剂产生抗性的果蝇,其抗性为单因子,呈半显性,该基因命名为 *Rdl*(resistance to dieldrin),即狄氏剂抗性基因。与敏感品系相比,*Rdl* GABA 亚基在第 302 位的氨基酸残基由野生型的丙氨酸(Ala)被代替为丝氨酸(Ser)。

6.1.4.4 代谢抗性

害虫的代谢抗性主要是通过其体内解毒代谢酶基因扩增或过量表达,导致解毒代谢酶的活性显著增高,加速代谢进入昆虫体内的杀虫剂,使其变为无毒或低毒物质,从而使杀虫剂无法达到作用部位,由此产生对杀虫剂的抗性。昆虫体内代谢杀虫剂能力的增强,是昆虫产生抗药性的重要机制。代谢抗性涉及的解毒酶系主要有 3 大类:细胞色素 P450 单加氧酶系(cytochrome P450 monoxygneases, P450s)、非专一性酯酶系(estaesres, Ests)和谷胱甘肽-S-转移酶(glutathione-S-transferases, GSTs)。在这些酶系中,只要有一个酶系的组成部分发生改变就可以改变对杀虫剂的解毒作用,但昆虫的代谢抗性往往是这些酶系联合发生作用。

(1)细胞色素 P450 单加氧酶系

细胞色素 P450 是生物体内微粒体氧化酶系的重要组成部分。它在生物细胞中很普遍,在昆虫中主要存在于中肠、马氏管、胃盲囊、脂肪体。

细胞色素 P450 单加氧酶系是一类结构性质类似的一族蛋白质,在杀虫剂代谢、昆虫对杀虫剂的选择毒性和抗药性、保幼激素和蜕皮激素的代谢,以及昆虫对寄主植物的适应性等代谢活动中具有重要作用。P450 基因是一个超家族,现已发现其包含 36 个基因家族。通常认为 *CYP6* 家族成员与抗性关系密切,但最近有研究表明,*CYP4*、*CYP9* 及 *CYP12* 家族的一些成员也与抗性相关。

依赖于 P450 的细胞色素氧化酶的解毒作用增强是许多昆虫对杀虫剂产生抗性的重要机理。细胞色素 P450 以基因的过量表达和基因的结构改变两种途径参与昆虫抗药性的形成。

P450 基因的过量表达导致细胞色素氧化酶蛋白的增加以及对杀虫剂的解毒代谢的增强。目前发现的在抗性品系中过量表达的细胞色素 P450 基因有果蝇的 *CYP4E2*、*CYP6A2*、*CYP6G1*,家蝇的 *CYP6A1*、*CYP6D1*、*CYP12A1*,烟芽夜蛾的 *CYP9A1*,棉铃虫的 *CYP6B2*、*CYP4G8*、*CYP6B7*、*CYP9a12*、*CYP9a14*、*CYP9a17v2* 等。LPR 家蝇成虫的 *CYP6D1* mRNA 的表达量是敏感品系的 10 倍,*CYP6D1* 的转录增强是家蝇 LPR 品系对拟除虫菊酯的抗性机理。

除细胞色素单加氧酶活性的增加及细胞色素 P450 基因的过量表达外,细胞色素 P450 基因结构的变化也能导致昆虫抗药性。果蝇敏感品系和家蝇 R 滴滴涕^R 品系中的 *CYP6A2* 序列之间的比对显示,有 3 个氨基酸被替换,即 R335S、L336V 和 V476L。根据序列同源的 *CYP6A2* 的模拟显示,这 3 个突变可能对 *CYP6A2* 的活性位点的结构起作用,影响酶活性的高低。在大肠杆菌(*Escherichia coli*)中的表达结果表明,*CYP6A2* 突变后对滴滴涕以及三氯杀螨醇的羟基化作用显著提高。因此认为,基因结构改变导致的氨基酸替换可能与昆虫 P450 介导的杀虫剂抗性有关。

(2)酯酶

酯酶是昆虫体内参与解毒代谢的重要酶系之一,其解毒方式包括 2 种,其一是通过水解脂类毒物的酯键使之降解;其二是与亲脂类毒物结合使之钝化。有机磷、氨基甲酸酯和拟除虫菊酯类杀虫剂等都是含有酯键的酯类化合物,昆虫体内的酯酶能降解这些药剂。即使是非酯类杀虫剂,由于它们通常都有较强的亲脂性,酯酶也可以通过结合使之钝化。因此,昆虫经过杀虫剂的筛选后同样可以提高其体内的酯酶活性,从而产生抗药性。昆虫体内酯酶系中对杀虫剂的解毒起主要作用的是羧酸酯酶。

从分子水平来看,酯酶解毒能力提高引起抗药性,可能涉及基因扩增和酶基因突变以及基因的转录增强等。羧酸酯酶的过量产生作为有机磷和氨基甲酸酯类杀虫剂选择压的一种进化反应已经在许多昆虫中得到了证实,其中包括蚊、蚜虫、蜚蠊等。

桃蚜对有机磷的抗性主要是由于高活性的 E4 酯酶所导致,酶的性质没有改变而只是酶量过度表达导致抗药性产生。E4 酯酶是一种典型的羧酸酯酶,能快速水解 α-乙酸萘酯和其他底物,可以被有机磷和氨基甲酸酯抑制,所以它有 2 种解毒作用:一种是水解作用;另一种是结合作用,以减少到达靶标的量,桃蚜中的 E4 酯酶对有机磷杀虫剂的结合作用远远大于水解作用。Devonshire 和 Sawieki(1979)首次在桃蚜中证实了酯酶基因扩增导致害虫抗药性的机理,他们发现与抗性相关的 E4 酶量随着抗性程度的增高而以几何级数的方式上升。这显示出桃蚜抗性的产生和增强是由于操纵 E4 酶的结构基因产生纵列复制,使基因的拷贝数增加所致。随后的实验表明,引起 E4 酯酶过量产生的原因是抗性桃蚜体内酯酶基因 E4 或 FE4 的扩增,扩增后的 E4 酶量可达到蚜虫总体重的 3% 以充分螯合杀虫剂。在麦二叉蚜中酯酶 E4 或 FE4 的扩增导致了蚜虫对对硫磷的抗性。

库蚊对有机磷抗药性机制中最常见到的是非特异性酯酶的扩增。库蚊的不同酯酶基因以单独或共同扩增的形式提高体内的酯酶含量从而提高对有机磷的抗性。在有机磷抗性品系五带淡色库蚊的四龄幼虫中,扩增的 $Est\alpha21$ 和 $Est\beta21$ 酯酶量占总蛋白的 0.4%,这些酯酶能快速螯合并缓慢水解杀虫剂。在五带淡色库蚊抗性品系中 $Est\alpha21$ 和 $Est\beta21$ 基因共同扩增了 80 倍。

突变的羧酸酯酶的表达或选择作用也可以引起代谢抗性。结构基因的点突变导致酶对药剂的代谢能力的增强。澳大利亚铜绿蝇(*Lucilia cuprina*)对有机磷杀虫剂的抗性源于编码羧酸酯酶 E3 的基因 *LcaE7* 的突变。*LcaE7* 基因有 2 种突变:其一是 G137D 替代,使其水解有机磷杀虫剂的活性增加,导致害虫对有机磷杀虫剂(如二嗪农)产生抗性;其二是 W251L/S 替换,使得其对马拉硫磷羧酸酯酶活性和有机磷水解活性增加。而后者更能产生高水平的有机磷抗性(>100 倍)。

酯酶基因 mRNA 表达量的增加也能导致抗药性的产生。如角蝇抗二嗪农品系的酯酶基因发现,抗性试虫的 mRNA 的表达量是敏感试虫的 5 倍,而 DNA 的拷贝数没有增加。

上述酯酶的抗性机理不是互相排斥的,在跗环库蚊对马拉硫磷的抗性中,既有酯酶基因的突变,又有酯酶基因的扩增。

(3) 谷胱甘肽-S-转移酶

谷胱甘肽-S-转移酶(GSTs)是一组具有多种生理功能的同工酶家族,催化体内许多潜在毒性的化学物质和亲脂性化合物与还原型谷胱甘肽(Glutathione,GSH)结合,使其毒性降低、水溶性增强,从而加强有害物质的清除,保护生物大分子免受侵袭。

在昆虫体内 GSTs 通过还原型谷胱甘肽与杀虫剂或毒物的初级代谢产物相结合而导致昆虫对多种杀虫剂产生抗药性,大多数报道是 GSTs 与有机磷抗性相关。烟芽夜蛾对甲基对硫磷的抗性与谷胱甘肽-S-转移酶的活力升高有关。在小菜蛾中分离到 4 种与抗性相关的谷胱甘肽-S-转移酶同工酶,其中 GST-4 与 DCNB 和几种有机磷药剂如对硫磷、甲基对硫磷和对氧磷有更高的底物亲和力。在抗性昆虫中,GSTs 表达量的增加与 mRNA 水平的提高和基因扩增有关,但前者是主要的。GST3 mRNA 表达量的升高与小菜蛾 Iwaoka 品系对定虫隆的抗性相关。

害虫的抗药性并非都是由单个抗性机制所引起的，往往可以同时存在几种机制，各种抗性机制间的相互作用也不仅仅是简单的相加作用。如当体壁穿透力的降低为唯一的抗性机制时，其抗性倍数一般较低；但当与代谢酶活性的增加及靶标部位敏感性降低等结合存在时，如棉红蜘蛛的高抗品系，其抗性倍数可高达几千倍。此外，一种杀虫剂可能存在多个酶解毒的作用部位，如对硫磷、马拉硫磷。桃蚜的羧酸酯酶 E4 的过量表达与桃蚜对有机磷、拟除虫菊酯的高水平抗性及对氨基甲酸酯的低水平抗性密切相关；桃蚜的 AChE 敏感性降低可导致桃蚜对二甲基氨基甲酸酯（如抗蚜威、唑蚜威）的极强抗性；抗性桃蚜体内还存在着对拟除虫菊酯和滴滴涕的击倒抗性。击倒抗性与钠离子通道发生改变有关。而且，E4 酯酶基因扩增与对拟除虫菊酯的击倒抗性存在强烈的连锁不平衡（linkage disequilibrium），这可能就是许多桃蚜种群在高选择压下表现出多抗现象的机制。

6.1.5 影响害虫抗药性发展的因子

各种害虫的抗药性发展速度是不同的，有些害虫的抗性发展速度很快，有些发展很慢，而有些可能不发生。例如，在美国种植玉米的地区曾长期使用滴滴涕防治玉米螟，至今未发生抗性。但在许多地区的家蝇与滴滴涕仅 2~3 年的接触即可发生抗性。即使是同一种害虫的不同群体，其抗性发展的速度也可不同。例如，美国长岛的马铃薯甲虫发生抗性的速度要比内陆的快。Georghiou 把影响抗性变化的因子分成遗传学、生物学和操作三大类。遗传学和生物学因子是生物本身固有的特性，基本上不受人的控制，但对它们的评估在测定抗性风险中是很重要的。操作因子是人为的，人们可以通过合适的选择，使产生抗性的风险最小。

6.1.5.1 遗传学因子

从遗传的角度，害虫对杀虫剂的抗药性，是生物进化的结果。害虫抗性是由基因控制的，抗性的发展依赖于药剂对抗性基因选择作用的强度，反过来抗性基因的特性又能影响抗性群体的选择速度。

(1) 原始抗性基因频率

抗性等位基因（resistance alleles）的频率在自然种群中原来是很低的，在 $10^{-4} \sim 10^{-2}$ 之间，这称为抗性基因起始频率。起始频率对药剂处理后的抗性群体大小影响很大。当起始频率极低时，存活的个体及其群体增加的潜力大大地受到限制，抗性形成比较慢。目前还在研究早期抗性的基因频率和抗性基因频率的阈值（threshold of R-gene frequency）。前者对实施"预防性"抗性治理非常重要，后者的含义是指抗性等位基因频率提高到何等程度时，再用杀虫剂防治不再有效。这是制定抗性治理对策及方案的重要依据。

(2) 抗性基因的显隐性

抗性基因的表现型有完全显性、不完全显性、中间类型既不是显性也不是隐性、不完全隐性及完全隐性。在药剂选择的条件下，抗性基因的显、隐性程度会影响抗性增长的速度。当抗性基因为隐性时，抗性增长速度慢；反之，显性时则抗性增长快。两者达到高抗性基因频率所需的时间差异很大。

(3) 抗性基因之间的相互作用

从抗性基因的水平来看，许多研究证明抗性害虫体内存在有单一的或复合的抗性基因或等位基因。在一些抗性昆虫中，如是由单一（等位）基因控制的抗性，为单基因抗性，一般抗性的水平可能相当高。如螨类对有机磷的抗性为 2 000 倍。又如抗性叶蝉，由于其胆碱酯酶的变构，显著降低了对药剂的反应。AChE 变构引起的抗性是单基因控制的，可能是由于结构基因改变引起的。但是，目前还不能排除其他与抗性有关的调节 AChE 表达和翻译后修饰基因起作用的可能性。此外，按蚊体内单基因控制的一种羧酸酯酶，引起对马拉硫磷的抗性。实际上，大多数抗性害虫种群都是由多基因（2~5 个）支配的。多个抗性基因还可能存在相互作用的问题。两个抗性基因结合时对抗性的影响是倍增，而不是简单的相加作用。例如，抗滴滴涕家蝇，至少由 3 种（等位）基因控制的抗性，为多基因抗性。如在第 3 对染色体上的脱氯化氢酶（Deh），在第 5 对染色体上的氧化作用（滴滴涕 md）及在第 3 对染色体上 Kdr 基因，抗性基因间存在相互作用。其脱氯化氢酶基因单独作用时，家蝇对滴滴涕的抗性水平为 100 倍；而 Kdr 基因单独作用时，抗性为 200 倍；当两个基因结合时对滴滴涕的抗性增至 2 500 倍。棉铃虫对氰戊菊酯抗性遗传研究发现，抗性至少由多功能氧化酶、表皮穿透及 Kdr 3 个基因控制。

6.1.5.2　生物学因子

害虫对杀虫剂的抗药性与害虫的世代周期、繁殖方式、迁飞、食性等生物学习性具有密切的关系。从时间意义上讲，假定每代都经选择，则每年代数越多，抗性发展得越快。蚜虫、螨类、家蝇、蚊虫这类害虫生活史短，每年世代数多，群体数量大，接触药剂的机会多，产生抗性的几率就大。繁殖力高的群体能承受较高的选择压力，抗性变化速度与繁殖力之间存在正相关性。

抗性的形成与昆虫的迁飞及扩散习性有关。因为施药总是局部的，如果没有迁飞和扩散的影响，则害虫抗性的发生一般也是局部的。活动范围较小，无迁飞性的昆虫，因有自然生殖隔离，抗性的群体易形成，而且抗性也较稳定，不易消失，如红蜘蛛和介壳虫等。反之，由于迁飞或扩散的影响，抗性的范围有一定程度的扩大，同时发生抗性的中心地的抗性程度也可能会有一定程度的减弱，这种抗性变化极为复杂。如在小面积内形成的抗性棉蚜，由于受到外来敏感群体的迁入，抗性的形成就比较慢。

6.1.5.3　操作因子

药剂选择压的强度和范围，即施药的剂量、次数、范围，可影响抗药性的发展。药剂的使用量越大，使用次数越频繁，使用面积越大，接触的害虫群体越大，抗性出现就越快。药剂的理化性质、持效期的长短等因素也对抗药性的发展有影响，昆虫对拟除虫菊酯抗性的发展一般快于其他药剂。使用持效期长的药剂，抗性产生就快。

6.1.6　害虫抗药性的监测

研究害虫抗药性问题须首先建立一套准确而易于操作的抗药性监测与检测方法，才能正确地了解抗药性发生的程度和进一步研究其抗性机制。1969—1974 年，世界卫生组织（WHO）和联合国粮农组织（FAO）制定了一系列害虫抗药性的测定方法。通过害虫抗性监测，可以及时准确地测出抗性水平及其分布，明确保护的药剂类别及品种，对整个治理方案的治理效果提供评估，为抗性治理方案的修订提供依据。随着抗性监测和检测目的的多元化，抗性监测手段和方法也朝着多元化方向发展，如生物检测法、生化检测法和分子生物学检测法等。

6.1.6.1 生物检测法

(1) 经典抗性监测法

经典抗性监测法是从未用或较少用药剂防治的地区采集自然种群,在室内选育出相对敏感品系,根据药剂特性、作用特点及害虫种类建立标准抗性检(监)测方法。用该方法可测出害虫对药剂的敏感毒力(LD-p)基线和 LD_{50}(或 LC_{50})值。再从测试地区采集同种害虫种群,采用与测定敏感品系相同的生测方法和控制条件,得出待测种群的 LD-p 线和 LD_{50}(或 LC_{50})值,以待测种群与敏感种群品系的 LD_{50}(或 LC_{50})值之间的比值(即抗性倍数)来表示抗性水平。对农业害虫来说,如果抗性倍数在5倍(卫生害虫在5~10倍)以上,可认为害虫已产生抗药性。

(2) 区分剂量法

利用抗性遗传特性为完全显性或不完全显性的高水平抗性品系与敏感品系杂交,其正、反交 F_1 群体对药剂反应的 LD-p 线与抗性亲本的 LD-p 线相靠近,而与敏感亲本的 LD-p 线往往不易重叠,可用敏感毒力基线的 $LD_{99.9}$(或 $LC_{99.9}$)值作为区分敏感个体与表现型抗性个体的区分剂量,用该区分剂量连续处理田间种群来监测田间抗性个体的频率变化。

6.1.6.2 神经电生理检测法

神经电生理方法主要应用于研究抗性与敏感昆虫的神经靶标敏感性差异以及药剂的联合作用。常用的方法是将两根活性电极插入供试昆虫体内,两根电极通过一个输入盒,再连接一个高阻抗前置扩大器,然后与示波器和 DC 磁带记录器连接,该装置能自动记录不同个体的自发活性的频率。通过电生理技术对供试昆虫的神经电信号特征进行记录,从而可以了解杀虫剂在昆虫细胞膜水平上的作用机制,同时也可以在昆虫对杀虫药剂抗药性方面的研究中提供有价值的资料。常用于昆虫抗药性研究的技术主要有电压钳(voltage-clamp)技术和膜片钳(patch-clamp)技术。电压钳技术是通过负反馈微电流放大器在兴奋性细胞膜上外加电流,使膜电位稳定在指令电压水平,以消除钠电导对膜电位的正反馈效应。这样,当膜电位发生变化时,即可对其进行记录。通过利用双微电极电压钳法发现杀虫剂作用于供试昆虫后,棉铃虫敏感与抗性两个品系的外周神经纤维的神经兴奋性持续时间明显不同,从而证实棉铃虫(*Heliothis armigera*)存在神经不敏感抗性机制。

6.1.6.3 生化检测技术

害虫抗药性的生物化学监测主要是 EST、GSTs 和 P450s 3 种解毒酶及 AChE 敏感性下降相关的抗药性监测。利用模式底物检测昆虫匀浆中酶的活性或抑制剂的抑制能力,可以监测害虫个体抗药性状况与群体频率。常用于昆虫抗药性研究的生化测定方法主要包括2种:一种是应用模式底物检测不经处理的昆虫匀浆中酶的活性,另一种是应用特异性酶抗体检测导致抗药性的酶的活性。

第一类方法的应用范例是研究羧酸酯酶的升高和乙酰胆碱酯酶的不敏感性。α-乙酸萘酯水解作用的增强已广泛应用于检测羧酸酯酶或总酯酶活性的升高,而乙酰胆碱碘化物也已经作为模式底物被广泛使用。微板击倒计数器的发明则使这一技术更为精确,使其能在家蝇不同乙酰胆碱酯酶株系中快速准确地确定基因型,甚至能够确定供试昆虫后代中不同抗性等位基因的相应组合。

生化测定技术具有特异性好、检测迅速的优点，但生化测定技术并不能完全代替生物测定技术，在对同一种昆虫进行研究时，把生化法和生测法结合起来可以得到更为完整的结果。

6.1.6.4 免疫学检测法

免疫学检测法首先要分离纯化与抗性有关的解毒酶或靶标，以此作为抗原对动物进行免疫，制备单克隆抗体或多克隆抗体，用酶联免疫（ELISA）专一性地检测相关抗性基因的突变酶或靶标。目前已有酯酶和 GST 免疫学检测方面的报道，已成功地制备出抗滴滴涕、抗有机磷和抗拟除虫菊酯的蚊虫细胞色素 P450 单克隆抗体。

免疫学检测法的灵敏度优于生物化学检测法，但所需费用相当高，并对设备和操作人员有较高的要求，因此在应用方面受到了很大的限制。

6.1.6.5 分子生物学检测法

害虫抗药性分子检测技术是基于对害虫抗药性机制了解的基础上建立起来的，即利用分子生物学技术检测杀虫剂作用靶标的抗性位点或解毒代谢酶基因的增强表达。基于可操作性、实用性和经济等方面的原因，目前几乎所有的抗性检测研究都集中于靶标抗性方面，即检测靶标基因的突变。常用的基因突变检测技术主要包括 PCR-限制性内切酶法（PCR-restriction endonucleases, PCR-REN）、微阵列（microarray）、等位基因特异性 PCR 技术（PCR amplification of specific alleles, PASA）和单链构型多态性分析（PCR-Single strand conformational polymorphism, PCR-SSCP）等。

(1) PCR-限制性内切酶法

应用聚合酶反应和限制性内切酶核苷酸相结合的方法（PCR-REN），对 SS、RS 和 RR 个体基因产物进行分析，以抗性相关的丢失位点或突变位点作为分子标记来检测种群中抗性基因频率，利用这一特性发展了这一新的突变检测技术。其基本原理是通过对包含突变位点的碱基片段进行 PCR 扩增，并结合酶切位点发生变化的限制性内切酶的使用，使抗性生物个体和敏感生物个体产生不同长度大小和数目的酶切片段，由此可确定抗性的基因型。最早的成功例子是对抗环戊二烯类杀虫剂黑腹果蝇的研究。该抗性种群的 GABA 第 7 个外显子的 995 部位的 G 突变为 C，导致限制性内切酶 *Hae*II 2 个内切位点中的一个消失。经 PCR 扩增并经 *Hae*II 酶切后，在聚丙烯酰胺凝胶电泳中，敏感生物个体呈现 3 条带而抗性生物个体有 4 条带，从而达到了分离鉴定的目的。

(2) 微阵列

由于已获得果蝇完整的基因组序列，因此根据 P450 的所有已知基因（90 个）的编码区构建微阵列，使检测、分析这些基因在抗性和敏感品系中的表达变成可能。应用微阵列分析了经滴滴涕选育的抗性果蝇的所有 P450 基因，结果发现是一个 P450 的等位基因 *CYP6G1* 的过量转录，导致了果蝇对滴滴涕的抗药性和对新烟碱类、新型昆虫生长调节剂类杀虫剂的交互抗性。

(3) 等位基因特异性 PCR 技术

等位基因特异扩增技术是检测基因点突变的一种新 PCR 技术，竞争性 PASA、双向等位基因 PCR 特异扩增（bidirectional PCR amplification of specific allelesa, Bi-PASA）等衍生技术随之发展起来。该技术的基本原理是其中一条 PCR 产物引物 3′端设置于抗性突变位点处。利用这些引物进行 PCR 扩增，S 引物能够扩增敏感害虫的基因片段，而不能扩增抗性害虫的基因片段；R 引物则相反。PASA 技术的使用需要针对突变碱基设计特别的引物，因此要求对引起抗性的所有碱基突变非常清楚。当在同一个碱基位点出现多种抗性突变时，需要设计多个引物，进行多次 PCR，才能确定突变的性质。

(4) 单链构型多态性分析

单链构型多态性技术是应用最广泛的基因突变检测技术，其原理是 PCR 产物经变性后可产生两条互补的单链，各单链根据自己的一级结构而形成不同的构象，当某一片段发生突变时，其单链的构象也随之改变，不同构象的片段在中性聚丙烯酰胺凝胶电泳中具有不同的迁移率，而且在凝胶上呈现不同的带型，从而确定抗性或敏感基因。利用 SSCP 技术对黑腹果蝇等几种昆虫的基因组 DNA 进行分析，通过用 Rdl 基因的外显子 7 进行的聚合酶链式反应(PCR)扩增及 SSCP 分析，检测到一个氨基酸的 2 种改变，即 Ala→Ser(Gly)，证明 SSCP 技术能够用来确定品系或个体的基因型。通过 SSCP 技术检验黑腹果蝇 Rdl 基因外显子 7 相邻内含子的 EcoR I 多态性，表明该内含子也与黑腹果蝇对环戊二烯类杀虫剂的抗性有关。

随着人们对害虫抗性机制了解的不断深入，抗药性监测与检测技术也在不断地发展。尽管抗性分子检测技术较之传统的生测方法具有许多优点，但其只能单独检测靶标抗性突变或代谢基因扩增存在与否，无法对昆虫抗性进行整体评估，而且花费较大，因此目前主要应用于抗药性遗传学的研究，难以作为田间和基层监测抗性的常规手段广泛使用。因此，分子检测技术在很长时间内无法替代传统的生物测定技术。只有当害虫抗药性分子检测手段能够同时检测杀虫剂靶标基因的突变和代谢酶基因的扩增，建立分子检测结果与生物测定结果之间的数学模型，并根据分子检测结果预测害虫种群的抗性水平，才能实现对害虫种群抗性的分子监测。

6.1.7 害虫抗药性的治理

自从发现害虫或害螨产生抗药性后，降低选择压一直被认为是延缓或避免抗性发展的最可靠方法。有害生物综合治理(IPM)的防治策略，为此提供了极为有利的条件。可通过天敌的引入和培育、昆虫病毒的利用、抗性育种及其他非化学防治等措施来降低药剂的选择压。

6.1.7.1 害虫抗药性治理的基本原则和策略

(1) 害虫抗药性治理的基本原则

在害虫抗药性治理过程中应遵循以下基本原则：①尽可能将目标害虫种群的抗性基因频率控制在最低水平，以利于防止或延缓抗药性的形成和发展。②选择最佳的药剂配套使用方案，包括各类(种)药剂、混剂及增效剂之间的搭配使用，避免长期连续单一使用某一种药剂。特别注意选择无交互抗性的药剂进行交替轮换使用和混用。③选择每种药剂的最佳使用时间和方法，严格控制药剂的使用次数，尽可能获得对目标害虫最好的防治效果和最低的选择压力。④实行综合防治，即综合应用农业的、物理的、生物的、遗传的及化学的各项措施，尽可能降低种群中抗性纯合子和杂合子个体的比率及其适合度(即繁殖率和生存率等)。⑤尽可能减少对非目标生物(包括天敌和次要害虫)的影响，避免破坏生态平衡而造成害虫(包括次要害虫)的再猖獗。

(2) 害虫抗药性治理的策略

Georghiou(1983)根据影响昆虫抗性发展的诸多因子，从化学防治的角度提出了一套抗性治理(resistance management)的策略，根据不同情况分为三类：①适度治理(moderation by management)；②饱和治理(saturation by management)；③复合作用治理(management by multiple attack)(表6-2)。

表6-2 抗性治理的化学防治策略

适度治理	饱和治理	复合作用治理
低剂量，留一部分敏感基因型个体；减少杀虫剂使用次数；应用持效期短的药剂；避免使用缓释剂；定向选择成虫；局部而不是全面施药	使用高剂量，使R基因表达功能隐性	药剂混用；药剂轮用；药剂镶嵌式防治
某一代或留下部分种群不处理；保持"庇护所"；提高防治限阈	用增效剂抑制解毒机制	

术语中的"适度""饱和"主要指防治时所用药剂的剂量。"复合作用"这个术语用来表示长期或短期的多种作用的化学选择压。总之，抗性治理中所用的剂量应尽量保留种群中的敏感基因。

6.1.7.2 抗药性治理的主要措施

防止和延缓害虫产生抗药性的主要措施有以下几方面。

(1) 降低选择压

通过以下措施降低选择压：①减少杀虫剂使用剂量或浓度，可以保持种群中有较多的敏感性个体或等位基因，而不选择出杂合子抗性隐性个体，并保持一些有益的节肢动物，以延缓和降低抗药性发展。②减少药剂的使用次数或加长施药间隔可以降低药剂选择压，减慢抗药性发展速度。③局部而不广泛施药。在施药区周围，保留一些不施药的"避难所"，在这里部分种群不曾接触过药剂。敏感个体昆虫可以移入到未施药的地区，以使抗药性减慢。④根据经济阈值施药。只有当害虫种群数量达到一定程度或是农作物受害达到一定水平时才施药。⑤少使用持效性长的农药，对于抗性治理须选用低残留的农药。低残留杀虫剂可使昆虫与其接触时间短而使抗药性发展慢。⑥在害虫的不同龄期用药。同种害虫的不同龄期对杀虫剂的抗药性发展也会不同。如有些鳞翅目昆虫的成虫和小龄幼虫明显地比大龄幼虫对杀虫剂的解毒代谢差。这主要是由于大龄幼虫体内对杀虫剂的解毒酶活力较高，使得大龄幼虫对杀虫剂抗药性发展比成虫和小龄幼虫慢。⑦使用选择性农药。选择性农药在防治害虫的同时较少伤害捕食昆虫的天敌。

(2) 农药混用

农药混用作为阻止抗性发展的措施是建立在以下基础上的：混合剂中的每个单剂的杀虫机理是不同的，用杀虫剂A处理后的存活者可被杀虫剂B杀死，而无交互抗性，也就是说它们的抗性是由各自的抗性基因控制的，并且各自的抗性基因在群体中的起始频率都是很低的。

农药混用的目的是多方面的，但最主要有3个方面，即扩大防治谱、利用增效作用及延缓有害生物抗药性的产生。混用的目的不同，混用的原则也有差别。目前有相当数量的农药以延缓有害生物抗药性为目的混配混用。复配剂延缓抗药性的理论依据在于对有害生物的多攻击点策略：①因为复配剂的作用是多位点的，如果有害生物对复配剂中各成分的抗性基因是相互独立且初始点很低，害虫对两种药剂的抗性遗传均为功能隐性的单基因控制，那么具有两种抗性基因的个体的频率将是很低的。②混剂中各成分相互增效，相对减少了各成分的用量，降低了田间选择压。③复配剂对害虫的抗药性选择是两个或多个方向的，避免了单一方向选择，因而可大大延缓害虫抗药性的发展。

以延缓有害生物抗药性为目的的混用应遵循以下原则：

①各单剂应有不同的作用机制，没有交互抗性。单剂的作用机制不同，各自形成的抗性机制也就不同，即选择方向不同。如果混配混用就可能相互杀死对它们各自有抗性的个体，从而使抗性种群的形成受到抑制。单剂之间如果有负交互抗性则更为理想，从理论上讲，具有负交互抗性的单剂混用后，害虫不会对这种混用产生抗药性。

②单剂之间有增效作用。混配混用后产生增效作用，可以提高淘汰有抗性基因个体的能力。此外，可以降低单位面积用量，降低选择压力，延缓抗性产生。

③单剂的持效期应尽可能相近。如果单剂之间持效期相距甚远，则持效期短的药剂失效后，实际上只有另一单剂在起作用，达不到混用的目的。

④各单剂所防治的对象都应是敏感的，否则起不到抑制抗性发展的作用，还会造成药剂的浪费。

⑤混配混用的最佳配比应该是两种单剂保持选择压力相对平稳的质量比。

从混剂的实际应用情况来看，使用具有不同作用机制（最好是不同抗性机制）和明显具有增效作用的混剂，不仅能起到增强药效，减少用药量，降低成本及兼治几种病、虫、草等作用，还能延缓抗性的发展。

（3）药剂的轮用

化学农药交替轮换使用实际上是两种或几种杀虫机理不同的杀虫剂在时间上的联合使用。这是害虫抗性治理中经常采用的方式。要避免长期连续单一使用某种药剂。交替轮用必须遵循的原则是不同抗性机理的药剂间交替使用，这样才能避免有交互抗性的药剂间交替使用。如对稻褐飞虱，用马拉硫磷和甲萘威交换使用 3 个世代后，再用马拉硫磷处理 12 个世代，抗性只有 20 倍；如果单一的连续使用马拉硫磷 15 个世代，则对马拉硫磷的抗性可高达 202 倍。图 6-3 显示 4 种不同作用机制的药剂轮用时害虫敏感度变化的情况。用 A 药剂选择了一定的抗性后，随后的三代依次改用 B、C、D 药剂。由于低适合度造成抗性个体的减少，在第五代又改用 A 杀虫剂，至第六、七、八代抗性随之下降。对于 B、C、D 药剂的使用方式也是依此类推。随后使用的药剂经前一药剂的摆动在时间上晚一步。

（4）农药的限制使用

对一种害虫反复、连续使用有效成分相同的药剂进行防治，容易引发害虫产生抗药性。针对害虫容易产生抗性的一种或一类药剂或具有潜在抗性风险的品种，根据其抗性水平、防治利弊的综合评价，采取限制其使用时间和次数，甚至采取暂时停止使用的措施，这是害虫抗性治理中经常采用的办法。停止使用这些药剂，经过一段时间之后，害虫抗药性会逐渐减退或基本消失，这样药剂的作用仍可恢复。如针对棉铃虫易对拟除虫菊酯类农药产生抗性的问题，采用每年或隔年施药 1 次的限制使用的方法，可有效延缓棉铃虫抗药性的产生。

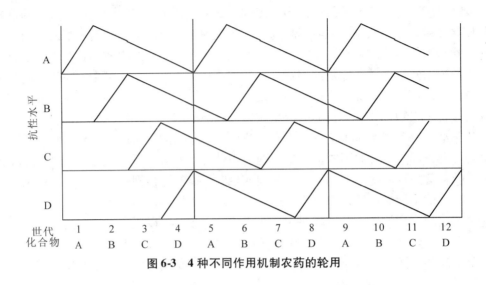

图 6-3　4 种不同作用机制农药的轮用

（5）增效剂的使用

使用增效剂可能使因抗性而失效的杀虫剂得以恢复应用。凡是在一般浓度下单独使用时对害虫并无毒性，但与杀虫剂混用时则能增加杀虫剂效果的化合物，称为增效剂。一般来说，如果抗性是由单基因控制的，特别是单基因的代谢抗性，则使用增效剂可能效果较好。

可以用测定相对毒力的方法来表示增效剂效能的大小，即用增效比值（增效倍数）表示。增效比值明显大于 1 时，即证明有增效作用。增效醚与溴氰菊酯、氰戊菊酯、氯氰菊酯、氟氯氰菊酯复配，对棉红铃虫的增效指数分别为 80、65、7 230、1 670。由中国科学院动物研究所合成的增效磷（SVI）与拟除虫菊酯类复配，对棉蚜、棉铃虫等均有增效作用。关于增效剂的作用机理，孙云沛、Casiae 及 Hoagson 等研究认为，MDP（甲撑二氧苯基化合物）除作为竞争性抑制剂外，还可以与细胞色素 P450 形成复合物，这种化合物稳定而且不可逆，抑制了多功能氧化酶，抑制被 MDP 所复合的细胞色素 P450，细胞色素 P450 就不再催化整个反应。其他增效剂的作用是抑制代谢杀虫剂的酶的活性，如滴滴涕类似物杀螨醇（chlorofenethol，DMC）脱氯化氢酶的抑制剂，能使滴滴涕对害虫增效；又如抑制羧酸酯酶的化合物都能使马拉硫磷对抗性害虫增效，无杀虫活性的脱叶磷（Tribuphos；DEF）就可作为马拉硫磷的增效剂。现在已注册登记为商品使用的增效剂主要有增效磷、增效醚（piperonyl butoxide，又称 Pb）、丙基增效剂（propylisome）、亚砜化合物（sulfoxide）、增效菊（sesoxanae 或 sesa-mex）等。但目前增效剂还存在加工成本高以及毒性和光解等不足，在田间条件下实际应用的还不多。

6.2　植物病原物抗药性

1960 年代中期以前，用于植物病害防治的药剂主要为一些非选择性、多作用靶点的保护性杀菌剂，如取代苯基类的百菌清、双二硫代氨基甲酸酯类的代森锰锌及一些铜制剂等广谱型保护性杀菌剂，病原菌不易对其产生抗药性，因此抗药性的问题并未引起人类的关注。到 1960 年代后期随着内吸性杀菌剂广泛应用，由于该类杀菌剂作用位点单一，病原菌易产生抗药性,而且抗性水平较高,并常导致化学防治的失败。例如1969年,由于内吸性杀菌剂苯并咪唑类的苯来特在生产上广泛、大量的使用,首先在黄瓜白粉病原菌上产生了抗药性,随后又在几十种病原菌上产生了抗药性。应用苯来特连续防治花生叶斑病2年以后,抗性菌株的耐药浓度比敏感菌株高出10倍;在防治玫瑰白粉病时,连续使用10个月以后,完全失去防治效果;在防治苹果疮痂病时,应用3年以后,其用药浓度提高了2000倍。由于在新药剂的使用初期,人类对抗药性风险评估未给予足够的重视,忽略了抗药性检测和治理措施,致使病原菌的抗药性问题不断显现并日趋严重。其中最具代表性的杀菌剂为苯酰胺类药剂甲霜灵,1977年商品化,1980年在爱尔兰就出现了抗性问题;我国从1980年代开始用甲霜灵防治黄瓜霜霉病、马铃薯晚疫病等卵菌病害,但使用2~3年后,即形成了抗药病原群体,并随着使用年代的延续和施药次数频繁,药剂防病效果逐渐降低甚至防治失败,目前在大部分地区的抗药性菌株频率超过50%。现已报道有多种植物病原菌分别对甾醇生物合成抑制剂、二甲酰亚胺类杀菌剂、氨基嘧啶类杀菌剂、苯并咪唑类杀菌剂、黑色素合成抑制剂和甲氧丙烯酸酯类杀菌剂产生了较高水平的抗药性。

伴随着病原菌抗药性问题的发生、发展和日趋严重,人们逐渐认识到对杀菌剂进行抗药性风险评估、抗药性监测和治理的必要性。1981年国际农药工业协会成立了杀菌剂抗性行动委员会(Fungicide Resistance Action Committee,FRAC),开辟了植物病理学和植物化学保护学新的研究领域。目前FRAC已经成立了甾醇生物合成抑制剂、二甲酰亚胺类、苯并咪唑类、苯胺嘧啶类、苯基酰胺类和甲氧基丙烯酸酯类杀菌剂抗性工作组。杀菌剂抗药性研究在国际上受到广泛重视。

目前已发现产生抗药性的病原物种类有植物病原真菌、细菌和线虫,其他病原物的化学防治水平还很低,有些甚至还缺乏有效的化学防治手段,还未出现抗药性,如植原体、病毒和类立克次体都还没有抗药性问题。

6.2.1 植物病原菌抗药性形成与影响其发展的因素

植物病原物抗药性是指本来对农药敏感的野生型植物病原物个体或群体,由于遗传变异而对药剂出现敏感性下降的现象。因抗药性而导致植物病害化学防治失败,取决于病原菌抗药性个体在群体中所占的比例、绝对数量以及抗药水平。影响病原菌抗药性群体形成和抗药水平高低的因素很多,归纳起来,主要有以下几种。

(1) 药剂的种类及其作用机制

杀菌剂的作用机制对病菌的抗药性突变频率和抗药水平起决定作用,以铜素为代表的传统保护性杀菌剂使用了100多年,几乎没有遇到抗药性问题。大多数保护剂都被认为是一般的原生质毒剂,没有专化性,可与菌体活细胞内多种代谢起反应,主要干扰能量的产生和蛋白质的合成过程。显然保护性杀菌剂的作用机制不是由单基因决定的,也被称为多位点作用。菌体要在多方面同时起变化才能抵抗药剂的作用,所以这类杀菌剂抗性出现的可能性很低,一般不会成为生产上的主要问题。与此相反,作用靶点单一,专化性强的选择性杀菌剂,极易使病原物单基因或寡基因突变,即可降低与受药位点(靶点)的亲和性而表现抗药性。如大多数内吸性杀菌剂的作用是通过抑制病原菌专化酶的反应,而这些作用往往是由单基因控制的。一个基因的变异是相对容易的,因此这类药剂较易出现抗药性问题。根据药剂导致病原菌抗药性群体形成的速度和抗药水平，可将有关杀菌剂分为高、中、低抗药性风险药剂。

(2) 病害种类

生长速度快、孢子产量大、孢子易分散的病原菌，通过气流或雨水传播再次侵染，这种多循环病害在药剂选择压力下，抗药性病原菌可以继续侵染繁殖，在较短时间内形成抗药群体。如白粉菌、青霉菌、灰霉菌、疫霉菌、霜霉菌、桃褐腐病菌、甜菜褐斑病菌、苹果黑星病菌等，都易形成抗药性群体。而在植株内部或在土壤中的寄居病原菌，以及以初侵染为主的单循环病害，抗药性病原菌不能在同一生长季节得到大量繁殖和筛选，抗药群体则不易形成或形成较慢。如萎蔫类病菌、根茎基腐病菌和需要大量孢子接种才能致病的病菌均不易形成抗药性。总之，抗药性的形成可能与病原菌生长周期的长短有关，生长周期越短、繁殖速度越快，越有利于抗药性的产生和发展。

(3) 抗性突变体出现的频率

不同的病菌群体对某种杀菌剂产生抗药性的突变频率存在差异，突变频率高的病原菌在用药前和用药初期就存在较多的抗药性个体(或抗药性基因)基数。经过使用同种或作用机理相同的高效杀菌剂，在较短的时期内就可形成抗药性病原群体。抗药性突变体的出现频率取决于靶标菌的特性，但也与所使用杀菌剂的种类有关。因此抗性群体的形成与病原菌的特性、药剂的种类及其对环境的适应性相关。多作用位点的杀菌剂不容易引起抗药性的产生，而专化性的药剂则容易引发抗药性。但是，同样具有专化性的不同内吸性杀菌剂，诱导同一种病原菌产生抗药性菌株群体的频率也不同。

(4) 适合度

抗性菌群的形成，并不等同于田间出现抗药性问题，还取决于抗性菌株对环境的生存适应力，即与敏感菌株竞争生存的能力；抗性菌株的致病力(包括毒力作用和孢子形成能力)。所以抗药性菌株的适合度对抗药病原群体的形成及田间抗药性的产生具有重要影响。人们可以根据田间抗药性发生情况，实施合理的用药策略，延缓或阻止抗药群体的形成。

(5) 抗药性遗传特征

抗药性病原群体形成的速度与抗药性遗传类型有关。表现为质量遗传性状的抗药性是单个或几个主要基因控制的，病原菌群体对药剂的敏感性表现为不连续分布。抗性菌株对药剂的抗性水平往往很高，抗药性指数可达数百倍至数千倍以上。即使提高用药量，对抗药性亚群体也无效，停止用药也不能降低抗药水平。当抗药性个体占群体1%~10%时，通常再用药1~3次，会迅速导致抗药性群体形成，药剂发生突然性失效；表现为数量遗传性状的抗药性是由许多微效基因控制的，病原群体对药剂敏感性表现为连续分布。提高用药量可杀死群体中、低抗性水平的个体，但会加速高抗水平的病原菌群体发展。

(6) 药剂的使用技术和方法

凡是在一个较大的地区内连续使用单一或属于交互抗药性的专化性强的选择性杀菌剂，往往会促进该地区抗性群体的形成。

(7) 农业栽培措施和气候条件

凡是有利于病害发生和流行的作物栽培措施和气候条件，均会促进病菌生长繁殖，导致增加用药，而易使抗药性病原群体形成。如同一地区作物品种布局单一，种植感病品种、连作，偏施氮肥、过分密植等都会因病情加重增加用药，加速抗药群体形成。大棚或温室条件下栽培，不但在封闭的空间内有适宜某些病害常年发生的温室条件，而且抗药病原菌不易与外界交换稀释，能迅速形成抗药性病原群体。

6.2.2 植物病原菌抗药性机理

6.2.2.1 抗药性生理生化机制

(1)降低杀菌剂与其作用位点的亲和性

降低亲和性是病原菌产生抗药性最重要的生化机制。病原菌可以改变自身杀菌剂作用位点的结构等，使杀菌剂对该作用位点的亲和力下降，从而使杀菌剂无法发挥其杀菌作用。

(2)增加解毒或降低致死作用

病原物的生化代谢过程可通过某些变异，将有毒的农药转化成无毒化合物，或者在药剂到达作用位点之前就与细胞内其他生化成分结合而钝化。

(3)增加排泄

病原菌细胞利用生物能量通过某种载体将已进入细胞内的药剂立即排出体外，阻止药剂积累而表现抗药性。

(4)减少吸收

病原菌细胞通过某些代谢变化阻碍足够量的药剂通过细胞膜或细胞壁而到达作用靶标。

(5)形成保护性代谢途径或增加受抑制酶的含量

通过改变原代谢途径中的某一环节，使药剂不能通过作用位点，或者受抑制酶发生了过量表达，从而避免药剂的杀菌作用。

(6)去毒性

这是一种完全解毒代谢。病原菌可以通过体内一系列代谢过程将有毒的杀菌剂转化成无毒物质，从而使杀菌剂失去杀菌活性。

(7)降低转毒能力

有一些杀菌剂是通过在菌体内进行转毒代谢生成对菌体有毒的物质来毒杀病原菌的。病原菌通过降低杀菌剂的转毒能力而提高其抗药性。

(8)改变病原菌细胞膜通透性

可以导致杀菌剂不能进入病原菌而达不到其作用位点，从而使杀菌剂无法发挥其杀菌作用，这也是病原菌自我保护机制的增强。

6.2.2.2 抗药性分子机制

杀菌剂对病原菌的作用机制与病原菌对杀菌剂抗药性的形成和发展关系密切。病原菌对杀菌剂的抗药性就是对杀菌剂作用机制的破坏和抵制，病原菌对杀菌剂抗药性的形成与发展就是这种破坏和抵制能力的形成过程。这一过程的分子生物学机理是抗药性形成与发展的本质所在。

(1)病原菌对苯并咪唑类杀菌剂(MBC)的抗性机制

由于病原菌的β-微管蛋白基因发生单碱基突变，使药剂与病原菌的β-微管蛋白的亲和力下降，药剂无法与作用位点结合，即不能发挥杀菌和抑菌作用。如梨黑星病菌(*Venturia nashicola*)的抗药性菌株，多菌灵对其β-微管蛋白的结合能力明显下降，下降程度与抗性提高的程度具有良好的相关性。MBC 高抗菌株的 β-微管蛋白基因的第 198 位氨基酸由谷氨酸（Glu）突变为丙氨酸（Ala）或赖氨酸（Lys）。而在 MBC 中抗菌株中，β-微管蛋白基因的第 200 位氨基酸发生突变，由苯丙氨酸（Phe）突变为酪氨酸（Tyr）。

（2）病原菌对甾醇脱甲基抑制剂（DMI）的抗性机制

甾醇脱甲基抑制剂（DMI）主要是通过抑制依赖于细胞色素 P450 的甾醇 C-14 脱甲基化酶来起作用。柑橘青霉病菌（*Penicillium digitatum*）对 DMI 类杀菌剂的抗性机制是杀菌剂作用的靶标位点 P450 的过量表达。抗性菌株中编码 P450 的 *Pdcyp51* 基因的启动子区域的转录增强子有多个重复单元，导致了 P450 的过量表达，杀菌剂的作用效果降低，致使病原菌对该药剂产生抗性。目前也有报道，一些病原菌对 DMI 的抗药性是由于编码细胞色素 P450 氧化酶的 *Cyp51* 发生点突变引起的。

（3）病原菌对黑色素生物合成脱氢酶抑制剂（MBI-D）的抗性机制

稻瘟菌（*Magnaporthe grisea*）对黑色素生物合成脱氢酶抑制剂（MBI-D）产生抗性的关键是 scytalone 脱氢酶基因（*sdh1*）发生点突变，75 位氨基酸由 Val 突变为 Met。

（4）病原菌对甲氧丙烯酸酯类（strobilurins）杀菌剂抗药性机制

多数病原菌对甲氧丙烯酸酯类杀菌剂产生抗药性是由于线粒体 *Cytb* 基因氨基酸 143 位发生点突变，由甘氨酸变成了丙氨酸（G143A）。氨基酸的改变导致 *Cytb* 基因结构也发生了变化，使药剂不能与其结合，降低了药剂与靶标之间的的亲和力。病原菌的线粒体 *Cytb* 基因氨基酸 143 位发生点突变后，病原菌的致病力和适合度并没有发生明显的变化，在田间很容易成为优势群体。黄瓜霜霉病菌和白粉病菌对腈嘧菌酯产生抗药性的主要原因就是 *Cytb* 基因的 G143A 发生突变。

6.2.3 植物病原菌抗药性的监测

植物病原菌抗药性的监测主要是指检测田间的靶标病原菌群体对一种或多种药剂的敏感性变化。对抗药性发展状况进行监测是有效地治理抗药性问题的重要基础。此外，它对了解抗药性发展形成过程，揭示抗药性发展的影响因素，预测抗药性发生和危害也具有重要意义。从 1960 年代开始对小麦、燕麦的种传病菌及柑橘果实腐霉病的抗药性情况进行调查至今，欧洲、美国和日本等国家对不同的病原菌的抗药性进行了大量监测。对抗药性的检测包括对田间病原菌群体对化学药剂反应的监测和室内对所监测菌株的各种生物测定。

抗药性监测第一步是建立敏感基线。选用未施用过这类新型杀菌剂的敏感病原菌建立敏感基线。敏感基线的数据能体现出病原菌敏感性的自然变化情况，这有助于根据敏感性的变化来解释抗药性监测的数据。对于敏感性的测定方法可以参照 FAO 和 FRAC 推荐的方法。目前进行敏感性检测通常都是采用传统的生测方法进行，菌落生长和菌丝干重测定法能准确反映杀菌剂对菌体生长的抑制作用；孢子萌芽测定法适于测定容易产生孢子的真菌和对孢子萌发有抑制作用的杀菌剂；孢子产生量测定法和叶盘漂浮测定法对专性寄生菌适用，如小麦锈病和黄瓜霜霉病菌。这种方法在将来也同样会被广泛使用，但缺点是费时、费力，且不能及早检测到病原菌群体中比例很小的抗药性菌株。病原菌的生理生化性质的改变，会导致抗药性的产生，所以也可应用生理生化方法检测抗药性菌株，分析不同抗药性水平病原菌中某一特定的酶或蛋白聚丙烯酰胺凝胶电泳图谱，比较抗药性菌株与敏感菌株的差异，检测抗药性菌株。如可以比较分析核盘菌不同水平抗药性菌株之间可溶性蛋白和酯酶的电泳图谱，检测核盘菌对速克灵抗药性菌株。随着分子生物学技术飞速发展及应用范围不断扩展，分子技术开始在病原菌抗药性检测中应用，与传统的检测方法比较，不但节省了检测时间、提高了工作效率，而且提高了检测的灵敏度，检测频率为 $10^{-5} \sim 10^{-4}$，更适用于检测低频率抗药基因，因此也被作为田间抗性早期诊断的理想方法。相关的分子检测手段已经在白粉病菌对 DMI 的抗药性菌株及病原菌对甲氧基丙烯酸酯类杀菌剂的抗药性监测上得到应用。例如，利用病原菌对该类杀菌剂抗药性菌株 G143A 突变位点的定量 PCR 方法(quantitative polymerase chain reaction, Q-PCR)，已经在欧洲部分地区检测到葡萄霜霉病菌(*P. vitieola*)、苹果黑星病菌(*V. inaequalis*)、香蕉黑斑病菌(*M. fijiensis*)的抗药性菌株。

通过测定田间采集的某种病原物不同菌株对药剂不同浓度的反应，求出所测药剂对该菌的有效中量(ED_{50})或有效中浓度(EC_{50})，然后根据对测定菌株与敏感菌株的敏感基线药剂浓度的比较，鉴别抗性菌株并分析抗性水平。

总之，进行抗药性监测的前提是建立敏感基线和进行细致的田间观察。这样才能获得更科学、更有实际价值的结果。

6.2.4 植物病原菌抗药性的治理

抗药性的发生通常是由于大面积单一使用某一类具有专一作用位点的杀菌剂所造成的。相反，如果减少该类杀菌剂的使用频率，并且和其他作用机制不同的杀菌剂交替使用，将减少田间抗药性的产生。杀菌剂使用策略的制定既要保证具有抗药性风险的杀菌剂能长期使用，又要保证施用量满足防治的需求。所以制定抗药性治理策略要遵循以下原则：①使用易发生抗药性的农药时，应考虑采用综合防治措施，尽可能降低药剂对病原物的选择压力；②考虑所有与抗药性发生的相关因子；③在田间出现实际抗药性导致防效下降以前，及早采用抗药性治理策略。一般可通过下列途径，避免或延缓抗药性的产生和发展。

(1) 避免单一地使用同一类杀菌剂

一种杀菌剂应该与一种或多种具有不同作用机制的杀菌剂混用，或者交替使用。杀菌剂的混用能有效减少具有抗药性风险的杀菌剂的选择压，并能抑制其他抗药性生物型的生长。复配成分可以是具有低抗药性风险的多作用位点类杀菌剂，也可以是与主配杀菌剂无交互抗药性或者具有不同作用机制的杀菌剂。复配药剂既可延长药剂的使用寿命，还可拓宽防治谱，或通过增加持效期来延长防治时间。

(2) 严格限制药剂单季使用次数

减少具有抗药性风险的杀菌剂使用次数能在一定程度上降低药剂的选择压，也有助于适合度低的抗药性菌株群体数量的减少。然而，如果杀菌剂的连续使用和病害流行的高峰区正好吻合，这时药剂的选择压是最大的。因此，一定要抓住防治关键期施药，提高药剂施药效果，减少其使用次数，降低其选择压。

(3) 严格按照药剂的推荐剂量施药

要严格按照规定的剂量施药，只有在推荐使用剂量下才能在各种不同的环境条件下有效防治病害。更重要的是随意减少杀菌剂的使用剂量会加快抗药性的发展，而随意增加用药量会带来更大的环境压力。

(4)采用综合防治的策略防治作物病害

综合应用各种类型的病害防治措施防治作物病害，不仅是环境和经济发展的需要，而且也是避免和延缓杀菌剂抗药性产生的重要措施。抗病品种、生防因子、适合的卫生栽培措施如轮作、植物病残体清理等，均可以有效降低病害发生、减少杀菌剂的使用频率，因此可以降低杀菌剂抗药性产生的可能性。在英国由于携带中等抗药性基因 mLo 的春大麦品种的广泛栽培，减少了杀菌剂的使用量，减轻了杀菌剂对病害的选择压，从而降低病原菌产生抗药性的风险。

(5)化学药剂的多样化

长期单一地使用一种或少数几种类型的杀菌剂不但会产生很多负面影响，也会导致靶标菌产生抗药性，因此新作用机制的杀菌剂不断创制和使用是非常关键的。近年来，杀菌剂创制性研发异常活跃，每年都有很多新型杀菌剂登记使用，并且安全性能也越来越高。一个新的杀菌剂不一定要具有比以前的杀菌剂更优越的特性，但是应该具有良好的活性，并且对其他药剂已经产生抗药性的菌株有效。具有这种特性的药剂通常具有全新的作用机制。更理想的杀菌剂是具有 2 个以上的作用位点，这样能有效降低杀菌剂产生抗药性的风险。然而，开发一些新的、高效的且与已有的杀菌剂具有相同作用机制的杀菌剂，在抗药性治理中也非常重要。如三唑类杀菌剂戊唑醇(tebuconazole)的开发和应用，不但防治效果更优越，对三唑类杀菌剂的抗药性菌株也很有效。戊唑醇的使用在一定程度上减轻了由于三唑类杀菌剂使用引起的小麦白粉病的抗药性问题。

6.3 杂草抗药性

6.3.1 杂草抗药性历史

抗药性杂草是指一个杂草种群能够在通常足以使该种群的大多数个体致死的除草剂剂量下存活，并具有遗传能力。杂草种群内个体的多实性、易变性、多型性及对环境的高度适应性和遗传多样性是产生抗药性的内在因素，而除草剂的长期和单一使用起到了诱发抗性个体产生和筛选抗性的作用。杂草对除草剂的抗药性是由于在某一区域长期使用一种或多种作用机制相同或代谢降解途径相同的除草剂，形成高选择压长期存在的结果。抗性杂草生物型(resistant weed biotypes)是指在一个杂草种群中天然存在的有遗传能力的某些杂草生物型。这些生物型在某种除草剂处理下能存活下来，而该种除草剂在正常使用情况下能有效地防治该种杂草种群。

自 1950 年代在加拿大和美国分别发现抗 2,4-滴的野胡萝卜(*Daucus carota*)和铺散鸭趾草(*Commelina diffusa*)以来，全球已有 188 种(112 种双子叶，76 种单子叶)杂草的 324 个生物型在各类农田系统对 19 类化学除草剂产生了抗药性(表6-3)。尤其是 1980 年代中期后，全球抗药性杂草的发展几乎呈直线上升。在这些抗药性杂草中，抗乙酰乳酸合成酶(ALS)抑制剂类除草剂杂草的发生速度十分惊人。磺酰脲类除草剂是 1980 年代初期才商业化的高活性除草剂，1982 年澳大利亚就发现了抗磺酰脲类除草剂的瑞士黑麦草(*Lolium rigidum*)，其后抗 ALS 抑制剂类除草剂杂草生物型数量迅速超过了抗三氮苯类除草剂的杂草生物型，目前在30个国家已有98种抗ALS抑制剂类除草剂的杂草生物型。抗三氮苯类除草剂的杂草生物型发生较早,1980年代中后期以来一直呈上升趋势,目前在25个国家已有67种抗三氮苯类除草剂的杂草生物型。1996年在澳大利亚出现的抗草甘膦瑞士黑麦草,随后在马来西亚、美国、法国、南非、智利、巴西、阿根廷、哥伦比亚和西班牙等国相继发现牛筋草(*Eleusine indica*)、小蓬草(加拿大蓬)(*Conyza canadensis*)等15种杂草对草甘膦产生了抗药性。

表6-3 各类除草剂抗性杂草生物型

除草剂类别	作用方式	除草剂	抗性杂草生物型		
			双子叶	单子叶	总数
乙酰乳酸合成酶抑制剂	抑制乙酰乳酸/乙酰羟酸合成酶	氯磺隆	68	30	98
三氮苯类	在光系统Ⅱ抑制光合作用	莠去津	46	21	67
乙酰辅酶A羧化酶抑制剂	抑制乙酰辅酶A羧化酶	禾草灵	0	35	35
联吡啶类	光系统Ⅰ电子转移	百草枯	17	7	24
合成植物生长激素	合成激素类	2,4-滴	20	7	27
脲类/酰胺类	在光系统Ⅱ抑制光合作用	绿麦隆	8	13	21
有机磷类	抑制5-烯醇丙酮酰莽草酸-3-磷酸合成酶	草甘膦	8	7	15
二硝基苯胺类	微管组合抑制剂	氟乐灵	2	8	10
三唑类	抑制类胡萝卜素生物合成	杀草强	1	3	4
原卟啉原氧化酶抑制剂	抑制原卟啉原氧化酶	乙氧氟草醚	3	0	3
氨基甲酸酯类	抑制脂类合成	野麦畏	0	8	8
腈类	在光系统Ⅱ抑制光合作用	溴苯腈	1	0	1
氯酰胺类	抑制细胞分裂	丁草胺	0	3	3
类胡萝卜素生物合成抑制剂	抑制类胡萝卜素生物合成	呋草酮	2	0	2
有丝分裂抑制剂	抑制有丝分裂/微管聚合	苯胺灵	0	1	1
芳香氨基丙酸类	未知	麦草伏甲酯	0	2	2
有机胂类	未知	甲基胂酸钠	1	0	1
纤维素合成抑制剂	抑制细胞壁(纤维素)合成	敌草腈	0	1	1
吡唑啉类	未知	野燕枯	0	1	1
合计			177	147	324

近年来中国农田化学除草面积迅速扩大,目前已超过$7\,300 \times 10^4\,hm^2$,其中水稻田化学除草面积占播种面积的75%,小麦田占播种面积的55%,玉米田占播种面积的44%。随着化学除草的快速发展,中国杂草抗药性问题已开始凸现。一些水稻主产区使用苄嘧磺隆、吡嘧磺隆等除草剂时,单位面积用药量超过推荐剂量的30倍以上,才能收到较好的效果,部分稻区杂草对草达灭、苄嘧磺隆、吡嘧磺隆和二氯喹啉酸的抗药性明显增加;在连续6年使用氯磺隆的麦田,猪殃殃(*Galium aparine*)、麦家公(*Lithospermum arvense*)、播娘蒿(*Descurainia sophia*)等麦田主要阔叶杂草对2,4-滴、苯磺隆的抗药性也已出现;在长期使用阿特拉津的玉米田,马唐(*Digitaria sanguinalis*)的抗药性上升;豆田和油菜田的日本看麦娘(*Alo-*

pecurus japonicus)对高效盖草能、精禾草克的敏感性也逐年降低,表现出明显抗性现象。

从除草剂种类和抗性发生频率看,不同除草剂种类的抗性风险不同。合成激素类除草剂和三氮苯类除草剂在使用了10余年后就产生了抗药性杂草,长期广泛大量使用的有机磷类除草剂草甘膦在使用了近30年后才出现了几种对它具有抗药性的杂草生物型。而乙酰乳酸合成酶(ALS)抑制剂类除草剂,在使用了短短3~5年后就出现了对其具有抗药性的杂草,而且,抗性杂草生物型数量持续急剧攀升,成为抗性最为严重的一类除草剂。三氮苯类除草剂在生产上使用的年数少于激素类除草剂,然而,抗三氮苯类除草剂的杂草生物型数量却远多于抗激素类除草剂杂草生物型的数量。可见,由于除草剂作用机制、靶标位点、应用面积、使用年数和程度不同,杂草以不同的速率对除草剂形成抗药性。

6.3.2 杂草抗药性形成及影响其发展的因素

一般来说,在田间情况下,杂草抗药性群体的形成有2种途径:一种是在除草剂的选择压力下,自然群体中一些耐药性的个体或具有抗药性的遗传变异类型被保留,并能繁殖而发展成一个较大的群体。另一种可能是由于除草剂的诱导作用,使杂草体内基因发生突变或基因表达发生改变,结果提高了对除草剂的解毒能力或使除草剂与作用位点的亲和力下降,而产生抗药性的突变体;然后在除草剂的选择压力下,抗药性个体逐步增加,发展成为抗药性生物型群体。

在长期、大量、单一使用除草剂的情况下,杂草产生抗药性是必然的,但抗药性形成速度则受到下述因素所支配。了解抗药性演化速度的控制因素就可以采取恰当的措施延缓抗性。

(1) 杂草基因库中的抗性突变的起始频度

杂草的基因突变是一直发生的,无论是否应用除草剂。杂草种群中抗性基因型的最初频度因植物种类及抗性类型而不同。至今还未发现由除草剂直接引起的杂草抗药性基因突变。

(2) 除草剂的选择压力

从田间表现形式上来看,由于一类或一种除草剂的大面积和长期连续使用,使原来敏感的杂草对除草剂的敏感性下降,以致于用同一种药剂的常规剂量难以防除。在正常情况下,不用除草剂,由于杂草群体效应及竞争作用,抗性的个体数量极少,难以发展起来。如果植物群体中存在抗性基因,那么除草剂用量越高,则抗性的形成越迅速。如果没有其他任何干扰因素,当杀死杂草90%时,那么每年抗性可以增加10倍,10年内抗性便十分显著。连续使用吡氟禾草灵(fluazfop-butyl)超过5年所造成的选择性强度导致法氏狗尾草对吡氟禾草灵与稀禾啶(sethoxydim)抗性分别提高25倍与143倍,而且还造成其对芳氧苯氧基丙酸酯类(aryloxyphenoxypropionate)与环己烯二酮类(cyclohexanedione)除草剂品种产生交互抗性。

(3) 杂草适合度

杂草的适合度是指选择因子除草剂不存在的情况下抗性与敏感个体的相对生存繁殖能力。通过抗性突变体与敏感的野生型经过轮作中整个生活周期的竞争来测量。它是控制杂草抗药性演化速度的一个主要调节因素,大多数杂草突变体的适合度低于野生型,如均三氮苯抗性突变体的种子产量为敏感野生型的10%~50%。磺酰脲类抗性突变体与野生型间的适合度差别最小。在杂草萌发期长的地方,持效期短的除草剂活性消失后敏感杂草可以抑制适合度较低的抗性杂草结籽。在施用单一持效期长的除草剂时，适合度差别不能表现，无助于延缓抗性发生的速度。

(4) 杂草种子库

开始施用除草剂后，进入土壤的极少数抗性杂草种子被前几年积累的敏感杂草种子稀释。杂草在种子库中的寿命越长，前几年的敏感杂草种子的缓冲作用越大，因而减缓了杂草抗药性的发展速度。

6.3.3 杂草抗药性机制

从表面上看，杂草的抗药性似乎和作物对除草剂的选择性有类似之处。其实不然，杂草抗药性机制比农作物的选择性复杂得多。杂草抗药性机理主要有以下类型。

(1) 除草剂作用位点改变

除草剂作用于杂草必须到达一定的生理部位，在那里发挥毒性，而且作用位点可能在1个以上。但是，在除草剂的选择压力下，个别杂草的除草剂的作用位点发生了遗传修饰的改变，使除草剂的活性大大降低，出现了抗药性杂草生物型。研究结果表明，胡萝卜、拟南芥、地肤、烟草、毛蔓陀罗等除草剂的抗性突变体都是由乙酰乳酸合酶(ALS)改变引起的，该位点突变或修饰是对磺酰脲类等除草剂产生抗性的根本原因。编码 ALS 酶的基因发生突变，使酶分子结构发生改变，而酶功能不变，但 ALS 抑制剂不能抑制其酶活性。如在刺莴苣(*Lactuca serriola*)抗性种群中抗性是由于靶标酶结构的改变。ALS 基因突变位点较多，所以表现为不同程度的抗性水平。ALS 抑制剂有4类：磺酰脲类、咪唑啉酮类、三唑并嘧啶类和嘧啶基硫代苯甲酸盐类。所以通常磺酰脲类与咪唑啉酮类除草剂存在交互抗性。

二硝基苯胺类除草剂是有丝分裂抑制剂，其作用位点是微管蛋白，该蛋白被一个多拷贝基因家族编码，微管蛋白改变，导致抗性发生。在抗二硝基苯胺类的牛筋草中发现因作用位点改变而产生抗性，其产生抗药性的原因是作用靶标部位存在一种新型的 β-微管蛋白，这种新型微管蛋白与 α-微管蛋白聚合成的微管稳定性增加，使得细胞内微管的组装不受此类药剂的阻碍，微管的形成和正常功能不再受影响。而正常敏感生物型中不存在这种新型的 β-微管蛋白，在药剂影响下，微管大量解体消失。杂草对三氮苯类的抗性是由于杂草中叶绿体上类囊体膜上的除草剂固着部位 PsbA 基因位点发生了突变。PshA 基因编码的除草剂结合位点为光系统 II 中的 D-1(32kD)蛋白。在已知的高等植物中，抗药性突变都涉及这一 D-1 蛋白上第 264 位点上一个氨基酸的突变，造成这类除草剂与该蛋白的亲和性下降。

(2) 对除草剂代谢解毒能力增强

该机制一般涉及许多代谢解毒酶类，如谷胱甘肽-S-转移酶、细胞色素 P450 单加氧酶、过氧化物歧化酶等，这些酶在除草剂的选择压下，杂草体内酶活性和(或)含量均提高，使除草剂代谢为无毒化合物的能力加强，但其一般很难形成较高的抗性水平。抗三嗪类除草剂的苘麻(*Abutilon theophrasti*)生物型中谷胱甘肽-S-转移酶活性与敏感生物型相比增加了4倍，导致除草剂被更快地解毒。在野塘蒿(*Conyza bonarinsis*)对百草枯抗性生物型的叶绿体中，发现对该除草剂产生的氧自由基有解毒作用的酶的活性增加了，其中过氧化物歧化酶、抗坏血酸过氧化物酶和谷胱甘肽还原酶在抗药性生物型叶绿体中分别比敏感型的增加了1.6倍、2.5倍和2.9倍。在抗敌草快除草剂的莱茵衣藻(*Chlamydomonas reinhardtii*)生物型中，过氧化物歧化酶、谷胱甘肽还原酶或其他保护性酶类活性和含量均出现了升高。该机制使许多具有不同作用方式的除草剂产生交互抗性，如抗氯麦隆的鼠尾看麦娘对 ALS 抑制剂氯磺隆产生交互抗性，是由于参与细胞色素 P450 的单加氧酶活性增强的结果。

(3) 对除草剂的屏蔽作用与作用位点的隔离作用

杂草对除草剂的屏蔽作用(sequestration)和作用位点的隔离作用(compantmentation)使除草剂不能到达作用位点，从而阻止其发挥除草作用。如植物对百草枯的屏蔽作用，是因为百草枯与叶绿体中一种未知的细胞组分结合或者由于在液泡中的累积，使百草枯与叶绿体中的作用位点相隔离。在瑞士黑麦草(*Lolium rigidum*)对禾草灵的抗性生物型中，禾草灵酸在细胞的液泡中被截留而形成一个"禾草灵库"，降低了邻近部位的毒性浓度和乙酰辅酶 A 羧化酶(ACCase)的含量，所以抗性杂草体内虽然存在禾草灵却依然存活下来。

通常杂草对某类除草剂产生抗性的机制不止一个。如 ALS 抑制剂抗性机制除了靶标位点改变外，也有代谢抗性。究竟是哪个机制为主，这要视具体情况而定。

目前，杂草抗药性机制研究已从生理生化和分子水平上揭示了除草剂与作用位点结合的关系以及由于位点突变而产生抗药性的分子机制，许多杂草抗药性生物型的出现是由于除草剂作用位点被遗传修饰的结果。由除草剂解毒代谢作用增强而产生的抗药性涉及的两类主要酶是细胞色素 P450 单加氧酶和谷胱甘肽-S-转移酶。由靶标酶基因位点突变几乎涵盖各类除草剂靶标酶，而且还存在多突变位点，导致杂草抗药性发展十分迅速。

6.3.4 杂草抗药性的治理

目前已经明确联吡啶类、二硝基苯胺类、二苯醚类、均三氮苯类、咪唑啉类、磺酰脲类和脲类除草剂最容易诱导杂草产生抗药性。抗药性杂草的形成与多种因素有关，作用机理也是多方面的，因此抗药性杂草的防治也应是多种方法的综合运用，主要包括对除草剂抗性生物型杂草的检疫、除草剂的合理使用、合理轮作、改进现有的耕作模式、采用生物除草技术、选育和种植除草剂耐药性的作物品种等多种策略方法。根据抗性杂草产生的条件、发展趋势和传播途径，抗药性治理策略必须集中于减轻单一作用靶标除草剂品种造成的选择压及抗性种子的产生与传播。在杂草防治实践中，与生态防治相结合，以及不同作用机制除草剂交替使用是杂草抗性治理成败的关键。

(1) 除草剂的混用

具有不同化学性质和不同作用机制的除草剂按一定的比例混配使用是避免、延缓和控制产生抗药性杂草最基本的方法。混配的除草剂混合剂可明显降低抗药性杂草的发生频率，同时还有扩大杀草谱、增强药效、减少用药量、降低成本等作用。例如，美国与澳大利亚连作稻田使用农得时(londex)4 年，慈姑(*Sagittaria calvcne*)与异型莎草(*Cyperus difformis*)产生抗性；而日本稻田连年使用农得时，因采用混用未发现抗性杂草。混用方法有以下几种：①作用靶标不同的除草剂混用；②产生增效作用的除草剂混用；③和有负交互作用的除草剂(对抗性个体较敏感个体毒性更大的除草剂)混用。

但在搭配时应根据此类除草剂的相对药效和杂草抗性机理来决定。若混用不当，或长期重复使用，也会产生新的问题：首先，会导致交互抗性杂草的发生，例如，均三氮苯类抗药性杂草生物型，对脲类除草剂敌草隆敏感，但对均三氮苯类、哒嗪酮类及其他脲类除草剂具有交互抗性。其次，会导致某些杂草生物型对多种药剂同时产生抗性，即多种抗性。例如，小蓬草、早熟禾、飞扬草等群体对均三氮苯类及百草枯产生了抗药性。阿特拉津与杀草强混用10年后，导致了黑麦草抗药性种群的发生，它不仅对该混剂具有抗药性，而且对均三氮苯类和脲类除草剂也具有抗药性。不同杂草种群，其多种抗性的程度和所产生抗药性的除草剂种类是不同的。因此，在使用除草剂混剂前应了解有关杂草种群的抗性水平、类型。在选用除草剂混剂时，还必须考虑其杀草谱、对作物的安全性、土壤中的残留、除草剂的互作以及成本等因素。只有这样，才能满足农林业生产的要求。

(2) 除草剂的交替使用

同种或同类除草剂的单一重复使用，较不同种类除草剂交替使用更易诱导抗药性的产生。据报道，用敌草隆防除葡萄园里的三嗪质体型抗药性反枝苋和小蓬草生物型，3~4年后会诱导一种新的敌草隆非质体型抗药性生物型的发生。特别是近年来，随着免耕的发展，杂草发生量增大，密度提高，于是提高除草剂的用量，或者选用"高效"或"超高效"的除草剂，而这些除草剂往往会导致选择压的加大，诱发杂草抗药性。而更换具有不同性质和作用机制的除草剂，则可以降低除草剂的选择压，而且能避免杂草交互抗性的产生。

交替使用除草剂(尤其是使用具有负交互抗性的除草剂)能使抗性杂草得到控制。但是这种方法也有可能使杂草产生交互抗性，所以在选择轮用除草剂时必须注意以下几点：轮换使用不同类型的除草剂，避免同一类型或结构相近的除草剂长期使用；轮换使用对杂草作用位点复杂的除草剂；轮换使用作用机制不同的除草剂或同一除草剂品种的不同剂型。

(3) 除草剂安全剂和增效剂使用

一般除草剂是通过选择性来保护作物，而安全剂的应用，可能使一些非选择性或选择性弱的除草剂得以使用，降低选择压力，扩大杀草谱。例如，丁草胺(butachlor)加入安全剂 Mon-7400 后，可显著提高对水稻秧苗的安全性，同时还能提高对稗草的防除效果。

增效剂的作用原理是增加了植物对除草剂的吸收、转移或减少除草剂降解、解毒，使除草剂的用量降低，相对降低了该除草剂的选择压，因而可防止或延缓抗性的产生。例如，增效剂 Alachlor 对莠去津防治某些杂草具有增效作用，用于防除藜和苋时可使莠去津的用量降低。铜或锌发生螯合作用的增效剂与百草枯混用后，防治百草枯抗药性生物型杂草，可使有效剂量下降90%。

(4) 在经济阈值水平上使用除草剂

敏感个体的存在有利于抗性个体与其进行异交，产生杂交后代，该"异交种"会抑制甚至阻止选择压的产生，因此在使用除草剂时，只要达到一定的灭草增产效果即可，不必强求对所有杂草斩尽杀绝。残留活性低的除草剂，其选择压也低。因此，应选用持效期较短的除草剂，降低施药频度及剂量，同一种类的除草剂使用年限掌握在2~3年之内为宜。

将经济观点和生态观点结合起来，从生态经济学角度科学管理杂草，降低除草剂用量，有意识地保留一些田间和田边杂草，可以使敏感性杂草和抗药性杂草产生竞争，通过生态适应、种子繁殖、传粉等方式形成基因流动，以降低抗药性杂草种群的比例。如连续重复使用广谱性除草剂后，田旋花(*Convolvulus arvensis*)、打碗花(*Calystegia hederacea*)都形成了抗药性，而且已有传播和蔓延，但如果维持一定数量的波斯婆婆纳(*Veronica persica*)和野芝麻(*Lamium barbatum*)等一年生杂草，就能通过杂草种间的竞争压力限制或减少抗药性杂草的数量。

(5) 生物防治

杂草的生物防治是指利用杂草的天敌——昆虫、病原微生物、病毒和线虫等来防除杂草。在理论上，它主要依据生物地理学、种群生态学、群落生态学的原理，在明确了天敌—寄主—环境三者关系的基础上，对目标杂草进行调节控制。其特点是对环境和作物安全、控制效果持久、防治成本低廉等，是控制或延缓杂草抗药性的有效措施。1902 年，美国从墨西哥等地引进天敌昆虫防除恶性杂草马樱丹(*Lantana camara*)，并取得了成功，开创了杂草生物防治的先例。随后澳大利亚利用锈菌(*Puccinia chondrillina*)防治麦田杂草灯心草(*Juncus*)、粉苞苣(*Chondrillina juncea*)，成为国际上首例利用病原微生物防治杂草的成功例证。

近年来，一些国家和地区对一些危害大而又难以用其他手段防除的恶性杂草都先后采取了生物防治措施，并取得了显著成效。目前利用微生物源开发的微生物除草剂有 2 类：一类是利用放线菌生产的抗生素除草剂，如由链霉菌产生的茴香霉素(anisomycin)能强烈抑制稗草和马唐，它能通过破坏敏感植物的叶绿素合成达到防除的目的；另一类是利用病原真菌生产的孢子除草剂，作用方式是孢子直接穿透寄主表皮，进入寄主组织，产生毒素，使杂草出现病斑并逐步蔓延，从而破坏杂草的正常生长，导致死亡。

(6) 天然除草剂的应用

天然除草剂是利用自然界中含有杀草活性的天然化合物开发而成，它和天然的杀虫剂和杀菌剂一样，不易使有害生物产生抗药性，而且对环境、作物安全，开发费用低，发展潜力大。近年来已发现很多天然除草化合物，并研制出一些由天然除草化合物开发的天然或拟天然除草剂。例如，最早发现的具有杀草活性的醌类化合物核桃醌(juglone)，其活性很高，在 1 μmol/L 浓度下即可明显抑制核桃园中多种杂草的生长；德国赫特司特公司人工合成了一种拟天然有机磷除草剂——草丁膦(glufosinate)；防治稻田稗草的天然除草剂去草酮(methoxyphencne)等。天然除草剂的使用可减少化学除草剂的用量，从而减慢抗药性杂草的形成。

(7) 除草剂抗性作物的利用

由于生物技术的迅速发展，在抗药性杂草的管理中，除了采用上述措施外，近几年来还应用育种、生物技术、遗传工程等方面的技术把除草剂抗性基因导入作物，并已取得了一定的成就。目前已经育出耐草甘膦的大豆、玉米、棉花、油菜等作物。几种抗百草枯、杀草强的观赏性作物和禾谷类作物品种已经登记，这些抗除草剂品种作物在生产中的应用，将改变传统的杂草防除观念，并对杂草科学产生深远的影响。

小　结

农林业有害生物对农药的抗药性是伴随着农药使用过程的一种必然趋势，本章主要介绍了害虫、病原物、杂草等有害生物的抗药性的概念、抗药性形成与影响因素、抗性机理、抗药性监测及综合治理等内容。通过了解有害生物抗药性形成过程、抗药性机理和治理策略，可为农林业有害生物的抗药性治理、综合防治，提供科学的决策依据。

思考题

1. 简述害虫抗药性的概念及其主要类型。
2. 害虫抗药性的形成有哪几种学说？
3. 简述害虫抗药性的主要机理。
4. 影响害虫抗药性发展的因素有哪些？
5. 简述害虫抗药性治理的基本原则。
6. 简述害虫抗性治理的主要措施。
7. 影响病原菌抗药性群体形成和抗药水平高低的主要因素有哪些？
8. 简述植物病原菌抗药性治理的主要方法。
9. 简述杂草抗药性的主要机理。
10. 简述杂草抗药性治理的主要措施。

推荐阅读书目

1. 唐振华. 1993. 昆虫抗药性及其治理[M]. 北京：中国农业出版社.
2. 杨谦. 2003. 植物病原菌抗药性分子生物学[M]. 北京：科学出版社.
3. 黄建中. 1995. 农田杂草抗药性[M]. 北京：中国农业出版社.

第 7 章
农药的环境毒理

农药环境毒理是农药学、环境科学、生态科学的交叉领域。主要内容包括 2 个方面：一是农药在环境中的归宿，包括施药后农药在大气、水体及土壤中的飘移、沉积、挥发、吸附、淋溶、流失等物理变化，以及降解、代谢、光解等化学变化；二是农药对环境中非靶标生物的影响，包括对鱼类等水生生物、鸟类、经济昆虫（家蚕、蜜蜂等）及天敌昆虫、兽类、环境（特别是土壤）微生物的影响。环境毒理学研究的目的是评价农药的环境安全性，为农药的科学使用、农药残留毒性的预防以及新农药开发提供依据。

有人认为我国农药发展与环境安全的关系自 1970 年代以来已由"农（林）业—农药"之间的两极关系演变为"农（林）业—农药—环境"之间的三极关系。前者是农（林）业生产的发展需要使用农药，而农药的使用促进了农（林）业生产的迅速发展；后者则是从农（林）业生产和人类社会的可持续发展观来认识三者之间的关系，即：农（林）业生产需要农药的使用，农药的副作用受到了环境管理的制约，环境安全的要求推动了农药及其使用技术的创新发展，环境友好型农药的应用又促进了农（林）业生产向安全、高效益方向发展。三者之间通过制约与创新的协调，逐步达到人与自然和谐发展的境界。

加强环境安全管理是协调农业生产和农药使用的重要机制。国务院颁布的《农药管理条例》(2001) 和农业部农药检定所制定的《农药登记资料要求》(2001) 是我国进行农药环境管理的重要法规和管理制度。农业部及地方农业行政主管部门制定的农作物无公害技术标准作为我国实施良好农业规范 (good agricultural practices，GAP) 的指导性技术规程，是保障农药科学使用和环境安全的重要措施。提高全民的环境保护意识、重视生态系统平衡与协调、关心人类身体健康和子孙后代的生存与发展，是推动农药与环境和谐发展的真正动力。在新农药研究与开发过程中，入选化合物在进行农药登记及商品化生产前必须进行环境安全评价试验。试验内容主要有环境行为和生态效应。

7.1 农药的环境行为

农药的环境行为是指农药进入环境后在迁移转化过程中的表现与特征，包括物理行为、化学行为与生物效应 3 个方面，直观地反映了农药对生态环境污染影响的状态。物理行为主要是指农药在环境中的移动性及其迁移扩散规律；化学行为主要是指农药在环境中的残留及其降解与代谢过程。

7.1.1 农药残留毒性的形成

7.1.1.1 农药残留(pesticide residue)与残留毒性(residual toxicity)

农药残留指使用农药后,在农产品及环境中农药活性成分及其在性质上和数量上有毒理学意义的代谢(或降解、转化)产物。农药残留毒性即农药残毒,是指在环境和食品、饲料中残留的农药对人和动物所引起的毒效应;包括农药本身以及它的衍生物、代谢产物、降解产物以及它在环境、食品、饲料中的其他反应产物的毒性。农药残留毒性,可表现为急性毒性、慢性毒性和"三致",即致癌(残留农药引起的恶性肿瘤)、致畸(残留农药对胚胎发育的影响)和致突变(残留农药对染色体性状和数量的影响)。环境中,特别是食品、饲料中如果存在农药残留物,可长期随食品、饲料进入人、畜机体,危害人体健康和降低家畜生产性能。

农药残留毒性有下述特点:①潜伏期长,是一种慢性毒性引起的毒害,潜伏期往往很长,因而不易察觉,而一旦发现则难以治疗。②危害面广,农药急性中毒受害者往往是少数人,而残留中毒往往是一个广泛地区的大多数人。

7.1.1.2 农作物与食品中残留农药的来源

(1)田间施药对作物的直接污染

农药在田间喷洒后,部分农药残留在作物上,可黏附在农作物体表,也可渗透进入植物组织表皮层或内部;内吸性农药还可被植物根、茎、叶吸收,并随植物体内水分、养分的输导而遍布植物各部分。如氟乙酰胺、内吸磷、乙拌磷等农药严禁用于烟草、茶、蔬菜及稻、麦等粮食作物。渗透性强的有机磷农药如甲基对硫磷、对硫磷、杀螟松等,在作物上表现出一定程度的深达性。这部分农药虽然受到外界环境的影响或植物体内酶系的作用而逐渐降解,但因农药本身稳定性的差异及农作物种类的不同,降解过程或快或慢,因而导致农作物收获时或多或少地带有农药残留。

(2)农作物从污染环境中吸收农药

在田间用药时,大部分农药是散落在农田中,有些飘散到大气中,有些农药性质稳定、不易降解,残存的农药可以被后茬作物吸收。有报道表明,某些茶区虽已禁用滴滴涕、六六六多年,但采收的茶叶中仍可检测出较高含量的滴滴涕和六六六及其代谢产物。水生植物从污染水质中吸收农药的能力比陆生植物从土壤中吸收的能力强。

(3)食物链转移与生物富集

食物链转移与生物富集是促使食品含有农药的重要原因。食物链转移则指动物取食含有残留农药的作物或生物后,残留农药在生物体间转移的现象。生物富集又称生物浓缩,是指生物体从生活环境中不断吸收低剂量农药,并逐渐在体内积累的能力。

食物链转移与生物富集可使农药的残留浓度提高至数百、数万倍。如农田喷洒有机氯杀虫剂毒杀芬后,撒落在农田的农药污染了附近水域,使水中含有 1 μg/L,经过一段时间后,在水中生长的藻类植株毒杀芬贮存量达 100~300 μg/kg(浓缩 100~300 倍)。取食藻类的小鱼体内含量达 3 mg/kg(与水相比浓缩 3 000 倍);取食小鱼的大鱼体内含量达 8 mg/kg(与水相比浓缩 8 000 倍);食鱼性水鸟体内含量则高达 39 mg/kg(与水相比浓缩 39 000 倍)。

7.1.1.3 农药代谢物与残留毒性

1960年代以来的研究发现，除农药母体外，其代谢产物也会产生残留毒性问题。美国的L. Rode(1969)报道，在美国加州农场工人进入喷施过对硫磷几天后的柑橘园时发生了中毒事件，研究发现是对硫磷的代谢产物对氧磷引起的，说明有时农药代谢产物的毒性要高于其母体化合物的毒性。这一发现不仅促使加强了对农药残留降解的研究，还引发了对农药降解过程中代谢产物毒性的研究。其后，又陆续发现了一些农药的代谢产物具有比母体化合物毒性更大的情况。如乙酰甲胺磷是一种急性毒性不大的农药(大鼠急性经口 LD_{50} 605~1 100 mg/kg)，因此将其列为相对低毒的农药。但喷施到植物上后，乙酰甲胺磷会在植物体内代谢成甲胺磷(大鼠急性经口 LD_{50} 20~30 mg/kg)，其毒性提高了20~50倍。乐果也是一种相对低毒的有机磷农药(大鼠急性经口 LD_{50} 500~600 mg/kg)，但当喷施到植物上1~2 d后，会氧化成为氧乐果(大鼠急性经口 LD_{50} 30~50 mg/kg)，其急性毒性提高10倍以上。相类似的农药有涕灭威及其在代谢过程中形成的砜和亚砜代谢物，三唑酮代谢形成的羟基三唑酮，杀虫脒代谢形成的4-氯邻甲苯胺，这些代谢物的形成都明显提高了农药的急性或慢性毒性。这就使得在喷施农药后，除了要进行农药母体化合物的残留测定外，还要对其主要的代谢产物，特别是毒性有提高的化合物进行残留测定。

7.1.1.4 农药杂质与残留毒性

除了农药母体化合物和主要代谢物外，有时农药中含有的杂质也会产生毒性问题。1976年联合国卫生组织和美国援助巴基斯坦时使用马拉硫磷防治按蚊预防疟疾，由于马拉硫磷中含有的杂质马拉氧磷和异马拉硫磷使得数百人中毒，8人死亡。这一事件促使了对农药杂质毒性的研究。1980年代以来我国已经停止生产、销售和使用农药滴滴涕，但在茶叶中还可以检测到农药滴滴涕的残留。这种滴滴涕的残留主要来自农药三氯杀螨醇。由于三氯杀螨醇的化学结构和滴滴涕非常相似，只相差1个氯原子、1个氢原子，因此在三氯杀螨醇加工工艺中，一些环境条件的变化会使产品中出现滴滴涕成分。据对我国三氯杀螨醇产品的成分分析发现，产品中滴滴涕的含量为3%~13%，因此在喷施三氯杀螨醇防治螨类时会出现滴滴涕的残留。正因如此，1999年农业部颁布了在茶叶生产中禁止使用三氯杀螨醇的决定。此外许多有机磷农药中的氧化物，二硫代氨基甲酸酯类农药(代森锌等)中的乙撑硫脲等都是这个问题的实例。

7.1.2 农药在环境中转移与降解

农药进入环境后，在环境中有着复杂的迁移转化过程，包括挥发、沉积、吸附、分解等表现，这些表现称为农药的环境行为，是评价农药环境安全性的重要指标。

农药的环境行为十分复杂，某些行为可能同时进行并相互影响。农药的环境行为也受很多环境因素及农药自身理化性质的影响。农药的环境行为主要包括吸附、生物富集、迁移、分解以及生物降解等方面。

7.1.2.1 吸附

吸附主要指农药在环境中由气相或液相向固相分配的过程。在此过程中，固相中的浓度逐渐升高。它包括静电吸附、化学吸附、分配、沉淀、络合及共沉淀等反应。农药在土壤和沉积物中的吸附主要包括溶解和分配两个方面。农药在土壤中的吸附反应是一个动态过程，当在载体上的吸附和解析速率达到统一水平时,农药在载体上的吸附量保持不变,这一状态称为吸附—解吸平衡。数十年来,人们已经总结出很多平衡吸附模型。现列举几种比较重要且应用比较广泛的模型。

(1) 线性吸附模型

线性吸附模型是最简单的平衡吸附模型。在此模型中有机物的吸附量与其液相浓度成正比:

$$q_s = K_d c_w \tag{7-1}$$

式中 q_s ——吸附量;

c_w ——农药在液相中的浓度;

K_d ——有机质/水分配系数。

(2) Freundlich 吸附等温式

对非线性平衡吸附模型,最常用的模型就是 Freundlich 等温吸附模型,其表达式如下:

$$q_s = k_f c_w^{1/n} \tag{7-2}$$

式中 k_f ——Freundlich 参数,表示吸附作用的强度;

$1/n$ ——评价等温线性与否的参数;

其他符号同前。

对式(7-2)取对数可得:$\lg q_s = \lg k_f + 1/n \lg c_w$

由该式可以看出,$\lg q_s$ 与 $\lg c_w$ 之间为线性关系。其中 n 的取值决定等温线的形状。

(3) Langmuir 吸附等温式

Langmuir 吸附等温式是用来描述吸附质在吸附剂表面的单层吸附过程,其表达式如下:

$$q_s = Q_b / (1 + b c_w) \tag{7-3}$$

式中 Q_b ——单层吸附条件下的吸附容量;

b ——表面吸附亲和性常数;

其他符号同前。

(4) BET(brunauer、emmett 及 Teller)吸附等温式

当吸附质的温度接近正常沸点时,往往发生多分子层吸附。所谓多分子层吸附,就是除了吸附剂表面接触的第一层外,还有相继各层的吸附,在实际应用中遇到很多多分子的吸附。布龙瑙尔—埃梅特—特勒(Brunauer-Emmett-Teller)3 人提出了多分子层理论的公式,简称为 BET 公式。他们的理论基础是 Langmuir 理论,改进之处是认为表面已经吸附了一层分子之后,由于被吸附气体本身的范德华力,还可以继续发生多分子层的吸附。当吸附达到平衡时,气体的吸附量(V)等于各层吸附量的总和。

此外,对不平衡吸附的情况,人们采用的模型一般是单箱模型、双箱模型或颗粒内扩散模型。

在环境中,农药的吸附主要发生在土壤或者沉积物中。进入环境的化学农药可以通过物理吸附、化学吸附、氢键结合和配位价键结合等形式吸附在介质表面。

就土壤和沉积物本身而言,对有机污染物的吸附实际上是由土壤和沉积物中的矿物成分以及土壤和沉积物有机质两部分共同作用的结果。其中有机质对农药吸附的作用是主要的,研究农药在土壤和沉积物中的吸附机理时,多是从物理吸附的角度来研究。

7.1.2.2 生物富集

生物富集是指生物体从环境中不断吸收低浓度的农药,并逐渐在其体内积累的能力。

有些农药在环境中难以分解,使得农药在环境中逐渐积累,并通过各种途径进入生物体内。一般情况下,生物富集主要通过以下3种途径:一是藻类植物、原生动物和多种微生物等,它们主要靠体表直接吸收;二是高等植物,它们主要靠根系吸收;三是大多数动物,它们主要靠吞食进行吸收。在这3种途径中,前两者都是通过直接吸收环境中的农药,而大多数动物体内的生物富集则是通过食物链。

对一些难降解农药,生物富集作用可能会导致一系列生态效应。滴滴涕在大多数环境条件下能稳定存在,并且不被土壤中的微生物或者降解酶降解。由于人们长期施用滴滴涕,通过长期的生物富集和食物链的作用,使得很多动物体的脂肪组织内均积累了大量的滴滴涕。

7.1.2.3 迁移

如施于土壤或者植物体时,一部分农药会通过各种途径进入气相或者通过地表径流和淋溶的方式沉积。通常农药在环境中的迁移包括混合并稀释、平流和对流、扩散和弥散等。自然界中有2种迁移现象:随机运动迁移和向性运动迁移。它们都可以从分子水平到全球距离,从微秒到地质年代,在较宽的尺度范围上发生。扩散和弥散都属于随机迁移,而平流和对流则属于定向迁移。

农药在土壤中的迁移是十分复杂的。当农药进入土壤后,农药就可能通过各种途径进入水相或者气相。土壤中的农药,在被土壤吸附的同时,还可以通过挥发、扩散、水淋溶或者地表径流等途径迁移到土壤以外的介质中。气迁移主要取决于农药本身的溶解度和蒸气压,土壤的温度、湿度以及影响孔隙状况的质地和结构条件。水迁移有2种形式:一是被吸附于土壤固体细粒表面,随水分移动而进行机械迁移;二是由于足够的降雨量而形成地表径流时,土壤表面的农药随之而进入水相发生迁移。

为了研究农药在环境中的迁移,人们普遍采用多介质模型来描述其过程以及农药的归宿。农药在多介质环境中的循环模型是研究多介质环境中介质内及介质单元间农药迁移、转化和环境归宿定量关系的数学表达式,其主要特点是可以将各种不同的环境介质同导致污染物跨介质单元边界的各种过程相连接,并能在不同模型结构的水平上对这些过程公式化、定量化。

1979年Mackav提出了逸度模型理论。该模型以逸度(即介质容量)为基础来研究有机污染物在环境中的归宿。持久性有机污染物(persistent organic pollutants,POPs)在环境中的迁移情况可以通过逸度模型描述。此外,为了描述农药在环境的迁移,人们还提出很多有效的模型来模拟实际情况,且这些模型与实际情况均比较吻合。如Mackav等和Cowan等提出的多介质迁移模型(MFTMs)以及Scheringer等提出的有机污染物的长期迁移模型等。

7.1.2.4 分解

农药在环境中可以通过多种方式降解。其中最重要的2种方式是光解和水解。

(1) 光解

很多农药能吸收紫外光和可见光的能量从而发生化学反应。农药可以通过吸收光能而发生光化学转化,又因为这类反应都涉及化合物的分解,所以这类转化途径称为光解。在环境中,农药可发生直接光解或者间接光解。前者可通过直接吸收光能而发生转化,后者则需要在光敏剂的存在下发生光解。光解是农药在环境中的一种重要行为，适应了对环境友好的要求。

许多农药直接光解要比光敏光解重要。但有些农药并不容易被光解，如六氯代环戊烯，在其被施于环境后就立刻被沉积物所吸附而避免了光解的发生。而在光敏反应中，农药化合物并不直接吸收光能而发生转化。但是，当农药存在的介质中含有某些光敏剂时，由于光敏剂本身可以吸收光能，这些物质就可以通过各种方式把能量传递给农药化合物，从而为化合物的转化提供足够的能量。光敏化反应主要有2种类型：一是Ⅰ型光敏化氧化，反应主要涉及氢原子转移；二是Ⅱ型反应，该反应涉及1个 O_2（单线态氧）的反应。

农药的光解反应不仅受到农药自身理化性质的影响，同时也受到环境因素的影响。光的强度和波长，所用的辅助溶剂以及光敏物质等，均会影响光解速度。如甲氨基阿维菌素苯甲酸盐的光解速度与季节有关：夏季＞秋季＞冬季。

（2）水解

农药的水解是一个化学反应过程，是农药分子与水分子之间发生相互作用的过程。农药水解时，一个亲核基团（水或—OH）进攻亲电基团（C、P、S等原子），并且取代离子基团（—Cl、苯酚盐等）。如杀螟硫磷在正丁胺、乙醇胺和氨基乙酸乙酯等三个含氮亲核试剂作用下的水解反应中，正丁胺和乙醇胺的亲核进攻是碱催化的，氨基乙酸乙酯的取代反应不是碱催化的。又如，在弱酸性条件下所有磺酰脲类除草剂的主要水解反应是磺酰脲桥的裂解。水解反应中水分子攻击羰基碳的中性桥，释放出 CO_2，生成无除草活性的磺酰胺和杂环胺，而磺酰胺和杂环胺还可进一步水解。

农药的水解反应不仅受到农药自身理化性质的影响，同时也受到环境因素的影响。如反应介质溶剂化能力的变化将影响农药、中间体或产物的水解反应，离子强度和有机溶剂量的改变将影响到溶剂化的能力，并且因此改变水解速度。

7.1.2.5 生物降解

环境中生物种类繁多，生物对农药的作用也是影响农药在环境中归宿的一个重要方面，其中微生物的作用最为突出。微生物可通过各种方式如降解酶来降解农药，且几乎所有生物降解反应都可归结为氧化性、还原性、水解性或综合性。每一反应均涉及特定的酶或酶系。

土壤是微生物的良好生境。土壤中有多种微生物类群，它们对自然界物质的转化和循环起着极为重要的作用，对农业生产和环境保护有着不可忽视的影响。根际微生物与植物的关系特别密切。不同的土壤和植物对根际微生物产生显著影响。而不同的根际微生物由于其生理活性和代谢产物的不同，也对土壤肥力和植物营养产生作用。土壤微生物不仅对土壤的肥力和土壤营养元素的转化起重要作用，而且对进入土壤中的农药及其他有机污染物的自净、有毒金属及其化合物在土壤环境中的迁移转化等发挥重要作用。

环境因素对微生物的生存能力产生很大影响，从而影响微生物的代谢活性和降解能力。这些影响因素主要包括温度、酸碱度、底物浓度、营养状况、氧气量、水分、表面活性剂等。

通常土壤微生物不能降解被土壤胶体所吸附的除草剂分子，吸附作用的强弱取决于土壤有机质含量、机械组成及土壤含水量。干土的吸附量显著大于湿土。酸催化的水解作用主要影响三氮苯与若干磺酰脲除草剂品种的降解与残留，水解作用受 pH 值控制，pH＞6.18

时，水解作用接近停止。pH 值显著影响磺酰脲、咪唑啉酮、氮苯以及三唑嘧啶磺酰胺类除草剂在土壤中的吸附、可利用性以及降解与残留。微生物及其产生的酶对农药的降解均有适宜的温度和 pH 值。

农药进入土壤生态系统后，其降解过程不仅包括一系列物理过程，而且包括一系列复杂的化学过程，其中微生物对农药的降解主要是通过各种降解酶的作用。在研究不同菌株的降解能力时，一个重要内容就是研究微生物所分泌的各种降解酶对农药的降解能力。农药微生物降解的本质是酶促反应，并且微生物的酶比微生物本身更能适应环境条件的变化，酶的降解效率远高于微生物本身，特别是对低浓度的农药。

Maloney 等从加吐温 80 为碳源的无机盐基础培养基中分离到降解菌蜡状芽孢杆菌(*Bacillus cereus*) SM3。该菌能够降解第二代和第三代拟除虫菊酯。与降解反应有关的酶称为氯菊酯酶，这是用细胞粗酶液降解拟除虫菊酯的第一个例子。在微生物降解多环芳烃(polycyclic aromatic hydrocarbon, PAHs)的酶学研究中，一般认为单加氧酶是微生物降解多环芳烃的关键酶。单加氧酶可将 1 个氧原子加到 PAHs 中，使 PAHs 发生羟基化，然后继续氧化为反式二氢乙醇和酚类；而双加氧酶可将 PAHs 的苯环裂解，将 2 个氧原子作用于底物形成双氧乙烷，然后氧化为顺式二氢乙醇，最终进入三羧酸循环。

7.1.2.6 农药的慢性毒性

农药对人类的慢性毒性，因药剂种类不同而表现形式各异。主要表现形式有"三致"作用、慢性神经系统功能失调(迟发神经毒性)、干扰内分泌、干扰免疫系统、对儿童脑发育远期影响等方面。

(1) "三致"作用

农药的慢性毒性引起的毒害，可以是多种多样的，目前人们比较重视的是"三致"作用，即致癌性、致畸性和致突变性。

① 致畸性　致畸试验是基于胚胎、胎儿对农药往往比成年动物更敏感。对成年动物不呈毒害作用的一定剂量农药，可能在母体内对受精卵、胚胎、胎儿发生致毒作用。结果表现为受精卵不着床或着床后死亡、死胎、胎儿畸形以及胎儿生长发育迟缓等，这些统称为胚胎毒性。农药对生殖系统的影响主要表现在精子数目的减少、精子活力不够等。艾氏剂、克菌丹、甲萘威、狄氏剂、地乐酚、碘苯腈、五氯酚、林丹、代森锰和百草枯等多种农药对动物的生殖系统变异有阳性影响。

② 致突变性　致突变试验的突变是指生物遗传物质性状的改变，即细胞染色体上基因的改变。农药作用于生殖细胞——精子或卵，部分后代会在全身细胞中带有突变基因，突变严重时也可以造成死胎。如果妊娠能持续到期满，则可能生出不正常的后代，也就表现为畸形。致突变性多与细胞核或染色体的性状转变相关联。常用的观察指标有细胞微核率、核异常性状、染色体数目和结构等。往往要通过对多项指标的综合考察，才能得出判断。如采用 Ames 试验检测乙草胺、异丙甲草胺、丁草胺的致突变性。结果表明：第一，乙草胺在光解前后均表现出无致突变性；第二，异丙甲草胺和丁草胺母体均有致突变性；第三，在光解过程中异丙甲草胺未产生其他突变性物质，而丁草胺在光降解末期表现出有致突变性物质产生。又如，通过对红细胞微核、核异常及染色体数目和结构畸变的观察，研究草甘膦对黄鳝细胞的遗传毒性。草甘膦能引起红细胞核异常率的上升，部分处理组和对照组差异显著，但

不能明显诱发红细胞产生微核;另一方面,草甘膦能明显的诱发黄鳝染色体数目和结构畸变率上升,处理组和对照组差异显著。可见,在一定浓度范围内,草甘膦对黄鳝具有明显的遗传学损伤作用。

③致癌性　农药也可以对体细胞作用,而对生殖细胞无作用,体细胞突变可以产生肿瘤。农药的致癌性和致突变性存在一定的内在联系,因为它们的活性形式都是亲电子的(或缺电子的)反应物。这些反应物的细胞靶子包括信息分子如核酸和蛋白质中许多亲核或富电子部位。目前认为大多数的化学致癌原是致突变原,而多数化学致突变原是潜在致癌原。突变与致癌之间有密切关系,这就可能通过致突变试验来预测化学农药致癌的可能性。

"三致"作用中的致癌性证明起来难度最大。这是因为癌症的发病周期长、影响因素多。多数情况下,致癌性只能通过特殊证据加以证明。由于癌症的发生多与遗传物质的改变有关,致突变性也可从一个侧面反映化合物的致癌潜力。如代森铵能明显诱发染色体畸变和微核作用,并且能够诱发一定数量的双核细胞,是染色体变异的诱变剂,并具有潜在的致癌性。

"三致"试验的结果,以及结合三代生殖试验、神经毒性试验(主要是有机磷和氨基甲酸酯类农药),是衡量农药是否具有慢性毒性的重要标志。

(2) 干扰内分泌

环境激素,又称外因性干扰内分泌活动的化学物质,是近来被逐渐认识的一类环境有害物质。目前已包括70种污染物的"环境激素黑名单"。在"黑名单"中,除了镉(Cd)、铅(Pd)、汞(Hg)3种重金属外,剩下的67种都是有机化合物。其中农药44种(杀虫剂24种,杀虫剂代谢产物1种,除草剂10种,杀菌剂9种)。

有机氯杀虫剂中的某些种类,如滴滴涕、硫丹、狄氏剂和开蓬等,其作用与17-雌二醇等雌激素类似,它们可能直接与激素受体结合,对生殖系统产生影响。有机氯杀虫剂滴滴涕的代谢产物 DDE 可以与雄激素受体相结合,阻碍体内内源雄激素与受体的正常结合,表现出抗雄激素的作用,其结果是导致某些生物体的雌性化。

(3) 慢性神经系统功能失调

有的人在有机磷急性中毒治愈后数天到数周后,出现四肢远端疼痛、不能触摸、渐感四肢远端无力、双足行走困难、双上肢持物不稳、出汗多、手肌萎缩、头晕不适等症状,是因为迟发性神经中毒。迟发性神经中毒严重的会导致患者死亡。

(4) 干扰免疫系统

随着免疫毒理学的兴起和发展,人们对农药的免疫毒性作用日益重视,并试图用免疫毒理学方法探讨农药对机体的毒性作用。有机磷、氨基甲酸酯及拟除虫菊酯类杀虫剂急性中毒患者,存在免疫功能受到抑制,重度中毒者尤甚。

(5) 对儿童脑发育的远期影响

为探讨农药中毒对儿童智力发育的远期影响,有报道采用中国比奈智力测量表对受试儿童进行智商分级,32例有机磷中毒儿童8年以后所测智商90.63%呈现不同程度低下,而对照组儿童仅7.14%智商较低。两组比较差异非常显著。

7.1.3 主要农药类型的残留特点

农药在农作物、土壤、水体中残留的种类和数量与农药的化学性质有关。一些性质稳定的农药，如有机氯杀虫剂以及含砷、汞的农药，在环境与农作物中难以降解，降解产物也比较稳定，称之为高残留性农药。一些性质较不稳定的农药，如有机磷和氨基甲酸酯类农药，大多在环境与农作物中比较易于降解，是低残留性或无残留性农药。含砷、汞、铅、铜等农药在土壤中的半衰期为10~30年，有机氯农药为2~4年，而有机磷农药只有数周至数月，氨基甲酸酯类农药仅1~4周。农药残留性越大，在食品、饲料中残留的量越大，对人、畜的危害性也越大。

7.1.3.1 有机氯杀虫剂

有机氯杀虫剂化学性质稳定，在土壤、水体和动植物体内降解缓慢，在人体内也有一定的积累，是一种重要的环境污染物，目前已逐渐被淘汰。多数发达国家已经禁用或限用有机氯杀虫剂，我国也已于1983年停止生产，并于1984年停止使用有机氯杀虫剂。

（1）体内代谢

有机氯杀虫剂可以通过消化道（被污染的食物和饮水）、呼吸道（被污染的空气）和皮肤（直接接触）吸收而进入机体。土壤中有机氯杀虫剂对各种环境造成污染，并通过食物链进入人体，其中消化道侵入是主要途径。进入体内的有机氯杀虫剂主要贮存于脂肪组织，其次为肝、肾、脾及脑组织，部分经生物转化后排出体外。有机氯杀虫剂在哺乳动物体内的代谢方式主要为脱氯化氢、脱氯和氧化反应。

（2）毒性作用

有机氯杀虫剂属神经毒和细胞毒，可以通过血脑屏障侵入大脑和通过胎盘传递给胚胎，主要损害中枢神经系统的运动中枢、小脑、脑干和肝、肾、生殖系统。

有机氯杀虫剂对人体危害的特点是有蓄积性和远期作用。由于有机氯农药的化学性质稳定，并有体内蓄积作用，因此，其致癌性作用已成为近年来人们关心的问题，已有报道滴滴涕和六六六与大鼠、小鼠肝脏肿瘤病的发生有关。但目前尚未有充分证据证明有机氯杀虫剂与人类肿瘤发病有直接关系。

7.1.3.2 有机磷杀虫剂

有机磷杀虫剂的化学性质较不稳定，在外界环境和动、植物组织中能迅速进行氧化和加水分解，故残留时间较短；但多数有机磷杀虫剂对哺乳动物的急性毒性较强。

（1）体内代谢

多数有机磷杀虫剂具有高度的脂溶性，除了可经呼吸道及消化道进入动物体内外，还能经没有破损的皮肤侵入机体。有机磷杀虫剂进入机体后，通过血液及淋巴运送到全身各组织器官，其中以肝脏含量最多，肾、肺、骨中次之，肌肉和脑组织中含量最少。

有机磷杀虫剂在体内的转化主要是氧化和分解过程，其氧化产物的毒性比原型增强，而其分解产物毒性则降低。此外，有机磷杀虫剂还可在体内进行还原和结合反应。有机磷杀虫剂在哺乳动物体内最重要的结合反应，是与葡萄糖醛酸和谷胱甘肽的结合反应，结合产物的生物活性降低，并易于从体内排出。有机磷化合物从体内排出较快，主要随尿排泄，少量随粪便和呼吸气体排出。

（2）毒性作用

有机磷杀虫剂的主要毒性作用是其很容易与体内的胆碱酯酶结合，形成不易水解的磷酰化胆碱酯酶，使胆碱酯酶活性受抑制，降低或丧失其分解乙酰胆碱的能力，以致胆碱能神经末梢所释放的乙酰胆碱在体内大量蓄积，从而出现与胆碱能神经机能亢进相似的一系列中毒症状。故通常将有机磷杀虫剂归属于神经毒剂。临床表现为3类：①M样症状（即毒蕈碱样症状），表现为瞳孔缩小、流涎、出汗、呼吸困难、肺水肿、呕吐、腹痛、腹泻、尿失禁等；②N样症状（即烟碱样症状），表现为肌肉纤维颤动、痉挛、四肢僵硬等；③中枢神经症状，为乙酰胆碱在脑内积累而表现的中枢神经系统症状，表现为乏力、不安、先兴奋后抑制，重者发生昏迷。

有机磷杀虫剂中毒后，体内的磷酰化胆碱酯酶可自行水解，脱下磷酰基部分，恢复胆碱酯酶的活性。但是这种自然水解的速率非常缓慢，因此必须应用胆碱酯酶复活剂。肟类化合物如解磷定（又称碘磷定，吡啶-2-甲醛肟碘甲烷，pyridine-2-aldoxime methyl iodide，PAM）、氯磷定、双复磷、双解磷等胆碱酯酶复活剂能从磷酰化胆碱酯酶的活性中心夺取磷酰基团，从而解除有机磷对胆碱酯酶的抑制作用，恢复其活性。有机磷杀虫剂中毒时，除应用上述特效解毒剂外，还可应用生理解毒剂或称生理颉颃剂，如M型胆碱受体（毒蕈碱样受体）阻断剂阿托品，与乙酰胆碱竞争受体，从而阻断乙酰胆碱的作用，并且还有兴奋呼吸中枢的作用，可解除中毒时的症状。

某些有机磷杀虫剂，如马拉硫磷、苯硫磷、三硫磷、皮蝇磷、丙氨氟磷等有迟发性神经毒性（delayed neurotoxicity，DNT），即在急性中毒过程结束后8~15 d，又可出现神经中毒症状，主要表现为后肢软弱无力和共济失调，进一步发展为后肢麻痹，在病理组织学上表现为神经脱髓鞘变化。这种现象称为迟发性神经毒性综合症（delayed neurotoxic syndrome）。鸡对迟发性神经毒性最为敏感；牛、羊、鸭、猪、兔等都可出现这种现象。此毒性与胆碱酯酶无关，用阿托品治疗也无效。对新的有机磷农药进行毒性评价时，应包括迟发性神经毒性试验。世界卫生组织在1975年即已建议将迟发性神经毒性作为有机磷农药中毒的鉴定指标之一。

有些有机磷杀虫剂如敌敌畏和马拉硫磷，对雄性大鼠精子的发生有损害作用；敌百虫和甲基对硫磷可降低大鼠的受孕率；内吸磷和二嗪农等对实验动物有轻度致畸作用。近来发现，某些有机磷农药在哺乳动物体内使核酸烷基化，损伤DNA，从而具有诱变作用。

①遗传毒性作用　有机磷杀虫剂的广泛使用，其对人的潜在的遗传毒性和长期效应日益受到关注。有机磷杀虫剂的遗传毒性研究涉及许多化学物和不同观察终点，包括体内与体外研究。表7-1列举了常用有机磷杀虫剂的遗传毒性试验结果。这些研究结果表明，敌敌畏等一些有机磷杀虫剂为Ames试验阳性；一些有机磷杀虫剂能引起小鼠骨髓微核率（micronuclei，MN）和染色体畸变率（chromosome aberration，CA）增加、动物肝细胞的DNA受到损伤。M De Ferrari等（1991）对接触杀虫剂工人的研究发现，其外周血淋巴细胞的染色体畸变率（CA）和姊妹染色单体互换率（sister chromatid exchange，SCE）升高。

表 7-1　常用有机磷杀虫剂的遗传毒性

试验名称	受试生物	阳性物
Ames 试验	沙门菌 TA97、TA100	亚胺硫磷、乙酰甲胺磷、毒虫畏、敌敌畏、乐果
枯草杆菌 DNA 重组修复试验	枯草杆菌	乙拌磷、杀螟硫磷、乐果、敌敌畏、对硫磷、甲基对硫磷、保棉磷、乙基保棉磷、毒死蜱、甲基毒死蜱、磷酸三甲酯、伏杀磷、二嗪农
微核试验	小鼠皮肤细胞	敌敌畏
	小鼠骨髓细胞	乐果、乙拌磷、乙硫磷、二嗪农、甲基对硫磷
SCE 试验	小鼠外周血淋巴细胞	甲基对硫磷
	鸡骨髓细胞及外周血淋巴细胞	久效磷
	淋巴细胞	马拉硫磷
	人淋巴细胞	敌百虫、乐果、甲基对硫磷、马拉硫磷、保棉磷、倍硫磷
	中国仓鼠 V79 细胞	脱叶磷、二嗪农
染色体畸变试验	小鼠脾细胞	毒死蜱、杀虫畏
	中国仓鼠细胞	敌敌畏
	鸡骨髓细胞	久效磷、乙硫磷
	鱼	敌敌畏
DNA 损伤试验	大鼠肝细胞	敌敌畏
伴性隐性致死试验	果蝇	久效磷
荧光原位杂交	人淋巴瘤细胞系	敌百虫

②生殖毒性作用　环境中有许多污染物对动物和人类的生殖、内分泌功能具有不同程度的损害。生殖系统的完整性直接关系到人类的生存和繁衍，更加引起全世界广泛的关注。据报道，半个世纪以来，人类的精液量和精子数量减少了近一半，同时男性不育和生殖系统发育异常明显增加。许多农药，特别是有机磷农药可使人的精子数量减少，活动能力下降，畸形率增加。据报道，长期慢性接触有机磷农药的男性，其精子的质量与数量均呈下降趋势。另据报道，长期慢性接触甲胺磷和对硫磷对男性生殖功能有一定的影响；大剂量辛硫磷(25 mg/kg 和 73 mg/kg 体重)对雄性大鼠有生殖毒性，主要引起精子生成量减少和精子运动能力降低。采用双色荧光原位杂交技术研究有机磷农药对人精子染色体非整倍体率的改变，发现有机磷农药会使人产生染色体数目异常的精子。一般来讲，有机磷化合物都有烷化作用，烷化作用的强弱可能影响有机磷农药的遗传毒性大小：烷化作用较强的有机磷农药如敌百虫、敌敌畏、甲基对硫磷等引起的染色体畸变率和姊妹染色单体互换率显著升高，异常生殖结局明显增高。

③免疫毒性作用　据报道，生产甲基对硫磷的工人，其免疫球蛋白(immunoglobulin A，IgA)含量、唾液中溶菌酶的活力均显著低于对照组；长期接触乐果、杀螟硫磷、敌敌畏、马拉硫磷、毒虫畏的工人外周血玫瑰花环形成细胞百分率明显下降；有机磷农药作业工人血中吞噬细胞的功能明显降低，吞噬细胞的比例也明显下降，中性粒细胞趋化功能受到损害。流行病学调查表明，生产有机磷杀虫剂的工人机体抵抗力受到影响，有机磷杀虫剂用量大的地区居民肠道传染病发病率增高，对一般细菌和病毒感染的抵抗力下降。

(3) 残留特性

有机磷在食物中的残留，主要以植物性食物，尤其是含有芳香族物质的植物如水果、蔬菜等最易蓄积有机磷。另外，生长周期短的叶菜类如小白菜、鸡毛菜、甘蓝、空心菜、芹菜、韭菜、芥菜、花菜等的残留量也较高。

蔬菜中使用的对硫磷、甲基对硫磷、甲胺磷等有机磷杀虫剂在农作物中的残留甚微，残留时间也较短。因品种不同，有机磷杀虫剂在农作物上的残留时间差异较大，有的施药后数小时至 2~3 d 可完全分解失效，如辛硫磷等。内吸性杀虫剂对作物的穿透性强，易产生残留，可维持较长时间的药效，有的甚至能达 1~2 个月或更长，如甲拌磷。

有机磷杀虫剂在室温下的半衰期一般为 7~10 d，低温时分解较为缓慢。作物水分含量较高，农药也易于降解。农药完全分解所需的时间，一般触杀性农药为 2~3 周，内吸性农药需 3~4 个月。某些有机磷杀虫剂，尤其是含硫醚基的内吸性杀虫剂，进入植物体后有一个转毒过程。例如，内吸磷的 2 种异构体（硫酮式和硫醇式）被植物吸收后，先氧化为相应的亚砜、砜和磷酸酯，以后逐渐水解为二乙基磷酸，最终水解为磷酸。其中硫醇式代谢物（如硫醇式亚砜、硫醇式砜等）对哺乳动物急性经口毒性比母体化合物还大。因此，内吸磷在作物上的残留性比一般有机磷长得多，内吸磷的一些类似物如甲拌磷、乙拌磷、甲基内吸磷、异吸磷、二甲硫吸磷等的代谢情况也是如此。这种现象对评价农作物中农药残留的毒性有重要意义。对这类农药的残留分析均需要考虑其降解代谢产物。

有机磷杀虫剂在作物不同部位的残留情况有所差异，如在根类或块茎类作物比在叶菜类或豆类的豆荚部分的残留时间长。有机磷杀虫剂主要残留在谷粒和叶菜类的外皮部分。粮食经加工后，残留农药可大幅度下降。叶菜类经过洗涤，块根、块茎类经过削皮，都能减少残留的有机磷农药。一般说来，除内吸性很强的有机磷杀虫剂外，农产品经过洗涤、加工等处理，其中残留的农药都会有不同程度的减少。

7.1.3.3 氨基甲酸酯类杀虫剂

(1) 体内代谢

氨基甲酸酯类杀虫剂可经呼吸道、消化道和皮肤吸收，在体内可经水解、氧化和结合转化，在植物体内代谢物趋向蓄积，而在哺乳动物体内则趋向排泄，其降解速率较快。一般在 24 h 内其摄入量的 70%~90% 多以解毒产物葡萄糖醛酸酯的形式由尿排出。各种氨基甲酸酯类化合物由于其化学结构上的不同，在各种动物体内的水解速率也不同。此类杀虫剂在与体内某些物质结合前，先转化为易溶于水的中间物，然后经水解、氧化，再与葡萄糖醛酸、磷酸及氨基酸结合后排出体外。在哺乳动物体内常结合成 β-葡萄糖醛酸甙，也可形成硫酸盐。氨基甲酸酯的酯键一般可经水解很快生成 CO_2 和甲胺，而酚的部分与葡萄糖醛酸等结合排出。除个别外，一般在代谢过程中，很少形成毒性增强的产物。

(2) 毒性作用

氨基甲酸酯类杀虫剂毒性相差较大。目前对低毒类品种保留应用，对高毒类品种限制使用或将其改造成为低毒化品种。氨基甲酸类杀虫剂在体内易分解，排泄较快。一部分经水解、氧化或与葡萄糖醛酸结合而解毒，一部分以还原或代谢物形式迅速经肾排出。

氨基甲酸类杀虫剂的毒性作用与有机磷杀虫剂相似，即抑制胆碱酯酶活性，造成乙酰胆碱在体内积聚，出现类似胆碱能神经机能亢进的症状。症状与酶的抑制程度平行。但此种抑制作用机理与有机磷杀虫剂不同。氨基甲酸酯类的作用在于此类化合物在立体构型上与乙酰胆碱相似,可与胆碱酯酶活性中心的负矩部位和酯解部位结合,形成复合物进一步成为氨基甲酰化酶,使其失去水解乙酰胆碱的活性。但大多数氨基甲酰化酶较磷酰化胆碱酯酶易水解,胆碱酯酶很快(一般经数小时)恢复原有活性,因此这类农药属可逆性胆碱酯酶抑制剂。由于其对胆碱酯酶的抑制速度及复能速度几乎接近,而复能速度较磷酰化胆碱酯酶快,故与有机磷杀虫剂中毒相比,其临床症状较轻,消失也较快。

过去认为氨基甲酸酯类杀虫剂的残留毒性问题不大,但近年研究认为它是否存在严重的残毒问题还有待探索。氨基甲酸酯类因含氨基,随饲料进入哺乳动物胃内,在酸性条件下易与饲料中亚硝酸盐类反应生成亚硝基化合物。后者酷似亚硝胺,具有极强诱变性。例如,西维因在胃内酸性条件下与饲料中亚硝酸基团起反应而形成 N-亚硝基西维因。它是一种碱基取代性诱变物,在某些诱变实验中呈阳性反应。它也是一个弱致畸物,有报道用西维因和亚硝酸钠一起喂饲小鼠可致癌。另有报道,长期接触氨基甲酸酯杀虫剂(克百威)的职业人群,其体液免疫和细胞免疫水平降低,尤其对人体细胞免疫水平影响更显著,说明该农药具有免疫毒性,引起免疫功能抑制,但免疫水平仍未降到正常范围之下。该结果与国外流行病学调查及动物实验结果基本一致。同时还发现,接触组体液免疫中免疫球蛋白以 IgM,补体 C_3、C_4 水平下降明显。

7.1.3.4 拟除虫菊酯杀虫剂

拟除虫菊酯是农用及卫生杀虫剂的主要品种之一,产量占杀虫剂总产量的 20%,使用面积占整个杀虫剂使用面积的 25%,不仅广泛用于农作物灭虫,而且大量用于灭蚊、蟑螂等卫生害虫。它对于有害昆虫具有高杀灭性,对人、畜低毒。在水环境中,由于该类化合物具有亲脂和环境持久性,会导致水生态系统结构改变和功能破坏。

(1) 体内代谢

拟除虫菊酯类杀虫剂可经消化道和呼吸道吸收,经皮肤吸收甚微。吸收后主要分布于脂肪以及神经等组织。在肝内进行生物转化,主要方式是羟化、水解和结合。代谢过程中产生的酯类以游离形式排出;酸类如环丙烷羧酸或苯氧基苯甲酸(由芳基形成),则与葡萄糖醛酸结合后排出。拟除虫菊酯类杀虫剂在体内代谢和排出过程都较快,故在体内很少蓄积。如溴氰菊酯在大鼠体内可进行酯键的水解以及芳基和甲基的羟化,1 周内可消除95%以上。

(2) 毒性作用

拟除虫菊酯类杀虫剂的急性毒性一般为低毒或中毒。人短期内接触大量拟除虫菊酯后,轻者出现头晕、头痛、恶心、呕吐;重者表现为精神萎靡或烦躁不安、肌肉跳动,甚至抽搐、昏迷。由于拟除虫菊酯杀虫剂在体内代谢快、蓄积程度低,呈现的慢性毒性作用较低。如溴氰菊酯(10 mg/kg)90 d 大鼠饲喂试验发现,大鼠除在第 6 周出现对噪音过敏外,未见其他临床症状。狗虽有震颤、头及四肢不随意运动等症状,但 5 周后症状减轻。两种动物的脏器及中枢神经和周围神经组织的病理组织学检查,均未有异常发现。目前也无拟除虫菊酯"三致"作用的报道。

7.1.3.5 杀菌剂

用于防治农作物病害的杀菌种剂类很多,不同种类与品种的杀菌剂,其在作物上的残留特性和对动物毒性差别甚大。总的来说,一般杀菌剂对人、畜的急性毒性比杀虫剂低得多,但在慢性毒性方面，由于杀菌剂要求有较长的持效期，残毒问题就更重要一些。常见杀菌剂的毒性如下。

(1) 代森锰锌

代森锰锌属于非内吸性乙撑双二硫代氨基甲酸酯(EBDCs)类杀菌剂。EBDCs 在动物和人体内很快降解形成乙撑硫脲(ETU)、乙撑二胺(EDA)、N-乙酰乙撑二胺(N-AcEDA)等中间产物。据报道，乙撑硫脲可能有致畸、致癌作用。

Swiss albino 小鼠背部皮肤暴露于代森锰锌(100 mg/kg 体重，每周 3 次)，31 周后可观察到肿瘤形成，这些肿瘤多数是良性的。在对大鼠 104 周的致癌研究中，SD 大鼠食用含代森锰锌的饲料可引起恶性肿瘤总数、乳腺恶性肿瘤、肝癌、胰腺恶性肿瘤、甲状腺恶性肿瘤、头骨骨肉瘤的增多，表明代森锰锌是一种多器官致癌物质。Swiss albino 小鼠在妊娠第 14 天接触代森锰锌，其子代与怀孕期间不接触代森锰锌的小鼠的子代相比，用促癌剂十四烷酰佛波醇乙酯(TPA)处理后出现显著高的肿瘤发生率，表明代森锰锌或其代谢产物能通过胎盘屏障对胚胎细胞产生 DNA 损伤作用。

使用体外培养人外周血淋巴细胞研究代森锰锌的细胞毒和致突变作用，结果表明在缺乏肝微粒体酶混合液(S-9 混合液)时代森锰锌可抑制淋巴细胞非常规 DNA 合成，呈现剂量依赖关系；而在加入 S-9 混合液时，代森锰锌未显示出致突变作用。在鼠伤寒沙门菌突变试验中代森锰锌加入鼠伤寒沙门氏杆菌 TA97a 菌株中可引起回复突变数量增加，呈现剂量反应关系。

动物致畸实验发现，Crl:CD 大鼠从妊娠第 6~15 天吸入代森锰锌，当浓度为 500 mg/m^3 以上时，母体毒性表现为显著的体重下降、后肢瘫痪、虚弱等；而当浓度为 55 mg/m^3 以上时，即开始出现胚胎毒性，如吸收胎数的显著增加、外部出血等，表明代森锰锌有生殖毒性作用，但无致畸作用。

(2) 敌磺钠

敌磺钠在鼠伤寒沙门菌突变试验中显示致突变作用，并可引起作物染色体畸形。但敌磺钠在果蝇隐性实验中并未引起隐性突变，可能与果蝇体内存在的药物代谢酶将敌磺钠转化为其他非致突变物质有关。

(3) 多菌灵

多菌灵在哺乳动物胃内能发生亚硝化反应，形成亚硝基化合物。多菌灵能抑制真菌微管功能，从而阻止细胞分裂时染色体的分离，但多菌灵无致突变作用。

多菌灵是苯菌灵的一种代谢产物，可引起大鼠、小鼠、仓鼠睾丸和附睾损害。据报道，鸟类短期接触多菌灵可引起睾丸重量下降和形态学变化。SD 大鼠食用多菌灵可引起睾丸重量下降、精子数量减少、精液浓度降低，但这些生殖毒性能被雄激素受体颉颃剂氟他胺阻止，雄性和雌性大鼠在交配前接触多菌灵可引起雌性下代表现出雄激素特性的发育毒性，包括子宫角的不完全发育、没有阴道，表明多菌灵的毒性可能与雄激素和雄激素受体依赖机制有关。

(4) 苯菌灵

成年雄性 Wistar 大鼠连续食用含苯菌灵的饲料 70 d 后，最高剂量组(含 200 mg/L 苯菌灵)大鼠精子数量明显降低，所有处理组相对睾丸重量和雄性生育指数明显降低，但血浆睾酮、黄体生成素(luteinizing hormone，LH)、卵泡刺激素(follicle stimulating hormone，FSH)水平没有明显改变，也不改变交配行为，而且苯菌灵诱导的睾丸功能改变是可逆的。大鼠孕期接触苯菌灵可引起子代大脑和身体组织畸形，缺乏蛋白质的饮食能增加畸形发生和加重畸形的严重程度。

(5) 甲基硫菌灵

目前没有甲基硫菌灵致突变和致癌作用的报道，但它的代谢产物为多菌灵和乙烯双硫代氨基甲酸酯，后者又能代谢为乙烯硫脲，对甲状腺有致癌作用。标准毒理学试验并未显示甲基硫菌灵能引起睾丸毒性和胚胎毒性。

(6) 三唑酮

美国国家环境保护局发现三唑酮可引起动物甲状腺肿瘤，并具有致突变作用，但三唑酮不影响甲状腺-垂体功能。体外胚胎培养试验和体内试验都证实三唑酮具有致畸作用。怀孕CD-1小鼠食用三唑酮后可观察到颅面畸形、轴向骨骼畸形以及上颚异位软骨等。

(7) 乙烯菌核利

据报道，乙烯菌核利未引起体外人外周血淋巴细胞染色体畸变的增加，但在小鼠骨髓细胞微核试验中可引起骨髓红细胞微核的增多，呈现剂量反应关系。

动物实验发现子代雄鼠在出生前后(从妊娠第14天到出生后第3天)接触乙烯菌核利引起肛门生殖器距离缩短，乳头发育显著，尿道下裂，观察更长时间可看到许多生殖畸形如异位睾丸、睾丸鞘囊、附睾肉芽肿等，子代雌鼠在出生前后暴露乙烯菌核利却没有任何雌激素样改变，表明乙烯菌核利具有抗雄激素作用。其分子机制已基本阐明，乙烯菌核利在体内被水解为2种开环代谢产物M1和M2，M1、M2能与雄激素竞争雄激素受体(AR)结合，并通过阻止雄激素诱导AR结合到DNA的雄激素反应元件上，从而抑制AR介导的转录活化，表现出抗雄激素作用。

(8) 腐霉利

体外试验腐霉利在一定浓度下能抑制雄激素与转染到COS细胞的人雄激素受体(AR)结合，腐霉利作为雄激素颉颃剂在一定浓度下能抑制CV-1细胞内(已转染人雄激素受体(AR)和MMTV-荧光素酶报告基因)双氢睾酮诱导的转录活化。体内试验，妊娠和哺乳期暴露腐霉利可引起雄性后代生殖发育改变，包括肛门生殖器距离缩短，永久性乳头，一些雄激素依赖组织重量降低(如前列腺、精囊)和畸形(尿道下裂、肾盂积水、附睾肉芽肿等)。另外，产期暴露腐霉利能引起雄鼠前列腺和精囊组织学变化，包括纤维化、细胞浸润和上皮增生。体内和体外实验证实它也是一种抗雄激素。

7.1.3.6 除草剂

除草剂不论是茎叶喷洒或土壤处理，均有部分被作物吸收，并在作物体内降解与积累，造成对农作物的污染。但由于除草剂使用于作物早期，且量少，使用次数少，故农作物中除草剂的残留量一般较少。

多数除草剂对人、畜的急性毒性较低，亚急性毒性也小。近年来，比较着重研究除草剂的致畸、致突变和致癌作用。初步认为使除草剂具有致癌作用的因素有2个：①多种除草剂含有致癌物亚硝胺类，如氟乐灵和草茅平含有多量二甲基亚硝胺；②有的除草剂如2,4,5-涕、2,4-滴及五氯酚钠中含有杂质四氯二苯二噁英(TCDD)(简称二噁英)，它是强致畸原和致癌原。在除草剂的生产工艺上很难彻底消除二噁英，前西德规定 2,4,5-涕中四氯二苯二噁英的含量应小于 0.1 mg/kg 方可使用。2,4,5-涕中二噁英的含量很高，现已被禁用。

一系列除草剂在动物体内的作用靶标与植物近似，但除联吡啶类化合物以外，大多数除草剂对动物的毒性很低，其主要原因在于动物与植物之间的差异。首先，许多除草剂在哺乳动物体内滞留时间很短，通常少于 72 h，如草甘膦、乙氧氟草醚、百草枯等在 24~72 h 内排泄出的量达 90% 以上，因而在哺乳动物组织中不积累，故不影响任何生物合成过程。其次，植物体内受抑制的酶与哺乳动物组织中的酶完全不同，例如，原卟啉(Protox)抑制剂造成植物体内原卟啉 IX(Protox IX)的积累，从而吸收光能并产生活性氧，造成膜破坏；在哺乳动物的肝脏与胆汁中，Protox IX 也积累，但此类器官在正常情况下并不像植物叶片那样暴露于日光下，故不能产生活性氧。同样，羟苯基丙酮酸双氧化酶(HPPD)抑制剂破坏植物类胡萝卜素生物合成，造成叶绿素丧失，出现白化现象，最终植物死亡。而在哺乳动物中 HPPD 抑制剂仅造成酪氨酸积累，毒性效应很小。再次，不同种动物对除草剂的反应存在差异，如两栖动物对三氮苯反应的差异很大，莠去津引起雌性大鼠产生乳腺瘤（癌），而在雄性大鼠或小鼠中则未产生此种效应。

7.1.3.7 熏蒸剂

在适当的气温下，利用有毒的气体、液体或固体挥发所产生的蒸气毒杀害虫或病菌，称为熏蒸除治。用于熏蒸的药剂叫做熏蒸剂。通常多用于熏蒸粮库，防除储粮中的害虫。

我国原粮食卫生标准(GB2715—2005)规定熏蒸剂在原粮中的允许残留量(mg/kg)：磷化物(以 PH_3 计)0.05，氰化物(以 HCN 计)≤5，氯化苦≤2，二硫化碳≤10，大米中马拉硫磷≤0.1。粮食中熏蒸残留的消失受气温、相对湿度以及粮仓内通风条件的影响。粮食湿度下降，熏蒸剂消失也慢。

熏蒸剂因制剂种类不同，其毒性作用各异。一般对人、畜均有较大的毒性。但因具有易挥发的特点，在储存过程中容易从粮食中挥发散失，残留量较低，故以往多主张不制定其在食品中的允许残留量。近年来，由于检测技术的发展，证明熏蒸剂在储粮中仍有少量存在。因此，应定期监测粮食中熏蒸剂的残留量。

7.2 农药的生态效应

靶标生物与非靶标生物并存于生态环境中，使用农药防治靶标生物的同时，不可避免地会对非靶标生物造成一定的危害。农药的生态效应包括农药对非靶标生物的毒性及农药在生物体内的富集作用。对非靶标生物的毒性主要包括对害虫天敌的影响，对鱼类的影响，对蚯蚓及土壤微生物的影响，对蜜蜂、家蚕、鸟类的影响等。不同的农药品种，由于其施药对象、施药方式、毒性及其危及生物种类的不同，影响程度也不同。

农药残留主要是通过对农作物施药的方式进入环境系统并引起污染的。土壤是最主要的承载体，起着污染物"储蓄池"的作用，继而在土—水—气圈和生物圈之间进行物质和能量的交换。在此过程中农药化合物在自然环境和生态系统中发生吸附和迁移、化学和生物转化、分解和代谢等变化，各种生物体之间进行传递和富集，引起了农药的生态毒理学效应。

7.2.1 农药对被保护植物的影响

由于农作物品种对农药敏感性的差异,农药(尤其是除草剂)使用过程中因使用不当等原因很容易造成对农作物的药害。

7.2.1.1 杀虫剂对被保护植物的影响

某些作物(或品种)对某些杀虫剂较敏感,在这些作物上使用该类杀虫剂或使用方式不当,都会产生一定的药害。敌敌畏在一般浓度下对高粱、玉米易引起药害,苹果开花后喷洒浓度高于1 200倍也易发生药害。杀螟硫磷对十字花科作物(如萝卜、油菜等)及高粱易引起药害。瓜类和番茄幼苗对马拉硫磷较敏感,因而不能使用高浓度药液。丙环唑对苹果和葡萄的少数品种有抑制生长的反应,对大多数作物都会引起延缓种子萌发的药害症状,因此不可用做种子处理剂。含克百威的大豆种衣剂,用量过高或遇低温,可抑制大豆幼苗根生长,使根畸形或不长须根。

7.2.1.2 杀菌剂对被保护植物的影响

某些杀菌剂也会对农作物产生一定的药害,尤其是隐性药害(无可见症状但影响产量和品质)。如三唑类可阻止叶面积增加而减少总光合产物,导致叶菜、果实变小,产量下降;水稻穗小、千粒重下降;还有可能导致不饱和脂肪酸和游离氨基酸、蛋白质含量减少等。重金属杀菌剂也常影响作物光合作用和生殖生长,使结实率下降。

(1) 无机杀菌剂

无机杀菌剂主要是铜、硫制剂等。李、桃、梨、白菜、小麦、苹果、柿、大豆、芜菁等作物对Cu^{2+}敏感,如果在这些作物上使用铜制剂,如波尔多液等,就可能产生药害,可使黄瓜、苹果等叶片褪绿、幼芽和叶缘叶尖青枯、叶斑及类似病毒病的花叶症状等,果实上形成小黑点锈斑。不同植物对石硫合剂的敏感性不同,桃、李、梅、梨、葡萄、豆类、马铃薯、番茄、葱、姜、黄瓜、甜瓜等最易产生药害,在高温季节应该尽量避免使用。如需使用,需在果树休眠期进行。双胍辛烷苯基磺酸盐会导致芦笋嫩茎弯曲,对某些花卉(如玫瑰)也有药害。

(2) 有机杀菌剂

有机杀菌剂的种类较多,产生药害的机理也有所不同。

①有机砷杀菌剂 有机砷对植物生殖生长阶段有强烈的药害作用,如对水稻轻度药害表现茎叶有暗褐色灼伤斑、穗小、千粒重低,严重时谷粒成青壳或花序状,或莠而不实。有机砷杀菌剂进入土壤以后,容易被微生物降解成无机砷在土壤中残留,无机砷对植物的营养生长有强烈的抑制作用,其他重金属化合物也可能引起类似药害症状。

②有机硫杀菌剂 福美双作为种子处理剂一般比较安全,但在温室中使用防治黄瓜病害,浓度稍高便会引起枯斑。在苹果上使用,剂量稍大容易引起果锈。代森锰锌等安全性较高,但对苹果幼果也会导致锈果等症状。因为破坏果面蜡质沉积,推荐浓度下使用对美国红提也会造成严重的锈果症状。代森铵呈弱碱性,对植物有渗透能力,因此很容易造成药害,主要表现灼伤症状。

③取代苯类 百菌清常用于果树和蔬菜病害防治,但梨和柿子比较敏感,不宜使用。浓度较高时还会引起桃、梅、苹果等药害。苹果落花后20 d内使用会造成果实锈斑。

④三唑类杀菌剂　三唑类杀菌剂用于土壤和种子处理，使用不当会导致出苗率降低、幼苗僵化。表现为地上部分的伸长和小麦苗的叶、根和胚芽鞘的伸长受到抑制。三唑类杀菌剂用于喷施处理，会使瓜果果型变小、植株或枝条缩短、节间缩短、叶片变小、呈深绿，延缓叶绿体衰老，提高耐寒和抗旱能力，增加座果率。在水稻上使用会导致水稻等作物叶片短小，严重时甚至不能抽穗。烯唑醇防治西瓜和辣椒苗期白粉病，曾在浙江和江苏造成严重的僵苗；烯唑醇的同系物多效唑处理早稻秧苗，会造成后茬粳稻秧苗僵化；三唑酮种子处理，也曾经造成小麦大面积不出苗；三唑类喷施黄瓜，导致节间缩短，叶片和瓜果短小。

⑤甲氧丙烯酸酯类　这是一种新型的广谱、高效、安全的低毒杀菌剂。如阿米西达目前在国际上已登记防治400多种植物病害。但是也有少数植物品种特别敏感，在这些作物上使用容易造成药害。如虽然在红富士等苹果上使用安全，但在嘎啦品种的苹果上使用就特别敏感，在幼果期使用会造成严重的锈果药害症状，高温下喷施还会造成落叶。在云烟G80品种上喷施也会造成过敏性枯斑。

7.2.1.3　除草剂对被保护植物的影响

除草剂的直接作用对象就是植物，因而其对农作物的安全性与杀虫剂、杀菌剂相比要低得多，也更易发生药害。除草剂的药害可分为2种：一种是由内吸传导型除草剂引起的药害，称为隐性药害。药害症状在施药后短时间内不明显，需要经过相当长时间才能表现症状。在低温条件下表现抑制作物生长，叶色浓绿，遇高温时徒长，造成贪青晚熟，对作物产量和品质影响明显；通常表现在播后苗前除草剂和激素类除草剂。第二种是由触杀型的除草剂引起的药害，称为显性药害。药害症状明显，容易辨认，常在高温条件下表现为作物叶片有灼烧斑点、叶枯焦、不传导，一般不影响作物生长，对产量和品质影响较小。通常表现在苗后除草剂。

咪唑啉除草剂咪唑乙烟酸因飘移和残留可对甜菜、玉米、小麦、油菜、高粱、谷子及大豆产生药害。二苯醚类除草剂氟磺胺草醚、三氟羧草醚、乙氧氟草醚等在高温（气温28 ℃）、低湿（空气相对湿度65%以下）条件下对大豆药害严重。磺酰脲类除草剂噻吩磺隆和氯嘧磺隆在低温、多雨、病虫危害严重，特别是pH 6.5的酸性土壤和大豆根腐病、线虫病严重的重茬地块，可造成严重药害，甚至绝产；氯嘧磺隆在大豆拱土期至大豆1片复叶展开前使用，对大豆敏感，大豆拱土期氯嘧磺隆与乙草胺混用药害加重；大豆从出苗至1片复叶展开以前施药后遇低于10 ℃温度持续2 d，可使大豆死亡；大豆2片复叶期以后施药，在低温条件下可造成严重药害。绿磺隆和甲磺隆飘移可造成甜菜、大豆、油菜、玉米、西瓜和蔬菜等药害。酰胺类除草剂乙草胺在低温高湿条件下对大豆药害严重，可减产20%~30%。玉米田乙草胺用量过高、施后遇低温、播种过深容易产生药害。丁草胺在北方水稻苗床使用药害严重，移栽田未缓好苗、苗弱、地不平、水深淹没稻心、低温等条件下药害严重。苗床和大田过量使用增效剂会加重丁草胺药害。因过量使用、品种、土壤类型等原因，嗪草酮可引起大豆和玉米药害。喹啉羧酸类除草剂二氯喹啉酸是激素类除草剂，苗床及大田喷洒不均匀均易造成药害；苗床使用二氯喹啉酸药害比大田重，减产也多。恶二唑酮类除草剂恶草酮和丙炔恶草酮用量过高、插秧后未缓苗、弱苗、插秧后插秧与施药间隔时间过短、施药后遇低温或井灌水未晒水（水温5~7 ℃）等条件下易造成药害，药害症状为抑制稻苗生长。环己烯酮类烯禾啶和烯草酮飘移会对水稻、玉米、小麦、大麦、高粱、谷子等禾本科作物产生药害，症状为作物受害后 5~7 d 心叶失绿、根尖变紫、变黄，全株节间变褐色，用手可轻轻拔出，10~15 d 整株死亡。三氮苯类莠去津、西草净、扑草净等，对下茬大豆、小麦、大麦、亚麻、烟草、马铃薯、甜菜、西瓜、南瓜、水稻、菜豆、豌豆、油菜、苜蓿、番茄、茄子、辣椒、白菜、萝卜、胡萝卜、卷心菜、黄瓜等均有药害，只能种植玉米、高粱。苯氧羧酸类 2,4-滴丁酯和 2 甲 4 氯是典型的激素型除草剂，玉米田苗后使用过量或过晚或某些敏感的自交系及单交种易产生药害；水稻田使用会造成水稻减产；大豆播后苗前使用 2,4-滴和 2 甲 4 氯不安全。2,4-滴丁酯飘移会对一些阔叶作物产生药害，敏感植物有大豆、甜菜、烟草、马铃薯、亚麻、棉花、蚕豆、豌豆、苜蓿、向日葵、甘薯、西瓜、南瓜、西葫芦、香菜、胡萝卜、萝卜、葱、洋葱、蒜、番茄、茄子、辣椒、黄瓜、果树、阔叶林灌木等。氟乐灵和二甲戊乐灵使用不当会对大豆和花生产生药害，后茬残留还可危害小麦、玉米、高粱、谷子等禾本科作物。草甘膦是应用最广泛的灭生性除草剂，在生产上常出现误用或飘移药害。芳氧苯氧丙酸酯类除草剂精吡氟禾草灵、高效氟吡甲禾灵、精喹禾灵、精恶唑禾草灵、氰氟草酯等，飘移或误喷到水稻、小麦、大麦、高粱、谷子、玉米、糜子等禾本科作物，会产生比较严重的药害。双草醚、嘧啶肟草醚在水稻上使用大于 60 g/hm² 或重复喷洒或施药后遇低温可抑制水稻生长。

7.2.2 农药对天敌的影响

应用化学农药防治害虫时，所用药剂的浓度必须足以杀死靶标害虫种群的 80%~95%。在此浓度下，害虫天敌也往往难逃厄运。农药不仅对害虫天敌有较高的急性毒性，还可影响其发育、行为、生殖等，且会影响其下一代。准确了解一些农药对害虫及其天敌杀伤力的大小是生物防治取得成功的必要前提。

7.2.2.1 稻田害虫天敌

昆虫生长调节剂噻嗪酮对天敌蜘蛛毒性较小，神经毒剂氟虫腈和吡虫啉对蜘蛛的毒性则较大。噻嗪酮、叶蝉散、乙酰甲胺磷、杀虫双对幼蛛的毒性较小；磷胺、甲胺磷、异稻瘟净次之；溴氰菊酯、杀虫脒、嘧啶氧磷毒性最强。双季稻区害虫的天敌种群资源十分丰富。其中微蛛科（Erigonidae）、狼蛛科（Lycosidae）、黑肩绿盲蝽（Cyrtorrhinus lividipennis）等是稻飞虱的重要天敌。叶蝉散和杀虫双对天敌的杀伤力大于噻嗪酮，导致天敌对稻飞虱种群的控制作用减弱，使得叶蝉散和杀虫双在防治效果上不如噻嗪酮。

7.2.2.2 麦田害虫天敌

氧化乐果和久效磷对小麦蚜虫的防效不如抗蚜威和吡虫啉，但对麦蚜天敌七星瓢虫成虫的杀伤力却高于吡虫啉和抗蚜威。麦田喷施氧化乐果（240 g/hm²）防治麦双尾蚜（Diuraphis noxia），施药后第 2 天，麦双尾蚜主要天敌瓢虫类、蜘蛛类、小姬蜂和环足斑腹蝇等总数减少了 90%；施药后第 7 天，天敌总数减少了 94%。在各类天敌中，麦田蜘蛛类恢复缓慢，施药后第 20 天，蜘蛛类数量不足对照田的 25%。

7.2.2.3 棉田害虫天敌

硫双灭多威、硫丹、硫丹+氰戊菊酯等杀虫剂对以蜘蛛和瓢虫为主的棉田天敌的杀伤作用小；氯氟氰菊酯和辛硫磷+氰戊菊酯复配对棉铃虫的防治效果也比较好，但对天敌杀伤力强；久效磷和灭多威对天敌杀伤作用虽然较小，但对棉铃虫的防治效果不理想。应用氯氰菊酯、毒死蜱、伏杀硫磷、辛硫磷、复方浏阳霉素 5 种杀虫剂防治棉田叶螨，考察其对叶螨天敌小花蝽和六点蓟马的毒性。结果显示：伏杀硫磷和 20% 复方浏阳霉素对上述两种天敌的毒性较小。就两种天敌而言，六点蓟马比小花蝽对药剂更为敏感。选择甲-辛乳油、高效甲-辛乳油、甲基对硫磷乳油、辛硫磷乳油 4 种杀虫剂，检测它们在防治棉蚜的推荐使用浓度下对以龟纹瓢虫、草蛉、蟹蛛、草间小黑蛛、异色瓢虫为主的棉蚜天敌群落的杀伤力。施药 1 d 后，4 种农药对天敌的杀伤率均在 80% 以上；7 d 后，使用高效甲-辛乳油的天敌杀伤率下降到 23.8%，其余 3 个处理天敌杀伤率均在 60% 以上，其中甲基对硫磷的天敌杀伤率高达 82.1%。

7.2.2.4 烟田害虫天敌

敌百虫、高效氯氟氰菊酯、甲磺草胺、异噁草酮、二甲戊乐灵、乙草胺、异丙甲草胺、敌草胺在烟田使用后，降低了对田间蓼科杂草的专食性天敌——蓼蓝齿胫叶甲（*Gastrophysa atrocyanea*）的田间存活率。将喷药后仍存活的成虫带回室内饲养，发现施药导致成虫产卵量和取食量降低，而幼虫的发育历期延长。各种药剂中，杀虫剂对蓼蓝齿胫叶甲的影响大于除草剂。杀虫剂中，氯氟氰菊酯对蓼蓝齿胫叶甲的影响大于敌百虫；除草剂中，甲磺草胺和异噁草酮对蓼蓝齿胫叶甲的影响大于其他除草剂。

7.2.2.5 天敌寄生蜂类

氟吗啉对赤眼蜂急性接触毒性 $LD_{50} > 7.5 \times 10^{-2}$ mg/cm^2；烯肟菌酯对赤眼蜂急性接触毒性 $LD_{50} > 8.0 \times 10^{-2}$ mg/cm^2；氟吗啉和烯肟菌酯对赤眼蜂毒性为"低毒"。啶菌唑对赤眼蜂急性接触毒性 LD_{50} 为 9.57×10^{-3} mg/cm^2，对赤眼蜂的急性接触毒性为"中毒"。

噻嗪酮、氟啶脲、虫酰肼、呋喃虫酰肼、氟铃脲等昆虫生长调节剂对赤眼蜂成蜂安全，它们对成蜂的 $LC_{50} > 1\,000$ mg/L；噻虫嗪、异丙威、毒死蜱、二嗪磷、辛硫磷及吡虫啉对成蜂的安全性差，它们对成蜂的 LC_{50} 为 $0.014 \sim 0.089$ mg/L。喷雾法处理稻株不同时间后，噻嗪酮、虫酰肼、呋喃虫酰肼、氟铃脲对成蜂存活和雌蜂产卵寄生基本没有不利影响；氟虫腈、噻虫嗪、毒死蜱、三唑磷对成蜂存活有明显不利影响，成蜂接触用药处理后 2 d 和 7 d 稻叶的死亡率分别为 100% 和 80.0% ~ 98.9%。用氟虫腈、三唑磷处理后 7 d 的稻叶对成蜂寄生能力无不利影响，而噻虫嗪处理有显著影响。采用卵卡浸渍法测定 11 种药剂对成蜂的影响，吡虫啉、三唑磷、氟虫腈、毒死蜱显著影响 F_0 代成蜂存活、寄生及 F_1 代成蜂羽化，噻嗪酮、虫酰肼、呋喃虫酰肼、氟铃脲对 F_0 代、F_1 代成蜂存活和寄生基本没有不利影响；甲维盐对 F_0 代成蜂没有不利影响，但对 F_0 代成蜂的寄生能力有一定程度的不利影响；噻虫嗪对 F_0 代成蜂存活有较明显的不利影响、对寄生能力有一定程度的不利影响，但对 F_1 代成蜂存活和寄生无不利影响。采用浸渍法分别处理内含卵期、幼虫期、预蛹期、蛹期稻螟赤眼蜂的寄主卵，噻嗪酮、虫酰肼、呋喃虫酰肼对成蜂羽化没有不利影响，羽化率达 81.4% ~ 91.8%；氟铃脲对蛹期、甲维盐对卵期和蛹期、噻虫嗪对卵期也基本没有不利影响，成蜂羽化率降低比率均小于 20%，这些药剂对其他虫态有不同程度的影响；甲胺磷处理这 4 个虫态，成蜂羽化率为 18.5% ~ 39.6%，而吡虫啉、三唑磷、氟虫腈、毒死蜱、异丙威、敌敌畏等 6 种药剂处理，羽化率均小于 10%。

扑虱灵和吡虫啉处理导致稻虱缨小蜂的寄生率下降，稻虱缨小蜂寄生率的变化受稻虱缨小蜂密度、药剂种类和浓度以及水稻品种的影响。敌百虫对荔蝽平腹小蜂（*Anastatus japoni cus*)的 LC_{50} 为 17.9 mg/kg。取 10 mg/kg 作为对该蜂的亚致死剂量,用此剂量处理成蜂 1 h,成蜂平均寿命为 6.4 d,而对照组(丙酮处理)平均寿命为 30.9 d。用此剂量处理过的成蜂,寄生率为 30.1%,而对照组为 47.5%。用 3 种杀虫剂处理寄主卵内不同发育期的平腹小蜂,其中杀虫双、杀灭菊酯对各发育期影响均较小,最高死亡率不超过 6%,故在防治果蛀虫时可选择使用;甲胺磷对荔蝽平腹小蜂的卵期、幼虫期和预蛹期可造成 20%~30% 的死亡率,而且该药持效期长,在释放寄生蜂的果园应避免使用。

分别在螟黄赤眼蜂发育至卵期、幼虫期、预蛹期、蛹期和成蜂期,利用不同浓度的 10 种棉田常用农药进行处理,观察各处理组赤眼蜂的死亡(存活)情况。供试螟黄赤眼蜂对除 Bt 乳剂外的其他所有供试药剂均非常敏感,很难成活;从卵到蛹的 4 个虫期在所有供试药剂的 I 级浓度中均能存活,但在以后各级浓度中,不同药剂对赤眼蜂各虫期的杀伤力存在差异。赤眼蜂各虫期的耐药性依次为幼虫≥卵>预蛹>蛹;供试药剂中,毒性最大的为 50% 甲基对硫磷。

7.2.3 农药对传粉昆虫和家蚕的影响

7.2.3.1 农药对蜜蜂的影响

蜜蜂是自然界数量最多的传粉昆虫,约占传粉昆虫群体总量的 80%,每年我国由蜜蜂传花授粉带来的收入高达 150 亿元。但蜜蜂对农药敏感程度极高,滥用或误用农药将破坏蜜蜂栖息地及食物来源,从而对蜜蜂产生严重威胁。1990 年至今,因农药中毒导致蜜蜂死亡、蜂群数量骤减的现象遍及北美、欧洲、亚洲等许多国家,已成为全球普遍关注的环境污染与生物安全问题。如涕灭威颗粒剂在土壤中施用后,不但对地下害虫、线虫,而且对各种危害地上茎叶的害虫均有良好防效,持效期一般可维持 1 个月以上。在同样面积的网室内,对处于同样花期的植物、放入同样量的蜜蜂,发现施用涕灭威的网室内蜜蜂访花数量稀少,甚至很难见到;而未使用涕灭威的网室内蜜蜂访花数量多,且停留时间长。说明被植物从根系吸收,并传导到植株地上部分的涕灭威对蜜蜂有驱避作用,甚至有可能直接杀死蜜蜂。蜜蜂对异味比较敏感,如果蜂箱周围有农药气味,即使花期天气很好,蜜蜂也不出巢采蜜。

采用标准化的蜜蜂急性生物毒性实验方法与毒性分级标准(表 7-2),比较不同类型农药对蜜蜂急性毒性的 LC_{50}/LD_{50} 值后,认为杀虫剂对蜜蜂的急性毒性普遍高于杀菌剂或除草剂。表 7-3 列出了常用杀虫剂对蜜蜂的半致死毒性剂量。

生物源农药、烟碱类农药作为有机氯/磷类农药的替代品种在我国乃至世界都广泛应用,但表 7-3 数据显示:其中一些品种对蜜蜂的急性生物毒性极高,其对环境生物的生态风险不容忽视。以阿维菌素为例,这是一类提取自灰色链霉菌(*Streptomyces avermitilis*)发酵液的大环内酯抗生素,对昆虫和螨类具有很强的触杀活性和胃毒活性,广泛应用于柑橘、棉花、蔬菜、烟草、水稻等作物害虫防治,因其药效高、作用广谱而在我国大量推广使用,但阿维菌素对蜜蜂急性毒性极强,接触法测

表 7-2 蜜蜂毒性分级标准

LD_{50}(μg/蜂)	LC_{50}(mg/L)	毒性级别
>11	>200	低毒
2.0~10.99	20~200	中毒
0.001~1.99	0.5~20	高毒
	<0.5	剧毒

表 7-3　常用杀虫剂(有效成分)对蜜蜂的半致死毒性剂量

通用名称	化学类别	LD$_{50}$值(μg/蜂)	毒性等级
阿维菌素	生物源、大环内酯类	0.001~0.009	高毒
氟虫腈	苯吡唑	0.004	高毒
甲基对硫磷	有机磷	0.014	高毒
吡虫啉	吡啶	0.030	高毒
顺式氯氰菊酯	拟除虫菊酯	0.033	高毒
克百威	氨基甲酸酯	0.044	高毒
溴氰菊酯	拟除虫菊酯	0.047~0.079	高毒
甲基异柳磷	有机磷	0.05	高毒
甲氰菊酯	拟除虫菊酯	0.05	高毒
三唑磷	有机磷	0.058	高毒
喹硫磷	有机磷	0.07	高毒
氟氰戊菊酯	拟除虫菊酯	0.078	高毒
乐果	有机磷	0.09	高毒
氯菊酯	拟除虫菊酯	0.16	高毒
林丹	有机氯	0.42	高毒
三氟氯氰菊酯	拟除虫菊酯	0.91	高毒
毒死蜱	有机磷	0.34	高毒
甲氨基阿维菌素苯甲酸盐	生物源	0.73	高毒
辛硫磷	有机磷	1.96	高毒
杀螟硫磷	有机磷	1.58	高毒

定阿维菌素对意大利蜂(*Apis mellifera*)LD$_{50}$值在 0.001~0.009 μg/蜂之间，摄入法测定阿维菌素对蜜蜂的 LC$_{50}$值为 0.05 mg/L。

许多研究证实阿维菌素制剂对蜜蜂也具有极高的急性毒性，采用摄入法和接触法测定阿维菌素及 10%阿维菌素·哒螨灵微乳剂、15%阿丁硫微乳剂、1.8%阿维菌素水乳剂、1.7%吡虫啉·阿维菌素微乳剂、30.3%炔螨特·阿维菌素水乳剂、5%阿维菌素·高效氯氰菊酯泡腾片剂对意大利成年工蜂的毒性，受试药剂对蜜蜂均为高毒；10%阿维菌素·哒螨灵微乳剂、15%阿丁硫微乳剂对蜜蜂摄入毒性甚至达到剧毒等级。

以吡虫啉、氟虫腈等为代表的苯吡唑类、烟碱类内吸性农药自上市销售以来使用数量和范围都呈逐年上升趋势。但是，这些内吸性农药引起的蜜蜂大量中毒死亡事件屡见不鲜，在欧洲、美洲、亚洲等许多国家都有扩大态势。2008 年 5 月德国和斯洛文尼亚为保护蜜蜂免受此类农药危害，防止蜜蜂中毒事件再度发生，颁布了禁止销售吡虫啉和噻虫胺的法令；同年 8 月意大利政府发布条例，暂时禁止在油菜籽、向日葵以及甜玉米中使用氟虫腈、吡虫啉、噻虫胺和定虫隆 4 种农药。

7.2.3.2 农药对家蚕的影响

(1) 家蚕发生农药中毒的原因

导致家蚕中毒的原因大致有:①农田在喷药治虫时,农药微粒随风飘移造成桑叶污染;②桑园治虫器具不够清洁,以致器具上农药的残留污染桑叶;③任意加大桑园用药剂量;④天气干旱导致农药持效期延长。

(2) 农药对家蚕的急性毒性

家蚕对农药的抗性因农药的浓度和家蚕龄期大小而异,同一种农药低龄蚕比高龄蚕的 LC_{50} 值小,说明蚕龄越小对农药的抗性越弱;18% 杀虫双、2.5% 敌杀死安全间隔期均超过 60 d,不能在蚕期桑叶上使用,50 g/L 锐劲特、40% 毒死蜱乳油、0.26% 苦参碱水剂的安全间隔期为 35 d 左右,一般不宜在蚕期使用。有机磷农药和拟除虫菊酯类农药一般对家蚕中到高毒,如甲氨基阿维菌素苯甲酸盐、高效氯氰菊酯等属剧毒级药剂,对家蚕有极高风险性;杀虫单和甲氧虫酰肼属高毒级药剂,对家蚕有高风险性;溴虫腈和丁醚脲属中毒级药剂,毒性较低。杀菌剂、除草剂和植物生长调节剂对家蚕的风险性较低。

采用喂食毒叶法测定高效氯氟氰菊酯、茚虫威、吡虫啉、毒死蜱、杀虫单和百菌清等6种农药对家蚕的毒性,96 h 结果表明:高效氯氟氰菊酯和茚虫威对家蚕 LC_{50} 为 0.5 mg/L,属剧毒级;吡虫啉、毒死蜱和杀虫单对家蚕 LC_{50} 为 0.5~20 mg/L,属高毒级;这 5 种杀虫剂的田间施药浓度/LC_{50} 比值远大于 10,对家蚕都具有极高风险性。杀菌剂百菌清对家蚕的 LC_{50} 为 2 828 mg/L,对家蚕属低毒级,田间施药浓度/LC_{50} 比值介于 0.1~1.0 之间,对家蚕为中等风险性等级(表 7-4)。

表 7-4 农药对家蚕的毒性与风险性等级划分

毒性等级	LC_{50}(mg/kg 桑叶)	风险性等级	田间施药浓度/LC_{50}
剧毒	≤0.5	极高风险性	>10
高毒	0.5~20	高风险性	1.0~10
中毒	20~200	中等风险性	0.1~1.0
低毒	>200	低风险性	<1.0

采用浸叶法在室内测定数种农药对家蚕的急性毒性:阿维菌素和三氟氯氰菊酯的 LC_{50} <0.1 mg/L,属于特高毒级;氯氰菊酯、吡虫啉、三唑磷和丁硫克百威等药剂的 LC_{50} 为 0.1~10 mg/L,属于高毒级;苯氧威、氟铃脲、溴虫腈、苯醚甲环唑和三氟羧草醚等药剂的 LC_{50} 为 10~1 000 mg/L,属于中等毒级;印楝素、吡丙醚、戊唑醇、二甲戊乐灵等药剂的 LC_{50} >1 000 mg/L,属于低毒级。

(3) 农药对家蚕的毒性差异

农药对家蚕的毒性大小与家蚕品系、幼虫龄期及发育阶段等因素有关。除蚁蚕外,2 龄蚕对农药最敏感,龄期越大,敏感性越低;但至 5 龄幼虫中、后期,反而比低龄期更敏感,微量的农药即可使家蚕不结茧或结畸形茧、薄皮茧,羽化后的雌蛾产卵数减少,不受精卵增多,孵化率显著降低。

杀虫剂对家蚕毒性普遍较高,杀菌剂、除草剂和植物生长调节剂对家蚕毒性普遍较低。杀虫剂中抗生素类、拟除虫菊酯类、氯化烟碱类、有机磷类和氨基甲酸酯类对家蚕高毒。吡咯类杀虫剂溴虫腈和昆虫生长调节剂对家蚕急性毒性较低。同一类别农药的不同品种对家蚕的毒性也有差异,同为抗生素类,阿维菌素和多杀菌素相比,毒性差异很大。阿维菌素对家蚕 2 龄幼虫 24 h 的毒性是多杀菌素的 4.5 倍。拟除虫菊酯类中顺式氯氰菊酯比氯菌酯多引入了腈基团,该基团的引入提高了活性,同时也提高了对家蚕的毒性,是氯菌酯的 3.2 倍;三氟氯氰菊酯比顺式氯氰菊酯多引入了氟原子,增强了对害虫害螨的防治效果,对家蚕的毒性也有很大提高,是顺式氯氰菊酯的 25.4 倍。除草剂中的乙羧氟草醚由于结构中含有氯原子和氟原子,对家蚕具有中等毒性。

(4) 特异性杀虫剂对家蚕的毒性

昆虫生长调节剂影响家蚕生长,使家蚕取食量减小、生长缓慢。由于特异性杀虫剂独特的作用机制,多影响昆虫的蜕皮和生长,所以对家蚕的作用速度较慢,24 h 多数对家蚕毒性很低,但 48 h 和 96 h 时,毒性逐渐增强;且活虫体小,无法正常蜕皮,取食量减小,慢慢死亡。灭幼脲类杀虫剂主要使家蚕不能蜕皮而死亡。蜕皮激素类杀虫剂能引起家蚕"早熟"蜕皮死亡。说明特异性杀虫剂对家蚕毒害极大。

7.2.4 农药对水生生物的影响

7.2.4.1 水生生物的种类

水生生物种类繁多,水生动物主要包括鱼类、两栖类、甲壳类(虾、蟹等)、枝角类、桡足类、软体类(螺、蚌)、水生昆虫、环节动物、轮虫、原生动物等。水生植物主要包括维管束植物和各种藻类。也有人将水生生物划分为水生脊椎动物(鱼类、两栖类)、水生大型无脊椎动物(虾蟹、水生昆虫)、水生植物(挺水植物、漂浮植物、浮叶植物和沉水植物)、浮游动物(原生动物、轮虫、枝角类、桡足类)、浮游植物(蓝藻、硅藻、绿藻)等几大类。有时将水生软体动物、环节动物和一部分生活于水底的甲壳类和昆虫统称为底栖动物。底栖动物中常见的种类有螺、蚌、蚬、虾、蟹、摇蚊幼虫、水蚯蚓、水蛭等。

7.2.4.2 农药对鱼类及其他水生动物的影响

氟虫腈在水体中极难降解,它在鱼塘水体中的降解半衰期达 77.2 d;蟹、虾对氟虫腈极为敏感,对罗氏沼虾、青虾、螃蟹的 96 h LC_{50} 仅为 0.0010、0.0043 和 0.0086 mg/L。在模拟生态系统中,施用氟虫腈对邻近鱼塘内的蟹、虾有一定危害。拟除虫菊酯对所有试验生物均属高毒,其中水蚤最为敏感,藻类最不敏感,而鱼类(除泥鳅)的敏感性相近,α-氰基和卤族元素会增加拟除虫菊酯对水生生物的毒性。甲基异柳磷对尼罗罗非鱼(*Tilapia nilotica*)、淡水白鲳(*Colossoma brachypomum*)、麦穗鱼(*Peseudorasobora parva*)的 96 h LC_{50} 分别为 1.34、1.46 和 0.14 mg/L,三唑磷为 0.035、0.060、0.008 mg/L。按照表 7-5 农药对鱼类的毒性等级划分标准,甲基异柳磷对尼罗罗非鱼和淡水白鲳属于低毒,对麦穗鱼属于中等毒性,而三唑磷对尼罗罗非鱼、淡水白鲳、麦穗鱼均为高毒。另有报道,三唑磷对 4 种海洋鱼类的 48 h LC_{50} 介于 0.004~0.090 mg/L,属于高毒;对卤虫的 24 h LC_{50} 为 1.64 mg/L,48 h LC_{50} 为 0.8 mg/L;对南美白对虾仔虾的 48 h LC_{50} 为 3.2 μg/L,96 h LC_{50} 为 1.1 μg/L;对泥蚶 48 h LC_{50} 为 21.0 mg/L,96 h LC_{50} 为 10.2 mg/L。可见三唑磷对南美白对虾为高毒,对卤虫为中等毒性,而对泥蚶低毒。

拟除虫菊酯类杀虫剂对水生动物高毒甚至剧毒,其中含有 α-氰基和卤元素取代基的拟

表 7-5　农药对鱼类的急性毒性等级

毒性等级	LC_{50} (mg/L)
高毒	<0.1
中等毒性	0.1~1.0
低毒	>1.0

除虫菊酯类杀虫剂的毒性相应增大，同时含卤素取代基菊酯类毒性按氟、氯、溴顺序依次降低；鱼类中泥鳅耐药性较强；水蚤对菊酯类杀虫剂的敏感性高于鱼类。拟除虫菊酯类杀虫剂对鱼类致毒的原因可能与鳃中 Na^+、K^+-ATP 酶的活性受到抑制有关。

水生动物处于高浓度的有机磷农药中主要发生急性中毒。在亚致死浓度下的水生动物普遍表现为食欲减退，呼吸困难，食物转化率下降。随着新陈代谢水平的降低，生长减缓，甚至停止。有机磷农药能引起孵化率下降，对胚胎有致畸作用，可使幼体形体弯曲，身体瘦弱，眼睛色素沉淀，失去平衡，行为反常，心包囊扩大，血液循环受阻。还可抑制内分泌正常分泌水平，导致内分泌功能失调，影响性腺发育和分泌。

有机磷农药被鱼类摄入后，对肝脏、胰脏、鳃、肠、肌肉等实质性脏器存在毒性效应，肝脏往往是影响最为严重的器官。有机磷在肝脏内转化为毒性更强的物质，如对硫磷转化为对氧磷，马拉硫磷转化为马拉氧磷，损害作用更大。

7.2.4.3　农药对藻类的影响

有机磷杀虫剂对藻类毒性大小，与其分子结构具有一定的相关性。一般认为，脂溶性较强、容易渗入藻类细胞膜的农药分子毒性相对较强；含有苯环结构的有机磷农药毒性大于不含苯环结构的有机磷农药；辛硫磷分子中不但含有苯环结构，而且有氰基，因此辛硫磷对水藻的毒性特别高。

有机磷杀虫剂对藻类的毒性主要在于破坏藻类的生物膜结构和功能，影响藻类的光合作用，改变呼吸作用及固氮作用，从而影响藻类的生理进程。据报道，久效磷、对硫磷和辛硫磷对三角褐指藻 72 h 半抑制剂量（EC_{50}）分别为 9.74 mg/L、8.20 mg/L、1.52 mg/L，3 种农药均能引起藻细胞活性氧（超氧阴离子自由基）含量增加、脂过氧化和脱脂化作用增强。有机磷农药的胁迫对藻类的抗氧化防御系统造成损害，诱导了活性氧的大量产生，引发活性氧介导的膜脂过氧化和脱酯化伤害，进而抑制了藻细胞的生长。如在 5.6 mg/L（EC_{50}）和 10 mg/L 丙溴磷胁迫下，微藻的谷胱甘肽过氧化物酶（GPx）活性呈现下降趋势，谷胱甘肽（GSH）和类胡萝卜素（CAR）含量也表现为下降趋势，并且胁迫时间越长、强度越大，下降的幅度也越大。

拟除虫菊酯杀虫剂可以破坏藻类的色素细胞，影响其光合作用。氯氰菊酯对栅藻光合色素含量有影响，叶绿素 a、叶绿素 b 和类胡萝卜素含量均有所下降，表现出明显的毒性作用，其中叶绿素 a 和类胡萝卜素的变化更为敏感。

在自然环境如湖泊、河流、土壤中残留的农药，一般不会达到抑制藻类生长的浓度，因而不会对藻类带来急性毒害。然而在低浓度下，农药会对藻类产生慢性毒害，或者刺激藻类生长，进而对生态系统的整体平衡产生影响。

7.2.4.4　农药对水生生物的慢性毒害

多效唑对大型蚤的急性毒性不高，48 h LC_{50} 高达 33.2 mg/L。但以生存为指标的 21 d 慢性毒害实验测得的多效唑对大型蚤的无可见效应浓度（no-observed effect concentration，NO-EC）为 0.75 mg/L，远低于其 48 h LC_{50}。在 0.75 mg/L 的浓度下，F_1 代生出 7 d 和 21 d 的死

亡率分别为50.0%和83.3%。在20 ℃条件下应用半静态方法测定甲氰菊酯对鲫鱼48 h的半致死浓度（LC_{50}）为0.011 mg/L。在亚急性暴露中，大于0.001 4 mg/L的甲氰菊酯试验溶液对鲫鱼的肝脏有明显损伤作用。试验结果还显示，甲氰菊酯对鲫鱼的NOEC为0.000 7 mg/L，最低可见效应浓度（lowest-observed effective concentration，LOEC）为0.001 4 mg/L，其毒物最大允许浓度（maximum allowable toxicant concentration，MATC）约为0.001 mg/L，比48 h低一个数量级。可见，仅根据急性毒性数据难以对农药的实际危害做出充分估计。

7.2.4.5 联合毒性

随着农用化学品的使用日益普遍，水中污染物的成分也越来越复杂，它们往往联合作用于水生生物。以三角褐指藻、盐藻和青岛大扁藻为实验材料，采用联合指数相加法，研究有机磷农药和重金属对海洋微藻的联合毒性效应。在毒性比1:1的情况下，丙溴磷-铜联合毒性相加指数（additive index，AI）对三种藻分别为 −0.462、−0.557和−0.702，均为颉颃作用。

采用体内染毒的方法，以鲤鱼脑AChE活力为指标，研究对硫磷、氧乐果、甲胺磷和涕灭威之间的联合毒性效应。有些农药之间产生较强的协同作用。两种农药以不同比例加入，产生的毒性效应有明显差别。

在活体状态下，氟虫腈对AChE没有影响，但当鱼被移到不含马拉硫磷的水中之后，先前接触过氟虫腈的鱼，脑AChE活性恢复慢。这对鱼类生活能力的恢复显然有不利影响。氟虫腈对AChE恢复的阻碍在较高的水温下更为明显。

7.2.5 农药对土壤微生物的影响

土壤是农药的主要受纳体，施用后的农药大部分残留于土壤环境介质中，对土壤生态环境产生一定的影响，不同程度地破坏生态、影响农产品安全。土壤中的生物是维持土壤质量的重要组分，调节土壤动植物残体、有机物质及有害化合物的分解、生物化学循环（包括生物固氮作用）和土壤结构形成等过程。土壤微生物在作物生长和土壤肥力形成上扮演重要角色。农药对土壤微生物的影响取决于农药种类、土壤组成和性质等环境因素。由于不同种类微生物对农药吸收和代谢途径上的差异，对一种微生物具有抑制作用的污染物对另外一种微生物的生长可能有刺激作用。农药对土壤微生物的毒性在于膜结构的破坏和细胞生命代谢的抑制等，细胞的生长和分裂因此受到延迟或终止，因而农药对土壤微生物的影响首先表现在数量的变化上，这种影响作用的大小取决于农药和微生物的种类，并受到土壤环境状况的制约。不同类型的农药对土壤微生物具有不同的影响，杀虫剂一般对土壤微生物的影响很小，杀菌剂和某些除草剂对土壤微生物的影响较明显。

农药对土壤氮素矿质化及微生物活性的影响，因农药品种的不同和浓度的不同而异，不同的土壤因微生物活性的差异而对农药污染的反应也不同。添加低浓度（100 mg/kg）的氯氰菊酯、高效氯氰菊酯、多菌灵和丁硫克百威，对土壤氮素矿质化无显著影响；高浓度（1 000 mg/kg）的菊酯类农药会抑制土壤中硝化细菌的活动，使土壤中氨的含量明显积累；添加高浓度多菌灵的土壤样品出现硝态氮积累的现象，这可能与其对微生物生长影响有关。

阿维菌素、氟吗锰锌和锐劲特对土壤微生物均属低毒农药，阿维菌素和锐劲特在初期可刺激土壤微生物的活性，随之为抑制作用；氟吗锰锌可抑制土壤微生物的活性。甲胺磷、三唑磷和噻嗪酮属低毒级与无实际危害级，以0 mg/kg、1 mg/kg、10 mg/kg、100 mg/kg 4种浓度处理 3 种不同土壤时，甲胺磷对土壤微生物呼吸无明显影响，三唑磷和噻嗪酮 100 mg/kg 处理后 4 d 内对微生物有明显抑制作用，随后很快恢复。土壤有机质含量高，土壤呼吸受抑制程度相对较低。马拉硫磷、氰戊菊酯以及马拉硫磷氰戊菊酯混合使用对土壤微生物低毒或无实际危害，对土壤微生物基本无影响。

在有机磷农药污染土壤重的微生物群落结构中，真菌、细菌及放线菌的优势种群分别为头孢霉属、芽孢菌属、链霉菌属，这些可能是有机磷农药的耐受菌或降解菌。

二嗪磷、丁硫克百威和氟虫腈对土壤微生物无实际危害性，其中丁硫克百威安全性最好，其次为氟虫腈，二嗪磷最差。乙草胺和莠去津对土壤微生物基本无影响。低浓度（2 mg/kg）和中等浓度（4 mg/kg）丁草胺对微生物数量影响不大；而高浓度（10 mg/kg）处理则有明显抑制效应，但在 21 d 后也基本恢复到对照水平。丁草胺对土壤酸性磷酸酶、碱性磷酸酶、脲酶、蔗糖酶均产生了一定抑制作用，并随浓度升高而增强，随着时间的延长，抑制作用逐渐消失，酶活性恢复至对照水平。丁草胺对土壤过氧化氢酶的影响与其他酶不同，表现出一定的刺激作用。

虽然有些农药对土壤微生物及其活性会产生抑制或促进作用，但这种作用一般是短暂的；按推荐浓度正常使用，农药通常不会影响土壤微生物的各种生化过程和活性，对土壤的物质循环和土壤肥力也没有不利影响；但大多数土壤熏蒸剂和杀真菌剂能改变土壤微生物平衡，它们对土壤微生物的作用强于杀虫剂和除草剂；长期使用农药不致使土壤微生物数量和活性发生明显变化，这应部分归结于土壤微生物对农药的降解或转化能力。

7.3 农药的合理使用

7.3.1 农药使用的原则、途径与方法

农药对防治和减轻有害生物危害，保护农林业生产有着极为重要的意义。但如果不合理地使用农药，也会产生某些副作用：对非靶标生物的直接毒害，包括人畜中毒；对经济昆虫如蜜蜂、家蚕及有害生物天敌的杀伤，对被保护的植物、林木造成药害；对环境的污染，残留农药的危害以及导致有害生物产生抗药性等。在防治有害生物实践中，如何充分发挥农药的优势和潜能，尽量减少负面影响，即如何科学合理地使用农药，是有害生物防治的重要内容。农药科学合理使用的目的在于降低单位面积农药使用剂量，提高农药对有害生物的控制效果，增加农药对环境和其他非靶标生物的安全性，降低防治成本。

7.3.1.1 农药使用的条件选择

农药使用的条件选择包括品种、剂型、施药适期、施药方法等方面。各种农药的防治对象均有一定的范围，且常表现出对不同有害生物的毒力差异，同种农药因地区和环境的不同，对同一种有害生物，也会表现出不同的防治效果。必须根据有关资料和林间药效试验结果来选择有效的农药品种。在林业有害生物防治中，应结合林间药效试验，选择合适的农药品种。农药不同的剂型有其最优使用场合，根据具体情况选择适宜的剂型，可以有效提高防治效果。各种有害生物在其生长发育过程中，均存在易受农药攻击的薄弱环节，适期用药不仅可以提高防治效果，同时还可以避免药害和对天敌及其他非靶标生物的影响，减少农药残

留。例如，大部分食叶害虫 3 龄前用药较好，因为此时害虫抗药性低，食量很小，未造成较大危害，或尚未卷叶、缀叶、潜叶，药剂容易接触虫体。

不同防治对象和保护对象需以不同的施药方法进行处理，选用适宜的施药方法，既可得到满意的防治效果，又可减少农药的用量和漂移污染。应尽量选择减少漂移污染的集中施药技术，如利用松毛虫越冬前后上下树的习性，可在越冬下树或出蛰上树前在树干上绑毒绳或涂毒笔进行防治。

合理用药必须考虑温度、湿度、雨水、光照、风、土壤性质等环境因素。温度影响药剂毒力、挥发性、持效期、有害生物的活动和代谢等；湿度影响药剂的附着、吸收、树木的抗性和微生物的活动等；雨水造成对农药的稀释、冲洗和流失等；光照影响农药的活性、分解和持效期等；风影响农药的使用操作、漂移污染等；土壤性质影响农药的稳定性和药效的发挥等。一般通过选择适当的农药剂型、施药方法、施药时间来避免环境因素的不利影响，发挥其有利的一面，达到合理用药的目的。此外，应利用农药的选择性（生理选择性、生态选择性），有效地避免和减少对非靶标生物和环境的危害。

7.3.1.2 合理混用农药

农药混用即将 2 种或 2 种以上农药混合在一起使用的施药方法，包括农药混合制剂（混剂）的使用及施药现场混合使用（桶混），二者虽有差别，但其原理是相同的。其目的是提高防治效果，扩大防治对象，减少施药次数，延缓有害生物抗药性的发展速度，以及提高对被保护对象的安全性、降低使用成本等。混配混用的基本原则有以下几方面。

（1）以扩大防治谱为目的的混配混用

扩大防治谱以杀菌剂、除草剂居多。许多内吸杀菌剂的防治谱较窄，如叶锈特（butrizol）仅对锈病有效，二甲嘧吩（dimethirimol）仅对白粉病有效，苯基酰胺类杀菌剂仅对卵菌病害有效，苯并咪唑类虽是广谱内吸杀菌剂，却对卵菌无效。由于树木和森林苗圃常并发几种病害，若使用单剂，只能控制一部分病害，势必造成另一部分病害猖獗危害。同时防治害虫和病害的情况更为常见。扩大防治谱为目的的混配混用原则：①各单剂有效成分不能发生不利药效发挥及树木安全性的物理化学变化。②混配混用后对有害生物的防治效果至少应是相加作用而无颉颃抗作用。③混配混用后对哺乳动物的毒性不能高于单剂的毒性。④各单剂在单独使用时对防治对象高效，在混配混用中的剂量应维持其单独使用的剂量以确保防治的有效性。

（2）以延缓抗性为目的的混配混用

有相当多的农药混配混用以延缓有害生物抗药性为目的，特别是杀菌剂的混配混用，除兼治型外，大部分为克抗型。尤其是内吸杀菌剂，如苯并咪唑类、苯基酰胺类等，其抗性大多是由单主效基因控制，抗性产生较快且抗性水平很高。而一般保护性杀菌剂作用部位多，抗性发展较慢，二者混用可显著降低内吸剂的使用剂量，降低选择压，从而达到延缓抗性产生的目的。杀虫剂中有相当一部分混配混用也是以延缓抗药性为目的，特别是有机磷类杀虫剂和拟除虫菊酯类杀虫剂的混配混用。以延缓抗药性为目的的混配混用应遵循以下原则：①各单剂应有不同的作用机制，没有交互抗性。单剂的作用机制不同，各自形成抗性的机制也就不同，即选择方向不同，如果混配混用就可以相互杀死对它们各自有抗性的个体，从而使抗性种群的形成受到抑制。单剂之间如果有负交互抗性则更为理想，理论上讲，具有负交互抗性的单剂混用后不会对这种混用产生抗药性。②单剂之间有增效作用。混配混用后产生增效作用，可以提高淘汰有抗性基因个体的能力。此外，混用增效，可以降低单位面积用量，降低选择压，延缓抗性产生。③单剂的持效期应尽可能相近。如果单剂之间持效期相距甚远，则持效期短的单剂失效后，实际上只有另一单剂在起作用，达不到混用的目的。④各单剂对所防治对象都应敏感，否则起不到抑制抗性发展的作用，还会造成药剂的浪费。⑤混配混用的最佳配比（通常为质量比）应该是 2 种单剂保持选择压力相对平稳的质量比，这个配比从理论上讲就是混配制剂中各单剂相对敏感种群的致死中量或致死中浓度的比值。以延缓抗性为目的的混配混用不能单纯以共毒系数大小来确定最佳配比，这和以增效为主要目的的混配混用应有所区别。

(3) 以增效为目的的混配混用

以增效为目的的混配混用以杀虫剂居多，其原则为：①混配混用后单剂间增效作用明显，单位面积用药量显著降低。②混配混用后不能增加对非靶标生物，特别是对哺乳动物毒性。

7.3.2　农药的安全使用

为安全合理使用农药，防止和控制农药对农产品和环境的污染，保障人体健康，促进农林业生产，农业部和环保部颁布了《农药安全使用标准》（GB4285—1989）。该标准规定了在一些作物上禁用的农药种类，并详细规定了一些农药在不同作物上施用的剂型、浓度、最高用药量、施药方法、最多施用次数以及安全间隔期等。实现农药安全使用的主要途径有以下几方面。

(1) 进行除毒处理

对于仅污染作物、果蔬表面的农药，可用水或溶剂漂洗或用蒸汽洗涤可以收到一定效果。也有用微生物去除土壤、水中农药的研究。

(2) 采用避毒措施

在受污染的地区，一定时期内不栽植易吸收农药的植物、林木，代之以栽培较少吸收农药的植物、林木，以减轻农药污染。或针对有害生物发生特点，采取局部用药的方法。

(3) 发展高效、低毒、低残留农药

农药引起的毒害大致可分为 2 类：①由于农药的无选择性毒性对人、畜表现的高毒；②由于农药的稳定性在环境中不易消失，通过蓄积、富集等形式造成高残留，从而造成毒害。因此，作为农药发展的重要方向，应该是高效、低毒、低残留，即不对其他动物而只对防治对象起作用，发挥作用后易于被日光或微生物分解。

这类农药一般选用自然界中天然存在的物质或以其作为结构母体，由于自然界中原有的物质一般都有相应分解它的微生物类群，因而这类农药也易被分解，不致造成对环境的污染。目前大力发展的植物源农药和微生物源农药即属此类。其次，与天然活性物质十分相似的合成化合物也可以达到类似的效果。

(4) 禁用和限用高残留农药

高残留农药由于长期存在于环境中，不可避免地降低生物多样性，降低环境质量，影响生态系统功能的发挥，还有可能对环境中的其他生物产生不利影响。因此，必须严格限制、禁止生产和使用高残留农药。

(5) 治理抗药性

采用合理的用药策略，可以延缓有害生物抗药性的发生和发展。主要包括轮换用药，间断使用,尽量采用农药之间的混配使用,避免长期连续使用 1 种农药;利用其他防治措施,或选择最佳防治适期,控制农药的使用次数,减轻对有害生物的选择压力;尽量减少对非靶标生物的影响,保护生态平衡;实施镶嵌式施药,为敏感生物种群提供庇护所等。

小　结

本章介绍了农药的环境行为、农药的生态效应,阐述了农药的合理使用。

农药环境行为是指农药进入环境后,在环境中迁移转化过程中的表现与特征。农药残留指使用农药后,在农产品及环境中农药活性成分及其在性质上和数量上有毒理学意义的代谢(或降解、转化)产物。农药残留毒性即农药残毒,是指在环境和食品、饲料中残留的农药对人和动物所引起的毒效应。农药残留的主要来源包括:农田施药后农药对作物的直接污染;农作物从污染环境中吸收农药;生物富集与食物链;农药代谢物;农药杂质等。农药进入环境后,在环境中有着复杂的迁移转化过程,包括挥发、沉积、吸附、生物富集、分解、生物降解等表现。农药的慢性毒性包括"三致"作用(致畸性、致突变性、致癌性)、干扰内分泌活动、造成慢性神经系统功能失调、干扰免疫系统及对儿童脑发育造成远期影响等方面。还介绍了有机磷杀虫剂、氨基甲酸酯杀虫剂、拟除虫菊酯杀虫剂、杀螨剂、杀菌剂、杀线虫剂、除草剂、熏蒸剂等主要农药类型的残留特点。

农药的生态效应包括农药对非靶标生物的毒性及农药在生物体内的富集作用。对非靶标生物的毒性主要包括对害虫天敌的影响、对鱼类的影响、对土壤微生物的影响、对蜜蜂、家蚕和对鸟类的影响等。不同的农药品种,由于其施药对象、施药方式、毒性及其危及生物种类的不同,其影响程度也不同。

农药使用的原则、途径与方法应考虑农药种类的选择、剂型的选择、适期用药、采用适宜的施药方法、注意环境因素的影响、充分利用农药的选择性、合理混用农药等方面。农药的安全使用则包括执行农药安全使用标准、进行除毒处理、采用避毒措施、发展"高效、低毒、低残留"农药、禁用和限用高残留农药、治理抗药性等方面。

思考题

1. 农药的环境行为包括哪些方面?
2. 简述各种农药类型的残留特点。
3. 简述农药对非靶标生物的影响。
4. 简述农药使用的原则。
5. 简述农药混配混用的原则。
6. 农药的安全使用包括哪些方面?

推荐阅读书目

1. 徐汉虹,罗万春. 2007. 植物化学保护[M]. 4 版. 北京:中国农业出版社.
2. 孔志明,等. 2008. 环境毒理学[M]. 4 版. 南京:南京大学出版社.
3. 吴文君,罗万春. 2008. 农药学[M]. 北京:中国农业出版社.

第 8 章
农药的生物测定

为了科学合理地使用农药防治森林有害生物，保护林木免遭病、虫、鼠、草等危害，确保林木健康生长，就需要不断地发现新的有效药剂，改善药剂的应用方法以提高防治效果，研究药剂的作用机理以及对人、畜的毒性。此外，在标准条件下，测定制剂中有效成分的含量，通常也采用生物测定的方法进行。

8.1 生物测定的内容与原则

8.1.1 生物测定应用的范围

农药的生物测定就是利用生物的整体或离体的组织、细胞以及细胞中的活性物质对某些药剂的反应来鉴别药剂的毒力和效能的基本方法。研究药剂对有害生物的作用，必须把药剂的"毒力"与"药效"区别开来。毒力是指药剂本身对生物体直接作用的性质及其程度。一般在相对严格的控制条件下，用精密的测试方法采取标准化的生物测定出来的，一般多在室内进行，是比较单纯的现象。药效除了毒剂本身所发生的毒力之外，还包括其他因素的影响，如毒剂粒子的大小、附着量、展着、黏着和分布于昆虫、病原体或植物表面的情况以及环境条件影响等，是药剂本身和多种因素综合作用于生物的结果，是比较复杂的现象。通常所做的对有机体影响的药剂试验，特别是野外所做的试验，主要是测定药剂的药效。如在杀菌剂测定方面，应用不同的种子处理方法来测定防治病害的效果，以及在温室中进行防治植物幼苗病害的试验和野外防治试验等，都是测定药剂的药效而不是毒力。对于内吸剂而言，由于它的作用必须先经过植物吸收后才能表现，一般都用植物的幼苗或成株来测定，严格地说用幼苗也是鉴定药效。

通过生物测定可以发现新的有效药剂。另一方面，有机体对药剂的特定反应也可以作为药剂有效成分含量的权衡标准，这种测定药剂有效成分含量的方法和化学分析不同。生物测定应用的范围很广，至少包括以下几个方面。

(1) 测定药剂对病、虫、鼠或杂草的防治效力

通过测定选择对某种防治对象具有最好和最适用的药剂种类，还可以把某一种已经广泛应用于防治病、虫、鼠、草害的药剂，再进一步试验对其他病、虫、鼠、草害的防治效果，从而扩大这种药剂的应用范围。除此之外，为了减少化学药剂防治与利用天敌防治可能产生的矛盾，从已有的药剂中找出对有害生物有高效而对有益生物（如天敌）低毒或无毒的药剂，也必须进行药剂对天敌毒力的测定。

(2) 研究药剂的理化性质同药剂毒力的关系

由于药剂对有害生物毒力的大小取决于药剂本身的理化性质，而且药剂的应用方式和加工质量对毒力的影响也很大，如烟剂、乳粉、乳油、浓乳剂、可湿性粉剂及粉剂等剂型。但究竟以何种剂型使用效力最好，以及在加工中究竟选用哪些溶剂、乳化剂、湿润剂及填料最能发挥效力，这些原料以何种方法配合最能发挥其药效等，都对药剂的使用效果产生很大影响。因此，需要研究药剂的理化性质同药效的关系，以便于改进药剂的质量，达到充分发挥药效的目的并以此鉴别药剂加工的规格和质量。这些都必须通过一系列的准确的毒力测定才能实现。

(3) 研究生物内在因素与外界条件同药剂毒力的关系

药剂对病菌、昆虫、害鼠及杂草的毒力大小同生物体内在因素及外界条件有密切关系，如温度、光照、昆虫变态、龄期、发育阶段、营养状况、寄主的状态及生理状况等，对防治效果都有一定的影响。了解这些情况有利于更好地掌握使用药剂防治的合适方法和时间，达到提高药效的目的。类似这些问题都需要通过比较精确的毒力比较试验，才能更好地得出结论。

(4) 研究药剂混合使用效果

2 种或 2 种以上的杀虫、杀菌、杀鼠及除草剂混合使用，或杀虫剂同杀菌剂或除草剂混合使用，可以通过混合药剂联合作用的毒力测定来确定对昆虫、病菌及杂草的毒力是增效还是减效。另一种情况，即 1 种或 1 种以上的化合物本身对病菌或昆虫并无毒性，但同另一种杀虫剂或杀菌剂混合使用后，由于生理上的影响，因而使后者对昆虫或病菌的毒力有增强或减弱。此种有增强毒力作用的化合物称为增效剂，有减弱作用的则称为减效剂。为明确药剂混合使用的增效或减效作用或寻找一种合适的增效剂，以进一步提高某些药剂的使用和兼治效果，往往通过比较准确的生物测定方法来加以肯定。

(5) 研究抗药性病虫种群的发展及防治措施

在有害生物防治上，抗药性种群的发展给防治工作带来了困难，因而引起人们的密切注意。对抗药性昆虫品系进行鉴定，进一步研究抗药性昆虫抗性范围、抗药性产生的原因及影响抗药性产生的因素，从而研究出阻止抗药性昆虫种群继续发展的方法及有效的治理措施，都需要大量准确的毒力测定资料。

(6) 微量毒性生物分析

微量毒性生物分析的应用是以生物作为工具，利用药剂的生物活性与剂量（或浓度）反应正相关的规律，来测定农药的有效成分含量或在植物、食品中的微量残留。有些农药在未找到适当的化学或物理分析法之前，常采用生物测定进行分析。如利用敏感虫种果蝇、蚊幼虫等，检出毒性限量达 0.005 mg/kg。

(7) 研究合成药剂并探索化合物的结构变化同药效毒力的关系

从若干化合物中不断选出对病、虫、鼠、草害更有效的药剂，并从一系列有效的化合物中进行毒力比较测定，研究它们的作用方式（如杀虫剂对昆虫的触杀、胃毒、熏杀及内吸功能，杀菌剂的保护、治疗及内吸效果等）。通过这些研究，可以筛选出新的杀虫、杀菌及除草剂，并探索化合物的化学组成及结构变化同毒力关系的规律，为定向地创制高效杀虫、杀菌、除草及杀鼠剂提供科学依据。同时还要研究毒剂对高等动物的毒性以及在生物体内的代谢等。

8.1.2 供试生物的筛选

药剂的毒力或药效测定，应当根据生物种群的反应而定。但一般供试验的生物仅是种群中极少数的一部分个体，也就是说，实验一般是以极少数个体对药剂的反应来代表种群的反应，因此，进行试验的供试生物个体的数量在一定范围内越多越好，并要有一定的重复，使所得结果能接近种群的反应。同时必须指出的是，任何一种药剂的毒性都是针对某一种生物而言的。一种药剂可能对一种生物具有很高的毒性，而对另外一种生物则毒性很小，甚至无效。因此，用不同生物作试验对象时，毒力测定的结果可能完全不同。

在一个生物种群中，个体间对药剂的反应是不一致的，有的很敏感，有的抗药性强，多数则处于一般状态。因此，生物对药剂敏感性的分布情况遵从正态曲线，而敏感性低的一般数量较多，也就是曲线略有偏度。在取用少量生物个体做试验时，更有可能由于取样不够全面或不是随机取样，而造成结果的代表性不够，各重复间的差别很大。为了准确地测定一种药剂的毒性，用于试验的生物对象应注意：

①试验昆虫或其他生物的数目越多，结果越可靠。但在大多数情况下，试验极大数量的昆虫是有困难的。药剂试验一般要重复 3~5 次，每次重复试验虫数 20~100 头（菌类孢子一般在显微镜 10×10 视野内至少有 100 个左右，每次计算必须移动玻片检查 3 次）。从生物统计理论上讲，减少每次重复的生物个体数，而增加重复次数所得试验结果比较精确。但供试生物个体数目不能太少，应根据具体情况加以考虑。

②供试生物尽量选择广泛发生危害的农林有害生物，并具有重要的经济意义，在分类地位上有一定的代表性。且生物种类越多越好，尤其在筛选工作上更为重要。

③供试生物应该从同一环境培养得来或采自同一田间环境，在生理上、发育上越一致越好，取样应该是随机的。

④对药剂的敏感性符合要求，试验时容易操作。

⑤比较 2 种或 2 种以上药剂对不同有害生物的反应，可采取平行比较法，即把各种药剂在不同的时间（天）做重复试验。这比同在一天将某一种药剂进行所有重复试验好。

8.1.3 生物测定的基本原则

研究农药与生物的相关性，对农药及生物的要求是比较严格的。如药剂室内筛选或毒力测定，药样应该是纯品（原油或原粉），至少要有确切的有效成分含量。而对供试生物，应该是纯种，个体差异小，生理指标较为一致，同时还必须以确定的环境条件为前提，这样生物测定结果才能比较准确。生物测定一般遵循以下几个原则。

（1）生物一致性原则

在进行生物测定时，供试生物个体的差异，直接影响药剂对供试生物的效果，为保证试验结果的准确性，要求供试生物应该在同一环境下培养出来的，或采自田间同一环境，在生理、发育上基本一致。

（2）对照必备性原则

在生物测定试验中，为进行药剂之间效果比较，必须设立对照区。对照区有 3 种，一种是完全不处理的(在自然状态下)，也称为"空白对照"；另一种是与药剂处理所用的溶剂、乳化剂完全一样，只是不含药剂。如用丙酮配制的药液，滴加在家蝇体壁上，那么对照组也应以丙酮滴加，这种对照是为了消除非有效成分对供试生物的影响，有时也是十分必要的；第三种是用标准药剂作对照。标准药剂是选择同类化合物已对某种有害生物确定是最有效的药剂，它不仅可以与新品种对比，也可以消除一些偶然因素影响的误差。这三种对照，并不一定在每次试验中都设立，应根据具体情况和测定要求加以确定。

(3) 环境稳定性原则

测定农药的毒力，原则上要求只有2个变数，一个是药剂的剂量(或浓度)，作为自变量；另一个是死亡率(或抑菌率)，作为因变量。药剂与生物的反应，一般是正相关，这样所得的结果，容易重复和分析。但环境条件(主要是温湿度)对农药及生物都有直接或间接的影响，因此生物测定的试验条件，首先要求相对的控制环境条件，使影响因素力求稳定。室内尚可采用特定的恒温、恒湿设备来控制，同时使用精密的测试仪器及严格的测试方法，尽可能消除或减少处理之间因环境条件或人为因素造成差异，以提高试验的精确度。田间试验，除温湿度外，光照、风、雨等多因子变异因素使许多条件不能控制，但小区试验，应尽量选择土壤肥力、有害生物分布、林木生长势及管理水平等条件均匀相似的地区，以减少误差为准则。

(4) 处理重复性原则

毒力与药效测试对象是群体，一个生物体种群个体之间对药剂的耐药性是有差异的，取样应具有代表性，每个处理要求一定的数量。重复的次数越多，结果越可靠，增加重复是减少误差的一种方法，但也不能过多，应根据试验目的和要求而定，一般至少重复3次。田间小区药效试验，如有4种以上药剂试验，则要求重复4~5次。

(5) 计量精准性原则

在生物测定中，要求药样最好是纯品，或者有确切的有效成分含量，而且要求药剂的粉粒细度一致，施药均匀一致。

(6) 数据统计性原则

统计方法是生物测定的基本技术，是判断和评价试验结果的工具之一。它是应用数学逻辑来解释生物界各种数量的资料，将其化繁为简，找出规律，同时也能揭示试验数值在概率上所处的地位。统计学处理，是分析结果中极重要的一环，可以从错综复杂的试验数据中，揭露农药与有害生物之间的内在联系，因此应该正确运用，以避免轻率下结论。

8.2 室内试验研究方法

农药的室内试验主要是测定一种药剂的毒性、毒力或比较几种药剂的毒力的大小，也可以在一定程度上测定药剂的药效。室内试验的结果除可作为药剂初步筛选的依据，还可以作为田间试验的参考数据。有时把野外发现的问题在实验室作比较精密的试验研究。两者相互补充、相互配合，才能对农药有全面的了解。

室内试验的优点：①一般应用室内饲育或培养的生物作为研究对象，能够控制供试生物的数量、体重、龄期、年龄及食料等，使供试生物的生理状态近似，以减少个体间的差异，因此毒力测定结果比较准确；②可以控制药量、均匀度，可以同时比较多种药剂及各种浓度的效果；③可以控制环境条件，便于在一定温湿度条件下进行比较。

室内试验的这些优点也带来了另一方面的缺点，如室内的环境条件、室内饲养的生物及用药方式等均与田间差别较大。其试验结果不能完全反映田间条件下的实际情况，所以不能以室内工作代替田间试验。因此，室内试验与野外试验应该相互补充，两者不可偏废。如果单纯依靠野外试验，一方面由于工作量大，不可能同时进行很多处理，同时，又由于野外环境条件不易控制，虫数分布不均，喷撒药剂不均匀，特别是活动性强的昆虫难以掌握，故不能单纯以数量变化来说明效果。因此，要先在室内控制条件下进行药剂毒力试验，选择有效的药剂和浓度然后再做野外田间试验，以便作出最后的鉴定。

8.2.1 杀虫剂毒力测定方法

杀虫剂毒力测定的目的是了解某一种杀虫药剂对某一种害虫的毒力程度或比较几种杀虫药剂对某一种害虫的毒力程度的差别。新药必须进行初步毒力测定，即药剂筛选工作，以了解某一种药剂对某一生物是否有毒力，以便决定是否要做进一步的测定。它是一个比较粗放的初步测定，一般不立即进行确定致死中量或区别毒性的作用方式。根据不同药剂的作用方式的不同，按药剂进入虫体的部位及途径，杀虫剂的毒力测定可分为初步毒力测定、触杀毒力测定、胃毒毒力测定、熏蒸毒力测定、内吸毒力测定、忌避毒力测定等。

8.2.1.1 初步毒力测定

对于新药做初步测定，操作比较简便。可直接利用害虫或人工饲育的昆虫，将待测药剂的粉剂或液剂直接喷于昆虫及其食物上，将虫体及其食物同放入测试容器内，这样药剂的胃毒、触杀、熏蒸和忌避作用均可尽量发挥。经过一定时间后，观察昆虫取食及死亡情况。死亡率高的药剂固然有继续探讨的价值，但死亡率低的药剂不一定就是毒力低，而是要考虑昆虫的取食情形。因为有的药剂有强烈的忌避作用，昆虫可忍受饥饿而在2~3d内不取食而不死亡。这一类药剂就不能简单地认为无效。但依常态取食而死亡率又低者，则说明这种药剂毒力很小，没有深入研究的价值。

8.2.1.2 触杀剂毒力测定方法

(1) 浸渍法

浸渍法是杀虫药剂毒力测定最经典也是最方便的方法，即以不同浓度的药液，在一定温度下，将试验昆虫分别浸渍一定时间，一般需1~5 min。取出置于滤纸上吸去多余的药液，然后饲养昆虫。经过一定时间后(24~72 h)，观察昆虫中毒及死亡情况。此法最适用于昆虫的卵、水生昆虫和孑孓以及蚜虫、红蜘蛛、象甲、鳞翅目幼虫等。对于水生昆虫进行试验更为方便，可使昆虫直接生活在药剂的悬浮液中，一定时间后测定死亡率。

浸渍法的优点是方法简单、易行，试验结果易于重复获得；缺点是在浸渍时，昆虫易于由口吞入药剂而发挥胃毒作用，同时，液体浸入气管的量比喷雾法要多。另外，这个方法测出的毒力只能用药液的浓度表示，而不能精确地用每个昆虫体重所获得的剂量表示。

(2) 药膜法

药膜法是将药剂以各种方法(液浸、喷撒、滴点等)处理一个表面后，形成一个均匀的药膜，然后在一定温度下，将试验昆虫放在药膜上，任其接触一定时间后，移入正常环境中饲养，并观察死亡情况。

药膜法也是毒力测定时常用的方法之一，同样也适用于药剂的生物及残效测定。优点是最接近实际情况，方法简便，易于操作，应用范围广。几乎一切爬行的昆虫都可以用这种方法试验，而结果又相当准确。缺点是只能以单位面积上的药量表示毒性。活动性强的昆虫，接触药剂就多，因此昆虫的活动及舐食表面等习性就会影响毒效。当昆虫足部表皮是药剂的主要穿透部位时，药膜法测出的毒效就偏高。

(3) 点滴法

将一定浓度和一定量的药液小滴，滴加于试验昆虫体上的某一部位，如胸部背面、腹部背面、触角、足等。每个昆虫施用液量视虫体大小而异，为 $1\sim5~mm^3$。施用时可用微量注射器或微量滴加器，滴出极微量的液滴，每滴可小到 $0.001~\mu m$ 或 $0.01~\mu m$。这个方法的优点是：可以比较准确地测定每一个个体的致死剂量，同时毒剂不致被吞食而引起胃毒作用，实际操作比较容易。主要缺点是：由于使用的昆虫数量较少，其准确度在很大程度上取决于昆虫生理状态的差异。因此，在试验时必须用生理状态十分一致的试验昆虫，过于活动的昆虫在试验前须经过冷冻或以二氧化碳处理后方能进行点滴，但可能影响昆虫的正常生理机能。

点滴法的结果受很多因素的影响：①除受温度影响外，最主要的是点滴的部位。在头部点滴与腹部进行点滴，效果可有很大差异；②液滴的大小对结果也有很大的影响。同样的剂量展布在昆虫表皮上面积大的，其毒效要比另一滴展布面积小的要高。此外，昆虫处理前的麻醉方法、处理所用的溶剂种类对其均有影响。

(4) 注射法

该法的使用也相当广泛，且使用仪器与点滴法有所类似，也有施药量精确的特点。只不过注射法是将药剂注入供试昆虫体内，而非点滴在体表。

(5) 喷雾法

喷雾法的使用与实际防治时的情况最相似，所以在毒力测定中，显得特别重要。喷雾法的准确程度取决于喷洒均匀程度及雾点的大小。因此，喷头的结构、喷雾时的压力和喷雾量必须精确控制。近年来各种精密喷雾器的改进均是围绕着这一点进行的。室内使用的喷雾方法可用直立沉降塔，即利用雾点或粉粒大小不同引起的不同沉降速率阻隔分离的试样。在喷雾或喷粉后，首先下降的是粗大的雾粒或粉粒，此时先用玻璃板将其阻隔，待大雾点或粉粒沉落在玻璃板上后，再将玻璃抽出，使小的比较均匀的雾点降落在虫体上，或用活动抽屉的方法拉出亦可。

(6) 喷粉法

最简单的方法是用手提喷粉器把粉剂喷于昆虫体上，或将昆虫放入一个铺有薄层药粉的玻璃瓶内，然后转动玻璃瓶，使虫体全身附着粉粒。比较精密的实验仪器是上述的沉降塔。每次可用喷粉玻管在一定压力下喷出粉剂，待喷入沉降塔的粗粒降落以后，再将放在 50 筛目铁纱笼内的试验昆虫，推在沉降塔下接受降落的粉剂，过一段时间观察死亡率。

8.2.1.3 胃毒剂毒力测定方法

在昆虫取食植物或其他食物的同时将毒剂同时食入，并在消化系统发挥其毒效作用，这种试验可以鉴别某种杀虫剂是否有这种作用，常用的方法有 3 种。

(1) 叶片夹毒法

为了尽量避免药剂与虫体直接接触而发生胃毒以外的毒杀作用，因此设计用两片一定面积的叶片，中间均匀地夹入一定量的药剂，然后饲喂供试昆虫，并测定被吞食的叶面积，从而计算吞食剂量。用此法测定胃毒作用致死中量的大小，即可判断或比较某些药剂的胃毒毒力程度。

要使叶片上均匀地沉积药剂并能精确地计算出单位面积上的沉积量，常用沉淀喷粉器（或喷雾器）来处理，使药剂先喷在一定面积的小玻璃片上，喷粉后用称量法确定其沉积量；而喷雾则用化学分析或比色法确定沉积量，即在药液中加颜色，将喷雾后小玻璃片的颜色冲洗下来，与标准颜色比较定量，以同样方法处理一定面积的小圆叶片（喷粉或喷雾），然后用另一同等面积的圆叶片涂以浆糊，与有药叶片对合，即制成夹毒叶片，用此饲喂已知体重的昆虫，在一定时间内，当已取食全部或部分叶片后，则转移到另一洁净容器内，饲以无药叶片，再经 24 h 左右，检查生存及死亡数。

吞食药量的计算是以试虫吞食叶面积乘以单位面积叶片的剂量，从而求得每头试虫单位体积（重量）中所取食的剂量（μg）。叶面积的计算方法有：①方格纸法：即将剩余的叶片置于有方格纸的玻片上，在双目解剖镜下数出所食部分为多少个方格，然后算出方格的面积。②叶面积测定仪法：采用叶面积测定仪直接测定吞食的叶面积。③电子计算机扫描法：用数码相机摄下每个处理中试虫吞食后剩余的叶片，通过电子计算机计算出叶面积。再用下列公式计算出每一昆虫吞食的药量：

$$吞食的药量(\mu g/g) = \frac{吞食的面积(cm^2) \times 每平方厘米药量(\mu g/cm^2)}{昆虫体重(g)}$$

致死中量（LD_{50}）的求法：按每虫吞食的药量与试虫死活情况顺序排列，分成死亡组、中间组、生存组。从中间组中分别算出生存的个体及死亡的个体各自平均吞食的药量。以 A 及 B 表示，两者平均数为 $\frac{A+B}{2}$ 即为 LD_{50}。单位为 μg/g 体重。

表 8-1　某种杀虫剂对杨小舟蛾的食药量存活情况

序号	药量(μg/g)	存活情况	序号	药量(μg/g)	存活情况	序号	药量(μg/g)	存活情况	序号	药量(μg/g)	存活情况
1	0.12	活	11	0.22	活	21	0.32	活	31	0.42	活
2	0.13	活	12	0.23	死	22	0.33	死	32	0.43	死
3	0.14	活	13	0.24	活	23	0.34	活	33	0.44	死
4	0.15	活	14	0.25	死	24	0.35	活	34	0.45	死
5	0.16	活	15	0.26	活	25	0.36	死	35	0.46	活
6	0.17	活	16	0.27	活	26	0.37	活	36	0.47	死
7	0.18	死	17	0.28	死	27	0.38	死	37	0.48	死
8	0.19	活	18	0.29	活	28	0.39	活	38	0.49	死
9	0.20	死	19	0.30	死	29	0.40	活	39	0.50	死
10	0.21	活	20	0.31	死	30	0.41	死	40	0.51	死

表 8-1 是某种药剂对杨小舟蛾的食药量，1～6 号为生存组；7～35 号为中间组；36～40 为死亡组。那么，可以计算出中间组中生存个体平均吞食的药量 A 及死亡个体平均吞食的药量 B，即：

$$A = \frac{0.19 + 0.21 + 0.22 + 0.24 + 0.26 + 0.27 + 0.29 + 0.32 + 0.34 + 0.35 + 0.37 + 0.40 + 0.42 + 0.46}{14} = 0.310$$

$$B = \frac{0.18 + 0.20 + 0.23 + 0.25 + 0.28 + 0.30 + 0.31 + 0.33 + + 0.36 + 0.38 + 0.39 + 0.41 + 0.43 + 0.44 + 0.45}{15} = 0.329$$

$$\mathrm{LD}_{50} = \frac{A + B}{2} = \frac{0.310 + 0.329}{2} = 0.320 \ (\mu\mathrm{g/g})$$

这种方法只适合于取食量多的咀嚼式口器的害虫，如舞毒蛾、松毛虫、杨小舟蛾、蝗虫等。用杨树叶片喷粉或喷雾后制成夹毒叶片，再用打孔器取一定的面积，用以饲喂杨小舟蛾效果较好。不同虫种，可用不同的叶片。这是胃毒剂毒力测定最常用的定性定量测定方法，最早由 Campbell 提出，后来有许多人做了改进。这个方法的优点在于操作方便，结果较精确，缺点是计算吞食的叶片面积较为费时和费事。

（2）液滴饲喂法

有些舐吸式口器昆虫，如家蝇、蜜蜂等，不能用叶片夹毒法。而是先将供试昆虫置于小玻璃管中称重，然后将药剂放在糖液中，以微量点滴注射器定量滴加于昆虫口器上饲喂，再将供试昆虫置于小玻璃管中称重，以测定食量和死亡情况，其原理也是药剂在昆虫消化道中发挥作用，这个方法优点是简便易行。

（3）口腔注射法

此法限于体形较大的昆虫，用毛细吸管或微量注射器将一定量的药液注入到昆虫口腔或咽部，强迫其取食。具体操作方法是先用 50%～60% 的糖液加入一定量的药剂制成药液，将药液通过针头或玻璃毛细管针头定量注入昆虫口器内；如用体形较大的昆虫（蝗虫等），则将毛细管或微量注射器针头伸入昆虫的咽喉。昆虫吞毕药液后，分别放入养虫器内，饲以无药食物，经 24h 或更长时间观察死亡情况。近年来，随着微量注射器的逐步改进，该法在昆虫毒理学的研究中应用越来越多，在毒力测定和毒性比较中，已成为最标准的测定方法。

8.2.1.4 熏蒸剂毒力测定方法

熏蒸剂可以是气体，也可以是液体或固体，但最终都要以气态的形式通过昆虫的呼吸系统起毒杀作用。熏蒸剂的剂量表示方法同其他毒力测定所用的表示方法不同，不能用每头虫或每单位虫体所接受药剂量来表示，只能用单位容积内的药剂用量来表示，即每升容积所用药剂的毫克数或毫升数（mg/L 或 mL/L）。在毒性测定时，熏蒸毒力主要受容器密闭程度和温度的影响，因为气体容易走漏，气温和大气压力能影响气体的容积和容器内的温度。实验室内常用的测定方法有下列 3 种。

（1）玻瓶熏蒸法

这是熏蒸剂毒力测定常用的方法，通常用一个大三角瓶（容积为 6～7 L），瓶口有橡皮塞封闭或用特制的具有二路或三路开关的磨口瓶塞。供试昆虫放入一个两端包有纱布的小玻璃管内，挂在熏蒸瓶中。将熏蒸瓶先放在一恒温箱中，待瓶内外温度平衡时，再通入药剂，然后在恒温下熏蒸一定时间后取出，并观察死亡情况。

（2）饱和浓度测定法

这是最简单的方法，因为空气中熏蒸剂的浓度达到了饱和度，只要温度一定，那么这个浓度也就不会改变。在这样一个密闭的容器内，把昆虫放入，进行不同时间的熏蒸，就代表了不同剂量，而不必控制气体浓度。例如，在测定有机磷化合物熏蒸作用时，就可用2个培养皿，上下相对，中间隔一层纱布，布上置试验昆虫，布下皿底置药剂，使蒸气可以扩散至整个容器内，而昆虫不会接触到药剂。将培养皿置于恒温箱中，在一定的间隔期内观察中毒及死亡情况。

（3）木箱或钢筒熏蒸法

适用于中型范围的试验。箱内或筒内可以用灯泡加温保持一定温度，密闭后由特定的小孔以安瓿瓶装药液投入或用固定装置投入、喷入一定药液进行熏蒸试验，并可在箱内存放一定高度的种子，然后将供试昆虫装入钢纱笼中埋在不同深度的种子层内，以测定毒气扩散的深度作为粮仓熏蒸的参考。

8.2.1.5 内吸剂毒力测定方法

内吸作用的基本原理是将药剂通过处理植物的某一特定部位（根、茎、叶或种子）后，药剂被植物吸收，并通过传导，到达其他部位，让昆虫取食未直接用药的部位后观察昆虫是否中毒死亡，以判断药剂是否具此特性，测定方法有两种。

（1）直接测定法

先用浸种、涂抹基部、浇灌、喷洒等方法处理植株，然后将供试昆虫接种于植物上，观察中毒死亡情况及持久性。此法的优点是接近于田间实际情况。但也有其局限性，如微量药剂内吸而不引起昆虫死亡时就测不出来；另外，有毒效时，准确的内吸量也不易测定。

应用直接测定法的基本条件：第一，采用同一种植物（或同一品种），并处于同一发育阶段，这是一个极重要的条件。植物生理条件不同，吸收量和分布可能十分不同；第二，温度、湿度及光照等条件的控制，因为它们能影响到内吸杀虫剂的吸收情况，此外，温度、湿度等也影响到内吸杀虫药剂本身的挥发性。

（2）间接测定法

用药剂处理植物，待植物吸收后，将植物外部的药剂冲洗掉，然后将植物研磨测定其中有效成分含量。测定时可将研磨液加在水中，用孑孓或水蚤等来做生物测定，由其死亡率来测定药量。在做试验时，必须用未处理的对照植物做比较，如用放射性同位素标记内吸杀虫剂的研究结果则更为准确。

8.2.1.6 引诱剂毒力测定方法

引诱剂的测定与一般杀虫药剂不同，因为引诱剂引起的反应只针对成虫。引诱剂基本上可分为性引诱剂、食物引诱剂和产卵引诱剂。

粗略的测定方法可以通过设置诱捕陷阱。如在纱笼中放入一个有黏胶的架子，黏胶中央粘上滴有药剂的棉花，引诱目的昆虫。对体形较大的昆虫，可以将黏胶换成瓶，通过计算诱集昆虫的数量、判断药剂的有效率。这些方法多数是在田间实施，易受气候因素及田间昆虫数量多少的影响。实验室内一般用嗅觉仪测定，嗅觉仪由玻璃管、气泵以及连接胶管等组成，可以根据实验目的和待测昆虫习性设计。常用的如"Y"形嗅觉仪，可进行昆虫的2项选择试验。"Y"形管的一臂通入带气味的气流，另一臂通入洁净空气，通过观察设计的指标，评价所测昆虫的行为反应。四臂嗅觉仪主要用于测定小型昆虫（如寄生蜂）的行为反应，可同时测定多种气味物质或1种气味物质的不同浓度。还可在中心部位，测试昆虫在4种气味场中的选择性。

8.2.1.7 驱避剂毒力测定方法

驱避剂毒力测定原理与引诱剂的原理类似,在试验设计时也可以用嗅觉仪,方法大致相似。

8.2.1.8 拒食剂毒力测定方法

拒食剂的测定法与口服毒性测定法相同,但是观察的结果通常不是供试昆虫的死亡率,而往往是昆虫的取食量或昆虫对食物的取食部位和昆虫体重的变化等的分析,作为药剂对供试昆虫是否有拒食活性的依据。

一般对咀嚼式口器食叶昆虫的拒食活性的测定方法为叶碟法。即将药剂均匀施加在叶片上,制成大小相同的叶碟,放在保温的培养皿中,后放入供试昆虫。其中在同一培养皿中交错放入处理叶碟与对照叶碟的方法称作选择性拒食活性测定法。仅放入对照或处理叶碟的方法称作非选择拒食活性的测定。如图 8-1 所示,黑色圆圈表示加药的叶片,白色圆圈表示未加药的叶片。A 表示选择拒食活性的测定,B、C 表示非选择拒食活性的测定。让供试昆虫取食一定时间后,将残存的叶片取出,算出昆虫取食叶片的面积,计算拒食率。

$$拒食率(\%) = \frac{对照组取食叶面积 - 处理组取食叶面积}{对照组取食叶面积} \times 100$$

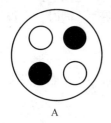
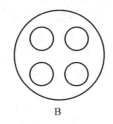
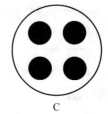

A　　　　　　　　　　B　　　　　　　　　　C

图 8-1　叶碟法

8.2.1.9 昆虫不育性剂毒力测定方法

测定昆虫不育没有特殊的方法,依然是用滴加、微量注射、喷雾、浸液等方法,只是在观察过程中不是着重于死亡率,而是检查产卵数量及卵的孵化率。不育百分率可用下式计算:

$$不育百分率(\%) = 100 - \left(\frac{a \times b}{A \times B} \times 100\right)$$

式中　A——对照组中每个雌虫的产卵数;
　　　B——对照组的孵化率;
　　　a——处理组中每个雌虫的产卵数;
　　　b——处理组的孵化率。

8.2.1.10 昆虫生长调节剂毒力测定方法

昆虫生长调节剂通常不直接杀死昆虫,而是通过干扰昆虫脑激素、保幼激素、蜕皮激素和几丁质的合成导致昆虫生长、变态、滞育等生理现象发生改变,间接导致危害降低的目的。试验方法可以通过以上介绍的胃毒、接触、熏蒸、内吸等处理方法,观察昆虫蜕皮、化蛹、羽化的变化,以及形态的变化、产卵量和卵的孵化率等指标来观察药剂作用的效果。

8.2.1.11 土壤杀虫剂测定方法

土壤杀虫剂的毒力测定必须考虑到土壤条件。通常是将某一土壤拌入一定量的杀虫药剂，配成不同浓度的毒土，将害虫放入拌药的土壤内。一定时间后把虫取出放入干净土内，并予以食物，再观察其死亡率。

8.2.2 杀菌剂毒力测定方法

病原菌与药剂接触后，会产生不正常的反应，甚至死亡。如药剂抑制孢子的萌发，抑制孢子的产生，抑制菌丝体的生长，使菌丝体变形、变色、呼吸不正常等。毒力测定虽然可以根据其中一种反应现象来作衡量标准，但以孢子发芽多少或菌丝体生长快慢作为衡量药剂毒力的标准最为合适。

杀菌剂的毒力测定的供试对象为病原物及寄主，测定结果的误差除了生物学上的外，还有试验材料、测定方法、仪器设备、操作技术，以及环境条件引起的误差。杀菌剂毒力测定要尽可能使各项误差减少到最低限度，方能得到药剂对菌体的正确毒力测定结果。因此，要求试验材料、方法和试验条件标准化，使试验在特定的条件下进行。由于生物体受环境条件的影响，而不同环境条件的影响常常导致生物体对药剂的反应不同，在制定试验条件和方法标准化时，必须考虑到满足病原物和寄主植物正常生长和发育的条件，同时，在设计标准化的测定方法时，应结合药剂的理化性质、使用形式等。

8.2.2.1 药液法

药液法测定孢子萌发的方法很多，有些真菌的孢子须用特殊的方法才能萌发，以下仅介绍实验常用的方法。

（1）悬滴法

此法选择的供试病菌孢子必须成熟度一致，从培养基斜面采取后，加入定量蒸馏水或灭菌水中，振荡使孢子在水中悬浮，然后将供测的药剂在孢子悬液中稀释成不同浓度，在洁净的盖玻片中央滴悬浮液1滴，注意滴成圆形，大小适当，浓度以显微镜低倍镜头每个视野约20个孢子为宜。然后翻转盖片制成悬滴，并封闭在特制的玻环内，再将玻环放在底部盛少许水的培养皿中，盖好皿盖，放置在26~28 ℃温箱中培养，4~5 h后检查萌发结果。

此法也可直接在培养皿盖的里面作悬滴进行，即用记号笔在皿盖里面划方格，在方格中央滴孢子悬液，然后慢慢转皿盖，盖在盛有少量蒸馏水的皿底上，保温保湿培养。此法的优点是简便，而且适用于大量孢子萌发测定。

悬滴法多用于观察药剂的抑菌毒力，即病菌与药剂在继续接触情况下的效果。如果要测定药剂是否有杀菌的毒力，可以在孢子液与药剂混合后，经过不同时间将孢子液用离心法沉淀出来倒去药液，再用灭菌水或蒸馏水多次冲洗孢子，然后进行萌发测定，判断萌发的标准。如用线虫作材料，应注意区分死虫和活虫。一般以线虫在24 h内停止活动的药剂浓度作毒力比较的标准。但由于有时线虫的死活不易测定，就必须延长观察时间。可将处理过的线虫放在最适于活动的条件下，继续观察。如果1周内线虫不能恢复活动而呈僵硬状，即表明线虫确已死亡。除延长观察时间外，也可以利用染色的方法作为区分线虫死活的标准，但这种方法到目前为止，尚存在一定困难。因此，目前进行药剂对线虫的毒力测定，仍多采用寄主植物发病指数的方法。

(2) 液滴法

在培养皿内放一"#"字或"U"形玻璃棒，皿底加蒸馏水少许或衬上吸水纸或加几个脱脂棉球吸水保湿，玻璃棒上放载玻片，其上分别滴 2 或 3 滴孢子的药剂悬浮液，盖好皿盖，置于 26~28 ℃ 温箱中培养，4~5 h 后，镜检萌发结果。此法也可发展为将配好的孢子药剂悬液直接加在培养皿中进行萌发，一般一个培养皿中加 10 mL 左右，然后直接镜检萌发结果。其优点是一次可测定大量孢子。

(3) 载片引湿法

此法用于不适于直接在水滴中萌发的某些真菌。方法是在培养皿中放一"V"或"U"形玻璃棒，其上放一载玻片，再取宽 1 cm、长 4 cm 的滤纸条放在皿内。灭菌后皿底加少许灭菌水，将滤纸条横放在载玻片上，崩紧，两端拖入水中，再在纸上滴一滴孢子药剂悬浮液，盖上皿盖，在 25 ℃ 温箱中培养，逐日检查萌发的结果。

(4) 改进悬滴法

此法除了可以测定水溶性药剂对病菌孢子的毒力外，还可测定非水溶性药剂对真菌孢子或线虫的毒力。此法比悬滴法适用的范围更为广泛，并具有用具简单、操作容易的特点。此法不采用药剂同孢子液（或线虫液）直接混合的办法，而是将凹面载玻片或表面玻璃等用具经灭菌后，先滴入一定量的药液，放在室温防尘条件下晾干后，再滴加上同原药液量相等的孢子液（或线虫液），放入保温培养皿内一定温度培育，经过一定时间检查萌发率（或线虫死亡率），然后与对照比较算出校正抑制率(%)。

$$校正抑制率 = \frac{处理不发芽数 - 对照不发芽数}{孢子总数} \times 100\%$$

8.2.2.2 固体培养基法

一般常用的固体培养基是马铃薯—蔗糖—琼脂培养基。根据测定对象的不同，可以采用其他更适于供试病菌生长的配方和材料，其中包括各种特殊养分的人工综合培养基和天然培养基——寄主植物的组织。固体培养基法很多，现介绍几种主要的方法。

(1) 培养基加药法

此法可以测定药剂对真菌孢子萌发、菌丝体生长及细菌生长的抑制毒力。先配制一定浓度供试药液，将不同用量的该浓度药液分别吸取 1 mL、0.3 mL、0.1 mL……放入灭菌培养皿内，然后将制成的合适培养基经灭菌后冷却至 45 ℃ 左右，倒进有药液的培养皿内，每皿倒入 10 mL 的培养基并与药液充分混匀，冷凝备用。

测定细菌生长或真菌孢子萌发时，以所选培养基一定时间的供试菌种的培养基斜面，每管倒入 5~10 mL 灭菌水，振荡，制成供试菌悬液。用灭菌的移菌针蘸取菌悬液，在配备好的含药培养基表面轻轻划线（划线长约 1 cm），并将菌液均匀涂布。如测定菌丝体生长，则选用合适的菌种，切取大小相等的菌丝体切块，移放在含药培养基表面，在定温条件下培育一定时间后，用显微镜检查孢子萌发率，记载菌落生长情况或测量菌丝体（菌落）直径。

(2) 扩散法

测定抗生素毒力时常用扩散法。一般杀菌剂的测定也可以应用。扩散法种类较多，比较普遍的有圆环法和纸片法 2 种。

扩散法是将固体培养基熔融，按每皿 20 mL 的用量倒入灭菌培养皿，待冷凝后，再放入同一培养基与一定量的供试菌混合液 4 mL(培养基同菌液混合前必须冷至 45 ℃以下),然后平放冷凝,则成带菌培养基。在带菌培养基上放一特制直径 8 mm、高 10 mm 的不锈钢环(或磨得很光滑的玻璃环)1~4 个。把配好的药液定量加在钢环内(圆环法)或将滤纸剪成大小相等的圆片,经灭菌后,蘸一定浓度的供试药液平贴在带菌培养基上(纸片法)。经定温培养一定时间后,量测菌落生长的距离,比较药剂的毒力。用钢环时,应避免将药液滴加在环外的培养基上。贴放蘸取的纸片时,应使其紧贴在培养基表面,防止纸片周缘卷起。

8.2.2.3 定量喷药法

(1) 沉降喷雾法

将干净的载玻片排列在沉降喷雾的载物板上,再将所需浓度的药液按定量用固定压力的压缩空气喷雾,药液喷完经 10 s,大的雾滴降落后,立即插入载有玻片的浅盘接受下降的细雾滴;再经 60 s 后,取出载物浅盘。将喷有药液的玻片晾干,然后滴加孢子悬液。在定温、保湿的条件下放一段时间后,检查孢子萌发率。

(2) 定量喷粉法

利用撒粉工具或喷粉玻璃钟罩进行定量撒布药粉或喷粉于待测物表面。在待测物表面上处理真菌孢子及菌体的步骤均同沉降喷雾法。

8.2.2.4 内吸杀菌剂的测定

此法以接种病菌为供试对象。一般是先在植物上接种病菌,待入侵后、出现症状以前进行药剂处理,以观察处理以后药剂对菌体的抑制效果。

8.2.3 除草剂毒力测定方法

近年来除草剂的研究与生产发展迅速,随着应用的扩大,除草剂的生物测定方法也日益完善。生物体在生长、形态等方面对化学物质的反应,可以作为建立生物测定方法的生物学基础。如以高等植物为材料时,通常是以植物地上部的鲜、干重;芽鞘、茎叶和幼根长度;种子的萌发率以及植物形态变化作为测定的指标。以低等植物为材料时,一般以个体的增长速率作为测定指标。由于除草剂对植物的影响是多方面的,因此各种器官均可以作为某一除草剂的活性指标。具体测定方法很多,但基本可分为 2 类:一类是直接用防除对象为材料,另一类是选用敏感性植物。

8.2.3.1 除草剂的筛选程序

一类是用盆栽法初筛,即用直接防治的杂草测试,再将入筛药剂进行田间药效试验。评价药效的方法,盆栽试验一般以株数减少 50%(LD_{50})或杂草覆盖面积减少 50%(NR_{50})和地上部干重减少 50%(GR_{50})所需除草剂剂量来表示。在田间则以杂草株数的减少百分率和地上部鲜重减少百分率来表示。对多年生杂草的防除作用,除统计地上部的死亡百分率和间隔一定时间后的复发率以外,还挖出处理区和对照区的地下茎和根茎,进行发芽试验和重新种植,观察发芽能力、新生幼苗的形态、生长势以及复发百分率。这样对了解多年生杂草的防治效果才能客观些。这个程序在国外普遍采用。优点是可靠性大;缺点是周期长,工作量大,所需试材、设备、药剂多。

另一类是通过简易初筛,再进入盆栽及大田,以克服上述程序的缺点。

在盆栽筛选阶段,还应该对有效除草剂的持效期、移动性和各种因素(土壤、温度、湿度、光照、杂草生长期)对药效的影响进行一系列试验,这样才能对除草剂的药剂毒力做全面的评价。

8.2.3.2 除草剂的选择性试验

在做除草剂的选择性试验时,要明确适用的植物、安全有效剂量、最适合的使用方法。施药方法有播前混土、播后苗前和播后苗后3种处理。处理后观察生长势、药害症状,并测量苗高、鲜重,用选择性指数表示选择性大小。其公式为:

$$选择性指数 = \frac{抑制或杀死杂草90\%的剂量}{抑制或杀死苗木10\%的剂量}$$

一般认为选择性指数越大,选择性就越强。若选择性指数达到2以上时,说明此除草剂可以安全使用。

8.2.3.3 除草剂生物测定常用的方法

在除草剂的筛选和各种研究中,国内外普遍采用盆栽法。其优点是可以根据不同的药剂,选择不同的材料,从除草剂的不同作用方式出发,测定除草剂抑制植物生长、呼吸和影响光合作用等活性,不受季节限制,结果正确、可靠。但工作量较大,测定周期较长,因此近年来研究设计简易、快速的初筛方法很多。主要有以下几种。

(1)小杯法

用于测定醚类、酰胺类、氨基甲酸酯类等除草剂。以小麦、油菜、水稻、稗草等为材料,以小杯作为测试工具,杯底放一圆形滤纸片,加入一定量的除草剂溶液,选择刚萌动的种子10粒,分别放在小玻杯内培养4~7 d,其间要补足蒸馏水以减少蒸发。待症状明显时测量根长或鲜重,以抑制生长百分率分级作为测定指标。此法具有操作简便、测定周期短、测定范围较广等优点。

(2)小球藻法

利用小球藻体内叶绿素含量与某除草剂浓度成负相关的原理,测定除草剂活性的生物测定法。方法为将单细胞小球藻(*Chlorella vulgais*)原液或藻种接种在培养液中,培养至旺盛生长,再将定量藻液移至存有培养液的三角瓶中培养24 h,分离、存放后提取叶绿素,测定在665 nm下的透光率,求出叶绿素含量,计算IC_{50}值。用于测定取代脲、均三氮苯、有机杂环类除草剂。此法具有便于操作、反应周期短、测定范围广等优点。

(3)除草剂培养皿法

该法简单易行。国内大多采用琼脂、土、砂、滤纸为培养基质,用敏感植物的根长抑制率或芽长抑制率与药剂浓度进行回归,从而测出药剂的EC_{50}。试验中发现培养皿测定土壤处理剂较为合适,但对茎叶处理剂的测定结果与田间试验结果有较大的差异。具体方法为将稗草种子催芽3~4 d,待稗草种子露白后备用。配制6个不同浓度的药液。在一个铺有圆滤纸、直径为9 cm的培养皿中加入各个浓度的待测药液5 mL。精选整齐刚露白的稗草种子8粒于培养皿中,盖好保鲜膜。每个处理重复3次。将培养皿放入光照培养箱27 ℃培养4 d。另设空白对照。测量稗草的芽长,按下式计算抑制率,并计算EC_{50}。

$$抑制率(\%) = \frac{对照组芽(根)长 - 处理组芽(根)长}{对照组芽(根)长} \times 100$$

(4)黄瓜幼苗形态法

黄瓜幼苗形态法为匈牙利植物生理学家Sudi所创建,是测定激素型除草剂和植物生长调节剂活性的经典方法。测定原理是以不同剂量的药剂所引起黄瓜幼苗形态上的不同变化来测定样品活性。该法具有操作简单、反应灵敏、测定范围较大(0.05~1 000 mg/kg)等特点。

将样品配成一系列浓度的丙酮溶液,用直径 11 cm 的滤纸在其中浸透,取出吹干,放入直径 12 cm 的培养皿中,再在滤纸上铺 2 张同样大小的未浸药的滤纸。挑选饱满度一致的黄瓜种子,在 5%的漂白粉液中消毒 30 min,取出晾干,每皿排放 20 粒,并加入 12 mL 蒸馏水(此时皿内样品的实际浓度比原来浸滤纸时降低 10 倍),盖好皿盖,置 25 ℃ 恒温下黑暗培养 6 d,取出观察黄瓜幼苗的形态。

将 2,4-滴的一系列浓度下黄瓜幼苗形态画成"标准图谱",然后用测定样品的黄瓜幼苗形态和标准图谱对比,比较待测样品的除草活性大小。

(5) 高粱法(皿内法)

该法适合于非光合作用抑制剂的生物测定。具有操作简便、培养期间不用管理、周期短,测定范围广,重现性好等优点,被国内外许多实验室采用。先将高粱种子放在湿滤纸上,24 ℃ 下萌发 15~20 h,待长出胚芽 1~2 mm 时取用。配制一系列浓度的待测样品溶液,将 16 mL 某浓度的样品溶液放入 124 g 石英砂中,仔细拌匀。将此湿的石英砂装入直径为 9 cm 培养皿中,刮平使与皿边对齐。选 10 粒准备好的萌动高粱种子,排列于砂表面,胚部向上而幼根沿同一方向排成一行,盖上皿盖。将培养皿竖立倾斜 15° 放入 24 ℃ 温箱,黑暗中培养 16~18 h,将根尖的位置用蜡笔标于皿盖上,经过 24 h,取出培养皿,从标记处测量根延伸的长度。上海植物生理所对此法作了改进:用直径 9 cm 培养皿,装满干燥黄砂,刮平,每皿加入 30 mL 药液,正好使全皿干砂浸透,然后用有 10 个齿的"齿板"在皿的适当位置轻轻压出 10 个小坑,以便每皿能排 10 粒根长 1~2 cm(选用根尖尚未长出根鞘者)的萌发高粱种子。为了缩短时间,在排种培养的前 1 d,让上述准备好的培养皿置于 34 ℃ 保温过夜,使砂温提高,8 h 后即可划道标记幼根起点;再过 14~16 h,待对照根长 30 mm 左右即可测量。

(6) 去胚乳小麦幼苗法

这是测定抑制光合作用除草剂的专用方法。以摘除胚乳的小麦为试材,用抑制株高百分率来表示杀草活性。此法容易操作,周期短,专一性好。将饱满均匀的小麦种子浸泡 2 h,铺在放有湿滤纸的瓷盘中,于 20 ℃ 左右的恒温箱中催芽,待芽长 2~3 cm 时,选高度一致的幼苗,轻轻取出,不要伤根,摘除胚乳,在清水中漂洗后,放入烧杯中,加入待测除草剂的不同浓度溶液,于 21~26 ℃ 下培养 7 d,测株高,称鲜重。如将去胚乳小麦种在含有系列浓度的除草剂土壤中,可测定土壤中的除草剂含量、移动性及持效期。

8.2.4 杀螨剂毒力测定方法

(1) 玻片浸渍法

此法被联合国粮农组织推荐为用于杀螨剂毒力测定的方法,是测定药剂对螨类毒力的最常用方法。其方法是将双面胶带剪成 2~3 cm 的方形,贴在载玻片的一端,用镊子揭去胶带上的纸片。用小毛笔将大小一致、体色鲜艳、行动活泼的雌成螨背黏于双面胶带上,放入温度 25 ℃±1 ℃,相对湿度 85% 的生化培养箱中 4 h 后,在双目解剖镜下观察,剔除死亡和不活泼的个体。然后再将玻片放入供试药液中 5 s 后取出,吸干多余的药液,放入培养箱,一段时间后观察试验效果。死亡标准为毛笔轻触螨足或口器无任何反应。通过喷雾法将药液均匀喷在玻片上,可以克服浸渍法中在吸干药液时对螨体造成伤害的缺点。

(2)叶片残毒法

一般步骤是在培养皿中放入已经用药液处理并晾干的叶片,然后接入长势一致的成螨,放入培养箱,一定时间后观察其死亡率。

(3)叶碟浸渍法

方法步骤是将带有成螨的叶片直接浸渍在药液中 5 s 后取出,一段时间后,观察螨的死亡率。

对螨卵的测定方法与成螨和若螨大致相同,指标为观察卵的孵化率。多数种类的卵块 25 ℃条件下 6 d 即可孵化,10 d 内不孵化者即可被视为死亡卵。

$$孵化率(\%) = \frac{药后空卵壳量}{总卵量} \times 100$$

$$杀卵率(\%) = \frac{药后死卵量}{总卵量} \times 100$$

药剂对螨的抑制产卵能力及不育测定方法,可将叶片用药剂喷雾或者浸液,待药液干后将试虫接在供试叶片上,1~7 d 检查试验效果,调查统计产卵量,计算产卵抑制指数和产卵抑制率。

$$产卵抑制指数(\%) = \frac{对照组产卵量 - 处理组产卵量}{对照组产卵量 + 处理组产卵量} \times 100$$

$$产卵抑制率(\%) = \frac{对照组产卵量 - 处理组产卵量}{对照组产卵量} \times 100$$

8.2.5 杀线虫剂毒力测定方法

植物线虫病害在世界范围内广泛危害,严重威胁农林生产。目前防治线虫病害的农药品种少,毒性高、用量大,且主要依赖进口。因此,测定创制化合物的杀线虫活性是发现优秀杀线虫剂的关键。现在的筛选方法一般是用活体筛选。

(1)选择供试线虫

供试植物线虫需满足易培养、繁殖量大、生活史短的条件。根结线虫属的线虫较为符合要求。

(2)线虫的纯培养

以根结线虫为例,首先须对线虫的寄主植物进行无菌土栽培,使用无土栽培或灭菌土浇灌无菌苗,然后在田间选取有根结的病株,轻轻洗根至无泥土,用线虫挑针挑取单卵块,置 0.1%的琼脂三甲化胺溶液中,将卵消毒,用无菌水漂洗,再浸在 0.5%的双对氯苯基双胍己烷醋酸盐溶液中消毒,用蒸馏水漂洗干净,放在孵化器中进行培养,每 24 h 用毛笔蘸取卵块,用贝尔曼漏斗法(Baermann funnel)或离心漂浮分离法(centrifugal floatation)于 25 ℃孵化,收集根结线虫的 2 龄幼虫。

(3)测定供试药剂的活性

①离体筛选

触杀法 将供试线虫放入已配制好的药液中,经 24 h 或 48 h 处理后,在显微镜下检查线虫死活和被击倒的情况,计算毒力。线虫死活鉴别一般采用体态法及染色法。体态法的判断标准是死的虫体多呈僵直状态,而活的体态是极度弯曲,一般盘卷或蠕动。但这种方法对呈休眠态和体形膨大的雌虫以及卵不适用,且不能绝对肯定线虫的不动就等于死亡、而弯曲的线虫等于生存。染色法是用曙红等染料对供试药剂处理过的线虫进行染色,活线虫不会被染色,死线虫会被染料染上颜色。根据线虫是否被染色,判断线虫的死亡与否。此法对松材线虫(*Bursaphelenchus xylophilus*)等线虫效果都比较好。

熏蒸法 该方法是测定供试药剂是否具有熏蒸作用。操作方法与杀虫剂药剂筛选类似,即将供试化合物和线虫放入封口的容器内,处理 24 h 或 48 h,观察线虫死亡情况。

② 盆栽试验

土壤淋浴法 这是一种兼触杀和内吸活性测定的方法。基本程序是受试植物种植在小钵内,待幼苗长至 3~5 cm 高,用配制好的药液淋土,第 2 天接种 2 龄幼虫,每小钵约 500 头。待空白对照根部感病症状明显(约 20 d)后进行调查。目测感病程度或设计"感病指数"进行计算,确定药效。

叶面喷雾法 这是一种测定药物是否具叶面内吸性及是否具有向下输导特性的方法。基本程序与土壤淋浴法相似,只是施药时范围只限制在叶面。

另外,由于许多杀线虫剂的作用机理与结构类似的杀虫剂相同,如有机磷和氨基甲酸酯类杀线虫剂的作用机理是抑制线虫体内的乙酰胆碱酯酶(AChE),因而对供试化合物采用酶抑制法测试杀线虫活性有一定的理论依据。

8.2.6 混剂毒力测定方法

将 2 种或 2 种以上的农药,通过合理的配方筛选,加工定型为一种稳定均一制剂,即为混配药剂或称复配剂。农药混合后的作用是一个复杂问题,其效果常常不是两种单剂的简单相加,可能存在单剂之间的相互作用。混剂的增效作用是指两种药剂混用或复配后,药效明显大于两个单剂的药效总和。在实际毒力测定中,一般只能以两种药剂合用的毒力指标与两种药剂单独使用的毒力的总和来比较。当前者显著大于后者时,就有增效作用;前者显著低于后者时,就是颉颃作用。测定混剂联合作用的方法有以下 4 种。

8.2.6.1 共毒系数法

目前普遍采用的共毒系数法是由孙云沛于 1960 年创立,该方法以室内生物测定获得的数据为基础,分析药剂混配后出现增效作用,还是相加作用或颉颃作用。其原理是将试验用的单剂或混剂的任何一种设置为一个参照的标准药剂,定值为 100,其他单剂或复配的毒力指数可以根据其和标准药剂之间的半致死剂量(LD_{50} 或 LC_{50})之比求得。其计算公式如下:

$$毒力指数 = \frac{标准杀虫剂的 LD_{50}(LC_{50})}{供试药剂的 LD_{50}(LC_{50})} \times 100$$

$$混剂的实际毒力指数 = \frac{A 剂的 LD_{50}(LC_{50})}{混剂的 LD_{50}(LC_{50})} \times 100$$

以上述公式算出各单剂和混剂的毒力指数,均是根据各药剂的实测 LD_{50} 或 LC_{50} 值求得,因而被称为实测毒力指数或毒力指数实测值。如果假定单剂混合时,单剂之间不发生增效或颉颃作用,则混剂的毒力指数可根据两种单剂的毒力指数及单剂在混剂中的比例,运用数学方法直接求得。这种求得的毒力指数被称为混剂的理论毒力指数，其计算方法如下：

混剂的理论毒力指数 = A 剂的毒力指数 × A 剂含量(%) + B 剂的毒力指数 × B 剂含量(%)

但实际混用或混配情况下，混剂的毒力指数实测值和理论值通常是不一致的。即理论值和实测值之间存在一定的比例关系，这种比值被称为共毒系数。其计算方法如下：

$$共毒系数 = \frac{混剂的实际毒力指数}{混剂的理论毒力指数} \times 100$$

为了更简明地量化这种作用结果，我国目前采用的标准为：共毒系数接近 100（在 80~120 之间），表明混用后单剂之间没有发生明显的相互作用，表现为药效的相加作用；当共毒系数小于 80 时，则表明混用后单剂之间发生了明显的减效作用和颉颃作用，应该避免这种情形发生；当共毒系数大于 120 时，则表现两种药剂之间表现增效作用，这种增效作用是农药混用或复配的主要目标。

若混剂中的增效剂或颉颃剂是无毒的，则共毒系数公式可简化为：

$$共毒系数 = \frac{A 剂的 LD_{50}(LC_{50})}{A 与 B 混合时的 LD_{50}(LC_{50})} \times 100$$

式中，若 A 为毒剂，B 为无毒的增效剂或颉颃剂。则此时的共毒系数又称为增效系数或增效指数等。

[例 8-1] 甲剂、乙剂及 2∶1 的甲-乙混剂对某一昆虫 LC_{50} 分别为 0.009 6%、0.004 6%、0.006 8%。以乙剂为标准药剂时根据公式计算的甲、乙剂的毒力指数分别为 48、100；甲-乙混剂的实际毒力指数 = $\frac{0.004\ 6\%}{0.006\ 8\%} \times 100 = 67.6$，理论毒力指数 = 48 × 66.7% + 100 × 33.3% = 65.3；甲-乙混剂的共毒系数 = $\frac{67.6}{65.3} \times 100 = 103.5$。

此混剂的共毒系数很接近 100，表明甲、乙两药剂的作用是相加的。

[例 8-2] 一种增效剂与一种毒剂混合后的联合毒力：毒剂 LC_{50} 为 0.059%，毒剂与增效剂 LC_{50} 为 0.003%。根据公式计算其 共毒系数 = $\frac{0.059}{0.003} \times 100 = 1967$，显著大于 100，具有明显的增效作用，增效倍数为 19.67 - 1 = 18.67(倍)。

8.2.6.2 共毒指数法

共毒指数法是一种适合于简单的室内粗测试验时，比较两种单剂混用后的联合作用的评价方法。该方法只需要各单剂和复配剂某一剂量的死亡率（校正死亡率），即可根据混剂中各单剂所占的比重来求得混剂的理论死亡率。即：

理论死亡率(%) = 单剂 A 死亡率 × 单剂 A 在混剂中含量(%) + 单剂 B 死亡率 × 单剂 B 在混剂中含量(%)

$$共毒指数 = \frac{实测死亡率(\%) - 理论死亡率(\%)}{理论死亡率(\%)} \times 100$$

该方法的评价指标为：共毒指数 ≥ 20，表示两种单剂间有增效作用；共毒指数 ≤ -20，表示为颉颃作用；共毒指数在 20~-20 之间，则表示相加作用。

8.2.6.3 等毒测定法

等毒测定法是进行混剂增效作用测定的快速方法，主要适合于对两种药剂之间的联合作用理论研究。该方法由 Harris 和 Chambers 1973 年提出。该方法原理是：以各单剂的 LD_{50} 或 LC_{50} 转换各单剂的毒力当量值。通常以其中一种药剂为参照，各单剂按毒力当量比进行复配以后，得到一个等毒的复配剂。则该制剂的死亡浓度 LD_{50} 或 LC_{50} 应等于各单剂值综合之平均值。通过测定混剂的实测 LD_{50} 或 LC_{50}，并和理论值比较，可以得到共毒系数。即：

$$共毒系数 = \frac{理论 LD_{50} 或 LC_{50}}{实测 LD_{50} 或 LC_{50}}$$

其判别标准为：若共毒系数 >1，则表示两个单剂混用后有增效作用；若共毒系数 <1，则表示两个单剂混用后有颉颃作用；当共毒系数 =1 时，则表示两个单剂混用后只有相加作用。当然，实验测定中共毒系数等于 1 的情况主要指在 1 左右，而不是整数值。大于或小于 1 也是指有较明显的差异，才能得出药剂混用后联合作用的定性判断。

8.2.6.4 作图法

1926 年 Loewe 提出的图解法和 1960 年酒井提出的三角坐标法，其核心均是将各单剂的毒力转换为一种作图刻度，可以在两种单剂构成的二维坐标内，做出混剂的理论等毒线或增效区间，如果实测值的转换坐标点位于某一区间以外，则表示复配后有相应类型的联合作用发生。目前，还有一种适于较全面药剂毒力作图比较的方法，该方法以各单剂和混剂的毒力回归线（LD-P）作图比较。其关键在依据各单剂的不同剂量水平的实测死亡率（校正值），求得混剂在相应剂量水平的理论死亡率值。即：

AB 混剂理论死亡率(%) = 单剂 A 等剂量死亡率(%) × 单剂 A 在混剂中含量(%) +
单剂 B 等剂量死亡率(%) × 单剂 B 在混剂中含量(%)

即根据混剂各剂量水平理论死亡率，可以求得理论的毒力回归线，在同一坐标体系内，将混剂实测毒力回归线和理论毒力回归线作图比较。可以较清晰地看出，复配剂在不同剂量水平上的增效或减效情况。

8.2.7 植物药害测定方法

植物药害可分为急性药害和慢性药害。急性药害症状可在施药后数小时或几天内出现，植物的叶片或果实出现斑点、黄化、失绿、枯萎、卷叶、落叶、落果、缩节、簇生等；慢性药害症状出现缓慢，施药后 2 周或更长时间才出现，植物表现出光合作用减弱、花芽形成及果实成熟延迟、矮化畸形、叶色泽恶化等。

8.2.7.1 植物药害的表示方法

在化学防治中，要明确了解毒剂发挥防治效果所需要的最低浓度和植物不会发生药害的最高浓度。植物的药害可用化学治疗指数（K）和安全系数来表示。

$$化学治疗指数(K) = \frac{药剂防治病虫的最低有效浓度}{植物忍受药剂的最高浓度}$$

显然，K 值越小，药剂在使用时对植物越安全；K 值越大，对植物适用的浓度范围越小，易引起药害。药剂的剂量（或浓度）对植物一般具有相同的基本规律，即有机体对小剂量的反应为刺激作用，对植物生长发育有促进作用；增加剂量，则由刺激作用转变为抑制作用，最后造成不可复原的变化而致死亡。

农药对植物的安全系数的计算方法是：

$$\text{安全系数} = \frac{\text{植物对药剂的最高忍受浓度}}{\text{药剂对有害生物的田间有效浓度}}$$

安全系数大于1，表示不易造成植物药害，系数越大，对植物越安全；安全系数小于1，则容易造成药害。

8.2.7.2 植物药害的试验方法

（1）拌种法

利用种子发芽时对药剂的反应（即生长被抑制程度）来测定药害，即将种子用药剂处理后放入培养皿内的沙土中（或将种子放入混有药剂的沙土中），置于使种子萌发的条件下，观察种子发芽时根部的生长情况。可采用根生长量（皿底满布根、根多、根少、皿底无根）或具体测量根的长度等方法比较实验结果。

（2）植株喷雾法或喷粉法

在盆栽植物或田间小区内植株上喷药，用喷雾或喷粉法进行施药，施药后5~7d调查供试植物有无药害表现，调查死苗数、活苗数，计算死苗率、药害率，比较最安全药剂或使用浓度。

8.2.7.3 植物药害试验的分级标准

试验中要检查药剂对保护植物是否有害，要记录药害的类型、危害程度和危害症状（矮化、褪绿、畸形），若药害能计数和测量，可用绝对值表示，如株数、株高等，也可按药害程度分级记录，如表8-2 和表8-3 所示。

表8-2 杀虫剂和杀菌剂药害分级标准

分级	叶面被害率(%)	分级	果面被害率
1. 无危害	0	1. 无危害	无锈斑
2. 可忽略	<6.0	2. 轻度	<10%以下的锈斑
3. 轻度	6.0~12.5	3. 中度	10~30%的锈斑
4. 中度	12.5~25	4. 严重	>30%以上的锈斑
5. 严重	25~50		
6. 很严重	>50		

表8-3 除草剂药害分级标准

级别	中毒症状
1	植株没有症状，健康
2	很轻度矮化
3	有轻微、但清晰可见的症状
4	有较重的症状，如失绿等，但对产量无影响
5	植株稀少，严重缺绿或矮化，预计对产量有损失
6	危害严重，直至整个植株死亡

8.2.8 昆虫抗药性测定方法

测定昆虫抗药性时，一定要用一个没有发生抗药性的品系（敏感品系或正常品系）做比较，即用抗性昆虫的半数致死量与敏感性昆虫的半数致死量（即敏感度基数）之比表示抗性指数，其公式为：

$$\text{抗性指数} = \frac{\text{抗性昆虫的半数致死量}}{\text{敏感昆虫的半数致死量}}$$

也有人主张用90%致死量之比来表示抗性指数。一般说来，其抗药性倍数达到5~10以上，可认为已产生了抗药性。为了监察群体中是否开始出现抗药性个体，联合国粮农组织建议用一个单独的"判断剂量"来进行检测，即杀死敏感品系的99.9%（从敏感品系的毒力回归线求得）的药量。以此剂量处理某一群体，如果死亡率仅在5%以下，则可以认为已有抗性的信号；或者用2倍的判断剂量重复处理3次，如果连续有存活个体，也可以认为已有产生抗性的信号。这种对早期抗性出现的测定称为监察测定。若没有存活的个体,说明还未产生抗性,此杀虫剂仍可继续使用。

抗药性测定必须建立一套准确而易于操作的测定方法,才能正确了解抗药性发生的程度,以利于制定防止抗药性的措施。因此,必须尽快制定抗药性测定方法的标准化工作,否则不同处理方法所得的结果就很难比较。据 FAO 估计,已有 600 多种害虫或害螨和 100 余种病原菌对 1 种或多种农药产生了抗性。我国已制定了棉蚜、棉铃虫、二化螟、稻褐飞虱、东方黏虫、小地老虎、麦长管蚜、麦二叉蚜、萝卜蚜、棉叶螨、山楂叶螨、柑橘全爪螨、苹果叶螨等 16 种农业害虫(螨)的抗性测定的标准方法,明确了我国 19 种害虫的抗药性水平及其时空变化动态。同时制定了松毛虫等林业害虫抗药性的测定方法。

在各种害虫的抗药性测定方法中,目前应用的主要方法是点滴法。国内已经普遍采用中国科学院动物研究所推荐的微量毛细管点滴法,即将杀虫剂溶解于丙酮中,使用点滴器把定量的药液准确地滴在昆虫的胸部背面。待丙酮挥发后杀虫药剂便残留在虫体的表面上。这一方法最大的优点是可以精确地计算每头昆虫接触的药量(μg),比浸渍法、药膜法及喷雾法准确。

8.2.9 药剂安全性试验测定方法

毒剂对动物毒性试验是研究实验动物在一定时间内以一定剂量接受毒剂所引起的毒性效应。所用的实验动物主要是代谢方式与人类近似的哺乳动物,一般为小白鼠、豚鼠、大鼠、家兔,有时也采用微生物、水生生物和鸟类等。农药侵入高等动物的途径,可以通过呼吸道、皮肤与黏膜、消化道等。对人畜的毒害主要有急性中毒、亚急性中毒和慢性中毒。对动物毒性试验有急性毒性试验、亚急性毒性试验、蓄积毒性试验、繁殖试验和迟发神经毒性试验等。

(1) 急性毒性试验

农药经口服、皮肤或黏膜接触及呼吸道进入体内,在短期内可出现不同程度的中毒症状,如头昏、恶心呕吐、抽搐、呼吸困难、大小便失禁,若不及时抢救,即有生命危险。衡量或表示农药急性毒性中毒的程度常用致死中量作为指标,即以小白鼠或大白鼠作为供试动物,测出杀死种群中 50% 个体所需要的剂量(mg/kg)。按照口服 LD_{50} 的量,农药的急性中毒毒性可分为 6 级,即:

特剧毒　　< 1 mg/kg;

剧毒　　　1~50 mg/kg;

高毒　　　50~100 mg/kg;

中毒　　　100~500 mg/kg;

低毒　　　500~5 000 mg/kg;

微毒或无毒　>5 000 mg/kg。

这些等级相对地把农药的毒性区别开来,在应用时,对剧毒类农药应特别注意安全使用。

急性毒性试验是研究 1 次或在 24 h 内多次给予实验动物某种被试物后,短时间引起的对动物的毒害。一般常用的小白鼠或大白鼠是出生后 2~3 个月,体重分别为 20 g 和 200 g 左右；狗为出生后1年左右。试验时选取健康动物雌雄各半，然后先求得使90%以上动物死亡的剂量和刚刚使10%左右动物死亡的剂量。以后在此剂量范围内按等比级数插入3~5个中间剂量，要求无颠倒死亡情况。把药剂加给受试物的途径有注射法、口服法和皮肤处理法。若口服法用灌胃给药，要隔夜空腹（一般禁食16 h左右，但不限制饮水）。观察指标是动物死亡数目，而后求出LD_{50}。一般观察1周即可。

(2) 亚急性毒性试验

亚急性毒性试验主要是阐明多次重复染毒条件下毒害作用的特点，进一步研究和观察中毒症状和病理变化，判定该毒剂是否有积蓄作用及过敏反应。测定亚急性毒性，一般以微量农药长期喂饲动物，给药量一般为LD_{50}的1/5~1/30。试验期通常为动物生命的1/3~1/10，连续给药至少3个月以上，观察农药对动物所引起的各种形态、行为、生理、生化的变异，检测动物的中毒症状、进食量、活动能力、体重变化、死亡情况等病变指标以及定期的血相检查、全血胆碱酯酶活性、血清谷丙转氨酶、全血尿氮等生理生化指标。

(3) 蓄积毒性试验

①蓄积系数法　多次染毒累积总剂量与1次接触该物质产生相同效应的剂量的比值，即为蓄积系数（K值）。蓄积毒性分为4级：

$K<1$，高度蓄积；

K在1~3之间，明显蓄积；

K在3~5之间，中等蓄积；

$K>5$，轻度蓄积。

②20 d蓄积试验法　成年大鼠随机分为5组，每组10只，雌雄各半。各组剂量分别为LD_{50}的1/20、1/10、1/5、1/2，另设溶剂对照组。每天灌胃1次，连续20 d。然后观察7 d。如1/20 LD_{50}组已出现死亡，且各剂量组动物死亡呈剂量—反应关系，则受试动物有强蓄积毒性。如1/20 LD_{50}组无死亡，但各剂量组死亡呈剂量—反应关系，表明有中等蓄积毒性。如1/20 LD_{50}组无死亡，各剂量组死亡呈剂量—反应关系，可认为无明显蓄积毒性。这种试验能为毒剂施用间隔期提供依据。

(4) 繁殖毒性试验

繁殖毒性试验是观察微小的毒物可能对生物后代带来的有害影响，如少量、长期投受试物于实验动物身上，有时并不表现出明显的毒害，而它的后代却可以明显地表现出毒害来，因为胚胎、胎儿和新生动物常常对毒物的不利作用有高度感受性。所以在繁殖毒性试验中，应观察受孕率、妊娠率、出生存活率、哺育成活数等指标。

(5) 迟发神经毒性试验

迟发神经毒性是由于某些有机磷农药引起的实验动物或人类急性中毒症状已经治愈后的1~2周或数周，出现的一种以四肢行动迟缓、无力、麻痹及植物神经紊乱为主的中毒症状。迟发神经毒性以成年母鸡最为敏感，可采用100 d至6个月、体重1 kg以下的母鸡进行试验。试验剂量可在低于LD_{50}的量到最大无作用剂量之间。给药方法为翅下肌肉或皮下注射。每次给被检药物前10~15 min，均应注射硫酸阿托品和解磷定（注射剂量25 mg/kg体重），以免急性中毒或死亡，使迟发神经毒害作用有出现的充分机会，一般观察时间为3~4周或更久，并定期称重。

8.3 林间药效试验方法

室内试验通常为药剂毒力的初步测定，而林间试验则是室内试验的拓展与继续。林间试验除了对新药剂在室内试验结果作进一步的验证外，也可比较几种农药在室外的防治效果或比较已肯定的农药在不同地区的杀虫、防病能力。因林间试验的自然条件比较复杂，如气象、土壤、地区或历年环境条件的不同，常使试验结果有差异。因此，必须通过林间药效试验，才能确定药剂的最适宜的使用时期、应用次数和使用方式方法等。所以说林间试验对于直接指导生产实践具有特别重要的意义。

8.3.1 林间药效试验的内容和要求

8.3.1.1 试验内容

（1）药效试验

林间试验的目的：①几种药剂对1种供试生物的药效。②1种药剂对几种供试生物的药效。③使用剂量和施药次数。药剂的最佳剂量和最佳施用次数。④施药时间。研究对有害生物的防治适期。⑤使用方式。研究采用喷粉、喷雾、熏蒸、涂茎等方便而有效控制有害生物的使用手段。⑥研究环境与栽培条件对药效的影响。

（2）农药对林木及天敌影响的试验

林间药效试验必须考虑供试生物在野外的生活习性、危害情况、密度、分布形势及发展规律，研究药剂对天敌等有益生物的影响，以及研究药剂对林木植物生长发育状况、安全性及抗逆性的影响等。

（3）农药理化性质及加工剂型与药效关系的试验

由于许多因子影响药效的发挥，药效试验的规范化、标准化就显得极为重要，只有这样，才能获得准确、可靠的结果，从而使不同地区所进行的同一农药品种的试验效果具有可比性。目前，联合国粮农组织及亚太地区农药登记协调委员会已制定出100多种病、虫、草的具体田间药效试验方法。我国的农药登记管理部门也在制定有关的试验规范。

8.3.1.2 试验基本要求

（1）试验目的要明确

林间药效试验要按不同的试验目的，制定相应的试验方案。虽然不一定强调单因子试验，但还是要有重点，除被研究的因子外，其他条件应相同，否则试验结果难以分析。

（2）试验应设对照和重复

重复是减少自然误差所必不可少的措施。重复次数以3~5次为宜，但处理面积大时，重复可减少，反之则应增多。在小区间或重复间最好设隔离区或隔离行，以减少小区之间的相互干扰和影响。在生产区进行试验，有时不可能设置喷药对照区，但可以用一种标准药剂的处理作为对比，以便比较效果。

（3）试验条件有代表性

药效试验应选择在病、虫、鼠、草危害严重的地区进行，要具有代表性和环境条件一致性。在试验过程中要注意观察并记录自然条件的变化。药剂对林木生长的影响也应列为重要观察的项目。

(4) 试验结果统计准确性

在施药前和施药后都要调查林木被害株数(被害率)、虫口密度、发病率、病情指数、死亡数量(死亡率)以及林木生长发育情况。除此之外，记录调查日期、施药时间、施药次数、施药后的气候条件(温度、湿度、降雨等)、试验设计及调查方法等。

8.3.1.3 林间药效试验类型

(1) 田间筛选试验

根据实验室和温室内所获得的试验结果(如使用浓度、试验生物、防治对象等)而进行的首次田间试验和小规模限制性试验，主要是测定某农药在田间条件下的生物活性、受试生物耐药能力和使用大致浓度。

(2) 小区试验

主要是确定农药的作用范围，不同土壤、气候、林木和有害生物猖獗条件下的最佳使用浓度(剂量)、最适的使用时间和施药技术。小区试验面积较小，一般为 $1/150 \sim 1/30 hm^2$，以便进行多项处理和重复，常用作比较药剂的防治效果，决定适当的用药量、喷药时间以及使用方法等，为农药登记提供科学依据。

(3) 大区试验

大区试验是在小区试验得到初步结论的基础上进行的，试验处理项目较少，是为了证实小区试验的真实性而做的重复试验。大区试验的面积苗圃地在 $1/30 \sim 2/15 hm^2$ 之间；林地在 $2 \sim 10/3 hm^2$ 或以林班、自然地形为试验单位。

(4) 大面积示范试验

大面积示范试验是农药产品取得临时登记后，采用小区和大区试验所得的最佳使用剂量、最适的施药时间和方法等进行的生产性验证试验，目的是使药剂进一步经受大田考验，并经广大使用者鉴定，以便找出切实可行的使用方法，正式推广使用。一般大面积示范试验面积是上百至上千公顷。

8.3.2 林间药效试验设计方法

8.3.2.1 试验设计的原则

田间试验设计的主要目的是减少试验误差，提高试验的精确度，使研究人员能从试验结果中获得偏差较少的处理平均值及试验误差的估计量，从而能进行正确而有效的比较。要降低试验误差，就必须针对试验误差来源，通过试验设计加以克服。

(1) 运用局部控制

为了克服重复之间的差异，试验可运用局部控制。如用 5 种药剂，重复 4 次进行试验，如果小区间距离很远，有害生物分布不很均匀，林木长势、土壤肥力等不尽一致。为了解决这一问题，可将试验地划分为 4 大区，每一大区包含这 5 种药剂处理，即每一种药剂在每大区内只出现 1 次，这就是局部控制，使各种药剂的重复在不同环境中的机会均等，从而减少试验的误差。

(2) 采用随机排列

试验采用局部控制后，虽然重复之间的差异得到控制，但重复(区组)内的差异依然存在，为使各种偶然因素作用于每小区机会均等，在每个重复内设置的各种处理只有用随机排列才能符合这种要求，反映实际误差。处理究竟安排在哪一个小区，不能主观任意安排，而应要求每处理有均等机会设置在任何一个小区上。因此，采用随机排列和重复组合，就能提供无偏的试验误差估计值。

(3) 选择有代表性的试验地并多设重复

选择试验地要考虑到土壤肥力均匀、植物种植和管理水平一致、林木有害生物发生严重且危害程度比较均匀、地势平坦的地块。由于田间试验条件复杂，尽管在选择试验地时尽量控制各种差异，但差异仍不可避免。而且小区越小，越容易产生误差；重复次数越多，试验结果越可靠。所以重复是减少误差的重要措施之一。多设重复可以提高试验的准确性和代表性。

(4) 设立对照区及保护行

为进行药剂之间试验效果的比较，必须设立对照区。对照区有2种，即不施药的空白对照和标准药剂(一般为推广应用的常用药剂)对照区。通过空白对照区可了解林木有害生物的发生和消长情况。为避免各种外来因素的干扰和消除边际效应，在试验区四周应设保护行。

8.3.2.2 试验小区的排列

试验小区的排列方法很多，共同原则是相互错开，避免重叠，以减少人为误差。常见排列方法有如下几种。

(1) 对比排列法

这种设计属于顺序排列的试验设计，处理项目和重复比较少的简单试验多用这种排列方法。此法操作和观察方便，适用于大区对比示范试验。能充分反映出处理效应，可得到准确的比较结果。图8-2是2种处理重复2次；图8-3是3种处理重复3次。

| 对照 | 1 | 2 | 对照 | 1 | 2 | 对照 |

图8-2　2种处理重复2次对比排列

| 对照 | 1 | 2 | 3 | 对照 | 1 | 2 | 3 | 对照 | 1 | 2 | 3 |

图8-3　3种处理重复3次对比排列

(2) 随机区组排列法

将对照区加入试验处理一起进行随机排列。在不同的重复中，试验处理数相同，每一处理在同一重复内仅能出现1次。随意将所有处理排列起来，很可能在一纵行或横行里有2个相重叠的处理出现。图8-4是5种处理重复6次的排列。

随机区组设计有较多优点：设计简单，容易掌握；富于弹性，单因素、多因素及综合性的试验都可应用；能提供无偏的误差设计。因而在田间药效试验中得到广泛应用。但随机区组设计不允许处理数太多，至多不超过20，最好在10个左右。因为处理数多，区组必然增大，局部控制效率降低，而且只能控制一个方向的土壤差异。

2	3	5	1	4
3	2	4	5	1
5	1	2	4	3
4	3	1	5	2
1	2	3	4	5
4	1	5	2	3

图8-4　随机区组排列法

(3) 拉丁方排列法

它是随机区组排列的一种特殊方式，要求处理数必须和重复数相等，每一横行和每一竖行都只能出现 1 次，因此这种排列呈规则的棋盘式。由于此法从两个方向划分区组，能双向控制土壤的差异，因而有很高的估计精确度。在试验要求比较精确而重复处理比较多的时候可以用这种排列方法。但试验处理数目太少或太多时不宜采用，通常应用范围只限于 4~8 个处理的试验。图 8-5 是 5 种处理重复 5 次的排列。

1	2	3	4	5
5	1	2	3	4
4	5	1	2	3
3	4	5	1	2
2	3	4	5	1

图 8-5 5×5 拉丁方排列法

(4) 裂区排列法

裂区排列法是一种多因素试验排列设计。当处理组合较多而试验因素重要性不等的条件下，采用裂区设计。方法是先按第 1 个因素设置主处理小区，然后在主处理区内引进第 2 个因素的副处理小区。通常将次要因子或需要较大面积因子的处理设置于主区内，而主要因子放在副处理区内。由于副处理区的相互距离比主处理区的相互距离更为接近，副处理区试验的精确度要高于主处理区。例如，5 种供试药剂(1、2、3、4、5)，有 3 种施药方式，即大容量喷雾、低容量喷雾及超低量喷雾，分别用 H、L、U 表示，重复 3 次。因为比较不同药剂的药效是这次试验的主要目的，作为副区处理；而喷药方法是次目的，作为主区处理。排列方式如图 8-6。

1	5	2	3	4	U	5	3	1	4	2	U	2	4	1	3	5	U
5	3	1	4	2	L	2	4	3	1	5	L	5	3	2	4	1	L
2	4	3	5	1	H	1	5	3	2	4	H	4	1	5	2	3	H

图 8-6 施药方式与药剂两因素试验的裂区排列法

裂区设计在小区排列上可有变化。如上 3×5 裂区设计。主处理与副处理亦可排成拉丁方，这样可提高试验的精确度。尤其是主区，由于其误差较大，能用拉丁方排列更为有利。主、副区最适于拉丁方排列的多因素组合有 2×5、3×5、4×5、2×6、3×6、2×7、3×7 等。

野外小区试验的排列以拉丁方(或称棋盘式)排列法及随机排列法最为常用，如果进行简单的对比也可采用对比法排列。

8.3.3 林间试验药效的调查

药效试验的调查是农药试验中的一个重要环节。其取样方法的正确与否是影响试验结果的重要因子。限于人力和时间，不可能将试验区的供试对象逐一调查，也很难全部调查清楚。因此，只能通过抽取有代表性的样本对总体进行评估。由于各种病、虫、鼠、草等有害生物的生物学特性不同、被害林木的田间分布也不相同，在取样调查时，必须明确调查的对象、项目和内容。根据调查对象在林间的空间分布型，采取适当的取样方法和足够的样本数，使调查得到的数据反映出客观真实的情况。

8.3.3.1 常见的病虫害分布型

(1) 均匀分布

均匀分布特点是分布均匀，个体之间独立，无相互影响，是随机分布中的一种特殊形式。

(2) 随机分布

随机分布又称泊松(Poisson)分布，是一种稀疏的分布。特点是分布比较均匀，种群内的个体之间互相独立无影响，每一个体在抽样单位中出现几率相等。这种分布型的病虫取样数可少些，每个取样点可大些。

(3) 核心分布

核心分布是一种不均匀分布，即种群内的个体在田间分布呈多数小集团形成核心作放射状蔓延。核心分布型是聚集分布的一种。但核心之间为随机分布。核心分布又分为2型：一是核心大小相似的称为奈曼(Neyman)核心分布。二是核心大小不等的称为Polyaeggenberge(简称P-E)核心分布。这种分布型，样本数量要多一些，样本要小些。

(4) 嵌纹分布

嵌纹分布也称负二项分布，也是一种不均匀分布。在空间形成很不均匀的疏密相间，呈嵌纹状的分布集团。对这种分布型，取样的样点宜多，每个样点宜少，要求不同密度的集团都能均匀选入样点。

病虫种群的空间分布型是由物种的生物学特性和生存环境条件所决定。如果一个物种的个体之间相互吸引，就会出现聚集现象；个体之间相互独立，出现随机分布；个体之间相互排斥，为均匀分布。物种的生物学习性，如雌虫产卵地的选择，卵是散产还是成为卵块，幼虫从卵块孵出以后的迁移能力等，都将影响种群的聚集度。

8.3.3.2 林间药效试验取样大小

取样大小(如标准株数)直接关系到结果的准确程度。取样越大，准确性就越高，但工作量也越大，而且会影响工作效率。因此，应根据具体条件和有害生物种类决定取样大小，以能充分保证结果的准确而又不影响工作效率为宜。如调查松毛虫虫口密度时，可以抽取若干标准株为样本，若一棵树上的虫口密度大，标准株数就少些；若一株树上的虫口密度小，标准株数就要多些。要根据实际情况而定，一般取20～30株。

8.3.3.3 林间药效试验取样方法

检查方法是否恰当，将直接影响试验结果的正确性。药效检查方法因植物种类、病虫种类和害虫生活危害习性，病害侵染方式等的不同而不同，根据有害生物的分布型，可以采用下列取样方式。

(1) 五点取样法

可按面积、长度或植株单株取样，取样点较少，但样点可稍大些，适用于随机分布型病虫的药效调查。见图8-7：A。

(2) 对角线取样法

可分单对角线和双对角线2种。与五点取样相似，取样点较少，每个样点可稍大些，适用于随机分布型。见图8-7：B。

(3) 棋盘式取样法

取样点可较多，适用于随机分布型和核心分布型。见图8-7：C。

(4) 平行线取样法

取样点多，每个样点应小些，适用于核心分布型。如调查螟害率采用200丛或240丛的

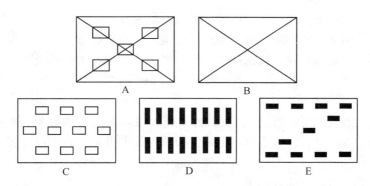

图 8-7　药效调查时不同取样方式示意图
A. 五点取样　B. 对角线取样　C. 棋盘式取样　D. 平行线取样　E. "Z"字形取样

取样。见图 8-7：D。

(5)"Z"字形取样法

适合于田间分布不均匀的嵌纹分布型。如蚜虫、红蜘蛛前期在田边点片发生时，可采用此法。见图 8-7：E。

田间调查究竟采用哪种取样方法，应根据该种病虫及其被害林木在田间的空间分布型来确定。对随机分布型的病虫及其被害植株，采用五点取样法、棋盘式取样法、对角线取样法较好。对于聚集分布的核心型和嵌纹型病虫，不仅要在取样方法上特别考虑，而且在样点的形状、大小、个数、位置上多加注意，疏密兼顾，以获得更大的评估准确性。一般采用"Z"字形取样法、平行线取样法、棋盘式取样法较为合适。这样取样代表性较强，检查结果能比较充分地反映客观实际。

8.3.3.4　常用的林间调查方法

药效试验后，要获得防治效果的数据，必须在处理前后(即施药前后)检查死亡虫口或存活虫口数；再根据处理前后的虫数变化，求得防治效果。杀菌剂药效试验也是这样，以检查处理前后病株、病苗、病叶数等的变化，求得防治效果。有害生物的具体检查方法，则因其种类及其生活习性而异。

(1)直接法

直接法就是直接记数一定面积、一定数量的害虫个体，其中以样方调查法应用最为普遍。先取一定大小的面积，调查其中的害虫数量，对迁移性小的害虫，此方法可以得到较为正确的观察值。本法不适合活泼迁移的害虫，特别是成虫。

(2)扫落法

扫落法也是野外常用的方法。此方法操作简单，调查面积比样方调查法大，适合于飞翔的成虫，对具有假死习性的害虫最为有效。缺点是茎叶间和接近地表的害虫不易见到，而且调查受天气和人为因素的影响较大。扫落法采用的主要形式有下列几种。

①振动法　在一定的调查面积内，用一器械进行一定次数和不定次数的往返振动，记录每次振落或飞出的害虫数量。例如，有假死性的鞘翅目成虫常用此法进行调查。

②网捕法　就是用捕虫网代替扫落器械，在一定的调查面积内，用捕虫网进行一定次数和不定次数的往返扫动，把每次惊起的害虫收入网内，每次落网的害虫应及时放入毒瓶内，

最后将死虫集中进行记录。此法对收集鳞翅目成虫最为有效。

③盆拍法　适用于收集小型害虫。常选择一定大小的平底搪瓷盆，为提高收得率可在盆底涂一层胶黏剂，然后将盆放在植株叶的下方，用手或其他器械拍动枝叶，统计落在瓷盆上的害虫数量。

(3) 杀虫法

调查某些人力难及(如统计巨大害虫种群或高大树木上的害虫数量)的害虫种群时，可以用撒布杀虫剂的方法进行，再根据地上一定面积内的害虫死亡数进行计数。由于落下率受害虫的飞翔能力、生活场所、害虫的抗药性等因素的影响，所以采用这种方法开展调查时，应预先测定落下率，再校正调查结果。

(4) 小型害虫的调查方法

发生个体数量极大的蚜虫、蓟马、瘿蚊、叶螨等一些微小型害虫，在田间调查中往往难以用肉眼计数。一般根据害虫的某些习性，采用间接调查，然后换算成田间发生数量。如利用蚜虫和叶螨危害时移动性小的习性，采集一定数量的栖有蚜虫或叶螨的枝叶，采用分级的方法求取螨蚜情指数，再换算出田间的虫口密度。

(5) 地下害虫的调查方法

地下害虫除某些较大型的害虫可以直接取样调查以外，大多数是小型害虫，需借助一定的器械进行分离调查。

①筛分法　根据害虫的个体大小，选择网目孔径适宜的2个或多个土壤筛，挖取一定面积和深度的土壤，搅成泥浆或直接加入最上层的土壤筛中，边注水边作土壤筛分离，然后从下层筛内检查害虫的数量。

②漏斗法　常用于土中线虫数量调查的是 Seinhorst 装置。其工作原理是利用土粒在水中下沉的速度与线虫下降速度之差，一边自下面流入弱的水流，一边自上面使土壤下沉，再从中途出口处分离线虫。此外，还有多种改良的抽取装置的报道，如干式漏斗法和湿式漏斗法等。

(6) 虫卵的调查

应用杀卵剂时，应事先做好标志，喷药后，待对照卵孵化后，把供试卵从野外取回室内镜检。若卵成块(有虫胶黏结)，可用15%氢氧化钠浸渍加热片刻，溶解后再镜检。

8.3.4　林间药效检查统计

8.3.4.1　杀虫剂药效试验结果的统计

(1) 直接计数法

①短期内害虫种群数量变动不大的害虫　这类害虫在防治前后虫口密度基本一定，如果供试药剂有效，防治后的虫口密度一定减少，害虫的药效结果只要根据防治前后取样检查虫口数的变化计算虫口减退率即可。计算公式如下：

$$虫口减退率(\%) = \frac{防治前活虫数 - 防治后活虫数}{防治前活虫数} \times 100$$

$$校正防治效果(\%) = \left(1 - \frac{处理区防治后活虫数 \times 对照区防治前活虫数}{处理区防治前活虫数 \times 对照区防治后活虫数}\right) \times 100$$

②短期内害虫种群数量变动大的害虫　主要是蚜、螨在危害期繁殖力很强，施药后，如果药剂的作用较差或缓慢，在不防治对照区，蚜虫虫数在防治试验后常常要比试验前增加。螨类由于其卵的抗药力强，施药后仍能继续孵化为若螨。因此，有时不仅对照区螨的数量可能比防治前增加，就是处理区其数量也可能会比防治前增加。对于这一类害虫的药效，可用 Sun-Shepard（孙云沛-西派达）公式计算防治效果：

$$E_c(\%) = \frac{P_t \pm P_{ck}}{100 \pm P_{ck}} \times 100$$

式中　E_c——防治效果；
　　　P_t——防治区虫口减退率；
　　　P_{ck}——对照区种群增加或减少百分率，增加时用"＋"、减少时用"－"。
P_t 和 P_{ck} 可用下列公式计算：

$$P_t(\%) = \frac{处理区防治前活虫数 - 处理区防治后活虫数}{处理区防治前活虫数} \times 100$$

$$P_{ck}(\%) = \frac{对照区防治前活虫数 - 对照区防治后活虫数}{对照区防治前活虫数} \times 100$$

这个方法计算比较麻烦，可根据具体情况决定采用与否。如果药剂的杀虫效果发生迅速，用通常使用的防治前后虫口减退率的计算方法也完全可以。

当害虫在各处理区分布较均匀，而防治前未进行调查，可用 Abbott 公式计算防治效果：

$$防治效果(\%) = \frac{对照区活虫数(危害量) - 处理区活虫数(危害量)}{对照区活虫数(危害量)} \times 100$$

（2）目测法

对个体小、密度和繁殖量大的蚜虫、螨类等，尤其在试验处理项目多、重复次数多的药效试验中，调查费工、费时，难以逐个计数，可采用目测法。其方法是把调查叶片上的虫口数按一定数量分成几个等级，再把处理区和对照区每次分级调查的数据，用下式计算虫情指数：

$$虫情指数(N) = \frac{\sum(虫级叶数 \times 该虫级值)}{调查总叶数 \times 最高级值} \times 100$$

根据虫情指数可计算出防治效果：

$$校正防治效果(\%) = \left(1 - \frac{T \times CK_0}{T_0 \times CK}\right) \times 100$$

式中　T——处理区施药后的虫情指数；
　　　T_0——处理区施药前的虫情指数；
　　　CK_0——对照区施药前的虫情指数；
　　　CK——对照区施药后的虫情指数。

（3）几类害虫的药效计算

①杀虫剂对二化螟、三化螟的药效计算公式：

$$枯心率或白穗率(\%) = \frac{总枯心数(或总白穗数)}{总调查株数} \times 100$$

$$防治效果(\%) = \frac{对照区枯心(白穗)率 - 处理区枯心(白穗)率}{对照区枯心(白穗)率} \times 100$$

$$茎内幼虫死亡率(\%) = \frac{茎内死亡数}{茎内总虫数} \times 100$$

$$杀虫效果(\%) = \frac{对照区幼虫存活率 - 处理区幼虫存活率}{对照区幼虫存活率}$$

②杀虫剂对地下害虫(蝼蛄、蛴螬、地老虎、金针虫等)的药效计算公式：

$$幼苗被害率(\%) = \frac{被害苗数}{总苗数} \times 100$$

$$保苗效果(\%) = \frac{对照区幼苗被害率 - 处理区幼苗被害率}{对照区幼苗被害率} \times 100$$

8.3.4.2 杀线虫剂药效试验结果的统计

调查方法一般有2种，一种是根据症状的表现，调查发病面积或发病株数，病株可根据受害程度的轻重分级；另一种是调查土壤中线虫的虫口密度。

(1) 根结线虫的调查

根结线虫危害的记载标准，可根据根结着生的多少分为5级，即：0级为无根结；1级为有少数根结；2级为大部分根上有根结；3级为在虫瘤上再次生根结；4级为根结互相连结为根结团。用下式计算根结指数：

$$根结指数 = \frac{\sum(各级植株数 \times 级值)}{调查总株树 \times 最高代表级值} \times 100$$

(2) 孢囊线虫的调查

孢囊线虫可根据感染程度和孢囊形成的多少分为5级，即：0级为无孢囊无病；1级为感染极轻微(1~5个胞囊)；2级为轻微感染(6~20个胞囊)；3级为中度感染(20个以上胞囊)；4级为严重感染。用下式计算胞囊指数：

$$胞囊指数 = \frac{\sum(各级植株数 \times 级值)}{调查总株树 \times 最高代表级值} \times 100$$

(3) 计算虫口密度

采集病株样本，同时收集根际土壤(100 g)带回室内，用清水轻轻冲洗病根根系，取下瘤状根，置于培养皿中，加水浸没根瘤，用直接解剖法取出根瘤内线虫，置于"TAF"液(三羟基乙胺2 mL，福尔马林7 mL，蒸馏水91 mL)中待检。根际土壤则用贝尔曼(Baerman)漏斗法分离幼虫，然后分种类计算幼虫数。

8.3.4.3 杀菌剂药效试验结果的统计

杀菌剂药效试验结果的统计方法，因病害种类、危害性质而异，如苗期病害，可随机或定点取样，检查一定数量的苗木，统计病苗或死苗数，计算发病率。根据防治前、后的发病率，计算病害减退率或防治效果。计算方法如下：

$$发病率(\%) = \frac{病苗(株、叶、秆)数}{检查苗(株、叶、秆)数} \times 100$$

有些病害如茶树叶斑病，在同一植株上或不同植株上危害程度有轻重之别，可根据叶上病斑数目多少，分成若干等级，即分为 0、1、2、3、4、5 等六级，级数可按具体情况而定。分别检查防治区和不防治区(对照区)的各级病叶数，计算防治区和对照区的病情指数。计算方法如下：

$$病情指数(\%) = \frac{\sum[级数代表值 \times 本级病叶(干、株)数]}{检查叶(干、株)总数 \times 最高级代表值} \times 100$$

式中最高级代表值指分级标准的最高级，不是指田间病情最高级。

$$病指增长率(\%) = \frac{喷药后病指 - 喷药前病指}{喷药前病指} \times 100 \quad (式中"病指"指"病情指数"，下同)$$

如果防治前发病很轻，蔓延速度慢，各处理基础病情一致，可根据病情指数进一步计算防治效果。

$$相对防治效果(\%) = \frac{对照区病情指数或发病率 - 防治区病情指数或发病率}{对照区病情指数或发病率} \times 100$$

$$损失率(\%) = \frac{\sum(各级发病指数 \times 各级损失率)}{考察总数 \times 发病损失最高级代表值} \times 100$$

如果病害侵染周期短、蔓延速度快、各处理间基础病情不一致，实际防治效果可用下式计算：

$$实际防治效果(\%) = \frac{对照区病指增长率 - 防治区病指增长率}{对照区病指增长率} \times 100$$

或：

$$实际防治效果(\%) = \left(1 - \frac{处理区防后病指 \times 对照区防前病指}{处理区防前病指 \times 对照区防后病指}\right) \times 100$$

病情指数增长值可用下式计算：

$$病情指数增长值 = 施药后病情指数 - 施药前病情指数$$

8.3.4.4 除草剂药效试验效果的统计

(1) 杂草死亡率的调查

在施药后的药效高峰期，分别在对照区和处理区用对角线取样法各取 3~5 个点，每点面积约 $1m^2$，统计各点内各种杂草株数(或测鲜重)，计算死亡率。

$$杂草死亡率(\%) = \frac{对照区杂草株数(或鲜重) - 处理区杂草株数(或鲜重)}{对照区杂草株数(或鲜重)} \times 100$$

(2) 杂草死亡指数的调查

单用杂草死亡率表示往往还不足以说明防治效果，又引进杂草死亡指数。计算之前，应先将各样点所有杂草按中毒程度分级，计算平均值。

$$杂草死亡指数 = \frac{\sum(级数 \times 该级株数)}{各级株数总和 \times 最高级数} \times 100$$

(3) 选择性指数的调查

调查抑制杂草生长(或死亡)90% 所需要的剂量，同时，调查抑制作物生长(或死亡)10% 所需要的剂量，可计算选择性指数和增长率，其公式如下：

$$选择性指数(\%) = \frac{杂草生长抑制(或死亡)90\% 剂量}{作物生长抑制(或死亡)10\% 剂量} \times 100$$

$$增长率(\%) = \frac{处理区产量 - 对照区产量}{对照区产量} \times 100$$

8.3.4.5 杀鼠剂药效试验效果的统计

调查杀鼠剂的药效必须掌握灭鼠前、后的鼠数或鼠密度。由于要掌握鼠的绝对数量是不大可能的,因此一般都是用相对鼠数或鼠密度来表示。灭鼠前调查最好在即将投药时进行;灭鼠后调查应在药效充分发挥后进行。通常,熏蒸性杀鼠剂 24 h 内即可收效,一般是在投药 48 h 后调查;速效性杀鼠剂可在投药后 3~5 d 调查;缓效性杀鼠剂则需在投药后 15 d 左右调查。

(1)鼠数调查方法

农田害鼠主要栖息在地表隆起处,调查样方选取田埂、渠埂;在林地、草原或荒漠地,调查样方可按地形划分,以土堆、小渠等为边界标记。不同鼠的行为和生活方式差异很大,需要因鼠而异采用相应的调查方法,样方的宽度应超过主要调查对象的日活动半径。常用的调查方法如下。

①查洞法　适用于洞穴明显易认,且鼠数与其栖息洞数的比值较稳定的鼠类,如达乌尔黄鼠、长爪沙鼠等。调查前一天进行全面堵洞,以 24 h 内被鼠重新掘开的洞为有效洞,统计每公顷或每百米田埂见到的有效洞,计算鼠密度。

$$鼠密度(\%) = \frac{鼠洞数}{调查面积(hm^2)} \times 100$$

如按田埂长度计算鼠密度,则按每一条田埂分别统计,测量田埂的长度。

$$鼠密度(\%) = \frac{鼠洞数}{田埂总长度(m)} \times 100$$

②捕鼠法　亦称夹日法或夹夜法,适用于地上活动的鼠类。一个鼠夹经过一个昼夜的捕打时间,称为一个夹日;若暮放晨收,经过一夜的捕打时间,称为一个夹夜。在野外,沿一定生境或地形,按直线、折线以及田埂、堤坝等每 5 m 放夹 1 个;若平行布夹,每行(排)之间距离应超过 50 m。夹上饵料可用花生米、油饼、甘薯干等,投药前后调查所用饵料一致。以每 100 夹次实际捕获鼠数为捕获率,即鼠密度。

$$鼠密度(\%) = \frac{3 天捕鼠总数}{3 \times 100(鼠夹)} \times 100$$

③目测法　适用于白天活动的野鼠,在一天当中鼠最活跃时间,从隐蔽处直接观察,统计在单位面积内同时出现在地面上的最多鼠数,或在单位时间里通过某一特定地点的鼠数;还可按线路直接观察,即人在行进中累计路两侧一定范围内活动的鼠数。连续观察 3 d,取其观察到的最高一天的鼠数,换算成每公顷的平均数。

④食饵消耗法　在野外用食饵盒(塑料瓶、蜡盒、硬纸盒等)装入等量诱饵,在调查环境内每隔 5 m 或 10 m 放置一盒,每隔 24 h 观察一次,并计算食饵消耗量,连续 3 d,统计各环境食饵的消耗量,以此作为相对数量指标。其计算公式为:

$$鼠的相对数量 = 消耗食饵量/总投放食饵量 \times 100\%$$

这种方法虽然方便,但准确程度差,其原因是大小鼠的食量差别很大,食饵除鼠类取食外,还可能被昆虫、鸟类等采食;每次称量比较麻烦。

⑤粉迹法 对家鼠,特别是在室内调查时多用此法。在墙角隐蔽处,撒一小片白粉,面积 20 cm×20 cm,厚度相当于硬币厚。晚上撒,早晨检查,以百块粉片中有鼠足印的粉块数计算鼠密度。

$$鼠密度(\%) = \frac{有足印粉块数}{粉块总数} \times 100$$

⑥开洞封洞法 在地下生活的鼠类有封洞的习性。调查时,掘开一定数量地下鼠主洞道,待 24h 后检查封洞数(封洞表明洞道内有鼠),以封洞数与掘开洞数之比计算鼠密度。

$$鼠密度(\%) = \frac{封洞数}{掘开洞数} \times 100$$

(2)药效计算方法

为使药效调查结果更准确,在投药灭鼠时应选一块和投药区类似的地区不投药作为对照区,按投药区采用的方法和时间调查鼠密度,按下列公式计算灭鼠效果。

$$灭鼠率(\%) = \frac{灭前鼠密度 - 灭后鼠密度}{灭前鼠密度} \times 100$$

$$校正灭鼠率(\%) = \left(1 - \frac{投放区处理后密度 \times 对照区处理前密度}{投放区处理前密度 \times 对照区处理后密度}\right) \times 100$$

8.4 试验结果统计与分析

在农药生物测定中,毒力与药效试验的测定结果需要用生物统计的方法来整理。生物统计是在生物学指导下以概率为基础,描述偶然现象隐藏着必然规律的科学分析方法。生物对药剂的反应,由于个体存在不同敏感性及其他许多影响因素,造成误差是不可避免的,所以处理间差异的显著度不能凭主观去认定,而必须通过客观评定,即用数理方法,精密而合理地计算出来。生物统计能正确地估计误差大小,从而判断处理间的差异究竟是本质上还是偶然引起的误差。它可以将复杂的实验数据化繁为简,也可以分辨偶然因素的作用与必然规律的结果。

8.4.1 毒力测定中致死中量的求法

用一系列的剂量或浓度处理昆虫后得到相应的死亡率,然后可采用下列方法求出致死中量。

8.4.1.1 作图法

把剂量或浓度换算成对数(查对数表或运用计算器计算),即可得到一条不对称的"S"形曲线,查附表3,将校正死亡率换算成概率值,就可将"S"形曲线转变成一条直线。这就是对数概率单位转变法,转变后的直线称为剂量对数概率值直线(LD-p)(图8-8)。概率是常态频率分布曲线上某一点的标准差加上5,这样5就代表50%,也就是常态曲线面积的一半。

从概率值 5 处画一横线与 LD-p 线相交，即可得出 LD$_{50}$ 剂量或浓度。为了决定 LD$_{50}$，至少要有 5 对数值在 25%~95% 死亡率的范围内方能绘出直线。即先从对数表中查出相当于各剂量常数值的对数值，再从概率值转换表中查出相当于各死亡率的概率值。然后以横坐标表示剂量单位，纵坐标表示死亡率单位，将各剂量与相应的死亡率的各点绘于坐标纸上，从通过各点最近距离做出直线即可。

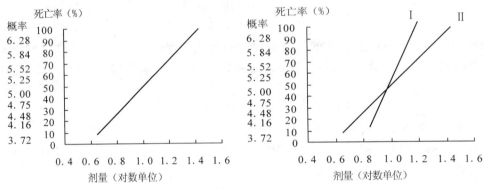

图 8-8　剂量对数与概率值直线图

在比较两种以上药剂的毒力时，如果这些药剂的毒理作用是相同的，所得结果绘出的毒力线是平行的。另一种情况是由于几种药剂的毒理作用不同，形成的毒力线不平行。对于这类药剂做毒力比较，假如两者的致死中量恰好相等，则由于毒力线的斜度不同，结果会出现在致死率高和致死率低时两种药剂的毒力大小相互矛盾的现象。在这种情况下单用致死中量比较毒力就不够完善了。毒力曲线的斜率也表示出某种生物群体对某药剂的敏感性的差异程度，如图 8-8 中"Ⅰ"线斜率大，差异小；"Ⅱ"线斜率小，差异大。同时可以看出这两条毒力曲线的 LD$_{50}$ 相同，而 LD$_{25}$ 及 LD$_{75}$ 不同。因而在此种情况下第 Ⅰ 种药剂在低浓度时表现毒力较第 Ⅱ 为弱；而在高浓度时又表现相反结果。因此比较两种以上药剂所绘出的不相平行的毒力线时，除了用 LD$_{50}$ 以外应当考虑用 LD$_{75}$ 和 LD$_{25}$ 以及 LD$_{95}$ 等来比较，因此还需要求曲线坡度（直线斜率）。坡度（斜率）的定义是剂量对数值每一单位改变时，概率值的相应变化。可用下列公式表示。

$$y = a + bx$$

求坡度（斜率）(b)的方法，可以用曲线配合最小二乘法由 $y = a + bx$ 的公式求出。而最简便的方法是直接在直线上取两点，然后根据这两点间的剂量对数值与相应的概率值的改变求得：

$$斜率 = \tan\theta = \frac{概率值的改变}{剂量对数值的改变}$$

分别将 a 和 b 值代入 $y = a + bx$，即得到 LD-p 线的回归方程式。

[例 8-3]　1986 年在南京下蜀用点滴法测定越冬代 4 龄马尾松毛虫幼虫对氰戊菊酯敏感度的结果列于表 8-4。

表 8-4 越冬代 4 龄马尾松毛虫幼虫对氰戊菊酯的敏感度

测定剂量 (μg/头)	供试虫数 (n)	死亡虫数 (r)	死亡率 (%)	校正死亡率 (%)	剂量对数 (x)	概率值 (y)
1.024	50	45	90	89.6	3.010 3	6.28
0.256	50	37	74	72.9	2.408 2	5.61
0.064	50	33	60	64.6	1.806 2	5.39
0.016	50	22	44	41.7	1.204 1	4.80
0.004	50	10	20	16.7	0.602 1	4.05
对照	50	2	4			

用死亡率的概率值及剂量对数画出 LD-p 线(图 8-9),由这一直线即可求出 LD_{50} 为 1.6,再换算回原来剂量即为 $\frac{39}{100} = 0.039\,8\,\mu g/$头。在 LD-p 线上任取两点,求 b。若 $y_1 = 5$, $x_1 = 1.6$; $y_2 = 6$, $x_2 = 2.6$,则 $b = \frac{y_2 - y_1}{x_2 - x_1} = 1$,$a = y_1 - bx_1 = 3.4$。因此,该直线回归方程式为 $y = 3.4 + x$。

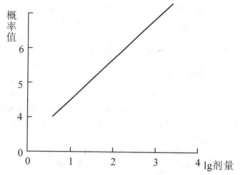

图 8-9 死亡率概率值与剂量对数直线图

这一条 LD-p 线是用目测法画出的,是否符合实际情况,必须经过 χ^2 检验后才能确定。这种检验方法叫 χ^2 适合性测定。其检验步骤如下:

① 把所有的各个测定剂量对数(x)代入 $y = 3.4 + x$,求出其相应的计算概率值(y);
② 根据不同的 y 值,从死亡概率表(附表 3)查出其计算死亡率(p);
③ 按 χ^2 把表 8-5 各栏依次进行计算,求得 x 值。

在自由度为 4 时,查 χ^2 分布表(附表 2)中 $p = 0.05$ 水平的 χ^2 值为 9.49。

表 8-5 χ^2 值计算例表

剂量对数 (x)	计算概率值 (y)	计算死亡率 (p)	供试虫数 (n)	测定死亡率 (r)	计算死亡率 (np)	相差 (r − np)	$\frac{(r-np)^2}{np(1-p)}$
3.010 3	6.410 3	92	50	45	46.0	−1.0	0.27
2.408 2	5.808 2	79	50	37	39.5	−2.5	0.75
1.806 2	5.206 2	58	50	33	29.0	4.0	1.31
1.204 1	4.604 1	34	50	22	17.0	5.0	2.23
0.602 1	4.002 1	16	50	10	8.0	2.0	0.60
							$\chi^2 = 5.16$

计算出 χ^2 值为 5.16,小于 9.49,证明 LD-p 线是符合实际情况的。

8.4.1.2 最小二乘法

由于实际测得的数值与计算值不可能完全一致,为了使两者尽可能接近,因此用最小二乘法的原理使所算出的这条理论回归直线上的各个点的理论值(Y)和各相应的实测点(y)之间的偏差达到极小，求出的这条直线的轨迹最能代表各实测点的变异规律。可通过下面的公式求 $y = a + bx$ 中的 a 和 b 值。

$$b = \frac{N\sum xy - \sum x \sum y}{N\sum x^2 - (\sum x)^2} = \frac{\sum (x - \bar{x})(y - \bar{y})}{\sum (x - \bar{x})^2}$$

$$\bar{x} = \frac{\sum x}{N}, \bar{y} = \frac{\sum y}{N}$$

$$a = \frac{\sum x^2 \sum y - \sum x \sum xy}{N\sum x^2 - (\sum x)^2}$$

式中　N——所有的测定剂量数；
　　　x——剂量对数；
　　　y——死亡概率值。

仍以上述数据为例(表8-4)，按表8-6逐项计算：

表8-6　最小二乘法计算例表

死亡概率值 (y)	对数剂量 +3 (x)	x^2	y^2	xy
6.28	3.010 3	9.061 9	39.438 4	18.904 7
5.61	2.408 2	5.799 4	31.472 1	13.510 0
5.39	1.806 2	3.262 4	29.052 1	9.735 4
4.80	1.204 1	1.449 9	23.040 0	5.779 7
4.05	0.602 1	0.362 5	16.402 5	2.438 5
$\sum y = 26.13$	$\sum x = 9.030\ 9$	$\sum x^2 = 19.936\ 1$	$\sum y^2 = 139.405\ 1$	$\sum xy = 50.368\ 3$

$$b = \frac{N\sum xy - \sum x \sum y}{N\sum x^2 - (\sum x)^2} = \frac{5 \times 50.368\ 3 - 9.030\ 9 \times 26.13}{5 \times 19.936\ 1 - (9.030\ 9)^2} = 0.875\ 4$$

$$a = \frac{\sum x^2 \sum y - \sum x \sum xy}{N\sum x^2 - (\sum x)^2} = \frac{19.936\ 1 \times 26.16 - 9.030\ 9 \times 50.368\ 3}{5 \times 19.936\ 1 - (9.030\ 9)^2} = 3.677\ 9$$

$y = 3.68 + 0.88x$，将不同的 x 值代入，可得相应的 y 值。用上述同样的方法进行 χ^2 适合性测定，求得的 $\chi^2 = 1.90$，证明此 LD-p 线是符合实际情况的。

8.4.1.3　概率值分析法(最大似然法)

最小二乘法虽然比作图法精确，但由于 LD-p 线是由常态曲线转化而来的一个近似的直线，事实上不可能所有数据都正好落在一直线上，所以由画成的直线上所读出的期望概率值 (Y) 与实际观察死亡的概率值之间有差别，于是按照 y 所求出的 LD_{50} 及 LD-p 线的回归就不完全符合实际观察的情况。为此，对于直接由 LD-p 线上读出的期望值必须加以校正，也即先求出校正概率值(或称工作概率值)。其公式为：

$$y = y_0 + kp$$

式中　y——工作概率值；
　　　p——死亡百分率；
　　　y_0 和 k——工作概率值系数，从附表 5 根据期望概率值（Y）查得。

仍以表 8-4 试验结果为例进行概率值分析：根据对数剂量和死亡概率求得 $y = 3.4 + x$ 的临时毒力回归式，将各 x 值代入，即得期望概率值（Y）；再根据 $y = y_0 + kp$ 求得相应的工作概率值（y）；w 为权重系数，也可从附表 5 查得。将上述各数据分别填入表 8-7 各栏，然后依次进行计算。

将 x 值代入 $y = 3.66 + 0.86x$，求得相应的 y，并与期望概率值（Y）相比较，若差异小于 0.2，则可以认为该直线是适合的。若差异小于 0.2，则要把 y 值作为调整期望概率值，然后再根据 $y = y_0 + kp$ 求得相应的工作概率值重新进行计算。本例均小于 0.2，故证明此直线是适合的。

由方程式 $y = 3.66 + 0.86x$ 用同样的方法进行 χ^2 测定，$\chi^2 = 2.24$。从 χ^2 分布表（附表 2）中查出 $\chi^2_{0.05} = 9.49$，即 $\chi^2 < \chi^2_{0.05}$，故此方程式符合实际情况，不需再进行校正。

上述 3 种方法测得的回归方程式分别求得 LD_{50} 为 0.0398、0.0342、0.0350 μg/头，再用以下公式求出各自 LD_{50} 的标准误差（S_m）及可靠程度：

$$S_m = \frac{1}{b \cdot \sqrt{\sum nw}}$$

其中，$\sum nw$ 见表 8-7。

作图法

$$S_m = \frac{1}{1 \times \sqrt{123.6}} = 0.09$$

最小二乘法

$$S_m = \frac{1}{0.88 \times \sqrt{129.3}} = 0.10$$

概率值分析法

$$S_m = \frac{1}{0.86 \times \sqrt{130.7}} = 0.10$$

以上 S_m 为对数值。把 S_m 由对数值换算为剂量的方法是 $LD_{50} \times \ln 10 \times S_m$，故

作图法：$0.0398 \times 2.3 \times 0.09 = 0.0082$，估计 LD_{50} 的可靠范围是 $0.0398 \pm 0.0082 = 0.0316 \sim 0.0480$

最小二乘法：$0.0342 \times 2.3 \times 0.1 = 0.0079$，估计 LD_{50} 的可靠范围是 $0.0342 \pm 0.0079 = 0.0263 \sim 0.0421$

表 8-7 概率值分析法计算例表

剂量对数+3 (x)	试虫数 (n)	死虫数 (r)	校正死亡率 (p)	概率值 查出	期望概率 (Y)	工作概率 (y)	权重系数 (w)	权重 (nw)	nwx	nwy	nwx^2	nwy^2	$nwxy$	y
3.010 3	50	45	89.6	6.28	6.41	6.25	0.302	15.10	45.455 5	94.375 0	136.834 8	589.843 8	284.096 9	0.16
2.408 2	50	37	72.9	5.61	5.81	5.59	0.503	25.15	60.566 2	140.588 5	145.855 6	785.889 7	338.565 1	0.04
1.806 2	50	33	64.6	5.39	5.21	5.37	0.627	31.35	56.624 4	168.349 5	102.274 9	904.036 8	304.073 0	0.01
1.204 1	50	22	41.7	4.80	4.60	4.79	0.601	30.05	36.183 2	143.939 5	43.568 2	689.470 2	173.317 5	0.09
0.602 1	50	10	16.7	4.05	4.00	4.03	0.439	21.95	13.216 1	88.458 5	7.957 4	356.487 8	53.260 9	0.17
对照	50	2						$\sum nw=$ 123.60	$\sum nwx=$ 212.045 4	$\sum nwy=$ 635.711 0	$\sum nwx^2=$ 436.490 9	$\sum nwy^2=$ 3 325.728 3	$\sum nwxy=$ 1 153.313 4	

$$\bar{x} = \frac{\sum nwx}{\sum nw} = \frac{212.045\,4}{123.60} = 1.715\,6$$

$$\bar{y} = \frac{\sum nwy}{\sum nw} = \frac{635.711}{123.60} = 5.143\,3$$

计算回归式的 b 值：

$$b = \frac{\sum nwxy - \bar{x}\sum nwy}{\sum nwx^2 - \bar{x}\sum nwx} = \frac{1\,153.313\,4 - 1.715\,6 \times 635.711\,0}{436.490\,9 - 1.715\,6 \times 212.045\,4} = 0.862\,2$$

根据 $y = \bar{y} + b(x - \bar{x})$ 或 $y = (\bar{y} - b\bar{x}) + bx$ 求得回归方程式为：$y = 3.66 + 0.86x$

概率值分析法：$0.035 \times 2.3 \times 0.1 = 0.008\ 1$，估计 LD_{50} 的可靠范围是 $0.035 \pm 0.008\ 1 = 0.026\ 9 \sim 0.043\ 1$

把上述 3 种方法测得的结果汇总于表 8-8。

表 8-8　3 种统计方法比较

统计方法	回归式 y	LD_{50}（μg/头）	95%可信限	χ^2
作图法	$3.4 + x$	0.039 8	0.031 6 ~ 0.048 0	5.16
最小二乘法	$3.68 + 0.88x$	0.034 2	0.026 3 ~ 0.042 1	1.90
概率值分析法	$3.66 + 0.86x$	0.035 0	0.026 9 ~ 0.043 1	2.24

从表 8-8 可以看出，以最小二乘法与概率值分析法所得的结果较为一致，求得的 χ^2 最小，较为精确。

8.4.2　药效试验中常用的统计指标和方法

8.4.2.1　平均数

平均数是指资料中各观测值总和除以项数（样本数）所得的商，也称为均数。它可以作为原始数据的代表。如以 X 代表每一数值，Σ 代表总和，n 代表项数，则平均数为：

$$\overline{X} = \frac{\sum X}{n}$$

[例 8-4]　每次以 100 头昆虫做药效试验，共作 5 次，死虫数分别为 86、87、84、88、91。按上述公式计算其平均死亡率为：

$$\overline{X} = \frac{86 + 87 + 84 + 88 + 91}{5} = \frac{436}{5} = 87.2\%$$

但在杀虫剂毒力测定中，代表集中趋势的数值是中数，而不是均数。因为均数在任何一个观察值改变时，它都跟着改变；而中数是各项观察值中间的一项，故极端值改变时，对它的影响不大。

例如：1、3、5、7、9 五个数字，5 是中数，而其均数也刚好是 5。再如：1、3、5、7、90。其中数是 5，而均数则是 21.5。由此可见均数具有较全面的代表性，而中数对全部数值代表性不大，但却不随极端值改变而改变。因此，毒力测定中选用中数，分析判断结果更准确，采用致死中量也是这个道理。

在试验中，平均死亡率 87.2% 代表 5 次试验平均试验结果，但最高死亡率为 91%，最低死亡率为 84%，为了计算变异程度，必须计算标准差。

8.4.2.2　标准差

先求出每一数值与平均数的差数，差数的平方和用自由度除即得变异量。又称均方或样本方差，记为 S^2 或 MS，即：

$$样方方差(S^2) = \frac{\sum (X - \overline{X})^2}{n - 1}$$

相应的总体差数叫总体方差，记为 σ^2。对于有限总体而言，σ^2 的计算公式为：

式中 μ 为总体平均数。

$$总体方差(\sigma^2) = \frac{\sum(X-\mu)^2}{N}$$

由于样本方差的单位是原观测值单位的平方，在仅表示一个资料中各观测值的变异程度而不作其他分析时，常需要与平均数配合使用，这时应将平方单位还原，即应求出均方的平方根。统计学上把 S^2 的平方根称作样本标准差，记为 S，即：

$$标准差(S) = \sqrt{\frac{\sum(X-\bar{X})^2}{n-1}}$$

在上述试验中，可以计算出标准差：

$$S = \sqrt{\frac{(86-87.2)^2+(87-87.2)^2+(84-87.2)^2+(88-87.2)^2+(91-87.2)^2}{5-1}}$$

$$= \sqrt{\frac{26.8}{4}} = 2.588$$

总体标准差用 σ 表示，其计算公式为：

$$总体标准差(\sigma) = \sqrt{\frac{\sum(X-\mu)^2}{N}}$$

由于总体方差 σ^2 和总体标准差 σ 难以得到，在统计学中，常用均方 S^2 去估计总体方差 σ^2，用样本标准差 S 估计总体标准差 σ。

标准差既反映了样本本身的离散程度，也是对总体标准差的估计。样本标准差越小，说明样本中各观测值离散程度越小，平均数的代表性就越强；反之，若样本标准差越大，说明样本中观测值离散程度越大，平均数的代表性越小。

在科学试验工作中，通常将平均数与样本标准差写在一起，用"$\bar{x} \pm S$"表示，用来描述数据资料的数量特征，从而了解数据资料的集中性和离散性，也反映平均数的代表程度。标准差只是指整个测定数值的平均变异程度，并不能直接看出平均数本身的误差究竟是多少。因为试验研究往往是通过抽样调查估计总体的，是用抽样所得的平均数（称为估计平均数）来估计总体真正的平均数的，所以在取样试验的过程中不可能不产生误差，因此需要评定平均数的平均误差程度。

8.4.2.3 标准误

在生物测定中，如能观察整个总体当然可靠。但通常只能在总体中观测其中一部分样本，从而求出样本的平均数来估计总体真正的平均数。在取样过程中不可能不发生误差。如果两个平均数有差异，但不知道是真正存在差异，还是由于试验误差造成的，要评定这种差异的可靠性，就必须应用另一个指标，即标准误。标准误就是平均数的误差，也称为平均数标准差，常以 $S_{\bar{x}}$（$S_{\bar{x}}$ 或 SE）表示。

$$S_{\bar{x}} = \frac{S}{\sqrt{n}}$$

式中　S——标准差；
　　　n——项数（样本个体数）。

在上述试验中，可以计算出标准误：

$$S_{\bar{X}} = \frac{S}{\sqrt{n}} = \frac{2.588}{\sqrt{5}} = 1.157$$

$S_{\bar{X}}$ 的大小受各变量标准差及样本个体数的多少限制。n 越大，$S_{\bar{X}}$ 越小。也就是说，样本数越大，则由样本所得的结果越接近于总体的结果。但是，试验只是抽取了总体中的一部分样本，所以从中推算出的平均数与总体平均数是不相同的。同样，从同一总体抽出的任何两个样本也不可能相同。如果取样所得的平均数与总体平均数之间相差很大，则说明误差过大，样本平均数不能代表总体的平均数，也就是所得结果不可靠，需要重新做试验。可靠性分析常用的是 t 值检验。

8.4.2.4 可靠性分析（t 测验）

t 值为两个平均数的差异和差数的标准误之比。

$$t = \frac{|\bar{X} - \mu|}{S_{\bar{X}}}$$

t 值越大，也就表示样本平均数（$\bar{X}$）与总体平均数（μ）之间的差异越大，样本平均数（$\bar{X}$）的可靠性越小。根据统计学的概率论原理，当取样数大于 120（即 $n > 120$），实际算得的 $t \geq 1.96$ 时，则 p（概率）≤ 0.05（即 5%）可以解释为两个平均数之间相同的可靠性只有 5% 以下，就可以认为所取样本的平均数（$\bar{X}$）与总体平均数（μ）之间差异显著，$\bar{X}$ 不可靠，不能代表 μ；当所算得的 $t \geq 2.58$ 时，则 $p \leq 0.01$（即 1%）可以认为两者的差异极显著，即取样所得的 $\bar{X}$ 极不可靠。测验样本的可靠性或样本间的差异显著性的标准是：

$p \leq 0.05$（5%）或 $t \geq t_{0.05}$ 相差显著；

$p \leq 0.01$（1%）或 $t \geq t_{0.01}$ 相差极显著；

$p > 0.05$（5%）或 $t < t_{0.05}$ 相差不显著。

试验得到的是平均数及其标准差，而其总体的平均数是未知的，要知平均数的可靠程度，可以进行置信区间的测定。

8.4.2.5 平均数的置信限

提高试验的精确度，主要靠控制试验中各种可变异的影响因素，从而减少误差。例如：用增加观察次数的方法（或增加试验昆虫的数目）使标准误差小，但次数太多，则工作量太大。在生物测定中，求得 LD_{50} 之后，再求出致死中量的置信限，即可表明在正确取样时，小样本仍不失其精确性。

平均数的置信区间为 $\mu = \bar{X} \pm S_{\bar{X}} \times t$。式中的各项表示的示意同前面公式。

例：某药剂的 LD_{50} 为 0.687 ± 0.023，查 t 表（见附表2）的 0.05 水平，$t = 1.96$，则真正的 LD_{50} 可能在 $(0.687 \pm 1.96) \times 0.023$ 之间 $(0.732 \sim 0.642)$ 之间，也就是说在 100 次中有 95 次测定的 LD_{50} 在此范围内。因此，用样本所求得的平均数与整个种群的平均数有些差异，真正值在某一范围之内波动（一般用 $p = 0.05$ 水平），即有 95% 的可靠性。置信限是进行毒力比较时常用的一项指标。

8.4.2.6 两个平均数之间的差异显著性比较

在生物测定中，经常会要求比较两个或多个试验的平均数的差异程度，测验它们之间有无本质差异。最常用仍是"t"值。

$$t = \frac{|\bar{x}_1 - \bar{x}_2|}{S_{\bar{x}_1 - \bar{x}_2}}$$

式中　$|\bar{x}_1 - \bar{x}_2|$——两个平均数的差异；

　　　$S_{\bar{x}_1 - \bar{x}_2}$——平均数差数的标准误。

$$S_{\bar{x}_1 - \bar{x}_2} = S\sqrt{\frac{1}{n_1} + \frac{1}{n_2}}$$

式中　n_1，n_2——两个样本的取样数。

$$S = \sqrt{\frac{\sum(x_1 - \bar{x}_1)^2 + \sum(x_2 - \bar{x}_2)^2}{(n_1 - 1) + (n_2 - 1)}}$$

[例8-5] 利用久效磷乳油以两种浓度防治蛀干害虫，野外试验的条件相同，只是浓度不同。甲的浓度为0.05%，乙的浓度为0.1%。施药后调查各试验区被害蛀干率，甲浓度（0.05%）下是13.1%、13.4%、12.8%、13.5%、13.4%、12.7%、12.4%，平均蛀干率（$\bar{X}_1$）=13.04%；乙浓度（0.1%）下是12.6%、13.4%、11.9%、12.8%、13.0%，平均蛀干率（$\bar{X}_2$）=12.74%。

t值测验结果：

$$\sum(x_1 - \bar{x}_1)^2 = 1.057\ 15$$

$$\sum(x_2 - \bar{x}_2)^2 = 1.232\ 00$$

$$S = \sqrt{\frac{1.057\ 15 + 1.232\ 00}{5 + 7 - 2}} = \sqrt{\frac{2.289\ 15}{10}}$$

$$S_{\bar{x}_1 - \bar{x}_2} = \sqrt{\frac{2.289\ 15}{10}} \times \sqrt{\frac{1}{5} + \frac{1}{7}} = 0.280\ 15$$

$$t = \frac{|13.042\ 86 - 12.74|}{0.280\ 15} = 1.081\ 06$$

自由度为$(n_1 - 1) + (n_2 - 1) = 10$时查$t$值表（附表2），$t = 2.23$，而实际求得的$t = 1.081\ 06$，所以可以认为试验中两种不同浓度的久效磷防治效果的差异是不显著的，因为随机抽样造成的误差机会很大，即两组不同浓度间的差异是由试验误差所造成的。

8.4.2.7　3个或多个平均数间的差异显著性检验（方差分析）

检验两个样本平均数间差异显著性则用t值法，而检验两个以上样本平均数间差异的显著性则要用方差分析法。方差分析法就是把试验结果的总变异分割成各个组成部分，并对试验提供一个合理的估算量。方差分析可以使试验者了解处理项目间是否真存在差异。如果确实有差异，则还需和t值检验相结合，分析每两个平均数之间的差异显著程度。

[例8-6] 用3种不同药剂甲、乙、丙试验对某种病害的防治效果，每一药剂处理重复5次。试验结果见表8-9。

表 8-9 甲、乙、丙 3 种药剂对某种病害防治效果(%)

药剂名称	重复					T_i	$\bar{x}_i$
	Ⅰ	Ⅱ	Ⅲ	Ⅳ	Ⅴ		
甲	85	81	76	92	75	409	81.8
乙	65	61	73	61	59	319	63.8
丙	79	77	67	86	85	394	78.8
T_j	229	219	216	239	219	T_i = 1 122	$\bar{x}_i$ = 74.8
$\bar{x}_j$	76.3	73.0	72.0	79.7	73.0		

试验结果除考察药剂间的差异对防治效果的影响外，还希望考察重复处理对防治效果的影响，即用方差分析法，将药剂间的变异和重复间的变异做出分析。先求平方和及自由度，其计算公式见表 8-10。

表 8-10 两项分类资料平方和与自由度计算公式

变异因素	自由度	平方和
药剂间变异	$m-1$	$\sum_{i=1}^{m} k(T_i - \bar{x})^2 = \frac{1}{k}\sum_{i=1}^{m} T_i^2 - \frac{T^2}{mk}$
重复间变异	$k-1$	$\sum_{j=1}^{k} m(T_j - \bar{x})^2 = \frac{1}{m}\sum_{j=1}^{k} T_j^2 - \frac{T^2}{mk}$
误 差	$(m-1)(k-1)$	$\sum_{i=1}^{m}\sum_{j=1}^{k}(x_{ij} - T_i - T_j + x)^2 =$ 总变异 $-$ 药剂间 $-$ 重复间
总变异	$mk-1$	$\sum_{i=1}^{m}\sum_{j=1}^{k}(x_{ij} - \bar{x})^2 = \sum_{i=1}^{m}\sum_{j=1}^{k} x_{ij} - \frac{T^2}{mk}$

注：m 为重复次数，k 为处理项数。

总变异：$\sum_{i=1}^{m}\sum_{j=1}^{k} x_{ij} - \frac{T^2}{mk} = 85^2 + 81^2 + \cdots + 86^2 + 85^2 - \frac{1\,122^2}{3 \times 5} = 1\,482.4$

药剂间变异：$\frac{1}{k}\sum_{i=1}^{m} T_i^2 - \frac{T^2}{mk} = \frac{1}{5}(409^2 + 319^2 + 394^2) - \frac{1\,122^2}{23 \times 5} = 930$

重复间变异：$\frac{1}{m}\sum_{j=1}^{k} T_j^2 - \frac{T^2}{mk} = \frac{1}{3}(229^2 + 219^2 + 216^2 + 239^2 + 219^2) - \frac{1\,122^2}{3 \times 5} = 121.07$

试验误差变异：

总变异 $-$ 药剂间变异 $-$ 重复间变异 $= 1\,482.4 - 930 - 121.07 = 431.33$

下面计算各项均方并列方差分析表(表 8-11)。

F 测验：

$$F_{(药剂)} = \frac{药剂间均方}{误差均方} = \frac{465.00}{53.92} = 8.62$$

$$F_{(重复)} = \frac{重复间均方}{误差均方} = \frac{30.27}{53.92} < 1$$

表 8-11 药剂防治效果变异量分析表

变异因素	自由度	平方和	均方	F	$F_{0.05}$	$F_{0.01}$
药剂间	2	930.00	465.00	8.62	4.46	8.65
重复间	4	121.07	30.27	<1		
误 差	8	431.33	53.92			
总变异	14	1482.40				

F 测验中差异显著的标准，仍根据小概率事件不可能原理，即 $F_{(药剂)} \geq F_{0.05}$ 为差异显著；$F_{(药剂)} \geq F_{0.01}$ 为差异极显著。$F_{(重复)} < 1$ 说明重复间无显著差异。

根据自由度 $n_1 = 2$，$n_2 = 8$。查 F 表（见附表 4），$F_{0.05} = 4.46$，$F_{0.01} = 8.65$，而实际计算的 $F > F_{0.05}$，说明药剂间差异显著。但这个差异只能表明总的各药剂处理间存在着真实的差异，不能表明究竟是具体哪几对处理间有差异，因而还必须进一步用 Duncan 氏新复极差法对各对平均数做比较。计算步骤如下：

(1) 计算平均数间差异的标准误

$$S_{\bar{x}} = \sqrt{\frac{误差均方}{n}}$$

其中的误差均方（组内） $= \dfrac{总变异平方和 - 组间（药剂间）平方和}{自由度[k \times (n-1)]}$

$$= \frac{1482.4 - 930.0}{[3 \times (5-1)]} = \frac{552.4}{12} = 46.03$$

$$S_{\bar{x}} = \sqrt{\frac{46.03}{5}} = 3.03$$

n 为重复次数，如果各药剂处理间的重复次数 (n_i) 不相等，可用下式计算各 n_i 的平均数 n_0 取代 n：

$$n_0 = \frac{\left(\sum n_i\right)^2 - \sum n_i^2}{\left(\sum n_i\right)(k-1)}$$

(2) 计算最小显著极差（LSR）

$$LSR_{0.05} = SSR_{0.05} \times S_{\bar{x}}$$
$$LSR_{0.01} = SSR_{0.01} \times S_{\bar{x}}$$

从 Duncan 氏新复极差中（见附表 4）查出 $LSR_{0.05}$ 和 $SSR_{0.01}$ 值。本例中，误差自由度 = 12，和相比较的两个平均数极差间包含的平均数个数 $P = 2$，3（P 为均数次列中相隔的位置，相邻两个的 P 为 2，隔一个为 3，再隔二个的为 4，其余类推）。查 P 为 2 和 3 时的 $SSR_{0.05}$ 和 $SSR_{0.01}$，并计算 $LSR_{0.05}$ 和 $LSR_{0.01}$（表 8-12）。

表 8-12 SSR 及 LSR 结果

P	$SSR_{0.05}$	$SSR_{0.01}$	$LSR_{0.05}$	$LSR_{0.01}$
2	3.08	4.32	9.33	13.10
3	3.23	4.55	9.70	13.70

(3) 将各药剂处理平均值按大小排列，并计算各药剂平均值的极差(表 8-13)

表 8-13 各种药剂防治效果相互比较分析表(%)

药　　剂	平均防治效果($\bar{x}_i$)	$\bar{x}_i$ − 63.8	$\bar{x}_i$ − 78.8
甲	81.8	18**	3
乙	78.8	15**	
丙	63.8		

凡相比较的两个平均数相差 1 个序号，即 $|\bar{x}_i - \bar{x}_{i+1}|$ 时，以 $P = 2$ 的 $LSR\alpha$ 值作平准；如两平均数相差 2 个序号，即 $|\bar{x}_i - \bar{x}_{i+2}|$ 时，以 $P = 3$ 的 $LSR\alpha$ 值作平准，以此类推。凡有极差超过平准的 $LSR_{0.05}$ 出现，则说明这两个平均数间差异显著(以 * 表示)；凡有极差超过平准的 $LSR_{0.01}$ 时，则说明这两个平均数间差异极显著(以 ** 表示)；而极差未超过平准的 $LSR_{0.05}$ 出现，两个平均数间差异不显著(无记号)。本例中的结果可解释为每两种药剂间差异极显著的是甲与丙、丙与乙；无差异的是甲与乙。

现在采用的电子计算机快速处理试验数据的方法，既方便又精确。

8.4.3 常用生物统计软件简介

8.4.3.1 EXCEL 软件

EXCEL 是微软公司出品的 Office 系列办公软件中的一个组件，确切地说，它是一个电子表格软件，可以用来制作电子表格、进行公式编辑和插入函数，完成许多复杂的数据运算，还可进行数据统计、分析和预测，并具有强大的制作图表的功能。

在单元格中输入公式或插入函数后，EXCEL 可以将毒力回归中的所有结果计算出来，并且计算方法简单和快捷。在 EXCEL 中建立好计算系统后，只需输入试验浓度、供试虫数、死虫数、某一单剂在混剂中的比例，EXCEL 就可将 LC_{50}、a、b、相关系数、LC_{50} 的标准误、LC_{50} 的 95% 置信区间和共毒系数等数据一次性计算出来。

所采用的主要公式如下：

毒力回归方程为 $Y = a + bx$，相关系数为 r。

公式 I：$Z = \dfrac{1}{\sqrt{2\pi}} e^{-\frac{1}{2}(Y-5)^2}$

公式 II：$w = Z^2/PQ$

式中　w——权重系数；
　　　P——死亡率，$Q = (1 - P)$。

公式 III：$SE(m) = \sqrt{\dfrac{1}{b}\left[\dfrac{1}{\sum nw} + \dfrac{(m - \bar{x})^2}{\sum nw(x - \bar{x})^2}\right]}$

式中　$SE(m)$——m 的标准误，$m = \lg(LC_{50})$；
　　　$\bar{x}$——浓度对数平均值；
　　　n——某浓度供试总虫数。

公式 IV：$SEm(10) = 10^m \times \ln 10 \times SE(m)$

$SEm(10)$——LC_{50}的标准误。

公式Ⅴ：LC_{50}的95%置信限：$10^{\lg(LC_{50})\pm 1.96\times SE(m)}$

公式Ⅰ~Ⅴ参考张宗炳(1988)。

[例 8-7] 当 EXCEL 中公式输入或函数插入完毕后，只要在显色格中输入数据，如图 8-10 所示，其他格中的数据立即就会自动显示出来，未显色格中显示出来的是数据，但实际上是所在格公式的计算结果。

	A	B	C	D	E	F	G	H	I	J	K	L	M
1	1000	3.0000	100	80	80.00	0.8000	0.8416	5.8416	0.280	0.490	48.987	17.757	0.002
2	500	2.6990	100	60	60.00	0.6000	0.2533	5.2533	0.386	0.622	62.192	5.636	0.046
3	250	2.3979	100	50	50.00	0.5000	0.0000	5.0000	0.399	0.637	63.662	0.000	
4	125	2.0969	100	40	40.00	0.4000	-0.2533	4.7467	0.386	0.622	62.192	5.636	
5	62.5	1.7959	100	20	20.00	0.2000	-0.8416	4.1584	0.280	0.490	48.987	17.757	
6			100	0	0.00						286.019	46.785	
7	$r=$	0.9854											
8		$y=$	1.9147	+	1.2866	x							
9	$\lg LC_{50}=$	2.3979				2.31	2.49						
10	$LC_{50}=$	250.00	$SE=$	26.45	95%置信限=	203.17	307.62						

图 8-10　用 EXCEL 进行毒力回归计算机上界面的表格部分

现将以上计算系统的编制过程介绍如下。

下文中的"i"均表示第 i 行。

A1~A5：Ai 格中的数据为浓度。

B1~B5：表示浓度对数，Bi 是 i 的对数，Bi 格中的公式为"= LOG10(Ai)"。

C1~C5：Ci 表示 i 行浓度处理的试验总虫数。

D1~D5：Di 表示 i 行浓度处理的试验死虫数。

E1~E5：此列为死亡率，Ei 格中的公式为"= Di/Ci*100"。

F1~F5：此列为校正死亡率，Fi 格中的公式为"=(Ei-E6)/(100-E6)"，E6 为对照死亡率。因计算死亡率概率值的需要，没有将 Fi 格的数据转化为死亡百分率，在复制此格的公式时，应注意保持公式中"E6"不变。

G1~G5：此列为校正死亡率的正态等差，Gi 格中的公式为"= NORMSINV(Fi)"。"NORMSINV( )"函数本意是为了返回括号中数值(probability)的正态分布区间点，当把校正死亡率放在括号中的时候，得出的结果正好等于校正死亡率的正态等差。

H1~H5：此列为校正死亡率概率值，Hi 格中的公式为"= 5 + Gi"。"离方差 + 5"等于"死亡率概率值"，所谓概率值就是正分布曲线在横坐标上某一点的正态等差加上 5。

I1~I5：Ii 格中的公式为"= 1/POWER(PI( )*2,1/2)*EXP(-1/2*(Hi-5)*(Hi-5))"，此列是为了计算权重系数公式中的参数"Z"，见公式Ⅰ。

J1~J5：此列为权重系数"w"，Ji 格中的公式为"= Ii*Ii/Fi/(1-Fi)"，见公式Ⅱ。

K1~K5：此列为权重系数与 i 行浓度下供试虫数的乘积，即公式Ⅲ中的"nw"，Ki 格中的公式为"=Ci*Ji"。K6 格中的公式为"=SUM(K1：K5)"，该格为 K1~K5 格的总和，即公式Ⅲ中的"$\sum nw$"。

L1~L5：此列为公式Ⅲ中的"$nw(x-\bar{x})^2$"，Li 格中的公式为"=Ki*(Bi-AVERAGE(B1：B5))*(Bi-AVERAGE(B1：B5))"，注意在复制公式时保持"AVERAGE(B1：B5)"不变。

L6 格中的公式为"=SUM(L1：L5)"，该格为 L1~L5 格的总和，即"$\sum nw(x-\bar{x})^2$"。

M1 为"$SE(m)^2$"，其中的公式为"=1/D8/D8*(1/K6+(B9-AVERAGE(B1：B5))*(B9-AVERAGE(B1：B5))/L6)"（见公式Ⅲ），其中："D8"为毒力回归方程的 b 值，即回归系数；"B9"为 lg(LC$_{50}$)。

M2：此格为 M1 的平方根，即"$SE(m)$"，其中的公式为"=POWER(M1，1/2)"（见公式Ⅲ）。

B7：此格为相关系数(r)，格中公式为"=CORREL(B1：B5，H1：H5)"。

B8：此格为毒力回归方程的回归截距，即 a 值，其中的公式为"=INTERCEPT(H1：H5，B1：B5)"。

D8：此格为毒力回归方程的回归系数，即 b 值，其中的公式为"=SLOPE(H1：H5，B1：B5)"。

B9：此格为 lg(LC$_{50}$)，其中的公式为"=(5-B8)/D8"。

B10：此格为 LC$_{50}$，其中的公式为"=POWER(10，B9)"。

D10：此格为 LC$_{50}$ 的标准误"$SEm(10)$"，其中的公式为"=B10*LN(10)*M2"（见公式Ⅳ）。

F9 和 G9 中的公式分别为"=B9-1.96*M2"和"=B9+1.96*M2"，即公式Ⅴ中"lg(LC$_{50}$)±1.96×SE(m)"。

F10 和 G10 分别为 LC$_{50}$ 的 95% 置信限的下限和上限，其公式分别为"=POWER(10，F9)"和"=POWER(10，G9)"（见公式Ⅴ）。

I，J，K 和 L 列所有的公式只是为算出 M2 打下基础。

上面的公式并不是每个均要人工输入，除 M 列外，第 1 行至第 5 行的公式是可以相互复制得到的，即只要将第 1 行的公式输好了，通过"复制"与"粘贴"键可以一下子完成第 2 至 4 列的公式，只是需要注 Fi 格中的对照死亡率(E6)和 Li 格中的"AVERAGE(B1：B5)"始终保持不变即可。

第 1~10 行的公式又可通过"复制"与"粘贴"键复制到指定的地方，只需选定第 1 至第 10 行，按下"复制"键，再将光标定在第 10 行以下的某一格，如 A11，按下"粘贴"键后，上述的公式就会瞬间出现在第 11~20 行，复制完毕后，第 11~20 行的公式不再需要人为变动，公式随差行的变动而自动变动，如 E1 中公式为"=D1/C1*100"，粘贴后，E11 中的公式会自动变为"=D11/C11*100"。上面的公式能将毒力回归中的 a、b、r、LC$_{50}$ 的 SE 和 LC$_{50}$ 的 95% 置信区间等数据一步到位地计算出来，同样，EXCEL 也能将共毒系数自动计算出来，即只需要输入 2 个单剂和混剂的浓度、总虫数、死虫数和某一单剂在混剂中所占的比例，那么混剂筛选或测定中的所有结果均可求出来。

共毒系数的计算方法介绍如下：

在 A11 和 A21 处连续两次复制第 1~10 行的公式后，单剂 A、单剂 B 和混剂（A+B）的 LC_{50} 分别出现在 B10，B20 和 B30 处，如在 H27 处输入单剂 A 在混剂中所占的比例，在 B31 处输入" =（1/B30）/（（1/\$B\$10）*H27+（1/\$B\$20）*（1-H27））*100"，那么共毒系数也可由计算机在一瞬间计算出来。

如果在单剂 A、单剂 B 和混剂的显色处输入同样的数据，并在 H27 处输入 0.5，那么在 B31 处立即就会出现"100"这个数据，这样也可以检测共毒系数公式的准确性。

8.4.3.2 SAS 软件

SAS 为 Statistics Analysis System 缩写，译为"统计分析系统"。SAS 系统是一个功能非常齐全、应用极广、适用性很强、使用灵活、易于操作、模块化的管理分析数据和编写报告的组合软件系。由两大部分组成：一部分是系统管理程序；一部分是过程库与程序库。采用积木式模块结构，其中 SAS/sTAT 模块是目前功能最强的多元统计分析程序集。其统计程序、统计函数和各种算法科学、严谨、精确，不仅具有强大的统计功能及较好的人机交互性，而且提供了多种友好的用户界面，广泛适用于农业科学、生物科学及医疗卫生等领域的数据分析，如：t 检验、方差分析、相关与回归、多元统计分析等。

[例 8-8] 抗疟药环氯胍对小白鼠毒力试验的结果如表 8-14 所示，试计算 LD_{50}。

表 8-14 环氯胍对小白鼠毒力试验结果

剂量（mg/kg）	12	9	7	6	5	4	3
动物数（n）	5	7	19	34	38	12	5
死亡数（r）	5	6	11	17	12	2	0

（1）SAS 程序

在 SAS 的 program editor 窗口中输入如表 8-15 示程序，单击"RVN"按钮，在"OUTPUT"窗口查看结果。

表 8-15 对 SAS 程序的说明

data a;	告诉 SAS 建立临时数据集 a
input dose n r;	输入顺序为 dose（剂量）、n（动物数）、r（死亡数）
cards;	以下是数值卡片，同一处理数据之间用一空格隔开，不同处理换行
12 5 5	
9 7 6	
7 19 11	请对照表 8-14，注意输入顺序
6 34 17	此处数据可以替换为研究者的数据；
5 38 12	
3 5 0	
;	输入分号"；"，告诉 SAS 数据输入到此结束
proc probit log10;	调用 PROBIT 过程，并对剂量作常用对数变换
var dose n r;	指定分析变量，顺序依次为剂量、动物数、死亡数
run;	过程步结束

（2）SAS 运行结果

在 SAS 工具栏中单击得如下结果（表 8-16，表 8-17，表 8-18）：

①曲线拟合结果

表 8-16 曲线拟合结果(Probit Procedure)

Variable	DF	Estimate	Std	Err	ChiSquare	Pr > Chi
NTERCPT	1	-4.663 130 4	1.023 426	20.760 7	0.000 1	Intercept
lg10(DOS)	1	5.952 148 6	1.340 313	19.721 29	0.000 1	

这是以死亡概率单位为应变量、以对数剂量为自变量建立的直线回归方程,及其参数的假设检验。

②拟合优度检验

表 8-17 拟合优度检验(Goodness-of-Fit Tests)

Statistic	Value	DF	Prob > Chi-Sq
Pearson Chi-Square	0.8332	5	0.9749
L. R. Chi-Square	1.1885	5	0.9460

这是用两种方法对曲线拟合优度的检验,因 $P > 0.05$,所以认为曲线的拟合效果满意。

③不同死亡概率相应的剂量及其 95% 可信区间

表 8-18 不同死亡概率相应的剂量及其 95% 可信区间

Probit Procedure
Probit Analysis on DOSE
Probability DOSE 95 Percent Fiducial Limits

Probability	DOSE	Lower	Upper
0.01	2.469 42	1.255 58	3.232 73
0.02	2.744 06	1.513 97	3.483 79
0.03	2.933 94	1.704 41	3.654 03
……		……	
0.40	5.506 46	4.901 30	6.069 72
0.45	5.785 28	5.222 09	6.440 49
0.50	6.073 46	5.521 15	6.873 41
0.55	6.376 00	5.803 17	7.378 63
0.60	6.698 85	6.076 43	7.966 65
……		……	
0.98	13.442 49	10.232 77	26.683 38
0.99	14.937 51	11.023 25	32.186 98

从表中可见,环氯脒对小白鼠的 LD_{50} 估计值为 6.073 46 mg/kg,真正的数值有 95% 的可能性在 5.521 15 ~ 6.873 41 mg/kg 范围内。

8.4.3.3 SPSS 软件

SPSS 是社会学统计软件包(Statistical Package for the Social Science)的简称,是一种集成

化的计算机数据处理应用软件，但它在社会科学、自然科学的各个领域都能发挥巨大作用，并已经应用于经济学、生物学、教育学、心理学、医学、金融等各个领域。SPSS 提供用户图形界面(graphical user interface，GUI)窗口环境，在屏幕上清晰显示各类分析选项，并具备完整的下拉式菜单(pull-down menus)及对话框(dialogue box)，用户界面非常友好，其操作具有和其他 Windows 应用软件相同的特点。

应用 SPSS 软件对农药试验进行常规的统计分析，如显著性检验(如 t 检验、方差分析)、致死中量的计算。

(1) t 检验

t 检验是最基本的显著性检验方法。主要用于对来自正态分布总体的两个样本进行均值比较，如两种农药(或一种农药的两个剂量)效果的差异、施用农药和不施农药的差异以及一种农药施用前后的差异等。在生物统计学中，前两种情况应该用成组数据 t 检验，第三种情况应该用配对数据 t 检验。

①成组数据 t 检验 成组数据 t 检验用于检验两个不相关的样本是否来自具有相同均值的总体。其适用条件为两组数据之间是相互独立的，没有相互影响。

[**例 8-9**] 用两种不同浓度的某农药粉剂防治玉米螟，甲浓度为 0.5%，乙浓度为 1%，试验条件相同。药后随机取样调查各小区幼虫的蛀茎率，调查结果及其在 SPSS 中的数据格式见图 8-11。试分析这 2 个处理的蛀茎率是否差异显著。

SPSS 分析：在主菜单中依次点击 Analyze \ Compare Means \ Independent Samples T-Test，将蛀茎率选入 Test Variable(s)框中，将浓度选入 Grouping Variables 中，点 Define Groups，在 Group1 和 Group2 中分别输入 0.5 和 1。单击 Options 指定置信区间及处理缺失值的方式，点击"OK"。

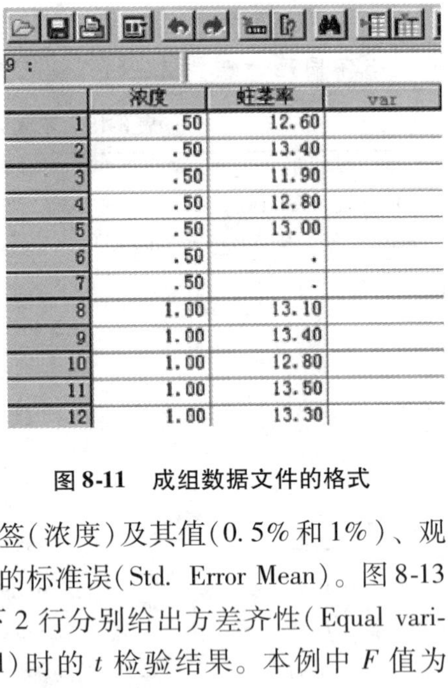

	浓度	蛀茎率	var
1	.50	12.60	
2	.50	13.40	
3	.50	11.90	
4	.50	12.80	
5	.50	13.00	
6	.50	.	
7	.50	.	
8	1.00	13.10	
9	1.00	13.40	
10	1.00	12.80	
11	1.00	13.50	
12	1.00	13.30	

图 8-11 成组数据文件的格式

结果解读：图 8-12 是两组变量的基本情况汇总。从左至右依次为：对象变量标签(蛀茎率)、分组变量标签(浓度)及其值(0.5% 和 1%)、观测数(N)、均值(Mean)、标准差(Std. Deviation)和均值的标准误(Std. Error Mean)。图 8-13 第 2~3 列是 Levene's 方差齐性检验结果，4~10 列上下 2 行分别给出方差齐性(Equal variances assumed)和方差不齐(Equal variances not assumed)时的 t 检验结果。本例中 F 值为 0.126，显著性概率 $P=0.73>0.05$，因此结论为两组方差无显著性差异。

Group Statistics					
	浓度	N	Mean	Std. Deviation	Std. Error Mean
蛀茎率	0.50	5	12.740 0	0.554 98	0.248 19
	1.00	5	13.220 0	0.277 49	0.124 10

图 8-12 成组数据 t 检验输出结果之一

8.4 试验结果统计与分析

		Independent Samples Test								
		Levene's Test for Equality of Variances		t-test for Equality of Means						
									95% Confidence Interval of the Difference	
		F	Sig.	t	df	Sig. (2-tailed)	Mean Difference	Std. Error Difference	Lower	Upper
蚜茎率	Equal variances assumed	1.151	0.315	-1.730	8	0.122	0.480 00	0.277 49	-1.119 89	0.159 89
	Equal variances not assumed			-1.730	5.882	0.135	-0.480 00	0.277 49	-1.162 30	0.202 30

图 8-13 成组数据 t 检验输出结果之二

t 检验结果中应该选择 Equal variances assumed(假设方差相等,即方差齐性)这一行的数据,即 $t = -1.730$,双尾 t 检验的显著性概率 Sig. (2-tailed) $= 0.122 > 0.05$。因此认为两种浓度的防治效果差异不显著,两组间的差异是由于误差造成的。

②配对数据 t 检验 配对 t 检验用于检验两个相关的样本是否来自具有相同均值的总体。在配对设计试验中,每对数据之间都有一定的相关性。

[例 8-10] 为了确定某农药对害虫的防治效果,对施药前和施药后的虫口数进行了调查。做 4 个重复。药前、药后的虫口数及其在 SPSS 中的格式见图 8-14,试分析施药前后的虫口数是否差异显著。

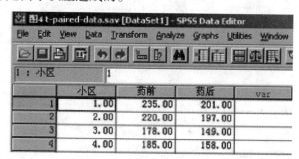

图 8-14 配对数据文件的格式

SPSS 分析:在主菜单中依次点击 Analyze \ Compare \ Means \ Paired samples t-test,在弹出的对话框中依次单击药前和药后变量名,将该配对变量选入 Paired Variables 框中。Options 选默认值即可。

结果解读:首先给出的是配对变量各自的统计描述,内容与图 8-13 相似。接着给出的是配对变量间的相关性分析。相关系数 Correlation $= 0.986$,不相关概率 Sig. $= 0.14 < 0.05$,因此认为两配对变量有相关关系。在后面的 t 检验结果中,首先给出的是对药前减去药后差值的统计描述,依次为差值的均值(Mean)、差值的标准差(Std. Deviation)、差值的均值标准误(Std. Error Mean)及差值的 95% 置信区间上下限。后面给出的是对差值的检验结果。$t = 12.354$,显著性概率 $p = 0.001 < 0.05$,结论为药前和药后差异显著。

(2)方差分析(F 值测验)

t 检验只适用于测定 2 个样本的差异显著性。在农药试验中,处理数通常多于 2 个。多个处理时不宜用 t 检验分别作两两比较,而应该用方差分析。方差分析将总变异分解为由试验条件不同引起的组间变异和由误差引起的组内变异。如果组间变异大于某临界值,就认为差异是由试验条件的不同引起的,即各处理间差异显著。

[例 8-11] 用编号为 1~6 的 6 种杀虫剂防治稻飞虱,用异丙威(编号 7)作对照药剂,

设空白对照(编号 8)。随机区组设计，重复 3 次。药后 24h 调查死亡率。试对结果进行分析。首先定义 2 个变量：处理和防效。然后输入数据，单变量方差分析在 SPSS 中的数据格式，请参考有关 SPSS 的书籍。

SPSS 分析：在主菜单中依次点击 Analyze \ Compare \ Means \ One-Way ANOVA，在弹出的对话框中将防效选入 Dependent List(因变量)中，将处理选入 Factor(自变量)中。分别点击 Contrasts、Post Hoc 和 Options 进行如下设置。Contrasts 子对话框用于均值多项式比较。Post Hoc 子对话框用于选择各组间两两比较的方法。Equal Variances Assumed 即方差齐性时有 14 种选择，Equal Variances Not Assumed 即方差不齐时有 4 种选择。农药试验一般选择 Duncan。Significance level 框用于输入显著性水平，默认为 0.05。

Options 子对话框用于指定要输出的统计量勾选 Descriptive 输出常用统计描述指标，如均数、标准差等。Homogeneity of variance 为用 Leven 法进行方差齐性检验。勾选 Means plot 则绘制各组均值的连线图。

防效

Duncan^a

处理	N	Subset for alpha = .05				
		1	2	3	4	5
8.00	3	7.3000				
4.00	3		67.1667			
1.00	3			79.8667		
5.00	3			82.8667		
7.00	3			83.7667		
6.00	3				93.0333	
2.00	3				94.6667	94.6667
3.00	3					98.8000
Sig.		1.000	1.000	.083	.428	.056

图 8-15 方差分析输出结果

结果解读：首先给出的是方差分析表。自左至右依次为：方差来源(组间变异、组内变异和总变异)、离均差平方和、自由度、均方、F 值以及值的显著性水平。本例中 $p = 0.000 < 0.05$，因此认为各处理间差异显著。图 8-15 是多重比较的结果，可见 SPSS 按 0.05 水平将无统计学意义的均数归为一类(Subset for alpha = 0.05)。其中处理 3 和 2 为一个 subset，处理 2 和 6 为一个 subset，处理 7、5 和 1 为一个 subset。这说明处理和 2 之间、处理 2 和 6 之间、处理 7、5 和 1 之间差异不显著。图 8-15 中多重比较的结果还可以按照传统的方法标注字母。将自右至左的 5 列依次标注 a、b、c、d、e，则处理 3、2、6、7、5、1、4、8 分别标注为 a、ab、b、c、c、c、d、e。各处理间凡有相同字母者则差异不显著，无相同字母者则差异显著。

(3) LD_{50} 的计算

农药毒理试验中的回归方程、LD_{50} 以及 95% 置信限等都可以通过 SPSS 的 Probit 模块方便地求出。

[例 8-12] 用不同浓度的鱼藤酮处理蚜虫，各浓度的供试虫数和死虫数见图 8-16，求 LD_{50} 及毒力回归线。

首先定义 3 个变量：Dose(剂量)、Total(总虫数)、Dead(死虫数)，并输入数据。SPSS 中的数据格式见图 8-16。

图 8-16 概率单位分析的数据格式

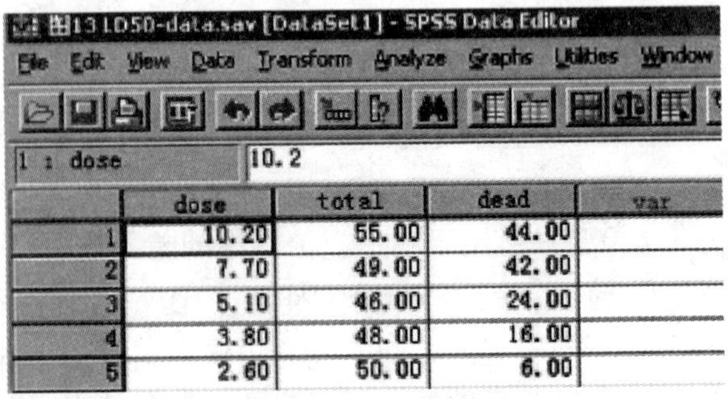

SPSS 分析：从菜单中依次选择 Analyze \ Regression \ Probit，弹出 Probit Analysis(概率单位分析)对话框(图 8-17)。

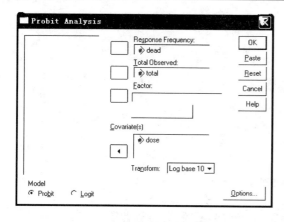

图 8-17 概率单位分析设置对话框

其中 Response Frequency 选入响应频数，即本例中的死虫数。Total Observed 选入总观察数，即本例中的总虫数。如果一次计算 2 种或 2 种以上农药的 LD_{50}，则选入分组变量 Factor，点击 Define Range 给出其取值范围，则 SPSS 将按该变量的取值分别计算 LD_{50}。本例中因只计算一种农药的 LD_{50}，不必定义 Factor。Covariate (s)为选入协变量，即本例中的剂量。Transform 为数据转换，当协变量和概率之间不存在线性关系时要在 Transform 下拉列表中选择对协变量进行数据转换的方式。本例中选择 Log base 10（使用以 10 为底的对数进行转换）。Model（模型）选 Probit。

在 Options 子对话框中，勾选 Frenquencies 显示实际死亡频数和理论死亡频数及其残差（二者之差），勾选 Fiducial confidence intervals 为协变量列出响应率从 1%～99% 的可信区间。Natural response rate 用于设定对照组的自然死亡率。共有三种选择：None（不设置）、Calculate from data（从现有数据中计算，原始数据中须包含浓度为 0 的结果）和 Value（直接填入数值）。本例中自然死亡率为 0，采用系统默认值 None 即可。

结果解读：首先是数据的基本情况。显示共有 5 条未加权的记录纳入分析。图 8-18 显示在迭代 13 次后模型收敛得到最优结果。下面是参数估计结果。Regression Coef. f（回归系数，即斜率）为 3.678 84，Intercept（截距）为 -2.576 64。二者的右侧分别为各自（回归系数或截距）的标准误以及回归系数或截距与标准误之比。再往下是 Pearson 拟合优度检验表明模型拟和良好。所以回归方程为：

$$Y = -2.57664 + 3.67884X$$

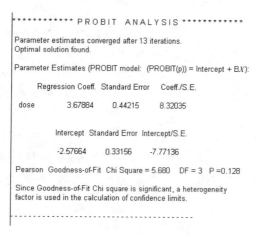

图 8-18 概率单位分析输出结果之一

图 8-19 从左至右依次为药剂浓度、总虫数、观察值（实际死虫数）和期望值（理论死虫数）、残差（观察值和期望值之差）和概率（理论死虫数占总虫数的百分比）。

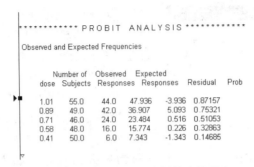

图 8-19　概率单位分析输出结果之二

图 8-20 给出了 1%～99% 死亡率所需的浓度及其 95% 置信限。为节省篇幅未一一列出。从中可见 Prob. = 0.5 时的浓度即 $LD_{50} = 5.01644$。最后给出的是响应曲线图（图 8-21），即不同浓度所对应相应概率的散点图。在 SPSS 中可以经过编辑加入其回归直线，从图上看出其决定系数 R^2 为 0.927。各散点的纵坐标值也可以经过编辑显示出来。

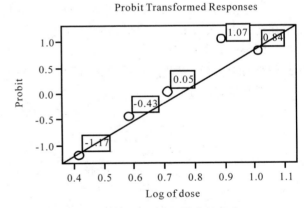

图 8-20　概率单位分析输出结果之三　　　　图 8-21　概率单位分析输出结果之四

需要注意的是，图 8-21 的纵坐标 Probit 相当于手工计算 LD_{50} 时的常态等差（N. E. D）而不是概率值。而概率值 = 常态等差 + 5。所以 SPSS 的 Probit 模块得到的回归方程的截距与 DPS 或者手工计算得到的截距正好相差 5。这个常数 5 是为了计算方便而人为加上的，并不影响 LD_{50} 的值。

小　结

农药的生物测定就是利用生物有机体对某些化合物的反应，对供试化合物的生物活性做出准确的分析，为先导化合物构效关系提供定量的活性资料，以便为新农药的研制与开发提供科学的理论依据。采用特定的试验设计，通过室内外生物测定，研究药剂对病、虫、鼠、草等有害生物的毒力和药效试验；研究药剂对保护植物的药害；研究药剂对有益生物及人类的毒害；运用生物统计学的方法，对得出的试验结果进行统计分析，以便得出科学的结论；本章还简要介绍了常用生物统计软件的使用方法，并以此指导生产实践，以期达到科学合理的使用农药的目的。

思考题

1. 农药生物测定的范围及基本原则是什么？
2. 毒力测定与药效测定的区别在哪里？
3. 杀虫剂触杀作用毒力测定方法有哪些？
4. 共毒指数和共毒系数的计算方法有哪些？
5. 杀虫剂和杀菌剂林间药效防治效果统计方法有哪些？
6. 林木鼠害的调查方法及药效计算方法有哪些？
7. 如何利用作图法求致死中量？
8. 简述常用的生物统计软件有哪几种？

推荐阅读书目

1. 王立纯.1993.森林病虫害防治研究法[M].哈尔滨：东北林业大学出版社.
2. 王运病，张志勇.2008.无公害农药使用手册[M].北京：化学工业出版社.
3. 叶钟音.2007.现代农药应用技术全书[M].北京：中国农业出版社.
4. 刘长令.2008.世界农药大全（杀菌剂卷）[M].北京：化学工业出版社.
5. 华南农学院.1983.植物化学保护[M].北京：农业出版社.
6. 齐军山，辛志梅，李林，等.2008.应用SPSS软件进行农药试验数据的统计分析[J].山东农业科学，(7)：100-104.
7. 吴文君.1988.植物化学保护实验技术导论[M].西安：陕西科学技术出版社.
8. 宋素芳，秦豪荣，赵聘.2008.生物统计学[M].北京：中国农业出版社.
9. 张兴.1992.西北地区农作物病虫草害药剂防治技术指南[M].西安：陕西科学技术出版社.
10. 张宗炳.1988.杀虫药剂的毒力测定[M].北京：中国科学技术出版社.
11. 李松岗，曲红.2007.实用生物统计[M]. 2版.北京：北京大学出版社.
12. 陈年春.1991.农药生物测定技术[M].北京：北京农业大学出版社.
13. 苗建才.1990.林木化学保护[M].哈尔滨：东北林业大学出版社.
14. 唐启义，冯明光.2006. DPS数据处理系统——试验设计、统计分析及数据挖掘[M].北京：科学出版社.
15. 唐燕琼.2006. SAS统计分析教程[M].北京：中国农业出版社.
16. 徐汉虹.2007.植物化学保护学[M]. 4版.北京：中国农业出版社.
17. 屠予钦.1986.农药使用技术原理[M].上海：上海科学技术出版社.
18. 黄国洋.2000.农药试验技术与评价方法[M].北京：中国农业出版社.
19. 黄剑，吴文君.2004.利用Excell快速进行毒力测定中的致死中量计算和卡方检验[J].昆虫知识，41(6)：594-598.

20. 黄彰欣.1999.植物化学保护实验指导[M].北京：中国农业出版社.
21. 虞轶俊，施德.2008.农药应用大全[M].北京.中国农业出版社.
22. 慕立义.1994.植物化学保护研究方法[M].北京：中国农业出版社.

参考文献

1. 陈年春.1991.农药生物测定技术[M].北京：北京农业大学出版社.
2. 丛林晔,等.2005.不同抗逆诱导剂对水稻细胞 PBZ1 基因表达的影响[J].农药学学报,7(3)：254-258.
3. 费有春,等.1997.农药问答[M].3版.北京：化学工业出版社.
4. 韩崇选.2003.农林啮齿动物灾害环境修复与安全诊断[M].咸阳：西北农林科技大学出版社.
5. 韩熹莱,等.1995.农药概论[M].北京：北京农业大学出版社.
6. 华南农学院,等.1983.植物化学保护[M].北京：农业出版社.
7. 黄国洋,等.2000.农药试验技术与评价方法[M].北京：中国农业出版社.
8. 黄剑,等.2004.利用 excell 快速进行毒力测定中的致死中量计算和卡方检验[J].昆虫知识,41(6)：594-598.
9. 黄建中.1995.农田杂草抗药性[M].北京：中国农业出版社.
10. 黄彰欣,等.1999.植物化学保护实验指导[M].北京：中国农业出版社.
11. 慕立义,等.1994.植物化学保护研究方法[M].北京：中国农业出版社.
12. 孔志明,等.2008.环境毒理学[M].4版.南京：南京大学出版社.
13. 李坚.2006.木材保护学[M].北京：科学出版社.
14. 李松岗,等.2007.实用生物统计[M].2版.北京：北京大学出版社.
15. 林孔勋.1995.杀菌剂毒理学[M].北京：中国农业出版社.
16. 刘长令,等.2008.世界农药大全.杀菌剂卷[M].北京：化学工业出版社.
17. 刘飞,等.2006.杀菌剂作用机制的最新研究进展[J].世界农药,28(1)：10-15.
18. 马壮行,等.1993.中国灭鼠工具图谱[M].北京：农业出版社.
19. 苗建才,等.1990.林木化学保护[M].哈尔滨：东北林业大学出版社.
20. 农业部农药检定所,等.1989.新编农药手册[M].北京：中国农业出版社.
21. 农业部农药检定所,等.1998.新编农药手册[M].续集.北京：农业出版社.
22. 齐军山,等.2008.应用 SPSS 软件进行农药试验数据的统计分析[J].山东农业科学（7）：100-104.
23. 沙家骏,等.1999.化工产品手册——农用化学品[M].3版.北京：化学工业出版社.
24. 沙家骏,等.1992.国外新农药品种手册[M].北京：化学工业出版社.
25. 邵维忠,等.2003.农药助剂[M].3版.北京：化学工业出版社.
26. 宋素芳,等.2008.生物统计学[M].北京：中国农业出版社.
27. 唐除痴,等.1998.农药化学[M].天津：南开大学出版社.
28. 唐启义,等.2006.DPS 数据处理系统——试验设计、统计分析及数据挖掘[M].北京：科学出版社.
29. 唐燕琼,等.2006.SAS 统计分析教程[M].北京：中国农业出版社.
30. 唐振华.1993.昆虫抗药性及其治理[M].北京：中国农业出版社.
31. 屠豫钦.1986.农药使用技术原理[M].上海：上海科学技术出版社.
32. 屠豫钦.2008.植物化学保护与农药应用工艺——屠豫钦论文选[M].北京：金盾出版社.

33. 王立纯. 1993. 森林病虫害防治研究法[M]. 哈尔滨：东北林业大学出版社.
34. 王宁，等. 2005. 杀螨剂的进展与展望[J]. 现代农药，4(2)：1-8.
35. 王世娟，等. 2008. 农药生产技术[M]. 北京：化学工业出版社.
36. 王运病，等. 2008. 无公害农药使用手册[M]. 北京：化学工业出版社.
37. 吴文君. 1988. 植物化学保护实验技术导论[M]. 西安：陕西科学技术出版社.
38. 吴文君，等. 2008. 农药学[M]. 北京：中国农业出版社.
39. 吴学民，等. 2009. 农药制剂加工实验[M]. 北京：化学工业出版社.
40. 许泳峰，等. 1992. 农田杂草化学防除原理与方法[M]. 沈阳：辽宁科技出版社.
41. 徐汉虹. 2001. 杀虫植物与植物性杀虫剂[M]. 北京：中国农业出版社.
42. 徐汉虹. 2007. 植物化学保护学[M]. 4版. 北京：中国农业出版社.
43. 徐汉虹，等. 2003. 中国植物性农药开发前景[J]. 农药，42(3)：1-10.
44. 徐汉虹等. 2007. 植物化学保护学[M]. 4版. 北京：中国农业出版社.
45. 杨谦. 2003. 植物病原菌抗药性分子生物学[M]. 北京：科学出版社.
46. 杨小平. 1999. 守卫绿色——农药与人类的生存[M]. 长沙：湖南教育出版社.
47. 叶钟音，等. 2007. 现代农药应用技术全书[M]. 北京：中国农业出版社.
48. 虞轶俊，等. 2008. 农药应用大全[M]. 北京：中国农业出版社.
49. 张兴，等. 1992. 西北地区农作物病虫草害药剂防治技术指南[M]. 西安：陕西科学技术出版社.
50. 张一宾，等. 2006. 世界农药新进展[M]. 北京：化学工业出版社.
51. 张宗炳. 1987. 杀虫药剂的分子毒理学[M]. 北京：农业出版社.
52. 张宗炳. 1988. 杀虫药剂的毒力测定[M]. 北京：北京科学技术出版社.
53. 赵善欢. 2005. 植物化学保护[M]. 3版. 北京：中国农业出版社.
54. 周明国. 2002. 中国植物病害化学防治研究[M]. 第三卷. 北京：中国农业科技出版社.
55. 朱良天. 2004. 农药[M]. 北京：化学工业出版社.
56. HODGSON E. 2004. A Textbook of modern toxicology[M]. 3rd Edition. Hoboken, New Jersey, USA：John Wiley & Sons, Inc.
57. TOMIZAWA M, CASIDA J E. 2005. Neonicotinoid insecticide toxicology: mechanisms of selective action[J]. Annual Review of Pharmacology and Toxicology, 45: 247-268.
58. KRIEGER R. 2001. Handbook of pesticide toxicology[M] (2nd Edition, 2-Volume Set). San Diego, California, USA: Academic Press.
59. YU S J. 2008. The Toxicology and Biochemistry of Insecticides[M]. London, England: CRC Press.

附 表

附表1 概率为 0.05 时的 t 值与 χ^2 值

自由度	t 值	χ^2 值	自由度	t 值	χ^2 值
1	12.7	3.84	18	2.10	28.87
2	4.30	5.99	19	2.09	30.14
3	3.18	7.82	20	2.09	31.41
4	2.78	9.49	21	2.08	32.67
5	2.57	11.07	22	2.07	33.92
6	2.45	12.59	23	2.07	35.17
7	2.36	14.07	24	2.06	36.42
8	2.31	15.51	25	2.06	37.65
9	2.26	16.92	26	2.06	38.89
10	2.23	18.31	27	2.05	40.11
11	2.20	19.68	28	2.05	41.34
12	2.18	21.03	29	2.05	42.56
13	2.16	22.36	30	2.04	43.77
14	2.15	23.68	40	2.04	55.76
15	2.13	25.00	⋮	⋮	⋮
16	2.12	26.30	120	1.98	
17	2.11	27.59	∞	1.96	

附表2 概率与死亡百分率换算表

%	0	1	2	3	4	5	6	7	8	9
0	—	2.67	2.95	3.12	3.25	3.36	3.45	3.52	3.59	3.66
10	3.72	3.77	3.82	3.87	3.92	3.96	4.01	4.05	4.08	4.12
20	4.16	4.19	4.23	4.26	4.29	4.33	4.36	4.39	4.42	4.45
30	4.48	4.50	4.53	4.56	4.59	4.61	4.64	4.67	4.69	4.72
40	4.75	4.77	4.80	4.82	4.85	4.87	4.90	4.92	4.95	4.97
50	5.00	5.03	5.05	5.08	5.10	5.13	5.15	5.18	5.20	5.23
60	5.25	5.28	5.31	5.33	5.36	5.39	5.41	5.44	5.47	5.50
70	5.52	5.55	5.58	5.61	5.64	5.67	5.71	5.72	5.77	5.81
80	5.84	5.88	5.92	5.95	5.99	6.04	6.08	6.13	6.18	6.23
90	6.28	6.34	6.41	6.48	6.55	6.64	6.75	6.88	7.05	7.33
	0.0	0.1	0.2	0.3	0.4	0.5	0.6	0.7	0.8	0.9
99	7.33	7.37	7.41	7.46	7.51	7.58	7.65	7.75	7.88	8.09

附表 3 Duncan 氏新复极差测验 5% 和 1% 的 SSR 值表

df	α	\multicolumn{13}{c}{测验极差的平均数个数 (P)}
		2	3	4	5	6	7	8	9	10	12	14	16	18	20
1	0.05	18.0	18.0	18.0	18.0	18.0	18.0	18.0	18.0	18.0	18.0	18.0	18.0	18.0	18.0
	0.01	90.0	90.0	90.0	90.0	90.0	90.0	90.0	90.0	90.0	90.0	90.0	90.0	90.0	90.0
2	0.05	6.09	6.09	6.09	6.09	6.09	6.09	6.09	6.09	6.09	6.09	6.09	6.09	6.09	6.09
	0.01	14.0	14.0	14.0	14.0	14.0	14.0	14.0	14.0	14.0	14.0	14.0	14.0	14.0	14.0
3	0.05	4.50	4.50	4.50	4.50	4.50	4.50	4.50	4.50	4.50	4.50	4.50	4.50	4.50	4.50
	0.01	8.26	8.5	8.6	8.7	8.8	8.9	8.9	9.0	9.0	9.0	9.1	9.2	9.3	9.3
4	0.05	3.93	4.01	4.02	4.02	4.02	4.02	4.02	4.02	4.02	4.02	4.02	4.02	4.02	4.02
	0.01	6.51	6.8	6.9	7.0	7.1	7.2	7.3	7.3	7.4	7.4	7.5	7.5	7.6	7.6
5	0.05	3.64	3.74	3.79	3.83	3.83	3.83	3.83	3.83	3.83	3.83	3.83	3.83	3.83	3.83
	0.01	5.70	5.96	6.11	6.18	6.26	6.33	6.40	6.44	6.5	6.6	6.6	6.7	6.7	6.8
6	0.05	3.46	3.58	3.64	3.68	3.68	3.68	3.68	3.68	3.68	3.68	3.68	3.68	3.68	3.68
	0.01	5.24	5.51	5.65	5.73	5.81	5.88	5.95	6.0	6.0	6.1	6.2	6.2	6.3	6.3
7	0.05	3.35	3.47	354	3.58	3.60	3.61	3.61	3.61	3.61	3.61	3.61	3.61	3.61	3.61
	0.01	4.95	5.22	5.37	5.45	5.53	5.61	5.69	5.73	5.8	5.8	5.9	5.9	6.0	6.0
8	0.05	3.26	3.39	3.47	3.52	3.55	3.56	3.56	3.56	3.56	3.56	3.56	3.56	3.56	3.56
	0.01	4.74	5.00	5.14	5.23	5.32	5.40	5.47	5.51	5.6	5.6	5.7	5.7	5.8	5.8
9	0.05	3.20	3.34	3.41	3.47	3.50	3.52	3.52	3.52	3.52	3.52	3.52	3.52	3.52	3.52
	0.01	4.60	4.86	4.99	5.08	5.17	5.25	5.32	5.36	5.4	5.5	5.5	5.6	5.7	5.7
10	0.05	3.15	3.30	3.37	3.43	3.46	3.47	3.47	3.47	3.47	3.47	3.47	3.47	3.47	3.47
	0.01	4.48	4.73	4.88	4.96	5.01	5.13	5.20	5.24	5.28	5.36	5.42	5.48	5.54	5.55
11	0.05	3.11	3.27	3.35	3.39	3.43	3.44	3.45	3.46	3.46	3.46	3.46	3.46	3.47	3.48
	0.01	4.39	4.63	4.77	4.86	4.94	5.01	5.06	5.12	5.15	5.24	5.28	5.34	5.38	5.39
12	0.05	3.08	3.23	3.33	3.36	3.40	3.42	3.44	3.44	3.46	3.46	3.46	3.46	3.47	3.48
	0.01	4.32	4.55	4.68	4.76	4.84	4.92	4.96	5.02	5.07	5.13	5.17	5.22	5.24	5.26
13	0.05	3.06	3.21	3.30	3.35	3.38	3.41	3.42	3.44	3.45	3.45	3.46	3.46	3.47	3.47
	0.01	4.26	4.48	4.62	4.69	4.74	4.84	4.88	4.94	4.98	5.04	5.08	5.13	5.14	5.15
14	0.05	3.03	3.18	3.27	3.33	3.37	3.39	3.41	3.42	3.43	3.44	3.45	3.46	3.47	3.47
	0.01	4.21	4.42	4.55	4.63	4.70	4.78	4.83	4.87	4.91	4.96	5.00	5.04	5.06	5.07
15	0.05	3.01	3.16	3.25	3.31	3.36	3.38	3.40	3.42	3.43	3.44	3.45	3.46	3.47	3.47
	0.01	4.17	4.37	4.50	4.58	4.64	4.72	4.77	4.81	4.84	4.90	4.94	4.97	499	5.00
16	0.05	3.00	3.15	3.23	3.30	3.34	3.37	3.39	3.41	3.43	3.44	3.45	3.46	3.47	3.47
	0.01	4.13	4.34	4.45	4.54	4.60	4.67	4.72	4.76	4.79	4.84	4.88	4.91	4.93	4.94
17	0.05	2.98	3.13	3.22	3.28	3.33	3.36	3.38	3.40	3.42	3.44	3.45	3.46	3.47	3.47
	0.01	4.10	4.30	4.41	4.50	4.56	4.63	4.68	4.72	4.75	4.80	4.83	4.86	4.88	4.89

(续)

df	α	测验极差的平均数个数 (P)												
		2	3	4	5	6	7	8	9	10	12	14	16	18	20
18	0.05	2.97	3.12	3.21	3.27	3.32	3.35	3.37	3.39	3.41	3.43	3.45	3.46	3.47	3.47
	0.01	4.07	4.27	4.38	4.46	4.53	4.59	4.64	4.68	4.71	4.76	4.79	4.82	4.84	4.85
19	0.05	2.96	3.11	3.19	3.26	3.31	3.35	3.37	3.39	3.41	3.43	3.44	3.46	3.47	3.47
	0.01	4.05	4.24	4.35	4.43	4.40	4.56	4.61	4.64	4.67	4.72	4.76	4.79	4.81	4.82
20	0.05	2.95	3.10	3.18	3.25	3.30	3.34	3.36	3.38	3.40	3.43	3.44	3.46	3.46	3.47
	0.01	4.02	4.22	4.33	4.40	4.47	4.53	4.58	4.61	4.65	4.69	4.73	4.76	4.78	4.79
22	0.05	2.93	3.08	3.17	3.24	3.29	3.32	3.35	3.37	3.39	3.42	3.44	3.45	3.46	3.47
	0.01	3.99	4.17	4.28	4.36	4.42	4.48	4.53	4.57	4.60	4.65	4.68	4.71	4.64	4.75
24	0.05	2.92	3.07	3.15	3.22	3.28	3.31	3.34	3.37	3.38	4.41	3.44	3.45	3.46	3.47
	0.01	3.96	4.14	4.24	4.33	4.39	4.44	4.49	4.53	4.57	4.62	4.64	4.67	4.70	4.72
26	0.05	2.91	3.06	3.14	3.21	3.27	3.30	3.34	3.36	3.38	3.41	3.43	3.45	3.46	3.47
	0.01	3.93	4.11	4.21	4.30	4.36	4.41	4.46	4.50	4.53	4.58	4.62	4.65	4.67	4.69
28	0.05	2.90	3.04	3.13	3.20	3.26	3.30	3.33	3.35	3.37	3.40	3.43	3.45	3.46	3.47
	0.01	3.91	4.08	4.18	4.28	4.34	4.39	4.43	4.47	4.51	4.56	4.60	4.62	4.65	4.67
30	0.05	2.89	3.04	3.12	3.20	3.25	3.29	3.32	3.35	3.37	3.40	3.43	3.44	3.46	3.47
	0.01	3.89	4.06	4.16	4.22	4.32	4.36	4.41	4.45	4.48	4.54	4.58	4.61	4.63	4.65
40	0.05	2.86	3.01	3.10	3.17	3.22	3.27	3.30	3.33	3.35	3.39	3.42	3.44	3.46	3.47
	0.01	3.82	3.99	4.16	4.17	4.24	4.30	4.34	4.37	4.41	4.46	4.51	4.54	4.57	4.59
60	0.05	2.83	2.98	3.08	3.14	3.20	3.24	3.28	3.31	3.33	3.37	3.40	3.43	3.46	3.47
	0.01	3.76	3.92	4.03	4.12	4.17	4.23	4.27	4.31	4.34	4.39	4.44	4.47	4.50	4.53
100	0.05	2.80	2.95	3.05	3.12	3.18	3.22	3.26	3.29	3.32	3.36	3.40	3.42	3.45	3.47
	0.01	3.71	3.86	3.98	4.06	4.11	4.17	4.21	4.25	4.20	4.35	4.38	4.42	4.45	4.48
∞	0.05	2.77	2.92	3.02	3.09	3.15	3.19	3.23	3.26	3.29	3.34	3.38	3.41	3.44	3.47
	0.01	3.64	3.80	3.90	3.98	4.04	4.09	4.14	4.17	4.20	4.26	4.31	4.34	4.38	4.41

注：df 自由度，α 显著水平。

附表4 工作概率系数和权重概率系数计算表

期望概率值 Y	工作概率值系数 y_0	k	权重系数	期望概率值 Y	工作概率值系数 y_0	k	权重系数
1.6	1.33	8.115	0.005	5.0	3.75	0.025 1	0.637
1.7	1.42	5.085	0.006	5.1	3.74	0.025 2	0.634
1.8	1.51	4.184	0.008	5.2	3.72	0.025 6	0.627
1.9	1.60	3.064	0.011	5.3	3.68	0.026 2	0.616
2.0	1.70	2.256	0.015	5.4	3.62	0.027 2	0.601
2.1	1.79	1.680 0	0.019	5.5	3.54	0.028 4	0.581
2.2	1.88	1.263 4	0.025	5.6	3.42	0.030 0	0.558
2.3	1.97	0.959 6	0.031	5.7	3.27	0.032 0	0.532
2.4	2.06	0.736 2	0.040	5.8	3.08	0.034 5	0.503
2.5	2.15	0.570 6	0.050	5.9	2.83	0.037 6	0.471
2.6	2.23	0.446 5	0.062	6.0	2.52	0.041 3	0.439
2.7	2.32	0.353 0	0.076	6.1	2.13	0.045 9	0.404
2.8	2.41	0.281 9	0.092	6.2	1.64	0.051 5	0.370
2.9	2.49	0.227 4	0.110	6.3	1.00	0.058 4	0.336
3.0	2.58	0.185 2	0.131	6.4	0.26	0.066 8	0.302
3.1	2.66	0.152 4	0.154	6.5	−0.71	0.077 2	0.269
3.2	2.74	0.126 7	0.180	6.6	−1.92	0.090 2	0.238
3.3	2.83	0.106 3	0.208	6.7	−3.46	0.106 3	0.208
3.4	2.91	0.090 2	0.238	6.8	−5.41	0.126 7	0.180
3.5	2.98	0.077 2	0.269	6.9	−7.90	0.152 4	0.154
3.6	3.06	0.066 8	0.302	7.0	−11.10	0.185 2	0.131
3.7	3.14	0.058 4	0.336	7.1	−15.23	0.227 4	0.110
3.8	3.21	0.051 5	0.370	7.2	−20.60	0.281 9	0.092
3.9	3.28	0.045 9	0.405	7.3	−27.62	0.353 0	0.076
4.0	3.34	0.041 3	0.439	7.4	−36.89	0.446 5	0.062
4.1	3.41	0.037 6	0.471	7.5	−49.20	0.570 5	0.050
4.2	3.47	0.034 5	0.503	7.6	−65.68	0.736 2	0.040
4.3	3.53	0.032 0	0.532	7.7	−87.93	0.959 6	0.031
4.4	3.58	0.030 0	0.558	7.8	−118.22	1.263 4	0.025
4.5	3.62	0.028 4	0.581	7.9	−159.79	1.680 0	0.019
4.6	3.66	0.027 2	0.601	8.0	−217.3	2.256	0.015
4.7	3.70	0.026 2	0.616	8.1	−297.7	3.061	0.011
4.8	3.72	0.025 6	0.627	8.2	−410.9	4.194	0.008
4.9	3.74	0.025 2	0.634	8.3	−571.9	5.805	0.006
5.0	3.75	0.025 1	0.637	8.4	−802.8	8.115	0.005

注：根据公式 $Y = y_0 + kp$ 求工作概率值，其中 p 为死亡百分率。

附表5　石硫合剂稀释计算方法

石硫合剂的稀释方法有重量法稀释倍数和容量法稀释倍数2种。

附表 5-1　石硫合剂重量倍数稀释表

原液浓度 (°Be)	需要浓度(°Be)								
	0.1	0.2	0.3	0.4	0.5	0.6	0.7	0.8	0.9
	重量稀释倍数								
15.0	149.0	74.0	49.0	36.5	29.0	14.0	4.00	2.75	2.00
16.0	159.0	79.0	52.3	39.0	31.0	15.0	4.33	3.00	2.20
17.0	169.0	89.0	55.6	41.5	33.0	16.0	4.66	3.25	2.40
18.0	179.0	94.0	59.0	44.0	35.0	17.0	5.00	3.50	2.60
19.0	189.0	99.0	62.3	46.5	37.0	18.0	5.33	3.75	2.80
20.0	199.0	104.0	65.6	49.0	39.0	19.0	5.66	4.00	3.00
21.0	209.0	109.0	69.0	51.0	41.0	20.0	6.00	4.25	3.20
22.0	219.0	114.0	72.3	54.0	43.0	21.0	6.33	4.50	3.40
23.0	229.0	119.0	75.6	56.5	45.0	22.0	6.66	4.75	3.60
24.0	239.0	124.0	79.0	59.0	47.0	23.0	7.00	5.00	3.80
25.0	249.0	129.0	82.3	61.5	49.0	24.0	7.33	5.25	4.00
26.0	259.0	134.0	85.6	64.0	51.0	25.0	7.66	5.50	4.20
27.0	269.0	139.0	89.0	65.5	53.0	26.0	8.00	5.75	4.40
28.0	279.0	144.0	92.3	69.0	55.0	27.0	8.33	6.00	4.60
29.0	289.0	144.0	95.6	71.5	57.0	28.0	8.66	6.25	4.80
30.0	299.0	149.0	99.0	74.0	59.0	29.0	9.00	6.50	5.00

重量法按下列公式计算：

$$原液需要量(kg) = \frac{所需稀释浓度}{原液浓度} \times 所需稀释的药液量$$

例：需要配置 0.5 °Be 100kg，需要 20 °Be 原液和加水量各是多少？

计算如下：

$$原液需要量(kg) = \frac{0.5}{20} \times 100 = 2.5(kg)$$

需要加水量为：100 kg – 2.5 kg = 97.5 kg。

附表 5-2　石硫合剂容量倍数稀释表

原液浓度 (°Be)	需要浓度(°Be)								
	0.1	0.2	0.3	0.4	0.5	0.6	0.7	0.8	0.9
	容量稀释倍数								
15.0	166.2	82.5	54.7	40.7	32.4	15.6	4.46	3.07	2.23
16.0	178.7	88.8	58.8	43.8	34.8	16.9	4.87	3.37	2.47
17.0	191.4	95.2	63.1	47.0	37.4	18.1	5.29	3.68	2.72
18.0	204.4	101.6	67.4	50.2	40.0	19.4	5.71	4.00	2.97
19.0	217.5	108.2	71.7	53.5	42.6	20.7	6.14	4.32	3.22
20.0	230.8	114.8	76.2	56.8	45.2	22.0	6.57	4.64	3.48
21.0	244.4	121.6	80.7	60.2	47.9	23.4	7.02	4.97	3.74
22.0	258.2	128.5	85.3	63.7	50.7	24.8	7.47	5.30	4.01
23.0	272.3	135.5	89.9	67.2	56.5	26.2	7.92	5.65	4.28
24.0	286.4	142.6	96.8	70.7	56.3	27.6	8.39	5.99	4.55
25.0	300.9	149.8	99.5	74.3	59.2	29.0	8.86	6.34	4.83
26.0	315.6	157.2	104.4	78.0	62.1	30.5	9.33	6.70	5.12
27.0	330.6	164.7	109.4	81.7	65.1	32.0	9.83	7.07	5.41
28.0	345.8	172.3	114.4	85.5	68.2	33.5	10.33	7.44	5.70
29.0	361.3	180.0	119.6	89.4	71.3	35.0	10.86	7.81	6.00
30.0	377.0	187.9	124.8	93.3	74.4	36.6	11.35	8.20	6.30

稀释倍数法按下列公式计算：

$$稀释倍数 = \frac{原液浓度}{需要浓度} - 1$$

例：用 20 °Be 的石硫合剂原液配制 0.5 °Be 的药液，需要原液和水各是多少份？
　　计算如下：

$$稀释倍数 = \frac{20}{0.5} - 1 = 39$$

即取一份(重量)的石硫合剂原液，加上 39 倍的水，就成为 0.5 °Be 的石硫合剂液。